中等职业教育数字化创新教材

供中等卫生职业教育各专业使用

正常人体学基础

（第四版）

主　编　王之一　覃庆河

副主编　颜盛鉴　李　智　韦克善　翟新梅

编　者　（以姓氏汉语拼音为序）

黄翠微（梧州市卫生学校）

李　智（石河子卫生学校）

李翠玲（吕梁市卫生学校）

林洁丹（汕头市卫生学校）

刘　强（玉林市卫生学校）

秦　辰（吉林职工医科大学）

覃庆河（贺州职业学院）

王之一（吕梁市卫生学校）

韦克善（河池市卫生学校）

夏荣耀（贺州职业学院）

谢　飞（昆明卫生职业学院）

颜盛鉴（玉林市卫生学校）

翟新梅（山西职工医学院）

张艳丽（大连医科大学）

科学出版社

北　京

内容简介

本书是科学出版社数字化课程建设配套教材。全书共15章，系统介绍了正常人体的形态结构、各种生命活动的生理特点和调节机制以及几种生命物质的功能及其主要代谢过程。将解剖学、组织学、胚胎学、生理学和生物化学有机地融为一体，内容精炼，重点突出。

本书可供中等卫生职业教育各专业作为教材使用。

图书在版编目（CIP）数据

正常人体学基础／王之一，覃庆河主编．—4版．—北京：科学出版社，2016.12

中等职业教育数字化创新教材

ISBN 978-7-03-050908-6

Ⅰ.正… Ⅱ.①王… ②覃… Ⅲ.人体科学－中等专业学校－教材 Ⅳ.Q98

中国版本图书馆CIP数据核字（2016）第287165号

责任编辑：张映桥／责任校对：张凤琴
责任印制：赵 博／封面设计：张佩战

科学出版社 出版
北京东黄城根北街16号
邮政编码：100717
http://www.sciencep.com
北京汇瑞嘉合文化发展有限公司 印刷
科学出版社发行 各地新华书店经销
*
2003年 8 月第 一 版 开本：787×1092 1/16
2016年12月第 四 版 印张：25
2020年9月第三十次印刷 字数：593 000
定价：79.80元
（如有印装质量问题，我社负责调换）

中等职业教育数字化课程建设项目 教材出版说明

为贯彻《国家中长期教育改革和发展规划纲要（2010—2020）》、《教育信息化十年发展规划（2011—2020）》等文件精神，落实教育部最新《中等职业学校专业教学标准（试行）》要求；为调动广大教师参与数字化课程建设，提高其数字化内容创作和运用能力，结合最新数字化技术促进职业教育发展，科学出版社于2015年9月正式启动了中等职业教育护理、助产专业数字化课程建设项目。

科学出版社前身是1930年成立于上海的龙门联合书局，1954年，龙门联合书局与中国科学院编译局合并组建成立科学出版社，现隶属中国科学院，员工达1200余名，其中硕士研究生及以上学历者627人（截至2016年7月1日），是我国最大的综合性科技出版机构。依托中国科学院的强大技术支持，我社于2015年推出最新研发成果："爱医课"互动教学平台（见封底）。该平台可将教学中的重点内容以视频、语音及三维模型等方式呈现，学生用手机扫描常规书页即可免费浏览书中配套3D模型、动画、视频、护考模拟试题等教学资源。

本项目分数字化教材建设与资源建设两部分。数字化课程建设项目与"爱医课"互动教学平台进行的首次有益结合而成的教材，是我国中等职业层次首套数字化创新教材。2015年10月开展了建设团队的全国遴选工作，共收到全国62所院校575位老师的申请资料，于2016年1月在湖北武汉召开了项目启动会及教材编写会。

（一）数字化教材的编写指导思想

本次编写充分体现了职业教育特色，紧紧围绕"以就业为导向，以能力为本位，以发展技能为核心"的职业教育培养理念，遵循"理论联系实际"的原则，强调"必需、够用"的编写标准，以数字化课程建设为方向，以创新教材为呈现形式。

（二）本套数字化教材的特点

1. 按照专业教学标准安排课程结构　本套数字化教材严格按照专业教学标准的要求设计科目、安排课程。全套教材分公共基础课、专业技能课、专业选修课及综合实训四类，共计39种，体系完整。

2. 紧扣最新护考大纲调整内容　本套系列教材参考了"国家护士执业资格考试大纲"的相关标准，围绕考试内容调整学习范围，突出考点与难点，方便学生的在校日常学习与护考接轨，适应护理职业岗位需求。

3. 呈现形式新颖　"数字化"是未来教育的发展方向，本项目39种教材均将传统纸质教材与"爱医课"教学平台无缝对接，形式新颖。它能充分吸引职业院校学生的学习兴趣，提高课堂教学效果。使学生用"碎片化时间"学习，寓教于乐，乐中识记、乐中理解、乐中运用，为翻转课堂提供了有效的实现手段。

（三）本项目出版教材目录

本项目经中国科学院、科学出版社领导的大力支持，获年度重大项目立项。39种教材具体情况如下：

中等职业教育数字化课程配套创新教材目录

序号	教材名	主编	书号	定价（元）
1	《语文》	孙　琳　王　斌	978-7-03-048363-8	39.80
2	《数学》	赵　明	978-7-03-048206-8	29.80
3	《公共英语基础教程（上册）》（双色）	秦博文	978-7-03-048366-9	29.80
4	《公共英语基础教程（下册）》（双色）	秦博文	978-7-03-048367-6	29.80
5	《体育与健康》	张洪建	978-7-03-048361-4	35.00
6	《计算机应用基础》（全彩）	施宏伟	978-7-03-048208-2	49.80
7	《计算机应用基础实训指导》	施宏伟	978-7-03-048365-2	27.80
8	《职业生涯规划》	范永丽　汪　冰	978-7-03-048362-1	19.80
9	《职业道德与法律》	许练光	978-7-03-050751-8	29.80
10	《人际沟通》（第四版，全彩）	钟　海　莫丽平	978-7-03-049938-7	29.80
11	《医护礼仪与形体训练》（全彩）	王　颖	978-7-03-048207-5	29.80
12	《医用化学基础》（双色）	李湘苏　姚光军	978-7-03-048553-3	24.80
13	《生理学基础》（双色）	陈桃荣　宁　华	978-7-03-048552-6	29.80
14	《生物化学基础》（双色）	赵勋靡　王　懿　莫小卫	978-7-03-050956-7	32.00
15	《医学遗传学基础》（第四版，双色）	赵　斌　王　宇	978-7-03-048364-5	28.00
16	《病原生物与免疫学基础》（第四版，全彩）	刘建红　王　玲	978-7-03-050887-4	49.80
17	《解剖学基础》（第二版，全彩）	刘东方　黄嫦斌	978-7-03-050971-0	59.80
18	《病理学基础》（第四版，全彩）	贺平泽	978-7-03-050028-1	49.80
19	《药物学基础》（第四版）	赵彩珍　郭淑芳	978-7-03-050993-2	35.00
20	《正常人体学基础》（第四版，全彩）	王之一　覃庆河	978-7-03-050908-6	79.80
21	《营养与膳食》（第三版，双色）	魏玉秋　戚　林	978-7-03-050886-7	28.00
22	《健康评估》（第四版，全彩）	罗卫群　崔　燕	978-7-03-050825-6	49.80
23	《内科护理》（第二版）	崔效忠	978-7-03-050885-0	49.80
24	《外科护理》（第二版）	闵晓松　阴　俊	978-7-03-050894-2	49.80
25	《妇产科护理》（第二版）	周　清　刘丽萍	978-7-03-048798-8	38.00
26	《儿科护理》（第二版）	段慧琴　田　洁	978-7-03-050959-8	35.00
27	《护理学基础》（第四版，全彩）	付能荣　吴姣鱼	978-7-03-050973-4	79.80
28	《护理技术综合实训》（第三版）	马树平　唐淑珍	978-7-03-050890-4	39.80
29	《社区护理》（第四版）	王永军　刘　蔚	978-7-03-050972-7	39.00
30	《老年护理》（第二版）	史俊萍	978-7-03-050892-8	34.00
31	《五官科护理》（第二版）	郭金兰	978-7-03-050893-5	39.00
32	《心理与精神护理》（双色）	张小燕	978-7-03-048720-9	36.00
33	《中医护理基础》（第四版，双色）	马秋平	978-7-03-050891-1	31.80
34	《急救护理技术》（第三版）	贾丽萍　王海平	978-7-03-048716-2	29.80
35	《中医学基础》（第四版，双色）	伍利民　郝志红	978-7-03-050884-3	29.80
36	《母婴保健》（助产，第二版）	王瑞珍	978-7-03-050783-9	32.00
37	《产科学及护理》（助产，第二版）	李　俭　颜丽青	978-7-03-050909-3	49.80
38	《妇科护理》（助产，第二版）	张庆桂	978-7-03-050895-9	39.80
39	《遗传与优生》（助产，第二版，双色）	潘凯元　张晓玲	978-7-03-050814-0	32.00

注：以上教材均配套教学 PPT 课件，在“爱医课”平台上提供免费试题、微视频等多种资源，欢迎扫描封底二维码下载

科学出版社

2016 年 12 月

前　言

《正常人体学基础》第三版自2012年问世以来，受到了全国各地广大师生的一致好评，为有效提高教学质量发挥了积极的作用。为了进一步贯彻《国家中长期教育改革和发展规划纲要（2010-2020）》、《教育信息化十年发展规划（2011-2020）》等文件精神，落实教育部最新《中等职业学校专业教学标准（试行）》要求的课程建设工作，以满足目前中等卫生职业学校不断增长的教育数字化改革需求，契合卫生职业院校优势教学资源共建、共享的发展需要，科学出版社在广泛深入调研和充分科学论证的基础上，于2016年1月正式启动了对《正常人体学基础》第三版的修订工作。

为了努力编写出一本符合教育部最新教学标准要求的、蕴涵着创新理念的、彰显护理助产专业特色的精品教材，第四版教材着重从以下几方面进行了修订和编写：①在充分调研的基础上，既保留了原版教材的精华，又对部分章节的内容进行了必要的修改、调整和优化，体现科学性。②适度引入前沿知识，反映最新进展，保持先进性。③在内容的取舍中，努力找准教材与学生同频共振的结合点，突出"实用为本，够用为度"的特点，具有针对性。④"引言导入"、"理论阐述"、"案例"、"护考链接"、"考点""歌诀助记"等相互穿插，将人体"解剖"得"体无完肤"，"剖析"得"淋漓尽致"，既拓宽了学生视野，又激发了好奇心和求知欲，使教材变得生动有趣，富有创新性。⑤结合国家护士执业资格考试新大纲，全面优化、更新和充实了自测题。"站在临床的角度考解剖学知识，换视角提解剖学问题"，突出实用性。⑥为了进一步提升教材的质量和品味，紧跟图谱化教科书的发展趋势，保留了部分原版优秀插图，更换了部分彩图，增加了教材的易读性。

本教材的各位编者都是长期奋战在教学第一线的骨干教师，具有丰富的教学和写作经验。在编写过程中参考并汲取了国内多种教材(参考文献列于书后)的成果，采用并修改了其中的一些插图。在此，谨向各位原著者表示衷心的感谢。本教材的编写得到了各参编学校的大力支持。此外，北京林业大学艺术设计学院的王笑菲同学还制作并修改了部分插图，在此一并对她的工作表示深深的谢意！感谢科学出版社对本套教材的顶层设计和严格要求。由于种种原因，第三版教材中的冯建疆、谢世珍、卓庆安、王超美、王建鹏、莫小卫、赵红霞、赵勋蘼、鲍建瑛、陈旭、陈登攀、马光斌、舒婷婷和苏华老师未能参编第四版，

对于他们为本书作出的贡献，在此亦表示诚挚的谢意！最后，衷心感谢各位编者为本书的编写所付出的辛勤劳动！

教材的修订完善永无止境，使用是教材改进的最佳途径。我们期望经过千锤百炼，铸就精品教材。尽管我们努力了，但疏漏和不妥之处在所难免。因此，我们真诚期待广大读者在使用本教材的过程中多提宝贵意见，不断地修正不足乃至错误，使本书日臻完善。

王之一　覃庆河

2016 年 4 月

目　录

1

第一章　绪　论

当您步入博大精深的医学殿堂，去领略它深邃而又丰富的内涵时，首先跃入眼帘的便是正常人体学基础这门古老、经典而又具有现代特色的学科。自1543年比利时解剖学家维萨里的开山之作《人体结构》一书问世以来，迄今经历了近500年的历程。恩格斯说："没有解剖学，就没有医学。"精辟论述了解剖学在医学中的重要地位。150多年前，法国著名生理学家克劳德·伯尔纳指出："医学是关于疾病的科学，而生理学则是关于生命的科学，所以后者比前者更有普遍性。"常言道："万丈高楼平地起"，正常人体学基础作为医学的入门课，充分显示了其重要意义之所在。因此，要想在医学事业上有所成就的医学生，都应首先努力学好正常人体学基础。

一、概　述

（一）正常人体学基础的定义和任务

1. 定义　正常人体学基础是研究正常人体的形态结构、物质组成、生命活动规律、新陈代谢和发生发育规律的科学，包括解剖学、组织学、胚胎学、生理学和生物化学。正常人体学基础以人体各系统的形态、结构和功能为主线，将解剖学、组织学、胚胎学、生理学和生物化学有机地融为一体进行研究和学习。

(1) 解剖学：是研究正常人体的形态结构、功能及其发生发育规律的科学。一般认为，广义的解剖学包括解剖学、细胞学、组织学和胚胎学，而狭义的解剖学（即大体解剖学）根据研究角度、方法和目的不同又可分为：按照人体功能系统描述各器官形态结构的**系统解剖学**；按局部分区研究人体结构配布的**局部解剖学**；结合临床学科发展需求，研究人体形态结构的**临床解剖学**；密切联系护理操作技术的**护理应用解剖学**；与影像技术相关的**断层解剖学**；联系临床应用，研究人体表面形态特征的**表面解剖学**；采用数字化技术研究人体结构的**数字解剖学**等。

据有关专家统计，"目前的护理学教材中，70%的内容与解剖学相关，其中抢救技术操作100%与解剖学相关"。在国家护士执业资格考试中也占有一定的比例，故正常人体学基础是中等职业学校护理、助产专业一门重要的专业核心基础课程，是学习其他基础医学与临床护理学的先修课和必修课。

(2) 组织学：是借助显微镜观察的方法，研究正常人体微细结构及其相关功能的科学。其研究内容包括细胞、组织和器官系统3部分。

链接

微细结构

微细结构是指在显微镜下才能清晰地观察到的结构，有光镜结构与电镜结构之分。光镜结构常用微米（μm）来度量（1mm=1000μm），其分辨率为0.2μm，用于光镜观察的组织切片厚度一般为5～10μm。电镜结构又称超微结构，常用纳米（nm）来度量（1μm=1000nm），其分辨率为0.2nm，比光镜高1000倍。扫描电镜主要用于观察细胞和组织表面的立体微细结构（如微绒毛等），图像具有立体感。

(3) 胚胎学：是研究人体发生、发育规律及其机制的科学。

(4) 生理学：是研究生物体及其各组成部分正常功能活动规律的一门科学。生物体（简称机体）是指包括人体在内的一切具有生命活动的个体（如动物、植物和微生物）。构成生物体的各系统、器官、组织、细胞等所具有的功能活动称为生命活动或生命现象，如肌肉收缩、血液循环、腺体分泌、呼吸、食物的消化与吸收、大脑的思维活动等。生理学是一门实验性科学，生理学中的所有知识都来自临床实践和实验研究。生理学对生命活动从整体水平、器官和系统水平以及细胞和分子水平加以研究。根据实验对象的不同可将实验分为人体实验和动物实验两大类，动物实验是生理学研究的基本方法，故人体生理学的很多资料都来自动物。

(5) 生物化学：即生命的化学，是研究生物体内化学分子与化学反应的科学，从分子水平探讨生命现象的本质。主要研究生物体分子结构与功能、新陈代谢与调节以及遗传信息传递的分子基础与调控规律。它是一门比较年轻的学科，直到1903年才由德国化学家诺伊贝格提出“生物化学”这一名词。

2. 任务 是阐明人体各系统的组成，各主要器官的位置、形态结构以及机体各组成部分在正常状态下所表现出的各种生命活动、产生机制、物质代谢、内外环境变化的影响及其机体为适应环境变化和维持生命活动所做出的相应调节，简要介绍人体胚胎发育概况，并揭示各种生理功能和生命化学在机体活动中的意义。

人类至诞生之日起，就要与疾病作斗争，而人体的结构和功能极其复杂，打开人体这扇奥秘之门的最关键钥匙就是正常人体学基础。因为只有在正确认识人体形态结构和生理功能的基础上，才能判断人体的正常与异常，了解疾病发生的原因和机制，理解人体的病理变化，为疾病的诊断和治疗提供科学的理论依据，胸有成竹地提出合理的应对方案，采取积极有效的治疗和护理措施，为防治疾病、促进康复、提高生命质量和挽救生命创造条件，并为学习其他医学课程奠定必要的基础。

（二）人体解剖学发展简史

人体解剖学的发展与其他自然科学一样，是一门发展较早，迄今仍在不断充实、发展的古老学科。通常认为有文字记载的解剖学资料，始于古希腊和中国。

1. 国外解剖学发展简史 国外的人体解剖学有较早记载的是从古希腊名医希波克拉底（公元前460～前377年）开始的，他对颅骨做了正确的描述。古罗马名医盖伦（公元130～201年）在《医经》中明确指出了血管内运行的是血液而不是空气。但由于当时受宗教统治影响，禁止解剖人体，只能以动物解剖所得结果移用于人体，故该阶段的解剖记述错误较多。欧洲文艺复兴时期（15～16世纪），宗教统治被摧毁，科学艺术得到蓬勃发展，出现了达·芬奇的人体解剖图谱，描绘精细正确，堪称伟大的时代巨著。比利时的维萨里（1514 ～ 1564 年）冒着受教会迫害的危险，夜间从墓地里盗出尸体，藏在家中亲自解剖，1543 年出版了划时代的人体解剖学巨著《人体结构》（图 1-1），纠正了前人的许多错误，奠定了现代人体解剖学的基础，被世人称之为“解剖学之父”（图 1-2）。西班牙的塞尔维特（1511 ～ 1553 年）发现了人体“肺循环”的奥秘。哈维（1578 ～ 1657 年）证明了血液是在一个封闭的管道系统内循环。达尔文（1809 ～ 1882 年）的《物种起源》提出了人类起源和进化的理论，将进化发展的观点引入了解剖学研究，为探索人体形态结构的发展规律提供了强有力的理论武器。

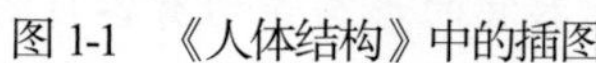

图 1-1 《人体结构》中的插图

图 1-2 “解剖学之父”——维萨里

2. 中国解剖学发展简史 我国传统医学中的解剖学记载历史悠久，甲骨文中的“心”字是人类历史上最早记录心脏冠状切面内部结构的“图谱”。早在公元前500年的《黄帝内经》中就已有了人体解剖学的相关记载。汉代名医华佗医术高超，说明他是熟悉解剖学的外科专家。宋代王惟一铸造的铜人是人类历史上最早创建的人体模型。南宋人宋慈所著《洗冤录》（约 1247 年）已绘制了精美的检骨图。清代名医王清任（1768 ～ 1831 年）撰著《医林改错》的殷实内容，是亲自解剖尸体的结果。虽然我国的解剖学研究在古代已硕果累累，但由于长期受封建社会制度的束缚，解剖学始终融合在传统医学之中，没有形成独立的学科体系。清代末年，西方现代解剖学逐渐传入我国，但发展缓慢。新中国成立后，特别是改革开放以来，在党的“科教兴国”方针指引下，解剖科学工作者的积极性得到了极大地调动。经过长期不懈的努力，取得了许多令世人瞩目的研究成果。自 1956 年始，解剖学界相继有 8 位教授被推选为两院院士，其中，中国科学院院士有马文昭（1956 年）、汪堃仁（1980 年）、吴汝康（1980 年）、薛社普（1991 年）、鞠躬（1991 年）、吴新智（1999 年）、苏国辉（中国香港，1999 年），中国工程院院士钟世镇（1997 年）。他们在学科建设、科学研究和教书育人等方面均做出了历史性贡献，是我们永远学习的榜样。

（三）人体的组成和分部

1. 人体的组成 细胞（cell）是构成人体的基本结构和功能单位，是各种生命活动的形态学基础。细胞之间存在一些由细胞产生的物质，称为细胞外基质或细胞间质，对细胞起着支持、联系、营养和保护等作用。许多形态相似、功能相关的细胞群借细胞外基质有机地结合在一起，形成具有一定形态结构特征和相关功能的**组织**（tissue）。通常把人体的基本

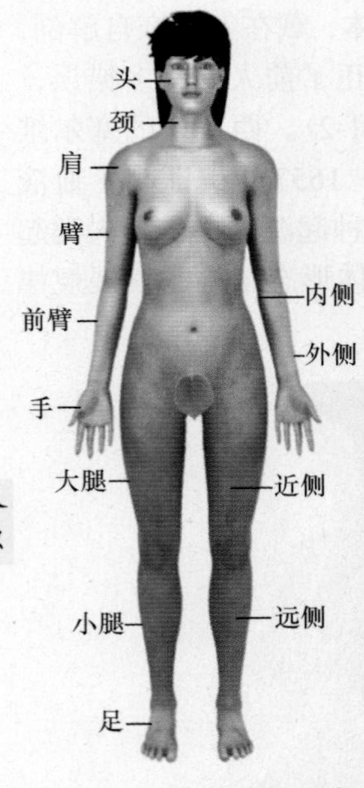

图 1-3　人体的分部和方位术语

考点：构成人体的基本组织

组织分为上皮组织、结缔组织、肌组织和神经组织 4 种。几种不同的组织，构成具有一定形态，完成特定功能的**器官**（organ），如心、肝、脾、肺、肾等。许多功能相关的器官连接在一起，完成某一种特定的连续性功能而构成**系统**（system）。组成人体的系统有运动系统、消化系统、呼吸系统、泌尿系统、生殖系统、循环（脉管）系统、感觉器官、神经系统和内分泌系统九大系统。其中消化、呼吸、泌尿和生殖 4 个系统的大部分器官位于胸腔、腹腔和盆腔内，并借一定的孔道直接或间接与外界相交通，故又总称为**内脏**（viscera）。内脏的主要功能是进行机体与外界的物质交换和繁殖后代。体内各系统和器官虽然具有各自独特的形态、结构和功能，但它们在神经和内分泌系统的调节下相互协调，密切配合，相互制约，以维持统一的整体活动。

2. 人体的分部　人体从外形上可分为头、颈、躯干和四肢 4 部分。其中，头又分为颅部和面部；颈又分为颈部和项部；躯干部又分为背部、胸部、腹部和盆会阴部；四肢分为上肢和下肢，上肢再分为肩、臂、前臂和手，下肢再分为臀、大腿、小腿和足（图 1-3）。

链接

人的体型

人体的结构虽然基本相同，但其高矮、胖瘦及器官的形态等均有各自的特点，这些特点在人体的综合表现则称为体型。通常将人体分为矮胖型、瘦长型和适中型 3 型。体型的差异多与遗传因素有关，一般都属于正常情况而不作为病态。

（四）人体解剖学的基本术语

为了准确描述人体各器官的形态结构和位置毗邻关系，统一规定了国际上通用的解剖学姿势和专用术语。因其具有重要的应用价值，故初学者必须首先掌握并自觉熟练运用。

1. 解剖学姿势　是指身体直立，两眼平视，上肢下垂，下肢并拢，手掌和足尖向前（图 1-4）。在描述人体各部结构的相互位置关系时，无论人体处于何位、标本或模型以何种方位放置，均应依照解剖学姿势进行描述。

2. 人体的轴和面

(1) 轴：是叙述关节运动时常用的述语，在解剖学姿势条件下，做出相互垂直的 3 种轴（图 1-4）。①垂直轴：为上下方向并与地平面垂直的轴。②矢状轴：为前后方向并与地平面平行的轴。③冠状轴：

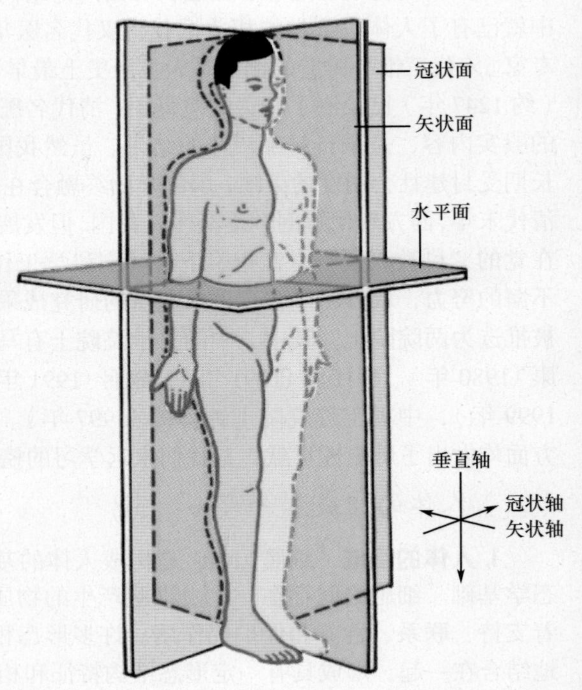

图 1-4　解剖学姿势及人体的轴和面

又称额状轴，为左右方向并与地平面平行的轴。

(2) 面：为了便于对人体内部结构进行描述，人体或其任何一个局部，均可在解剖学姿势条件下，做相互垂直的 3 种切面。①矢状面：是指按前后方向，将人体分为左、右两部分的纵切面。通过人体正中的矢状面称为正中矢状面，它将人体分为左右相等的两半。②冠状面：又称额状面，是指按左右方向，将人体分为前、后两部分的纵切面。③水平面：又称横切面，是指按水平方向，并与上述两平面相垂直，将人体分为上、下两部分的切面。

但必须注意的是，在描述器官的切面时，常以器官自身的长轴为准。与其长轴平行的切面为**纵切面**，与其长轴垂直的切面则为**横切面**。

3. 常用方位术语　为了准确描述解剖学姿势下人体结构的相互关系，又规定了一些标准的方位术语（图 1-3）。常用的有①**上和下**：近头者为上，近足者为下。②**前和后**：凡距身体腹侧面近者为前，距背侧面近者为后。③**内侧和外侧**：距身体正中矢状面近者为内侧，距正中矢状面远者为外侧。④**内和外**：凡属空腔器官，近内腔者为内，远离内腔者为外。⑤**浅和深**：距皮肤表面近者为浅，距皮肤表面远者为深。⑥**近侧和远侧**：在四肢，距肢体附着部较近者为近侧，较远者为远侧。

考点：解剖学姿势和常用方位术语

（五）学习正常人体学基础的基本观点和学习方法

1. 基本观点　应以辩证唯物主义的观点为指导，树立进化发展的观点、形态与功能相联系的观点、局部与整体相统一的观点、理论联系实际的观点。努力做到外形结合内部结构、平面结合立体形象、静态结合动态活体、典型结合变异畸形。逐步建立从细胞到组织、从组织到器官、从器官到系统、从局部到整体的概念，用整体的、动态的、对立统一的观点去全面科学地认识和深入理解人体的形态结构及功能活动。

2. 学习方法　正常人体学基础是一门实践性很强的形态功能学科，结构功能复杂，名词术语繁多（近 1/3 以上的医学名词），偏重于理解记忆是其特点。因此，在学习的过程中，既要重视基本理论的学习，又要注意理论联系实际、形态联系功能、基础联系临床、标本联系活体，积极参与实验实习，通过认真听讲、动脑思考、动眼观察、动口请教、动手操作（多摸、多写、多画），把书本知识与标本、模型、挂图、图谱和多媒体课件等有机结合。注重活体触摸，加强体表定位，遵循记忆规律，增强记忆效果，提高学习成效，逐步养成独立思考、勤奋钻研、主动涉猎知识的良好习惯，努力摸索出一套适合自己的有效学习方法。最终达到全面理解，牢固记忆，掌握重点，突破难点，明确考点，为毕业后顺利通过护士执业资格考试和早日就业打下坚实的基础。

歌诀助记

医学之根

正常人体很重要，医学之树它是根；
形态结构是灵魂，微细结构显神功；
生理功能内涵深，美丽人体真诱人；
要想根深枝叶茂，态度方法定乾坤。

二、生命活动的基本特征

生命活动的形式是多种多样的，科学家通过对各种生物体的基本生命活动长期观察和研究，发现新陈代谢、兴奋性和生殖是生命活动的三种基本表现，是所有生物体所特有的，是生命活动的基本特征。

（一）新陈代谢

新陈代谢是指生物体通过与周围环境不断进行物质和能量交换而实现自我更新的过程。

包括合成代谢（同化作用）和分解代谢（异化作用）两个方面。合成代谢是指机体不断从外界摄取营养物质用于合成自身的物质，并贮存能量的过程。分解代谢是指机体不断分解自身的物质，释放能量供机体利用，并将分解产物排出体外的过程。可见，在新陈代谢过程中，既有物质合成，又有物质分解。物质的合成与分解，亦称为**物质代谢**。伴随物质代谢而产生的能量释放、贮存、转化和利用的过程，称为**能量代谢**。物质代谢和能量代谢是新陈代谢过程中同时进行、互为依存的两个方面。

考点：新陈代谢的概念

新陈代谢是生命活动的最基本特征，机体的一切生命活动都是在新陈代谢的基础上实现的，新陈代谢一旦停止，生命活动也就结束。

（二）兴奋性

机体或组织对刺激产生反应的能力或特性，称为兴奋性。机体的各种组织中，神经、肌肉和腺体的兴奋性最高。

1. 刺激 引起机体或组织发生反应的各种环境条件变化，称为刺激。刺激的种类有很多种，按其发挥作用的性质不同，可分为物理性刺激（如电、声、光、机械、冷热、射线等）、化学性刺激（如药物、酸、碱、离子等）、生物性刺激（如细菌、病毒等）、精神性刺激（也称社会心理性刺激，如某些含有特定内容的语言、文字、图片等所形成的刺激）四大类。

考点：兴奋性和阈值的概念；阈值与兴奋性的关系

2. 反应 机体或组织接受刺激后所发生的一切变化，称为反应。如骨骼肌受外力牵拉后引起收缩等。虽然机体或组织接受刺激后所发生反应的形式各异，但归纳起来，反应只有两种基本形式，即兴奋或抑制。机体或组织接受刺激后，由安静状态转变为活动状态或活动由弱变强，称为**兴奋**；反之，机体或组织接受刺激后，由活动状态转变为安静状态或活动由强变弱，称为**抑制**。刺激引起机体或组织产生的反应是兴奋还是抑制，取决于刺激的性质、强度以及机体当时的功能状态。如人在饥饿时，对食物的反应就表现为兴奋；而在饱食时，对食物的反应通常则表现为抑制。

3. 衡量兴奋性的指标 刺激有强弱或大小的差别，凡能引起组织发生反应的最小刺激强度，称为**阈强度**或**阈值**。小于阈强度的刺激，称为阈下刺激；大于阈强度的刺激，称为阈上刺激，故生理学常用阈值作为衡量组织兴奋性高低的指标。阈值与兴奋性呈反变关系，阈值越小，说明组织兴奋性越高；阈值越大，说明组织兴奋性越低。

（三）生殖

生物体保持种系延续的生理过程，称为生殖。人和高等动物一般都是通过雌雄两性性器官的活动而实现的。通过生殖产生子代新个体使种系绵延，也是生物体生命活动的基本特征之一。

三、内环境及其稳态

人体直接接触的外界环境，称为**外环境**，包括自然环境和社会环境。外环境是不断变化的，如环境中的温度、阳光、空气等。人体通过适应性的变化与外环境达到协调统一。

人体内的液体总称为体液，分为分布在细胞内的细胞内液和分布在细胞外的细胞外液两大类。细胞外液（主要包括组织液、血浆和淋巴）是体内细胞直接生存的体内环境，称为**内环境**。内环境是细胞直接接触和赖以生存的环境。外环境可以有很大变化而内环境则是相对稳定的，例如，外环境温度可由零下几十度变化到零上几十度，但人体的体温是相对稳定的，始终维持在37℃左右。1859年法国生理学家克劳德·伯尔纳（图1-5）首先指出只有保持内环境的相对稳定，复杂的多细胞动物才能生存，强调了保持内环境相对稳定的意义。

内环境的各种化学成分和理化性质（如温度、酸碱度、渗透压和各种液体成分等）保持相对恒定的状态，称为内环境的稳态，简称**稳态**。稳态实际上是一种动态平衡，一方面受外环境变化和新陈代谢的影响，不可避免地遭受干扰和破坏；另一方面机体通过不断调节各器官、组织的生理活动来恢复和维持稳态。如天气变冷，机体散热增加会使体温下降，人体可以通过减少皮肤血流、增添衣服来减少散热，同时提高骨骼肌肌紧张以增加产热，维持体温的相对稳定。如果内环境的理化条件发生重大变化，超过机体自身调节维持稳态的能力，则机体的正常生理功能将会受到严重影响，疾病就会随之发生，甚至危及生命。在这种情况下，往往需要通过适当的药物或其他医疗手段来帮助恢复内环境的平衡。

图 1-5 法国著名生理学家克劳德·伯尔纳

考点：内环境和稳态的概念

链接

适 应

人类在长期进化的过程中，已逐步建立了一套通过自我调节以适应生存环境改变需要的反应方式。机体按环境变化调节自身生理功能和心理活动的过程称为适应，分为生理性适应和行为性适应。如长期居住在高原地区的人，其血液中红细胞数和血红蛋白含量比居住在平原地区的人要高，以适应高原缺氧的生存需要，这属于生理性适应；寒冷时人们通过添衣和取暖活动来抵抗严寒，这是行为性适应。

四、人体生理功能的调节

人体有一整套调节机制，它能根据体内、外环境的变化来调整和节制机体各部分的活动，使机体内部以及机体与环境之间达到平衡统一，这一生理过程称为调节。

（一）人体生理功能的调节方式

人体对各种功能活动的调节方式有 3 种，即神经调节、体液调节和自身调节。

1. 神经调节 是指通过神经系统的活动对机体功能进行的调节，神经调节的基本方式是反射。**反射**是指在中枢神经系统的参与下，机体对内、外环境刺激所做出的规律性应答。例如，某肢体受到伤害刺激时，该肢体立即缩回就是一种反射。反射活动的结构基础是**反射弧**，由感受器→传入（感觉）神经→中枢→传出（运动）神经→效应器 5 个部分组成（图 1-6）。效应器是应答刺激的反应器官，包括骨骼肌、平滑肌、心肌和腺体，其反应是肌肉的收缩或腺体的分泌等。每一种反射，都有一个完整的反射弧，故一定的刺激便引起一定的反射活动。反射弧中的任何一个环节被破坏，都将使相应的反射消失，故临床上常用检查反射的方法来协助诊断神经系统的疾病。

反射的种类很多，按其形成过程和条件的不同，可分为非条件反射和条件反射（表 1-1）。①非条件反射：是一种与生俱来、通过遗传形成的低级神经反射活动。该反射数量有限，反射弧固定而简单，反射中枢在大脑皮质以下的较低级部位，是人和动物适应环境变化、维持生存的本能性活动。如吸吮反射、吞咽反射、咳嗽反射、角膜反射等。②条件反射：是在非条件反射的基础上，经过后天学习和训练建立起来的高级神经反射活动。条件反射灵活易变，数量无限，反射弧不固定而复杂，反射中枢需要有大脑皮质参与，具有预见性、精确性，反应更广泛、更灵活。因此，条件反射极大地提高和扩大了机体适应环境变化的能力。

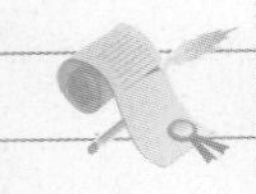

“望梅止渴”“谈虎色变”等就是典型的条件反射。

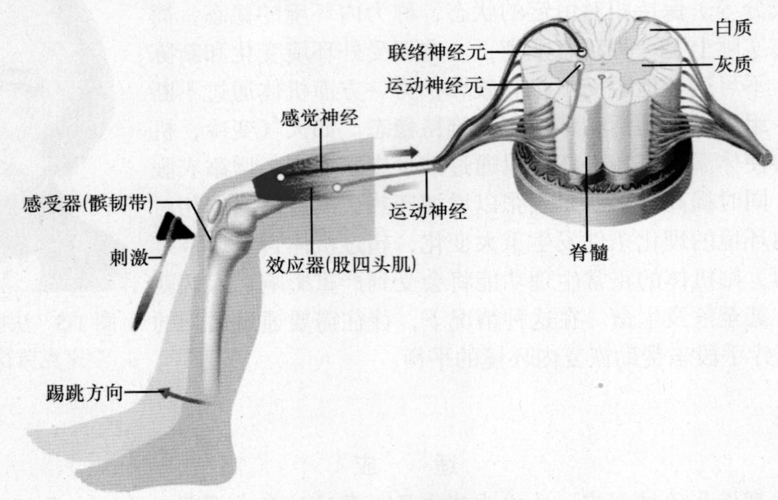

图 1-6　反射弧的组成

考点：反射的概念和反射弧的组成

形成条件反射的基本条件是无关刺激与非条件刺激在时间上的结合，此过程称为**强化**。任何刺激通过强化后，都可成为条件刺激而建立条件反射，因而条件反射数量无限。初建立的条件反射尚不巩固，容易消退，经过多次强化后，就可以巩固下来。人们的学习过程就是条件反射建立的过程，要想获得巩固的知识，就要不断地复习强化。苏联生理学家伊万·巴甫洛夫在这一领域的研究中做出了杰出贡献。

表 1-1　非条件反射与条件反射的比较

项目	非条件反射	条件反射
形成	先天遗传，种族共有	后天获得，个体特有
反射弧	固定而简单	易变而复杂
中枢部位	皮质下中枢	大脑皮质
数量	有限	无限
意义	维持生存、适应环境变化	灵活适应环境变化

2. 体液调节　是指体内激素等特殊化学物质通过体液途径而影响生理功能的一种调节方式。**激素**（hormone）是由内分泌腺或内分泌细胞分泌的具有传递调节信息的高效能生物活性物质，是参与体液调节的主要化学物质。体液调节可分为全身性体液调节和局部性体液调节（表 1-2）。

表 1-2　体液调节

体液调节	全身性体液调节	局部性体液调节
化学物质	多为激素	多为组织细胞的代谢产物（如 CO_2、H^+、乳酸等）
体液途径	血液运输	组织液局部扩散
调节对象	全身的组织细胞	邻近细胞
意义	体液调节的主要方式	体液调节的辅助方式

人体内多数内分泌腺或内分泌细胞接受神经的支配，在这种情况下，体液调节便成为神经调节反射弧的传出部分，这种调节称为**神经-体液调节**（图1-7）。如肾上腺髓质受交感神经节前纤维支配，交感神经兴奋时，可引起肾上腺髓质分泌肾上腺素和去甲肾上腺素，从而使神经与体液因素共同参与机体的调节活动。

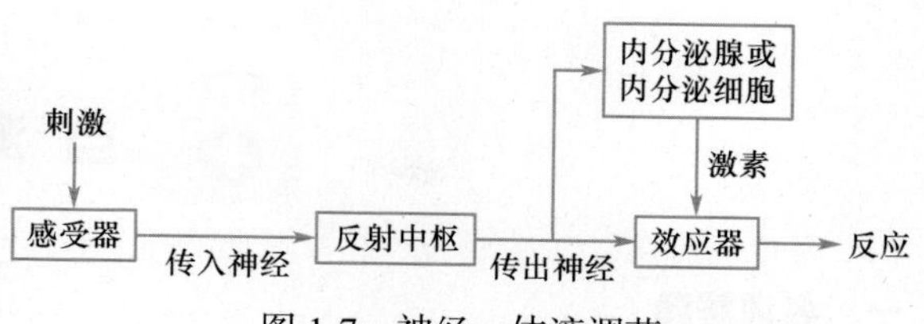

图1-7　神经－体液调节

3. 自身调节　是指体内的某些组织细胞不依赖于神经或体液因素，自身对环境刺激发生的一种适应性反应。如血管平滑肌在受到牵拉刺激时，会发生收缩反应。

以上3种调节方式中，一般认为，神经调节的特点是反应迅速、调节精确而短暂，是机体最主要的调节方式；体液调节则相对缓慢、持久而弥散（即作用范围广泛）；自身调节的幅度和范围较小，但有一定的意义。神经调节、体液调节和自身调节相互配合，可使生理功能活动更趋完善。

考点： 体液调节的概念；神经调节的特点

（二）人体功能活动的反馈调节

人体生理功能的调节过程与自动控制系统的工作原理相似。自动控制系统的基本特点是在控制部分与受控部分之间存在着双向信息联系，形成一个"闭环"回路。在人体功能的各种调节活动中，通常将反射中枢或内分泌腺等看作是控制部分，而将效应器或靶细胞等看作是受控部分。由控制部分发送到受控部分的信息称为**控制信息**；由受控部分返回到控制部分的信息称为**反馈信息**。受控部分发出的反馈信息反过来影响控制部分活动的过程称为**反馈**。根据反馈信息对控制部分作用的结果，可将反馈分为负反馈和正反馈两类。

1. 负反馈　反馈信息与控制信息作用相反的反馈，称为负反馈。例如，当动脉（受控部分）血压升高时，反馈信息通过一定的途径抑制心血管中枢（控制部分）的活动，使血压下降；相反，当动脉血压降低时，反馈信息又通过一定的途径增强心血管中枢的活动，使血压升高。由此可见，负反馈的生理意义在于维持机体某项生理功能的相对稳定。人体内的负反馈极为多见，又极其重要，如机体内环境的稳态、体温、呼吸、血压等各种生理功能的调节都是通过负反馈来实现的。

2. 正反馈　反馈信息与控制信息作用相同的反馈，称为正反馈。例如，在排尿过程中，当排尿中枢（控制部分）发动排尿后，由于尿液刺激了后尿道（受控部分）的感受器，受控部分不断发出反馈信息进一步加强排尿中枢的活动，使排尿反射一再加强，直至膀胱内的尿液排完为止。由此可见，正反馈的生理意义在于使某项生理过程逐步加强并尽快完成。正反馈在体内屈指可数，除上述排尿反射外，还有排便、分娩与血液凝固等生理过程。

考点： 反馈的概念；负反馈和正反馈的生理意义

小结

正常人体学基础是一门古老而又年轻的现代科学，是医学课程的先修课和必修课，它将为其他基础医学与临床护理学的学习奠定必要的基础。本章重点介绍了人体的组成、分部和解剖学的基本术语，阐明了生命活动的基本特征（新陈代谢、兴奋性和生殖），人体生存的外环境和细胞生存的内环境，揭示了调节生命活动的规律—神经调节、体液调节和自身调节，而解释这种调节功能的又是自动控制系统的理论。要全面准确地认识和理解人体的形态结构和生理功能，就必须树立正确的观点和掌握科学有效的学习方法。

自测题

一、名词解释

1. 组织 2. 新陈代谢 3. 刺激 4. 反应 5. 兴奋 6. 反射 7. 体液调节 8. 反馈

二、填空题

1. 构成人体的基本组织分为________、________、________和________4种。
2. 内脏包括________、________、________和________4个系统。
3. 根据外形，可将人体分为________、________、________和________4部分。
4. 生命活动的基本特征是________、________和________。
5. 衡量组织兴奋性高低的指标是________，它与兴奋性呈________关系。
6. 反射弧由________、________、________、________和________5个部分组成。

三、选择题

A_1 型题

1. 用于光镜观察的组织切片厚度一般为（ ）
   A. 5 ～ 10nm　B. 5 ～ 10μm
   C. 50μm　D. 1 ～ 5μm
   E. 50 ～ 80nm
2. 手对于臂就像脚对于（ ）
   A. 小腿　B. 臀部
   C. 大腿　D. 足底
   E. 膝部
3. 解剖学姿势中，拇指位于（ ）
   A. 外侧　B. 内侧
   C. 远侧　D. 浅层
   E. 近侧
4. 将人体分为左右相等两部分的纵切面是（ ）
   A. 矢状面　B. 水平面
   C. 冠状面　D. 正中矢状面
   E. 横切面
5. 常用来描述空腔器官的方位术语是（ ）
   A. 近侧和远侧　B. 前和后
   C. 浅和深　D. 上和下
   E. 内和外
6. 内环境是指（ ）
   A. 血液　B. 细胞内液
   C. 体内环境　D. 细胞外液
   E. 体液
7. 神经调节的基本方式是（ ）
   A. 反射　B. 反应
   C. 反馈　D. 反射弧
   E. 负反馈
8. 反射活动的结构基础是（ ）
   A. 反应　B. 反射
   C. 反射弧　D. 肌肉的结构
   E. 突触
9. 中枢神经系统受到破坏后，消失的现象是（ ）
   A. 反应　B. 兴奋
   C. 兴奋性　D. 抑制
   E. 反射
10. 属于正反馈作用的生理过程是（ ）
   A. 体温调节　B. 排尿反射
   C. 减压反射　D. 血糖浓度调节
   E. 正常呼吸频率的维持

四、简答题

1. 人体生理功能的调节方式有哪几种？各有何特点？
2. 试举例说明负反馈和正反馈在生理功能活动调节中的意义。

（王之一）

2

第二章 细 胞

细胞常被称为人体的建筑积木，是构成人体的基本结构和功能单位。它们是连续不断地生长、分化、工作和死亡，以每秒钟100万个的速度更新自己。那么，细胞是如何构成的？它们的形态怎样？具有怎样的生理功能？让我们带着这些神奇而有趣的问题一起来探究人体细胞的奥秘。

人体是自然界中进化程度最高、结构和功能最复杂的有机体，由210种不同的细胞类型按照一定的规律组合而成，执行着复杂多样的功能活动。所以，人体既是一个细胞王国，又是一个繁忙而有序的细胞社会。人体内所有的生理功能、生化反应和病理变化，都是在细胞及其产物的基础上进行的，即使是人体疾病的发生、发展也离不开细胞的结构基础。

一、构成细胞的化合物

细胞是生命活动的基本单位，构成细胞的各种化学元素在细胞内都是以化合物的形式存在的，包括无机物和有机物两大类。无机物有水和无机盐，有机物包括糖、脂类、蛋白质、核酸和维生素等。这些化合物是细胞结构和生命活动的物质基础。

二、细胞的形态

组成人体的细胞，种类繁多，形态各异，大小悬殊，功能不同，一般都需借助显微镜才能观察到。细胞的形态、结构因其所处的部位和执行的功能不同而有较大差异（图2-1）。例如，排列紧密的上皮细胞呈扁平形、立方形、柱状等；血细胞多数呈球形，便于在血液

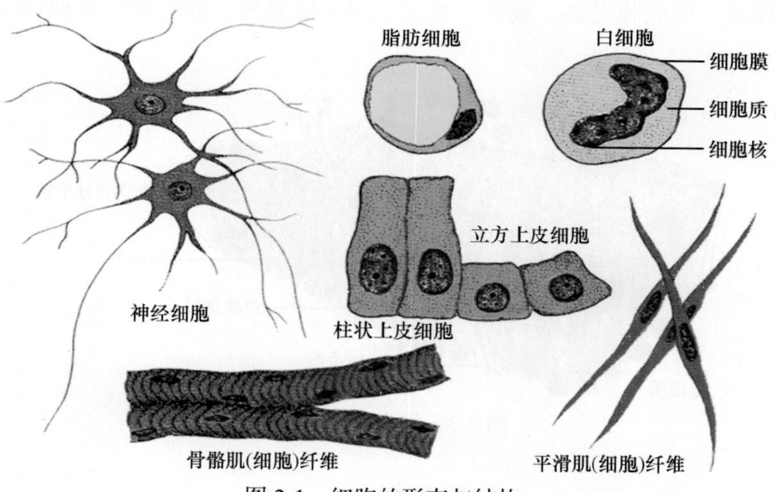

图2-1 细胞的形态与结构

中流动；具有收缩功能的肌细胞呈细长纤维状；具有突起的神经细胞能接受刺激和传导冲动；凡具有较强吞噬功能的细胞，必然含有较多的溶酶体等。细胞的多样性都是由于为了适应机体各种特定功能的需要逐渐演化而成的。

三、细胞的基本结构

虽然细胞的大小、形态、结构和功能活动千差万别，但它们均具有相同的基本结构。在光学显微镜下，均由细胞膜、细胞质和细胞核3部分组成（图2-1，图2-2）。

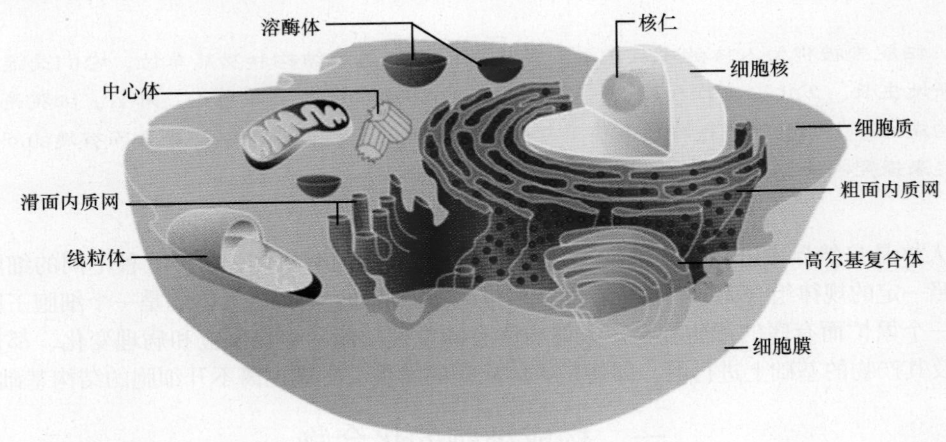

图2-2　细胞结构

（一）细胞膜

细胞膜是分隔细胞质与细胞周围环境的一层具有特殊结构和功能的薄膜（图2-2），其主要化学成分是脂质、蛋白质和少量糖类。细胞膜是防止细胞外物质自由进入细胞内的屏障，也是细胞与外界环境之间进行物质转运和信息传递的门户。

考点：细胞的基本结构；"液态镶嵌模型"学说的基本内容

关于细胞膜的分子结构，目前广为接受的是由Singer和Nicholson1972年提出的"**液态镶嵌模型**"学说。其基本内容：细胞膜以液态的脂质双层构成基架，其间镶嵌着具有不同结构和功能的蛋白质（图2-3）。脂质双层的主要功能是限制物质的通过，即发挥屏障作用。膜蛋白可以移动，构成膜受体、载体、通道、酶和抗原等，细胞膜的各种功能主要由膜蛋白来完成。

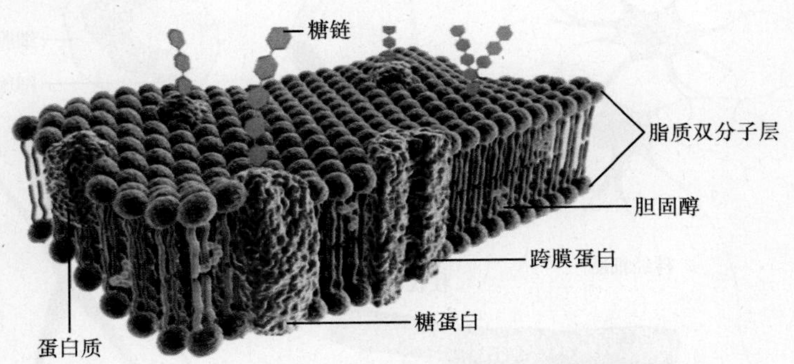

图2-3　细胞膜分子结构

链接

癌 细 胞

癌细胞的恶性增殖和转移与癌细胞膜化学成分的改变有关。细胞在癌变的过程中，细胞膜的化学成分发生改变，有的产生甲胎蛋白（AFP）、癌胚抗原（CEA）等物质。因此，在检查癌症的验血报告单上，有 AFP、CEA 等检测项目。如果这些指标超过正常值，应做进一步检查，以确定体内是否出现了癌细胞。

（二）细胞质

细胞质是位于细胞膜与细胞核之间的部分（图 2-1），包括细胞液、细胞器、包含物和细胞骨架，是细胞完成多种重要生命活动的场所。

1. 细胞液 是填充于细胞质有形结构之间的无定形透明胶状物，是细胞进行多种物质代谢的重要场所。

2. 细胞器 是指细胞质内具有一定形态结构和生理功能的"小器官"，包括线粒体、核糖体、内质网、高尔基复合体、溶酶体、过氧化物酶体和中心体（图 2-2）等。其中，**线粒体**被称为"细胞的供能站"，**核糖体**是合成蛋白质的场所，**溶酶体**被视为细胞内的"消化器"；内质网根据其表面有无核糖体附着，分为**粗面内质网**和**滑面内质网**两种，前者的主要功能是合成分泌蛋白质和部分膜蛋白，后者的主要功能是合成类固醇激素、参与解毒功能、贮存和释放 Ca^{2+} 等；**高尔基复合体**是细胞内的"加工、包装车间"，主要功能是对来自粗面内质网合成的分泌蛋白质进行加工、修饰、浓缩和包装，最终形成分泌颗粒，然后分门别类地分泌到细胞外。

若把细胞内部比作是一个繁忙的工厂，那么，细胞器就是忙碌不停的"加工车间"，承载着细胞的生长、修复和控制等复杂功能。细胞器结构复杂而精巧，功能上分工合作、密切配合，使生命活动能够在变化的环境中自我调控、高效有序地进行。

3. 包含物 是细胞质内具有一定形态（细胞器除外）的各种代谢产物和贮存物质的总称。如腺细胞内的分泌颗粒、脂肪细胞内的脂滴和肝细胞内的糖原颗粒等。

4. 细胞骨架 是指细胞质内由微管、微丝、中间丝以及更细的微梁网络系统等构成的立体网架结构，在维持细胞形状、参与细胞活动和细胞内物质输送（微管）等方面发挥重要作用。

歌诀助记

细 胞 器

细胞质内细胞器，体小样多共七类；
线粒中心微酶体，高尔内质核糖体。

（三）细胞核

细胞核是细胞遗传、代谢、分化、生长及繁殖的控制中心。人体内的细胞除成熟的红细胞外都有细胞核，每个细胞通常只有一个位于中央的细胞核，少数有两个或多个细胞核。细胞核由**核膜**、**核仁**、**染色质**和**核基质** 4 部分组成（图 2-4）。核膜是细胞核与细胞质之间的界膜，核膜上的核孔是细胞核与细胞质之间进行物质交换的通道。核仁为核内的圆形小体，是合成核糖体的场所。核基质由核液和细胞核骨架组成。

染色质和染色体由脱氧核糖核酸（DNA）和相关蛋白质组装而成，易于被碱性染料着色而染成紫蓝色。染色质和染色体实际上是同一种物质在细胞分裂不同时期的两种表现形式。染色质常出现于细胞分裂间期。细胞分裂时，染色质高度螺旋化形成棒状或杆状的染色体。染色质或染色体中的 DNA 是生物遗传的物质基础，是遗传信息的载体。

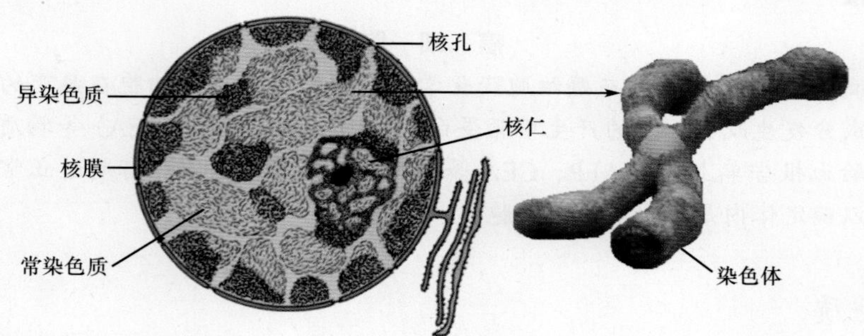

图 2-4 细胞核电镜结构

链接

HE 染 色

组织学中最常用的染色方法是苏木精 (hematoxylin) 和伊红 (eosin) 染色，简称HE染色。苏木精为碱性染料，可使细胞核内的染色质和细胞质中的核糖体染成紫蓝色；伊红为酸性染料，可使细胞质和细胞外基质中的成分染成红色或淡红色。对碱性染料亲和力强的称为嗜碱性，对酸性染料亲和力强的称为嗜酸性，对碱性染料和酸性染料亲和力都不强的则称为中性。细胞内被染成蓝色或红色的颗粒分别称为嗜碱性或嗜酸性颗粒。

考点：细胞核的结构及功能；男、女性的体细胞核型

染色体是以基因形式携带遗传信息的结构。人类体细胞核内有 46 条染色体（23 对），包含 2 万～2.5 万个遗传基因。其中 44 条（22 对）是男女性共有的，称为**常染色体**；有 2 条（1 对）决定人类的性别，称为**性染色体**，在男性为 XY，在女性为 XX。在男性，体细胞核型是 46，XY；而女性是 46，XX。

四、细胞的基本功能

（一）细胞膜的物质转运

细胞在新陈代谢的过程中，不断有各种各样的物质进出细胞，这些物质都是通过细胞膜的转运来实现的。现将几种常见的细胞膜物质转运形式分述如下（表 2-1）。

表 2-1 细胞膜的物质转运

物质转运方式		转运特点	主要转运对象
单纯扩散		通过脂质分子间隙顺浓度差转运，不耗能	脂溶性小分子物质，如 O_2、CO_2、类固醇激素、乙醇、水等
易化扩散	载体转运	载体蛋白帮助，顺浓度差转运，不耗能，特异性、饱和现象、竞争性抑制	非脂溶性物质，如葡萄糖、氨基酸等物质
	通道转运	通道蛋白帮助，顺浓度差转运，不耗能	非脂溶性物质，如 Na^+、K^+、Ca^{2+}、Cl^- 等
主动转运		泵蛋白参与，逆浓度差或电位差耗能转运，耗能	离子、小分子等
膜泡运输	出胞 入胞	通过细胞膜的“运动”	大分子物质和物质团块，如神经递质释放或中性粒细胞吞噬细菌异物等

1. 单纯扩散 是指脂溶性小分子物质从细胞膜的高浓度一侧向低浓度一侧扩散的过程（图 2-5）。由于细胞膜的基架是脂质双层，因此，只有脂溶性物质才能靠单纯扩散通过细胞膜，如 O_2、CO_2、类固醇激素、乙醇、水等。影响单纯扩散的因素有两个：一是细胞膜两侧脂溶性物质的浓度差，浓度差越大，该物质扩散则越快，反之则越慢；二是细胞膜对该物质的通透性，通透性越大，该物质扩散则越快，反之则越慢。

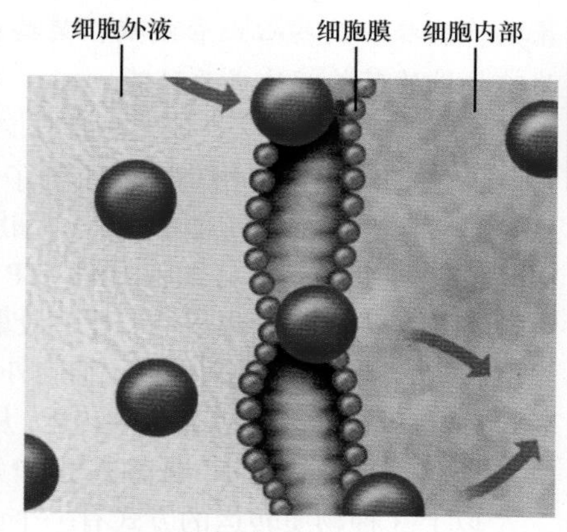

图 2-5 单纯扩散

考点：体内以单纯扩散方式转运的物质

2. 易化扩散 是指非脂溶性小分子物质借助膜蛋白质的帮助，由膜的高浓度一侧向低浓度一侧进行扩散的过程。根据参与膜蛋白质的不同，可将易化扩散分为经载体易化扩散和经通道易化扩散两种形式。

(1) 经载体易化扩散（载体转运）：细胞膜上的载体蛋白与被转运物质在其浓度较高的一侧选择性结合后，通过本身构型的改变而将物质转运至浓度较低另一侧的过程（图 2-6）。体内的葡萄糖、氨基酸等物质就是由相应的载体转运的。

载体转运具有以下特点：①特异性：一种载体通常只能选择性地转运某一种物质，如葡萄糖载体只转运葡萄糖。②饱和现象：即载体转运物质的能力有一定的限度，当被转运物质超过转运能力时，转运量就不会再增加，这是由于细胞膜上载体数量有限的缘故。③竞争性抑制：是指一种载体同时转运两种或两种以上结构相似的物质时，其中一种物质浓度增加，将减弱对另一种物质的转运。

考点：载体转运的特点

(2) 经通道易化扩散（通道转运）：各种带电离子借助通道蛋白内部形成的孔道，由膜的高浓度一侧向低浓度一侧进行的跨膜转运（图 2-7）。体内 Na^+、K^+、Ca^{2+}、Cl^- 等离子就是通过相应通道转运的。

单纯扩散和易化扩散物质都是顺浓度差或顺电位差进行扩散的，细胞本身不消耗能量，故均属于被动转运。

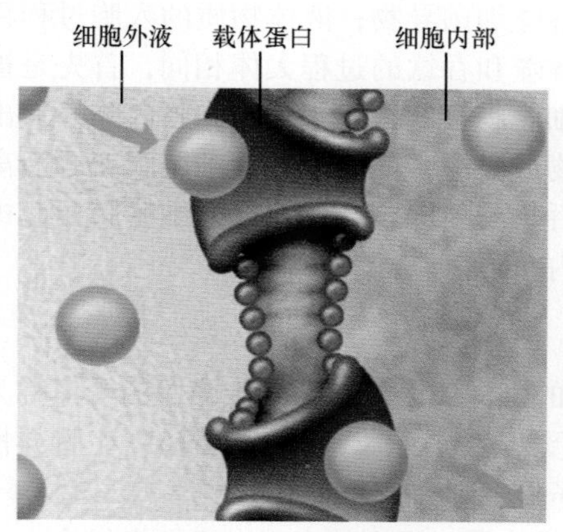

图 2-6 经载体的易化扩散

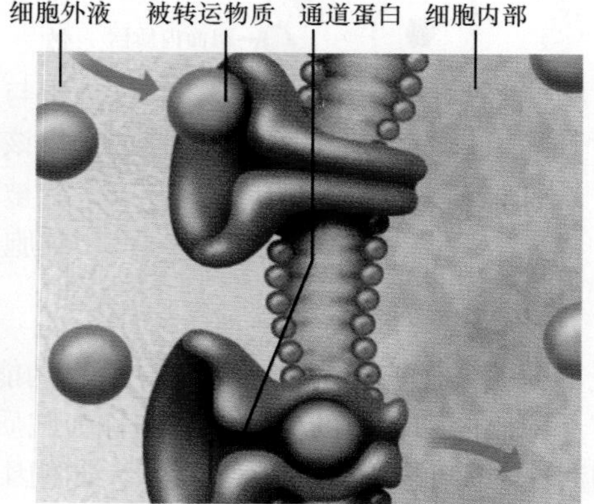

图 2-7 经通道的易化扩散

链接

离子通道的发现

德国著名细胞生理学家萨克曼和内尔合作应用膜片钳技术，发现了细胞膜存在离子通道，而共同获得了 1991 年度诺贝尔奖。他们研究了多种细胞功能，终于发现离子通道在糖尿病、癫痫、某些心血管疾病、某些神经肌肉疾病中所起的作用，这些发现使研究新的更为特异性的药物疗法成为可能。

3. 主动转运 是指离子或小分子物质在细胞膜“泵蛋白”的帮助下，由细胞膜的低浓度一侧转运至高浓度一侧的过程。细胞膜上的泵蛋白又称为离子泵，具有ATP酶的活性，因此也称ATP酶，可将细胞内的ATP水解为ADP，提供能量完成物质的跨膜转运。

考点：易化扩散、主动转运的概念

细胞膜上有多种离子泵，其中最重要的是细胞膜上普遍存在的Na^+-K^+泵，简称Na^+泵。当细胞内Na^+浓度增高和（或）细胞外K^+浓度增高时，Na^+-K^+泵被激活，水解ATP获取能量，对Na^+和K^+同时进行逆浓度差转运，从而保持了膜内高K^+和膜外高Na^+的不均衡离子分布，故Na^+-K^+泵又称**Na^+-K^+依赖式ATP酶**。

以上3种物质转运的方式有一个共同之处，就是被转运物质都是离子或小分子物质。

4. 出胞与入胞 大分子物质和物质团块进出细胞并不直接穿过细胞膜，而是由膜包围形成囊泡，通过膜包裹、膜融合和膜离断等一系列过程完成转运，故又称为**膜泡运输**。膜泡运输包括出胞和入胞两种形式。

(1) 出胞：是指胞质内的大分子物质以分泌囊泡的形式排出细胞的过程。常见于细胞的分泌活动，如外分泌腺排放酶原颗粒和黏液、内分泌腺细胞分泌激素以及神经末梢释放神经递质等过程。几乎所有的分泌物都是通过内质网－高尔基复合体系统形成和处理的。由粗面内质网上核糖体合成的蛋白质可转移到高尔基复合体加工处理，形成具有膜包裹的分泌囊泡。出胞时，囊泡逐渐移向细胞膜并与细胞膜融合、破裂，最后将其内容物排出细胞外（图2-8）。

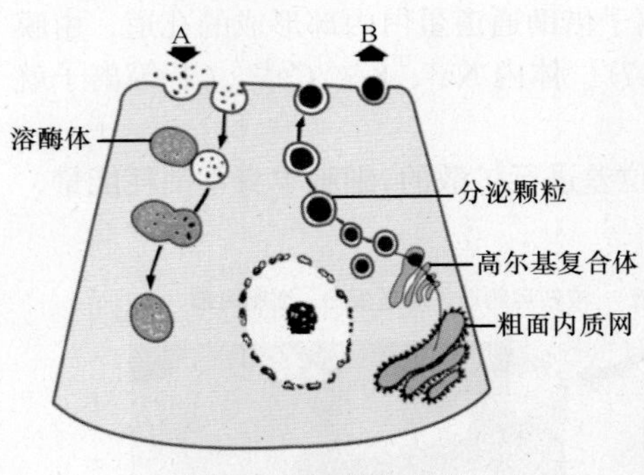

图2-8 入胞和出胞
A. 入胞；B. 出胞

(2) 入胞：是指细胞外大分子物质或物质团块（如细菌、细胞碎片等）被细胞膜包裹后以囊泡的形式进入细胞内的过程。依据进入细胞的物质分为吞噬和吞饮两种形式，固体物质的入胞过程称为**吞噬**，如单核细胞、巨噬细胞和中性粒细胞等吞噬细菌异物；液体物质的入胞过程称为**吞饮**。吞噬和吞饮的过程大体相同，首先是被吞物质与细胞膜接触，接触处细胞膜内陷并伸出伪足将该物质包裹，然后包裹处细胞膜融合断离，最后被吞物质连同包裹的那部分细胞膜一起被摄入细胞内（图2-8）。

（二）受体

受体是指细胞中具有接受和转导信息功能的蛋白质，分布于细胞膜中的受体称为膜受体，位于胞质内和核内的受体则分别称为胞质受体和核受体。凡能与受体发生特异性结合的生物活性物质（如神经递质、激素、细胞因子等）则称为**配体**。

受体通常具有两个功能：①识别特异的信号物质，识别的表现在于两者结合；②把识别和接收的信号准确无误地放大并传递到细胞内部，使得细胞间信号转换为细胞内信号，启动一系列细胞内生化反应，最后导致特定的细胞反应。

（三）细胞的生物电现象

细胞在进行生命活动时伴有的电现象，称为**细胞生物电**。它是细胞普遍存在而又十分

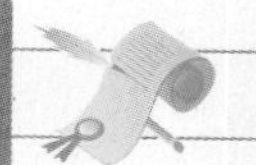

重要的生命现象。细胞生物电主要包括静息电位和动作电位（表 2-2）。机体所有的细胞都具有静息电位，而动作电位则仅见于神经细胞、肌细胞和部分腺细胞。

表 2-2　细胞的生物电现象

项目	静息电位	动作电位
概念	细胞在安静状态下，存在于细胞膜内、外两侧的电位差	细胞受到有效刺激后，在静息电位的基础上产生的一次迅速、可扩布性的电位变化
产生机制	主要是 K^+ 外流形成	上升支由 Na^+ 内流形成，下降支由 K^+ 外流形成
意义	细胞安静的标志	细胞兴奋的标志

1. 静息电位及产生机制

(1) 静息电位：是指细胞处于安静状态时，存在于细胞膜内、外两侧的电位差。静息电位的记录需要一些特殊的实验装置，主要包括能显示电位变化的示波器和尖端很细并能插入细胞的测量电极。如图 2-9 所示，将示波器的两个测量电极放在细胞膜表面的任意两点时（图 2-9A），示波器的光点在 0 点做横向扫描，这表明细胞表面各处的电位是相等的。如果将其中的一个微电极刺入细胞内（图 2-9B），则光点立刻从 0 电位下降到一定水平继续做横向扫描。显示膜内电位比膜外电位低为负值，如在骨骼肌细胞约为 -90mV，神经细胞约 -70mV，红细胞约 -10mV。这说明细胞在安静状态时，膜外带正电荷，膜内带负电荷，这种以膜为界外正内负的状态称为**极化**。极化状态是细胞处于生理静息状态的标志。以静息状态为准，膜内电位数值向负值增大的方向变化，称为**超极化**；膜内电位数值向负值减小的方向变化，称为**去极化**；细胞发生去极化后向原先的极化方向恢复，称为**复极化**。

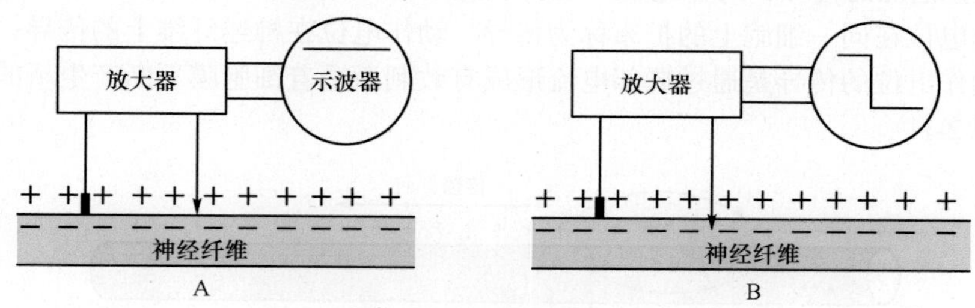

图 2-9　记录静息电位

(2) 产生机制：目前用“离子流学说”来解释。该学说认为，生物电产生的前提是细胞膜内、外的离子分布和浓度不同，以及在不同生理状态下，细胞膜对各种离子的通透性有差异。据此理论推断，静息电位主要是 K^+ 外流所形成的电 - 化学平衡电位，故又称 **K^+ 平衡电位**。

考点： 静息电位的概念及其产生机制

链接

生物电的临床应用

临床上广泛应用的心电图、肌电图、脑电图、视网膜电图、胃肠电图等，就是心脏、大脑皮质、骨骼肌、视网膜和胃肠等器官组织活动时，通过特殊仪器记录下来的生物电变化的图形，现已成为发现、诊断和预测疾病进程以及治疗效果的重要手段。

2. 动作电位及产生机制

(1) 动作电位：是指细胞受到有效刺激后，在静息电位的基础上产生的一次迅速、可

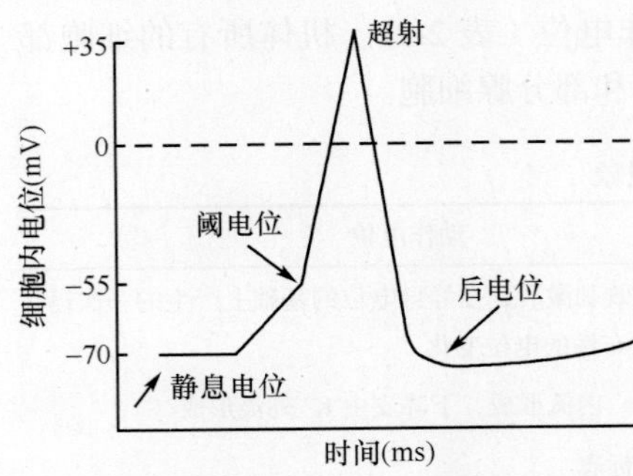

图 2-10　神经纤维动作电位

扩布性的电位变化，是细胞兴奋的标志。如图 2-10 所示，当神经纤维在安静状态下，受到一次短促的阈刺激或阈上刺激时，膜内原来存在的负电位将迅速消失，并且变成正电位，即膜内电位在短时间内可由原来的 -70mV 变到 +20 ～ +40mV 的水平，由原来的内负外正变为内正外负，这一结果称为**反极化**，这构成了动作电位变化曲线的上升支，属于去极化过程。但是，由刺激所引起的这种膜内、外电位的倒转只是暂时的，很快就会出现膜内电位的下降，恢复到原来的极化状态，这构成了动作电位曲线的下降支，属于复极化过程。由此可见，动作电位实际上是膜受到刺激后在原有的静息电位基础上，发生的一次膜两侧电位快速而可逆的倒转和复原。

在生理学中，常将神经细胞、肌细胞和部分腺细胞这些在受到刺激时能够产生动作电位的细胞，称为可兴奋细胞。从生物电的角度，兴奋与动作电位两者是同义语。

考点：动作电位的概念及其产生机制

(2) 产生机制：“离子流学说”认为，动作电位的上升支（去极化过程）主要是 Na^+ 大量快速内流所形成的电 - 化学平衡电位，而下降支（复极化过程）则是由细胞内 K^+ 快速外流形成的。

复极化结束后，膜对 K^+ 的通透性恢复正常，Na^+ 通道也恢复到可激活状态。此时钠泵激活，将进入膜内的 Na^+ 泵出细胞，同时把扩散到膜外的 K^+ 泵入细胞，从而恢复静息时细胞内外的离子分布，以维持细胞的正常兴奋性。

(3) 动作电位的传导：动作电位一旦在细胞的某一点发生，就会沿着细胞膜传遍整个细胞。动作电位在同一细胞上的扩布称为传导。动作电位在神经纤维上的传导，又称为**神经冲动**。动作电位的传导是通过局部电流形成有效刺激沿着细胞膜不断产生新的动作电位的过程（图 2-11）。

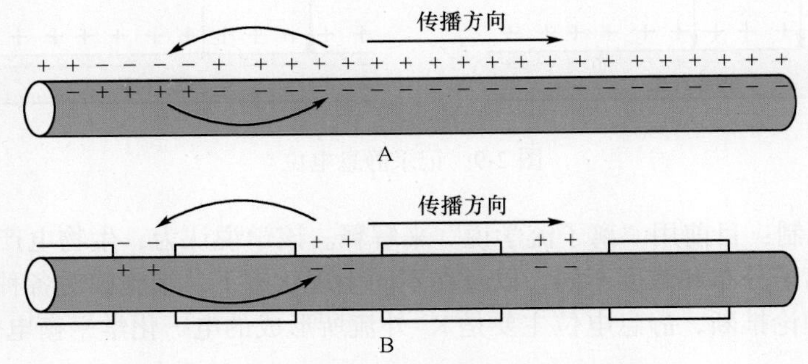

图 2-11　动作电位在神经纤维上的传导

A. 无髓神经纤维上动作电位的传导；B. 有髓神经纤维上动作电位的传导

弯箭头表示细胞膜内外局部电流的流动方向，直箭头表示冲动传导方向

(4) 动作电位传导的特点：①不衰减传播：动作电位传导时，不会因传导距离增大而幅度减小，从而保证了远程信息传导的准确性。②双向性：动作电位可以从受刺激的部位向相反的两个方向传导。③“全或无”现象：动作电位要么不产生（无），一旦产生就是最大值（全），幅度不随刺激强度的增加而增大。

小结

如果把人体比喻成高楼大厦，那么细胞就是其中的一砖一瓦。细胞由细胞膜、细胞质和细胞核3部分组成。细胞质是细胞完成多种重要生命活动的场所，细胞核在形态上是核物质的集中区域，在功能上是遗传信息传递的中枢、细胞内合成蛋白质的控制台，细胞膜是物质转运和信息传递的枢纽，细胞膜的功能与其分子结构密切相关。细胞膜的物质转运方式有3种，其中单纯扩散和易化扩散不需要消耗能量，而主动转运则需要消耗能量。细胞生物电是极其普遍而又重要的生命活动。静息电位主要是K^+外流形成的电-化学平衡电位。动作电位是细胞兴奋的标志，其上升支主要是由Na^+内流形成的电-化学平衡电位，下降支主要是K^+快速外流的结果，“全或无”现象是动作电位的显著特征之一。

人体的代谢过程和生理功能的体现，都是在机体的协调统一下以细胞为单位进行的。离开了对细胞形态结构和功能的认识，要想理解人体的正常生命活动，阐明人类疾病的发生、发展规律是不可能的。因此，必须对细胞的基本结构和功能有所认识。

自测题

一、名词解释

1. 细胞器　2. 单纯扩散　3. 易化扩散　4. 主动转运　5. 静息电位　6. 动作电位

二、填空题

1. 细胞的基本结构包括________、________和________3部分。
2. 细胞膜的分子结构以________为基架，其中镶嵌着具有不同结构和功能的________。
3. 易化扩散分为________和________两种方式。

三、选择题

A_1型题

1. 构成人体的基本结构和功能单位是（　　）
   A. 细胞器　B. 细胞　C. 组织　D. 器官　E. 系统
2. 不属于细胞器的结构是（　　）
   A. 溶酶体　B. 高尔基复合体　C. 微体　D. 糖原颗粒　E. 粗面内质网
3. 高尔基复合体的主要功能是参与（　　）
   A. 蛋白质的合成　B. 支持作用　C. 蛋白质消化　D. 能量转化　E. 蛋白质加工浓缩
4. 遗传信息存在于下列哪一结构中（　　）
   A. 核仁　B. 核膜　C. 核液　D. 核基质　E. 染色质或染色体
5. 基因存在于下列何结构内（　　）
   A. 染色体　B. 核液　C. 核膜　D. 核基质　E. 核仁
6. 人类体细胞染色体的数目为（　　）
   A.23对常染色体，1对性染色体
   B.44对常染色体，1对性染色体
   C.44条常染色体，2条性染色体
   D.22对常染色体，1对Y染色体
   E.22对常染色体，1对X染色体
7. 体内O_2和CO_2进出细胞膜是通过（　　）
   A. 主动转运　B. 入胞　C. 出胞　D. 单纯扩散　E. 易化扩散
8. 参与细胞膜易化扩散的蛋白质属于（　　）
   A. 载体蛋白　B. 受体蛋白　C. 泵蛋白　D. 通道蛋白　E. 通道蛋白和载体蛋白
9. 葡萄糖跨膜进入细胞的形式是（　　）
   A. 主动转运　B. 载体转运　C. 通道转运　D. 单纯扩散

E. 入胞

10. 巨噬细胞和中性粒细胞吞噬细菌或异物的形式是（　　）

A. 易化扩散　　B. 入胞
C. 出胞　　D. 主动转运
E. 单纯扩散

11. 安静状态下，细胞内的 K^+ 向细胞外移动属于（　　）

A. 单纯扩散　　B. 载体转运
C. 通道转运　　D. 主动转运
E. 出胞

12. 细胞兴奋的标志是产生（　　）

A. 收缩反应　　B. 分泌活动
C. 静息电位　　D. 动作电位
E. 局部电位

13. 神经细胞动作电位下降支的产生是（　　）

A.K^+ 内流　　B.K^+ 外流
C.Na^+ 内流　　D.Na^+ 外流
E.Cl^- 内流

14. 产生动作电位上升支的离子流是（　　）

A. Na^+ 内流　　B. Cl^- 内流
C. K^+ 外流　　D.Ca^{2+} 内流
E. Na^+ 外流

四、简答题

1. 细胞膜的物质转运方式有几种？各有何特点？
2. 静息电位和动作电位产生的机制有何不同？

（黄翠微）

3

第三章 基本组织

“物以类聚，人以群分”，构成人体的细胞也不例外。那么，人体内千姿百态的细胞是以何种形式构成人体的基本组织呢？各种组织又具有怎样的形态结构和功能特点？让我们带着这些神奇而有趣的问题一起来探究人体基本组织的奥秘。

通常把构成人体的组织分为上皮组织、结缔组织、肌组织和神经组织4大类，它们是组成各器官的基本结构成分，故总称为基本组织。每种组织均具有各自的形态结构和功能特点。

第一节 上皮组织

案例 3-1

患者女，7岁。周末参加春游活动后，出现鼻、眼睑发痒，流清涕，打喷嚏，呼气性呼吸困难而急诊入院。血常规检查：嗜酸性粒细胞比例增高（12%）。临床诊断：外源性支气管哮喘。

问题：1. 分布于呼吸道腔面的上皮是什么？

2. 参与过敏反应的细胞有哪些？

3. 组胺和白三烯有何作用？

上皮组织简称上皮，是由众多排列紧密的上皮细胞和极少量的细胞外基质组成，具有保护、吸收、分泌、排泄和感觉等功能。上皮组织具有以下结构特点：①细胞多，细胞外基质少，细胞排列紧密呈膜状；②上皮细胞具有明显的极性，即朝向身体的表面或有腔器官腔面的为游离面，与其相对的朝向深部结缔组织的一面为基底面；③上皮组织内大都无血管，其所需营养依靠结缔组织内的血管透过基膜供给；④上皮组织内一般有丰富的感觉神经末梢。

根据其功能，上皮组织可分为被覆上皮和腺上皮两大类。一般所说的上皮组织通常是指被覆上皮而言。

一、被覆上皮

被覆上皮是指覆盖于身体表面（图3-1）或衬贴在体腔和有腔器官内表面的上皮。根据构成上皮的细胞层数和在垂直切面上表层细胞的形状进行分类和命名，其分类和分布情况见表3-1。

图3-1 《蒙娜丽莎》（达·芬奇，1452—1519）

表 3-1 被覆上皮的分类和分布

细胞层数	上皮分类	主要分布
单层上皮	单层扁平上皮	内皮：心、血管和淋巴管的腔面 间皮：胸膜、腹膜和心包膜的表面 其他：肺泡和肾小囊壁层的上皮
	单层立方上皮	肾小管、脉络丛等
	单层柱状上皮	胃、小肠、大肠、胆囊、子宫等
	假复层纤毛柱状上皮	呼吸道等
复层上皮	复层扁平上皮	皮肤表皮、口腔、食管、阴道、角膜等
	变移上皮	肾小盏、肾大盏、肾盂、输尿管和膀胱

1. 单层扁平上皮 由一层扁平细胞紧密排列而成。从表面观察，细胞呈不规则形或多边形，细胞边缘呈锯齿状相嵌；在垂直切面上，细胞扁薄，只有含核的部分略厚（图 3-2）。衬贴于心、血管和淋巴管腔面的单层扁平上皮称为**内皮**，内皮表面光滑，有利于血液、淋巴的流动和物质通过。分布于胸膜、腹膜和心包膜表面的单层扁平上皮称为**间皮**，间皮表面光滑湿润，便于脏器活动。

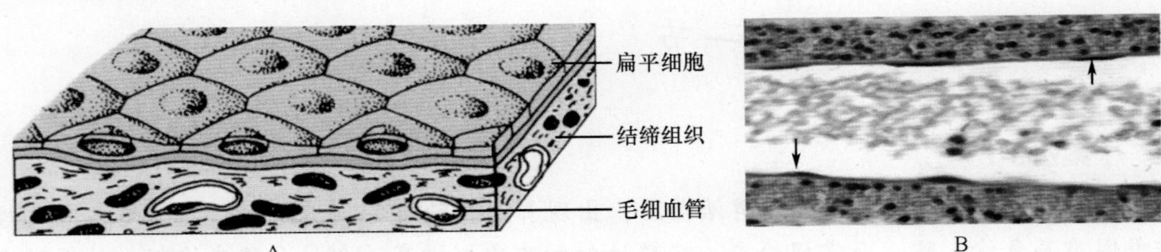

图 3-2 单层扁平上皮

A. 单层扁平上皮；B. 单层扁平上皮（内皮）光镜像

2. 单层立方上皮 由一层近似立方形的细胞紧密排列而成（图 3-3），具有吸收和分泌功能。从表面观察，细胞呈六角形或多边形；在垂直切面上，细胞呈立方形，核圆形，位于细胞中央。

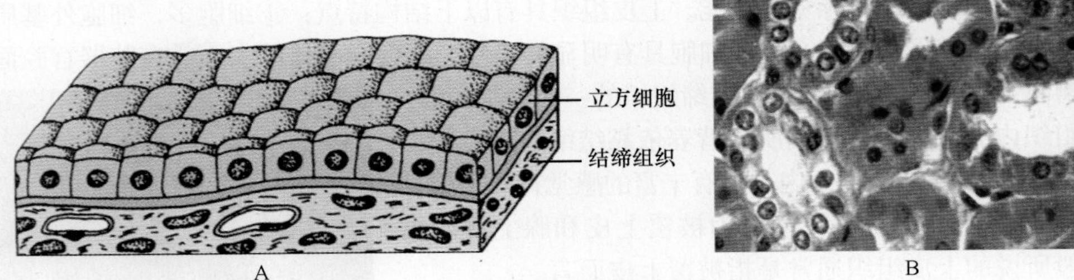

图 3-3 单层立方上皮

A. 单层立方上皮；B. 肾小管单层立方上皮光镜像

3. 单层柱状上皮 由一层棱柱状细胞紧密排列而成（图 3-4），具有吸收或分泌的功能。从表面观察，细胞呈六角形或多角形；在垂直切面上，细胞呈柱状，细胞的游离面常见微绒毛，核为椭圆形，靠近细胞基底部。在肠壁的单层柱状上皮中，还有散在分布的、形似高脚酒杯的杯形细胞。

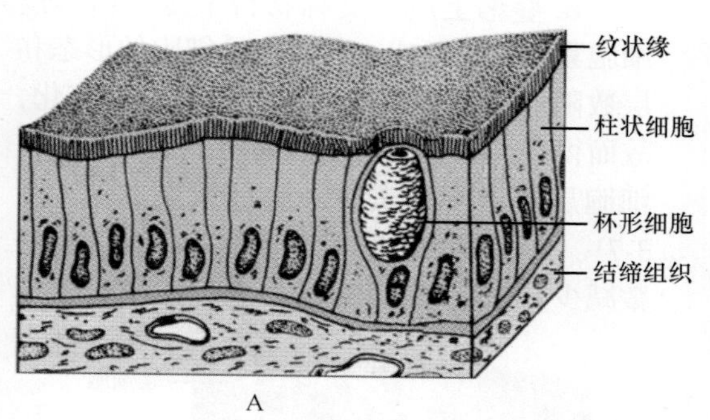

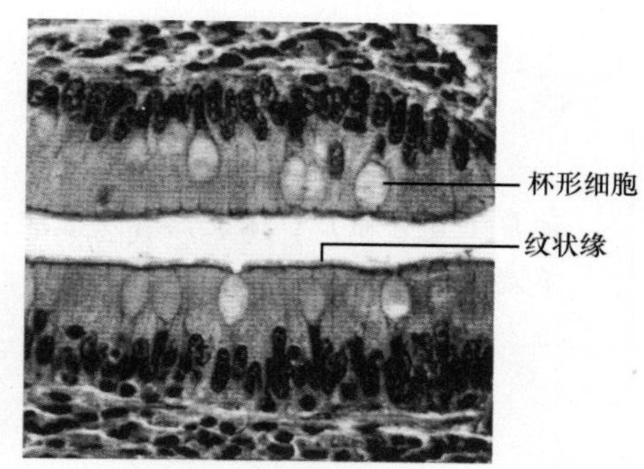

图 3-4　单层柱状上皮

A. 单层柱状上皮；B. 单层柱状上皮光镜像

4. 假复层纤毛柱状上皮　由柱状细胞、梭形细胞、锥体形细胞和杯形细胞紧密排列而成，具有分泌和保护功能。其中柱状细胞最多，游离面有大量纤毛（图 3-5）。虽然上述细胞形态不同，高矮不一，细胞核的位置不在同一水平面上，但其基底面均附着在基膜上，故在垂直切面上观察，形似复层上皮，实际为单层上皮。

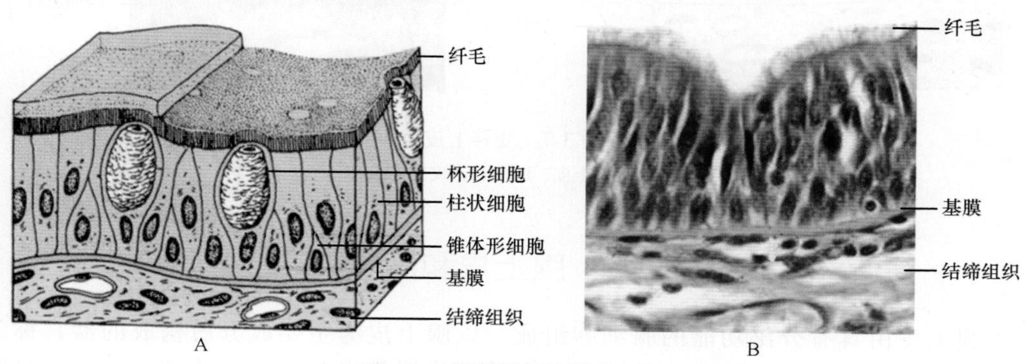

图 3-5　假复层纤毛柱状上皮

A. 假复层纤毛柱状上皮；B. 假复层纤毛柱状上皮光镜像

5. 复层扁平上皮　由多层细胞紧密排列而成，因表层细胞呈扁平鳞片状，故又称复层鳞状上皮。在垂直切面上，细胞形状不一（图 3-6），浅层为几层扁平细胞；中间层为数层体积较大的多边形细胞；基底层为一层紧靠基膜的矮柱状或立方形基底细胞，具有较强的增殖分化能力，新生细胞不断向浅层移动，以补充表层细胞的脱落。复层扁平上皮具有耐摩擦和阻止异物侵入等作用，损伤后有很强的再生修复能力。

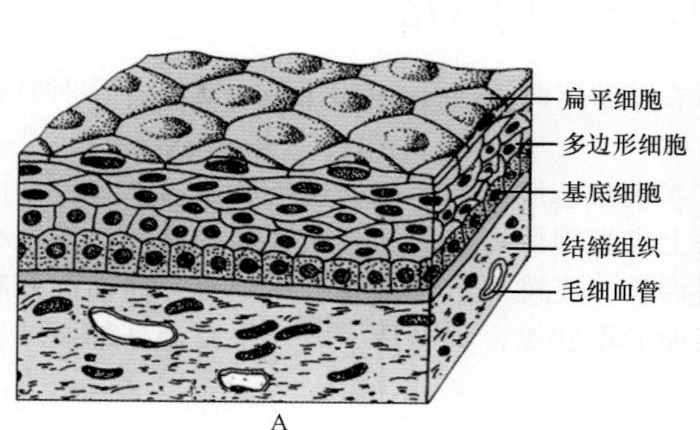

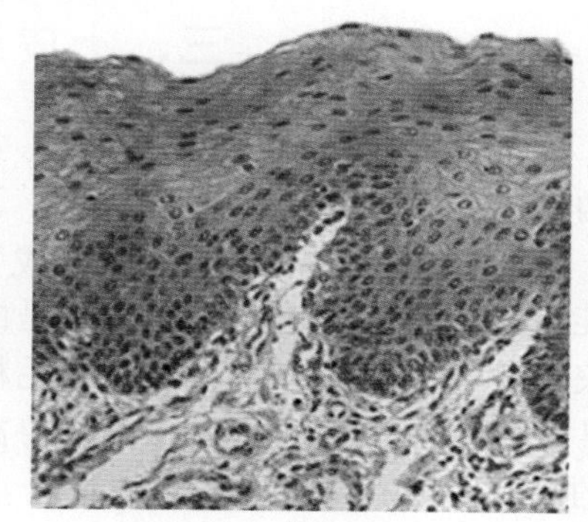

图 3-6　复层扁平上皮

A. 复层扁平上皮；B. 复层扁平上皮光镜像

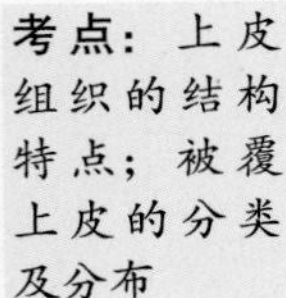

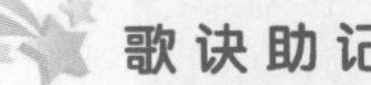

考点：上皮组织的结构特点；被覆上皮的分类及分布

歌诀助记

被覆上皮

被覆上皮分布广，体表器官及管腔；
单扁立柱假复纤，复扁变移六样全。

6. 变移上皮 又称移行上皮，由多层细胞紧密排列而成。其特点是细胞的形态和层数随所在器官的收缩或扩张而发生变化，故而得名。如膀胱排空收缩时，上皮变厚，细胞层数增多，表层细胞呈大立方形（图3-7）。膀胱充盈扩张时，上皮变薄，细胞层数减少，表层细胞变扁。

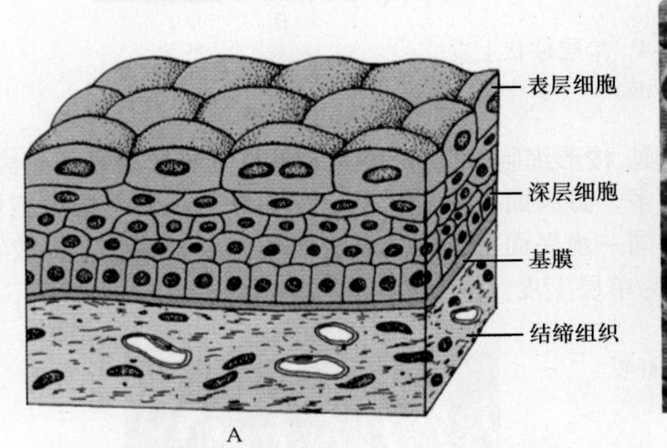

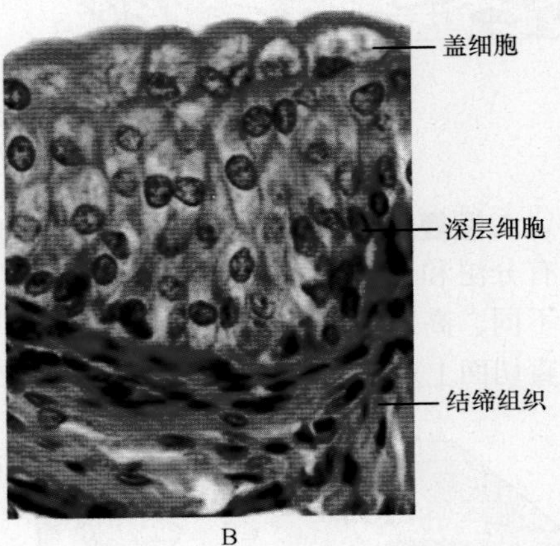

图3-7 变移上皮

A. 变移上皮；B. 变移上皮光镜像

二、腺上皮和腺

腺上皮由具有分泌功能的腺细胞组成，以腺上皮为主要成分所构成的器官称为腺。腺细胞的分泌物有酶类、黏液和激素等。依据排出分泌物方式的不同，可将腺分为内分泌腺和外分泌腺两类。①**内分泌腺**：是指分泌物（激素）不经导管直接释放入血液中的腺，如甲状腺、肾上腺等（详见第12章内分泌系统）。②**外分泌腺**：又称有管腺，是指分泌物经导管排至体表或有腔器官腔面的腺，如唾液腺、汗腺等。外分泌腺可分为单细胞腺和多细胞腺，杯形细胞是人体内唯一的单细胞腺，但人体内的绝大多数腺属于多细胞腺。多细胞腺一般由产生分泌物的分泌部和排出分泌物的导管两部分组成。

三、上皮细胞表面的特化结构

上皮细胞为了与其功能相适应，常在其游离面、侧面及基底面分化形成了多种特殊的结构。

1. 上皮细胞的游离面 分化形成了扩大细胞吸收面积的**微绒毛**和具有节律性定向摆动能力的**纤毛**（图3-5）。两者都是由上皮细胞游离面的细胞膜和细胞质伸出的细小指状突起（图3-8），但纤毛较微绒毛粗而长。光镜下所见小肠上皮细胞游离面的**纹状缘**（图3-4）和肾近端小管上皮细胞游离面的**刷状缘**，都是由密集而整齐排列的微绒毛形成的。

2. 上皮细胞的侧面　分化形成了维持上皮组织整体性和协调性作用的细胞连接，如紧密连接、中间连接、桥粒和缝隙连接（图 3-8）。细胞连接不仅存在于上皮细胞之间，还存在于其他组织中的细胞之间。

3. 上皮细胞的基底面　由上皮细胞基底面与深部结缔组织之间共同形成的一层薄膜称为**基膜**（图 3-5），除具有支持、连接及固着作用外，还具有选择性通透作用，有利于上皮细胞与深部结缔组织之间进行物质交换。

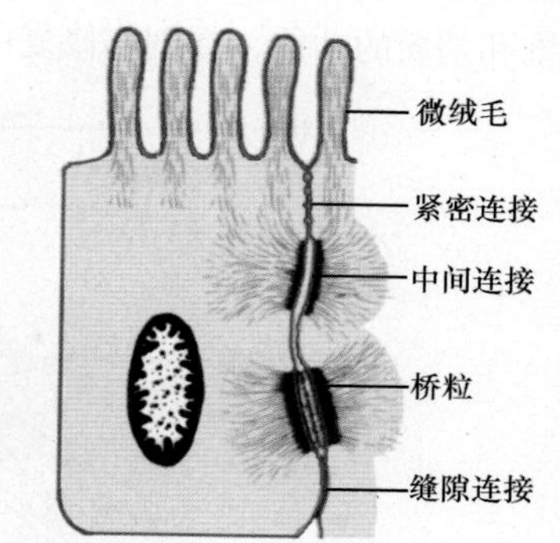

图 3-8　单层柱状上皮微绒毛与细胞连接

第二节　结缔组织

结缔组织由细胞和大量细胞外基质构成，具有连接、支持、保护、营养、防御和创伤修复等多种功能。结缔组织分布广泛，形态多样，包括液态的血液与淋巴、柔软的疏松结缔组织、致密结缔组织、脂肪组织和网状组织以及坚硬的软骨组织和骨组织。一般所说的结缔组织（狭义的）主要是指疏松结缔组织和致密结缔组织而言。

结缔组织与上皮组织比较，具有以下结构特点：①细胞数量少，但种类多，细胞散在分布而无极性；②细胞外基质多，形态多样，包括无定形的基质、细丝状的纤维和不断循环更新的组织液，构成了细胞生存的微环境；③一般都有血管分布。

一、疏松结缔组织

疏松结缔组织广泛分布于器官之间、组织之间和细胞之间，具有连接、支持、防御和修复等功能。其结构特点：细胞种类多而分散（图 3-9），纤维种类全而排列稀疏，基质和血管丰富，组织松软而状如蜂窝，故又称为**蜂窝组织**。

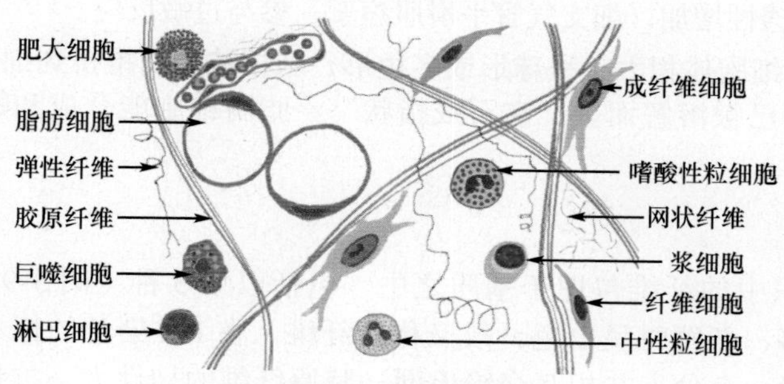

图 3-9　疏松结缔组织

（一）细胞

疏松结缔组织内有成纤维细胞、巨噬细胞、浆细胞、肥大细胞、脂肪细胞、未分化的间充质细胞和白细胞等。各类细胞的数量、形态和分布随所在部位和功能状态而异。

1. 成纤维细胞　是疏松结缔组织中最主要的细胞，数量多且分布广，常附着在胶原纤维上（图 3-10）。细胞扁平而有突起，核大呈卵圆形，胞质呈弱嗜碱性。成纤维细胞具有合

成纤维和基质的功能，在创伤修复中起重要作用。

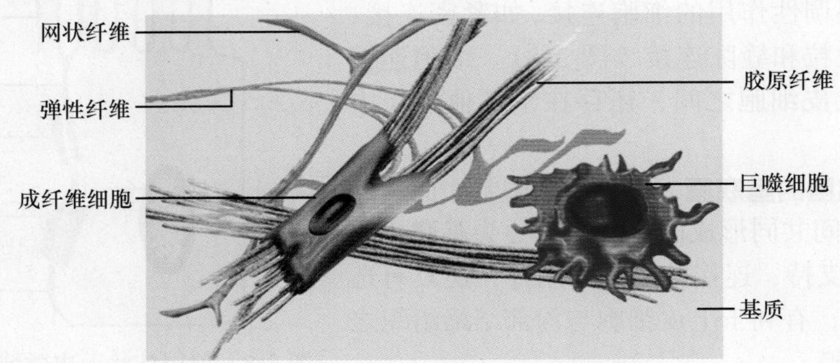

图 3-10　成纤维细胞和巨噬细胞结构

2. 巨噬细胞　形态多样，功能活跃时，常伸出较长的伪足而呈不规则形（图 3-10）。细胞核较小，胞质内含有大量的溶酶体、吞噬体和吞饮泡等，胞质多呈嗜酸性。巨噬细胞来源于血液中的单核细胞，具有趋化性变形运动、吞噬（图 3-11）和清除异物及衰老伤亡的自体细胞以及参与免疫应答等多种功能。

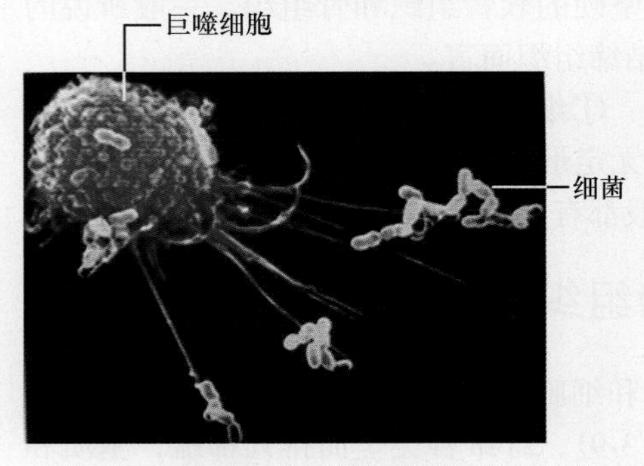

图 3-11　巨噬细胞吞噬细菌扫描电镜像

3. 浆细胞　呈圆形或卵圆形，胞质呈嗜碱性。核小而圆，常偏居细胞一侧，形似车轮状。浆细胞由 B 淋巴细胞在抗原刺激下转化而来，具有合成和分泌免疫球蛋白即抗体的功能，参与体液免疫。浆细胞主要分布于脾、淋巴结以及消化道和呼吸道等黏膜固有层的淋巴组织内。

4. 肥大细胞　细胞较大，呈圆形或卵圆形。核小而圆，胞质内充满粗大的嗜碱性分泌颗粒，颗粒内含有肝素和组胺等，胞质内含有白三烯。肝素具有抗凝血作用；组胺和白三烯可使局部毛细血管和微静脉扩张，通透性增加，细支气管平滑肌痉挛，参与过敏反应。

5. 脂肪细胞　细胞体积大，呈球形或多边形，胞核被脂滴推挤到细胞周缘。在 HE 染色的标本中，脂滴已被溶解而呈“宝石戒指状”。脂肪细胞能合成和贮存脂肪，参与脂类代谢。

（二）纤维

疏松结缔组织中的纤维包埋于基质之中，包括以下 3 种（图 3-9，图 3-10）：①**胶原纤维**：数量最多，新鲜时呈白色，故又称白纤维。在 HE 染色的标本中呈嗜酸性，着浅红色，呈波浪状，有分支并相互交织成网。胶原纤维的韧性大，抗拉力强。②**弹性纤维**：较细而富有弹性，新鲜时呈黄色，故又称黄纤维。在 HE 染色的标本中不易与胶原纤维区分。③**网状纤维**：是一种细短而分支较多的纤维，彼此交织成网。在镀银染色的标本中呈黑色，故又称嗜银纤维，主要存在于网状组织中。

（三）基质

考点：疏松结缔组织的组成及结构特点

基质是填充于细胞和纤维之间，具有一定黏性的、无色透明的无定形胶状物（图 3-10），其化学成分主要是蛋白聚糖和纤维粘连蛋白。蛋白聚糖形成许多微孔状的分子筛，成为限制细菌等有害物质扩散的防御屏障。溶血性链球菌和癌细胞等因能产生透明质酸酶而破坏分子筛结构，致使感染和肿瘤浸润扩散。此外，基质的孔隙中含有从毛细血管动脉端渗出的组织液。组织液是细胞与血液之间进行物质交换的媒介。

> 歌诀助记
>
> **疏松结缔组织**
>
> 基质透明胶状物，七种细胞里面藏；
> 成纤细胞巨噬浆，白未分化肥脂肪；
> 三种纤维基质包，胶原纤维弹性网。

二、致密结缔组织

致密结缔组织的结构特点是细胞和基质较少，纤维成分多且排列致密（图 3-12）。细胞以成纤维细胞为主，纤维是胶原纤维和弹性纤维，以支持和连接功能为主。致密结缔组织主要构成肌腱、腱膜、韧带、皮肤的真皮、硬脑膜、黄韧带、项韧带和多数器官的被膜。

三、脂肪组织

脂肪组织主要由大量脂肪细胞聚集而成（图 3-13），并被少量疏松结缔组织分隔成许多脂肪小叶，分为黄色脂肪组织和棕色脂肪组织两类。前者是通常所称的脂肪组织，主要分布于皮下组织、网膜、肠系膜和黄骨髓等处，是体内最大的贮能库，具有产生热量、维持体温、缓冲外力、保护和填充等作用；后者在成人极少，在新生儿较多，主要分布在肩胛间区及腋窝等处。在寒冷刺激下，脂肪细胞能产生大量热能，有利于新生儿的抗寒。

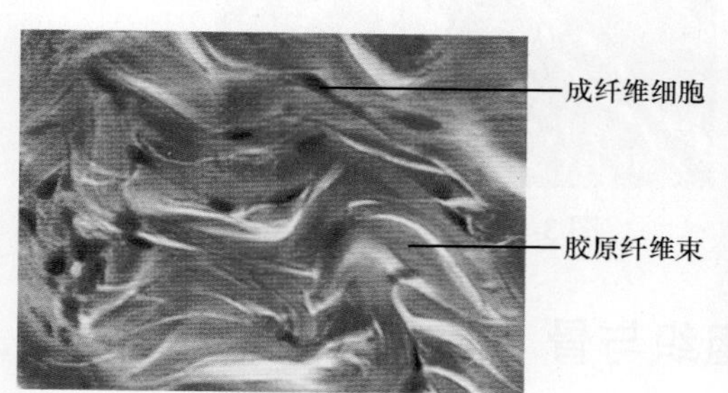

图 3-12　致密结缔组织光镜结构像

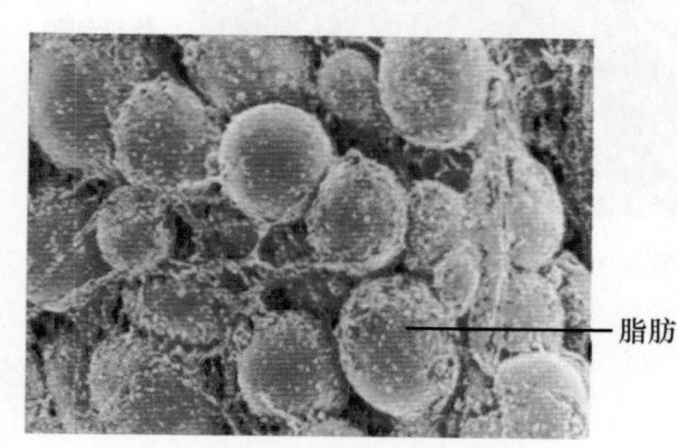

图 3-13　黄色脂肪组织电镜结构像

四、网状组织

网状组织由网状细胞和网状纤维构成（图 3-14）。网状组织并不单独存在，而是参与构成红骨髓、淋巴结、脾和淋巴组织的支架，为血细胞发生和淋巴细胞发育提供适宜的微环境。

五、软骨组织与软骨

（一）软骨组织

软骨组织主要由软骨细胞和软骨基质构成（图 3-15）。软骨基质由凝胶状基质和纤维组成。软骨细胞包埋于软骨基质内，其所在的腔隙称为软骨陷窝。软骨细胞的大小、形状和分布具有一定的规律。靠近软骨周边部的软骨细胞较小而幼稚，常单个分布。从周边部向中央，软骨细胞逐渐长

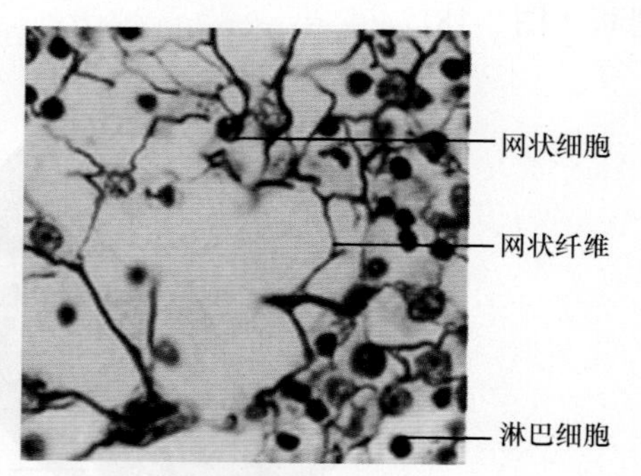

图 3-14　网状组织（淋巴结）光镜结构像

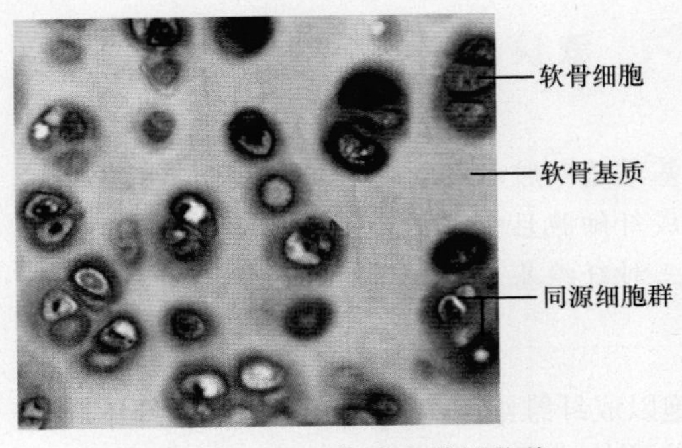

图 3-15　透明软骨光镜结构像

大成熟并成群分布，多为 2 ～ 6 个细胞为一群聚集在一个软骨陷窝内，它们是由同一个幼稚的软骨细胞分裂而来的，故称为**同源细胞群**。

（二）软骨的分类

软骨由软骨组织和周围包裹的软骨膜构成。软骨组织内无血管、淋巴管和神经，软骨细胞所需的营养由软骨膜内的血管通过通透性很强的软骨基质供给。依据软骨基质内所含纤维种类的不同，可将软骨分为以下 3 种类型。

考点：软骨的分类及其分布

①**透明软骨**：因新鲜时呈半透明状而得名（图 3-15），主要分布于肋软骨、关节软骨和呼吸道软骨等处。其结构特点是软骨基质内含有许多细小的胶原原纤维。②**弹性软骨**：分布于耳郭、外耳道、咽鼓管和会厌等处。其结构特点是软骨基质内含有大量交织排列的弹性纤维（图 3-16），故具有较强的弹性。③**纤维软骨**：分布于椎间盘、关节盘和耻骨联合等处。其结构特点是软骨基质内含有大量平行或交错排列的胶原纤维束（图 3-17），故具有很强的韧性。

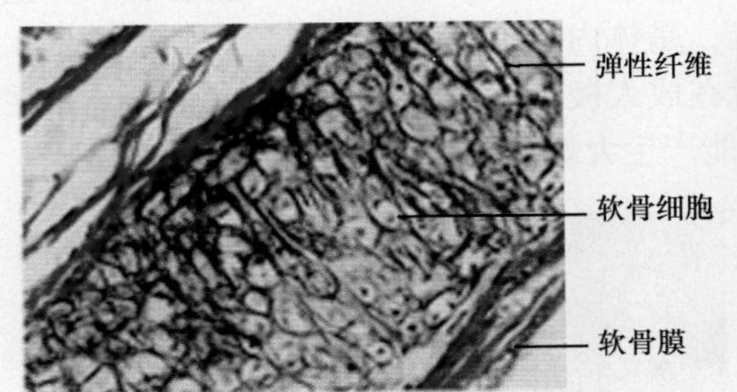

图 3-16　弹性软骨（耳郭）光镜结构像

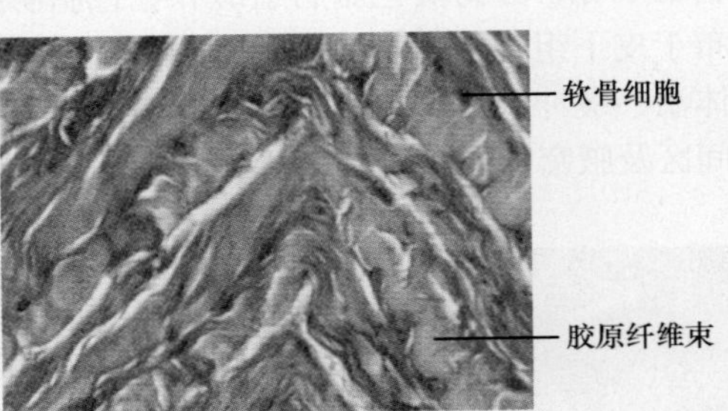

图 3-17　纤维软骨光镜结构像

六、骨组织与骨

（一）骨组织

骨组织是骨的结构主体，由大量钙化的细胞外基质和骨细胞等组成。

1. 骨基质　由有机成分和无机成分构成。有机成分包括大量胶原纤维（占 95%）和少量无定形基质（占 5%），使骨具有韧性；无机成分又称骨盐，主要为羟磷灰石结晶，使骨坚硬。骨组织中的胶原纤维有规律地分层排列，并与骨盐及基质紧密结合，构成板层状的骨板（图 3-18）。

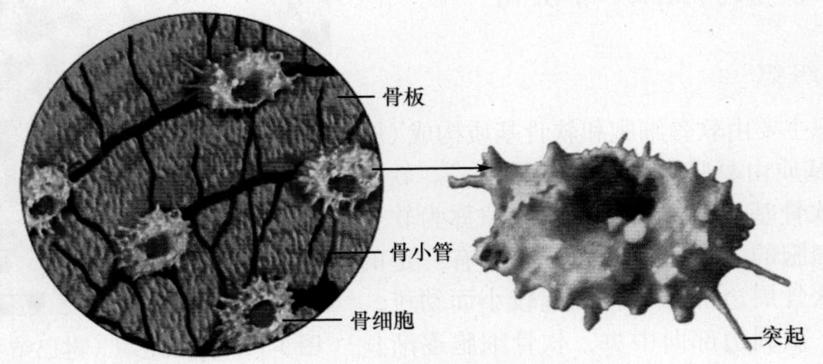

图 3-18　骨细胞与骨板结构

2. 骨组织的细胞 包括骨原细胞、成骨细胞、骨细胞和破骨细胞4种。骨细胞数量最多，位于骨组织内部，其余3种均分布在骨组织的边缘。骨细胞是一种多突起细胞（图3-18），单个分布于骨板内或骨板之间，具有一定的溶骨和成骨作用，参与调节钙磷平衡。破骨细胞是由多个单核细胞融合而成的多核细胞，具有溶骨作用。

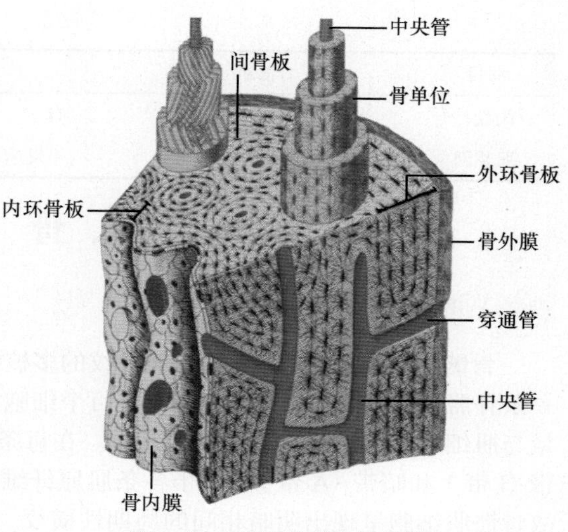

图3-19 长骨骨干立体结构

（二）骨密质和骨松质的结构特点

根据骨板排列方式的不同，骨组织可分为骨密质和骨松质两种。现以长骨为例说明其结构特点。

1. 骨密质 多分布于长骨骨干和骺的表层，由3种不同排列方式的骨板构成（图3-19）。①**环骨板**：分布于长骨骨干的外侧面及近骨髓腔的内侧面，分别称为外环骨板和内环骨板。②**骨单位**：又称哈弗斯系统，位于内、外环骨板之间，是由多层同心圆排列的骨板围绕中央管构成的长筒状结构，是骨干内起支持作用的主要结构单位。③**间骨板**：是位于骨单位之间或骨单位与环骨板之间一些大小和形状不规则骨板的聚集体。

2. 骨松质 多分布在长骨的骺和骨干内侧，是由大量针状或片状的骨小梁连接而成的多孔隙网格样结构，孔隙内充满红骨髓。骨小梁是由数层不甚规则的骨板和骨细胞构成的。

第三节 肌 组 织

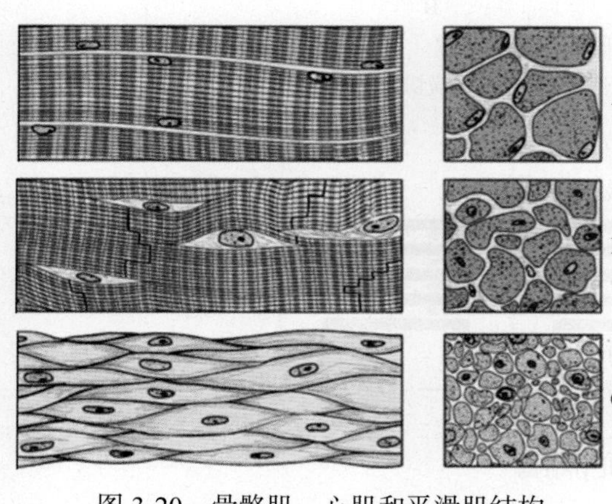

图3-20 骨骼肌、心肌和平滑肌结构

A. 骨骼肌；B. 心肌；C. 平滑肌

肌组织主要由具有收缩功能的肌细胞和肌细胞之间的少量疏松结缔组织构成，收缩时可完成各种运动（如肢体运动、肠蠕动等）。肌细胞因呈细长纤维状，故又称为**肌纤维**。肌细胞膜称为**肌膜**，细胞质称为**肌浆**。肌组织分为骨骼肌、心肌和平滑肌3种（图3-20，表3-2），前两种均有明暗相间的横纹，属横纹肌。骨骼肌因大多数通过肌腱附着于骨骼上而得名，受躯体运动神经支配，其舒缩受意识控制而称为随意肌；心肌和平滑肌受内脏运动神经支配，其舒缩不受意识控制而称为不随意肌。

表3-2 肌组织的分类、分布及形态结构特点

项目	骨骼肌	心肌	平滑肌
分布	头、颈、躯干和四肢	心壁和邻近心脏的大血管根部	内脏中空性器官和血管壁内
横纹	有，明显	有，但不明显	无

续表

项目	骨骼肌	心肌	平滑肌
闰盘	无	有	无
肌浆网	发达，形成三联体	不发达，形成二联体	只有少量

一、骨 骼 肌

（一）骨骼肌细胞的光镜结构

骨骼肌细胞是细长圆柱状、有横纹的多核细胞，长短、粗细不一。细胞核呈扁椭圆形，一条骨骼肌细胞内含有几十个甚至几百个细胞核，紧靠肌膜排列（图 3-21）。肌浆内含有大量与肌细胞长轴平行排列的肌原纤维。在每条肌原纤维上有明暗相间、交替重复排列的明带（I 带）和暗带（A 带）。由于各条肌原纤维的明带和暗带都准确地排列在同一平面上，故骨骼肌细胞呈现出明暗相间的周期性横纹。在暗带的中部有一浅色窄带，称为 **H 带**；H 带的中央有一条深色的 **M 线**。在明带中央有一条深色的细线，称为 **Z 线**。相邻两条 Z 线之间的一段肌原纤维称为**肌节**。每个肌节由 1/2 I 带 +A 带 +1/2 I 带组成（图 3-22）。肌节递次排列构成肌原纤维，是骨骼肌纤维结构和功能的基本单位。

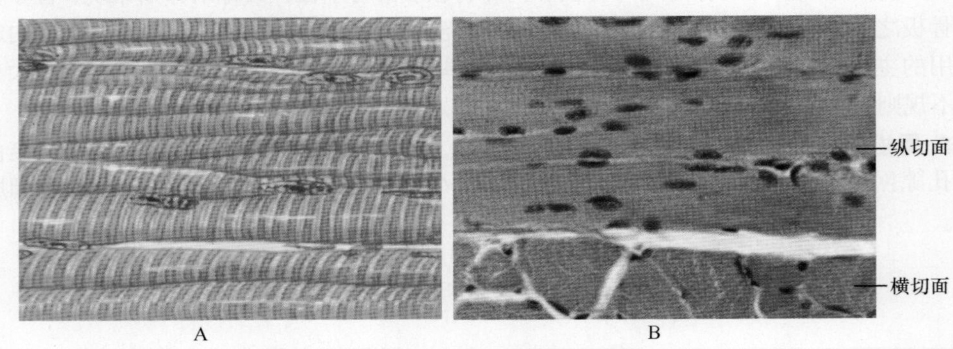

图 3-21　骨骼肌细胞光镜结构像

A. 骨骼肌细胞纵切面光镜结构像；B. 骨骼肌细胞纵、横切面光镜结构像

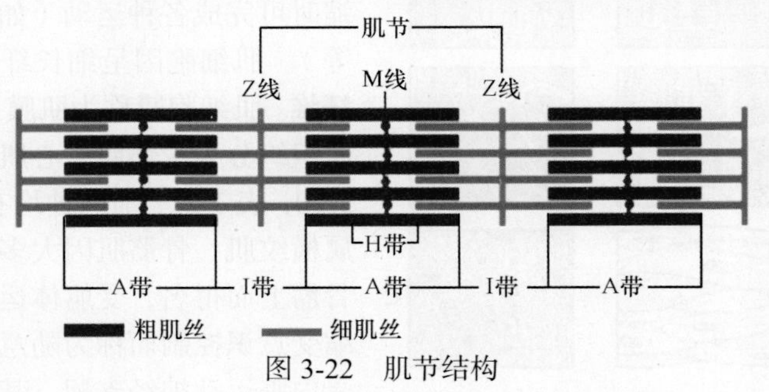

图 3-22　肌节结构

（二）骨骼肌细胞的超微结构

1. 肌原纤维　由粗、细两种肌丝有规律地交替平行排列构成。粗肌丝位于肌节的中部，贯穿暗带全长，其中央固定于 M 线，两端游离。细肌丝位于 Z 线的两侧，一端固定于 Z 线上，另一端游离而插入粗肌丝之间，止于 H 带的外缘。因此，明带由细肌丝构成，H 带由粗肌丝构成，而 H 带两侧的暗带则由粗肌丝和细肌丝共同构成（图 3-22）。

2. 横小管　是由肌膜向肌浆内凹陷形成的微细小管，环绕在每条肌原纤维的周围，其走行方向与肌细胞长轴垂直，位于明带与暗带交界处（图 3-23），其功能是将肌膜的兴奋迅速同步地传导至肌细胞内部。

3. 肌浆网　是肌细胞内特化的滑面内质网，位于相邻两条横小管之间（图 3-23）。其中部纵行包绕一段肌原纤维，称为**纵小管**；两端在横小管两侧扩大呈环形扁囊，称为**终池**。每条横小管与其两侧的终池组成**三联体**。肌浆网的功能是调节控制肌浆内 Ca^{2+} 的浓度。

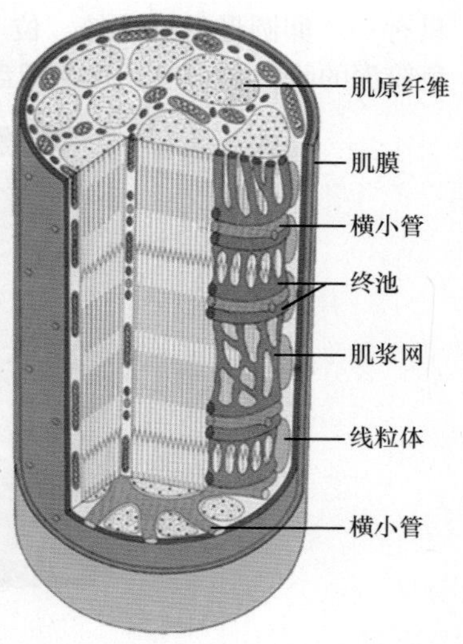

图 3-23　骨骼肌细胞电镜结构

（三）骨骼肌细胞的收缩功能

1. 肌细胞收缩原理　目前用“肌丝滑行学说”来解释。该学说认为，肌细胞收缩时肌丝本身的长度并未缩短，而是粗肌丝牵拉细肌丝，使细肌丝向 M 线方向滑行，结果使肌节缩短，肌细胞收缩。细肌丝滑出，肌节恢复原有的长度，表现为肌细胞舒张（图 3-24）。

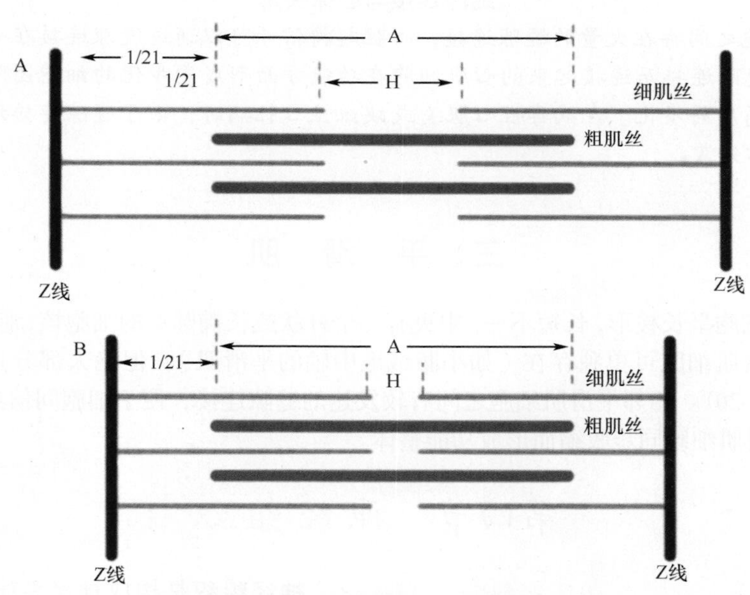

图 3-24　骨骼肌细胞收缩时肌节变化

A. 舒张时的肌节；B. 收缩时的肌节

2. 兴奋－收缩耦联　是指肌细胞兴奋的电位变化和肌细胞收缩的机械性变化联系起来的中介过程。兴奋 - 收缩耦联的过程包括：动作电位扩布至横小管系统，三联体处的信息传递和终池 Ca^{2+} 的贮存、释放和再贮存。因而兴奋 - 收缩耦联的结构基础是三联体，关键的耦联因子是 Ca^{2+}。

二、心　　肌

心肌细胞是有横纹、不规则的短圆柱状细胞，有分支并相互连接成网。多数心肌细胞

考点：肌组织的分类；肌节、三联体和闰盘的概念

只有一个卵圆形的细胞核，位于细胞的中央，少数为双核。心肌细胞间的连接处有一条染色较深的阶梯状粗线，称为**闰盘**（图 3-25），是心肌细胞的特征性结构。

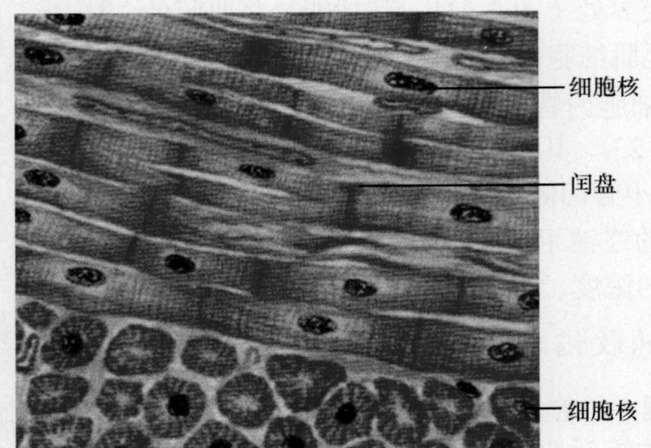

图 3-25　心肌细胞光镜结构

链接

缝隙连接与心律失常

心肌细胞之间存在大量的缝隙连接，心脏起搏信号可以通过缝隙连接在心肌细胞间流通，使得经缝隙连接而连接起来的心肌细胞在功能方面形成同步化的细胞团队，使心脏的收缩和舒张高度同步化。在病毒性心肌炎或缺血性心肌病时，由于缝隙连接均受到损伤，从而引起心律失常。

三、平　滑　肌

平滑肌细胞呈长梭形，长短不一，中央有一个杆状或长椭圆形的细胞核，胞质呈嗜酸性，无横纹。平滑肌细胞可单独存在（如小肠绒毛中轴的平滑肌），但绝大部分是成束或成层分布的（图 3-20）。相邻平滑肌细胞之间有较发达的缝隙连接，便于细胞间信息的传递，有利于众多平滑肌细胞同步收缩而形成功能整体。

第四节　神经组织

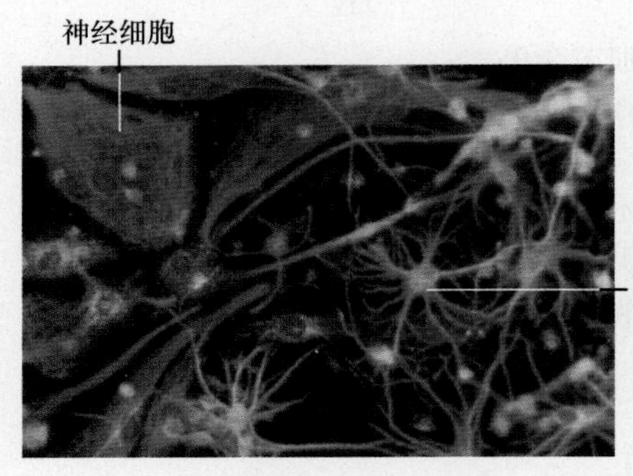

图 3-26　神经细胞和神经胶质细胞光镜结构像

神经组织是构成神经系统的最主要成分，由神经细胞和神经胶质细胞组成（图 3-26）。神经细胞又称神经元，是神经系统的结构和功能单位，约有 10^{12} 个，具有感受刺激、整合信息和传导冲动的功能。神经胶质细胞的数量是神经元的 10 ～ 50 倍，相当于细胞外基质，对神经元起支持、营养、保护和绝缘等作用。

一、神 经 元

（一）形态结构

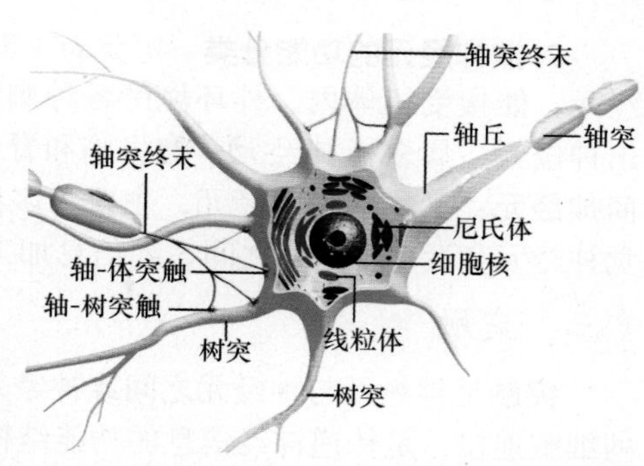

图 3-27 神经元结构

神经元是有突起的细胞，形态多样，可分为胞体和突起两部分。

1. 胞体（图 3-27） 为神经元含核的部分，是神经元的营养代谢中心。胞体大小悬殊，形态各异，细胞膜具有接受刺激、处理信息、产生和传导神经冲动的功能。细胞核大而圆，位于胞体中央，核仁大而明显。细胞质在光镜下的特征性结构是尼氏体和神经原纤维（图 3-28）。

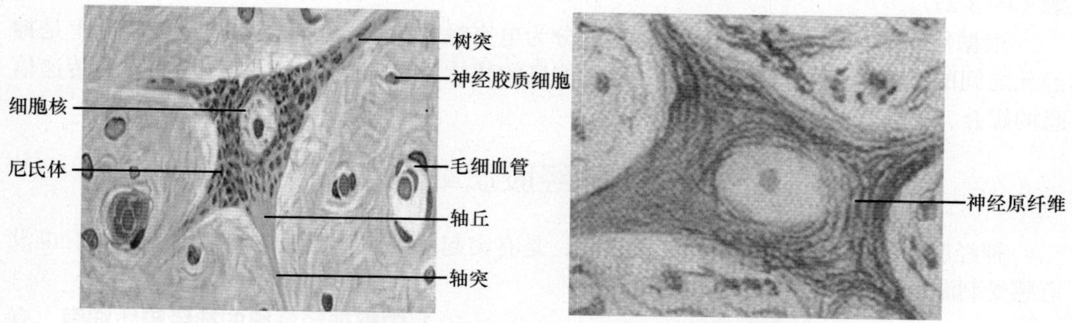

图 3-28 神经元光镜结构像（尼氏体和神经原纤维）

(1) 尼氏体（Nissl body）：又称**嗜染质**，是胞质内均匀分布的、强嗜碱性斑块状或细颗粒状物质。电镜下，为密集排列的粗面内质网和游离核糖体，具有合成蛋白质和神经递质的功能。尼氏体主要分布于神经元胞体和树突内。

(2) 神经原纤维：在镀银染色的标本中，呈棕黑色细丝，并相互交织成网。构成神经元的细胞骨架，并参与细胞内的物质运输。

2. 突起 分为树突和轴突两种（图 3-27，图 3-28）。①**树突**：每个神经元有一个至多个树突，形如树枝状而得名，在其分支上有许多树突棘。树突的功能主要是接受刺激。②**轴突**：每个神经元只有一个轴突，短者仅数微米，长者可达 1m 以上。轴突的起始处呈圆锥形，称为**轴丘**，轴丘和轴突内无尼氏体。轴突终末分支呈爪样，与其他神经元或效应细胞形成突触。轴突的主要功能是传导神经冲动。

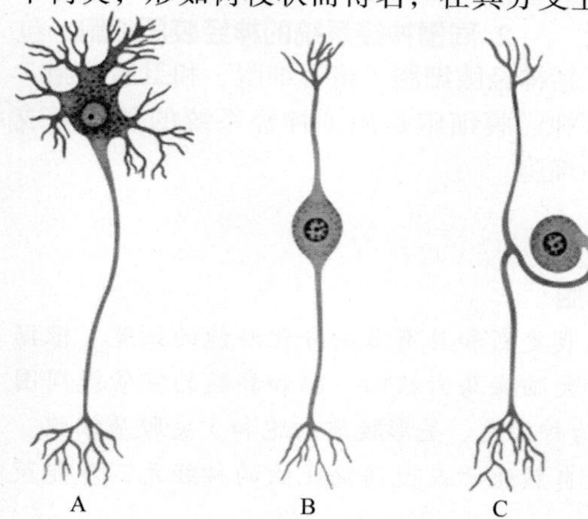

图 3-29 神经元的主要形态
A. 多极神经元；B. 双极神经元；C. 假单极神经元

（二）分类

1. 按神经元突起的数量分类 可分为 3 类（图 3-29）。①**多极神经元**：有一个轴突和多个树突。②**双极神经元**：有一个树突和一个轴突。③**假单极神经元**：从胞体发出一个突起，但距胞体不远处呈“T”形分为两支，一支进入中枢神经系统，称为中枢突；另一支则分布到外周的其他组织或器官，称为周围突。

2. 按神经元的功能分类 可分为3类。①**感觉神经元**：又称传入神经元，属假单极神经元，能接受机体内、外环境的各种刺激，并将信息传向中枢。②**运动神经元**：又称传出神经元，属多极神经元，能将脑和脊髓产生的神经冲动传递给肌细胞或腺细胞。③**中间神经元**：又称联络神经元，主要为多极神经元，约占神经元总数的99%以上，位于感觉神经元和运动神经元之间，起信息加工和传递作用。

（三）突触

考点：神经元的形态结构特点及分类；尼氏体和突触的概念

突触是神经元与神经元之间或神经元与效应细胞（肌细胞、腺细胞等）之间一种特殊的细胞连接，是传递神经信息的功能结构。神经冲动只有通过突触，才能由一个神经元传至另一个神经元或效应细胞。在神经元之间的连接中，最常见的是一个神经元的轴突终末与另一个神经元的树突、树突棘或胞体连接，分别构成**轴-树突触**、**轴-棘突触**或**轴-体突触**（图3-27）。

根据传递信息的方式不同，可将突触分为电突触和化学突触两类。**电突触**实际上是神经元之间的缝隙连接，是以电流作为传递信息的载体。**化学突触**是以神经递质作为传递信息的媒介，即通常所说的突触。

二、神经胶质细胞

神经胶质细胞广泛分布于神经元之间，是有突起的细胞，但无树突和轴突之分，也没有感受刺激、传导神经冲动的功能。

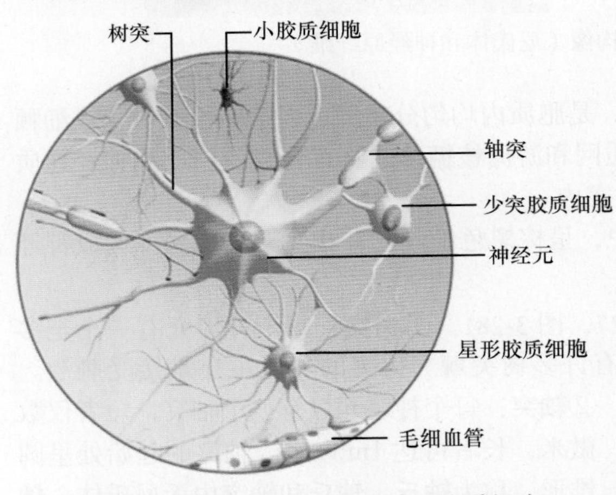

图3-30 中枢神经系统的神经胶质细胞

1. 中枢神经系统的神经胶质细胞 有4种（图3-30）。①**星形胶质细胞**：除对神经元起支持和绝缘作用外，还参与血-脑屏障的构成。②**少突胶质细胞**：是中枢神经系统的髓鞘形成细胞。③**小胶质细胞**：由血液内的单核细胞迁入神经组织后演化而成，具有吞噬功能。④**室管膜细胞**：是衬贴在脑室和脊髓中央管腔面的单层立方或柱状上皮，参与脉络丛的构成。

2. 周围神经系统的神经胶质细胞 包括**神经膜细胞**（施万细胞）和**卫星细胞**。神经膜细胞是周围神经系统的髓鞘形成细胞。

链接

神经干细胞

神经干细胞是存在于神经组织内的一些能自我更新和具有多向分化潜能的细胞。根据目前的研究证实，在成人神经干细胞主要分布于大脑海马齿状回、脑和脊髓的室管膜周围区域。神经干细胞在特定的环境下可以增殖分化为神经元、星形胶质细胞和少突胶质细胞。神经干细胞的发现，打破了长期认为神经组织中自然死亡或因伤病死亡的神经元，不能获得新的神经元补充的观点。

三、神经纤维

神经纤维由神经元的长轴突和包在其外面的神经胶质细胞构成。根据神经胶质细胞是否形成髓鞘，将其分为有髓神经纤维和无髓神经纤维两类。

1. 有髓神经纤维 周围神经系统的有髓神经纤维由神经元的长轴突及其外包的施万细胞形成的髓鞘和神经膜构成（图 3-31）。一个施万细胞包裹一段长轴突而构成一个**结间体**，故髓鞘和神经膜呈节段性。相邻结间体间无髓鞘的缩窄部称为**郎飞结**。由于髓鞘的绝缘作用，有髓神经纤维的神经冲动是通过郎飞结处裸露的轴膜呈跳跃式传导的，即从一个郎飞结跳跃到下一个郎飞结，故其传导速度快。

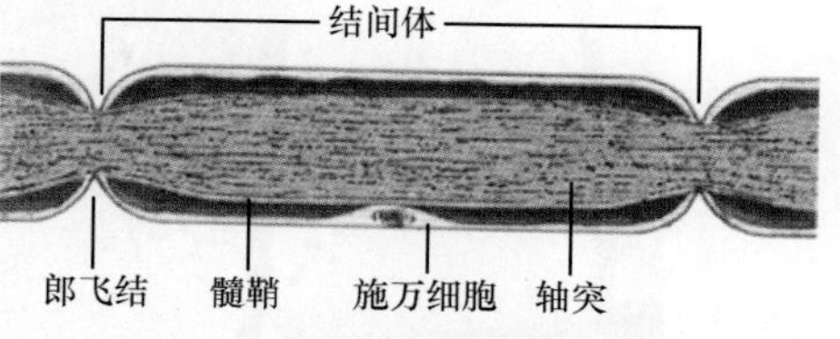

图 3-31 周围神经有髓神经纤维结构

2. 无髓神经纤维 周围神经系统的无髓神经纤维由神经元的长轴突和包在它外面的施万细胞构成。一个施万细胞可包裹许多条轴突，故一条无髓神经纤维可含多条轴突。施万细胞不形成髓鞘，故也无郎飞结，神经冲动只能沿轴膜连续传导，故其传导速度慢。

四、神经末梢

神经末梢是周围神经纤维的终末部分，与其他组织共同形成各种末梢装置。按功能可分为感觉神经末梢和运动神经末梢两大类。

（一）感觉神经末梢

感觉神经末梢是指感觉神经元（即假单极神经元）周围突的末端，与其他周围组织共同构成感受器。其功能是接受刺激，并将刺激转化为神经冲动传至中枢而产生感觉。

1. 游离神经末梢 由感觉神经纤维终末失去髓鞘后反复分支而成。广泛分布于皮肤表皮、角膜及结缔组织等处（图 3-32），能感受冷、热、疼痛等刺激。

2. 触觉小体 是分布于皮肤真皮乳头层内的卵圆形小体（图 3-33），能感受触觉。以手指掌侧皮肤内最多，其数量可随年龄的增长而逐渐减少。

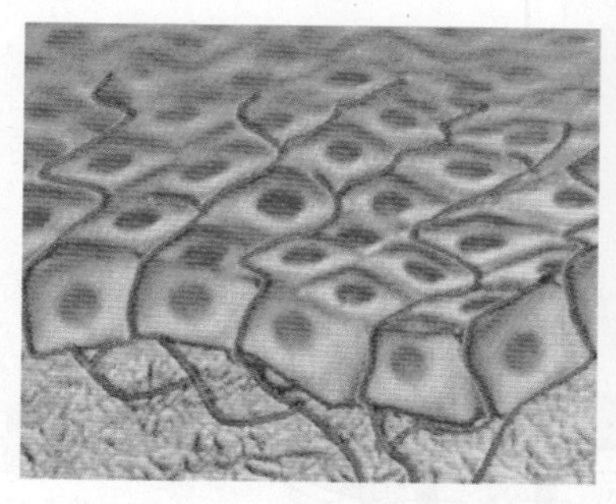

图 3-32 游离神经末梢

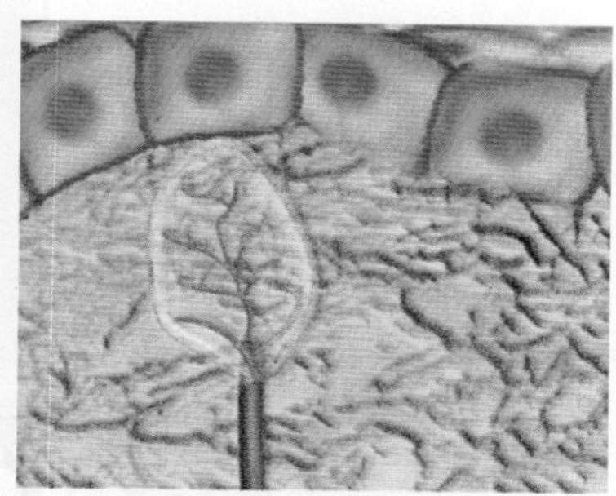

图 3-33 触觉小体

3. 环层小体 是广泛分布于皮下组织、腹膜、肠系膜、韧带和关节囊等处的圆形或卵圆形小体（图 3-34），能感受压觉和振动觉。

4. 肌梭 是分布于骨骼肌内的梭形结构（图 3-35），是一种本体感受器，能感受骨骼肌细胞的张力变化，在控制骨骼肌的活动中起重要作用。

考点： 神经纤维的构成和神经末梢的分类

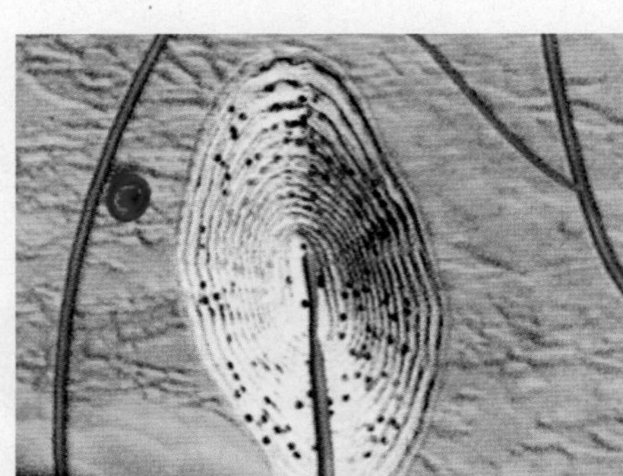
图 3-34　环层小体

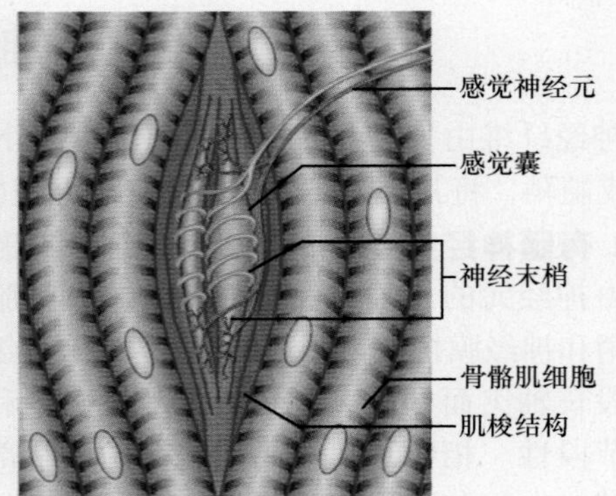

图 3-35　肌梭

（二）运动神经末梢

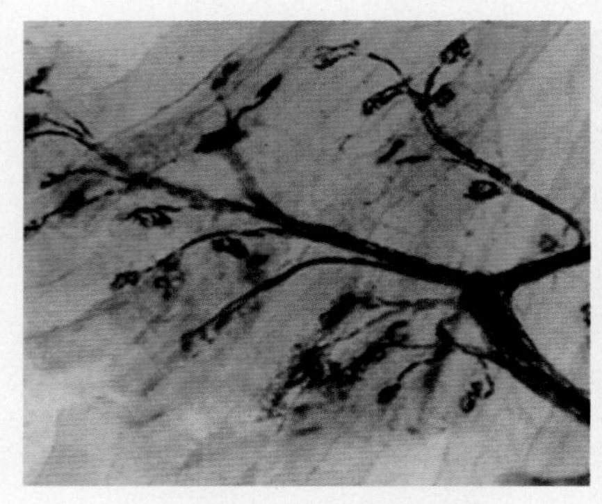
图 3-36　运动终板光镜像

运动神经末梢是运动神经元的轴突在肌组织和腺体内的终末结构，支配肌细胞的收缩和调节腺细胞的分泌，故又称效应器。依据分布部位分为以下两类。

1. 躯体运动神经末梢　是指躯体运动神经元的轴突终末失去髓鞘后反复分支，与骨骼肌细胞膜形成的化学突触。因与骨骼肌细胞连接区域形成椭圆形板状隆起，故又称为**运动终板或神经 - 肌接头**（图 3-36）。神经 - 肌接头由接头前膜、接头间隙和接头后膜（终板膜）组成（图 3-37）。运动神经纤维的轴突终末在接近骨骼肌细胞时失去髓鞘，嵌入它所支配的肌细胞膜。贴近肌细胞膜的轴突终末膜为接头前膜，而与接头前膜相对的肌细胞膜为接头后膜，两者之间的间隙为接头间隙。在轴突终末内含有大量囊泡，囊泡内含有乙酰胆碱（Ach）。接头后膜上有乙酰胆碱受体及水解乙酰胆碱的胆碱酯酶。

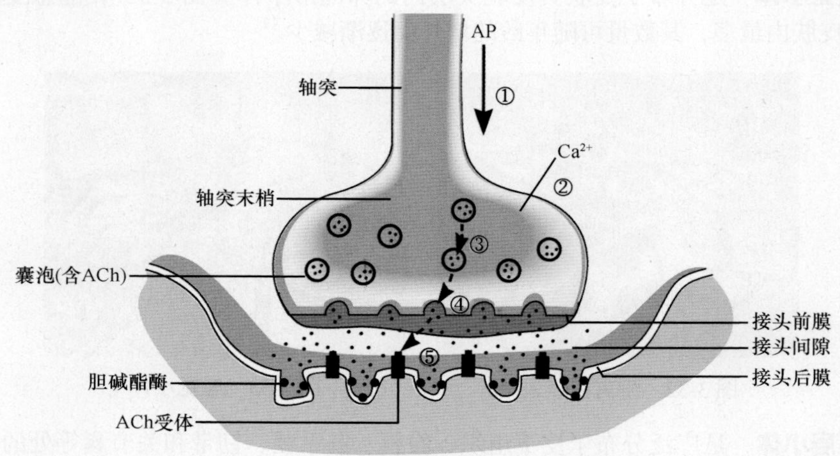

图 3-37　神经 - 肌接头的结构与化学传递过程

当神经冲动沿轴突传导至神经末梢时，使接头前膜去极化，膜上 Ca^{2+} 通道开放，Ca^{2+} 流入神经末梢内（图 3-37），使囊泡释放乙酰胆碱，经接头间隙扩散至接头后膜并很快与乙

酰胆碱受体结合，使后膜对 Na^+ 通透性增高，引起 Na^+ 内流，导致接头后膜发生去极化，产生终板电位（局部电位），终板电位总和并达到阈电位时，引起肌细胞产生动作电位，经兴奋 - 收缩耦联，从而完成运动神经兴奋引起所支配肌肉产生的收缩。神经 - 肌接头处每次兴奋所释放的乙酰胆碱量足以引起肌细胞兴奋与收缩，由于终板膜上的胆碱酯酶能及时将乙酰胆碱水解失活，所以一次神经兴奋只能引起一次肌肉收缩。

2. 内脏运动神经末梢　分布于心肌、内脏及血管的平滑肌和腺体等处。其轴突终末分支呈串珠样膨体，贴附于肌细胞表面或穿行于腺细胞之间，与效应细胞建立突触。

第五节　血　液

案例 3-2

患者女，60 岁。患慢性肝炎多年，近日发现牙龈出血，皮肤有许多出血点而来医院就诊。血常规检查：全血细胞减少。临床诊断：肝硬化、脾功能亢进。

问题： 1. 全血细胞是指血液中的哪些细胞？

2. 患者为什么会出现牙龈出血？

3. 脾功能亢进的患者为何会出现全血细胞减少？

血液是在心血管系统内循环流动的液态结缔组织，是沟通机体各部分及内外环境的桥梁。血液具有运输、防御、调节体温及调节酸碱平衡等功能。当血液总量或组织器官的血液灌流量不足时，可造成机体功能障碍，严重时甚至危及生命。因此，血液对于维持正常生命活动极为重要，血液检测在医学诊断和治疗上也具有重要价值。

一、血液的组成和理化特性

1. 血液的组成　血液由血浆和悬浮于其中的血细胞组成（图 3-38，图 3-39）。从血管中采适量新鲜血液装入比容管内，经抗凝离心沉淀后，可见血液分为 3 层：上层淡黄色透明的液体为血浆，中间层灰白色的为白细胞和血小板，下层深红色不透明的是红细胞。

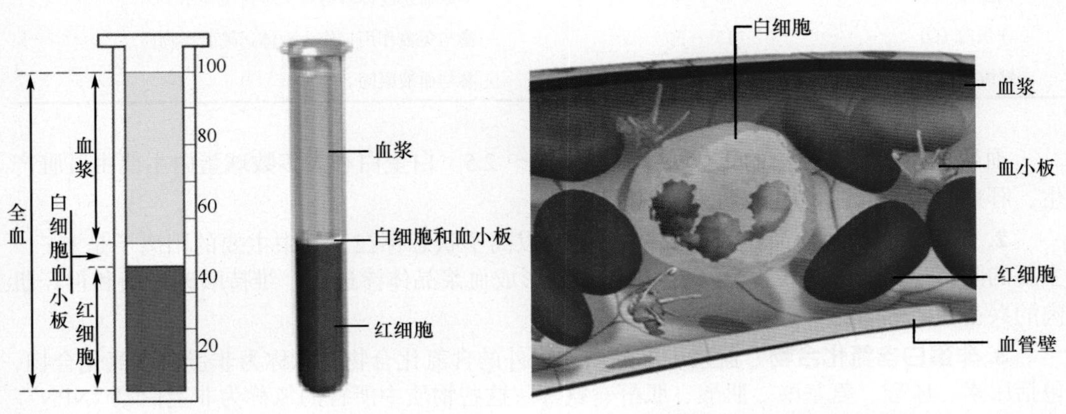

图 3-38　血细胞比容　　图 3-39　血细胞扫描电镜

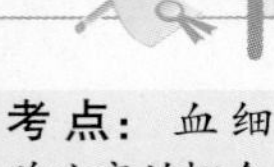

考点：血细胞比容的概念

血细胞在血液中所占容积百分比，称为**血细胞比容**，正常成年男性为 40% ～ 50%，成年女性为 37% ～ 48%。临床上测定血细胞比容的意义在于反映血液中血细胞的相对浓度。例如，贫血患者的红细胞数量减少，可使血细胞比容降低，严重脱水病人的血细胞比容增大。

2. 血液的理化特性

(1) 颜色：血液呈红色，这是红细胞内含有血红蛋白的缘故。动脉血中血红蛋白含氧丰富，呈鲜红色；静脉血中血红蛋白含氧较少，呈暗红色。血浆中因含有微量胆色素，故呈淡黄色。

(2) 比重：正常人全血的比重为 1.050 ～ 1.060，血浆的比重为 1.025 ～ 1.030，血液比重的大小与红细胞的数量和血红蛋白的含量成正比。

(3) 黏滞性：血液的黏滞性是由血液中血细胞及血浆蛋白等之间的摩擦而形成的。全血的黏滞性为水的 4 ～ 5 倍（以水的黏滞性为 1)。

(4) 酸碱度：正常人血浆 pH 为 7.35 ～ 7.45。血浆 pH 的相对稳定有赖于血液内的缓冲对及肺和肾的正常功能。当血浆 pH 低于 7.35 时为酸中毒，高于 7.45 时为碱中毒。血浆 pH 低于 6.9 或高于 7.9，将危及生命。

二、血　浆

血浆是血细胞的细胞外液，是机体内环境的重要组成部分，在沟通机体内、外环境中占有重要的地位。

（一）血浆的成分及其作用

血浆是含有多种溶质的水溶液，正常成人血浆中，水占血浆的 91% ～ 92%，溶质占 8% ～ 9%，溶质中 86% 是蛋白质，其他成分有电解质、营养物质、代谢产物、气体等。

1. 血浆蛋白　血浆中的各种蛋白质，总称为血浆蛋白。血浆蛋白的种类、正常含量及主要生理作用见表 3-3。

表 3-3　正常成人血浆蛋白的含量及主要生理作用

蛋白名称	正常含量 (g/L)	主要生理作用
白蛋白 (A)	40 ～ 48	形成血浆胶体渗透压，维持机体水平衡
球蛋白 (G)	15 ～ 30	参与免疫作用；作为载体运输脂类物质
纤维蛋白原	2 ～ 4	参与血液凝固

血浆白蛋白与球蛋白的比值 (A/G) 为 1.5 ～ 2.5。白蛋白和大多数球蛋白主要由肝脏产生，肝病时常引起白蛋白 / 球蛋白的比值下降。

2. 无机盐　约占血浆总量的 0.9%，主要以离子状态存在。其中主要的阳离子是 Na^+，主要的阴离子是 Cl^-。这些离子的生理作用是形成血浆晶体渗透压、维持酸碱平衡和神经肌肉的兴奋性。

3. 非蛋白含氮化合物　血浆中除蛋白质以外的含氮化合物，总称为非蛋白含氮化合物，包括尿素、尿酸、氨基酸、肌酸、肌酐、氨等。这些物质中所含的氮称为非蛋白氮 (NPN)。正常人血液中 NPN 的含量为 14 ～ 25mmol/L。NPN 是蛋白质和核酸的代谢产物，通过肾排泄。临床测定血中 NPN 或尿素氮的含量，有助于了解体内蛋白质的代谢状况和肾的功能。

（二）血浆渗透压

渗透压是指溶液吸引水分子透过半透膜的能力。渗透压的高低取决于溶液中溶质颗粒数目的多少，而与溶质的种类和颗粒的大小无关。

1. 血浆渗透压的形成及正常值 血浆渗透压由两部分构成：一部分是由血浆中的无机盐等小分子晶体物质所形成的**血浆晶体渗透压**，主要由 Na^+ 和 Cl^- 形成；另一部分是由血浆蛋白等大分子胶体物质所形成的**血浆胶体渗透压**，主要由白蛋白形成。正常血浆渗透压约为 5790mmHg，其中血浆胶体渗透压为 5765mmHg，血浆晶体渗透压为 25mmHg。

临床上将与血浆渗透压相近或相等的溶液，称为**等渗溶液**，常用的等渗溶液有 0.9% 的 NaCl 溶液（生理盐水）和 5% 的葡萄糖溶液。高于血浆渗透压的溶液，称为高渗溶液；低于血浆渗透压的溶液，称为低渗溶液。

2. 血浆渗透压的生理作用 ①胶体渗透压的作用：由于毛细血管壁允许水分子和晶体物质通过，但不允许血浆蛋白通过，因血浆中蛋白质的浓度高于组织液中蛋白质的浓度，故血浆胶体渗透压高于组织液的胶体渗透压。其生理作用在于使血管外组织液中的水分不断渗入毛细血管内，以维持血容量及调节血管内外水分的交换。如果血浆白蛋白减少，血浆胶体渗透压将下降，组织间的水分不易进入血管内，组织液回流减少，从而造成组织水肿。②晶体渗透压的作用：细胞膜允许水分子通过，不允许蛋白质通过，对绝大部分晶体物质如 Na^+、Ca^{2+}、Mg^{2+} 等也有严格限制，不易通过。这就造成了细胞膜内外的渗透压梯度，从而导致渗透现象的产生。因此，血浆晶体渗透压的相对稳定，对保持细胞内外的平衡、维持红细胞的形态和功能具有重要作用。

考点：血浆的成分；血浆渗透压的生理作用

如在等渗溶液中红细胞可以保持正常的大小和形态；在高渗溶液中，血细胞内水分渗出，使血细胞皱缩；在低渗溶液中，水分渗入红细胞，可使其膨胀甚至破裂。红细胞破裂而使血红蛋白逸出，这种现象称为溶血。

三、血 细 胞

血细胞包括红细胞、白细胞和血小板（图 3-39，图 3-40）。正常生理情况下，血细胞有相对稳定的形态结构、数量和比例。血细胞的形态、数量、百分比和血红蛋白含量的测定结果称为**血象**。患病时，血象常有显著变化，成为临床上诊断某些疾病的重要指标。血细胞分类和计数的正常值见表 3-4。

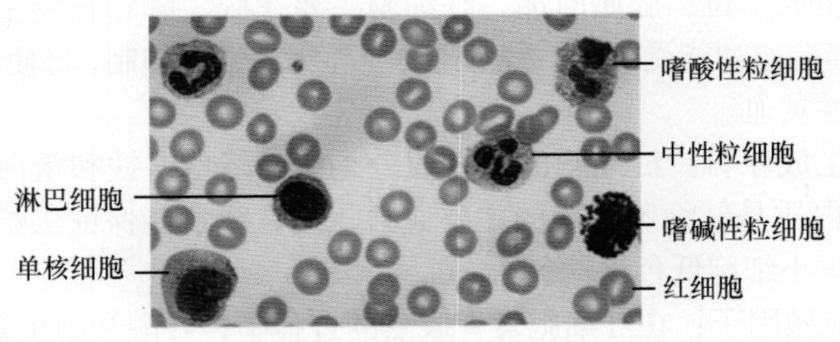

图 3-40 血涂片光镜像

（一）红细胞

1. 红细胞的形态结构和正常值 红细胞（RBC）是数量最多的血细胞。在扫描电镜下呈双凹圆盘状（图 3-39），直径约 7.5μm，中央较薄而着色浅，周缘较厚而着色深。成熟的红细胞内无细胞核和细胞器，胞质内充满**血红蛋白**（Hb），使红细胞呈红色。正常成人血液中血红蛋白的含量：男性为 120 ～ 160g/L，女性为 110 ～ 150g/L。血红蛋白具有结合与运输 O_2 和 CO_2 的功能。红细胞的数量及血红蛋白的含量可随生理功能而改变。一般认为，红细胞数量少于 3.0×10^{12}/L 和（或）血红蛋白含量低于 100g/L，则称为贫血。

表 3-4　血细胞分类和计数的正常值

血细胞	正常值	血细胞	正常值
红细胞	男性：$(4.0\sim5.5)\times10^{12}$/L	嗜酸性粒细胞	0.5% ～ 5%
	女性：$(3.5\sim5.0)\times10^{12}$/L	嗜碱性粒细胞	0 ～ 1%
白细胞	$(4.0\sim10)\times10^{9}$/L	单核细胞	3% ～ 8%
白细胞分类		淋巴细胞	20% ～ 40%
中性粒细胞	50% ～ 70%	血小板	$(100\sim300)\times10^{9}$/L

外周血中还有少量尚未完全成熟的红细胞，称为**网织红细胞**。在成人网织红细胞占红细胞总数的 0.5% ～ 1.5%，新生儿可达 3% ～ 6%。网织红细胞计数可作为临床上了解红骨髓造血功能的一项重要指标。若贫血患者经治疗网织红细胞计数增加，则说明治疗有效。

2. 红细胞的生理功能　红细胞的主要功能是运输 O_2 和 CO_2，其次是调节体内的酸碱平衡，这些功能都是靠血红蛋白来实现的。一旦红细胞破裂溶血，血红蛋白逸出到血浆中，血红蛋白将丧失功能。

3. 红细胞的生理特性

(1) 可塑变形性：是指红细胞在外力作用下变形的能力。红细胞呈双凹圆盘状，表面积大，当通过直径比它小的毛细血管时，可以发生变形以使其通过，通过后又恢复原状。

(2) 渗透脆性：是指红细胞对低渗溶液的抵抗力。抵抗力大，则脆性小，反之则脆性大。生理情况下，一般新生的红细胞渗透脆性小，衰老的红细胞渗透脆性大。

(3) 悬浮稳定性：是指红细胞在血浆中保持悬浮状态而不易下沉的特性，在临床上常用血沉来表示。**血沉**是红细胞沉降速率的简称。临床上将抗凝血静置于血沉管中，以红细胞在第 1 小时末下沉的毫米数表示红细胞沉降速率。用韦氏法测定血沉：正常成年男性为 0 ～ 15mm/ 小时，女性为 0 ～ 20mm/ 小时。如患活动性肺结核、风湿热等疾病时，均可使血沉加快。

4. 红细胞的生成与破坏

(1) 红细胞的生成部位：胚胎时期，红细胞主要在肝、脾和骨髓生成。出生后则主要由骨髓造血。若骨髓造血功能受到放射线、药物等理化因素的抑制，将使红细胞的生成减少，从而引起再生障碍性贫血。

(2) 红细胞的生成原料：红细胞的主要成分是血红蛋白，铁和蛋白质是血红蛋白的基本成分，故铁和蛋白质是红细胞生成的主要原料，正常膳食能保证供给。若铁摄入不足，可导致缺铁性贫血（小细胞低色素性贫血）。

(3) 红细胞的成熟因子：在红细胞发育成熟的过程中，叶酸和维生素 B_{12} 是促使红细胞成熟的因子。当叶酸和维生素 B_{12} 缺乏时，可导致红细胞停滞在幼红细胞阶段，从而引起巨幼红细胞性贫血。

(4) 红细胞生成的调节：红细胞的生成主要受促红细胞生成素和雄激素的调节。①促红细胞生成素：由肾合成分泌的促红细胞生成素是调节红细胞生成的主要因素。机体缺氧时，肾可释放促红细胞生成素，它能够直接刺激红骨髓造血，并促进成熟红细胞入血。当红细胞数目增加时，机体缺氧缓解，肾释放的红细胞生成素也随之减少，靠这种负反馈调节，使红细胞数目稳定在正常水平。②雄激素：既能直接刺激红骨髓造血，又能促进肾合成分泌促红细胞生成素。因此，男性红细胞数量和血红蛋白含量高于女性。

⑸ 红细胞的破坏：红细胞的平均寿命约为 120 天。衰老的红细胞脆性增加，在血流湍急处因机械性冲撞而破损；或因变形能力减退，在通过微小孔隙时发生困难而滞留，被巨噬细胞所吞噬。肝、脾是红细胞破坏的主要场所。脾功能亢进时，可使红细胞破坏增加，导致脾性贫血。

（二）白细胞

1. 白细胞的分类与正常值

⑴ 白细胞的分类：白细胞（WBC）为无色有核的球形细胞。根据白细胞胞质内有无特殊颗粒，可将其分为有粒白细胞和无粒白细胞。前者根据其特殊颗粒的染色性，又可分为中性粒细胞、嗜酸性粒细胞和嗜碱性粒细胞 3 种；后者则有单核细胞和淋巴细胞两种（图 3-41）。

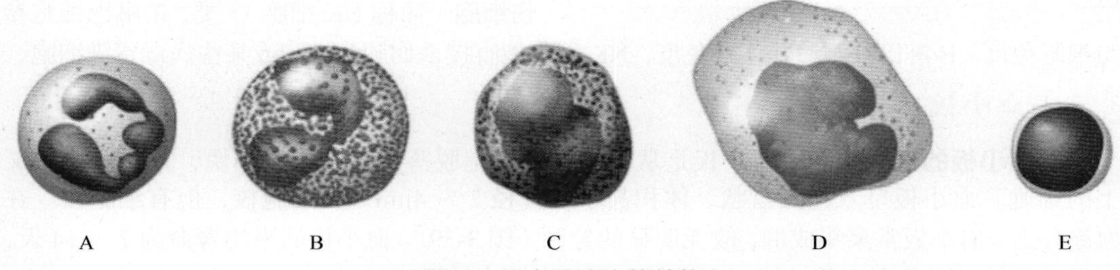

图 3-41　白细胞光镜结构

A. 中性粒细胞；B. 嗜酸性粒细胞；C. 嗜碱性粒细胞；D. 单核细胞；E. 淋巴细胞

⑵ 白细胞的正常值与分类计数：正常成人血液中白细胞的正常值为 (4 ～ 10) $\times 10^9$/L，其分类计数见表 3-4。血液中白细胞的数值存在着明显的生理性波动，如进食、疼痛、情绪激动、妊娠等都可使白细胞总数升高。在疾病状态下，白细胞总数和各种白细胞的百分比值均可发生改变。

2. 白细胞的形态结构特点与功能

⑴ 中性粒细胞：是数量最多的白细胞，细胞呈球形，直径 10 ～ 12μm。核呈杆状或分叶状，分叶核一般为 2 ～ 5 叶，叶间有细丝相连，正常人以 2 ～ 3 叶者居多。胞质内含有许多细小而分布均匀的浅紫红色颗粒，内含多种水解酶。

中性粒细胞具有高度的趋化作用和很强的吞噬功能，其吞噬对象以细菌为主，故临床上白细胞计数增加和中性粒细胞比例增高，往往提示可能为急性化脓性细菌感染。当机体受到细菌严重感染时，大量新生的中性粒细胞从红骨髓进入血液，杆状核与两叶核的细胞增多，称为**核左移**。当中性粒细胞在吞噬、处理了大量细菌后，自身受损死亡而成为脓细胞。

⑵ 嗜酸性粒细胞：呈球形，直径 10 ～ 15μm，核常分为 2 叶。胞质内充满粗大而分布均匀的鲜红色嗜酸性颗粒，内含组胺酶和多种酸性水解酶等。

嗜酸性粒细胞的主要功能是限制嗜碱性粒细胞和肥大细胞合成和释放生物活性物质，从而减轻过敏反应，同时参与对蠕虫的免疫反应。因此患过敏性疾病和某些寄生虫病时，血液中嗜酸性粒细胞增多。

⑶ 嗜碱性粒细胞：是数量最少的白细胞。细胞呈球形，直径 10 ～ 12μm。核分叶或呈 S 形或不规则形，着色较浅。胞质内含有大小不等、分布不均、染成蓝紫色的嗜碱性颗粒。颗粒内含有肝素和组胺等，胞质内含有白三烯。嗜碱性粒细胞与肥大细胞的功能基本相同，参与过敏反应，肝素参与抗凝血过程。

(4) 单核细胞：是体积最大的白细胞。细胞呈圆形或椭圆形，直径 14 ～ 20μm。核呈肾形、马蹄铁形或不规则形，胞质弱嗜碱性而呈灰蓝色。单核细胞在血液中停留 12 ～ 48 小时，然后离开血管进入结缔组织或其他组织，分化成巨噬细胞等具有吞噬功能的细胞。

单核细胞转变成巨噬细胞后，其吞噬能力明显增强，能吞噬和杀灭病原微生物或衰老损伤的细胞，识别和杀伤肿瘤细胞，还参与激活淋巴细胞的特异性免疫功能。

考点：血细胞的分类、正常值及功能；化脓性细菌感染或过敏性疾病时白细胞计数及分类的变化情况

歌诀助记

血　细　胞

血细胞，红白板，体小量多功能杂；
红细胞，无核器，胞质充满血红蛋；
白细胞，体积大，中性淋单嗜酸碱；
血小板，体积小，止血凝血本领大。

(5) 淋巴细胞：血液中的淋巴细胞大部分为直径 6 ～ 8μm 的小淋巴细胞，小部分为直径 9 ～ 12μm 的中淋巴细胞。小淋巴细胞的核大而圆，占细胞的大部分，一侧常有浅凹，着色深。胞质很少，呈嗜碱性，仅在核周形成很薄的一圈，为晴空样蔚蓝色。淋巴细胞分为 **T 淋巴细胞**、**B 淋巴细胞和自然杀伤细胞**（简称 NK 细胞）3 类，T 淋巴细胞参与细胞免疫，B 淋巴细胞参与体液免疫，NK 细胞能直接杀伤肿瘤细胞或某些病毒感染细胞。

（三）血小板

1. 血小板的形态结构　血小板是从骨髓巨核细胞脱落下来的胞质小块，并非严格意义上的细胞。血小板呈双凸圆盘状，体积甚小，直径 2 ～ 4μm，无细胞核，但有细胞器。在血涂片上，血小板常聚集成群，故无明显的轮廓（图 3-39）。血小板的平均寿命为 7 ～ 14 天，但只在开始 2 天具有生理功能。衰老的血小板在脾内被吞噬处理。

2. 血小板的生理功能

(1) 维持血管内皮的完整性：正常情况下，血小板能附着于血管壁上，以填补血管内皮细胞脱落留下的空隙，甚至可与内皮细胞融合。因此，血小板对维持血管内皮的完整性和对内皮细胞的修复具有重要作用。当血小板减少至 50×10^9/L 以下时，毛细血管的通透性和脆性增加，可引起出血倾向，轻微创伤便可引起皮肤和黏膜下出血，甚至发生出血性紫癜。

(2) 参与生理性止血和血液凝固：正常情况下，小血管破裂引起的出血数分钟后自行停止的现象，称生理性止血。生理性止血过程包括：①受损小血管收缩，以缩小或封闭血管伤口；②血小板黏附、聚集于血管破损处，形成一个松软的止血栓堵塞伤口，实现初步止血；③血小板参与血液凝固，形成牢固的止血栓，达到有效的生理性止血。

临床上用小针刺破耳垂或指尖使血液流出，然后测定血液从流出到自然停止所需的这段时间，称为出血时间。正常人出血时间为 1 ～ 4 分钟。血小板减少或功能有缺陷时，出血时间则延长。

护考链接

患儿男，8 岁。两周前有上呼吸道感染史，近日出现畏寒、发热，全身皮肤、黏膜出血，并有大片瘀斑，实验室检查血小板计数 18×10^9/L，出血时间延长。对此患儿采取静脉输血治疗的目的是（　　）

A. 补充血容量　　B. 纠正贫血　　C. 供给血小板
D. 输入抗体、补体　　E. 增加白蛋白

分析：血小板的功能是维持血管内皮的完整性、参与生理性止血和凝血，血小板减少有出血倾向或紫癜，故选择答案 C。

（四）血细胞发生概况

体内各种血细胞的寿命长短不一，每天都有一定数量的血细胞衰老死亡，同时又有相同数量的血细胞在红骨髓生成并源源不断地进入血液，使外周血中血细胞的数量和质量维持动态平衡。

人的原始血细胞（即造血干细胞）是在胚胎第 3 周由卵黄囊壁等处的血岛生成；第 6 周从卵黄囊迁入肝的造血干细胞开始造血；第 12 周脾内造血干细胞增殖分化产生各种血细胞；从胚胎后期至出生后，红骨髓则成为主要的造血器官（图 3-42）。

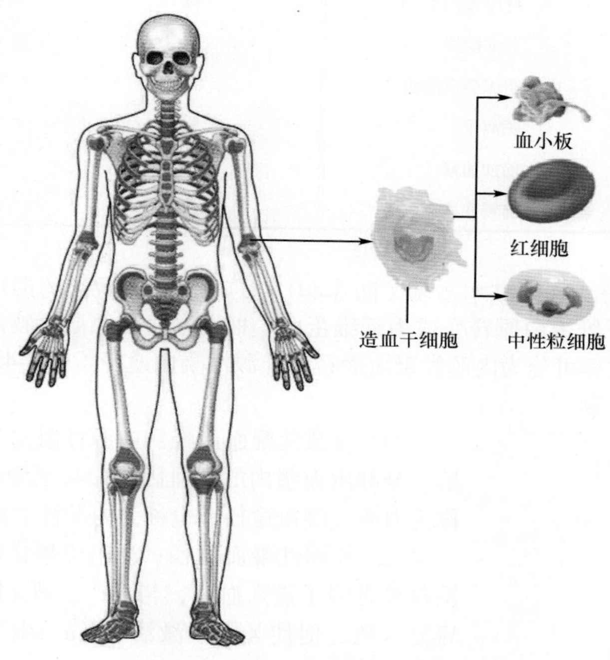

图 3-42 血细胞的发生

四、血液凝固与纤维蛋白溶解

（一）血液凝固

血液凝固简称血凝，是指血液由液体状态变成不能流动的凝胶状态的过程，其实质就是血浆中的可溶性纤维蛋白原转变为不溶性纤维蛋白的过程。纤维蛋白形成后，交织成网，把血细胞网罗在一起形成血凝块（图 3-43）。目前认为，血液凝固是凝血因子参与的一系列生物化学反应过程。

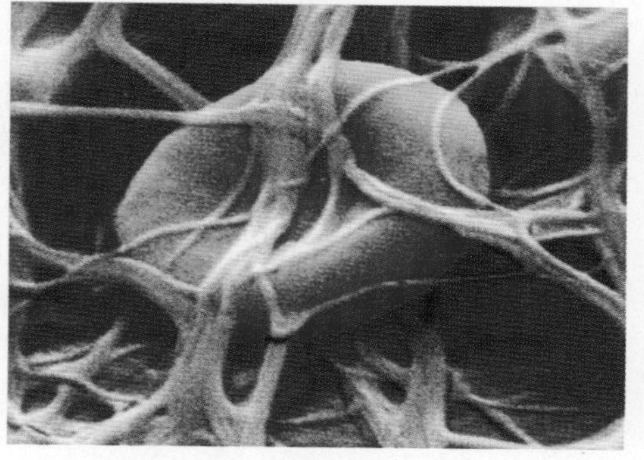

图 3-43 红细胞在纤维蛋白网中

血凝块形成后 1 ～ 2 小时发生回缩并析出淡黄色的液体称为**血清**。血清是血液凝固后的液体，缺少纤维蛋白原和其他参加血凝的物质。

1. 凝血因子 是指血液和组织中直接参与凝血的物质。公认的凝血因子共 12 种，用罗马数字

考点：血凝的概念；血清与血浆的区别

编号（表 3-5）。除Ⅳ因子外，其他已知的凝血因子都是蛋白质，而且其中大多数是以酶原形式存在的蛋白酶，被激活后才具有活性，用代码右下角加“a”表示凝血因子已被激活，如“Ⅻ a”。除因子Ⅲ由组织细胞释放外，其他凝血因子都存在于血浆中，且多数在肝内合成，其中因子Ⅱ、Ⅶ、Ⅸ、Ⅹ在合成时需要维生素K参与。因此，肝的病变或维生素K缺乏，均会导致凝血功能障碍而发生出血倾向。

表 3-5　国际命名编号的凝血因子

凝血因子	同义名	凝血因子	同义名
Ⅰ	纤维蛋白原	Ⅷ	抗血友病因子
Ⅱ	凝血酶原	Ⅸ	血浆凝血激酶
Ⅲ	组织凝血激酶	Ⅹ	斯图亚特因子
Ⅳ	钙离子	Ⅺ	血浆凝血激酶前质
Ⅴ	前加速素	Ⅻ	接触因子
Ⅶ	前转变素	XⅢ	纤维蛋白稳定因子

考点：血液凝固的3个基本步骤

2. 凝血过程　分为3个基本步骤（图 3-44）：①凝血酶原激活的形成；②凝血酶原被激活成凝血酶；③纤维蛋白原转变成为纤维蛋白。根据凝血酶原激活物形成的途径和参与因子的不同，凝血过程可分为内源性凝血途径和外源性凝血途径（图 3-45）。X因子的激活是血液凝固的核心步骤。

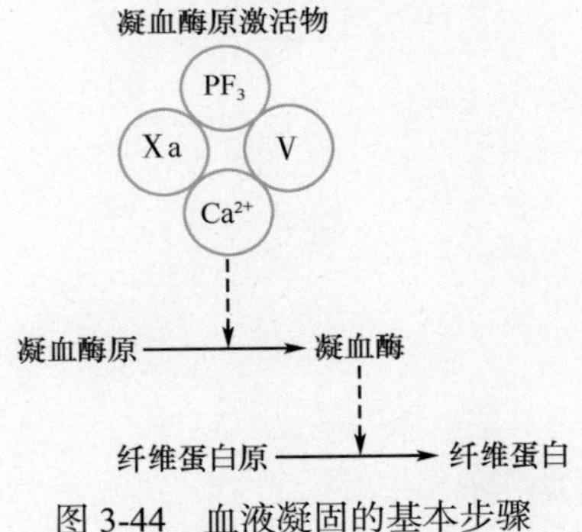

图 3-44　血液凝固的基本步骤

(1) 内源性凝血途径：内源性凝血是从Ⅻ因子激活开始，全部由血浆内的凝血因子参与至激活X因子的途径，称为内源性凝血途径，也称为内源性凝血。

(2) 外源性凝血途径：当组织损伤伴血管破裂时，组织释放Ⅲ因子进入血浆，与 Ca^{2+}、Ⅶ a因子共同组成因子Ⅶ复合物，促使X因子激活成Xa。由于Ⅲ因子来自血管外的组织，因而称为外源性凝血。

通过上述两条途径形成Xa因子与Va因子、Ca^{2+}、PF_3 共同形成凝血酶原激活物；在该激活物的作用下，使凝血酶原被激活成凝血酶（Ⅱa）；凝血酶激活纤维蛋白原，形成纤维蛋白。同时Ⅱa因子激活XⅢ因子，XⅢ a因子与 Ca^{2+} 使纤维蛋白变为稳定的不溶于水的纤维蛋白凝块，完成凝血过程（图 3-45）。凝血过程存在正反馈，一旦触发势如“瀑布”，越来越快，直至完成。同时，因其是一种酶促连锁反应链，其中一个环节受阻则整个凝血过程就会停止。

3. 抗凝物质　正常情况下，血管内的血液能保持流体状态而不发生凝固，原因在于血管内皮光滑、血流速度快，血液含有抗凝物质和纤维蛋白溶解系统。

血液中最重要的抗凝物质是抗凝血酶Ⅲ和肝素。抗凝血酶Ⅲ主要由肝细胞和血管内皮细胞合成，能与凝血酶结合使其失活，阻止凝血进行。肝素由肥大细胞和嗜碱性粒细胞合成，通过与抗凝血酶Ⅲ结合增强抗凝血酶Ⅲ的活性而发挥间接抗凝。肝素的抗凝效果明显，被临床广泛作为抗凝药物使用。

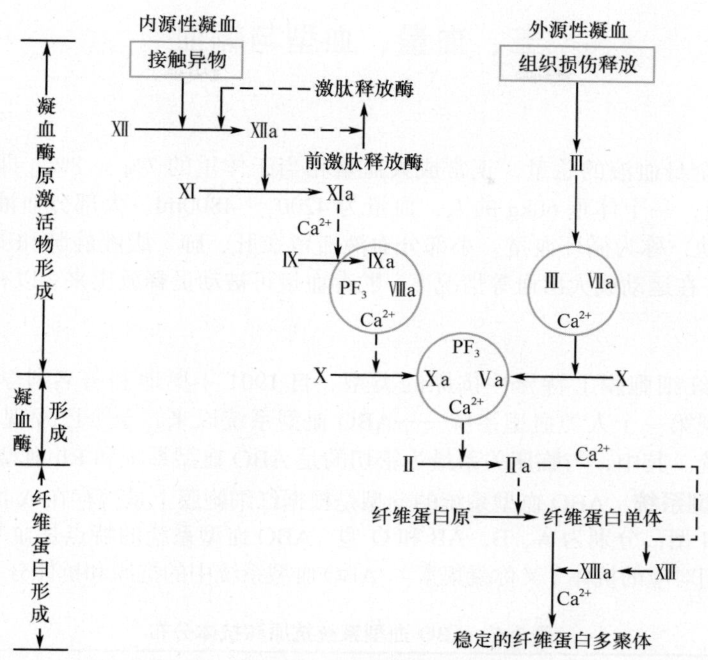

图 3-45 血液凝固过程

链接

促凝和抗凝

临床工作中常常需要采取各种措施保持血液不凝固或者加速血液凝固。外科手术时，常用温热盐水纱布等进行压迫止血。这主要是因为纱布是异物，可激活因子Ⅻ及血小板；又因凝血过程为一系列的酶促反应，适当加温可使凝血反应加速。反之，降低温度和增加异物表面的光滑度可延缓凝血过程。此外，血液凝固的多个环节中都需要 Ca^{2+} 的参加，故通常用枸橼酸钠和草酸钾作为体外抗凝剂，它们可与 Ca^{2+} 结合而除去血浆中的 Ca^{2+}，从而起到抗凝作用。

（二）纤维蛋白溶解

血凝块中的纤维蛋白被血浆中的纤维蛋白溶解系统分解液化的过程，称为**纤维蛋白溶解**，简称纤溶。纤维蛋白溶解系统主要包括纤维蛋白溶酶原（纤溶酶原）、纤维蛋白溶解酶（纤溶酶）、激活物和抑制物。纤维蛋白溶解的基本过程分为纤溶酶原的激活和纤维蛋白（或纤维蛋白原）的降解两个阶段（图 3-46）。纤维蛋白溶解的重要意义在于使血液保持液态，血流通畅，限制血液凝固的发展，防止血栓形成。

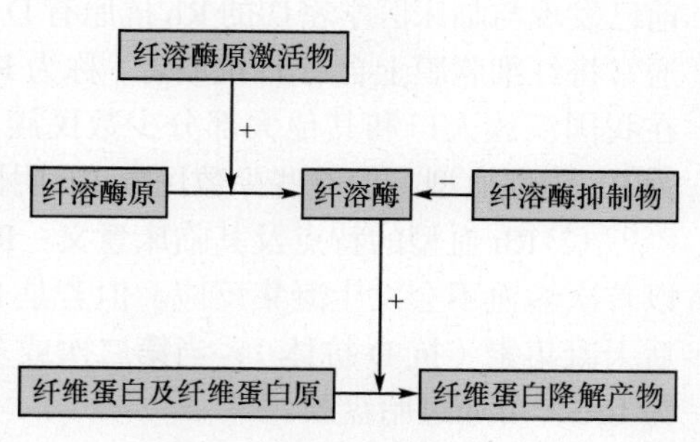

图 3-46 纤维蛋白溶解过程

+. 表示促进作用；−. 表示抑制作用

五、血量、血型与输血

（一）血量

血量是指全身血液的总量，正常成人血量相当于体重的 7% ～ 8%，即每公斤体重有 70 ～ 80ml 血液，一个体重 60kg 的人，血量为 4200 ～ 4800ml。大部分血液在心血管系统中快速循环流动，称为循环血量，小部分血液滞留在肝、肺、腹腔静脉和皮下静脉丛内，称为贮存血量。在运动或大出血等情况下，贮存血量可被动员释放出来，以补充循环血量。

（二）血型

血型是指红细胞膜上特异性抗原的类型。自 1901 年奥地利著名科学家、生理学家 Landsteiner 发现第一个人类血型系统——ABO 血型系统以来，至今已发现了 30 个不同的红细胞血型系统。其中，与临床关系最为密切的是 ABO 血型系统和 Rh 血型系统。

1. ABO 血型系统 ABO 血型系统的分型是根据红细胞膜上是否存在 A 抗原和 B 抗原，可将血液分为 4 型，分别为 A、B、AB 和 O 型。ABO 血型系统的特点是血浆（或血清）中还存在与抗原相对应的抗体（又称凝集素）。ABO 血型系统中的抗原和抗体分布情况见表 3-6。

表 3-6 ABO 血型系统抗原和抗体分布

血型	红细胞膜上的抗原	血清中的抗体
A 型	A	抗 B
B 型	B	抗 A
AB 型	A 和 B	无
O 型	无	抗 A 和抗 B

考 点：ABO 血型系统的分型

凝集原与相对应的凝集素相遇时，可发生红细胞抗原 - 抗体免疫反应，表现为红细胞聚集成团，进而破裂溶血，称为**红细胞凝集反应**。输血时如果血型不合，可导致这种危及生命的输血反应。

2. Rh 血型系统

(1) Rh 血型系统的分型：Rh 抗原最早在恒河猴（Rhesus monkey）的红细胞中发现。目前已发现与临床医学密切的 Rh 抗原有 D、C、E、c、e5 种，其中 D 抗原的抗原性最强。因此，通常将红细胞膜上含有 D 抗原者，称为 **Rh 阳性**；红细胞膜上不含 D 抗原者，称为 **Rh 阴性**。在我国汉族人口和其他大部分少数民族人群中，有 99% 的人属于 Rh 阳性，只有 1% 的人为 Rh 阴性血型，但有些少数民族 Rh 阴性者可达 12% ～ 15%。

(2) Rh 血型的特点及其临床意义：Rh 血型的特点是血浆（或血清）中无天然抗体，所以首次输血不会发生凝集反应。但若是 Rh 阴性者接受了 Rh 阳性者的输血后，经致敏获得后天凝集素（抗 D 抗体），当第二次或多次输血时，则可发生凝集反应而溶血。抗 D 抗体为 IgG，可通过胎盘膜。

Rh 阴性的母亲第一次孕育了 Rh 阳性的胎儿时，由于某种原因胎儿的红细胞进入母体血液循环中，刺激母体产生抗 D 抗体。但若再次妊娠 Rh 阳性胎儿时，则母体的抗 D 抗体可通过胎盘进入胎儿体内而引起新生儿溶血。故对 Rh 阴性者的输血及多次妊娠的妇女应格外注意。

（三）输血

输血在临床上应用颇为广泛。例如，输血可以补充循环血量，抢救各种原因的急性大

失血；治疗各种原因造成的重度贫血；补充凝血因子，协助止血以及改善机体的功能状态，增强抵抗力等。输血也有很多弊端，例如，不按严格的程序操作，血源污染可以造成疾病的传播而引起严重的后果；血型测定、交叉配血试验不严谨，有可能引起血型不合而导致输血反应甚至危及生命。

考点：输血的原则；交叉配血的概念

1. 输血的原则　输血的根本原则是避免红细胞凝集反应的发生，因而需按以下步骤操作：①首先必须鉴定血型，选取同型血液，保证供血者与受血者ABO血型相合，Rh血型也相合。②每次输血前必须按常规进行交叉配血试验（图3-47）。**交叉配血**是指把供血者的红细胞与受血者的血清（或血浆）混合为主侧；受血者的红细胞与供血者的血清（或血浆）混合为次侧，观察是否发生红细胞凝集反应。如果交叉配血试验的主侧、次侧都没有发生凝集反应，既为配血相合，方可输血。③在无法得到同型血源的情况下，根据ABO血型的输血规律（图3-48），可采用异型输血，异型输血的条件是少量（不超过300ml）缓慢地输入，并在输血过程中严密监测，如有输血反应应立即停止输血。在目前医疗条件下异型输血已极少采用。

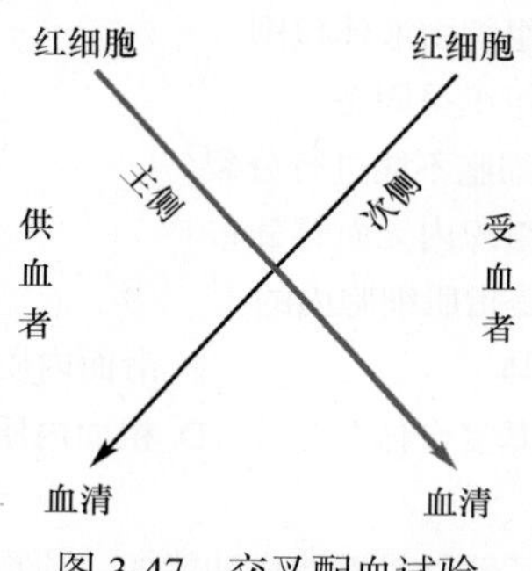

图3-47　交叉配血试验

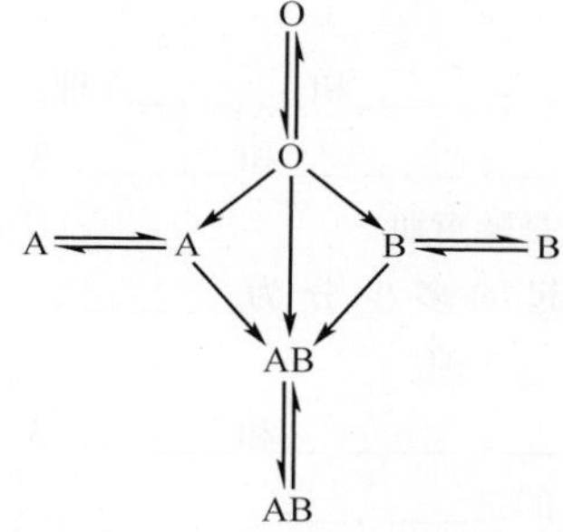

图3-48　在各种ABO血型之间进行输血的关系

2. 成分输血　随着科学技术的进步，由于血液成分分离机的广泛应用以及分离技术和成分血质量的不断提高。输血疗法已经从原来的单纯输全血，发展为今天的成分输血。成分输血是把人血中的各种有效成分，如红细胞、粒细胞、血小板和血浆等分别制备成高纯度或高浓度的制品，根据病人的需要，输入相应的成分。成分输血具有提高疗效，减少不良反应和节约血源等优点。

输血是临床医疗中一项严肃而重要的工作。由于输血不慎造成患者严重损害甚至死亡的事故并不少见，因此，医务工作者必须严格遵守输血原则，杜绝输血事故发生。

（黄翠微）

小结

构成人体的基本组织包括上皮组织、结缔组织、肌组织和神经组织。上皮组织种类多，分布广，其结构特点是细胞多、间质少、有极性、无血管。结缔组织是人体内数量最多、分布最广、形态多样的组织，由于形态的多样性，导致其功能的复杂性。肌组织是具有收缩功能的特殊组织，可完成各种运动，肌节是骨骼肌细胞结构和功能的基本单位。神经组织是构成神经系统的最主要成分。不断循环更新的血液是内环境中最为活跃的部分，红细胞是人体内辛勤的“运输兵”，白细胞是保护人体的健康卫士，而血小板则是一群善堵伤口的“工程兵”。血液的理化状态和免疫学特性是人体功能活动的一面镜子，临床上常通过对其各项生化指标的检测来协助诊断不同的疾病。

自测题

一、名词解释

1. 间皮 2. 肌节 3. 三联体 4. 闰盘 5. 尼氏体 6. 突触 7. 神经纤维 8. 血细胞比容 9. 等渗溶液 10. 血沉 11. 红细胞的渗透脆性 12. 溶血 13. 血液凝固 14. 血型

二、填空题

1. 上皮组织的结构特点是细胞________、细胞外基质________、细胞具有________。
2. 巨噬细胞来源于血液中的________；浆细胞来源于________。
3. 软骨分为________、________和________3种。
4. 肌组织分为________、________和________3种，其中________是随意肌。
5. 神经元按其突起的多少分为________、________和________3种。
6. 血细胞分为________、________和________3种，其中数量最多的是________。
7. 血浆蛋白可以分为________、________和________3类。
8. 红细胞中的主要成分是________，其具有________和________的功能。
9. 红细胞生成的主要原料是________和________。
10. 调节红细胞生成的激素主要是________和________。
11. 凝血过程的3个步骤是________、________和________。

三、选择题

A_1 型题

1. 组织内没有血管分布的是（　）
   A. 神经组织　B. 被覆上皮　C. 肌组织　D. 致密结缔组织　E. 脂肪组织
2. 单层立方上皮分布于（　）
   A. 胃　B. 血管　C. 输尿管　D. 肾小管　E. 气管
3. 人体最耐摩擦的上皮是（　）
   A. 单层扁平上皮　B. 变移上皮　C. 复层扁平上皮　D. 单层柱状上皮　E. 单层立方上皮
4. 在创伤修复中起重要作用的细胞是（　）
   A. 成纤维细胞　B. 浆细胞　C. 巨噬细胞　D. 脂肪细胞　E. 肥大细胞
5. 软骨组织损伤后，通常恢复较慢，主要是因为（　）
   A. 软骨基质内纤维较多
   B. 软骨组织由液体包围
   C. 软骨组织呈固态
   D. 软骨细胞不能进行分裂
   E. 软骨组织内无血管分布
6. 肌浆网是指肌细胞内的（　）
   A. 线粒体　B. 滑面内质网　C. 高尔基复合体　D. 粗面内质网　E. 肌丝
7. 临床上了解红骨髓造血功能的一项重要指标是（　）
   A. 网织红细胞计数　B. 血红蛋白的含量　C. 血细胞的形态　D. 血细胞计数　E. 红细胞计数
8. 关于成人血液指标正常值的描述，错误的是（　）
   A. 女性红细胞（3.5～5.0）$\times 10^{12}$/L
   B. 男性红细胞（4.0～5.5）$\times 10^{12}$/L
   C. 白细胞（4.0～10）$\times 10^{9}$/L
   D. 血小板（10～30）$\times 10^{9}$/L
   E. 血红蛋白 120～160g/L
9. 在急性化脓性细菌感染时，血液中明显增多的是（　）
   A. 嗜碱性粒细胞　B. 嗜酸性粒细胞　C. 中性粒细胞　D. 单核细胞　E. 淋巴细胞
10. 胚胎后期和出生后最主要的造血器官是（　）
   A. 卵黄囊壁的血岛　B. 肝　C. 黄骨髓　D. 脾

E. 红骨髓

11. 临床常用的等渗溶液是（　　）
A. 1.0% 的 NaCl 溶液
B. 10% 的葡萄糖
C.0.9% 的 NaCl 溶液
D. 0.42% 的 NaCl 溶液
E. 50% 的葡萄糖

12. 形成血浆晶体渗透压的物质主要是（　　）
A. 清蛋白　　B. NaC1
C. 葡萄糖　　D. 尿素
E. 血红蛋白

13. 形成血浆胶体渗透压的物质主要是（　　）
A. 纤维蛋白原　　B. 血红蛋白
C. 球蛋白　　D. 葡萄糖
E. 白蛋白

14. 血管中红细胞悬浮稳定性差将导致（　　）
A. 溶血　　B. 红细胞凝集
C. 血液凝固　　D. 血沉加快
E. 出血时间延长

15. 巨幼红细胞性贫血最好选择下列哪项治疗措施（　　）
A. 补充蛋白质
B. 补充铁剂
C. 补充维生素 B_{12} 和叶酸
D. 输血
E. 注射促红细胞生成素

16. 红细胞在抗 A 血清中凝聚，其血型可能是（　　）
A. A 型或 AB 型　　B. O 型
C.B 型　　D.A 型或 O 型
E.B 型或 O 型

17. 在急需时 O 型血可以少量输给其他血型的人，是因为 O 型血的（　　）
A. 血浆含有抗 A、抗 B 凝集素
B. 红细胞膜不含 A、B 凝集原
C. 血浆不含抗 A、抗 B 凝集素
D. 红细胞膜含 A、B 凝集原
E. 红细胞含有 D 抗原

18. 异型输血一般一次不超过（　　）
A. 100ml　　B. 200ml
C. 300ml　　D. 500ml
E. 1000ml

19. 下列描述哪项是错误的（　　）
A. ABO 血型相符者输血前仍需做交叉配血实验
B. O 型血可少量、缓慢输给其他血型者
C. AB 型者可少量、缓慢接受其他血型血
D. Rh 阳性者可接受 Rh 阴性的血液
E. 父母的血可以直接输给子女

A_2 型题

20. 患者男，32 岁。2 个月前无明显诱因出现头痛不适，近日出现耳鸣、视物模糊。经医院检查，初步诊断为中枢神经细胞瘤。下列有关神经元的描述，错误的是（　　）
A. 神经元是神经系统的结构和功能单位
B. 胞体是神经元的营养代谢中心
C. 轴丘内有尼氏体，但无神经原纤维
D. 双极神经元具有一个轴突和一个树突
E. 树突的功能主要是接受刺激

21. 患者男，16 岁。因车祸致左肱骨中段斜形骨折而急诊入院。检查发现左手背“虎口区”皮肤疼痛觉、温度觉感觉障碍，考虑合并左侧桡神经损伤。请问能感受疼痛觉、温度觉刺激的神经末梢是（　　）
A. 游离神经末梢　　B. 触觉小体
C. 环层小体　　D. 肌梭
E. 运动终板

22. 患者女，8 岁。1 天前在刚油漆过家具的屋内玩耍，随后全身皮肤瘙痒并出现红晕、皮疹，经医院检查诊断为接触性皮炎（油漆过敏）。此时与过敏最相符的血象变化是（　　）
A. 红细胞增多　　B. 白细胞减少
C. 嗜酸性粒细胞增多　　D. 中性粒细胞增多
E. 单核细胞增多

23. 患者女，60 岁。近 1 个月刷牙时经常牙龈出血。最近 1 周全身皮下出现瘀斑。请问在止血和凝血过程中起重要作用的是（　　）
A. 单核细胞　　B. 中性粒细胞
C. 红细胞　　D. 血小板
E. 嗜碱性粒细胞

四、简答题

1. 简述血浆渗透压的组成及其生理功能。
2. 简述血细胞的正常值及其功能。
3. 简述输血的原则。

（翟新梅　黄翠微）

第四章 运动系统

常言道："生命在于运动。"其实生命本身就是一种复杂而奇妙的运动，运动是人体复杂的活动形式，科学合理的运动能使"生命之树常青，生命之水常流，生命之花常开，生命之果常结"。那么，运动系统是如何组成的？参与运动的器官有哪些？各有何作用？让我们带着这些神奇而有趣的问题一起来探究人体运动系统的奥秘。

考点：运动系统的组成及功能

运动系统（locomotor system）由骨、骨连结和骨骼肌3部分组成，约占成人体重的60%～70%。全身各骨借骨连结相连形成**骨骼**，构成了坚硬的人体支架，并赋予人体基本形态，具有支持体重、保护器官和运动等功能。骨骼肌附着于骨，在神经系统的支配下，收缩牵拉骨而产生运动。在运动中，骨起杠杆作用，关节是运动的枢纽（相当于支点），可改变力的方向，骨骼肌则是运动的动力器官（图4-1）。所以，骨骼肌是运动的主动部分，而骨和关节则是运动的被动部分。

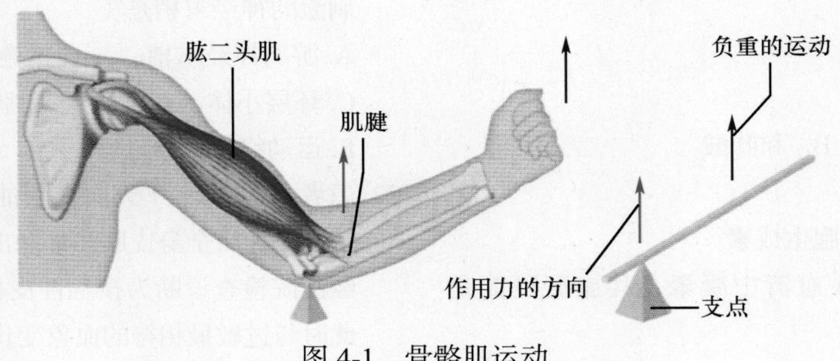

图4-1 骨骼肌运动

第一节 骨

案例4-1

患者男，18岁。因车祸而急诊入院。体格检查：右胸部大面积皮下瘀斑，右侧胸廓饱满。胸部X线显示右锁骨骨折，右侧第5～6肋骨骨折，右肺部分萎缩，纵隔向左移。临床诊断：右锁骨和肋骨骨折，闭合性气胸。

问题：1. 胸廓是如何构成的？

2. 锁骨和肋骨骨折一般多发生在何处？

一、概　　述

骨是坚硬而富有弹性的器官，有丰富的血管和神经分布，不但能进行新陈代谢和生长发育，而且还具有不断改建、修复和再生的能力。经常进行锻炼可促进骨的良好发育和健康生长，长期不用则可导致骨质疏松和萎缩。

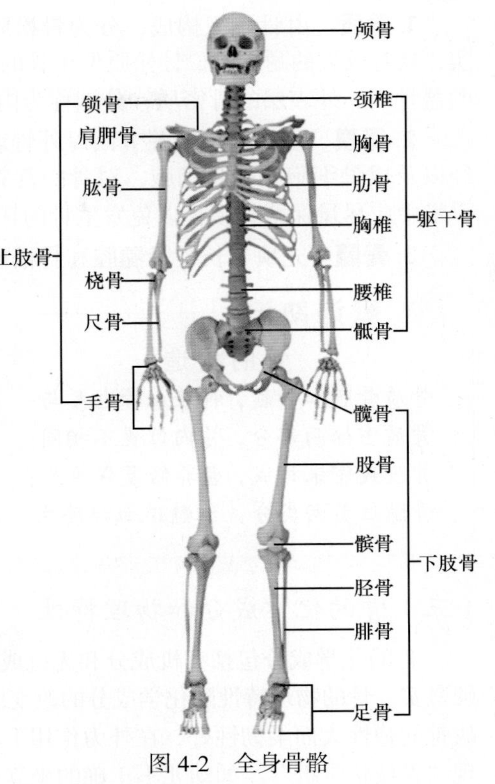

图 4-2　全身骨骼

（一）骨的分类

成人共有骨 206 块，其中 6 块听小骨属于感觉器官的结构。骨按部位可分为颅骨、躯干骨和四肢骨 3 部分（图 4-2），前两者统称为中轴骨。

按形态骨可分为 4 类（图 4-3）。①**长骨**：分布于四肢，呈长管状，分为一体两端。体又称骨干，其内有容纳骨髓的骨髓腔。两端膨大称为骺，具有光滑的关节面。幼年时，骺与骨干之间留有骺软骨。成年后，骺软骨骨化，骨干与骺融为一体，原来的骺软骨部位形成骺线。②**短骨**：形似立方体，多成群分布。③**扁骨**：呈板状，主要构成颅腔、胸腔和盆腔的壁，以保护腔内器官。④**不规则骨**：形状不规则。

（二）骨的构造

骨主要由骨质、骨膜和骨髓 3 部分构成（图 4-4）。

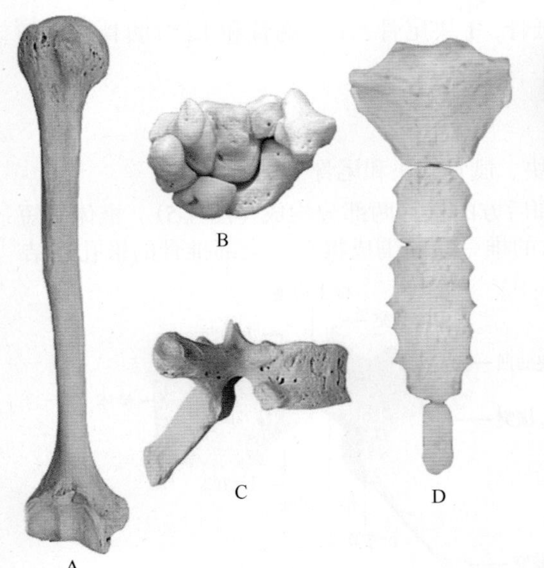

图 4-3　骨的形态

A. 骨；B. 短骨；C. 不规则骨；D. 扁骨

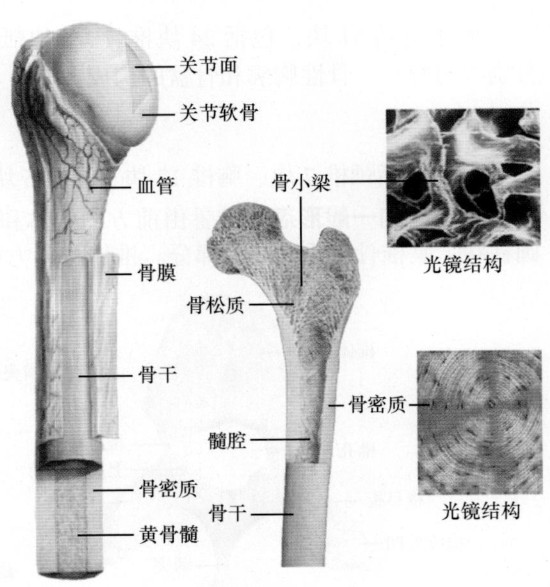

图 4-4　长骨的构造

1. 骨质 由骨组织构成，分为**骨松质**和**骨密质**。骨密质配布于骨的表层，质地致密坚实，具有较大的耐压性。骨松质位于骨的内部，呈海绵状，由许多片状的骨小梁交织而成。颅盖骨内、外表层的骨密质，分别称为内板和外板。两板之间的骨松质称为**板障**。

2. 骨膜 是指被覆于关节面以外骨表面的一层致密结缔组织膜，含有丰富的血管、神经以及成骨细胞和破骨细胞，对骨的营养、生长和损伤后的修复具有重要作用，故在骨科手术中应尽量保留骨膜，以免发生骨的坏死或延迟骨的愈合。

考点：骨的分类和构造

3. 骨髓 充填于长骨骨髓腔和骨松质间隙内，分为红骨髓和黄骨髓两种。**红骨髓**具有造血功能，胎儿和幼儿时期的骨髓全部是红骨髓。约从5岁开始，长骨骨髓腔内的红骨髓逐渐被脂肪组织代替，而成为黄骨髓。**黄骨髓**具有造血潜能，当机体需要时（如失血过多）可转变为红骨髓，而恢复造血功能。由于髂骨和胸骨等处终生都是红骨髓，故临床上常在髂骨或胸骨等处抽取骨髓进行造血功能检查。

歌诀助记

骨的构造

骨质骨膜和骨髓，神经血管也参与；
骨质密松两部分，骨内位置不相同；
骨膜致密来构成，营养修复保再生；
骨髓红黄两类分，红髓造血伴终生。

（三）骨的化学成分和物理特性

骨的化学成分包括有机成分和无机成分。有机成分赋予骨韧性和弹性，无机成分使骨挺硬坚实。骨的物理特性随化学成分的改变而改变。幼儿骨的有机成分和无机成分约各占一半，故骨的弹性大而柔韧性好，在外力作用下易发生形态改变，但不易发生骨折或折而不断，出现“青枝状骨折”。如幼儿不正确的坐立姿势、长期低头玩手机或在电脑前趴坐，都会引起骨的形态改变。成人骨的有机成分和无机成分比例（约为3 ∶ 7）最为恰当，因而骨的弹性和坚硬性都处于最佳状态。老年人骨的无机成分所占比例更大，故脆性较大而易发生骨折。

二、躯　干　骨

躯干骨共51块，包括24块椎骨、1块骶骨、1块尾骨、1块胸骨和12对肋骨。它们分别参与脊柱、骨性胸廓和骨盆的构成。

（一）椎骨

椎骨包括颈椎7块、胸椎12块、腰椎5块、骶骨1块和尾骨1块。

1. 椎骨的一般形态 椎骨由前方的**椎体**和后方的**椎弓**两部分构成（图4-5）。椎体呈短圆柱状，是椎骨负重的主要部分。椎体与后方的椎弓共同围成**椎孔**，全部椎骨的椎孔连结

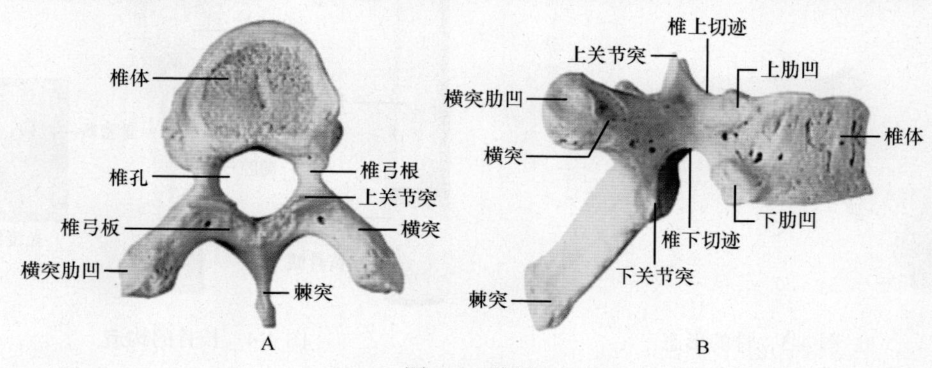

图4-5　胸椎
A. 上面观；B. 右侧面观

在一起形成的纵行管状结构，称为**椎管**，其内容纳脊髓等结构。椎弓与椎体相连的缩窄部分称为椎弓根，其上、下缘分别有椎上、下切迹，相邻椎骨的上、下切迹共同围成**椎间孔**，有脊神经和血管通过。椎弓的后部称为椎弓板。椎弓上有 7 个突起：伸向后方或后下方的 1 个**棘突**，向两侧伸出 1 对**横突**，向上伸出 1 对**上关节突**，向下伸出 1 对**下关节突**。

2. 各部椎骨的主要形态特征

(1) 颈椎（图 4-6）：是体积最小、强度最差、活动频率最高、最容易损伤的椎骨。颈椎椎体较小，横突根部有**横突孔**，内有椎动脉和椎静脉通过。第 2 ～ 6 颈椎的棘突较短，末端分叉。第 1 颈椎又名**寰椎**（图 4-7），呈环形，无椎体、棘突和关节突，由前弓、后弓和两个侧块组成。前弓后面正中有一齿突凹。第 2 颈椎又名**枢椎**（图 4-8），椎体向上伸出一指状的齿突，与寰椎的齿突凹相关节。第 7 颈椎又名**隆椎**（图 4-9），棘突很长，末端不分叉，低头时项部皮下易于触及，是背部计数椎骨序数和针灸取穴的重要标志。

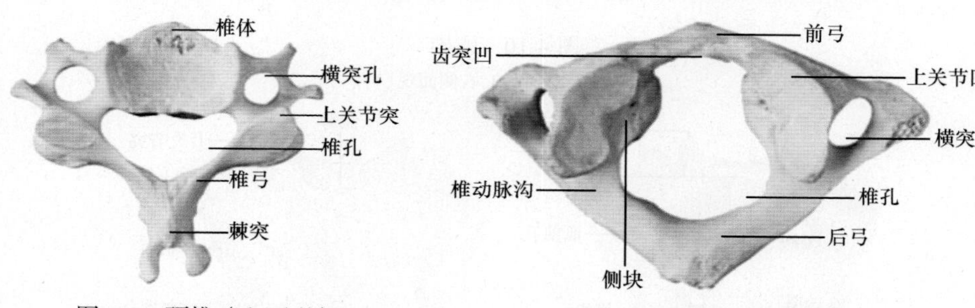

图 4-6　颈椎（上面观）　　图 4-7　寰椎（上面观）

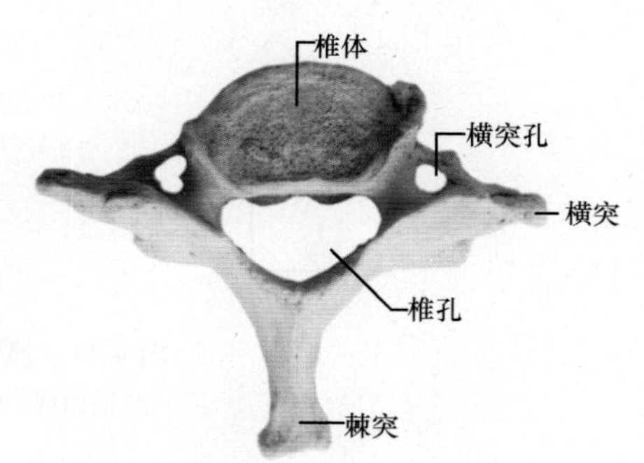

图 4-8　枢椎（上面观）　　图 4-9　隆椎（上面观）

(2) 胸椎（图 4-5）：椎体侧面后份的上、下缘和横突末端的前面均有**肋凹**。棘突较长而向后下方倾斜，彼此掩盖呈叠瓦状排列。

(3) 腰椎（图 4-10）：椎体粗壮，棘突宽短呈板状，几乎水平伸向后方。相邻棘突之间的间隙较宽，临床上常在第 3、4 或第 4、5 腰椎棘突之间行腰椎穿刺术。

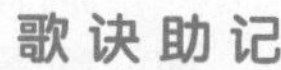

各部椎骨的形态特征

颈椎体小椎孔大，横突有孔棘分叉；
隆椎棘长不分叉，低头触摸在皮下；
胸椎体侧肋凹显，棘突较长后下倾；
腰椎承重体最大，棘突宽短水平伸。

(4) 骶骨（图 4-11）：由 5 块骶椎融合而成，呈底朝上、尖向下的三角形。前面光滑而微凹，上缘中份向前隆凸称为**岬**，是产科骨盆径线测量的重要标志之一。骶骨的前、后面分别有 4 对**骶前孔**和**骶后孔**。两侧部的上份有粗糙的耳状面。骶骨中央有一纵贯全长的骶管，下端开放形成“V”形或“U”形的**骶管裂孔**。裂孔两侧有向下突出的**骶角**，可在体表摸到，是骶管麻醉时确定骶管裂孔的体表标志。

(5) 尾骨：由 3 ～ 4 块退化的尾椎融合而成。上接骶骨，下端游离为尾骨尖（图 4-11）。

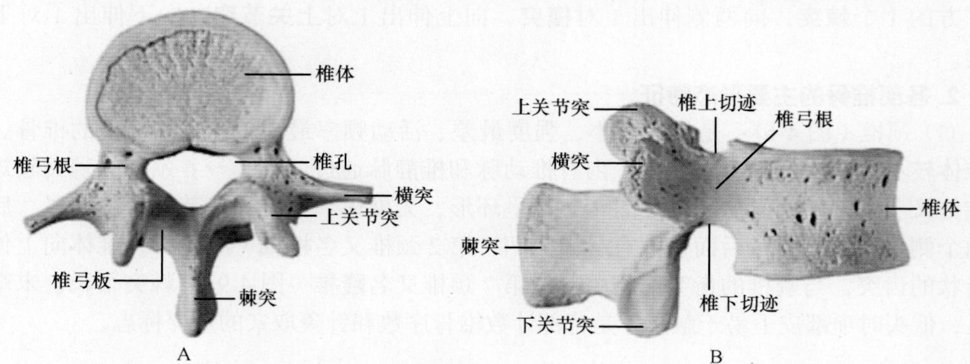

图 4-10　腰椎

A. 上面观；B. 右侧面观

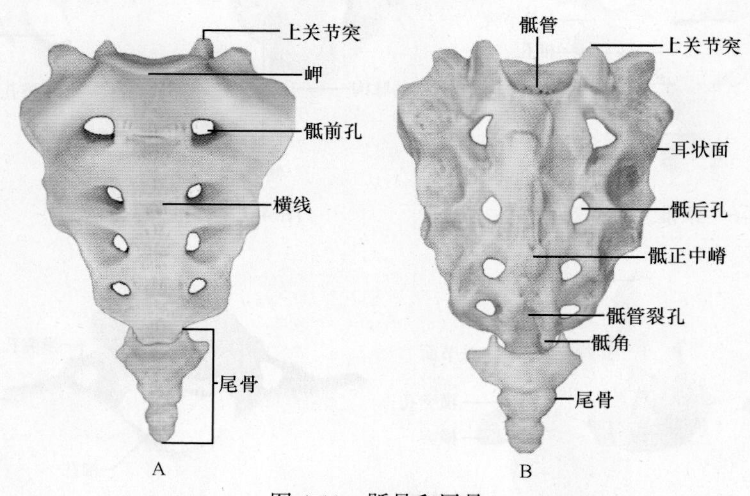

图 4-11　骶骨和尾骨

A. 前面观；B. 后面观

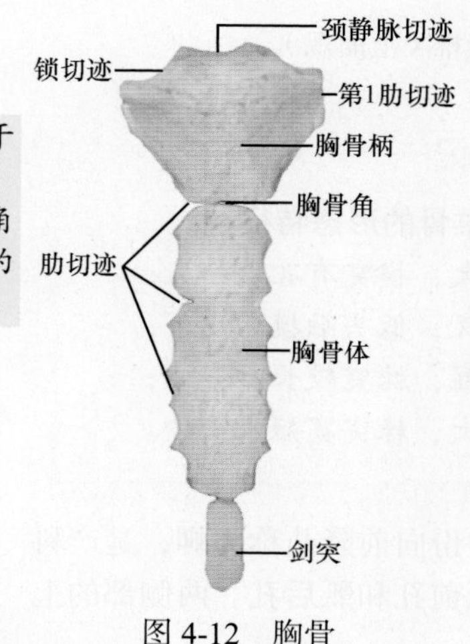

图 4-12　胸骨

考点：躯干骨的组成；隆椎、骶角和胸骨角的临床意义

（二）胸骨

胸骨是位于胸前壁正中的扁骨，自上而下依次分为**胸骨柄**、**胸骨体**和**剑突** 3 部分（图 4-12，图 4-13）。胸骨柄上缘中份微凹，称为**颈静脉切迹**，两侧有锁切迹。胸骨中部呈长方形的为胸骨体，胸骨柄与胸骨体结合处形成微向前突的角，称为**胸骨角**，可在体表摸到，两侧平对第 2 肋，是计数肋骨及肋间隙序数的重要标志。剑突扁而薄，末端游离，可在体表摸到。

（三）肋

肋共 12 对，由肋骨和肋软骨组成。第 1 ～ 7 对肋骨的前端借肋软骨与胸骨相连结，称为**真肋**（图 4-13），其中第 4 ～ 7

对肋骨长而薄，最易发生骨折；第 8 ～ 10 对肋骨的前端借肋软骨依次与上位肋软骨相连结，称为**假肋**；第 11 ～ 12 对肋骨的前端游离于腹壁肌层中，称为**浮肋**。

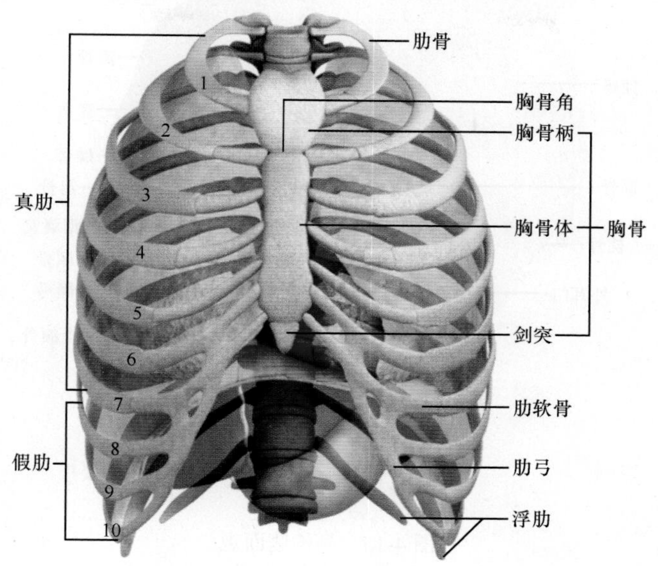

图 4-13　胸骨和肋

肋骨为细长弓状的扁骨（图 4-14），分为肋体和前、后端。第 1 ～ 10 肋的前端与肋软骨相接，后端膨大称为肋头，与胸椎的肋凹相关节。肋体分为内、外两面和上、下两缘，其内面近下缘处有**肋沟**，内有肋间神经、血管经过。肋软骨为透明软骨。

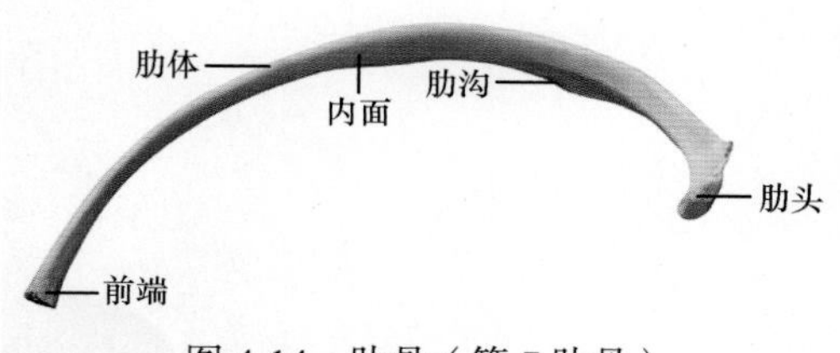

图 4-14　肋骨（第 7 肋骨）

三、颅　　骨

颅骨共 23 块（中耳内的 3 对听小骨未计），除下颌骨和舌骨外，彼此借骨连结形成颅，位于脊柱的上方。颅骨分为脑颅骨和面颅骨两部分。

（一）脑颅骨

脑颅骨位于颅的后上方，共 8 块，包括成对的**颞骨**、**顶骨**和不成对的**额骨**、**筛骨**、**蝶骨**及**枕骨**（图 4-15）。它们共同围成颅腔，具有容纳和保护脑的作用。

（二）面颅骨

面颅骨位于颅的前下方，共 15 块，包括成对的**上颌骨**、**腭骨**、**颧骨**、**鼻骨**、**泪骨**、**下鼻甲**和不成对的**犁骨**、**下颌骨**及**舌骨**，它们构成颜面的支架。在面颅诸骨中，上颌骨位于颜面中央（图 4-16），与下颌骨共同构成颜面的大部分。在上颌骨的内上方，内侧是鼻骨，后方是泪骨。上颌骨的外上方是颧骨，后内方是腭骨。下鼻甲位于鼻腔外侧壁的下部，其内侧有犁骨。上颌骨的下方是下颌骨，下颌骨的后下方是舌骨。

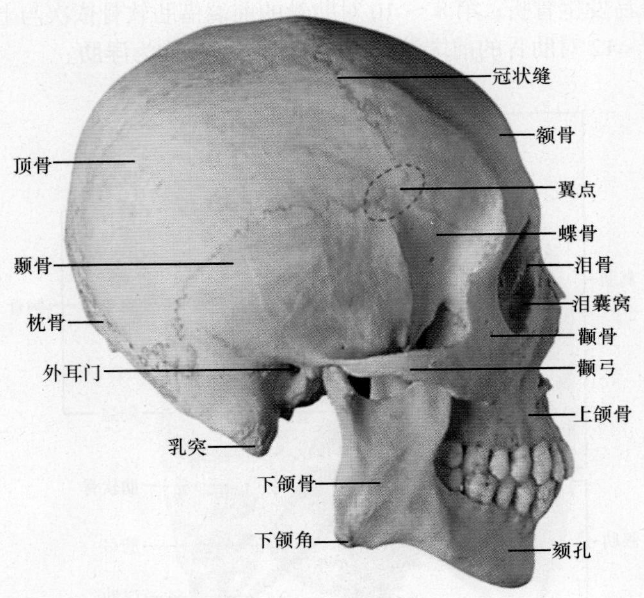

图 4-15　颅的侧面观

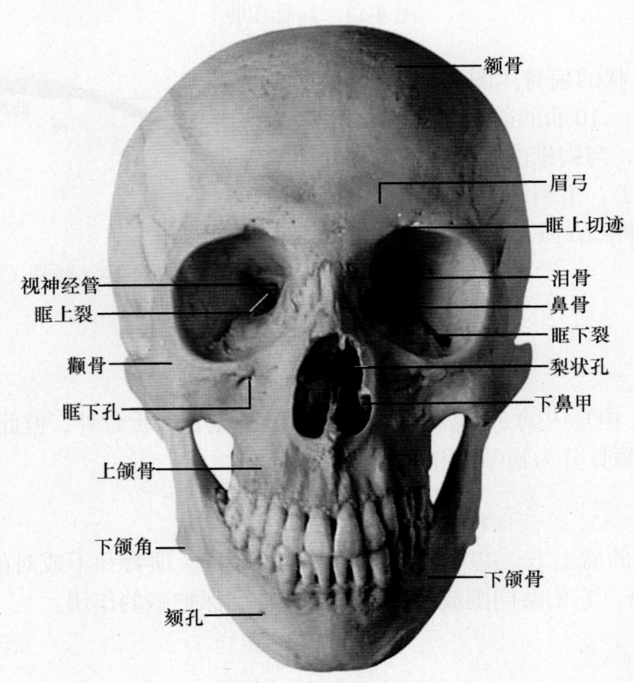

图 4-16　颅的前面观

考点：脑颅骨和面颅骨的组成

下颌骨是颅骨中唯一能够活动的一块骨，位于面部的前下份，呈马蹄形，分为前下份的下颌体和后上份的下颌支（图 4-17）。下颌体前外侧面有**颏孔**。下颌支是体伸向后上方的方形骨板，内面的中央有**下颌孔**；上端有两个突起，前方的为冠突，后方的称髁突。下颌支后缘与下颌体相交处形成的钝角，称为**下颌角**。髁突、下颌角均可在体表摸到。

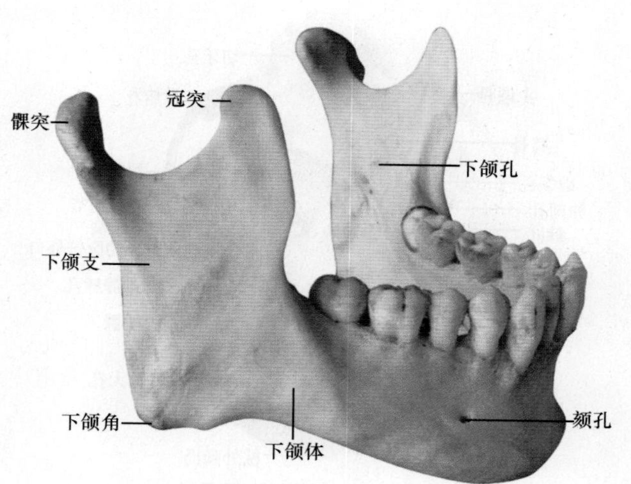

图 4-17 下颌骨

（三）颅的整体观

1. 颅顶外面观 呈卵圆形，前窄后宽，光滑隆凸。额骨与两侧顶骨连结处是**冠状缝**（图 4-18），两侧顶骨连结处是**矢状缝**，两侧顶骨与枕骨连结处是**人字缝**。

2. 颅底内面观 颅底内面凹凸不平，呈阶梯状分布，形成前高后低的**颅前窝**、**颅中窝**和**颅后窝**（图 4-19）。颅底内面的沟、管、孔、裂是神经、血管的通过之处。如颅前窝的筛板上有许多筛孔通向鼻腔，颅中窝有垂体窝、视神经管、眶上裂、圆孔、卵圆孔、棘孔和破裂孔，颅后窝有枕骨大孔、舌下神经管内口、内耳门、颈静脉孔以及横窦沟和乙状窦沟等。

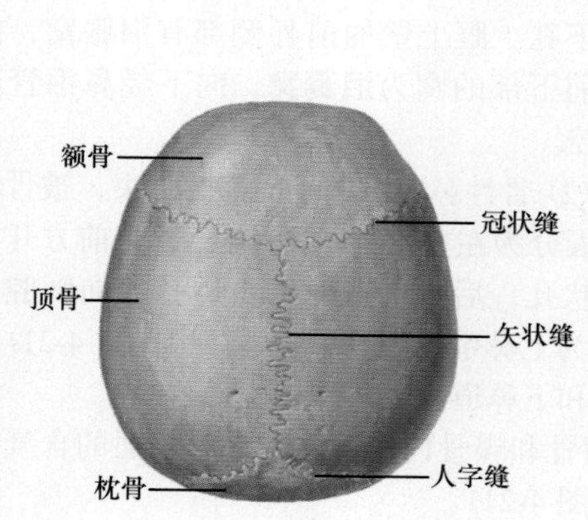

图 4-18 颅顶外面观

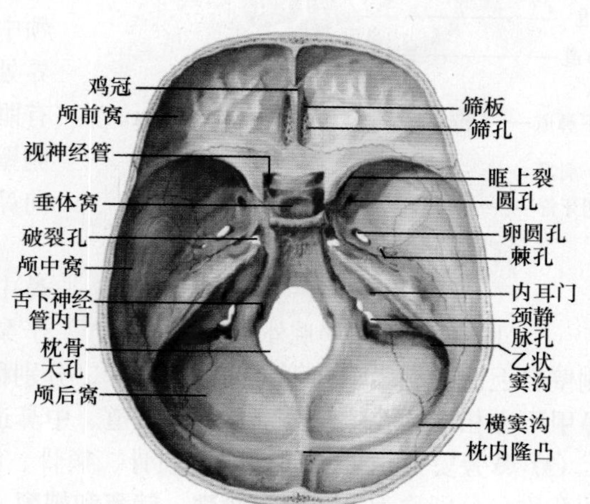

图 4-19 颅底内面观

3. 颅底外面观 颅底外面高低不平，分为前、后两部，神经、血管通过的孔裂甚多。颅底前部可见牙槽弓、牙槽、骨腭、鼻后孔、卵圆孔和棘孔等（图 4-20），后部的主要结构有枕骨大孔、枕外隆凸、枕髁、舌下神经管外口、颈静脉孔、颈动脉管外口、破裂孔、茎突、茎乳孔、下颌窝和关节结节等。**枕外隆凸**是重要的体表标志。

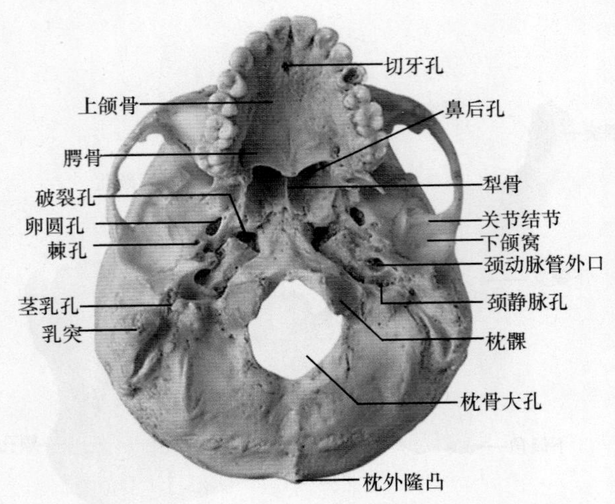

图 4-20　颅底外面观

4. 颅的侧面观　侧面中部可见外耳门（图 4-15），其前方有横行的颧弓，后下方为乳突，两者均可在体表摸到。颧弓内上方的浅窝为**颞窝**，颞窝底的前下部，额骨、顶骨、颞骨、蝶骨 4 骨会合处，形成“H”形的缝结构，称为**翼点**。此处骨质薄弱，其深面有脑膜中动脉前支通过，骨折时易伤及该动脉而引起硬脑膜外血肿，故临床上较为重要。

考点： 翼点的位置及其临床意义

5. 颅的前面观　颅的前面由额骨和面颅诸骨共同构成，包括眶和骨性鼻腔等（图 4-16）。

(1) 眶：为一对四棱锥体形的深腔，容纳眼球及眼附器。尖朝向后内，经视神经管通颅中窝，底朝向前外。在**眶上缘**内、中 1/3 交界处有**眶上孔**或**眶上切迹**，眶下缘中点下方有**眶下孔**。眶上壁的前外侧部有泪腺窝，内侧壁前下部的窝为**泪囊窝**，向下经鼻泪管通向鼻腔。

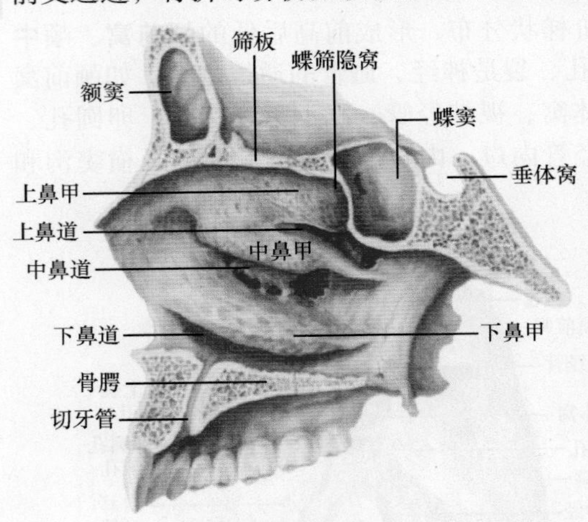

图 4-21　骨性鼻腔外侧壁

(2) 骨性鼻腔：位于面部的中央，被骨性鼻中隔分为左右两半（图 4-16），其前方开口于梨状孔，后方借成对的鼻后孔通向咽腔，外侧壁自上而下有 3 个向下弯曲的薄骨片，分别称为上鼻甲、中鼻甲和下鼻甲（图 4-21）。各鼻甲下方相应的腔隙，分别称为上鼻道、中鼻道和下鼻道。

(3) 鼻旁窦：是鼻腔周围的上颌骨、额骨、筛骨和蝶骨内，一些与鼻腔相通的含气空腔的总称，分别称为**上颌窦**、**额窦**、**筛窦**和**蝶窦**（图 4-21）。

（四）新生儿颅的特征

新生儿的脑颅远大于面颅（图 4-22），其比例约为 8 ∶ 1，而成人约为 4 ∶ 1。新生儿颅骨尚未发育完全，在颅顶各骨之间还留有一定面积的、未完全骨化的结缔组织膜，称为**颅囟**。其中最大且最重要的是位于矢状缝与冠状逢相接处呈菱形的**前囟**，**后囟**呈三角形，位于矢状缝与人字缝相接处。前囟 1 ～ 1.5 岁闭合，其余各颅囟则在生后不久闭合。

考点： 前囟的位置及其闭合的时间

前囟闭合的早晚可作为判断婴儿发育的标志之一，也可作为临床上窥测颅内压变化的一个“窗口”。前、后囟深面有上矢状窦通过，位置表浅而恒定，是新生儿颅囟穿刺的常用部位。

护考链接

女，11个月龄。常规生长发育监测报前囟未闭合，家长担心发育不正常。护士告知家长小儿正常前囟闭合的年龄是（　　）

A.10～11个月　　B.12～18个月　　C.20～22个月

D.22～24个月　　E.24～30个月

分析：小儿前囟正常在生后1～1.5岁期间闭合，故选择答案B。

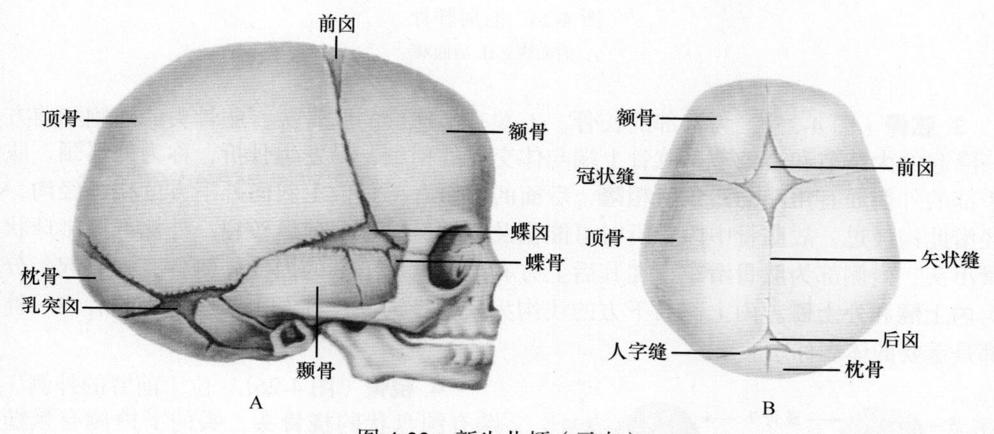

图4-22　新生儿颅（示囟）

A.外侧面观；B.上面观

四、四 肢 骨

四肢骨包括上肢骨和下肢骨，上、下肢骨的数目和排列方式大致相同。上肢骨每侧32块，共64块；下肢骨每侧31块，共62块。

（一）上肢骨

1.锁骨（图4-23）　略呈“～”形弯曲，横架于胸廓前上方，全长均可在体表摸到。内侧端粗大为胸骨端，与胸骨柄的锁切迹共同构成胸锁关节；外侧端扁平为肩峰端，与肩胛骨的肩峰相关节。锁骨内侧2/3凸向前，外侧1/3凸向后。锁骨骨折多发生在中、外1/3交界处。

2.肩胛骨（图4-24）　为不规则的三角形扁骨，位于胸廓后外侧的上份，介于第2～7肋之间，可分为两个面、3个缘和3个角。肩胛骨前面微凹为**肩胛下窝**。后面的横行骨嵴为**肩胛冈**，其外侧端扁平为**肩峰**，是肩部的最高点。肩胛冈上、下方的浅窝分别称为**冈上窝**和**冈下窝**。外侧角肥厚，有朝向外侧的梨形浅窝关节盂。**上角**平对第2肋，**下角**平对第7肋或第7肋间隙，

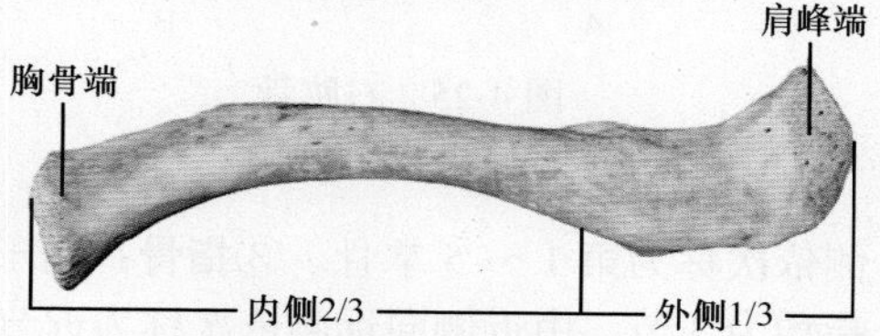

图4-23　右锁骨（上面观）

可作为计数肋的标志。3 个缘分别是上缘、内侧缘和外侧缘。肩胛冈、肩峰、肩胛骨下角及内侧缘都是重要的体表标志。

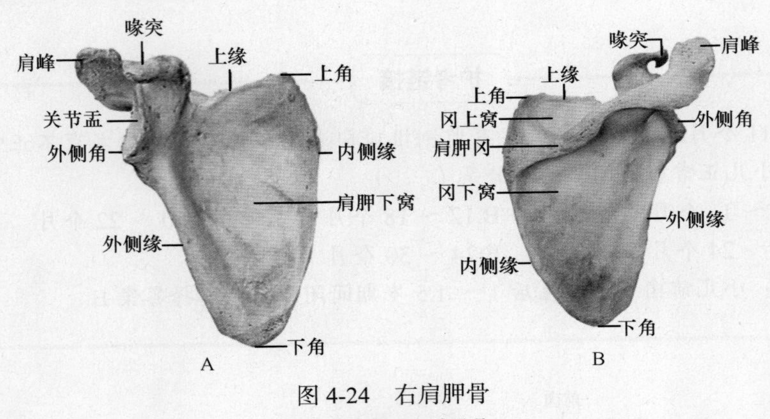

图 4-24　右肩胛骨

A. 前面观；B. 后面观

3. 肱骨（图 4-25）　为臂部的长骨。上端有半球形的**肱骨头**，肱骨头的外侧和前方各有一隆起的**大结节**和**小结节**。肱骨上端与体交界处稍细，易发生骨折，称为**外科颈**。肱骨体中部的外侧面有粗糙的**三角肌粗隆**，后面的中份有一自内上斜向外下方的**桡神经沟**，桡神经沿此沟经过，故肱骨中段骨折时可能伤及桡神经。下端前后较扁，外侧部为半球状的**肱骨小头**，内侧部为**肱骨滑车**，在其后上方有**鹰嘴窝**。下端的内、外侧各有一突起，分别称为**内上髁**和**外上髁**。内上髁后下方的浅沟为**尺神经沟**，尺神经由此经过。肱骨内、外上髁都是重要的体表标志。

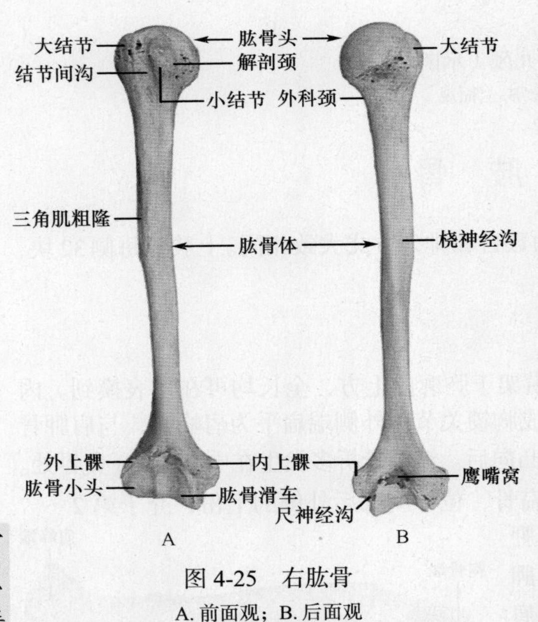

图 4-25　右肱骨

A. 前面观；B. 后面观

4. 桡骨（图 4-26）　位于前臂的外侧。上端有圆盘状的**桡骨头**，头的下内侧有粗糙的**桡骨粗隆**。下端的外侧份有向下突出的**桡骨茎突**，下面为腕关节面。

5. 尺骨（图 4-26）　位于前臂的内侧。上端较粗大，前面有半月形的**滑车切迹**。在切迹的前下方和后上方各有一突起，分别称为**冠突**和**鹰嘴**，鹰嘴为肘后部的重要体表标志。下端为**尺骨头**，尺骨头的后内侧有向下突起的**尺骨茎突**。

6. 手骨　包括腕骨、掌骨和指骨 3 部分（图 4-27）。①**腕骨**：属于短骨，每侧 8 块，排成两列，每列 4 块。由桡侧向尺侧，近侧列为**手舟骨**、**月骨**、**三角骨**和**豌豆骨**；远侧列为**大多角骨**、**小多角骨**、**头状骨**和**钩骨**。简称：近列舟月三角豆，远列大小头钩骨。②**掌骨**：属于长骨，每侧 5 块，由桡侧向尺侧依次称为第 1 ～ 5 掌骨。③**指骨**：属于长骨，每侧 14 块。除拇指为 2 节指骨外，其余各指均为 3 节。由近侧向远侧依次称为近节指骨、中节指骨和远节指骨。

考点：上肢骨各骨的名称、位置、邻接关系及重要体表标志

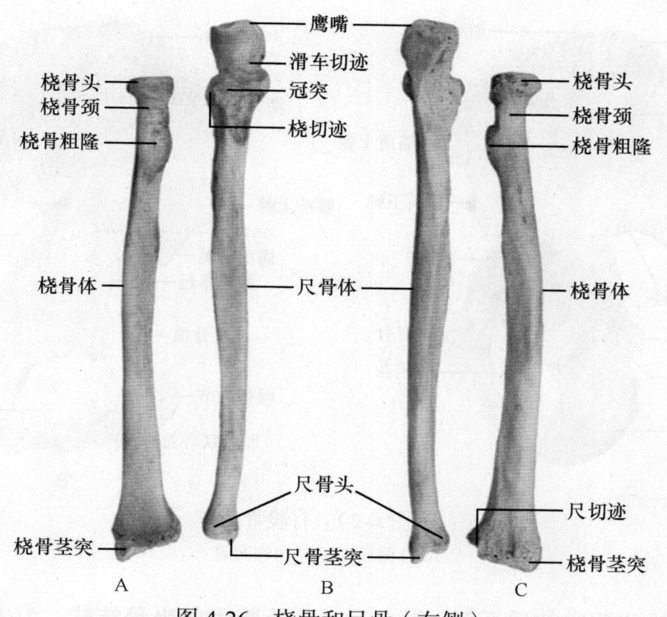

图 4-26 桡骨和尺骨（右侧）

A. 桡骨前面观；B. 尺骨前面、后面观；C. 桡骨后面观

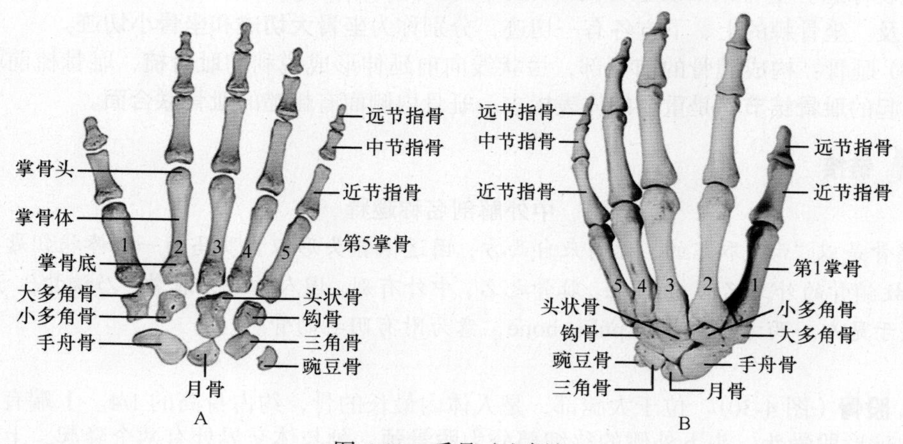

图 4-27 手骨（左侧）

A. 前面观；B. 后面观

（二）下肢骨

1. 髋骨 位于盆部，为不规则扁骨，由髂骨、坐骨和耻骨 3 块骨在 16 岁左右融合而成（图 4-28，图 4-29），融合处有一朝向下外的深窝，称为**髋臼**，其下部的大孔称为**闭孔**。

（1）髂骨：构成髋骨的上部，上缘肥厚略呈长 S 形，称为**髂嵴**。两侧髂嵴最高点的连线平对第 4 腰椎棘突或第 3、4 腰椎棘突间隙，可作为腰椎穿刺进针的定位标志。髂嵴前、后端的突出部分别称为**髂前上棘**和**髂后上棘**，髂嵴前、中 1/3 交界处向外侧突出称为**髂结节**，三者都是重要的体表标志。髂骨内面光滑的浅窝称为**髂窝**，其下界为**弓状线**，后下方有粗糙的耳状面。

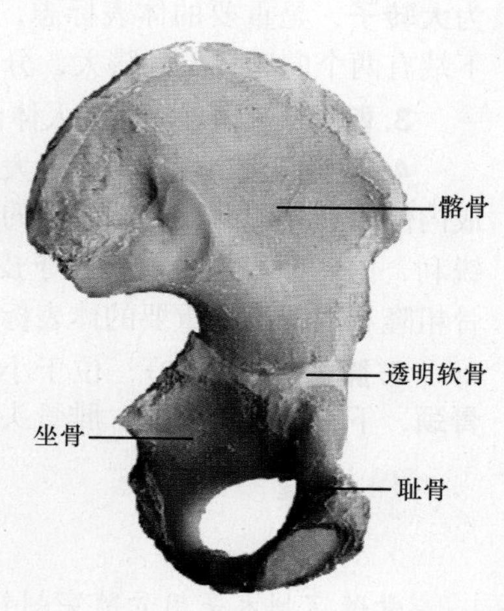

图 4-28 小儿左髋骨（内侧面）

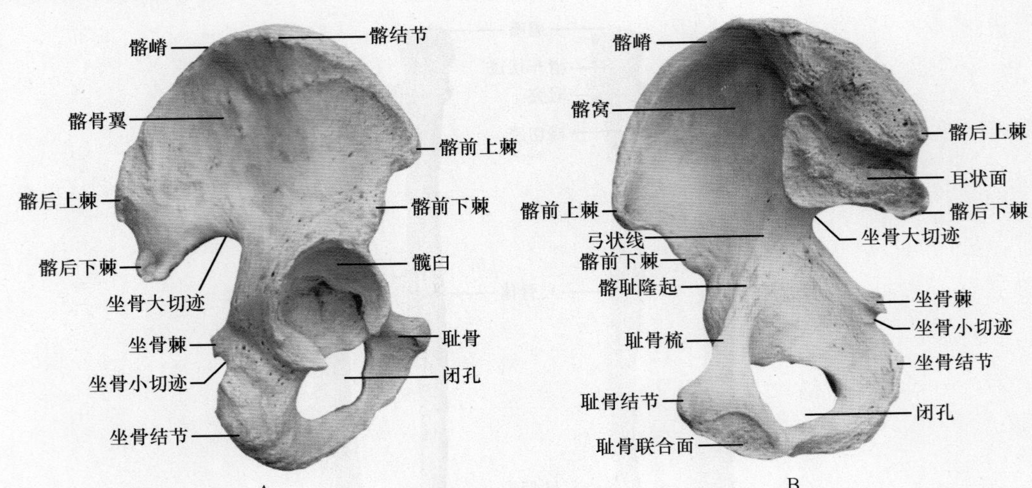

图 4-29 右髋骨

A. 外侧面观；B. 内侧面观

(2) 坐骨：构成髋骨的后下部，髋臼后下方有粗大的**坐骨结节**，为坐骨最低处，是重要的体表标志。坐骨结节后上方的三角形突起为**坐骨棘**，位于小骨盆中部，肛诊或阴道诊时可触及。坐骨棘的上、下方各有一切迹，分别称为**坐骨大切迹**和**坐骨小切迹**。

(3) 耻骨：构成髋骨的前下部，弓状线向前延伸形成锐利的**耻骨梳**，耻骨梳前端终于圆形隆起的**耻骨结节**，是重要的体表标志。耻骨内侧面有粗糙的**耻骨联合面**。

链接

中外解剖名称趣释

锁骨是以“形”取名的，称谓来自西方，因这根骨头形似古罗马的一种棒状钥匙（clavis key)，故锁骨的外文名为 clavicle。耻骨之名，中外有别。国人称它为耻骨，乃该骨位于阴部，因此羞于见人。西方称耻骨为 pubic bone，意为附有阴毛的骨。

2. 股骨（图 4-30） 位于大腿部，是人体内最长的骨，约占身高的 1/4。上端有朝向内上方的球形**股骨头**，头下外侧的狭细部分为**股骨颈**。颈与体交界处有两个隆起，上外侧者为**大转子**，是重要的体表标志，下内侧者为**小转子**。股骨体上端的后外侧面有**臀肌粗隆**。下端有两个向后突出的膨大，分别称为内侧髁和外侧髁。

3. 髌骨（图 4-31） 是人体内最大的籽骨，位于股四头肌肌腱内，可在体表摸到。

4. 胫骨（图 4-32） 是粗大承重的长骨，位于小腿的内侧。上端膨大向两侧突出，形成内侧髁和外侧髁，上端前面的“V”形粗糙隆起为**胫骨粗隆**。胫骨体呈三棱柱形，其前缘锐利，内侧面平坦，直接位于皮下，均可在体表摸到。下端内侧向下方的突起为**内踝**。胫骨粗隆和内踝都是重要的体表标志。

5. 腓骨（图 4-32） 位于小腿的外侧。上端稍膨大为**腓骨头**，头下方的缩细部分为**腓骨颈**，下端膨大为**外踝**。腓骨头和外踝都是重要的体表标志。

链接

骨髓穿刺术的部位

骨髓穿刺术是用骨髓穿刺针穿入骨松质内，抽取红骨髓的一项技术，对血液病及恶性肿瘤的诊断具有决定性意义。临床上常用的骨髓穿刺部位有髂前上棘穿刺点、髂后上棘穿刺点、胸骨穿刺点和腰椎棘突穿刺点，2岁以下的患儿常选择在胫骨粗隆平面下方约1cm的前内侧面进行骨髓穿刺。

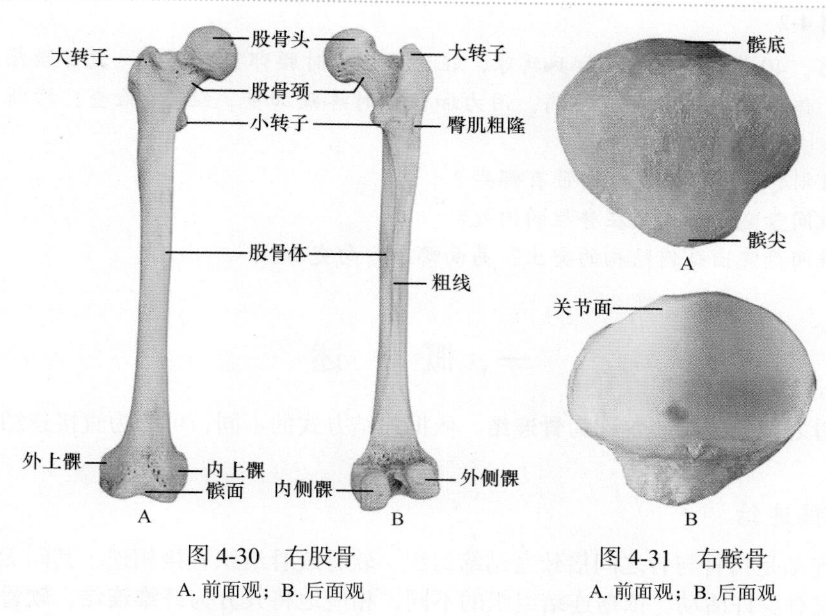

图4-30　右股骨

A. 前面观；B. 后面观

图4-31　右髌骨

A. 前面观；B. 后面观

6. 足骨　包括跗骨、跖骨和趾骨3部分（图4-33）。①**跗骨**：属于短骨，每侧7块，包括**距骨**、**跟骨**、**足舟骨**、**骰骨**和**内侧**、**中间**、**外侧楔骨**。构成足跟的是跟骨，其后端膨大为跟骨结节，可在体表摸到。②**跖骨**：属于长骨，每侧5块，由内侧向外侧依次命名为第1～5跖骨。③**趾骨**：属于长骨，每侧14块。除踇趾为2节外，其余各趾均为3节，其命名原则与指骨相同。

考点：下肢骨各骨的名称、位置、邻接关系及重要体表标志

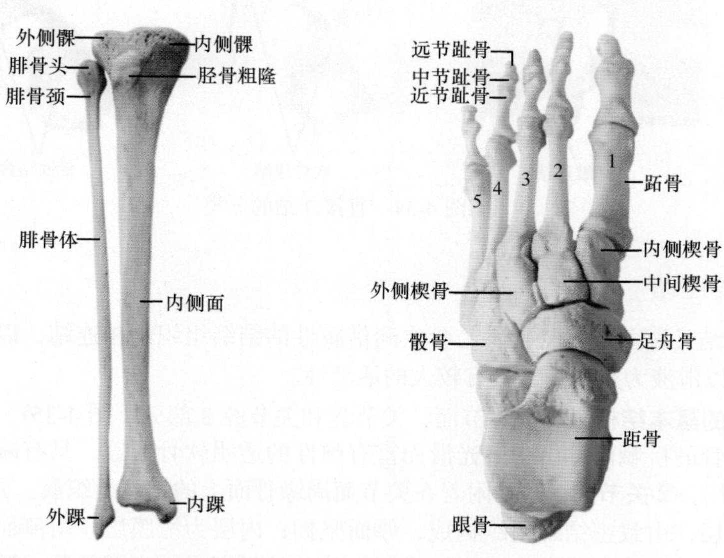

图4-32　右胫骨和腓骨（前面观）

图4-33　左足骨（上面观）

第二节 骨 连 结

案例 4-2

患者男，40 岁。1 周前因打乒乓球，在弯腰捡球时腰部突感剧痛，近日腰痛加重而来医院就诊。体格检查：腰部有钝痛，用力和咳嗽时疼痛加重。经 CT 检查：诊断为腰 5 椎间盘突出。

问题：1. 限制脊柱过度前屈的韧带有哪些？

2. 椎间盘突出多发生在脊柱的何处？

3. 椎间盘突出是何结构的突出？易向哪个方向突出？

一、概 述

骨与骨之间的连结装置称为**骨连结**。依据连结方式的不同，可分为直接连结和间接连结两大类。

（一）直接连结

直接连结是指骨与骨之间借致密结缔组织、软骨或骨组织直接相连，其间无间隙，不能活动或仅有少许活动。依据连结组织的不同，相应地将其分为**纤维连结**、**软骨连结**和**骨性结合** 3 种类型（图 4-34）。

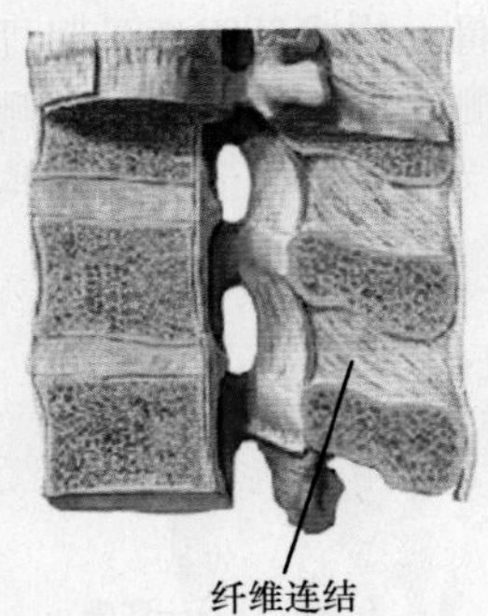
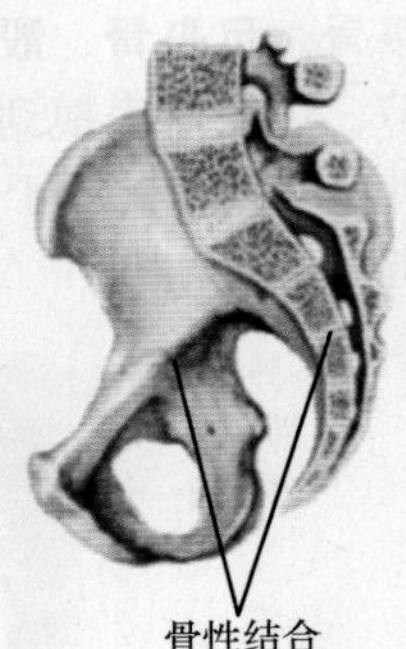

图 4-34 直接连结的分类

（二）间接连结

间接连结又称关节，是指骨与骨之间借膜性的结缔组织囊相连结，以相对骨面之间具有间隙和充以滑液为其特点，具有较大的活动性。

1. 关节的基本结构 包括关节面、关节囊和关节腔 3 部分（图 4-35）。①**关节面**：是构成关节相邻骨的接触面，由一层光滑而富有弹性的透明软骨覆盖，具有减小摩擦和缓冲外力冲击的作用。②**关节囊**：是指附着在关节面周缘骨面上的结缔组织囊，分为内、外两层。外层为纤维层，由致密结缔组织构成，厚而坚韧；内层为滑膜层，由薄而光滑的疏松结缔组织构成。③**关节腔**：是由关节囊滑膜层与关节软骨围成的密闭腔隙，腔内呈负压，内含有滑膜层产生的少量滑液，具有润滑和营养关节软骨的作用。

2. 关节的辅助结构 包括由致密结缔组织构成的韧带以及由纤维软骨形成的关节盘和关节唇等，以增强关节的稳固性或增加关节的灵活性。

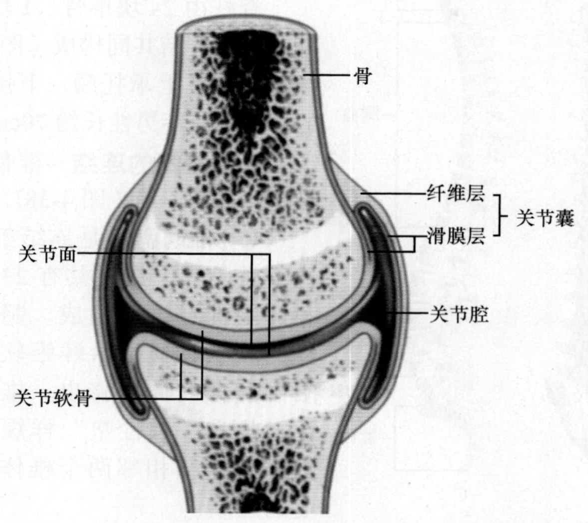

图 4-35 关节的基本结构

考点：关节的基本结构及运动形式

3. 关节的运动 关节的运动形式和范围主要取决于关节面的形状，其运动形式包括（图 4-36）：①**屈**和**伸**：是关节沿冠状轴进行的运动。组成关节的两骨之间角度变小的动作为屈，角度变大的动作则为伸。②**内收**和**外展**：是关节沿矢状轴进行的运动。骨向正中矢状面靠拢的动作为内收，远离正中矢状面的动作则为外展。手指的收展是以中指为准的靠拢和散开运动，而足趾则是以第 2 趾为准的靠拢和散开运动。③**旋内**和**旋外**：是关节沿垂直轴进行的运动，统称为**旋转**。骨的前面转向内侧的动作为旋内，转向外侧的动作则为旋外。前臂的旋内称为旋前，旋外称为旋后。④**环转运动**：即关节头在原位转动，骨的远侧端做圆周运动，运动时全骨描绘出一圆锥形轨迹。环转运动实际上是屈、展、伸、收的依次连续运动。

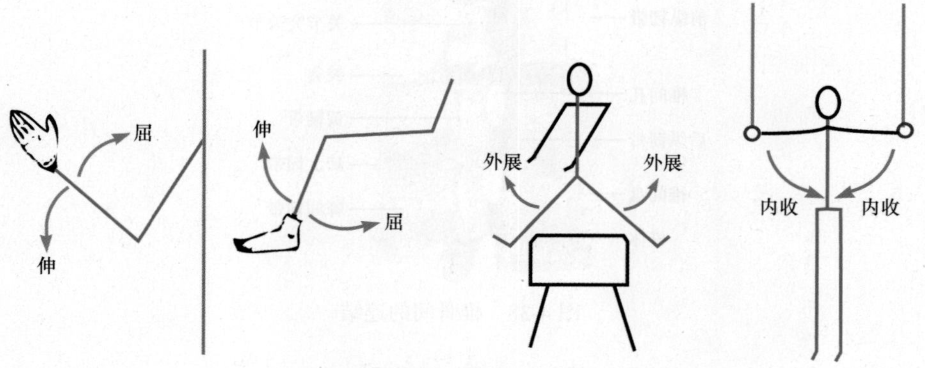

图 4-36 关节的运动类型

二、躯干骨的连结

躯干骨之间借骨连结构成了人体内的两个重要结构——脊柱和胸廓。

（一）脊柱

脊柱由24块椎骨、1块骶骨和1块尾骨借其间的骨连结共同构成（图4-37），位于人体背部的正中，上承托颅，下接髋骨，构成了人体的中轴，成年男性长约70cm。

1. 椎骨间的连结 椎骨之间借椎间盘、韧带和关节相连结（图4-38）。

(1) 椎间盘：是连结于相邻两椎体之间的纤维软骨盘，成人共有23个，由中央的**髓核**和周围的**纤维环**构成。髓核为柔软而富有弹性的胶状物质，由纤维软骨构成的纤维环可限制髓核向周围膨出。椎间盘坚韧而富有弹性，具有"弹性垫"样缓冲震荡的作用，既能牢固连结相邻两个椎体，又允许脊柱做适度的运动。

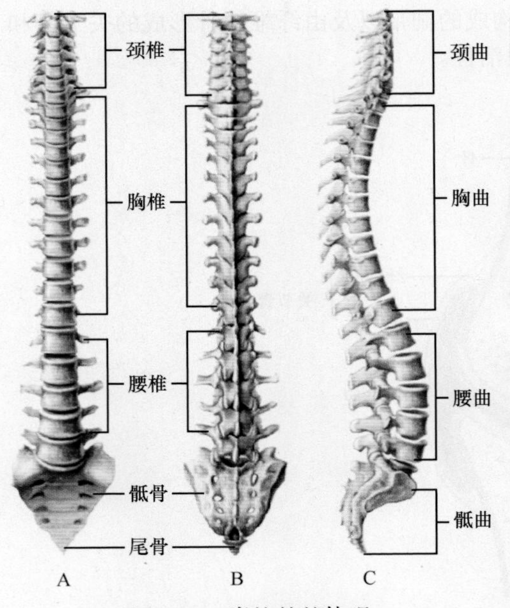

图4-37 脊柱的整体观

A. 前面观；B. 后面观；C. 侧面观

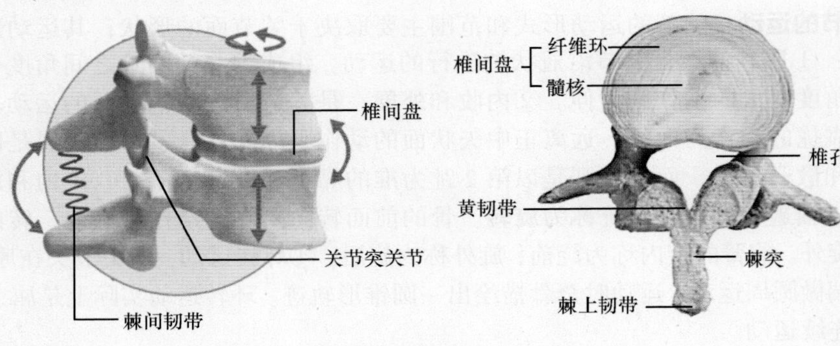

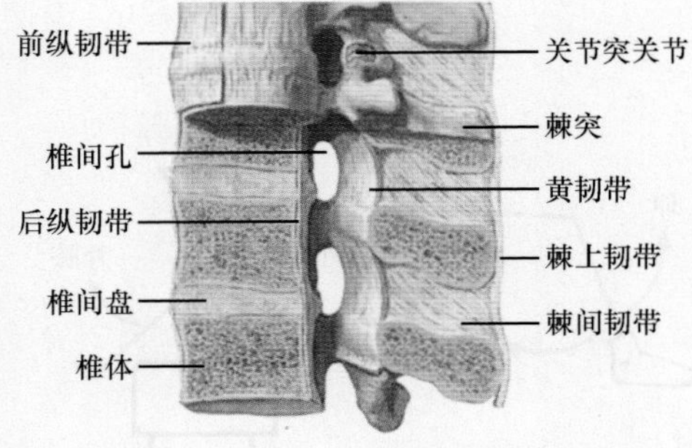

图4-38 椎骨间的连结

链接

椎间盘突出症

椎间盘突出症是指椎间盘发生退行性改变以后，在外力作用下，造成髓核内压力增高致使纤维环破裂，髓核向后方或后外侧突出（纤维环的后部较薄弱），突入椎管或椎间孔压迫脊髓或脊神经引起以疼痛为主要症状的一种病变。因人体各部椎间盘厚薄不一，以胸部最薄，颈部较厚，腰部最厚，故脊柱腰段的活动度最大，且腰部承受的压力也最大，故临床上95%左右的椎间盘突出发生在腰4、腰5间隙及腰5、骶1间隙。其实，颈椎间盘突出症临床上也较常见，突出部位以颈5～6、颈4～5为最多。

(2) 韧带：连结椎骨的韧带有长、短两类（图4-38）。①长韧带：有三条，**前纵韧带**和**后纵韧带**分别位于椎体和椎间盘的前面和后面，对连结椎间盘、固定椎体具有重要作用；**棘上韧带**连于各棘突的尖端，细长而坚韧，但从第7颈椎棘突以上则扩展成为三角形板状的项韧带。②短韧带：有两条，**黄韧带**连于相邻椎弓板之间，由黄色的弹性纤维构成，参与椎管后壁的构成；**棘间韧带**连于相邻棘突之间，前接黄韧带，后续棘上韧带。后纵韧带、黄韧带、棘间韧带和棘上韧带均有限制脊柱过度前屈的作用。腰椎穿刺时，穿刺针依次穿经皮肤、皮下组织、棘上韧带、棘间韧带和黄韧带才能到达椎管。

(3) 关节：主要包括关节突关节（图4-38）、寰枢关节和寰枕关节。关节突关节由相邻椎骨的上、下关节突构成，只能做轻微滑动；寰枢关节由寰椎和枢椎构成，寰椎以齿突为轴，使头连同寰椎进行旋转运动。

2. 脊柱的整体观（图4-37）①前面观：可见椎体自上而下逐渐增大，但从骶骨耳状面以下又逐渐变小。这与脊柱所承受重力递增及转移有关。②后面观：可见所有椎骨棘突纵行排列成一条直线。颈椎棘突短而分叉，近似水平位；胸椎棘突长，斜向后下方，呈叠瓦状排列；腰椎棘突呈板状，水平伸向后方。③侧面观：可见脊柱有颈、胸、腰、骶4个生理性弯曲，其中**颈曲**和**腰曲**凸向前方，**胸曲**和**骶曲**凸向后方。当婴儿开始抬头时，出现颈曲；开始坐立和站立时，出现腰曲。这些生理性弯曲增大了脊柱的弹性，对维持人体的重心稳定及减轻震荡等具有重要意义。

> **歌诀助记**
>
> 脊　柱
>
> 脊柱形似竹节鞭，颈胸腰骶尾骨连；
> 椎骨连结有特点，三长两短一个盘；
> 侧观脊柱4个弯，颈腰前凸胸骶后；
> 如此形态很科学，减轻震荡保护脑。

考点：脊柱的组成；椎间盘的构成；脊柱侧面观的4个生理性弯曲

3. 脊柱的功能　脊柱具有支持体重、保护脊髓和内脏以及运动等功能。脊柱能做前屈、后伸、侧屈、旋转和环转等运动（图4-39）。由于脊柱颈、腰部的运动幅度较大，故损伤的机会也较多。

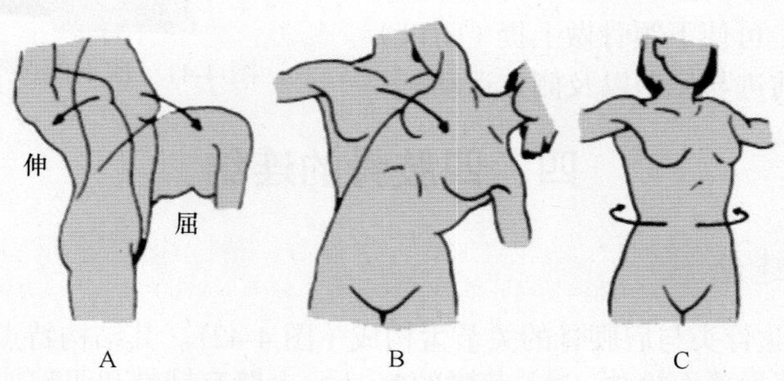

图4-39　脊柱的运动

A. 屈伸运动；B. 侧屈运动；C. 旋转运动

（二）胸廓

胸廓由12块胸椎、12对肋、1块胸骨和它们之间的骨连结共同构成（图4-40）。胸廓除具有支持和保护胸腔脏器外，还参与呼吸运动。

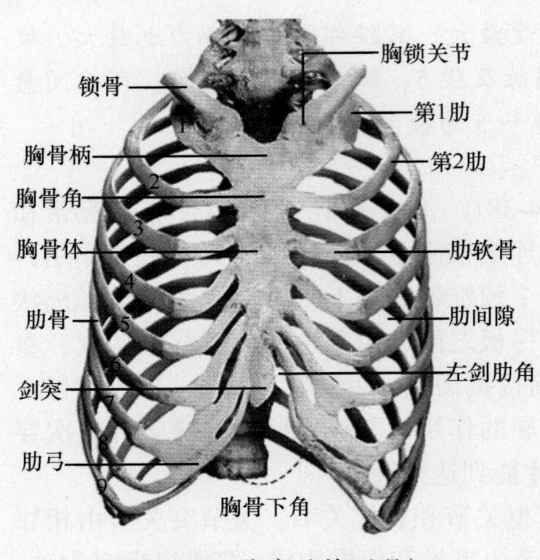

图 4-40　胸廓（前面观）

1. 肋的连结　肋的后端与 12 块胸椎之间构成微动的肋椎关节。肋的前端，第 1 ～ 7 对肋软骨与胸骨相连构成胸肋关节；第 8 ～ 10 对肋软骨的前端依次与上位肋软骨的下缘相连构成**肋弓**；第 11、12 对肋前端游离。

2. 胸廓的整体观　成人胸廓为上窄下宽、前后略扁的圆锥形。有上、下两口，上口较小，由第 1 胸椎体、第 1 对肋和胸骨柄上缘围成，是胸腔与颈部的通道；下口宽大而不整齐，由第 12 胸椎及第 12、11 对肋前端、左右肋弓和剑突共同围成。相邻两肋之间的间隙称为**肋间隙**。两侧肋弓之间的夹角称为**胸骨下角**。剑突与肋弓之间的夹角称为**剑肋角**，左剑肋角是心包穿刺的常选部位。

链接

胸廓的形状及其临床意义

胸廓的形状和大小与年龄、性别及健康状况有关。新生儿胸廓呈桶状；老年人胸廓下塌而变得扁而长；女性胸廓较男性短而圆；佝偻病患儿的胸廓前后径增大，胸骨明显突出形成“鸡胸”；肺气肿患者的胸廓各径线均增大，形成“桶状胸”。

三、颅骨的连结

颅骨之间多数以致密结缔组织、软骨或骨性结合直接相连结，彼此之间的连结极其牢固。只在颞骨与下颌骨之间形成唯一的颞下颌关节。**颞下颌关节**（下颌关节）由下颌骨的髁突与颞骨的下颌窝和关节结节构成（图 4-41），关节囊松弛，关节囊内有关节盘。两侧颞下颌关节必须同时运动，可使下颌骨做上提（闭口）与下降（张口）、前进与后退以及侧方运动。

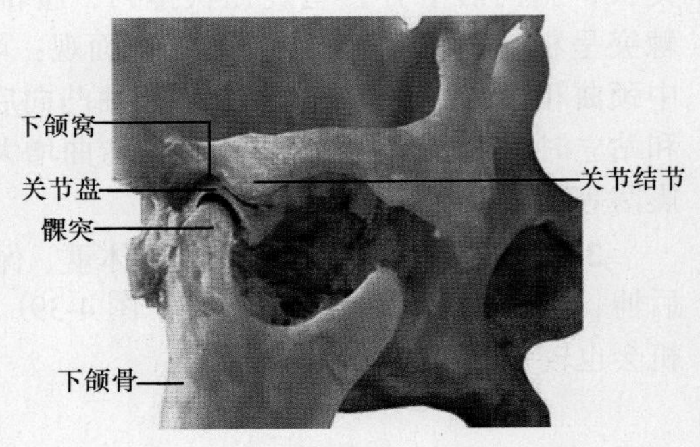

图 4-41　颞下颌关节（外侧面观）

四、四肢骨的连结

（一）上肢骨的连结

1. 肩关节　由肱骨头与肩胛骨的关节盂构成（图 4-42）。其结构特点：①肱骨头大，关节盂浅而小；②关节囊薄而松弛；③关节囊的前、后、上壁有韧带和肌腱加强，但下壁较薄弱，肱骨头易向前下方脱位；④关节囊内有肱二头肌长头腱通过。肩关节是人体活动幅度最大、运动最灵活的关节，能做屈、伸、收、展、旋内、旋外和环转运动。

2. 肘关节　由肱骨下端与桡、尺骨上端构成（图 4-43），包括**肱尺关节**、**肱桡关节**和**桡尺近侧关节** 3 个关节，共同包于同一个关节囊内。关节囊前、后壁薄而松弛，内、外侧分别有尺、桡侧副韧带加强。由于关节囊后壁最为薄弱，故临床上常见桡、尺两骨向后脱位。关节囊外下部有桡骨环状韧带包绕桡骨头，使桡骨头能自由旋转而不易脱位。幼儿的桡骨头尚在发育之中，环状韧带松弛，故在肘关节伸直位猛力牵拉前臂时，很容易发生桡骨头半脱位。肘关节能做屈、伸运动。

考点：肩、肘关节的组成、结构特点及其运动

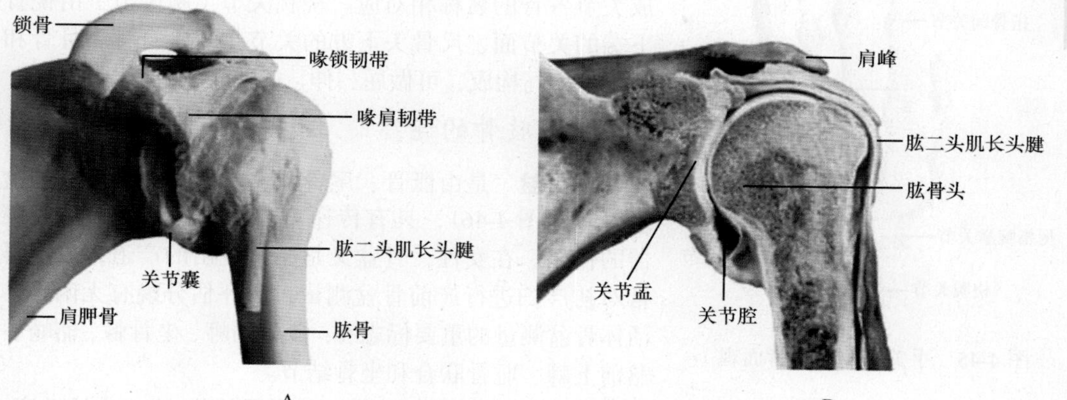

图 4-42　肩关节（左侧）

A. 前面观；B. 冠状切面

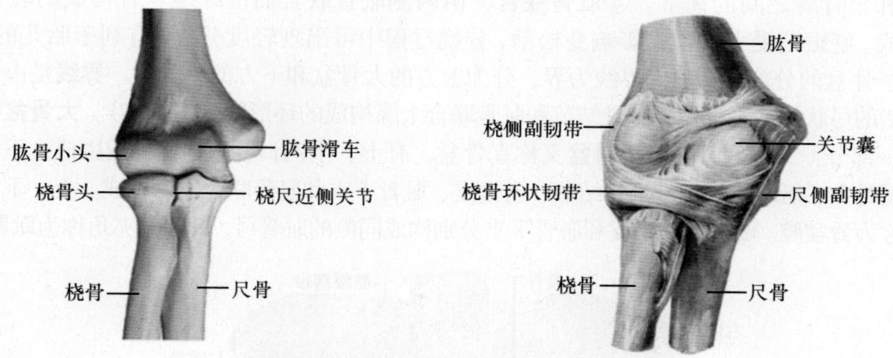

图 4-43　肘关节（前面观）

3. 桡、尺骨的连结　桡、尺骨之间借桡尺近侧关节、前臂骨间膜和桡尺远侧关节相连结（图4-44）。桡尺近侧与远侧关节联合运动时，可使前臂做旋前、旋后运动，如挥扇、松紧螺丝钉等动作。

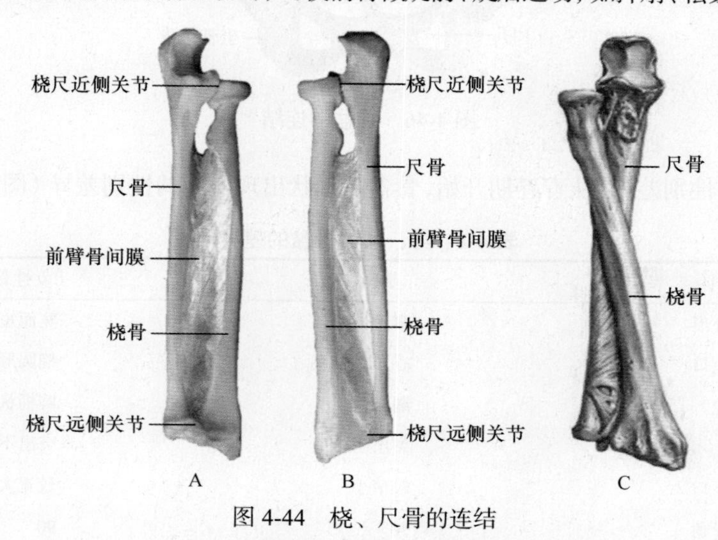

图 4-44　桡、尺骨的连结

A. 前面观；B. 后面观；C. 旋前运动

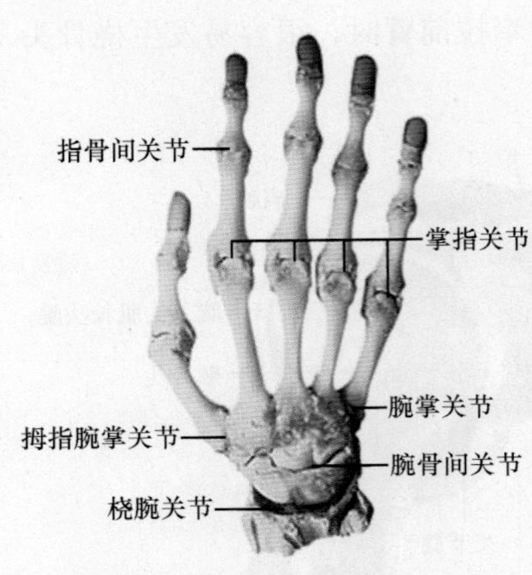

图 4-45　手关节（右侧背面观）

4. 手关节　包括桡腕关节、腕骨间关节、腕掌关节、掌指关节和指骨间关节（图 4-45），各关节的名称均与构成关节各骨的名称相对应。桡腕关节（腕关节）由桡骨下端的关节面、尺骨头下方的关节盘与手舟骨、月骨和三角骨共同构成，可做屈、伸、收、展和环转运动。

（二）下肢骨的连结

1. 骨盆　是由骶骨、尾骨和左右髋骨连结而成的盆形骨环（图 4-46），具有传递重力、承托和保护盆腔脏器的作用。在女性，骨盆又是胎儿娩出的产道，故产科常对初产妇进行产前骨盆测量，以评估分娩有无困难。活体骨盆测量的重要标志有：骶骨的岬、坐骨棘、髂嵴、髂前上棘、耻骨联合和坐骨结节。

(1) 骨盆的连结：①**骶髂关节**：由骶骨与髂骨的耳状面构成。②**骶尾关节**：有一定活动度，分娩时尾骨后移可加大出口前后径。③**骶结节韧带和骶棘韧带**：为连于骶、尾骨侧缘与坐骨结节和坐骨棘之间的韧带。④**耻骨联合**：由两侧耻骨联合面借纤维软骨构成的耻骨间盘连结而成。妊娠期受女性激素影响变松动，分娩过程中可出现轻度分离，有利于胎儿的娩出。

考点：骨盆的组成、分部以及活体骨盆测量的重要标志

(2) 骨盆的分部：骨盆以界线为界，分为上方的大骨盆和下方的小骨盆。**界线**是由骶骨的岬及两侧的弓状线、耻骨梳、耻骨结节和耻骨联合上缘构成的环形线（图 4-47）。**大骨盆**实际为腹腔的一部分，又称假骨盆。**小骨盆**又称真骨盆，有上、下两口，上口由界线围成，下口由后向前由尾骨尖、骶结节韧带、坐骨结节、坐骨支、耻骨下支和耻骨联合下缘围成。上、下口之间的内腔称为**骨盆腔**。两侧的坐骨支和耻骨下支分别构成同侧的耻骨弓，其间的夹角称为**耻骨下角**。

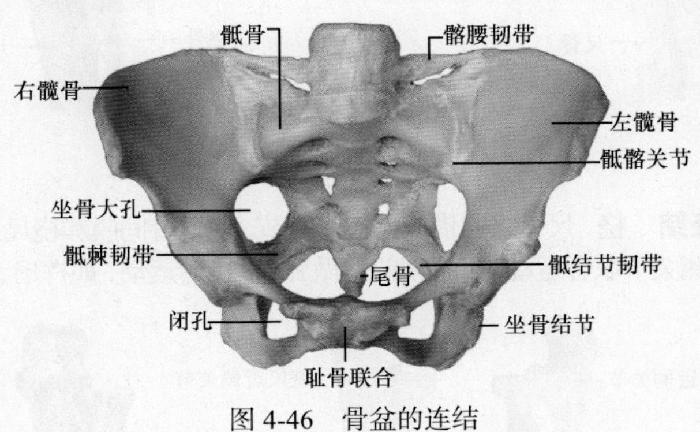

图 4-46　骨盆的连结

(3) 骨盆的性别差异：从青春期开始，骨盆的形状出现明显的性别差异（图 4-47，表 4-1）。

表 4-1　男、女性骨盆的差异

区分要点	男性骨盆	女性骨盆
骨盆外形	窄而长	宽而短
骨盆上口	心形、较小	椭圆形、较大
骨盆腔	漏斗状	圆桶状
骶岬	突出明显	突出不明显
骨盆下口	较窄小	较宽大
耻骨下角	70°～75°	90°～100°

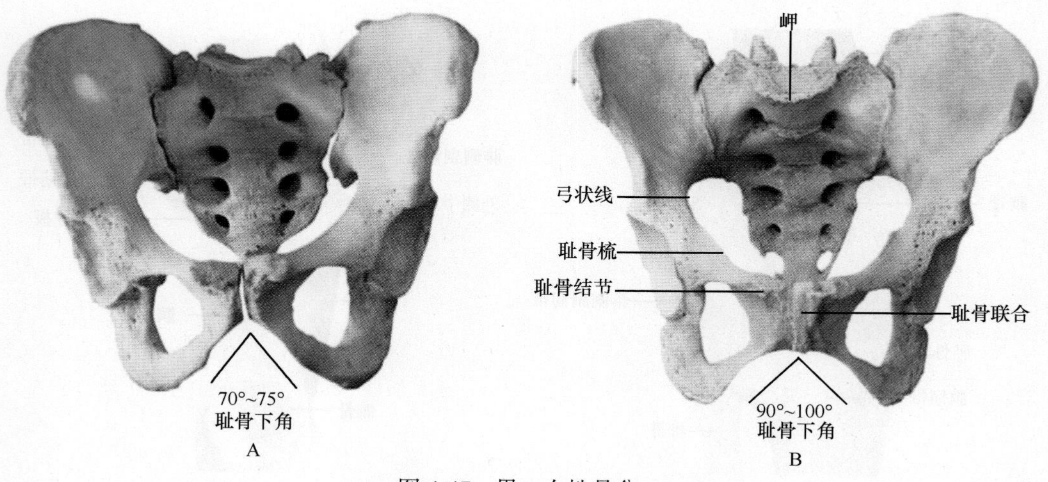

图 4-47　男、女性骨盆

A. 男性骨盆；B. 女性骨盆

2. 髋关节　由髋臼与股骨头构成（图 4-48）。其结构特点：①髋臼深，股骨头几乎全部纳入髋臼内；②关节囊厚而坚韧，股骨颈除后面的外侧 1/3 外均包在关节囊内，故股骨颈骨折有囊内、囊外骨折之分；③关节囊周围有许多强劲的韧带加强；④关节囊内有连于股骨头与髋臼之间的**股骨头韧带**，内含营养股骨头的血管。髋关节能做屈、伸、收、展、旋内、旋外和环转运动，但运动幅度较肩关节小。

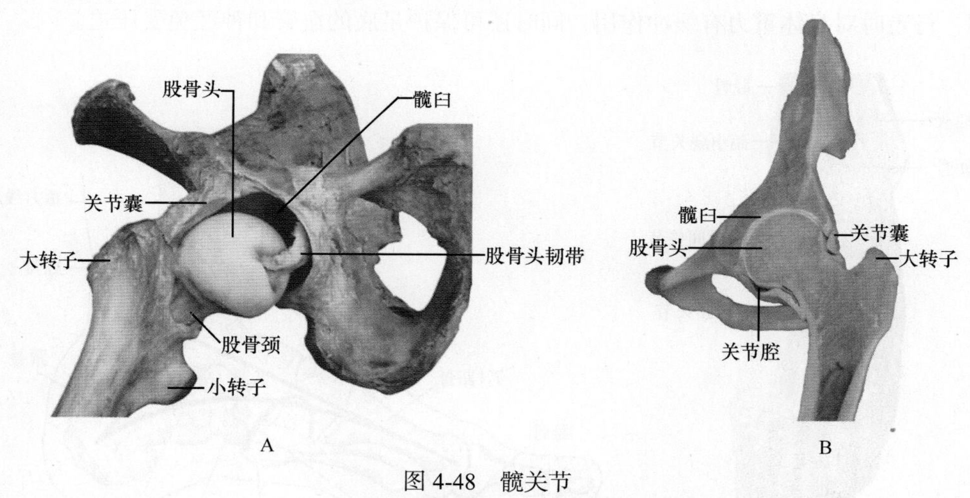

图 4-48　髋关节

A. 打开关节腔；B. 冠状切面

3. 膝关节　是人体内最大、结构最复杂的关节，由股骨下端、胫骨上端和髌骨构成（图 4-49）。其结构特点：①关节囊宽阔而松弛；②关节囊外有韧带加强，前方为髌韧带，内侧为胫侧副韧带，外侧为腓侧副韧带；③关节囊内有连于股骨与胫骨之间的**前**、**后交叉韧带**加强，可防止胫骨前、后移位；④在股骨与胫骨关节面之间垫有**内**、**外侧半月板**（图 4-50），使两关节面更加适应，既增加了关节的稳固性和灵活性，又具有弹性缓冲作用。膝关节主要做屈、伸运动。

考点：髋、膝关节的组成、结构特点及其运动

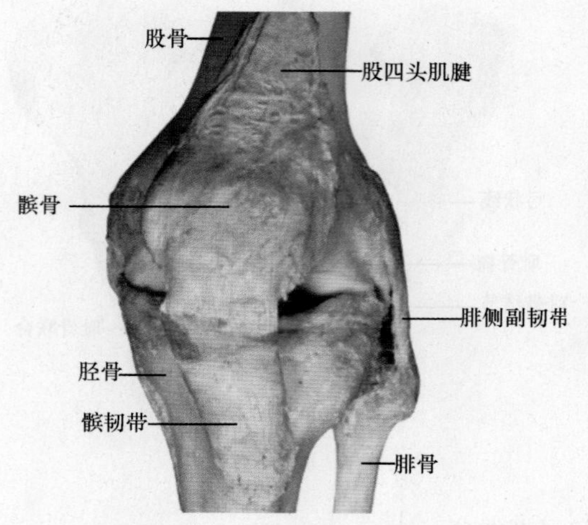

图 4-49　左膝关节（前面观）　　图 4-50　右膝关节（前面观，打开关节腔）

4. 足关节　包括距小腿关节、跗骨间关节、跗跖关节、跖趾关节和趾骨间关节（图 4-51），均由与关节名称相应的骨构成。**距小腿关节**（踝关节）由胫、腓骨的下端与距骨构成，可做背屈（伸）和跖屈（屈）运动。跗骨间关节与踝关节协同运动，可做足内翻（足底转向内侧）或足外翻运动（足底转向外侧）。

5. 足弓　跗骨和跖骨借关节和韧带紧密相连，在纵横方向上都形成凸向上方的弓形结构，称为**足弓**（图 4-52）。足弓的主要功能是保证直立时足底的稳固性，跳跃时起缓冲震荡作用，行走时对身体重力有缓冲作用，同时还可保护足底的血管和神经免受压迫。

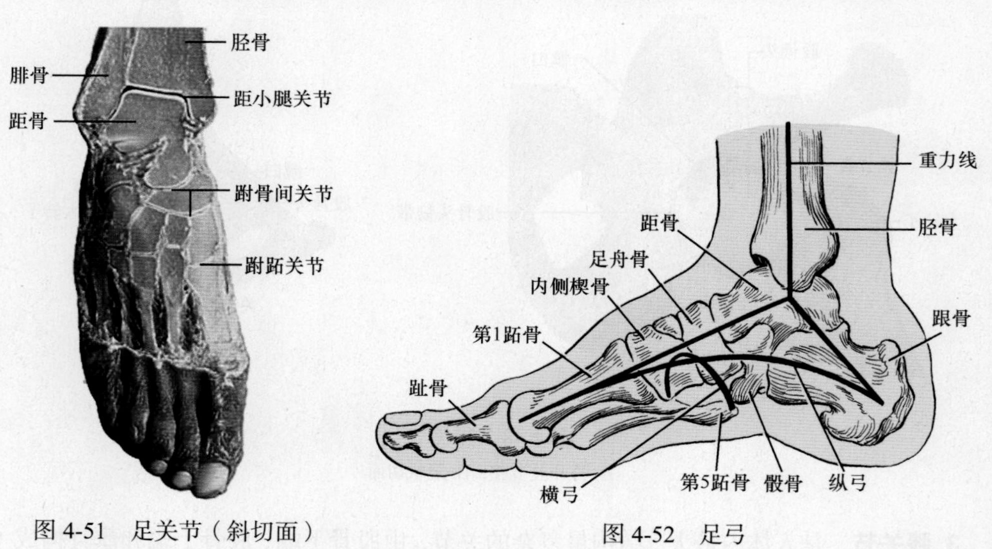

图 4-51　足关节（斜切面）　　图 4-52　足弓

第三节　骨　骼　肌

一、概　　述

运动系统的肌均属骨骼肌，人体共有 600 余块，约占体重的 40%。每块肌都具有一定的形态、结构、功能和辅助装置，并有丰富的血管、淋巴管和神经分布，故每块肌均可视

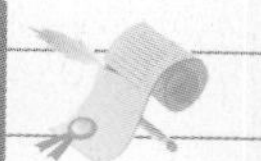

为一个器官。

（一）肌的构造和分类

1. 肌的构造　骨骼肌一般由中间的肌腹和两端的肌腱构成（图 4-53）。**肌腹**主要由骨骼肌细胞组成，色红而柔软，具有收缩功能。**肌腱**多位于肌的两端，连于肌腹与骨之间，由致密结缔组织构成，色白而坚韧，无收缩能力，起力的传导作用。扁肌的腱性部分呈薄膜状，称为**腱膜**。

2. 肌的形态分类　依据肌的外形可分为 4 种（图 4-53）：①**长肌**：多呈梭形，主要分布于四肢，收缩时可产生大幅度的运动。②**短肌**：小而短，主要分布于躯干深层。③**扁肌**：宽扁呈薄片状，主要分布于胸、腹壁，除运动外还兼有保护内脏的作用。④**轮匝肌**：呈环形，位于孔、裂的周围，收缩时可以关闭孔裂。

考点：肌的构造和形态分类

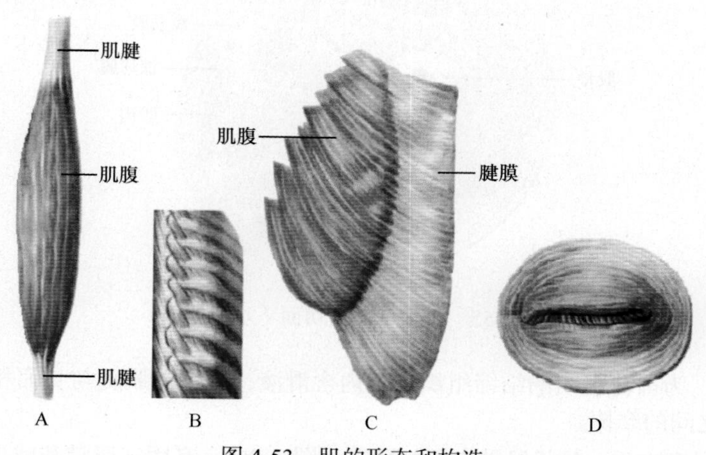

图 4-53　肌的形态和构造

A. 长肌；B. 短肌；C. 扁肌；D. 轮匝肌

（二）肌的起止、配布和作用

1. 肌的起止　绝大多数肌通常以两端附着于两块或两块以上的骨面上，中间跨过一个或多个关节。在运动中，一块骨的位置相对固定，而另一块骨因受肌的牵拉则相对移动。肌在固定骨上的附着点称为起点，在移动骨上的附着点则称为止点。通常把接近躯干正中矢状面或四肢近端的附着点看作为肌的起点（图 4-54），把另一端则看作为止点。

2. 肌的配布　肌在关节周围的配布方式与关节的运动类型密切相关。一般是在一个运动轴的两侧至少配布有两组在作用上互相对抗的肌或肌群，称为**拮抗肌**。此外，关节在完成某一种运动时，常依赖多块肌的协同配合来完成，这些功能相同的肌称为**协同肌**。

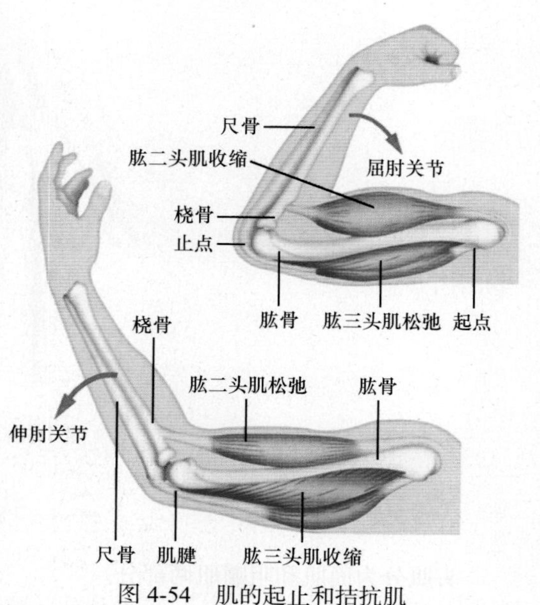

图 4-54　肌的起止和拮抗肌

3. 肌的作用 肌有两种作用，一种是静力作用，肌能保持一定的张力，以维持人体的姿势和稳定；另外一种是动力作用，通过肌的收缩牵拉骨做相应的运动。

（三）肌的辅助装置

肌的辅助装置有筋膜、滑膜囊和腱鞘等，对肌的运动有协助和保护作用。

1. 筋膜 分为浅筋膜和深筋膜（图 4-55）。浅筋膜位于真皮之下，包被全身各部，由疏松结缔组织构成，又称**皮下组织**或**皮下脂肪**，内含脂肪、血管、淋巴管和神经等。深筋膜是位于浅筋膜深面的致密结缔组织，四肢的深筋膜伸入肌群之间，并附着于骨而形成**肌间隔**，具有保护和约束肌的作用。

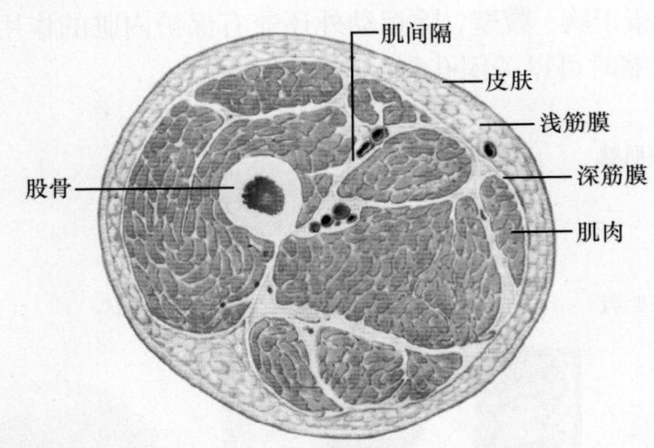

图 4-55 大腿中部横切面（示筋膜）

2. 滑膜囊 为扁薄封闭的结缔组织囊，内含滑液，多位于肌腱与骨面相接触处。运动时可减少两者之间的摩擦。

3. 腱鞘 是套在手、足长肌腱表面的鞘管（图 4-56），有固定肌腱和减少摩擦的作用。

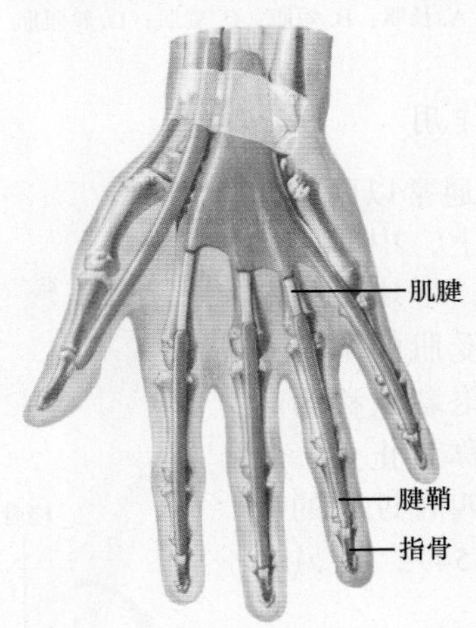

图 4-56 腱鞘结构

二、头 肌

头肌分为面肌和咀嚼肌两部分。

1. 面肌 位置表浅，为起自颅骨，止于面部皮肤的皮肌，主要有**颅顶肌**、**眼轮匝肌**、**口轮匝肌**、**颊肌**等（图 4-57），收缩时能牵动面部皮肤而显示出喜、怒、哀、乐等各种表情，故又称为**表情肌**。

2. 咀嚼肌　位于颞下颌关节的周围，包括**咬肌**、**颞肌**、**翼内肌**和**翼外肌**（图 4-58），参与咀嚼运动。当牙咬紧时，在下颌角的前上方可摸到坚实的咬肌（图 4-59），在颧弓上方可摸到颞肌。

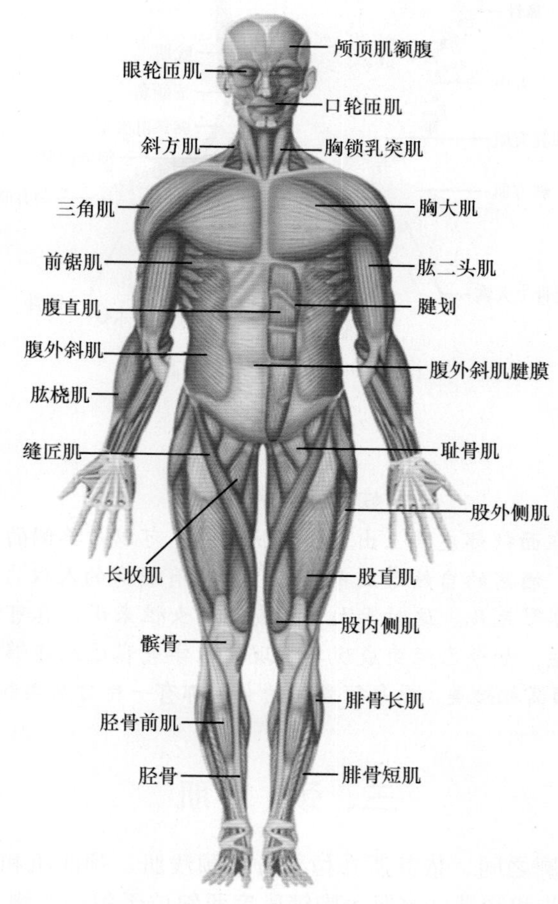

图 4-57　全身肌（前面观）

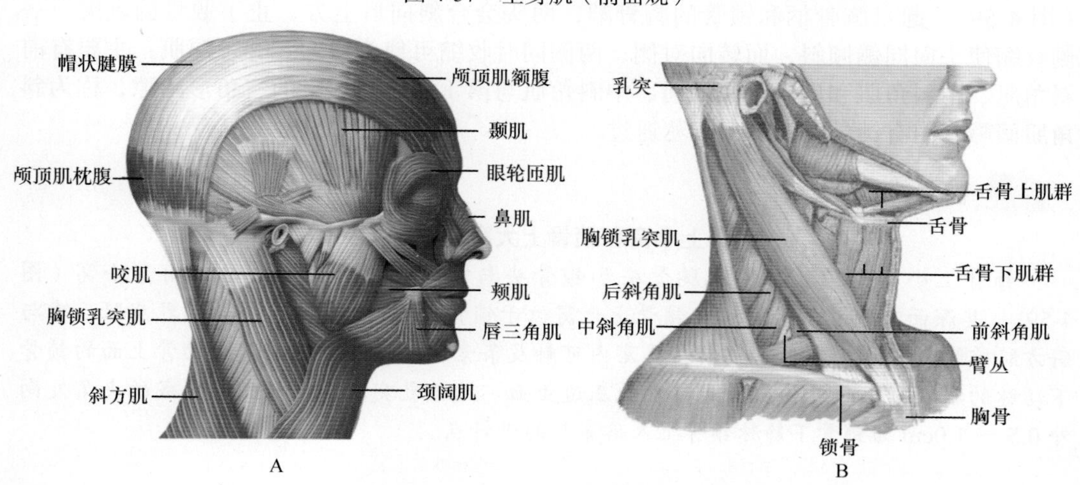

图 4-58　头肌和颈肌（右侧面）

A. 头肌；B. 颈肌

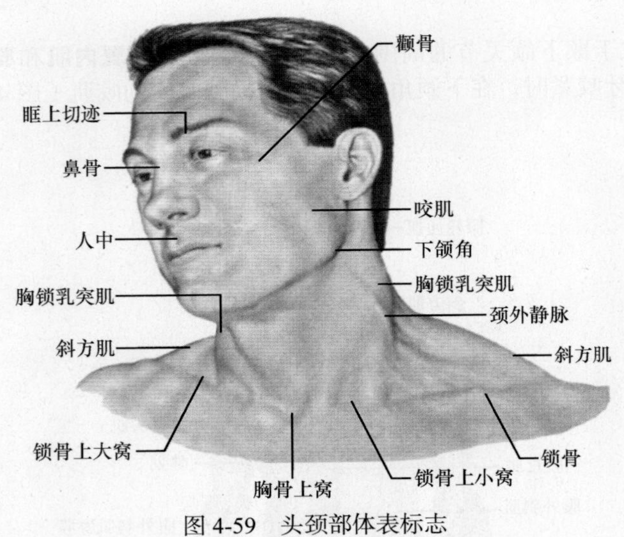

图 4-59　头颈部体表标志

链接

妖媚动人的酒窝

酒窝是人欢笑时在面颊部皮肤上出现的点状凹陷，可以是单侧的，也可以是双侧的。据有关资料统计显示，酒窝的自然形成率很低，天生有酒窝的人仅占 2% 左右，而两侧面颊都有酒窝的人更是寥寥无几。这对于大多数爱美的女性来说，真可谓是一大遗憾。女性渴望有一对酒窝的愿望，如今已经变成现实。现代医学美容已经能够进行“人造酒窝”，并且能与自然形成的酒窝相媲美。愿每位爱美的女性都有一对自然柔和、妖媚动人的酒窝。

三、颈　　肌

考点：通过斜角肌间隙的结构

颈肌位于颅与胸廓之间，依其所在位置分为颈浅肌、颈前肌和颈深肌（图 4-58）。①颈浅肌：包括颈阔肌和胸锁乳突肌。**胸锁乳突肌**斜位于颈部两侧，在体表可见其轮廓（图 4-59）。起自胸骨柄和锁骨的胸骨端，两头会合斜向后上方，止于颞骨的乳突。一侧收缩使头向同侧倾斜，面转向对侧；两侧同时收缩可使头后仰。②颈深肌：主要有前斜角肌、中斜角肌和后斜角肌。前、中斜角肌与第 1 肋之间形成的三角形间隙，称为**斜角肌间隙**，内有锁骨下动脉和臂丛通过。

链接

锁骨上小窝和锁骨上大窝的临床意义

锁骨上小窝为胸锁乳突肌胸骨头和锁骨头与锁骨上缘之间形成的三角形小窝（图 4-59），其深面有颈总动脉通过。锁骨上大窝位于锁骨中 1/3 的上方，是胸锁乳突肌后缘与斜方肌前缘之间的三角形凹陷，在其窝内可触及条索状的臂丛和行经第 1 肋骨上面的锁骨下动脉的搏动，上肢外伤出血时可在此压迫止血。胸锁乳突肌后缘与锁骨形成的夹角处向外 0.5 ～ 1.0cm 为锁骨下静脉锁骨上入路穿刺的进针点。

四、躯 干 肌

躯干肌可分为背肌、胸肌、膈、腹肌和会阴肌。

（一）背肌

背肌位于躯干背面，浅层主要有斜方肌和背阔肌（图4-60），深层为竖脊肌。①**斜方肌**：位于项部和背上部，一侧呈三角形，两侧合起来则呈斜方形。整肌收缩可使肩胛骨向脊柱靠拢。如肩胛骨固定，两侧同时收缩可使头后仰。斜方肌瘫痪时出现“塌肩”。②**背阔肌**：为全身最大的扁肌，位于背下部，可使肩关节内收、旋内和后伸，即完成“背手”动作。③**竖脊肌**：纵裂于脊柱两侧的纵沟内（图4-61），是维持人体直立姿势的重要肌，两侧同时收缩可使脊柱后伸和仰头。

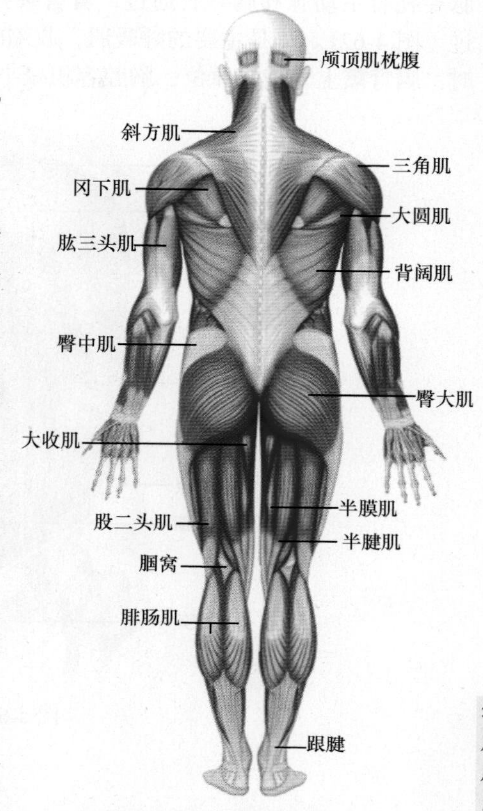

图4-60 全身肌（后面观）

考点：斜方肌、背阔肌、胸大肌和肋间肌的作用

（二）胸肌

胸肌参与构成胸壁，包括胸大肌、胸小肌、前锯肌和肋间肌。①**胸大肌**（图4-57）：位于胸廓前壁上部的浅层，可使肩关节内收和旋内。②**胸小肌**：位于胸大肌的深面，当肩胛骨固定时，可提肋助吸气。③**前锯肌**：位于胸廓外侧壁，可拉肩胛骨向前。前锯肌瘫痪时，肩胛下角离开胸廓而突出于皮下，出现“翼状肩”。④**肋间肌**：位于肋间隙内，分为浅层的肋间外肌和深层的肋间内肌。**肋间外肌**的作用是提肋助吸气，**肋间内肌**的作用是降肋助呼气。

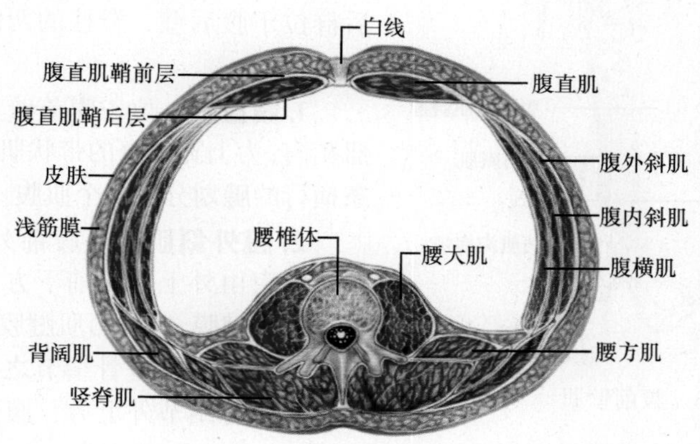

图4-61 腹壁横切面（示腹肌和腹直肌鞘）

（三）膈

膈位于胸、腹腔之间，构成胸腔的底和腹腔的顶，为向上膨隆的穹窿状扁肌，由附着于胸廓下口周缘及其附近骨面的肌性部和中央的腱膜即中心腱构成。膈有3个裂孔，**主动**

考点：膈的3个裂孔分别通过的结构

脉裂孔有主动脉和胸导管通过，**食管裂孔**有食管和迷走神经通过，**腔静脉孔**有下腔静脉通过（图4-62）。膈是主要的呼吸肌，收缩时，膈穹窿下降，胸腔容积扩大，以助吸气；舒张时，膈穹窿上升恢复原位，胸腔容积减小，以助呼气。

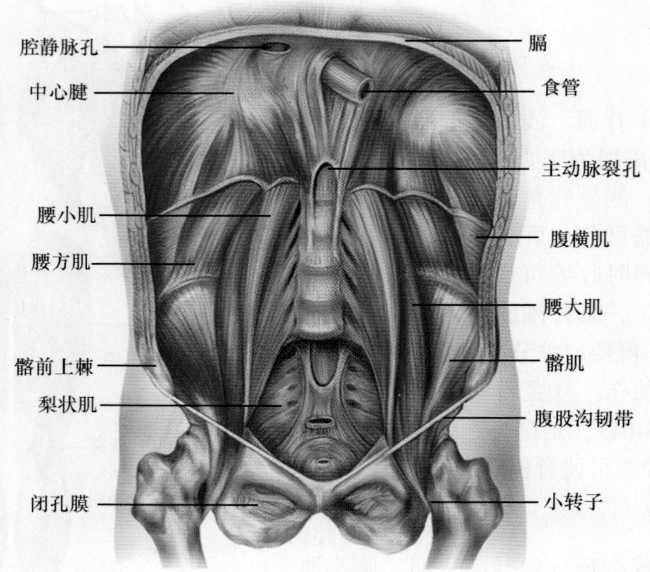

图4-62　膈和腹肌后群

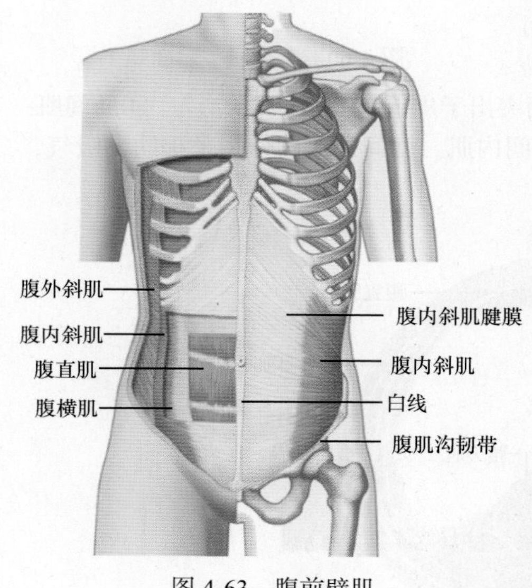

图4-63　腹前壁肌

（四）腹肌

腹肌位于胸廓与骨盆之间，是腹壁的主要组成部分，按部位分为前外侧群和后群（图4-61至图4-63）。前外侧群参与腹前外侧壁的构成，包括腹直肌、腹外斜肌、腹内斜肌和腹横肌；后群位于腹后壁，脊柱的两侧，有腰大肌和腰方肌。

1. 腹直肌　位于腹前壁正中线两侧的腹直肌鞘内，为上宽下窄的带状肌，肌的全长被3～4条横行的腱划分成多个肌腹。

2. 腹外斜肌　是腹前外侧壁最浅层的扁肌，肌束由外上斜向前下方，在腹直肌外侧缘处移行为腱膜。腹外斜肌腱膜的下缘卷曲增厚，连于髂前上棘与耻骨结节之间，称为**腹股沟韧带**。在耻骨结节外上方，腹外斜肌腱膜形成的三角形裂孔称为腹股沟管浅（皮下）环。

3. 腹内斜肌　位于腹外斜肌的深面，呈扇形斜向前上方，大部分肌束至腹直肌外侧缘处移行为腱膜，分前、后两层包裹腹直肌。

4. 腹横肌　位于腹内斜肌的深面，肌束横行向前，在腹直肌外侧缘处移行为腱膜。

5. 腹直肌鞘　是由腹前外侧壁3块扁肌的腱膜共同包裹腹直肌而构成的纤维性鞘。

6. 白线　位于腹前壁正中线上，由两侧腹直肌鞘的纤维在正中线上彼此交织而成。上方起自剑突，下方止于耻骨联合。

7. 腹股沟管　是位于腹股沟韧带内侧半上方的一条斜行肌间裂隙（图 4-64），长 4 ～ 5cm，男性有精索通过，女性有子宫圆韧带通过。管的内口称**腹股沟管深环**，外口为**腹股沟管浅环**。在病理情况下，若腹腔内容物经腹股沟管腹环进入腹股沟管，再经皮下环突出下降入阴囊，形成腹股沟斜疝。

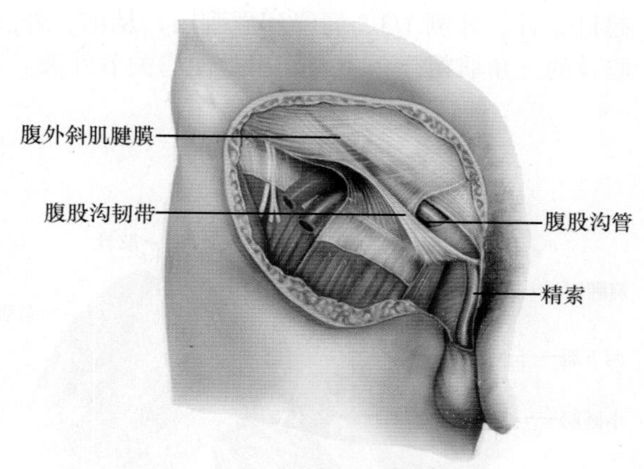

图 4-64　男性腹股沟区

腹肌的作用是保护腹腔脏器。腹肌收缩时，可降肋助呼气，并能使脊柱做前屈、侧屈和旋转运动，还可增加腹压以协助完成排便、分娩、呕吐和咳嗽等生理功能。

考点：通过腹股沟管的结构

（五）会阴肌

会阴肌是指封闭小骨盆下口诸肌的统称（图 4-65），与相邻的上、下筋膜共同构成盆膈和尿生殖膈，共同参与封闭小骨盆下口，具有承托、支持和固定腹盆腔脏器的作用，并对阴道和肛管有括约作用。

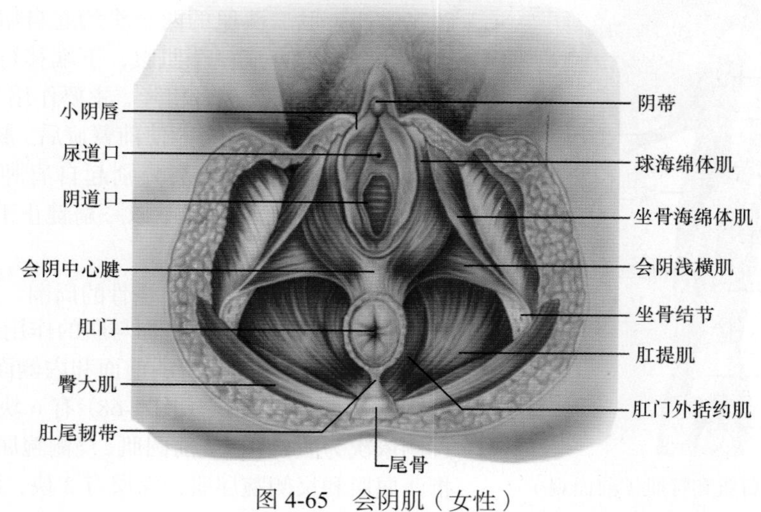

图 4-65　会阴肌（女性）

五、四 肢 肌

（一）上肢肌

上肢肌按其所在部位分为肩肌、臂肌、前臂肌和手肌。

1. 肩肌　配布于肩关节周围，包括三角肌、冈上肌、冈下肌、小圆肌、大圆肌和肩胛下肌（图 4-60，图 4-66，图 4-67），具有运动肩关节和增强其稳固性的作用。**三角肌**呈三角形，起自锁骨的外侧 1/3、肩峰和肩胛冈，从前、外、后包绕肩关节，形成肩部的圆隆形，止于肱骨的三角肌粗隆，主要作用是使肩关节外展。

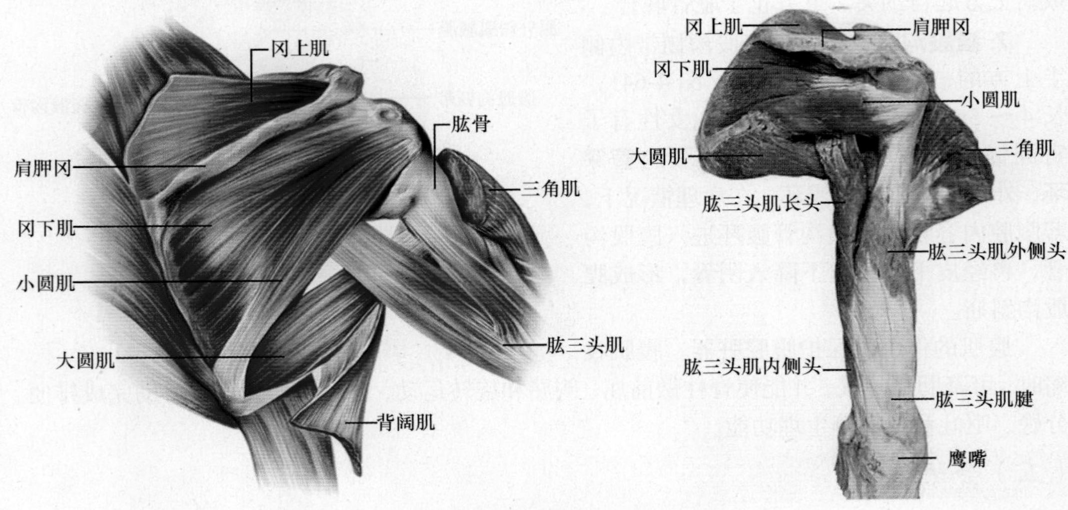

图 4-66　肩肌和臂肌（后面观）

考点：三角肌、肱二头肌和肱三头肌的作用

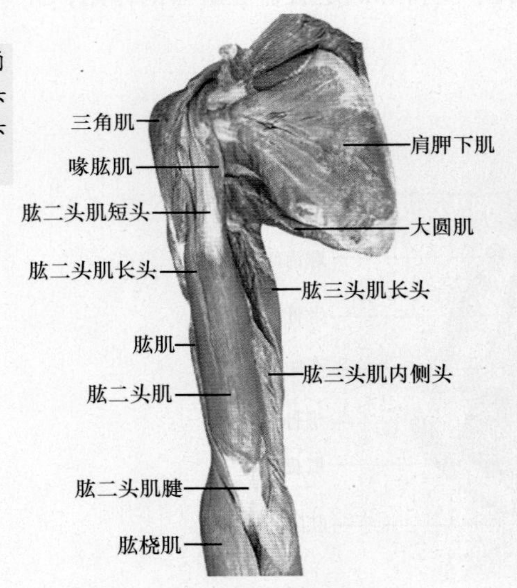

图 4-67　肩肌和臂肌（前面观）

2. 臂肌　位于肱骨周围，分前、后两群。前群包括肱二头肌、喙肱肌和肱肌（图 4-67），后群为肱三头肌。**肱二头肌**的两个头均起自肩胛骨，两头向下在臂中部合成一个肌腹，下端移行为肌腱，经肘关节的前方止于桡骨粗隆，主要作用是屈肘关节。当前臂处于旋前位时，能使前臂旋后。**肱三头肌**（图 4-60，图 4-66）的 3 个头分别起自肩胛骨和肱骨的后面，3 头向下合成肌腹，以一扁腱止于尺骨鹰嘴，主要作用是伸肘关节。

3. 前臂肌　位于尺、桡骨的周围，共有 19 块，分为前、后两群，肌的名称与肌的作用基本一致。

(1) 前群：位于前臂的前面和内侧面，共有 9 块，分深、浅两层。浅层（图 4-68）有 6 块，由桡侧向尺侧依次为肱桡肌、旋前圆肌、桡侧腕屈肌、掌长肌、指浅屈肌和尺侧腕屈肌；深层有 3 块，即拇长屈肌、指深屈肌和旋前方肌。使前臂旋前的肌是**旋前圆肌**和**旋前方肌**。

(2) 后群（图 4-69）：位于前臂的后面，共有 10 块，分浅、深两层。浅层有 5 块，由桡侧向尺侧依次为桡侧腕长伸肌、桡侧腕短伸肌、指伸肌、小指伸肌和尺侧腕伸肌；深层有 5 块，自上而下由桡侧向尺侧依次为旋后肌、拇长展肌、拇短伸肌、拇长伸肌和示指伸肌。使前臂旋后的肌是**旋后肌**和**肱二头肌**。

4. 手肌　分为 3 群，位于手的掌侧面。外侧群在手掌桡侧形成丰满的**鱼际**（图 4-68），可使拇指做屈、内收、外展和对掌动作；内侧群形成手掌尺侧的**小鱼际**，可使小指做屈、外展和对掌动作；中间群位于掌心及掌骨之间，运动第 2 ～ 5 指。

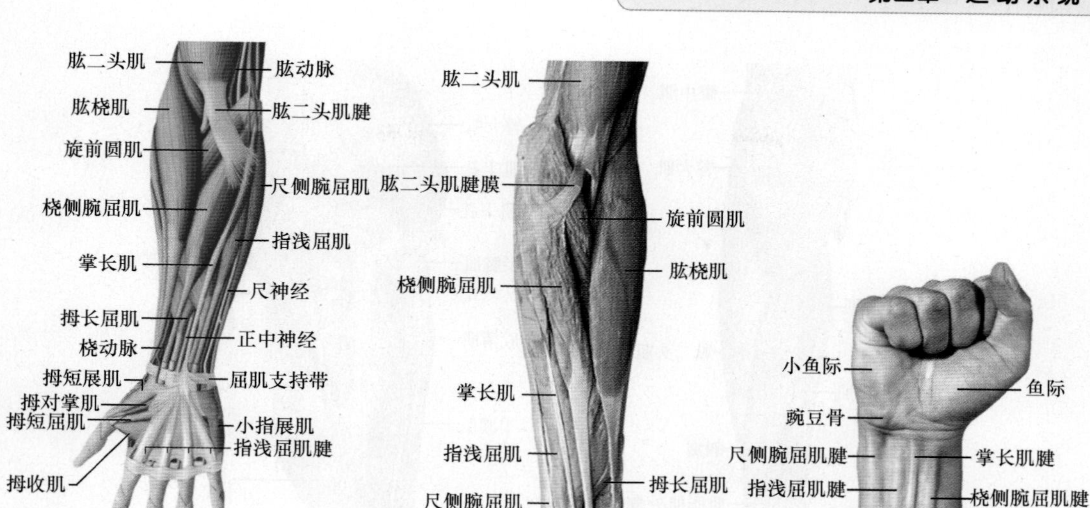

图 4-68 前臂肌前群、手肌和手掌侧的体表标志

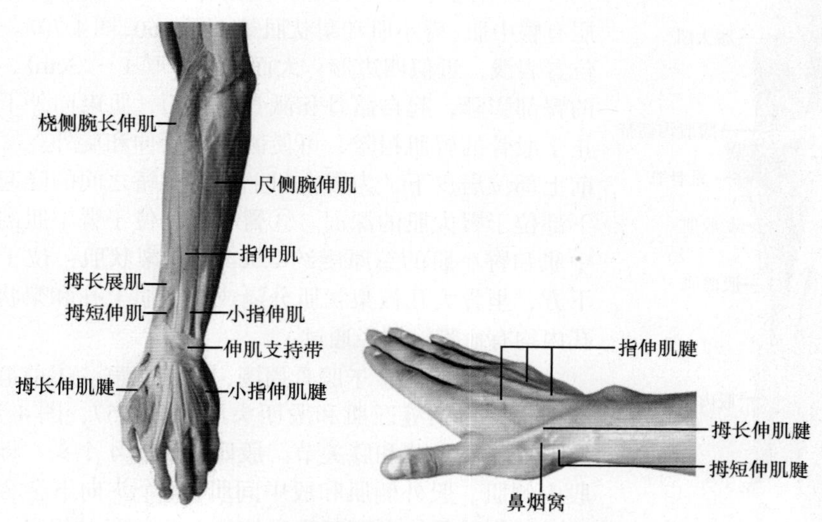

图 4-69 前臂肌后群和手背部的体表标志

5. 上肢的局部结构

(1) 腋窝：是位于臂上部内侧与胸外侧壁之间的锥体形腔隙。窝内除了有分布于上肢的血管和神经通过外，还有大量的脂肪组织及淋巴结、淋巴管等。

(2) 肘窝：是位于肘关节前面的倒三角形凹窝。其上界为肱骨内、外上髁之间的连线，外侧界为肱桡肌，内侧界为旋前圆肌。窝内有血管、神经和肱二头肌腱通过。

（二）下肢肌

下肢肌按部位分为髋肌、大腿肌、小腿肌和足肌。

1. 髋肌 配布于髋关节的周围，为运动髋关节的肌，按其所在部位分为前、后两群。

(1) 前群：主要为**髂腰肌**，由**腰大肌**和**髂肌**组成（图 4-62，图 4-71），可使髋关节前屈和旋外。下肢固定时，可使躯干前屈，如仰卧起坐。

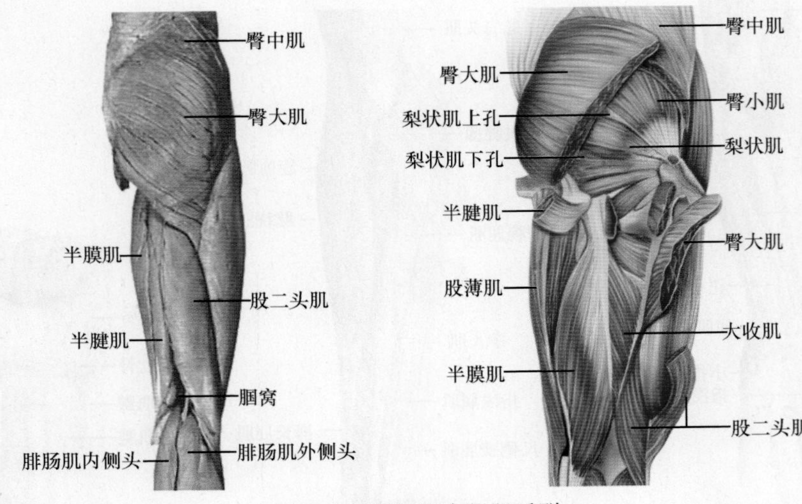

图 4-70　髋肌和大腿肌后群

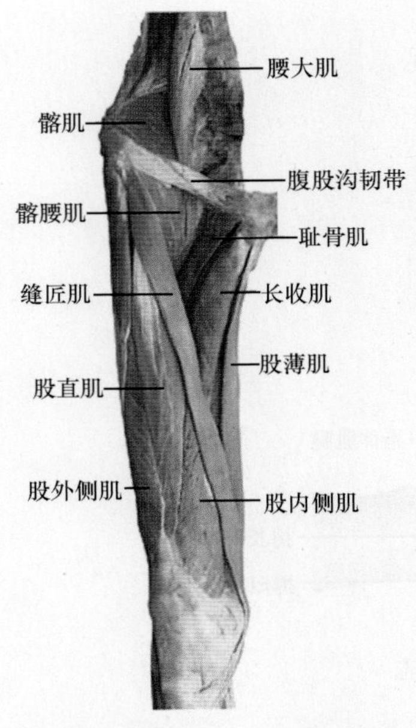

图 4-71　大腿肌（左侧，前面观）

（2）后群：位于臀部，故又称臀肌，浅层为臀大肌，深层有臀中肌、臀小肌和梨状肌等（图 4-60，图 4-70）。①**臀大肌**：位置表浅，近似四边形，大而肥厚（厚 1 ～ 3cm），形成特有的臀部膨隆，起自髂骨和骶骨的背面，肌束向外下方集中，止于股骨的臀肌粗隆，可使髋关节后伸和旋外。②**臀中肌**：前上部位居皮下，为臀大肌上缘与髂嵴之间的隆起部分；后下部位于臀大肌的深面。③**臀小肌**：位于臀中肌的深面，臀中肌和臀小肌的总厚度约 2.5cm。④**梨状肌**：位于臀中肌内下方，坐骨大孔被梨状肌分隔成梨状肌上孔和梨状肌下孔，孔内均有血管、神经通过。

2. 大腿肌　位于股骨周围，分为 3 群。①前群：位于大腿前面，包括缝匠肌和股四头肌（图 4-57，图 4-71）。**缝匠肌**可以屈髋关节和膝关节。**股四头肌**有 4 个头，即股直肌、股内侧肌、股外侧肌和股中间肌，4 个头向下会合形成一条肌腱包绕髌骨，向下延为髌韧带，止于胫骨粗隆，是膝关节强有力的伸肌。②内侧群：位于大腿的内侧，分浅、深两层，浅层有耻骨肌、长收肌和股薄肌，深层为短收肌和大收肌，可使髋关节内收。③后群：位于大腿的后面，包括位于外侧的**股二头肌**和内侧的**半腱肌**、**半膜肌**（图 4-70），主要作用是屈膝关节、伸髋关节。

链接

股四头肌又多了一个“兄弟”

传统的股四头肌作为一个肌群，有 4 个头。然而，临床经历和人体标本结构的研究并不能总是和书本的描述一致。GROB.K 研究团队发现位于股外侧肌和股中间肌之间，还有一条张肌样肌肉 - 股中间张肌。该肌单独存在，拥有独立完整的血管、神经分布。该研究成果发表在 2016 年 3 月的《Clinical Anatomy》杂志上，以后大家就叫它“股五头肌”吧。

考点：臀大肌、股四头肌、缝匠肌和小腿三头肌的作用

3. 小腿肌　位于胫、腓骨的周围，分为3群。①前群：位于小腿的前面，由内侧向外侧依次为胫骨前肌、𧿹长伸肌和趾长伸肌（图4-72），可使踝关节背屈、足内翻和伸趾。②外侧群：位于腓骨的外侧，浅层为腓骨长肌，深层为腓骨短肌，可使足外翻和足跖屈。③后群：位于小腿的后面，分浅、深两层。浅层为强大的**小腿三头肌**，由表浅的腓肠肌和深面的比目鱼肌（图4-73）组成，在小腿的上部形成膨隆的“小腿肚”，向下移行为粗大的跟腱，止于跟骨结节，可使踝关节跖屈和上提足跟。深层有趾长屈肌、胫骨后肌和𧿹长屈肌3块，可使踝关节跖屈、足内翻和屈趾。

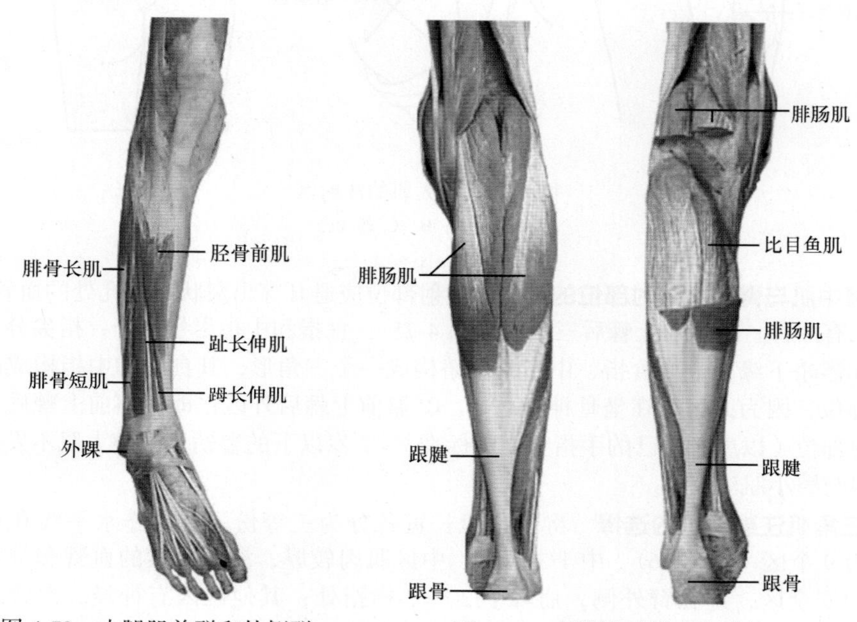

图4-72　小腿肌前群和外侧群　　图4-73　小腿肌后群（浅层）

4. 足肌　分为足背肌和足底肌。足背肌协助伸趾，足底肌协助屈趾和维持足弓。

5. 下肢的局部结构

(1) 股三角：是位于大腿前面上部的三角形区域。其上界为腹股沟韧带，内侧界为长收肌的内侧缘，外侧界为缝匠肌的内侧缘。股三角内由外侧向内侧依次排列着股神经、股动脉和股静脉等。

(2) 腘窝：是位于膝关节后方的菱形窝（图4-70）。其上外侧界为股二头肌，上内侧界为半腱肌和半膜肌，下外侧界和下内侧界分别为腓肠肌的外侧头和内侧头。窝内有腘血管、胫神经和腓总神经等通过。

六、临床上肌内注射部位的选择

肌内注射法是临床上最常用的注射给药途径之一。选择注射用的部位，必须具备操作方便、位置表浅、肌腹丰满、且远离较大的血管和神经等条件。临床上最常用的是臀大肌，其次为臀中肌与臀小肌、股外侧肌和三角肌。

1. 臀大肌注射部位的选择　坐骨神经在臀部的位置与臀大肌注射的位置关系最为重要，坐骨神经经梨状肌下孔出骨盆者约占60.5%，穿出梨状肌下孔的体表投影点在髂后上棘与坐骨结节连线的中点外侧2.5cm处。为了防止损伤坐骨神经等结构，定位方法有两种（图4-74），①十字法：先从臀裂顶点向左或右侧画一条水平线，再从髂嵴最高点

向下做一条垂线，两线相交成“十”字形，将每侧臀部分为4个象限，其外上1/4象限避开内下角即为注射部位。②连线法：取髂前上棘与尾骨连线的外上1/3处为注射部位。

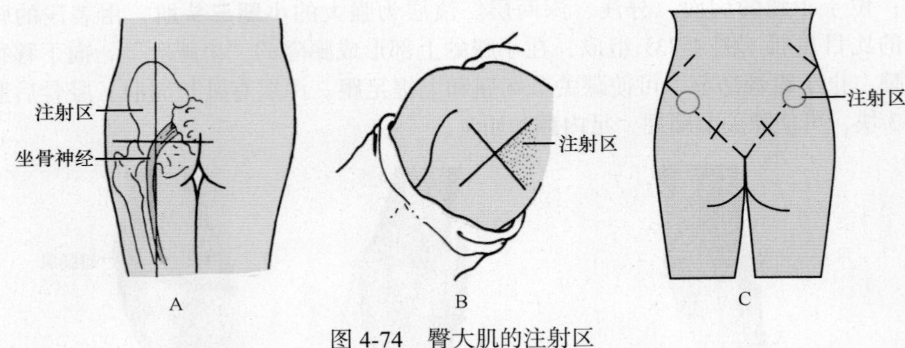

图4-74　臀大肌的注射区

A. 十字法；B、C. 连线法

2. 臀中肌与臀小肌注射部位的选择　注射部位应避开穿出梨状肌上孔处的血管和神经。定位方法有两种。①髂前上棘后三角区（图4-75）：食指和中指尽量分开，指尖分别置于髂前上棘和髂嵴下缘处，使食指、中指和髂嵴构成一个三角形，其食指和中指构成的内角即为注射部位，因为此区域在坐骨神经之上。②髂前上棘后外区：即在髂前上棘后外3横指处为注射部位（以患者自己的手指宽度为标准）。2岁以下的婴幼儿因臀大肌不发达，宜选用臀中肌与臀小肌注射。

3. 三角肌注射部位的选择　将三角肌长宽各分为三等份，分别作水平线和垂直线将全肌分为9个区（图4-76）。中1/3部上、中区肌肉较厚，深部无大的血管和神经通过，为注射的安全区，即在臂外侧，肩峰下2～3横指处；其他区因有神经、血管通过或肌肉较薄，不宜作注射部位。三角肌虽然宽阔，但其厚度有限，故只限于小剂量、少次数的肌内注射。

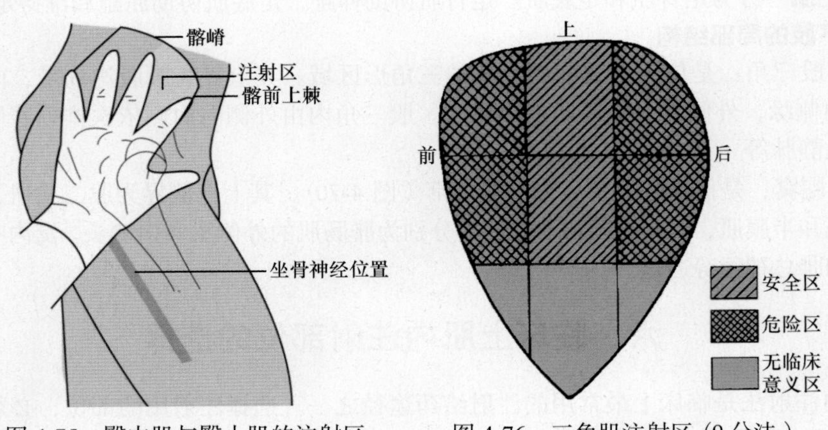

图4-75　臀中肌与臀小肌的注射区　　图4-76　三角肌注射区（9分法）

考点：臀大肌、臀中肌与臀小肌、三角肌和股外侧肌的注射部位

4. 股外侧肌注射部位的选择　通常选择在大腿中段外侧，膝关节上方10cm与髋关节下方10cm之间的区域，宽约7.5cm的范围内。股外侧肌只适用于因各种原因无法做臀肌和三角肌注射的患者。

护考链接

患儿女，1 岁 6 个月。因肺炎需肌内注射青霉素，其注射部位最好选用（　）

A. 股外侧肌　　B. 臀大肌　　C. 三角肌

D. 股四头肌　　E. 臀中肌与臀小肌

分析：2 岁以下的婴幼儿因臀大肌不发达，宜选用臀中肌与臀小肌注射，故选择答案 E。

第四节　表面解剖学

凡在活体体表可以观察、触摸到的骨性突起和凹陷、肌肉的轮廓以及皮肤皱纹等，均称为**体表标志**，主要包括**骨性标志**和**肌性标志**。表面解剖学是通过观察或触摸体表的骨性或肌性标志，或利用体表标志线或分区，来判断血管与神经的走行方向、确定深部器官的位置和在体表投影的一门科学，是进行护理技术操作定位（如肌内注射、置管、穿刺等）和生活护理中的体位选择以及针灸取穴的依据。学习表面解剖学时，一定要注意理论、标本与活体相结合，要进行反复观察、认真度量和仔细触摸辨认。

一、临床护理工作中常用的骨性标志

人体表面有许多骨性标志（图 4-77 至图 4-79），在护理技术操作中具有重要的临床意义（表 4-2）。

表 4-2　常用骨性标志的临床意义

部位	骨性标志名称	临床意义
颅骨	眶上切迹	正常情况下，用指尖压迫眶上切迹时，可以刺激眶上神经而产生明显疼痛，故临床上常以此作为鉴别昏迷深浅程度的标志之一
	下颌骨	在咬肌前缘绕下颌骨下缘处，可触及面动脉的搏动，也是面动脉的压迫止血点
	下颌角	下颌角与锁骨上缘中点连线的上 1/3 处，为颈外静脉的穿刺点
	乳突	化脓性中耳炎时，可出现乳突压痛
躯干骨	第 7 颈椎棘突	是背部计数椎骨序数和针灸取穴的重要标志，大椎穴位于其下方
	腰椎棘突	矢状位水平伸向后，腰椎棘突间隙大，是腰椎穿刺的部位
	骶角	是骶管麻醉时进针的定位标志
	胸骨角	两侧平对第 2 肋，是胸部计数肋和肋间隙序数的重要标志
	肋弓	是临床上腹部触诊确定肝、脾、胆囊位置的重要标志
上肢骨	锁骨	左锁骨中线内侧 1 ～ 2cm 与左侧第 5 肋间隙交点处可扪及心尖的搏动
	肩峰	是肩部的最高点
	肩胛冈	两侧肩胛冈内侧端的连线经过第 3 胸椎的棘突，是计数棘突的标志
	肩胛下角	平对第 7 肋骨或第 7 肋间隙，两侧肩胛下角的连线平对第 7 胸椎棘突，是临床上背部计数肋骨和胸椎序数的标志之一
	肱骨内、外上髁	当肘关节屈至 90° 时，肱骨内、外上髁和尺骨鹰嘴三点的连线构成一个尖朝下的等腰三角形，称肘后三角，肘关节发生后脱位时，鹰嘴向后上移位，三点的位置关系则发生改变
	尺骨鹰嘴	当肘关节伸直时，肱骨内、外上髁和尺骨鹰嘴三点成一直线
	桡骨茎突	前面内侧有桡动脉通过

续表

部位	骨性标志名称	临床意义
下肢骨	髂嵴	两侧髂嵴最高点的连线约平对第 4 腰椎棘突或第 3、4 腰椎棘突间隙，是临床进行腰椎穿刺的定位标志
	髂前上棘	脐与右髂前上棘连线的中、外 1/3 交界处为麦氏点，是阑尾根部的体表投影点
	髂结节	是腹部分区的重要标志之一
	耻骨结节	耻骨结节与髂前上棘之间连有腹股沟韧带
	髂后上棘	平对骶髂关节的中部
	腓骨头	在腓骨头下方外伤时易伤及腓总神经
	坐骨结节 大转子	自坐骨结节与大转子之间的中点稍内侧至股骨内、外侧髁之间中点的连线为坐骨神经在大腿部的体表投影
	内踝	内踝前方有大隐静脉越过，在做静脉注射或静脉切开时，内踝可作为临床上寻找大隐静脉的标志
	外踝	内、外踝连线中点的下方是足背动脉的压迫止血点

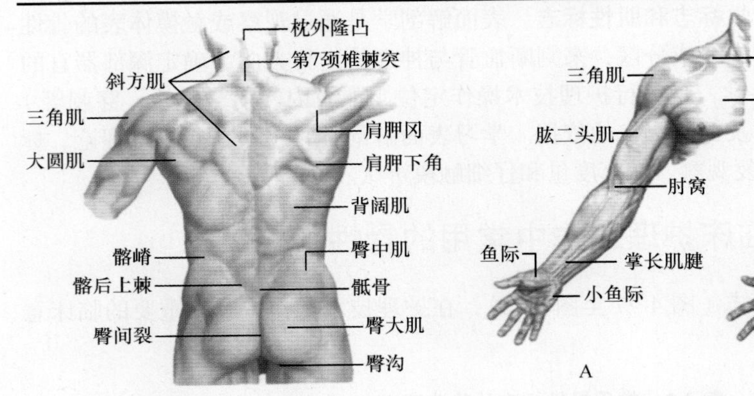

图 4-77　腰背部体表标志

图 4-78　上肢体表标志

A. 前面观；B. 后面观

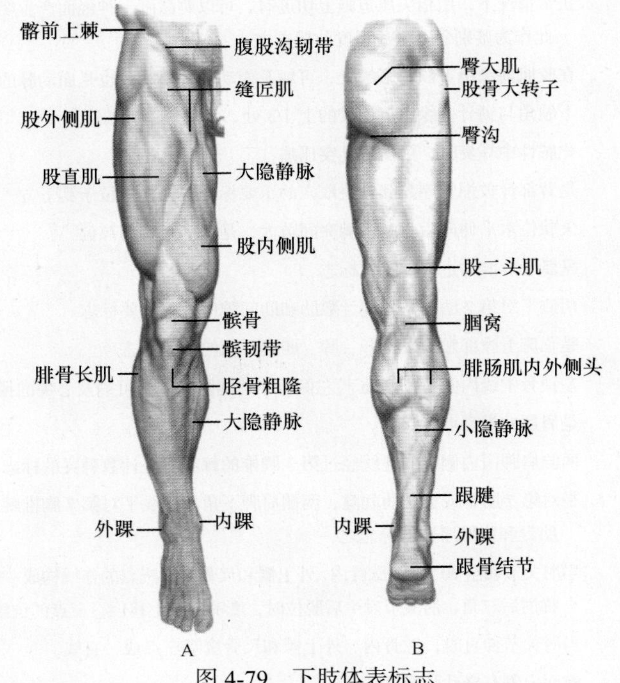

图 4-79　下肢体表标志

A. 前面观；B. 后面观

二、不同卧位易受压的骨性突起

卧位是患者休息、检查及治疗时采取的姿势，正确的卧位应符合人体的解剖生理特点。压疮多发生于经常受压和无肌肉包裹或肌肉较薄、缺乏脂肪组织保护的骨性突起处，故在护理工作中一定要重视易受压的骨性突起部位。临床上不同卧位易受压的骨性突起有（图 4-80）：①仰卧位：枕外隆凸、肩胛冈、尺骨鹰嘴、椎骨的棘突、骶骨、尾骨、髂后上棘和跟骨等处，最常发生于骶尾处。②侧卧位：耳郭、肩峰、肋骨、肱骨外上髁、髂结节、股骨大转子、股骨内外侧髁、腓骨头、内踝和外踝等处。③俯卧位：额骨、下颌骨颏部、胸骨、肋骨、髂前上棘、髌骨和足尖等处。④坐位：坐骨结节、足跟等处。

护考链接

下肢瘫痪而被迫处于长期坐位的患者，最易发生压疮的部位是（　　）

A. 外踝　　B. 股骨大转子　　C. 坐骨结节

D. 髌骨　　E. 内踝

分析：患者长期被迫处于坐位时，坐骨结节为臀部最低处的骨点，是最易发生压疮的部位，故选择答案 C。

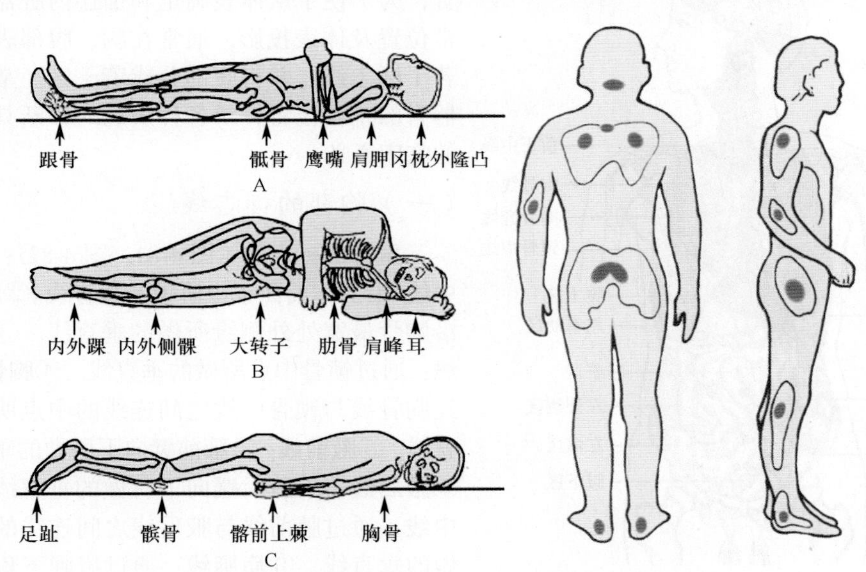

图 4-80　易受压部位（红色区）

A. 仰卧位；B. 侧卧位；C. 俯卧位

考点：临床上常用的骨性标志和肌性标志；不同卧位易受压的骨性突起

三、临床上常用的肌性标志

临床上常用的肌性标志有咬肌、胸锁乳突肌、竖脊肌、三角肌、肱二头肌、掌长肌腱、指伸肌腱、臀大肌、臀中肌、腹股沟、股四头肌、髌韧带、小腿三头肌、跟腱（图 4-77 至图 4-79，表 4-3）等。

表 4-3　临床上常用肌性标志的临床意义

肌性标志名称	临床意义
咬肌	面部出血时，可在咬肌前缘与下颌骨下缘交界处进行压迫止血
胸锁乳突肌	头颈部出血时，在胸锁乳突肌前缘，相当于环状软骨平面，可将颈总动脉向后将其压在第 6 颈椎横突上进行止血；胸锁乳突肌后缘中点处是颈部皮神经阻滞麻醉的部位
竖脊肌	竖脊肌外侧缘与第 12 肋形成的夹角称为肾区，是临床上肾囊封闭常用的进针部位
三角肌	在臂外侧，肩峰下 2 ～ 3 横指处是三角肌注射的安全区
肱二头肌	在肘窝中央，肱二头肌腱的内侧可触及肱动脉搏动，测量血压时，通常将听诊器的胸件置于肱二头肌腱的稍内侧
掌长肌腱	当用力半握拳并屈腕时，在腕掌侧中份上方可见掌长肌腱（图 4-68）。正中神经位于其桡侧，掌长肌腱是正中神经浸润麻醉的进针标志
腹股沟	深面有腹股沟韧带，是腹部与股部（大腿部）的分界线
髌韧带	半屈膝时最为明显，是临床上检查膝反射的叩击部位
跟腱	在踝部后面可触及，是临床上检查跟腱反射的叩击部位

四、胸、腹部的标志线和腹部的分区

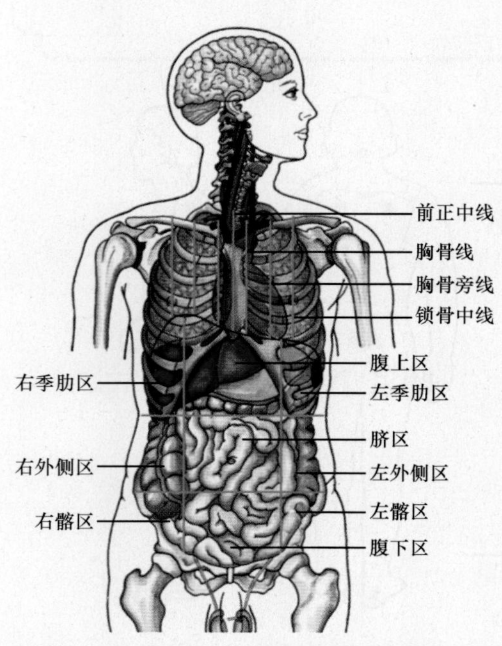

图 4-81　胸、腹部的标志线和腹部的分区

内脏各器官在胸、腹腔内均有较恒定的位置，为了便于从体表确定和描述内脏器官的正常位置及体表投影，通常在胸、腹部表面设定若干标志线，并将腹部分成若干区。掌握内脏器官的正常位置，对各种疾病的诊断具有重要的临床意义。

（一）胸部的标志线

胸部的标志线（图 4-81，图 4-82）：①**前正中线**：沿身体前面正中所做的垂直线。②**胸骨线**：沿胸骨最宽处外侧缘所做的垂直线。③**锁骨中线**：通过锁骨中点所做的垂直线。④**胸骨旁线**：经胸骨线与锁骨中线之间连线的中点所做的垂直线。⑤**腋前线**：沿腋前襞向下所做的垂直线。⑥**腋后线**：沿腋后襞向下所做的垂直线。⑦**腋中线**：通过腋前线与腋后线之间连线的中点所做的垂直线。⑧**肩胛线**：通过肩胛下角所做的垂直线。⑨**后正中线**：沿身体后面正中（即沿各椎骨棘突）所做的垂直线。

（二）腹部的标志线和分区

1. 腹部的标志线　①上横线：是通过两侧肋弓最低点所做的连线（图 4-81）。②下横线：是通过两侧髂结节所做的连线。③左右纵线：分别通过左、右腹股沟韧带中点所做的垂直线。④脐横线：通过脐所做的水平线。

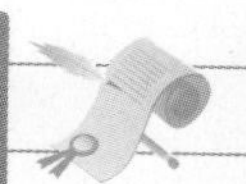

2. 腹部的分区

(1) 九区划分法：为了确定和描述腹腔器官的位置，通常利用上、下两横线和左、右两纵线将腹部划分为 9 个区（图 4-81）。上横线以上从右向左依次称为**右季肋区**、**腹上区**和**左季肋区**，上、下横线之间从右向左依次称为**右外侧区**（右腰区）、**脐区**和**左外侧区**（左腰区），下横线以下从右向左依次称为**右髂区**（右腹股沟区）、**腹下区**（耻区）和**左髂区**（左腹股沟区）。

(2) 四区划分法：临床工作中，通常又以通过前正中线和脐横线将腹部划分为**左上腹**、**右上腹**、**左下腹**和**右下腹** 4 个区。

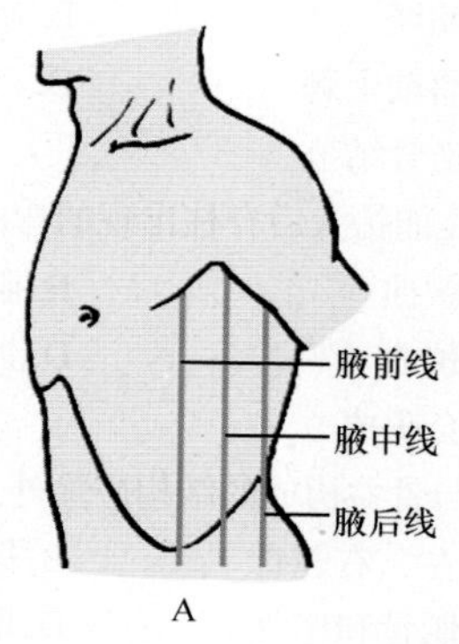

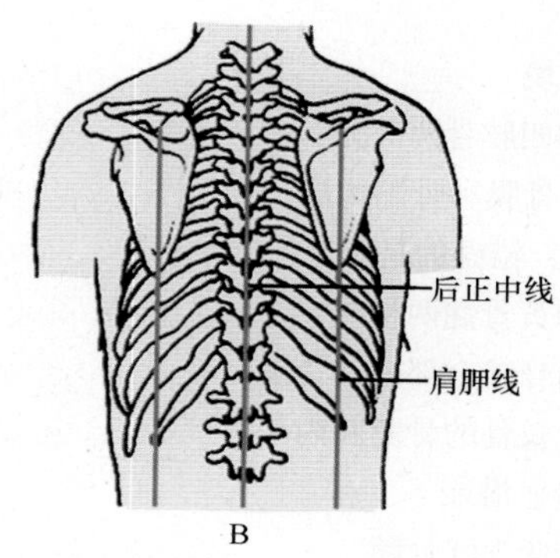

图 4-82 胸部的标志线

A. 侧面观；B. 后面观

小结

运动系统由骨、骨连结和骨骼肌 3 部分组成。全身各骨借骨连结构成了人体坚硬的主体框架，撑起了血肉之躯。关节是人体运动不可缺少的枢纽。在某种意义上讲，没有关节，就没有运动。由于上、下肢的分工不同，因而上肢关节的结构特点是以运动的灵活性为主，而下肢关节则以运动的稳定性为主。肌的配布反映了人类直立姿势和从事劳动的特点，小腿三头肌、股四头肌、臀大肌和竖脊肌是维持人体直立姿势的主要肌。上肢肌数目较多，肌形细巧，屈肌比伸肌发达；下肢肌则比上肢肌粗壮强大而有力。

自测题

一、名词解释

1. 椎间孔 2. 胸骨角 3. 翼点 4. 椎间盘 5. 黄韧带 6. 肋弓

二、填空题

1. 运动系统由________、________和________ 3 部分组成。
2. 骨按形态可分为________、________、________和________ 4 类。
3. 胸骨角平对第________肋，肩胛下角平对第________肋或第________肋间隙，两侧髂嵴最高点的连线平对________棘突。
4. 关节的基本结构包括________、________和________ 3 部分。
5. 躯干骨包括________、________和________ 3 部分，它们借骨连结构成________和________。
6. 脊柱的4个生理性弯曲中，凸向后方的是________和________。
7. 肘关节由________、________和________构成，肱三头肌是该关节的________肌。
8. 骨盆界线由后向前依次由________、________、________、________和________构成。
9. 腹前外侧壁的肌由浅入深依次为________、

________和________。

10. 小腿三头肌由________和________合成，向下延续为________，止于________，可使踝关节________。

三、选择题

A_1 型题

1. 关于骨的描述，错误的是（ ）
   A. 骨是一器官
   B. 骨又称为骨骼
   C. 成人共有 206 块
   D. 分为中轴骨和四肢骨两部分
   E. 主要由骨质、骨膜和骨髓构成
2. 关于骨髓的描述，错误的是（ ）
   A. 分为红骨髓和黄骨髓两种
   B. 胎儿和幼儿的骨髓全部是红骨髓
   C. 骨髓仅存在于长骨的骨髓腔内
   D. 黄骨髓具有造血潜能
   E. 黄骨髓可以转变为红骨髓
3. 骨损伤后能参与修复的结构是（ ）
   A. 骨质　B. 骨髓
   C. 骨骺　D. 骨膜
   E. 关节软骨
4. 老年人易发生骨折的原因是由于骨质中（ ）
   A. 骨密质较少
   B. 有机成分含量相对较多
   C. 有机成分和无机成分各占一半
   D. 骨松质较多
   E. 无机成分含量相对较多
5. 屈颈时，项部最明显的隆起是（ ）
   A. 第 1 胸椎棘突　B. 第 2 胸椎棘突
   C. 第 5 颈椎棘突　D. 第 6 颈椎棘突
   E. 第 7 颈椎棘突
6. 临床上进行骶管麻醉时，确定骶管裂孔位置的标志是（ ）
   A. 骶角　B. 骶骨的岬
   C. 骶管　D. 骶后孔
   E. 骶前孔
7. 属于面颅骨的是（ ）
   A. 顶骨　B. 下颌骨
   C. 枕骨　D. 颞骨
   E. 蝶骨
8. 不含鼻旁窦的骨是（ ）
   A. 蝶骨　B. 上颌骨
   C. 筛骨　D. 颞骨
   E. 额骨
9. 下列搭配错误的是（ ）
   A. 尺骨—尺神经沟　B. 腓骨—外踝
   C. 颈椎—横突孔　D. 肱骨—桡神经沟
   E. 胫骨—内踝
10. 体表可摸到的骨性标志应除外（ ）
   A. 髂嵴　B. 耻骨结节
   C. 髂前上棘　D. 三角肌粗隆
   E. 坐骨结节
11. 小儿能抬头后脊柱出现的弯曲是（ ）
   A. 腰曲　B. 胸曲
   C. 颈曲　D. 骶曲
   E. 会阴曲
12. 参与骨盆构成的结构应除外（ ）
   A. 左、右髋骨　B. 第 5 腰椎
   C. 骶骨和尾骨　D. 耻骨联合
   E. 骶髂关节
13. 活体骨盆测量的标志应除外（ ）
   A. 骶骨的岬　B. 髂嵴
   C. 髂前上棘　D. 髂后上棘
   E. 坐骨结节
14. 具有半月板和交叉韧带的关节是（ ）
   A. 颞下颌关节　B. 髋关节
   C. 膝关节　D. 肩关节
   E. 肘关节
15. 当上、下颌紧咬时，在下颌角前上方可以摸到的肌是（ ）
   A. 咬肌　B. 颞肌
   C. 颊肌　D. 翼外肌
   E. 翼内肌
16. 最强大的脊柱伸肌是（ ）
   A. 背阔肌　B. 竖脊肌
   C. 斜方肌　D. 腰大肌
   E. 腰方肌
17. 患者不能完成“背手”动作，提示可能是何肌瘫痪所致（ ）
   A. 三角肌　B. 前锯肌
   C. 胸大肌　D. 斜方肌
   E. 背阔肌
18. 患者出现了“翼状肩”，提示可能是何肌瘫

瘓所致（　　）

A. 胸大肌　　B. 胸小肌

C. 背阔肌　　D. 前锯肌

E. 斜方肌

19. 人体主要的呼吸肌是（　　）

A. 胸大肌　　B. 胸小肌

C. 膈　　D. 肋间肌

E. 腹肌

20. 测量血压时，为寻找肱动脉，在肘窝中央需首先摸到的结构是（　　）

A. 肱肌腱　　B. 肱三头肌腱

C. 肱二头肌腱　　D. 旋前圆肌

E. 掌长肌腱

21. 压疮的好发部位不包括（　　）

A. 仰卧位—髂前上棘　　B. 侧卧位—踝部

C. 俯卧位—膝部　　D. 头高足低位—足跟

E. 坐位—坐骨结节

A_2 型题

22. 在一次群众性摔跤比赛中，一位 26 岁的男运动员右侧锁骨中、外 1/3 交界处骨折。发现其近折段向上、后移位，是因为下列何肌牵拉所致（　　）

A. 胸大肌　　B. 三角肌

C. 前斜角肌　　D. 斜方肌

E. 胸锁乳突肌

四、简答题

1. 参与呼吸运动的肌有哪些？
2. 膈有哪些裂孔？各有何结构通过？
3. 临床上常被选择肌内注射的肌肉有哪些？
4. 简述膝关节的组成、结构特点及运动形式。
5. 简述骨盆的组成、大小骨盆的区分和女性骨盆的特点。

（张艳丽）

5

第五章　消化系统

常言道："民以食为天。"人体在生命活动过程中，不仅要通过呼吸从外界获得足够的O_2，还必须不断地通过消化系统从外界摄取各种营养物质，以满足组织细胞更新和完成各种生命活动的物质和能量需要。那么，消化系统是如何组成的？各消化器官具有怎样的形态、结构和功能特点？人体所需的各种营养物质又是被哪些器官消化与吸收的？让我们带着这些神奇而有趣的问题一起来探究人体消化系统的奥秘。

考点：消化系统的组成和上、下消化道的概念

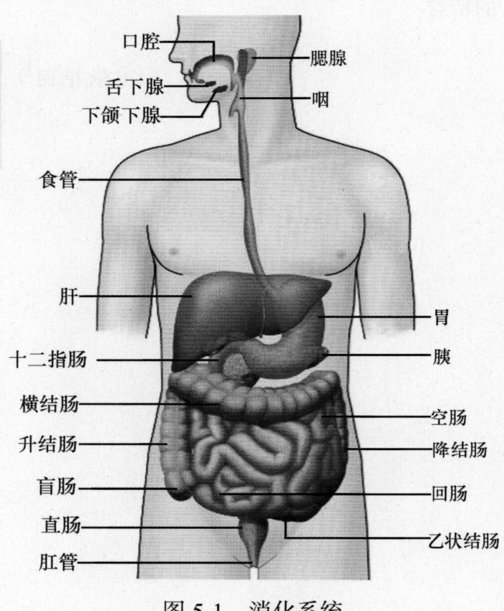

图 5-1　消化系统

消化系统（alimentary system）由消化管和消化腺两部分组成（图 5-1）。**消化管**又称消化道，是一条粗细不等的连续性管道，包括口腔、咽、食管、胃、小肠（十二指肠、空肠和回肠）和大肠（盲肠、阑尾、结肠、直肠和肛管）。临床上，通常把从口腔至十二指肠的一段消化管称为**上消化道**，空肠以下的消化管则称为**下消化道**。**消化腺**包括大消化腺和小消化腺。大消化腺为独立的器官，包括大唾液腺、肝和胰；小消化腺位于消化管壁内，如食管腺、胃腺和肠腺等。它们均开口于消化道，分泌的消化液对食物进行化学性消化。

消化系统的主要功能是摄取和消化食物、吸收营养物质并排出食物残渣。

第一节　消　化　管

案例 5-1

患者男，46 岁。胃溃疡病史 8 年，因饮酒 30 分钟后突然出现上腹部刀割样剧痛而急诊入院。体格检查：全腹压痛，腹肌紧张呈"板状腹"，反跳痛明显。立位腹部 X 线平片显示膈下有少量游离气体。临床诊断：急性胃穿孔。拟行胃大部切除术，施行空肠与胃残端吻合术。

问题：1. 胃位于何处？通常分为哪几部分？

2. 胃溃疡和胃癌最有可能发生在何处？

3. 手术中确认空肠起始部的重要标志是什么？

一、消化管壁的一般结构

消化管除口腔和咽外，其管壁均有相似的组织结构特征，由内向外依次分为黏膜、黏膜下层、肌层和外膜4层（图5-2）。

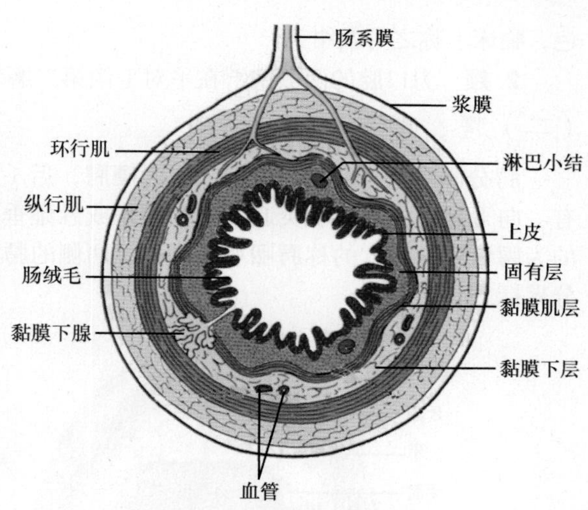

图 5-2 消化管壁微细结构

1. 黏膜 由上皮、固有层和黏膜肌层组成。上皮衬在消化管的腔面，口腔、咽、食管和肛门为复层扁平上皮，以保护功能为主；其余部分为单层柱状上皮，以消化吸收功能为主。固有层由疏松结缔组织构成，胃、肠固有层内富含腺体和淋巴组织。黏膜肌层为薄层平滑肌，其收缩可促进固有层内腺体分泌物的排出和血液运行，有利于食物的消化与吸收。

2. 黏膜下层 为较致密的结缔组织，在食管和十二指肠的黏膜下层内含有腺体。在食管、胃和小肠等部位，黏膜与黏膜下层共同向管腔内突起形成**皱襞**，具有扩大黏膜表面积的作用。

3. 肌层 除口腔、咽、食管上段的肌层和肛门外括约肌为骨骼肌外，其余大部分为平滑肌。肌层一般分为内环行、外纵行两层。

4. 外膜 位于消化管壁的最外层，食管和大肠末段的外膜为薄层结缔组织构成的纤维膜，胃、大部分小肠和大肠的外膜是由薄层结缔组织和间皮构成的光滑浆膜，有利于胃肠的活动。

链接

内脏器官

内脏器官是指消化、呼吸、泌尿和生殖各系统器官的总称。虽然内脏器官形态不同、功能各异，但按其基本结构可分为两大类。一类是内有空腔的中空性器官，管壁为分层结构，如呼吸、泌尿和生殖道管壁为3层结构，而消化管则为4层结构；另一类是实质性器官，多为分叶性结构，如肝、胰、肾、睾丸等。实质性器官的血管、神经、淋巴管和导管出入之处常有一凹陷，称为该器官的“门”，如肝门、肾门等。

二、口　　腔

口腔是消化管的起始部，前经口裂通向外界，向后经咽峡与咽相通。前壁为上、下唇，两侧壁为颊，上壁为腭，下壁为口腔底。口腔以上、下牙弓为界，分为前外侧的**口腔前庭**和后内侧的**固有口腔**。当上、下牙列咬合时，口腔前庭可借第三磨牙后方的间隙与固有口腔相交通，故对牙关紧闭的患者可经此间隙插管注入营养物质或做急救灌药等。

（一）口唇和颊

1. 口唇 分为上唇和下唇，上、下唇之间的裂隙为**口裂**（图5-3），两者的结合处为**口角**。在上唇外面正中线上有一纵行浅沟，称为**人中**，其中、上1/3交界处为人中穴，昏迷患者急救时常在此处进行指压或针刺。上唇两侧各有一弧形浅沟，称为**鼻唇沟**，是上唇与颊的分界线。唇皮肤与黏膜的移行部为红色的**唇红**，含有丰富的毛细血管，机体缺 O_2 时呈绛紫色，临床上称之为发绀。

2. 颊 为口腔的两侧壁，在平对上颌第二磨牙相对的颊黏膜上有腮腺管的开口。

（二）腭

考点：咽峡的组成

腭分隔鼻腔与口腔。其前 2/3 为**硬腭**，后 1/3 为**软腭**（图 5-3）。软腭后缘游离，中央有一向下悬垂的乳头状突起，称为**腭垂**或悬雍垂。腭垂两侧各有两条弓状黏膜皱襞，前方的为**腭舌弓**，后方的称**腭咽弓**。腭垂、两侧的腭舌弓及舌根共同围成**咽峡**，是口腔与咽的分界标志。

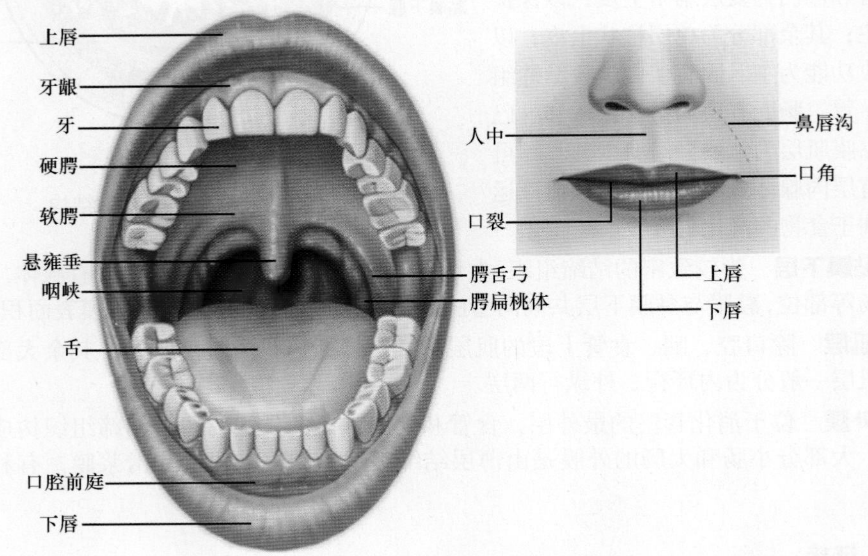

图 5-3 口腔及咽峡

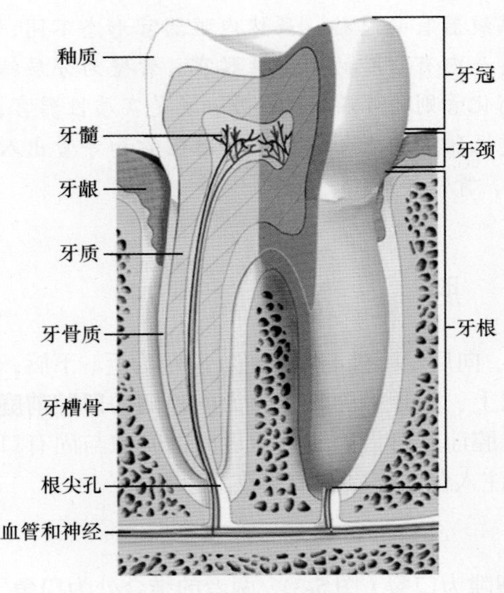

图 5-4 牙的形态和构造

（三）牙

牙是人体内最坚硬的器官，嵌于上、下颌骨的牙槽内，具有咬切、撕裂和磨碎食物以及协助发音等功能。

1. 牙的形态 牙在外形上分为牙冠、牙根和牙颈 3 部分（图 5-4）。暴露在口腔内的部分为**牙冠**，嵌入牙槽骨内的部分称**牙根**，介于牙冠与牙根之间的交界部分为**牙颈**，通常被牙龈所包绕。

2. 牙的构造 牙由牙质、釉质、牙骨质和牙髓构成（图 5-4）。**牙质**构成牙的主体，在牙冠部牙质外面覆有光滑的**釉质**，是人体内最坚硬的组织。在牙颈和牙根处，牙质的外面覆有**牙骨质**。牙内的空腔称为牙髓腔，容纳**牙髓**。牙髓为疏松结缔组织，内含由根尖孔出入牙髓腔的血管、淋巴管和神经。当牙髓发炎时，常引起剧烈的疼痛。

3. 牙的分类、排列和萌出 人的一生中先后萌出两套牙，即乳牙和恒牙。根据牙的形态和功能，**乳牙**分为乳切牙、乳尖牙和乳磨牙 3 种，**恒牙**分为切牙、尖牙、前磨牙和磨牙 4

种（图 5-5）。乳牙从出生后 6 个月开始陆续萌出，至 2 ～ 2.5 岁出齐，共 20 个，上、下颌的左半和右半各 5 个。6 岁左右乳牙开始逐渐脱落，恒牙中的第一磨牙最先萌出，在 14 岁左右基本出齐。唯有第三磨牙萌出最迟，故又称**迟牙**或**智牙**，其终生不萌出者约占 30%。恒牙全部出齐共 32 个，上、下颌的左半和右半各 8 个。

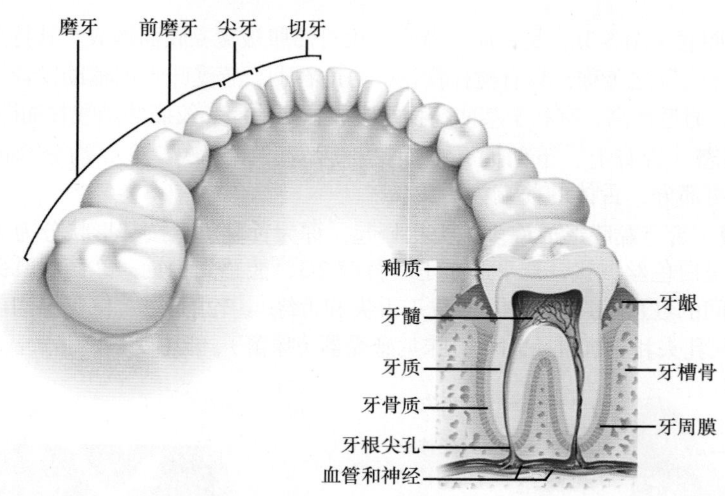

图 5-5　牙的分类和牙周组织

乳牙与恒牙的名称及排列顺序如图 5-6、图 5-7 所示。临床上，为了便于记录牙的位置，常以被检查者的解剖方位为准，以“十”记号划分成上、下颌及左、右 4 个区，并以罗马数字Ⅰ～Ⅴ标示乳牙，用阿拉伯数字 1 ～ 8 标示恒牙，如“Ⅳ|”则表示右下颌第一乳磨牙，“|6”表示左上颌第一磨牙。

考点：牙的形态、分类及排列顺序

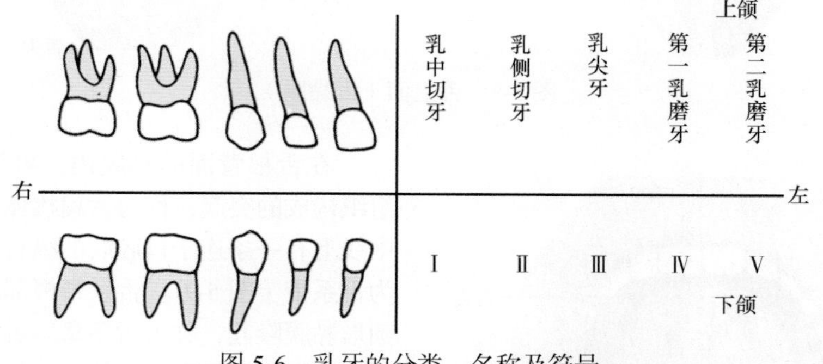

图 5-6　乳牙的分类、名称及符号

图 5-7　恒牙的分类、名称及符号

4. 牙周组织 包括牙周膜、牙槽骨和牙龈3部分（图5-5），对牙起固定、保护和支持作用。**牙周**膜是介于牙根与牙槽骨之间的致密结缔组织。**牙龈**是覆盖在牙槽骨和牙颈表面的淡红色口腔黏膜。老年人牙周膜萎缩后，常可引起牙齿松动或脱落。

（四）舌

舌位于口腔底（图5-3），是一肌性器官，由骨骼肌被覆黏膜而构成。其特点是运动灵活，有“三寸不烂之舌”之美称，具有搅拌食物、协助吞咽、感受味觉和辅助发音等功能。口腔底部的上皮菲薄，通透性高，有利于某些药物的吸收，如治疗心绞痛的硝酸甘油即可在舌下含化。

1. 舌的形态 舌有上、下两面，上面又称舌背，以“∧”形界沟分为前2/3的**舌体**和后1/3的**舌根**两部分，舌体的前端为**舌尖**。

2. 舌黏膜 舌背黏膜形成许多乳头状隆起，称为舌乳头。按其形状分为3种（图5-8）：①**丝状乳头**，呈白色丝绒状，几乎遍布于舌背前2/3，能感受触觉；②**菌状乳头**，为散在分布于丝状乳头之间的红色小点状结构，多位于舌尖和舌缘；③**轮廓乳头**，位于界沟前方，体积最大、数量最少。菌状乳头和轮廓乳头均含有味觉感受器（味蕾），能感受酸、甜、苦、咸等味觉功能。

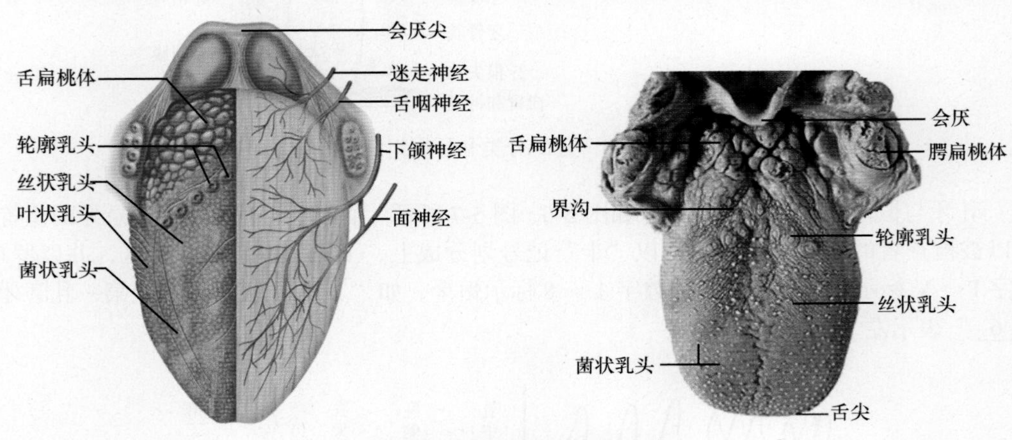

图5-8 舌上面（舌黏膜）

在舌根背面的黏膜内，可见许多由淋巴组织构成的突起，称为**舌扁桃体**。舌下面的正中线上有一条连于口腔底的纵行黏膜皱襞，称为舌系带（图5-9）。舌系带根部两侧各有一小圆形黏膜隆起，称为**舌下阜**。舌下阜向后外侧延续为带状的**舌下襞**，其深面藏有舌下腺。

3. 舌肌 为骨骼肌，分为舌内肌和舌外肌两部分。**舌内肌**构成舌的主体，肌纤维纵横交错，收缩时可改变舌的形状。**舌外肌**起自舌外，止于舌内，收缩时可改变舌的位置。其中以**颏舌肌**在临床上最为重要（图5-10），是一对强有力的伸舌肌。两侧颏舌肌同时收缩，拉舌向前下方，即伸舌；单侧收缩，使舌尖伸向对侧。若一侧颏舌肌瘫痪，伸舌时舌尖偏向患侧。

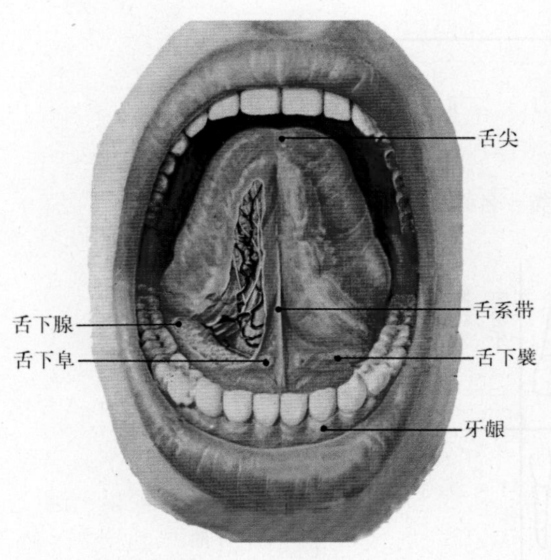

图5-9 口腔底舌下面

链接

“构语功臣”—舌

人类说话与舌关系非常密切，这方面的道理，我们的祖先早就懂得。您看，在汉语中说话的“话”字，不就是“言”加上个“舌”字吗？在英语中，“舌”(tongue) 这个词干脆可以作“语言”去讲。医学家认为，舌在语言的形成中，主要起构语作用。舌部发生疾病、受到损伤或出现运动障碍时，舌运动不灵活，构语就会受到影响。难怪有识之士将舌称之为“构语功臣”。

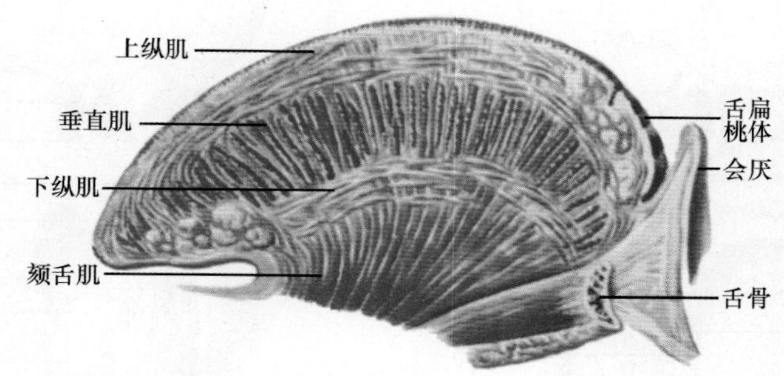

图 5-10 舌肌（正中矢状切面）

（五）口腔腺

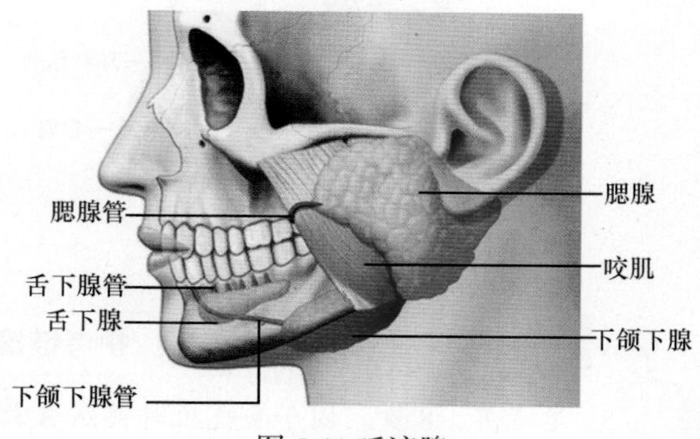

图 5-11 唾液腺

口腔腺又称唾液腺，是所有开口于口腔的腺体的总称，其分泌的唾液具有清洁、湿润口腔黏膜和帮助消化等作用。唾液腺有大、小之分，小唾液腺数目较多，如唇腺、颊腺等。大唾液腺包括腮腺、下颌下腺和舌下腺 3 对（图 5-11）。①**腮腺**：是最大的一对唾液腺，呈不规则的三角形，位于耳郭前下方，腮腺管开口于上颌第二磨牙平对的颊黏膜上。②**下颌下腺**：位于下颌体的内面，导管开口于舌下阜。③**舌下腺**：位于舌下襞的深面，其导管开口于舌下襞和舌下阜。

> **考点**：大唾液腺的开口部位

三、咽

1. 咽的形态和位置 咽是一前后略扁的漏斗状肌性管道，位于第 1 ～ 6 颈椎体的前方，上起自颅底，下至第 6 颈椎体下缘平面与食管相续，长约 12cm。咽的前壁不完整，分别与鼻腔、口腔和喉腔相通（图 5-12），故咽是消化道和呼吸道的共同通道。

2. 咽的分部 咽以软腭游离缘和会厌上缘平面为界，自上而下依次分为鼻咽、口咽和喉咽 3 部分（图 5-12）。

(1) 鼻咽：位于鼻腔的后方，介于颅底与软腭游离缘平面之间，向前经鼻后孔与鼻腔相通。在鼻咽的侧壁上，相当于下鼻甲后方约 1cm 处有一**咽鼓管咽口**，此口借咽鼓管通向中耳鼓室。咽鼓管咽口前上后方的弧形隆起为**咽鼓管圆枕**，是寻认咽鼓管咽口的标志。咽鼓管圆枕后方的纵行凹陷称为**咽隐窝**，是鼻咽癌的好发部位。

(2) 口咽：介于软腭游离缘与会厌上缘平面之间，向前经咽峡与口腔相通。口咽侧壁腭舌弓与腭咽弓之间的凹窝内容纳**腭扁桃体**，它属于淋巴器官，具有防御功能。

由咽后上壁黏膜内的咽扁桃体、两侧的咽鼓管扁桃体、腭扁桃体以及前下方的舌扁桃体共同围成**咽淋巴环**，是呼吸道和消化道的重要防御结构。

考点：咽的分部及交通；鼻咽癌的好发部位

(3) 喉咽：位于会厌上缘与第 6 颈椎体下缘平面之间，向下与食管相续，向前经喉口与喉腔相通。在喉口的两侧各有一深窝，称为**梨状隐窝**（图 5-13），是异物（如鱼刺）易停留的部位。

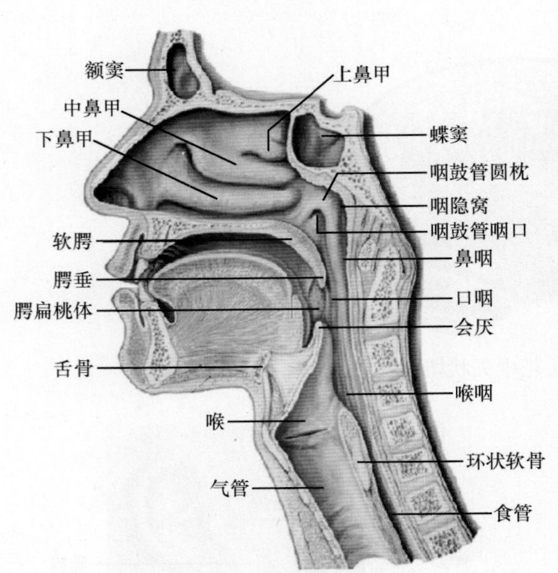

图 5-12　头颈部正中矢状切面

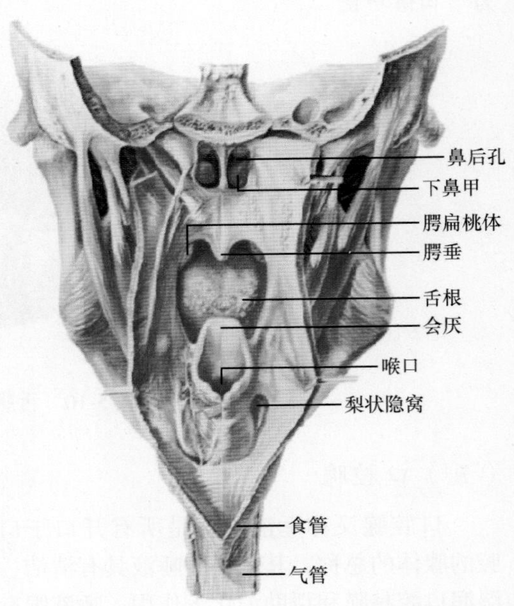

图 5-13　咽的前壁（切开后壁）

护考链接

患者男，8 岁。因午餐吃鱼时突然咳嗽，感觉鱼刺嵌顿在咽喉部而来医院就诊。经内镜检查找到了鱼刺并顺利取出。请问咽腔异物容易滞留的部位是（　　）

A. 蝶筛隐窝　　B. 咽隐窝　　C. 腭扁桃体窝

D. 梨状隐窝　　E. 口咽部

分析：位于喉咽部喉口两侧的梨状隐窝，是异物易停留的部位，故选择答案 D。

四、食　管

1. 食管的位置、形态和分部　食管为一前后略扁的肌性管道，长约 25cm。上端在第 6 颈椎体下缘与咽相接，向下沿脊柱前方下行，经胸廓上口入胸腔，穿膈的食管裂孔进入腹腔，在第 11 胸椎体的左侧与胃的贲门相连接。依其行程可分为 3 部（图 5-14）：①**颈部**：位于第 6 颈椎体下缘与胸骨颈静脉切迹平面之间，前邻气管，后贴颈椎，两侧有颈部的大血管伴行。②**胸部**：位于颈静脉切迹平面与食管裂孔之间。③**腹部**：从食管裂孔至胃的贲门。

2. 食管的狭窄部　食管的全长有 3 处生理性狭窄（图 5-14）：第 1 狭窄，位于食管的

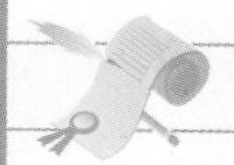

起始处，距中切牙约15cm；第2狭窄，位于食管与左主支气管交叉处，距中切牙约25cm；第3狭窄，位于食管穿膈的食管裂孔处，距中切牙约40cm。各狭窄处常是食管异物滞留及食管癌的好发部位。临床上进行食管插管时，要牢记3处狭窄距中切牙的距离，以免损伤食管。

歌诀助记

食管的3处狭窄

食管狭窄有3处，起始左主穿膈处；
十五二五四十厘，临床插管心有数。

考点：食管3处狭窄的位置及距中切牙的距离

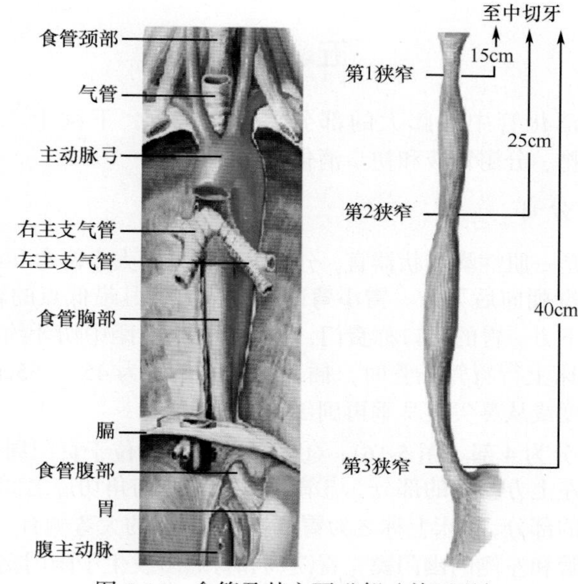

图5-14 食管及其主要毗邻（前面观）

3. 食管壁的微细结构特点（图5-15） ①黏膜：上皮为复层扁平上皮，下端与贲门部的单层柱状上皮骤然相接，是食管癌的易发部位。②黏膜下层：含有较多食管腺，其分泌的黏液有润滑食管腔面的作用。③肌层：上1/3段为骨骼肌，下1/3段为平滑肌，中1/3段则由骨骼肌和平滑肌共同构成。

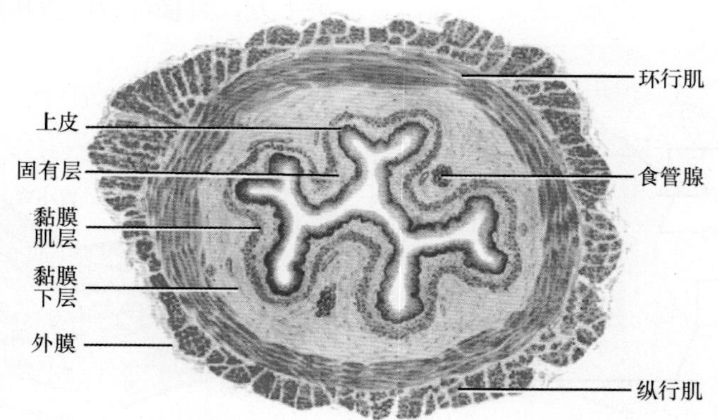

图5-15 食管的光镜结构（横切面）

链接

您知道吗?

一幼儿误食一枣核后，不久在粪便中出现，枣核依次经过的器官为口腔→口咽→喉咽→食管→胃→十二指肠→空肠→回肠→盲肠→升结肠→横结肠→降结肠→乙状结肠→直肠→肛管→肛门→体外。枣核依次经过的狭窄：食管的起始处、食管与左主支气管交叉处、食管穿膈的食管裂孔处、幽门瓣和回盲瓣。

五、胃

胃（stomach）是消化管中最膨大的部分，上接食管，下续十二指肠，成人容量约1500ml，具有容纳食物、分泌胃液和初步消化食物的功能。

（一）胃的形态和分部

1. 胃的形态 胃是一肌性囊袋状器官，分为前后两壁、大小两弯和出入两口（图 5-16）。前壁朝向前上方，后壁朝向后下方。**胃小弯**凹向右上方，其最低点的转折处称为**角切迹**；**胃大弯**大部分凸向左下方。胃的入口称**贲门**，与食管相续，距中切牙约 40cm；出口叫**幽门**，与十二指肠相连。临床上行胃管插管时，插入胃管的长度为 45 ～ 55cm，即相当于从患者前发际点至剑突的长度或从鼻尖至耳垂再到剑突的长度。

2. 胃的分部 胃分为 4 部（图 5-16）：①**贲门部**：是指位于贲门周围的部分。②**胃底**：是指贲门平面以上向左上方膨出的部分。③**胃体**：为胃底与角切迹之间的部分。④**幽门部**：为角切迹与幽门之间的部分，临床上称之为**胃窦**。在幽门部的大弯侧有一不甚明显的中间沟，将其分为右侧的**幽门管**和左侧的**幽门窦**。胃溃疡和胃癌多发生于幽门窦近胃小弯处。

考点：胃的位置、形态及分部；胃溃疡和胃癌的好发部位

歌诀助记

胃的位置和分部

胃居剑下左上腹，两门两弯分四部；
贲门幽门大小弯，胃底胃体贲幽部；
小弯胃窦易溃疡，及时诊断莫延误。

（二）胃的位置

胃的位置常因体型、体位及胃的充盈程度不同而有很大的变化。胃在中等程度充盈时，大部分位于左季肋区，小部分位于腹上区（图 5-1）。胃前壁的中间部分位于剑突下方，直接与腹前壁相贴，是临床上触诊胃的部位。

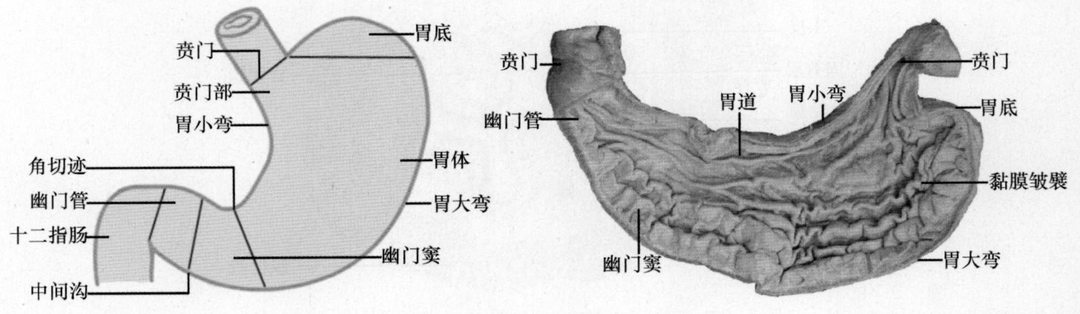

图 5-16 胃的形态、分部和黏膜

A. 胃的形态和分部；B. 胃黏膜

（三）胃壁的微细结构特点

胃壁由黏膜、黏膜下层、肌层和浆膜构成（图 5-17），其结构特点主要体现在黏膜和肌层。

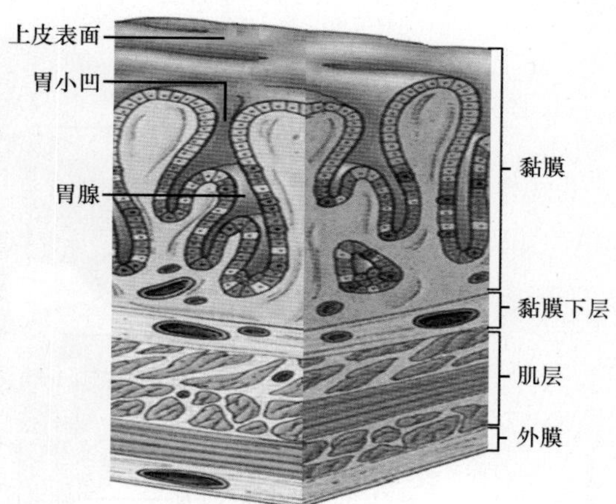

图 5-17 胃壁结构

1. 黏膜 胃空虚时形成许多纵行皱襞（图 5-16），充盈时皱襞几乎消失。黏膜表面布满许多不规则的小孔，称为胃小凹，其底部有胃腺的开口（图 5-17）。

(1) 上皮：主要由单层柱状的表面黏液细胞组成。表面黏液细胞的分泌物在上皮表面形成一层不溶性黏液，对胃黏膜有重要的保护作用，可防止盐酸和胃蛋白酶对黏膜的自身消化。

(2) 固有层：内有大量管状的胃腺，依据所在部位可分为胃底腺、贲门腺和幽门腺 3 种。①**贲门腺**和**幽门腺**：分别位于贲门部和幽门部，分泌黏液和溶菌酶。②**胃底腺**：又称为泌酸腺，位于胃底和胃体，是分泌胃液的主要腺体，由**主细胞**、**壁细胞**和**颈黏液细胞**等构成。主细胞又称胃酶细胞，数量最多，能分泌**胃蛋白酶原**。壁细胞又称泌酸细胞，能分泌**盐酸**和**内因子**。颈黏液细胞分泌的黏液对胃黏膜具有保护作用（图 5-18）。

考点： 胃底腺主细胞和壁细胞的功能

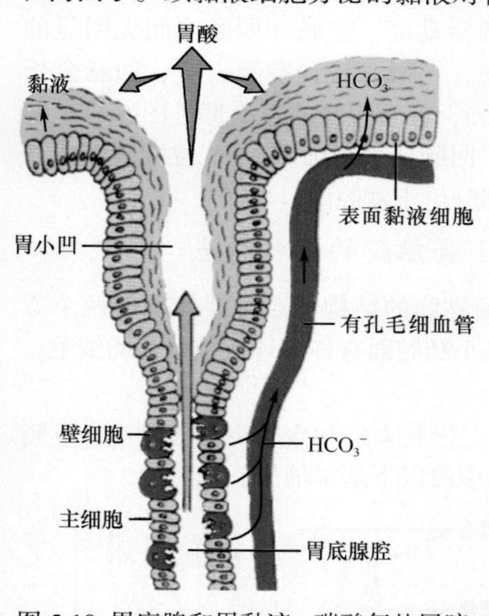

图 5-18 胃底腺和胃黏液 - 碳酸氢盐屏障（黄色部分）

2. 肌层 较厚，由内斜行、中环行和外纵行 3 层平滑肌构成。环行肌在贲门和幽门处增厚，分别形成贲门和幽门括约肌。

六、小 肠

小肠是消化管中最长的一段，全长 5 ～ 7m，是消化吸收的最主要部位。小肠上起幽门，下接盲肠，分为十二指肠、空肠和回肠 3 部分（图 5-1）。

（一）十二指肠

十二指肠介于胃与空肠之间，长约 25cm，紧贴腹后壁，是小肠中最为固定的部分。十二指肠呈“C”形从右侧包绕胰头，可分为上部、降部、水平部和升部 4 部分（图 5-19）。上部靠近幽门的一段肠管肠壁较薄，黏膜光滑无皱襞，称为**十二指肠球**，是十二指肠溃疡和穿孔的好发部位。降部沿第 1 ～ 3 腰椎体右侧下行，在其后内侧壁上有一纵行黏膜皱襞，称为**十二指肠纵襞**，其下端的圆形隆起为**十二指肠大乳头**，距中切牙约 75cm，为肝胰壶腹的开口处，是临床上寻找胆总管和胰管开口的标志。升部斜向左上至第 2 腰椎体左侧急转向前下方形成**十二指肠空肠曲**，移行为空肠。十二指肠空肠曲借**十二指肠悬韧带**（临床上称 Treitz 韧带）固定于腹后壁，是手术中确认空肠起始部的重要标志。

歌诀助记

小　肠

小肠弯又长，盘曲在腹腔；
上段十二指，中下空回肠；
全长五七米，空回二三量。

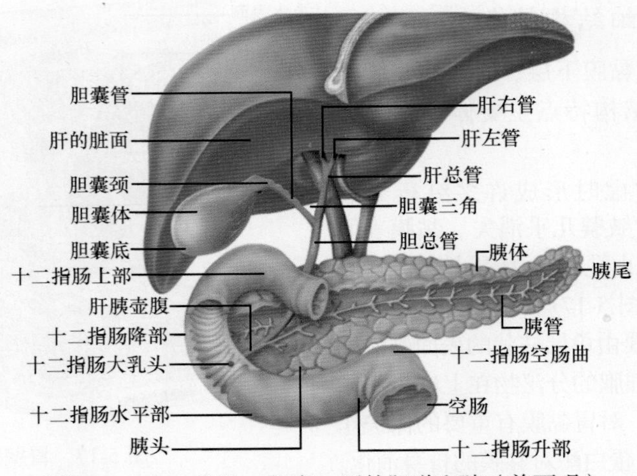

图 5-19　十二指肠、胆囊、肝外胆道和胰（前面观）

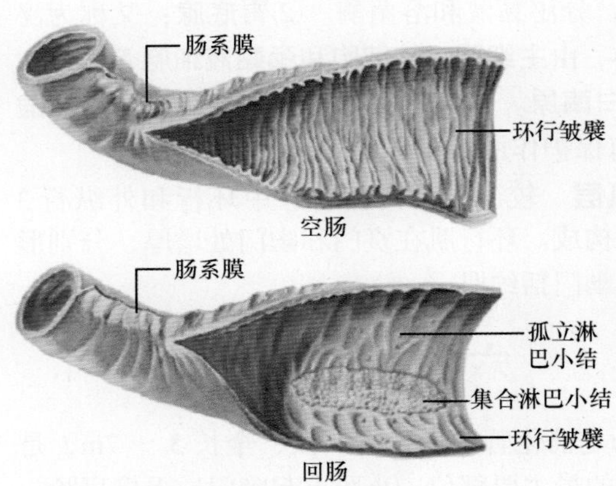

图 5-20　空肠和回肠的黏膜

（二）空肠和回肠

空肠始于十二指肠空肠曲，回肠在右髂窝内接续盲肠，两者借肠系膜连于腹后壁，有较大的活动度。空肠和回肠之间无明显的解剖标志，一般来说，空肠占空、回肠全长的近侧 2/5，位于腹腔的左上部（图 5-1）；回肠占空、回肠全长的远侧 3/5，位于腹腔的右下部，部分位于盆腔内。

（三）小肠黏膜的结构特点

小肠黏膜的结构特点主要体现在两个方面：一是小肠腔面有许多环行皱襞和肠绒毛；二是固有层内含有大量的肠腺和丰富的淋巴组织。

1. 环行皱襞　从距幽门约 5cm 处开始出现，在十二指肠末段和空肠头段最发达，空肠环行皱襞高而密，回肠则低而稀疏（图 5-20），至回肠中段以下基本消失。

2. 肠绒毛　是由上皮和固有层向肠腔内突起形成的许多细小突起（图 5-21），是小肠黏膜的特征性结构。上皮为单层柱状，游离面可见明显的纹状缘。绒毛中轴的结缔组织内，有 1～2 条以盲端起始的纵行毛细淋巴管，称为**中央乳糜管**（图 5-22），其周围有丰富的毛细血管和散在的纵行平滑肌细胞。肠绒毛在十二指肠和空肠最发达，至回肠则逐渐变短。

小肠腔的吸收面积因环行皱襞、肠绒毛和柱状细胞游离面的微绒毛而扩大了约 600 倍，使总面积达到 $200m^2$ 左右，有利于对营养物质的吸收。

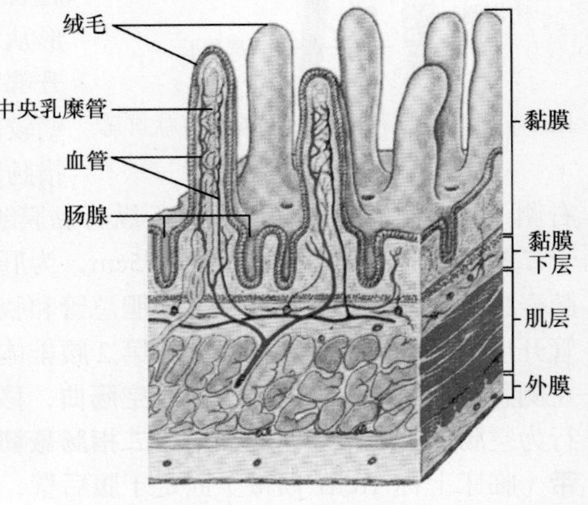

图 5-21　小肠绒毛与肠腺

3. 肠腺 是肠绒毛根部的上皮陷入固有层内而形成的管状腺，直接开口于肠腔（图 5-21）。肠腺由柱状细胞、杯形细胞、帕内特细胞等构成。其中柱状细胞最多，分泌多种消化酶。**帕内特细胞**是小肠腺的特征性细胞，常三五成群分布于肠腺底部，能分泌防御素和溶菌酶等物质，对肠道微生物有杀灭作用。

图 5-22 小肠绒毛和小肠腺光镜像

考点：小肠的分部；十二指肠溃疡的好发部位；十二指肠大乳头的位置

位于十二指肠黏膜下层内的十二指肠腺，能分泌碱性黏液，保护十二指肠黏膜免受胃酸的侵蚀。

4. 淋巴组织 固有层内的淋巴组织丰富，是小肠重要的防御结构。在十二指肠和空肠多为**孤立淋巴小结**，在回肠则为众多淋巴小结聚集而成的**集合淋巴小结**（图 5-20）。

七、大 肠

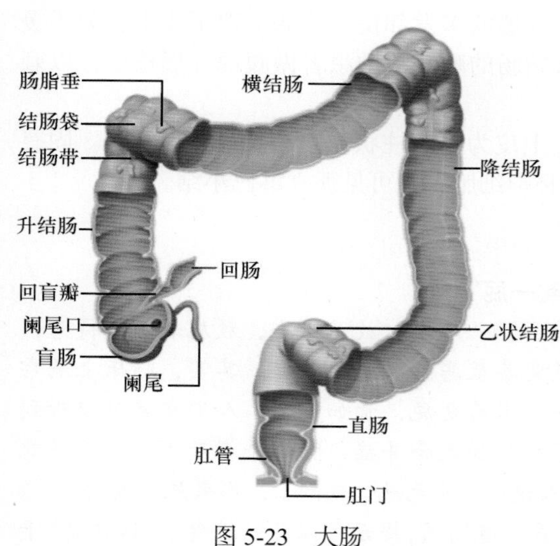

图 5-23 大肠

大肠接回肠末端，终于肛门，长约 1.5m，分为盲肠、阑尾、结肠、直肠和肛管 5 部分（图 5-23）。盲肠和结肠在外形上具有 3 种特征性结构。①**结肠带**：由肠壁的纵行肌局部增厚而形成，沿肠的纵轴排列，3 条结肠带均汇集于阑尾根部。②**结肠袋**：是由横沟隔开向外膨出的囊状突起。③**肠脂垂**：是附着在结肠带两侧的大小不等的脂肪突起。以上形态特点是腹部手术时鉴别大肠与小肠的主要依据。

1. 盲肠 是大肠的起始部，位于右髂窝内，长 6 ～ 8cm，左接回肠，上续升结肠，下端为盲端。回肠末端突入盲肠，形成上、下两个半月形的皱襞，称为**回盲瓣**（图 5-23，图 5-24），在其下方约 2cm 处，有阑尾的开口。回盲瓣既可控制小肠内容物流入大肠的速度，使食物在小肠内充分消化吸收，又可防止大肠内容物逆流到回肠。临床上常将回肠末端、盲肠和阑尾合称为**回盲部**。

2. 阑尾 是连于盲肠后内侧壁的一条蚓状盲管（图 5-23，图 5-24），多位于右髂窝内，长 6 ～ 8cm。末端游离，位置变化很大，但其根部位置相对固定。阑尾根部的体表投影通常以脐与右髂前上棘连线的中、外 1/3 交点，即**麦氏 (Me Burney) 点**为标志（图 5-25）。急性阑尾炎时，此点附近有明显压痛，有一定的诊断价值。鉴于阑尾位置变化颇多，手术中有时寻找困难，但由于 3 条结肠带均在阑尾根部汇集，故沿结肠带向下追踪，是寻找阑尾的可靠方法。临床上有“顺着结肠带找阑尾”之说。

歌诀助记

阑 尾

阑尾位居右髂窝，形似蚓状腹膜被；
末端游离根固定，根连盲肠后内壁；
三带相聚阑尾根，手术寻找好追踪；
根部投影麦氏点，阑尾炎时压痛显。

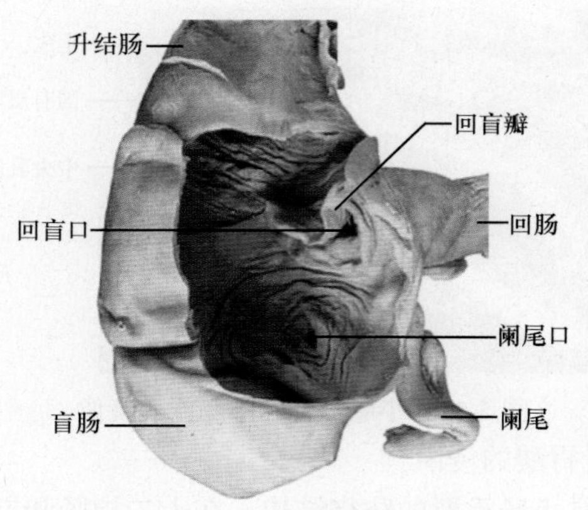

图 5-24　回盲部

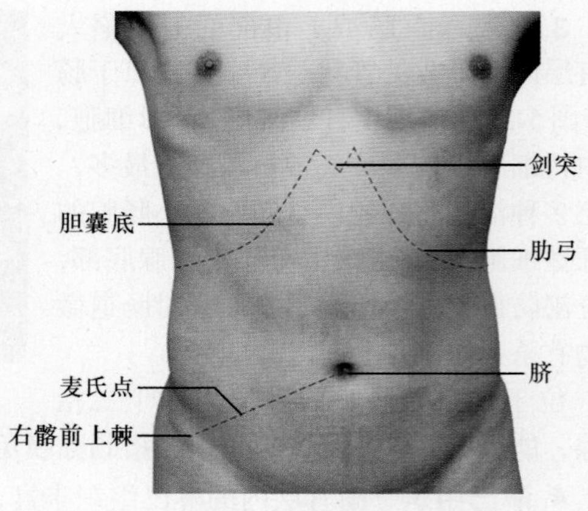

图 5-25　阑尾根部和胆囊底的体表投影

3. 结肠　是介于盲肠与直肠之间的一段肠管，呈“M”形围绕在空、回肠的周围。依据行程特点结肠依次分为**升结肠**、**横结肠**、**降结肠**和**乙状结肠** 4 部分（图 5-23）。乙状结肠是从左髂嵴至第 3 骶椎平面的一段，是溃疡和肿瘤的多发部位。临床护理工作中，为了缓解便秘，常按升结肠、横结肠、降结肠、乙状结肠的顺序帮助患者做腹部环形按摩，以刺激肠蠕动，增加腹内压力，从而促进排便。

考点：盲肠和结肠的特征性结构；阑尾根部的体表投影

结肠黏膜表面无绒毛，但有半月形皱襞。上皮为单层柱状，内有大量杯形细胞。固有层内有稠密的、分泌黏液的结肠腺，内含大量杯形细胞，并可见孤立淋巴小结。

链接

“千金难买一屁”

常言道：“屁乃人生之气，在肚里翻来覆去，一不小心放了出去，放屁者洋洋得意，闻屁者垂头丧气。”正因为如此，屁总是跟贬义甚至恶意联系在一起。其实，临床上屁常被作为评估胃肠蠕动功能的重要参考依据之一。术后之屁，贵如黄金。人们常常可以听到外科大夫向腹部手术后的病人问道：您放屁了吗？如无合并症，腹部手术后 1 ～ 3 天屁就来了。主刀的大夫知道以后，就会高兴地对病人说：“您无屁，我揪心；您来屁，我放心”。这是因为他明白，病人的胃肠功能已恢复正常，胃肠道畅通，提示可以开始进食了。这便是“千金难买一屁”的由来。

4. 直肠　位于盆腔的后部，长 10 ～ 14cm。上端在第 3 骶椎前方续于乙状结肠，沿骶骨和尾骨的前面下行，穿过盆膈移行为肛管（图 5-23）。直肠并不直，在矢状面上形成两个弯曲，上部的骶曲沿骶骨盆面凸向后，下部的会阴曲绕过尾骨尖凸向前。

直肠下段肠腔显著膨大，称为**直肠壶腹**，腔面有 3 个由黏膜和环行肌形成的半月形皱襞，称为**直肠横襞**（图 5-26）。其中以中间的直肠横襞最大，且恒定地位于右前壁上，距肛门约 7cm。直肠横襞常作为临床上直肠镜检的定位标志，进行直肠镜或乙状结肠镜检查时，应注意上述弯曲和横襞，以免损伤直肠壁。

直肠的毗邻男、女性有所不同，男性直肠的前方与膀胱、前列腺、精囊和输精管末端相邻，女性直肠的前方则与子宫、阴道和直肠子宫陷凹相邻。直肠指诊时可触及上述器官。

5. 肛管　上端接续直肠，下端终于肛门，长约 4cm。肛管内面有 6 ～ 10 条纵行的黏膜皱襞，称为**肛柱**（图 5-26）。相邻肛柱下端之间借半月形黏膜皱襞相连，称为**肛瓣**。肛瓣与相邻肛柱下端围成开口向上的小隐窝，称为**肛窦**，窦内常积存粪屑，易于感染而发生肛窦炎。各肛柱的下端与肛瓣的边缘共同连接成锯齿状的环行线，称为**齿状线**或**肛皮线**。在齿状线下方有宽约 1cm 的环行带状区，称为**肛梳**或**痔环**。肛梳下缘有一不甚明显的环行浅沟，称为**白线**，是肛门内、外括约肌的分界处。肛门是肛管的出口，为一前后纵行的裂孔，前后径 2 ～ 3cm。肛门周围的皮肤呈暗褐色，成年男性肛门周围长有硬毛，并有汗腺和皮脂腺。临床上行肛管排气时，插入肛门的合适深度为 15 ～ 18cm。

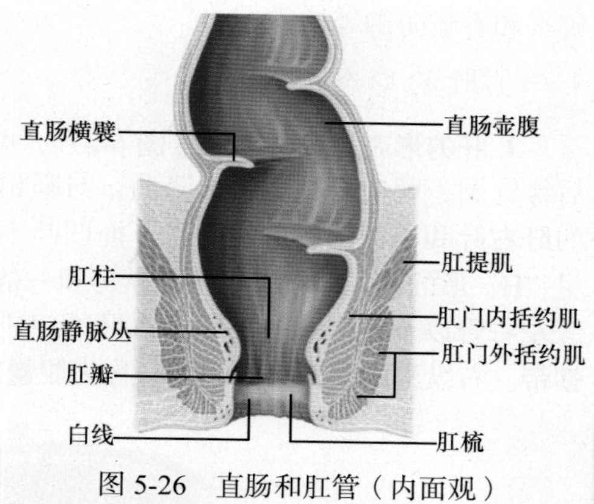

图 5-26　直肠和肛管（内面观）

肛管周围有肛门内、外括约肌环绕。**肛门内括约肌**由肛管的环行平滑肌增厚形成，有协助排便的作用。**肛门外括约肌**是围绕在肛门内括约肌外周和下方的骨骼肌，具有括约肛门和控制排便的作用。若手术时不慎完全切断，可引起大便失禁。

考点：结肠的分部；直肠镜检的定位标志；齿状线的概念及临床意义

链接

齿状线的临床意义

齿状线是重要的解剖学标志并具有一定的临床意义：①胚胎时期，齿状线是内、外胚层的交界处，故其上下的血管、神经及淋巴来源均不同；②齿状线是黏膜与皮肤的分界线，齿状线以上的上皮为单层柱状上皮，以下的为复层扁平上皮；③齿状线以上由内脏神经分布，以下由躯体神经分布；④齿状线是区分内、外痔的标志，齿状线以上的静脉曲张为内痔，以下的为外痔，而在其上、下方同时出现的则为混合痔。由于神经分布不同，所以内痔不痛，而外痔则常感疼痛。

（韦克善）

第二节　消　化　腺

案例 5-2

患者女，50 岁。因进食高脂肪午餐后数小时，突发右上腹绞痛，疼痛并向右肩部放射，伴畏寒、发热急诊入院。体格检查：右上腹部压痛、反跳痛，墨菲征阳性。B 超检查提示：胆囊体积明显增大，并见结石阴影。血常规检查：白细胞 10×10^9/L，中性粒细胞 86%。临床诊断：急性胆囊炎，胆囊结石。经抗感染治疗待病情好转后拟行胆囊切除术。

问题：1. 胆囊位于何处？有何功能？

2. 在何部位可隔腹前壁触及胆囊底？

3. 胆囊切除术中需结扎哪条动脉？如何寻找？

4. 急性胆囊炎患者感到的右肩部疼痛属于哪种疼痛？

一、肝

肝 (liver) 是人体最大的腺体，占成人体重的 1/50 ～ 1/40，呈棕红色，质软而脆，受暴力打击易破裂出血。肝不仅能分泌胆汁，参与食物的消化，而且还具有参与物质代谢、解毒和吞噬防御等功能。

（一）肝的形态和位置

1. 肝的形态 肝似楔形（图 5-27），可分为前、后两缘和上、下两面。前缘薄而锐利，后缘钝圆，朝向脊柱。上面隆凸，与膈相贴，又称膈面，被矢状位的镰状韧带分为大而厚的**肝右叶**和小而薄的**肝左叶**。下面凹凸不平，与腹腔脏器相邻，又称脏面。脏面中部有一呈“H”形的沟，即左、右两条纵沟和一条横沟。横沟又称**肝门**，是肝固有动脉、肝门静脉、肝左右管以及神经和淋巴管出入肝的门户。左纵沟的前部有**肝圆韧带**通过，后部容纳**静脉韧带**。右纵沟的前部容纳胆囊，称为**胆囊窝**；后部有下腔静脉通过。

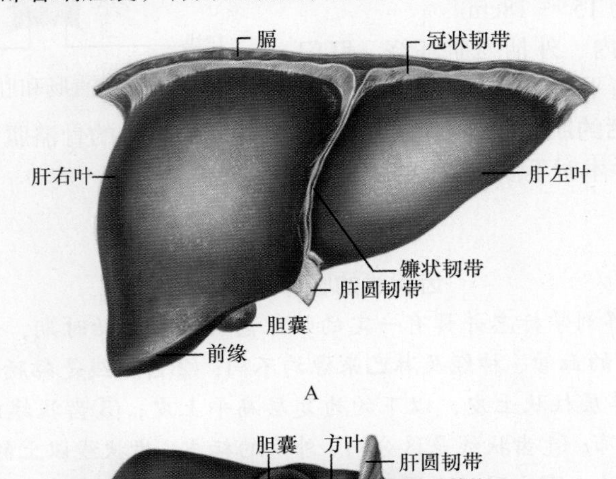

A

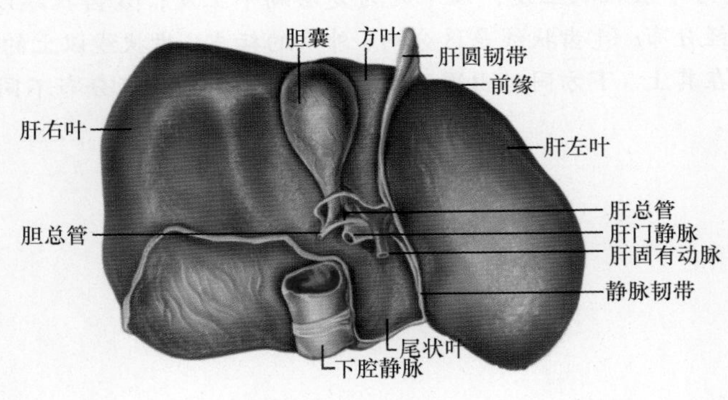

B

图 5-27 肝的形态
A. 膈面观；B. 脏面观

考点：肝的位置和脏面的结构

2. 肝的位置 肝大部分位于右季肋区和腹上区，小部分位于左季肋区。肝的上界与膈穹窿一致，其右侧最高点在右锁骨中线与第 5 肋的交点，左侧在左锁骨中线与第 5 肋间隙的交点。肝的下界即肝的前缘，右侧与右肋弓一致，在腹上区可达剑突下约 3cm，故体检时，成人在右肋弓下不能触及肝。若能触及时，应考虑肝大的可能性。

歌诀助记

肝的形态和位置

肝是人体腺之最，功能复杂质软脆；
两缘两面似楔形，上凸下凹要记清；
右季肋区腹上区，是其大部所在位；
尚有小部向左延，左季肋区邻近胃。

（二）肝的微细结构

肝的表面大部分被浆膜覆盖，浆膜下方的薄层致密结缔组织在肝门处随肝固有动脉、肝门静脉和肝左右管伸入肝实质，将其分隔成许多肝小叶。肝小叶之间各种管道密集的部位为门管区。

1. 肝小叶 是肝的基本结构单位，呈多角棱柱体（图 5-28），成人有 50 万～100 万个肝小叶。人的肝小叶之间结缔组织很少，故分界不清（图 5-29）。肝小叶中央有一条沿其长轴走行的**中央静脉**。肝细胞以中央静脉为中心呈放射状排列，形成凹凸不平的板状结构，称为**肝板**。肝板在横切面上呈索状，故又称**肝索**。

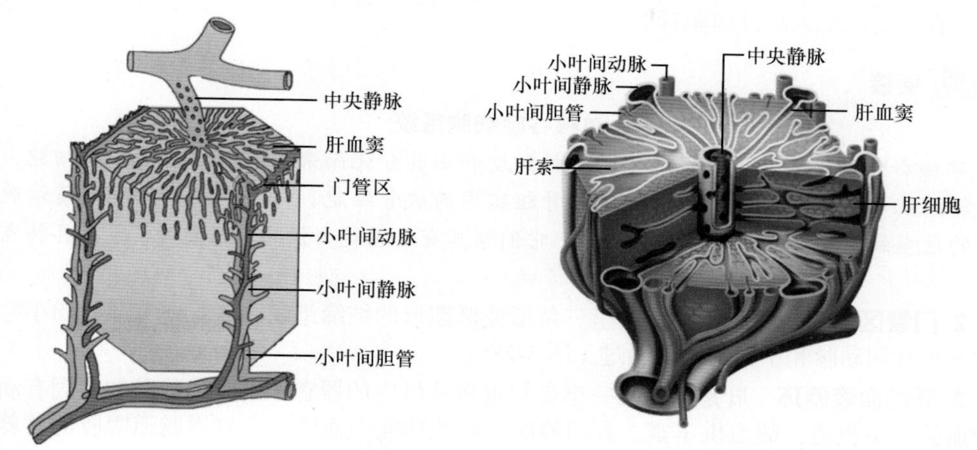

图 5-28 肝小叶立体结构

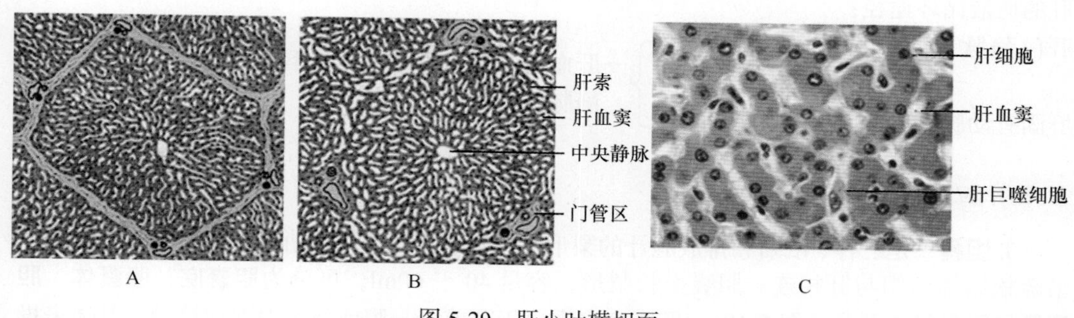

图 5-29 肝小叶横切面

A. 猪肝；B. 人肝；C. 肝小叶（局部）光镜像

(1) 肝细胞：是实现肝复杂功能的结构基础。肝细胞体积较大，呈多面体形，核大而圆，胞质呈嗜酸性，内含各种细胞器以及糖原、脂滴等。肝细胞的功能复杂多样，线粒体为肝细胞代谢提供能量，粗面内质网能合成血浆白蛋白、纤维蛋白原、凝血酶原和脂蛋白等，滑面内质网参与胆汁、低密度脂蛋白的合成、脂类与激素的代谢和类固醇激素的灭活，高尔基复合体参与蛋白质的加工、包装和胆汁的分泌，溶酶体积极参与肝细胞的细胞内消化等。糖原是血糖的贮备形式，受胰岛素和胰高血糖素的调节，进食后增多，饥饿时减少。

(2) 肝血窦：实际上是肝的毛细血管，为相邻肝板之间腔大而不规则的间隙，窦壁由一层有孔内皮细胞围成。肝血窦内定居有吞噬功能很强的**肝巨噬细胞**（又称库普弗细胞）（图 5-29，图 5-30）。

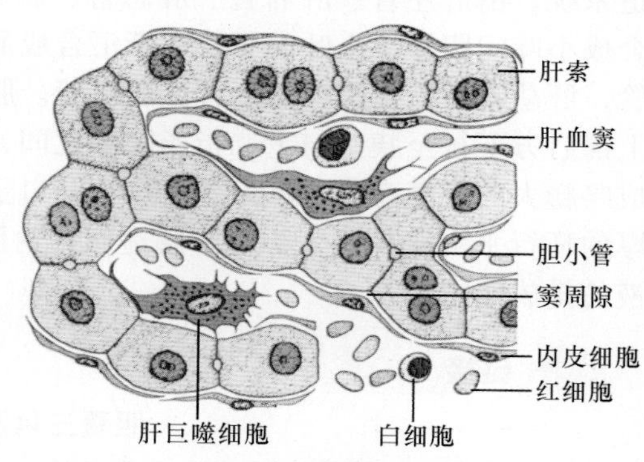

图 5-30 肝索、肝血窦和窦周隙关系

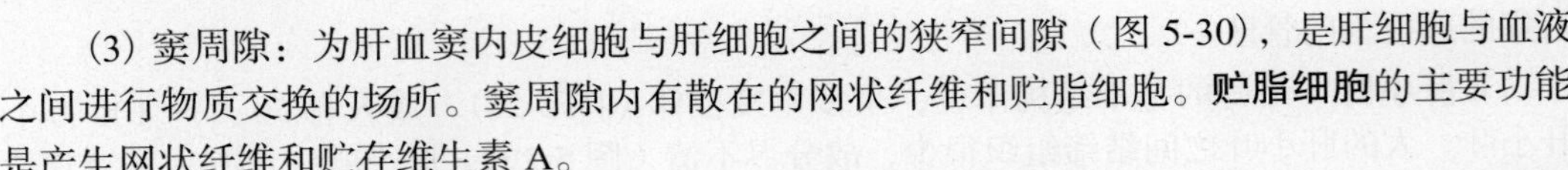

(3) 窦周隙：为肝血窦内皮细胞与肝细胞之间的狭窄间隙（图 5-30），是肝细胞与血液之间进行物质交换的场所。窦周隙内有散在的网状纤维和贮脂细胞。**贮脂细胞**的主要功能是产生网状纤维和贮存维生素 A。

(4) 胆小管：是相邻两个肝细胞之间局部细胞膜凹陷围成的微细管道（图 5-30），其管壁由肝细胞膜构成。肝细胞分泌的胆汁直接流入胆小管，并循胆小管从肝小叶的中央流向周边，在门管区汇入小叶间胆管。

考点：肝血窦、胆小管和门管区的概念

链接

单核吞噬细胞系统

单核吞噬细胞系统包括血液中的单核细胞和由其分化而来的具有吞噬功能的细胞，包括结缔组织和淋巴组织内的巨噬细胞、骨组织内的破骨细胞、神经组织内的小胶质细胞、肝内的巨噬细胞和肺内的肺巨噬细胞等，它们除具有吞噬能力强的共性之外，还各具特点。

2. 门管区 为相邻肝小叶之间呈三角形或椭圆形的结缔组织小区，内有伴行的小叶间静脉、小叶间动脉和小叶间胆管通过（图 5-28）。

3. 肝的血液循环 肝是体内唯一享受双重血液供应的器官，由肝门静脉和肝固有动脉两套血管双重供血，故血供丰富。肝门静脉是肝的功能性血管，它将胃肠道吸收的营养物质运送入肝内供肝细胞代谢和转化。肝固有动脉内的血液含 O_2 丰富，是肝的营养性血管。肝的血液循环途径：

肝门静脉（入肝）→小叶间静脉
肝固有动脉（入肝）→小叶间动脉
} →肝血窦→中央静脉→小叶下静脉→肝静脉→下腔静脉

（三）胆囊与输胆管道

1. 胆囊 是贮存、浓缩和排放胆汁的梨形囊状器官，位于右季肋区肝下面的胆囊窝内，借疏松结缔组织与肝相连。胆囊呈长梨形，容量 40 ～ 60ml，可分为**胆囊底**、**胆囊体**、**胆囊颈**和**胆囊管** 4 部分（图 5-19）。胆囊底多露出于肝前缘与腹前壁的内面相接触，其体表投影在右腹直肌外侧缘（右锁骨中线）与右肋弓相交处（图 5-25）。胆囊病变时，此处常有明显压痛，临床上称**墨菲 (Murphy) 征阳性**。

2. 输胆管道 是将肝细胞分泌的胆汁输送到十二指肠的一系列管道，分为肝内胆道和肝外胆道两部分。**肝内胆道**包括胆小管和小叶间胆管。**肝外胆道**是指出肝门之外的胆道系统，由肝左管、肝右管、肝总管、胆囊和胆总管组成（图 5-19）。肝内的胆小管汇合成小叶间胆管，小叶间胆管逐渐汇合成肝左管和肝右管，两管出肝门后即汇合成肝总管，肝总管下行与胆囊管汇合成**胆总管**。胆总管在肝十二指肠韧带内下行，经十二指肠上部后方下行至胰头与十二指肠降部之间，斜穿十二指肠降部后内侧壁与胰管汇合，形成略膨大的**肝胰壶腹**（Vater 壶腹），开口于十二指肠大乳头。在肝胰壶腹的周围，有增厚的环行平滑肌环绕，称为**肝胰壶腹括约肌**或 **Oddi 括约肌**，具有控制和调节胆汁与胰液的排放作用。

链接

胆囊三角及其临床意义

由胆囊管、肝总管和肝的脏面围成的三角形区域（图 5-19）称为胆囊三角（Calot 三角），

胆囊动脉绝大多数（96%）在此三角内经过。因此，胆囊三角是胆囊摘除手术时，寻找胆囊动脉的标志。

3. 胆汁的产生部位及排出途径 Oddi 括约肌平时保持收缩状态，肝细胞分泌的胆汁→胆小管→小叶间胆管→肝左、右管→肝总管→胆囊管→胆囊内贮存和浓缩；进食后，由于食物和消化液的刺激，反射性地引起胆囊收缩，Oddi 括约肌舒张，胆囊内的胆汁→胆囊管→胆总管→肝胰壶腹→十二指肠大乳头→排入十二指肠。

考点：胆囊的位置、形态以及胆囊底的体表投影；胆汁的产生部位及其排出途径

二、胰

1. 胰的位置和形态 胰是人体的第二大消化腺，位于胃的后方，是横卧于第 1 ～ 2 腰椎体前方、紧贴腹后壁的一个狭长形腺体，分为**胰头**、**胰颈**、**胰体**和**胰尾** 4 部分（图 5-19）。胰头为胰右端的膨大部分，被“C”形十二指肠所环抱，胰尾行向左上方抵达脾门。在胰的实质内，有一条从胰尾走向胰头横贯全长的胰管，约 85% 的人胰管与胆总管汇合形成“共同通道”—肝胰壶腹，开口于十二指肠大乳头。

链接

胰 腺 癌

胰腺癌多发生在胰头部，占胰腺癌的 70% ～ 80%，其次是胰体和胰尾，全胰腺癌较少。胰头后面与胆总管和肝门静脉相邻，因此，胰头癌可因肿块浸润或压迫胆总管，患者可出现阻塞性黄疸；若肿块压迫到邻近的肝门静脉起始段，将影响其血液回流，患者可出现腹水、脾大等症状。

2. 胰的微细结构 胰实质由外分泌部和内分泌部组成（图 5-31）。①外分泌部：构成胰的大部分，是重要的消化腺，由腺泡和导管组成。腺泡细胞分泌的胰液经胰管、肝胰壶腹排入十二指肠，参与糖、蛋白质和脂肪等物质的消化。②内分泌部：是散在分布于腺泡之间的、大小不等的小岛状内分泌细胞团，故称为**胰岛**，成人约有 100 万个，主要有 A、B、D、PP4 种细胞。**A 细胞**分泌胰高血糖素，使血糖升高。**B 细胞**分泌胰岛素，主要作用是降低血糖。若胰岛素分泌不足或胰岛素受体缺乏，可致血糖升高并从尿中排出，即为糖尿病。**D 细胞**散在分布于 A、B 细胞之间，分泌生长抑素，抑制 A、B 细胞和 PP 细胞的分泌活动。**PP 细胞**分泌胰多肽，具有抑制胃肠运动、胰液分泌及胆囊收缩的作用。

考点：胰的位置和分部；胰管的开口部位；胰岛 A 细胞和 B 细胞的功能

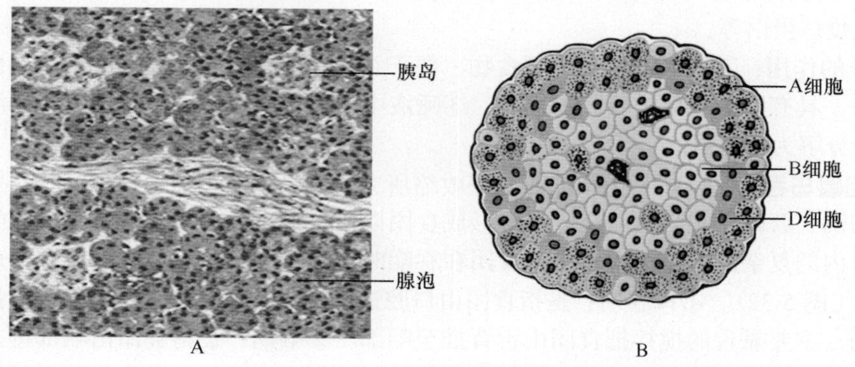

图 5-31 胰的微细结构

A. 胰岛光镜结构像；B. 胰岛细胞分布

（韦克善）

第三节　消化与吸收的生理

案例 5-3

患者男，29 岁。因腹痛、腹泻、恶心、呕吐伴消瘦 7 个月，曾按胃炎、肠炎治疗无效而再次来医院就诊。血常规检查：红细胞 4.2×10^{12}/L，血红蛋白 96g/L，周围血象红细胞大小不等。小肠造影显示不完全肠梗阻。骨髓涂片为巨幼细胞性贫血。临床诊断：小肠吸收不良综合征。

问题：1. 红细胞和血红蛋白的正常值分别是多少？

2. 内因子缺乏将影响哪种物质的吸收？

3. 为什么说小肠是各种营养物质吸收的主要场所？主要吸收哪些物质？

机体新陈代谢需要不断地补充营养物质，营养物质来源于食物。食物的成分主要包括糖、蛋白质、脂肪、水、无机盐和维生素等。其中水、无机盐和大多数维生素可以直接吸收利用，而糖、蛋白质和脂肪都是比较复杂的有机物，必须在消化管内经过分解，转化为结构简单的、可溶解的小分子物质才能被机体直接吸收和利用。

一、消化生理

消化是食物在消化管道内被加工分解成可吸收小分子物质的过程。消化的方式有机械性消化和化学性消化两种。**机械性消化**是通过消化管的运动，将食物切割、研碎并与消化液充分混合，同时向消化管远端推送的过程。**化学性消化**是通过消化液中各种消化酶的作用，将食物分解成小分子物质的过程。正常情况下，这两种消化方式同时进行，互相配合。

（一）口腔内消化

消化过程是从口腔开始的。食物在口腔内被咀嚼、切割、磨碎，并和唾液混合形成食团。唾液中的消化酶对食物有较弱的消化作用，然后经吞咽动作将食团送入胃。

1. 唾液的成分和作用　唾液是由腮腺、下颌下腺、舌下腺及小唾液腺分泌的一种无色无味近中性（pH6.6 ～ 7.1）的黏稠液体。正常成人每日分泌量 1.0 ～ 1.5L。唾液中水分约占 99%，无机物有 Na^+、K^+、Ca^{2+}、Cl^-和 HCO_3^- 等，有机物主要为黏蛋白、唾液淀粉酶、溶菌酶和免疫球蛋白等。

唾液的作用：①湿润口腔和溶解食物，便于吞咽和引起味觉；②唾液可清除口腔中的食物残渣，具有清洁和保护口腔的作用；③唾液中的溶菌酶具有杀菌作用；④唾液淀粉酶能将淀粉分解为麦芽糖。

2. 咀嚼与吞咽　咀嚼是由咀嚼肌顺序收缩所完成的复杂的节律性动作，其作用是将大块食物切割、磨碎，并与唾液充分混合形成食团以便吞咽。吞咽是指食团由口腔经咽和食管进入胃内的复杂的反射活动。根据食团在吞咽时所经过的解剖部位，可将吞咽动作分为 3 个时期（图 5-32）。①口腔期：是指食团由口腔进入咽的时期。它是在大脑皮质控制下的随意运动，主要靠舌的搅拌把食团由舌背推至咽部。②咽期：是指食团由咽部进入食管上端的时期，是通过一系列急速的、复杂有序的反射动作而实现的。③食管期：是指食团由食管上端经贲门进入胃的时期，是通过食管的蠕动完成的。**蠕动**是消化管平滑肌顺序舒缩形成的一种向前推进的波形运动（图 5-33），是消化管共有的一种运动形式。吞咽反射的基本中枢在延髓。在昏迷、深度麻醉时，吞咽反射可发生障碍，食管和上呼吸道的分泌物等容易进入气管，造成窒息，因而必须加强对上述患者的护理工作。

考点：消化和蠕动的概念

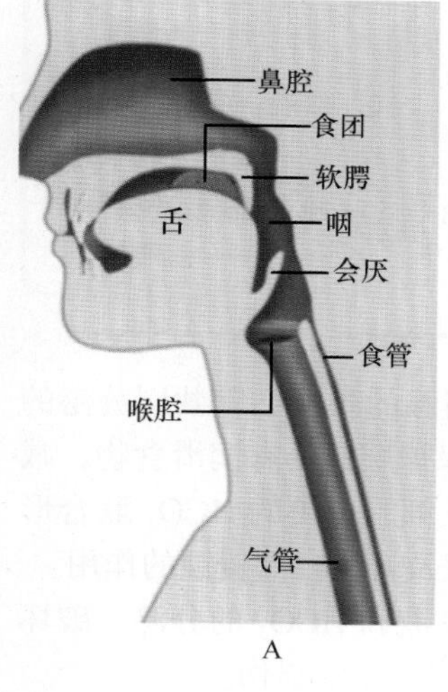

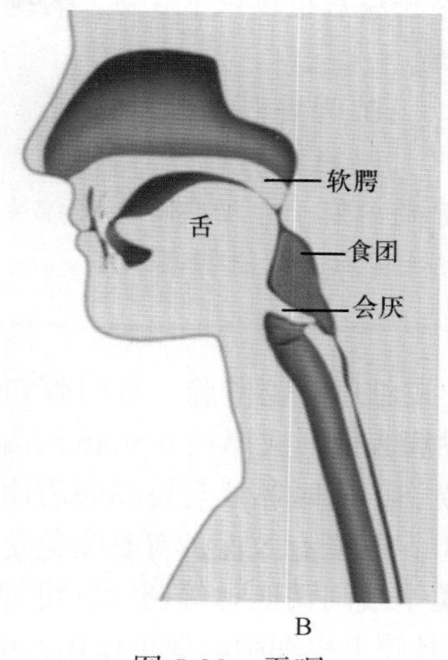

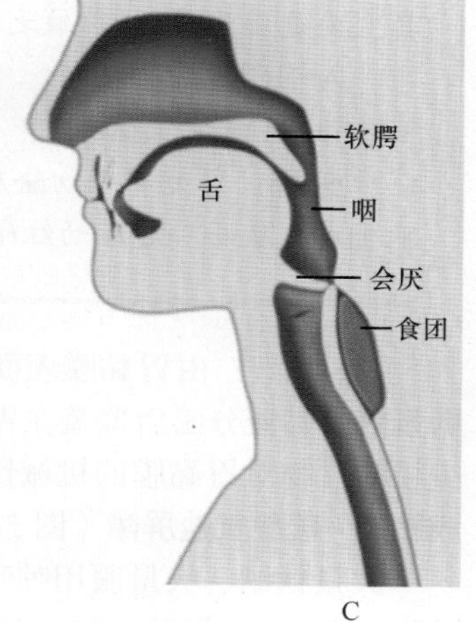

图 5-32 吞咽

A. 口腔期；B. 咽期；C. 食管期

（二）胃内消化

胃有暂时贮存食物和对食物进行初步消化的功能。食物入胃后，经过胃内的消化，形成食糜并借胃的运动排入十二指肠。

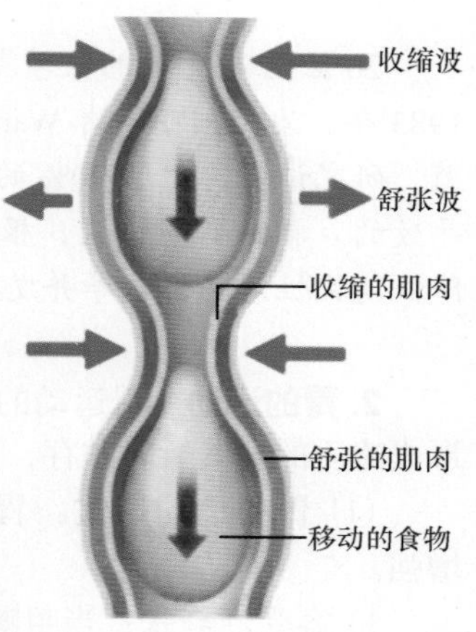

图 5-33 食管蠕动

1. 胃液的成分和作用 纯净的胃液是一种无色、酸性液体，pH 为 0.9 ～ 1.5。正常成人每日分泌量为 1.5 ～ 2.5L。胃液除水和无机盐外，其主要成分有盐酸、胃蛋白酶原、黏液和内因子。

(1) 盐酸：胃液中的盐酸又称**胃酸**，由泌酸腺的壁细胞分泌。其主要生理作用：①激活胃蛋白酶原，使其转变为有活性的胃蛋白酶，并为其提供适宜的酸性环境；②促使食物中的蛋白质变性，使之易于消化；③具有杀菌作用；④胃酸进入小肠后，可促进胰液、胆汁和小肠液的分泌；⑤有利于小肠对铁和钙的吸收。

由于盐酸属于强酸，对胃和十二指肠黏膜有侵蚀作用。若盐酸分泌过多，将会损伤胃和十二指肠黏膜，诱发或加重溃疡病。若盐酸分泌过少，则可产生腹胀、腹泻等消化不良的症状，多见于萎缩性胃炎、胃癌及恶性贫血等患者。

(2) 胃蛋白酶原：主要由泌酸腺的主细胞分泌。胃蛋白酶原在盐酸或已激活的胃蛋白酶的作用下，转变为具有活性的胃蛋白酶。在强酸环境中（最适 pH 为 1.8 ～ 3.5）胃蛋白酶可将蛋白质水解为 朊、胨、少量多肽及氨基酸。

(3) 内因子：是由泌酸腺壁细胞分泌的一种糖蛋白，它可与食物中的维生素 B_{12} 结合成复合物，保护其不被小肠消化酶所破坏，并促进其在回肠被吸收，供给红细胞生成所需。若内因子缺乏（如萎缩性胃炎），可因维生素 B_{12} 吸收障碍而影响红细胞生成，引起巨幼红细胞性贫血。

护考链接

患者男，50 岁。胃大部分切除后出现严重贫血，表现为外周血巨幼红细胞增多。其主要是因为（　　）缺乏所致。

A. HCl　　B. 胃蛋白酶原　　C. 黏液

D. HCO_3^-　　E. 内因子

分析：胃大部分切除后导致内因子分泌减少，使维生素 B_{12} 吸收障碍而影响红细胞生成，从而引起巨幼红细胞性贫血，故选择答案 E。

(4) 黏液：由胃黏膜表面上皮细胞、泌酸腺、贲门腺和幽门腺的黏液细胞共同分泌的糖蛋白。黏液分泌后覆盖在胃黏膜表面形成厚约 0.5mm 的凝胶保护层，具有润滑食物，减少粗糙食物对胃黏膜的机械性损伤，同时黏液与胃黏膜表面上皮细胞分泌的 HCO_3^- 联合形成**黏液 - 碳酸氢盐屏障**（图 5-18），它能有效保护胃黏膜免受胃酸及胃蛋白酶侵蚀的作用。

大量饮酒、大量服用吲哚美辛或阿司匹林等药物，可抑制黏液和 HCO_3^- 的分泌，破坏黏膜 - 碳酸氢盐屏障，降低对胃黏膜上皮细胞的保护作用，引起胃黏膜的损伤。

链接

幽门螺杆菌与消化性溃疡

20世纪70年代的医学界认为健康的胃是无菌的，因为胃酸会将人吞入的细菌迅速杀灭。1983 年，澳大利亚学者 Warren 和 Marshall 首次报道了导致胃炎和胃溃疡的细菌—幽门螺杆菌。研究证实，超过 90% 的十二指肠溃疡和 80% 左右的胃溃疡，都是由幽门螺杆菌感染所导致的。临床研究证明，根除幽门螺杆菌可促进溃疡愈合和降低溃疡的复发率，还可显著降低消化性溃疡出血等并发症的发生率。

2. 胃的运动　胃运动的作用是将来自食管的食物进一步研磨、粉碎并与胃液充分混合，形成流质的食糜暂时贮存，并以适宜的速度送入十二指肠。

(1) 胃的运动形式：胃在非消化期的运动不明显，当食物进入胃后，胃的运动明显增强。

1) 容受性舒张：当咀嚼和吞咽时，食物对咽、食管等处感受器的刺激可反射性地引起胃底和胃体的平滑肌舒张，胃的容积增大称为容受性舒张。容受性舒张能使胃容量大大增加，由空腹时的 50ml，进食后可增加到 1.5L，而胃内压却变化不大，防止食糜过早排入十二指肠，有利于食物在胃内充分消化。

2) 紧张性收缩：是指胃壁平滑肌经常处于一定程度的微弱持续收缩状态。这种收缩可保持一定的胃内压，维持胃的正常形态和位置，并促使胃液渗入食物，有利于消化。

3) 蠕动：是消化管共有的运动形式。胃的蠕动自食物入胃后约 5 分钟开始，由胃的中部向幽门方向推进，其频率约为每分钟 3 次。一个蠕动波约需 1 分钟到达幽门，通常是一波未平，一波又起。胃蠕动的作用：一方面使食物和胃液充分混合形成食糜利于消化，另一方面则可粉碎食物并推送食糜经过幽门进入十二指肠（图 5-34）。

考点：胃液的成分和作用，胃排空的概念

(2) 胃排空：是指食物由胃排入十二指肠的过程。胃运动产生的胃内压高于十二指肠内压，是胃排空的基本动力。食物入胃 5 分钟左右即开始排空。排空速度与食物的物理性状和化学成分有关。一般情况下，流体食物比固体食物排空快；等渗溶液比高渗或低渗溶

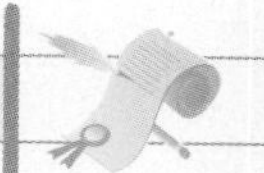

液排空快。三大营养物质中，糖类排空最快，蛋白质次之，脂肪类排空最慢。混合食物完全排空需 4 ～ 6 小时。

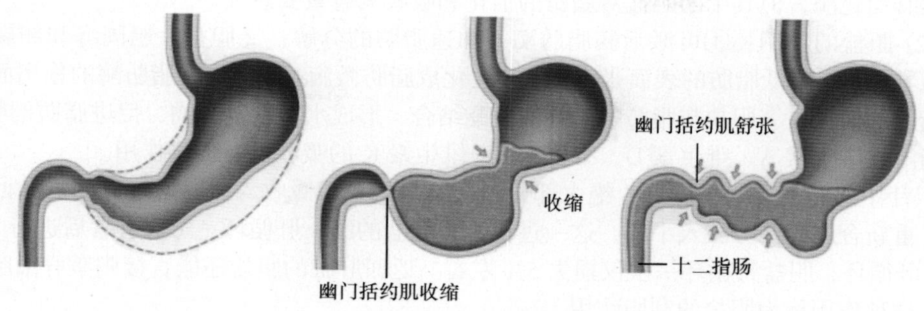

图 5-34 胃蠕动

(3) 呕吐：是将胃及小肠上段内容物经过口腔强力驱出体外的反射动作。机械性或化学性的刺激作用于舌根、咽部、胃、小肠、大肠等处的感受器，以及令人厌恶的气味与厌恶情绪等都可以引起呕吐，视觉或内耳前庭器官对身体位置改变的反应也可引起呕吐。呕吐中枢位于延髓，颅内压增高时可直接刺激呕吐中枢，引起喷射性呕吐。

呕吐能把胃肠内的有害物质排出，是一种防御性反射，因而具有保护性意义，故临床上对食物中毒的病人，可借助催吐的方法将胃内毒物排出。但剧烈而频繁的呕吐会影响进食和正常的消化活动，并使大量消化液丢失，严重时引起体内水、电解质和酸碱平衡紊乱。

（三）小肠内消化

小肠内消化是整个消化过程中最为重要的阶段。在小肠内，食糜经过小肠运动的机械性消化，胰液、胆汁和小肠液的化学性消化，许多营养物质在此被吸收，整个消化过程基本完成，未被消化的食物残渣则进入大肠参与粪便形成。食糜在小肠内一般停留 3 ～ 8 小时。

1. 胰液的成分和作用 胰液是由胰腺外分泌部分泌的无色、无味的碱性液体，pH 为 7.8 ～ 8.4，正常成人每日分泌量为 1 ～ 2L，具有很强的消化能力。胰液除水外，主要成分有：①**碳酸氢盐**，能中和进入十二指肠的胃酸，保护肠黏膜免受强酸的腐蚀，并为小肠内的各种消化酶提供最适宜的碱性环境。②**胰淀粉酶**，可将淀粉水解为麦芽糖。③**胰脂肪酶**，是消化分解脂肪的主要消化酶，可将脂肪分解为脂肪酸、甘油一酯和甘油。在有胆盐存在的情况下，胰脂肪酶的活性将大大增强。④**胰蛋白酶和糜蛋白酶**，都是无活性的酶原，在小肠内被肠激酶、盐酸、组织液等激活后，两种酶共同作用，可将蛋白质分解成小分子的多肽和氨基酸。

胰液中含有消化糖、脂肪、蛋白质 3 种主要营养物质的消化酶，消化能力最强，因而它是最重要的一种消化液。当胰液分泌障碍时，食物中的脂肪和蛋白质不能被完全消化，从而影响其吸收。脂肪吸收障碍又将影响脂溶性维生素的吸收。

考点：胰液的主要成分与作用

2. 胆汁及其作用 肝细胞能持续分泌胆汁。在非消化期，胆汁主要贮存于胆囊内。进食后，食物和消化液可刺激胆囊收缩，将贮存于胆囊内的胆汁排入十二指肠。

(1) 胆汁的性质和成分：胆汁是一种有色、味苦的黏稠液体，成人每日分泌量为 0.8 ～ 1.0L，pH 为 7.4。胆汁的颜色取决于胆色素的种类和浓度。由肝细胞直接分泌的胆汁称为**肝胆汁**，为金黄色，呈弱碱性；在胆囊内贮存的胆汁称为**胆囊胆汁**，因被浓缩而颜色加深为深绿色，并因碳酸氢盐被吸收而呈弱酸性。

胆汁的成分很复杂，除水和无机盐外，主要有胆盐、胆色素、胆固醇及卵磷脂等。胆汁中没有消化酶，但其中的胆盐对脂肪的消化和吸收具有重要意义。

考点：胆盐的生理作用

(2) 胆盐的作用：①可激活胰脂肪酶，加速脂肪的分解；②胆盐、胆固醇和卵磷脂都可作为乳化剂，降低脂肪的表面张力，使其乳化成脂肪微滴，以增加胰脂肪酶的作用面积，加速脂肪的消化；③胆盐与脂肪酸、甘油一酯结合，形成水溶性复合物，促进脂肪的吸收；④对脂溶性维生素 A、维生素 D、维生素 E、维生素 K 的吸收也有促进作用。

胆汁中的胆盐进入小肠后，绝大部分被回肠末端黏膜吸收入血，通过肝门静脉回流到肝脏，重新合成胆汁分泌入小肠，这一过程称为胆盐的肠 - 肝循环。每次进餐后进行 2 ～ 3 次肠 - 肝循环，胆盐每循环一次仅损失 5% 左右。返回肝脏的胆盐还能直接刺激肝细胞分泌胆汁，这种作用称为胆盐的利胆作用。

3. 小肠液的成分和作用 小肠液是由十二指肠腺和小肠腺分泌的弱碱性混合液，pH 约为 7.6，成人每日分泌量为 1~3L。其成分除水和无机盐外，还有肠激酶和黏蛋白等。小肠液的主要作用：①保护十二指肠黏膜免受胃酸的侵蚀；②大量的小肠液可以稀释消化产物，降低肠内容物的渗透压，有利于水和营养物质的吸收；③肠激酶可激活胰液中的胰蛋白酶原，从而促进蛋白质的消化；④黏蛋白具有润滑作用。

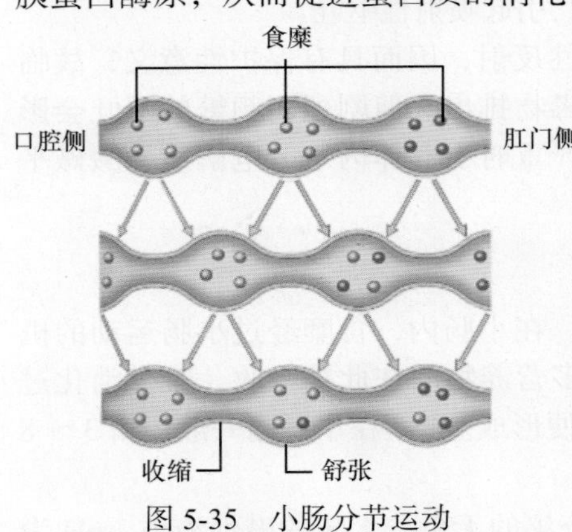

图 5-35 小肠分节运动

4. 小肠的运动形式 包括紧张性收缩、分节运动和蠕动 3 种形式。

(1) 紧张性收缩：小肠平滑肌的紧张性收缩是小肠进行其他运动的基础。空腹时即存在，进食后明显增加，有利于肠内容物的混合、推进和吸收。

(2) 分节运动：是一种以环行平滑肌为主的节律性收缩和舒张运动，是小肠特有的运动形式。在食糜所在的一段肠管上，环行肌许多点同时收缩，把食糜分隔成许多节段，随后收缩和舒张交替进行，如此反复，使食糜不断分开，又不断地混合（图 5-35）。分节运动的作用：①使食糜与消化液充分混合，促进化学性消化；②使食糜与肠黏膜紧密接触，为吸收创造有利条件；③挤压肠壁，促进血液和淋巴的回流，以利于吸收。

(3) 蠕动：是一种把食糜向大肠方向推进的运动。其意义在于使经过分节运动作用的食糜向前推进一步，到达一个新肠段后再开始分节运动。小肠的蠕动较慢，推进距离短，但可反复发生。蠕动时出现的气过水声，称为肠鸣音，可作为临床手术后判断肠功能恢复的可靠指标。

当吞咽或食糜进入十二指肠时，还可以引起小肠出现一种速度快、传播距离较远的强烈的快速蠕动，称为**蠕动冲**。蠕动冲可把食糜从小肠始端一直推送到小肠末端。此外，在十二指肠和回肠末端还常出现一种方向相反的逆蠕动，它能延长食糜在小肠内停留的时间，有利于食物的充分消化和吸收。

食物从口腔经咽和食管至胃并通过小肠消化后，消化过程基本完成，现简要概括如下（表 5-1）。

（四）大肠的功能

大肠的主要功能是吸收水和无机盐，完成对食物残渣的加工，形成并暂时贮存粪便以及将粪便排出体外。

表 5-1 口腔、胃、小肠消化的比较

部位	运动形式	消化酶	食物的分解（化学性消化）
口腔	咀嚼、吞咽	唾液淀粉酶	淀粉→麦芽糖
胃	紧张性收缩、容受性舒张、蠕动	胃蛋白酶	蛋白质→脲、胨，少量多肽及氨基酸
小肠	紧张性收缩、分节运动、蠕动	胰淀粉酶、胰蛋白酶、糜蛋白酶、胰脂肪酶	①胰淀粉酶可将淀粉水解为麦芽糖；②胰脂肪酶在胆盐作用下，可将脂肪分解为脂肪酸、甘油一酯和甘油；③胰蛋白酶和糜蛋白酶都能将蛋白质分解为脲、胨、多肽及氨基酸

1. 大肠液的成分和作用 大肠液是由大肠黏膜的单层柱状细胞和杯形细胞分泌的，主要成分是黏液和碳酸氢盐，pH 为 8.3 ～ 8.4。大肠液的主要作用在于其中的黏蛋白，能保护肠黏膜和润滑粪便。

2. 大肠内细菌的作用 大肠内有大量细菌，占粪便固体总量的 20% ～ 30％，主要来自食物和空气。大肠内的 pH 和温度环境非常适合细菌的生长繁殖。大肠内细菌的作用：①对食物残渣中的糖、脂肪进行分解，称为**发酵**；对蛋白质进行分解，称为**腐败**。分解产物多为有害物质，大部分随粪便排出，少部分吸收入血由肝解毒。②细菌还能利用肠内较为简单的物质合成维生素 B 复合物和维生素 K，它们可被机体吸收利用。长期使用肠道抗生素时，应注意补充上述维生素。

3. 大肠的运动和排便

(1) 大肠的运动：少而缓慢，对刺激反应迟钝，平时仅有较弱的蠕动或规律不明显的环行肌收缩（袋状往返运动），也存在着逆蠕动。这些特征有利于水的吸收和贮存粪便。此外，大肠还有一种进行很快，移行很远的蠕动，称为**集团蠕动**（图 5-36），通常开始于横结肠，可把大肠内容物推送到降结肠或乙状结肠。集团蠕动多见于进食后，因食物进入十二指肠而引起，故称为**十二指肠 - 结肠反射**，是大肠特有的运动形式。

大肠的内容物经过水的吸收和细菌的发酵与腐败作用后，即形成粪便。粪便主要贮存于结肠下部，平时在直肠内并无粪便。

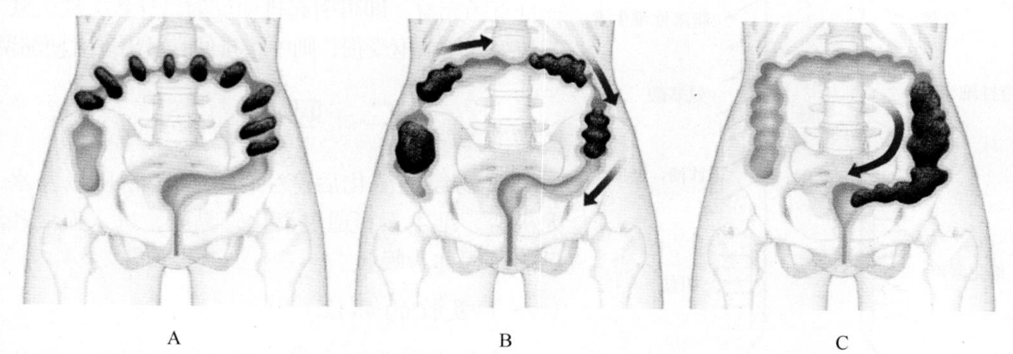

图 5-36 大肠运动

A. 分段运动；B. 蠕动；C. 集团蠕动

(2) 排便反射：排便动作是一种反射活动。当大肠的集团蠕动使粪便进入直肠后，刺激直肠壁的压力感受器，冲动通过盆内脏神经传入位于脊髓腰骶段的初级排便中枢，同时也上传至大脑皮质而产生便意。排便是受意识控制的，如果环境许可，大脑皮质发出冲动使脊髓排便中枢的兴奋加强，从而引起排便反射。此时，通过盆内脏神经的传出冲动，使

降结肠、乙状结肠和直肠收缩，肛门内括约肌舒张（图 5-37）；同时抑制阴部神经，使其传出冲动减少，肛门外括约肌舒张，使粪便排出体外。在排便过程中，支配膈肌和腹肌的神经也兴奋，引起膈肌和腹肌收缩，腹内压增加，促进排便。如果条件不允许，大脑皮质发出冲动，抑制脊髓腰骶段初级排便中枢，制止排便动作。

考点：比较消化管各部位的运动形式

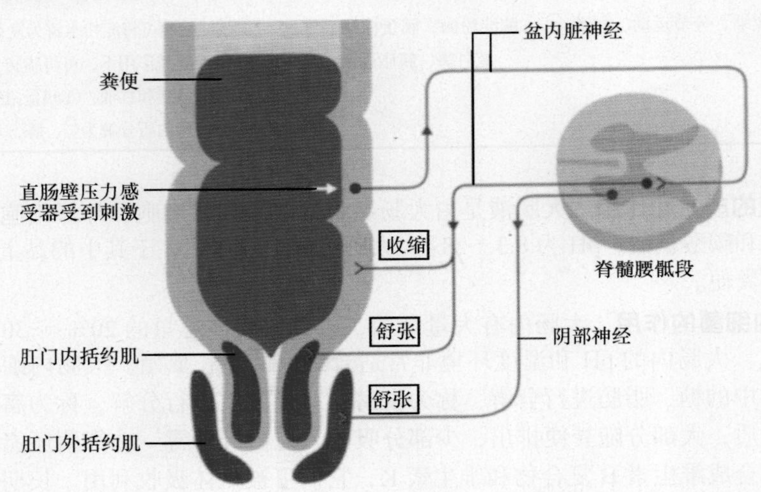

图 5-37　排便反射

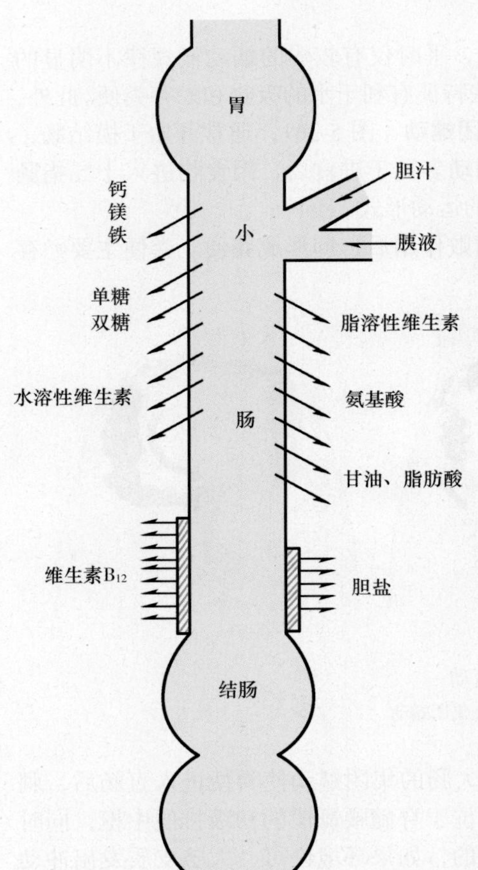

图 5-38　各种营养物质在小肠吸收的部位

由此可见，大脑皮质可以控制排便活动。如果大脑皮质经常有意抑制排便，会降低直肠壁感受器对粪便压力刺激的敏感性，从而不易产生便意。若粪便在大肠内停留时间延长，水分吸收过多而变得干硬，引起排便困难，导致便秘。因此，要养成良好的排便习惯。临床上横断脊髓，使大脑皮质与脊髓初级排便中枢联系中断，排便的意识控制作用将丧失，一旦直肠充盈，即可引起排便反射，导致大便失禁。若初级排便中枢受损，则中止排便，可出现大便潴留。

二、吸收生理

食物经过消化后产生的小分子物质以及水、无机盐、维生素等通过消化管黏膜，进入血液和淋巴的过程称为吸收。

（一）吸收的部位

食物在口腔与食管内基本不被吸收，某些药物如硝酸甘油可被口腔黏膜吸收。胃仅能吸收酒精和少量水。大肠主要吸收水和无机盐。小肠是吸收的主要部位，蛋白质、脂肪和糖的消化产物大部分在十二指肠和空肠吸收，回肠具有独特的吸收功能，即能主动吸收胆盐和维生素 B_{12}（图 5-38）。食物经过小肠后，消化吸收活动基本完成。

小肠在吸收中的有利条件：①小肠黏膜形成的环行皱襞和大量的绒毛以及微绒毛，使其吸收面积达 200m^2 左右；②食物在小肠内已被消化成可吸收的小分子物质；③食糜在小肠内停留的时间较长，为 3 ～ 8 小时，有充分的消化和吸收时间；④小肠的绒毛内有丰富的毛细血管与中央乳糜管，有利于吸收。

（二）各种营养物质的吸收（表 5-2）

表 5-2 各种营养物质在小肠吸收的过程

营养物质	吸收形式	吸收途径	影响因素
糖	单糖（葡萄糖）	血液	需 Na^+ 的参与
蛋白质	氨基酸	血液	需 Na^+ 的参与
脂肪	甘油、甘油一酯、脂肪酸等	长链脂肪酸和甘油一酯进入淋巴；中、短链脂肪酸和甘油一酯进入血液	
铁	Fe^{2+}	血液	维生素 C、盐酸能促进铁的吸收
钙	Ca^{2+}	血液	维生素 D、脂肪酸和盐酸可促进钙的吸收
维生素		血液	维生素 B_{12} 的吸收受内因子影响；脂溶性维生素需胆盐帮助

1. 糖的吸收 食物中的糖类只有分解成单糖才可以被小肠黏膜上皮细胞吸收。小肠中吸收的单糖主要是葡萄糖，而半乳糖和果糖较少。葡萄糖是依靠小肠黏膜上皮细胞的载体蛋白进行主动转运的，在转运过程中由 Na^+ 泵提供能量（图 5-39），通过毛细血管进入血液。当 Na^+ 泵被阻断后，单糖的转运即不能进行。

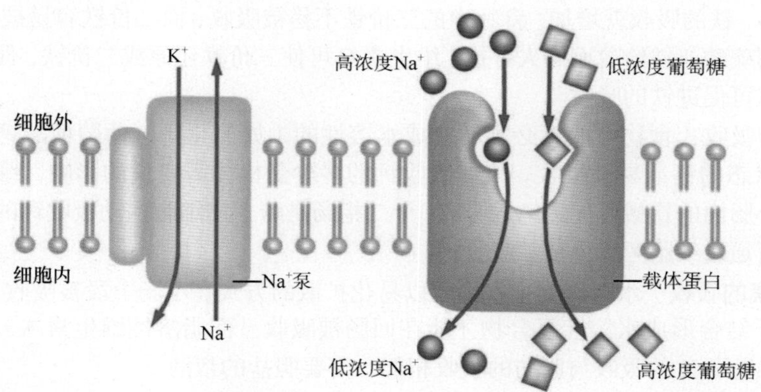

图 5-39 葡萄糖吸收过程

2. 蛋白质的吸收 食物中的蛋白质经消化分解为氨基酸后，才能被小肠全部主动吸收。氨基酸的吸收过程与葡萄糖的主动吸收相似，转运氨基酸也需要 Na^+ 泵提供能量，氨基酸也是通过毛细血管吸收入血的。

3. 脂肪的吸收 脂肪（甘油三酯）的消化产物为甘油、脂肪酸和甘油一酯。甘油可直接溶于水，与单糖一起被吸收。脂肪酸和甘油一酯须与胆盐结合形成水溶性混合微胶粒，才能被吸收。中、短链脂肪水解产生的脂肪酸和甘油一酯是水溶性的，可直接进入血液。而长链脂肪酸和甘油一酯在小肠黏膜上皮细胞内又重新合成脂肪，并与细胞中的载体蛋白结合形成乳糜微粒扩散进入中央乳糜管。由于人体摄入的动、植物油中的长链脂肪酸较多，故脂肪的吸收途径以淋巴为主（图 5-40）。

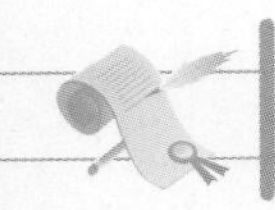

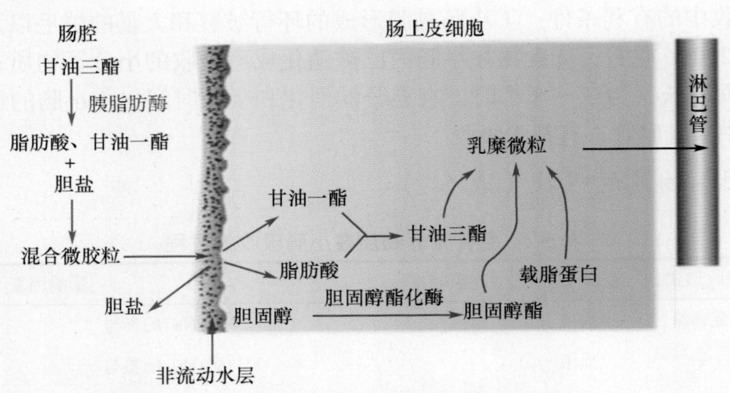

图 5-40　脂肪在小肠内消化和吸收的主要形式

4. 水的吸收　成人每日摄取水 1 ～ 2L，消化腺每日分泌的消化液为 6 ～ 8L，所以，每日由胃肠吸收的水高达 8L。水的吸收是被动的，各种溶质特别是 NaCl 被吸收后所形成的渗透压梯度是水吸收的动力。

5. 无机盐的吸收

(1) 钠的吸收：钠的吸收是主动的，其中空肠对钠的吸收能力最强。钠的吸收是先通过易化扩散进入上皮细胞内，再通过细胞膜上的 Na^+ 泵进入血液。钠的主动吸收为单糖和氨基酸的吸收提供了动力。另外，主动吸收钠的同时，Cl^- 和 HCO_3^- 被被动吸收。

(2) 铁的吸收：成人每日吸收铁量约为 1mg，仅为摄入量的 1/10。铁主要在十二指肠和空肠内被吸收。铁的吸收与人体对铁的需要量有关。当机体缺铁时，如孕妇和儿童对铁的需要量较多，铁的吸收就增加。食物中的三价铁不易被吸收，而二价铁容易被吸收。因此，临床上常选用硫酸亚铁给贫血病人补铁。维生素 C 可使三价铁还原成二价铁，促进其吸收。胃液中的盐酸可促进铁的吸收。

(3) 钙的吸收：食物中的钙必须转变成水溶性的（如氯化钙、葡萄糖酸钙）才能够被吸收，离子状态的钙最易被吸收。机体吸收钙的多少受机体需要量的影响，维生素 D、脂肪酸和进入小肠内的胃酸可促进钙的吸收。十二指肠是跨上皮细胞主动吸收钙的主要部位，小肠各段都可通过细胞旁途径被动吸收钙。

6. 维生素的吸收　水溶性维生素主要以易化扩散的方式在小肠上段被吸收，维生素 B_{12} 必须与内因子结合形成水溶性复合物才能在回肠被吸收。而脂溶性维生素 A、维生素 D、维生素 E、维生素 K 的吸收与脂肪的吸收相似，需要胆盐的帮助。

考点：主要营养物质在消化道吸收的部位及形式

总之，食物在小肠内的消化与吸收是同时进行的。消化是吸收的前提，吸收又为下一批食糜的消化创造了条件。消化不良或吸收障碍，都会影响新陈代谢的正常进行，从而产生严重后果。

（覃庆河）

第四节　消化器官活动的调节

消化器官的活动是紧密联系、相互协调的，而这种协调是通过神经调节和体液调节来实现的。

一、神经调节

1. 消化器官的神经支配及其作用　口腔、咽、食管上段的肌层和肛门外括约肌均为骨

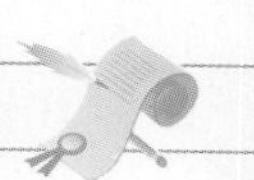

骼肌，受躯体运动神经支配；而其他消化器官则受交感神经和副交感神经双重支配。通常交感神经兴奋对消化活动起抑制作用，表现为消化管平滑肌舒张，括约肌收缩，消化液分泌减少。副交感神经兴奋对消化活动起兴奋作用，表现为消化管平滑肌收缩，括约肌舒张，消化液分泌增多。

考点： 交感神经和副交感神经对消化器官的作用

在食管中段至肛门的消化管壁内，存在着壁内神经丛，包括肌间神经丛和黏膜下神经丛，是由许多相互形成突触联系的神经节细胞和神经纤维组成，同时也接收副交感节前纤维和交感节后纤维的联系。食物对消化管壁的机械或化学性刺激，可不通过脑和脊髓，而仅通过壁内神经丛，引起消化管的运动和腺体的分泌，称为局部反射或壁内神经反射。

2. 消化器官活动的反射性调节 调节消化器官活动的中枢位于延髓、下丘脑和大脑皮质等处。

(1) 非条件反射性调节：食物对口腔的机械、化学或温度的刺激，作用于口腔的各种感受器，能反射性地引起唾液的分泌；食物对胃肠的刺激，可以反射性地引起胃、肠的运动和分泌。此外，消化管上部器官的活动，可影响其下部器官的活动。例如，食物在口腔内咀嚼和吞咽时，可反射性地引起胃的容受性舒张，以及胃液、胰液和胆汁的反射性分泌；食物进入胃后也能反射性地引起小肠和结肠的运动增强。消化管下部器官的活动也可影响上部器官。例如，回肠和结肠内容物的堆积，可以反射性地减弱胃的运动，使胃排空延缓；而十二指肠内的食糜向下移动，又可促进胃的排空。这些都属于非条件反射。

(2) 条件反射性调节：人在进食时或进食前，食物的形状、颜色、气味以及进食的环境和有关的语言，都能反射性地引起胃肠运动和消化腺的分泌。这些只属于条件反射性调节，它使消化器官的活动更加协调，并为食物的即将到来做好准备。支配消化器官自主神经的活动受情绪变化的影响，人处于愉快状态下，食欲良好，消化吸收活动会增强；若处于恐惧、忧郁状态，则食欲低下，消化吸收也会降低。这些影响是通过高级神经活动来实现的。

链接

著名的动物“假饲”实验

1889 年，俄国生理学家巴甫洛夫成功地实施了著名的“假饲”实验（即把狗的食管在颈部切断造瘘，喂食后食物从瘘管流出而不能进入胃内）。发现假饲后消化腺分泌大量增加（图 5-41），而将迷走神经切断后，假饲便不再引起消化腺分泌增加。从而证实了迷走神经是重要的支配消化腺分泌的神经，而且还发现从食物进入口腔到消化液分泌之间存在一个“反射过程”。巴甫洛夫还发现并研究了消化腺的“心理性兴奋”，即动物仅仅看到食物就可引起各种消化腺的分泌，并以此为基础创立了著名的“条件反射学说”。巴甫洛夫因此而获得了 1904 年的诺贝尔奖。

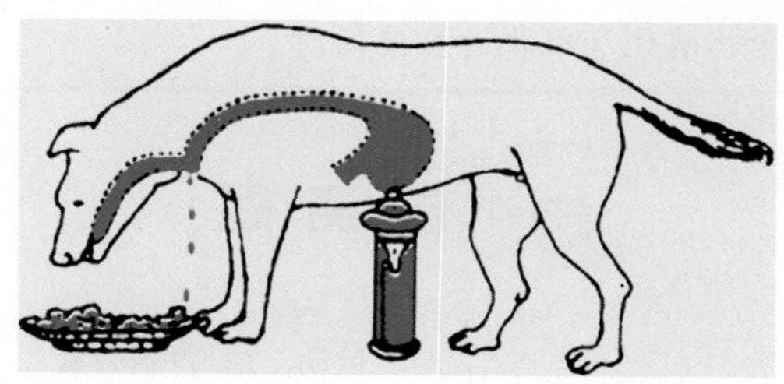

图 5-41 动物假饲实验

二、体液调节

考点：胃肠激素的概念；4种胃肠激素的主要生理作用

胃肠黏膜内散在分布着40多种内分泌细胞，能合成和释放多种具有生物活性的化学物质，称为胃肠激素。胃肠激素的生理作用极为广泛，对消化器官的主要作用包括以下3个方面（表5-3）：①调节消化腺的分泌和消化管的运动；②调节其他激素的释放；③营养作用，某些胃肠激素可促进消化系统组织的生长，例如，促胃液素和缩胆囊素分别能促进胃黏膜上皮和胰腺外分泌部组织的生长。

表5-3　4种胃肠激素的主要生理作用及引起释放的刺激物

激素名称	主要生理作用	引起释放的刺激物
促胃液素	促进胃液分泌和胃肠运动、促进胃黏膜上皮生长	迷走神经、蛋白质消化产物
缩胆囊素	促进胰液分泌和胆囊收缩、增强小肠和大肠运动、促进胰腺外分泌部生长	蛋白质消化产物、脂肪酸
促胰液素	促进胰液及胆汁中 HCO_3^- 的分泌、抑制胃酸分泌和胃肠的运动、促进胰腺外分泌部生长	盐酸、脂肪酸
抑胃肽	抑制胃液分泌和胃的运动、刺激胰岛素分泌	葡萄糖、脂肪酸和氨基酸

（覃庆河）

小结

消化系统由消化管和消化腺两部分组成。消化管形态各异，功能不同。口腔构造独特而奇妙，牙齿可谓中流砥柱，“唇齿相依”说明了两者的友好睦邻关系。咽是消化道与呼吸道的共同通道。食管的3处狭窄是异物嵌顿滞留及食管癌的好发部位。胃溃疡和胃癌多发生于幽门窦近胃小弯附近，十二指肠球是溃疡及穿孔的好发部位，Treitz韧带是腹部手术时确定空肠起始部的重要标志。盲肠和结肠的3种特征性结构是手术时鉴别大、小肠的主要依据。阑尾根部的体表投影通常以Me Burney点为标志，齿状线是内痔与外痔的分界标志。肝的功能极其复杂而重要，“肝胆相照”是对两者局部解剖关系的真实写照。勤勤恳恳的胰随时听从血糖的召唤，对维持血糖的稳定产生举足轻重的影响。

消化系统的主要功能是对食物进行消化和吸收。食物消化的方式有机械性消化和化学性消化两种。通过消化管的运动（口腔的咀嚼和吞咽；胃的容受性舒张、紧张性收缩和蠕动；小肠的紧张性收缩、分节运动和蠕动）对食物进行机械性消化。通过消化腺分泌的消化液（唾液、胃液、胰液、胆汁、小肠液）对糖、脂肪、蛋白质三大营养物质进行化学性消化，胰液中含有消化3种主要营养物质的消化酶，消化能力最强，是最重要的一种消化液。小肠是食物消化和吸收的主要场所。

自测题

一、名词解释

1. 上消化道　2. 咽峡　3. 十二指肠大乳头　4. 回盲瓣　5. 麦氏点　6. 齿状线　7. 肝门　8. 消化　9. 蠕动　10. 胃排空　11. 容受性舒张　12. 分节运动　13. 胃肠激素

二、填空题

1. 消化系统由________和________两部分组成。
2. 乳牙有________个，恒牙有________个。

3. 咽鼓管咽口位于________侧壁，梨状隐窝位于________两侧。

4. 胃在中等程度充盈时，大部分位于________，小部分位于________；胃可分为________、________、________和________ 4 部分。

5. 扩大小肠吸收面积的结构是________、________和________。

6. 结肠分为________、________、________和________ 4 部分。

7. 胃底腺的主细胞分泌________，胰岛的 A 细胞分泌________，B 细胞分泌________。

8. 腹部手术时区分结肠和小肠的主要标志是________、________和________。

9. 胆汁由________分泌，依次流经________、________和________出肝。

10. 食物消化的两种形式是________和________。

11. 胃液的主要成分是 ______、________、________和________。

12. 小肠内的消化液有________、________和________。

13. 胆汁中的________可促进________的消化和吸收。

14. 主要的胃肠激素有________、________、________和________。

15. 副交感神经兴奋时，胃肠运动________，消化腺分泌________，括约肌________。

三、选择题

A_1 型题

1. 表示右上颌第二前磨牙的是（　　）
   A. ⌈5　　B. ⌊V　　C. V⌋　　D. 5⌋　　E. ⌊5

2. 小儿乳牙出齐的时间是（　　）
   A. 1 ～ 1.5 岁　　B. 2 ～ 2.5 岁　　C. 1.5 ～ 2 岁　　D. 2.5 ～ 3 岁　　E. 3 ～ 3.5 岁

3. 下颌下腺和舌下腺共同开口于（　　）
   A. 舌根　　B. 舌系带　　C. 舌下襞　　D. 舌扁桃体　　E. 舌下阜

4. 食管的第 2 处狭窄距中切牙的距离为（　　）
   A.15cm　　B.25cm　　C.30cm　　D.40cm　　E.50cm

5. 临床上行胃管插管时，插入胃管的长度为（　　）
   A.40cm　　B.45 ～ 50cm　　C.45 ～ 55cm　　D.42 ～ 50cm　　E.50 ～ 60cm

6. 内因子与维生素 B_{12} 的吸收有关，它是由下列哪种细胞产生的（　　）
   A. 壁细胞　　B. 潘氏细胞　　C. 颈黏液细胞　　D. A 细胞　　E. 主细胞

7. 胃癌和胃溃疡最常见的部位是（　　）
   A. 贲门部　　B. 胃后壁　　C. 胃体　　D. 胃大弯　　E. 幽门窦近胃小弯处

8. 关于小肠的描述，错误的是（　　）
   A. 全长 5 ～ 7m
   B. 分为十二指肠和回肠两部分
   C. 小肠是吸收营养物质的主要部位
   D. 十二指肠球是溃疡的好发部位
   E. 十二指肠大乳头位于十二指肠降部

9. 临床上行肛管排气时，插入肛门的合适深度是（　　）
   A.7 ～ 10cm　　B.10 ～ 18cm　　C.10 ～ 15cm　　D.15 ～ 18cm　　E.15 ～ 20cm

10. 肛管手术后出现大便失禁，提示可能损伤了（　　）
   A. 肛门内括约肌　　B. 直肠下份纵行肌　　C. 齿状线　　D. 肛门外括约肌　　E. 白线

11. 胆囊三角的组成包括肝的脏面、胆囊管和（　　）
   A. 肝总管　　B. 胆总管　　C. 胰管　　D. 肝右管　　E. 肝左管

12.Murphy 征阳性多见于（　　）
   A. 胆总管结石　　B. 急性胰腺炎　　C. 十二指肠溃疡穿孔　　D. 胃溃疡穿孔　　E. 急性胆囊炎

13. 胰腺癌的好发部位是（　　）

A. 胰尾　　B. 胰头
C. 胰颈　　D. 胰体
E. 胰体和胰尾

14. 唾液中与消化有关的成分是（　）
A. 黏液蛋白　　B. 溶菌酶
C. 淀粉酶　　D. 钠、钾离子
E. 麦芽糖酶

15. 在胃液中可激活胃蛋白酶原、促进铁和钙吸收的成分是（　）
A. 维生素 B_{12}　　B. 黏液
C. 小肠液　　D. 盐酸
E. 内因子

16. 主要吸收胆盐和维生素 B_{12} 的部位是（　）
A. 胃　　B. 十二指肠
C. 空肠　　D. 回肠
E. 结肠

17. 不含消化酶的消化液是（　）
A. 唾液　　B. 胰液
C. 胃液　　D. 小肠液
E. 胆汁

18. 长期滥用肠道抗生素可导致缺乏的维生素是（　）
A. 维生素 B 和维生素 A
B. 维生素 B 和维生素 K
C. 维生素 B 和维生素 D
D. 维生素 B 和维生素 C
E. 维生素 A 和维生素 K

19. 肠激酶能激活（　）
A. 胃蛋白酶原　　B. 糜蛋白酶原
C. 胰蛋白酶原　　D. 胰脂肪酶
E. 胰淀粉酶

20. 小肠特有的运动方式（　）
A. 紧张性收缩　　B. 蠕动
C. 集团蠕动　　D. 分节运动
E. 容受性舒张

A_2 型题

21. 患者男，38 岁。近来常间歇性头痛，擤鼻涕时常带血。经医院检查被确诊为鼻咽癌。鼻咽癌的好发部位是（　）
A. 鼻咽部　　B. 咽隐窝
C. 蝶筛隐窝　　D. 下鼻甲
E. 咽鼓管圆枕

22. 患者男，24 岁。1 天前突感上腹部疼痛、呕吐，后转移至右下腹剧痛不止，入院后经检查诊断为急性阑尾炎。请问急性阑尾炎的压痛点（麦氏点）位于（　）
A. 右下腹　　B. 左下腹
C. 右上腹　　D. 左上腹
E. 脐周围

23. 患者女，38 岁。因近日大便带血而来医院就诊，经检查诊断为痔疮。鉴别内、外痔的标志是（　）
A. 肛瓣　　B. 白线
C. 痔环　　D. 齿状线
E. 肛柱

24. 患者男，40 岁。上腹部烧灼痛反复发作，伴反酸、嗳气半年余。经纤维胃镜检查被诊断为胃溃疡。下列关于胃的描述错误的是（　）
A. 胃液中含有胃蛋白酶原
B. 胃液呈碱性
C. 胃能吸收乙醇
D. 胃液中含有盐酸
E. 胃溃疡的发生多数与幽门螺杆菌感染有关

四、简答题

1. 简述咽的分部及交通。
2. 临床上插胃管时，需经过哪些器官和生理性狭窄？
3. 怀疑阑尾炎或胆囊炎时，查体应触压体表的哪些部位？为什么？
4. 为什么要对高热或昏迷患者加强口腔护理？
5. 为什么说胰液是最重要的消化液？
6. 简述糖、脂肪和蛋白质的吸收形式和转运途径。

（韦克善　覃庆河）

6

第六章 呼吸系统

常言道："生命不息，呼吸不停。"呼吸是重要的生命体征，是内环境稳定的一个重要组成部分，机体在新陈代谢过程中必须不断地与外界进行 O_2 和 CO_2 的交换。那么，呼吸系统是如何组成的？各器官具有怎样的形态、结构和功能特点？O_2 是经过哪些结构到达组织细胞的，而组织细胞内的 CO_2 又是如何排出体外的？让我们带着这些神奇而有趣的问题一起来探究人体呼吸系统的奥秘。

呼吸系统（respiratory system）由呼吸道和肺两部分组成（图 6-1）。呼吸道是传送气体的管道，肺是进行气体交换的器官。呼吸道包括鼻、咽、喉、气管和各级支气管。临床上，通常把鼻、咽和喉称为**上呼吸道**，把气管和各级支气管称为**下呼吸道**。呼吸系统的主要功能是进行气体交换，即吸入 O_2，呼出 CO_2。

考点：呼吸系统的组成和上、下呼吸道的概念

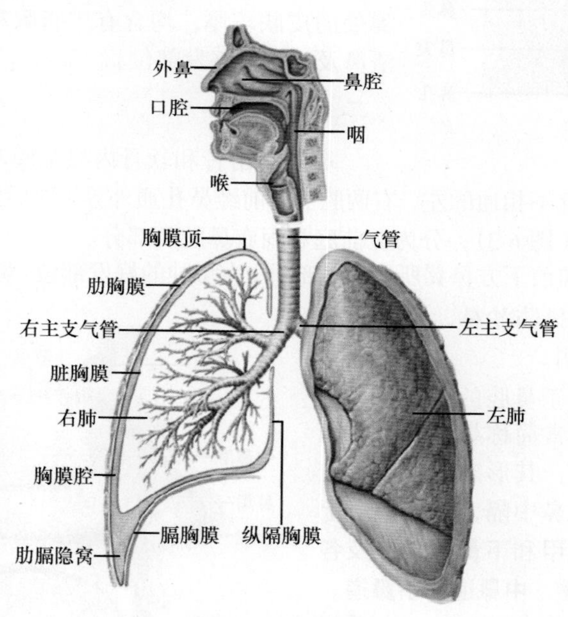

图 6-1 呼吸系统

第一节 呼 吸 道

案例 6-1

患者男，16 岁。患感冒后经常出现头痛、鼻塞等不适症状，流稠黄鼻涕，并有腥臭味。经耳鼻咽喉科医生检查，考虑可能患有鼻旁窦炎。

问题：1. 鼻旁窦有哪几对？各开口于何处？
2. 中鼻道的分泌物可能来自于何处？
3. 分泌物最不容易引流的鼻旁窦是哪一对？为什么？

一、鼻

鼻是呼吸道的起始部，由外鼻、鼻腔和鼻旁窦3部分组成，具有滤过空气、感受嗅觉和辅助发音的功能。

（一）外鼻

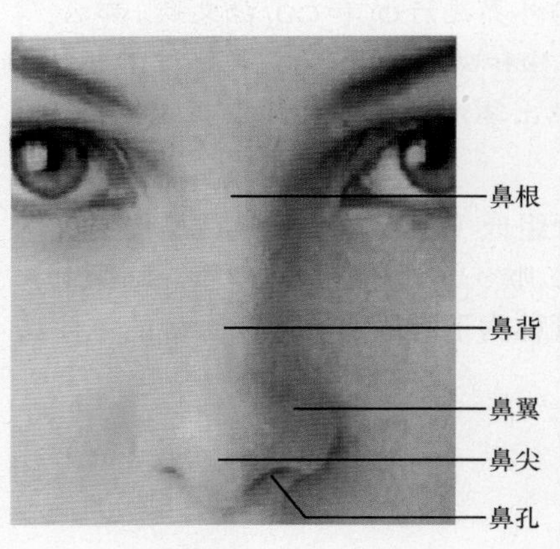

图6-2 外鼻

外鼻位于面部的中央（图6-2），呈三棱锥体形，以鼻骨和软骨为支架，外覆皮肤和少量皮下组织而构成。外鼻上端位于两眼之间的狭窄部分称为**鼻根**，向下延成为**鼻背**，末端突出部分为**鼻尖**。鼻尖两侧的弧形隆突部分为**鼻翼**，在呼吸困难时，可出现鼻翼扇动。从鼻翼向外下方至口角的浅沟称为鼻唇沟（图5-3）。正常人左右对称，面瘫病人患侧鼻唇沟变浅或消失。外鼻下方有一对**鼻孔**，是气体出入的门户。鼻尖和鼻翼处的皮肤较厚，均含有皮脂腺和汗腺，为痤疮、酒渣鼻及疖肿的好发部位。

（二）鼻腔

鼻腔是由骨和软骨内衬黏膜和皮肤而围成的腔，被纵行的鼻中隔分为互不相通的左、右两腔。向前经鼻孔通外界，向后经鼻后孔通鼻咽部。每侧鼻腔以**鼻阈**为界（图6-3），分为鼻前庭和固有鼻腔两部分。

1. 鼻前庭 是鼻腔前下方鼻翼所遮盖的部分，为疖肿的好发部位。鼻前庭内面衬以皮肤，并生有鼻毛，像一排排防沙林，具有滤过和净化吸入空气的作用。

2. 固有鼻腔 位于鼻腔的后上部，为鼻腔的主要部分，通常简称鼻腔。由骨性鼻腔内衬黏膜而构成，其形态与骨性鼻腔大致相同。内侧壁为鼻中隔，外侧壁自上而下有**上鼻甲**、**中鼻甲**和**下鼻甲**，以及各鼻甲下方相应的**上鼻道**、**中鼻道**和**下鼻道**。下鼻道的前部有鼻泪管的开口。在上鼻甲后上方与鼻腔顶部之间的凹陷，称为**蝶筛隐窝**。

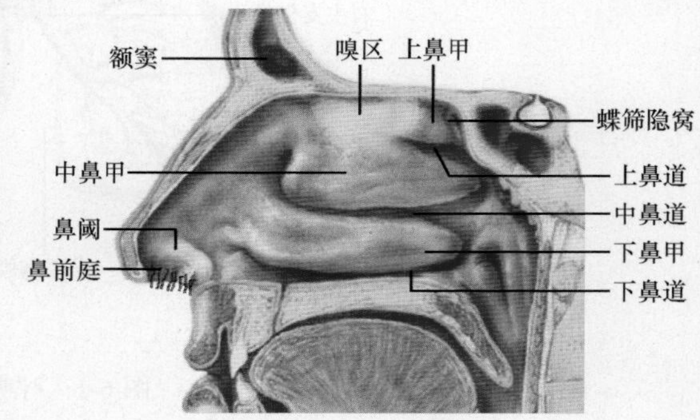

图6-3 鼻腔外侧壁的结构（右侧）

固有鼻腔的黏膜按生理功能分为嗅区和呼吸区两部分。**嗅区**是位于上鼻甲内侧面以及与其相对的鼻中隔部分的黏膜，内含嗅细胞，具有嗅觉功能。**呼吸区**为嗅区以外的黏膜，活体呈粉红色，内含丰富的血管和腺体，具有提高吸入空气的温度、调节其湿度以及净化空气的作用。鼻中隔前下部的黏膜较薄且血管特别丰富，90%左右的鼻出血均发生于此区，故称为**易出血区**或Little区。过敏性鼻炎时，鼻腔分泌物内可见肥大细胞、嗜碱性粒细胞和嗜酸性粒细胞。

 **链接**

鼻的功能

常言道："眼怕瞎，耳怕聋，鼻子就怕气不通"。鼻是呼吸道通向外界的大门，是抵御呼吸系统疾病的一道重要防线。健康的鼻，能为人们带来美好的感受，让我们领略花草的芬芳，享受饭菜的香味；能保护人的健康，为我们阻拦空气中的尘埃，帮助我们发现有害气体的异味，保证吸入的空气接近体温，使干燥的空气变得湿润，使污染的空气通过鼻毛的过滤作用得以净化；讲话发音时，鼻腔还能起到共鸣作用，使发音准确而清晰；当您感冒时，则会出现鼻塞、流涕、打喷嚏、嗅觉失灵等不适症状，使其成为人体内的"气象台"。

（三）鼻旁窦

鼻旁窦又称副鼻窦，由骨性鼻旁窦内衬黏膜而构成，包括**上颌窦**、**额窦**、**蝶窦**和**筛窦** 4 对（图 6-4），分别位于同名骨内，对吸入的空气有加温、湿润及对发音起共鸣作用。上颌窦、额窦和前筛窦、中筛窦均开口于中鼻道，后筛窦开口于上鼻道，蝶窦开口于蝶筛隐窝（图 6-5）。

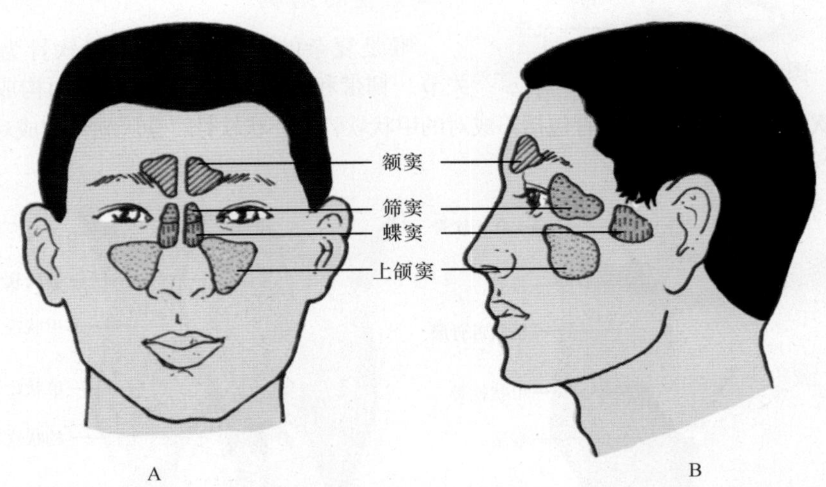

图 6-4　鼻旁窦的体表投影

A. 正面；B. 侧面

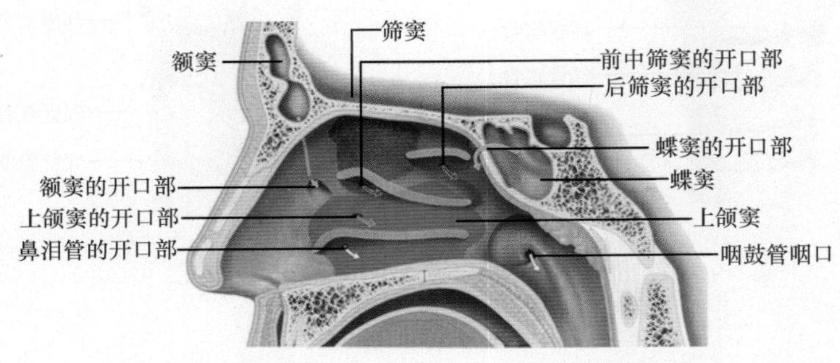

图 6-5　鼻旁窦的开口位置（鼻甲已部分切除）

由于鼻旁窦黏膜与鼻腔黏膜相延续，故鼻腔黏膜的炎症可蔓延引起鼻旁窦炎。上颌窦

考点：鼻出血的常见部位；鼻旁窦的开口部位

是容积最大的一对鼻旁窦，窦口位置高于窦底，炎症时分泌物不易排出，故上颌窦的慢性炎症较多见，治疗时可进行上颌窦穿刺冲洗。

二、咽

咽是消化道和呼吸道的共同通道（详见第五章消化系统）。

三、喉

（一）喉的位置与毗邻

喉既是呼吸的管道，又是发音的器官，位于颈前部中份的皮下，相当于第3～6颈椎的高度。上借甲状舌骨膜与舌骨相连，向下与气管相续（图6-6）。后方是喉咽部，两侧邻近颈部的大血管、神经和甲状腺侧叶等。在吞咽或发音时，喉可上、下移动。

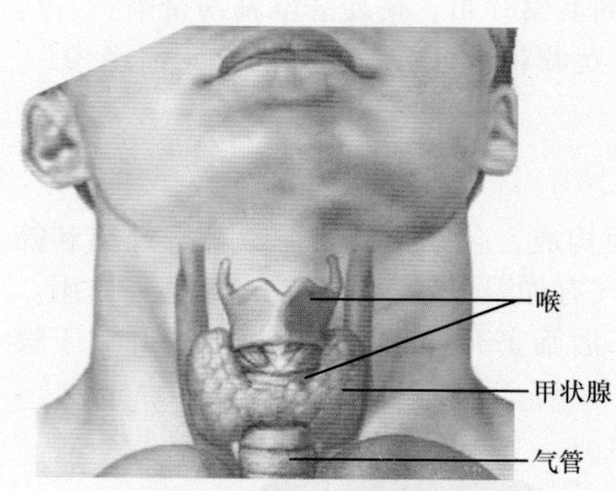

图6-6 喉的位置

（二）喉的结构

喉是复杂的中空性器官，以软骨为支架，借关节、韧带和肌肉连结，内衬黏膜而构成。

1. 喉软骨及其连结 喉软骨包括不成对的甲状软骨、环状软骨、会厌软骨和成对的杓状软骨（图6-7）。

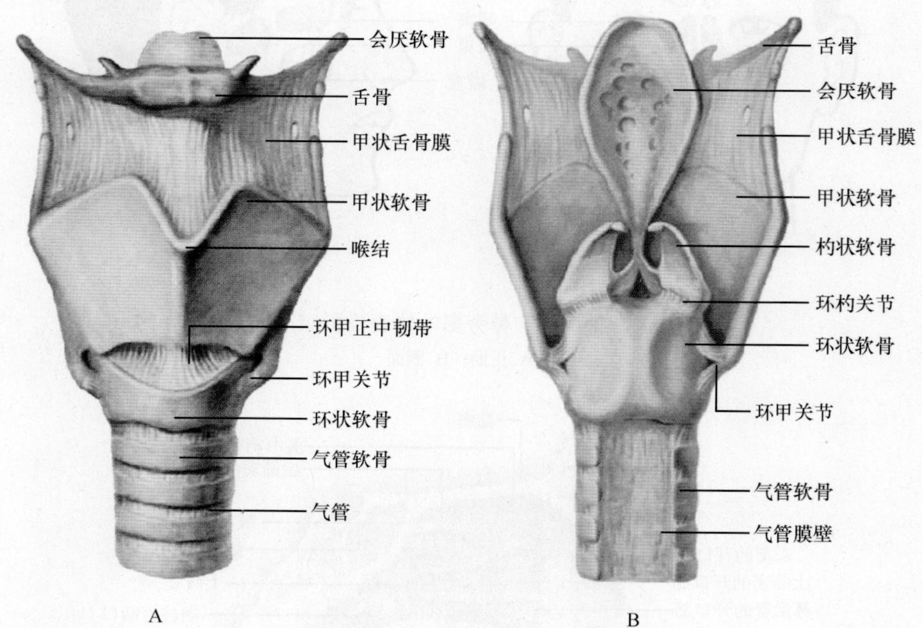

图6-7 喉软骨及其连结

A. 前面观；B. 后面观

(1) 甲状软骨：位于舌骨的下方，形似盾牌。前上部向前突出，称为**喉结**，在成年男性特别明显，是颈部的重要标志。上缘借甲状舌骨膜与舌骨相连，下缘借环甲正中韧带与

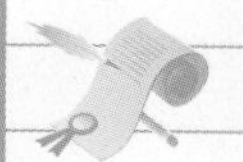

环状软骨弓相连。当急性喉阻塞来不及进行气管切开术时，可切开环甲正中韧带或在此做穿刺以建立暂时的通气道，抢救患者生命。

(2) 环状软骨：位于甲状软骨的下方，形似一枚带印章的“戒指”。由前部低窄的**环状软骨弓**和后部高宽的**环状软骨板**构成，是喉和气管中唯一完整的软骨环，对保持呼吸道畅通有极为重要的作用。

(3) 会厌软骨：位于甲状软骨的后上方，形似上宽下窄的树叶状，由弹性软骨构成。会厌软骨被覆黏膜构成**会厌**。当吞咽时，喉上提，会厌关闭喉口，可防止食物误入喉腔。

(4) 杓状软骨：位于环状软骨板的上方，是一对呈底朝下的三棱锥体形软骨，杓状软骨底的前端与甲状软骨内面间有一条声韧带相连。

链接

环状软骨弓的临床意义

环状软骨弓是颈部重要的体表标志之一，它标志着：①喉与气管、咽与食管的分界线；②平对第 6 颈椎横突，是头颈部出血时，压迫颈总动脉的标志；③喉阻塞时，是寻找环甲正中韧带穿刺部位的标志之一；④可作为计数气管软骨环的标志。

考点：喉软骨的名称；环状软骨弓的临床意义

2. 喉肌　为附着在喉软骨上的数块细小骨骼肌，具有紧张或松弛声带、开大或缩小声门裂等作用，可控制发音的强弱和调节音调的高低。

（三）喉腔

喉的内腔称为喉腔，向上经喉口与喉咽部相交通，向下与气管内腔相延续。喉腔的入口称为喉口，朝向后上方。喉腔两侧壁的中部有上、下两对呈前后方向走行的黏膜皱襞（图 6-8），上方的一对为**前庭襞**，两侧前庭襞之间的裂隙称为**前庭裂**；下方的一对为**声襞**，两侧声襞之间的裂隙称为**声门裂**，是喉腔最狭窄的部位，当气流通过时，振动声带而发出声音。通常所称的声带是指声襞以及由其覆盖的声韧带等共同构成的结构。

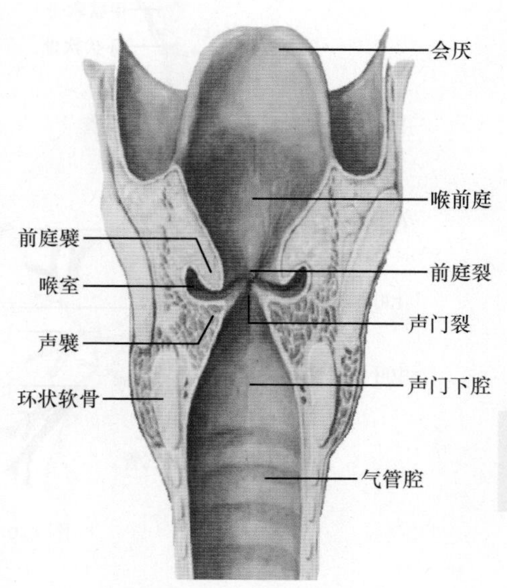

图 6-8　喉腔冠状切面

喉腔借前庭襞和声襞分为 3 部分。①**喉前庭**：是位于喉口与前庭裂之间的部分。②**喉中间腔**：是位于前庭裂与声门裂之间的部分，该腔向两侧延伸至前庭襞与声襞之间的梭形隐窝即**喉室**。③**声门下腔**：是位于声门裂与环状软骨下缘之间的部分，此区黏膜下组织较疏松，炎症时易引起水肿。婴幼儿喉腔较窄小，喉水肿时易引起喉阻塞而导致呼吸困难。

考点：喉腔的分部以及易引起水肿的部位

四、气管与主支气管

气管与主支气管是连接在喉与肺之间的通气管道。它们由“C”形气管软骨环以及连结各环之间的平滑肌和结缔组织构成，内面衬以黏膜。

（一）气管

气管位于食管的前方，上接环状软骨，经颈前正中下行进入胸腔，至胸骨角平面（平

考点：气管切开术的常选部位；左、右主支气管的形态特点及其临床意义

护考链接

患者男，70岁。患肺气肿多年，2年前被诊断为肺源性心脏病。近日症状加重，出现右心衰竭、呼吸功能不全。为提供一条呼吸支持治疗的途径，拟行气管切开术，切开的具体部位通常选择在（　）

A. 第1～3气管软骨环处
B. 第2～4气管软骨环处
C. 第3～5气管软骨环处
D. 第4～6气管软骨环处
E. 第5～7气管软骨环处

考点精讲：气管切开术通常选择在第3～5气管软骨环处进行，环状软骨弓可作为向下计数气管软骨环的标志，故选择答案C。

对第4胸椎体下缘）分为左、右主支气管。分叉处称为**气管杈**（图6-9）。气管杈内面有一向上隆凸并略偏向左侧的半月形嵴，称为**气管隆嵴**，是支气管镜检查的定位标志。气管颈部较短且位置表浅，在颈静脉切迹上方可触及，临床上常在第3～5气管软骨环处进行气管切开术。当肺或胸膜疾患时，气管颈部可发生偏移，临床上具有诊断价值。

（二）主支气管

左、右主支气管由气管分出后（图6-9），行向外下方，分别经左、右肺门入肺。**左主支气管**细、长而走行倾斜（近于水平），**右主支气管**粗、短而走行陡直。由于右主支气管短而粗，与气管中线延长线形成的夹角较小，以及气管隆嵴常偏向左侧和右肺的通气量较大等缘故，故经气管坠入的异物多进入右主支气管。

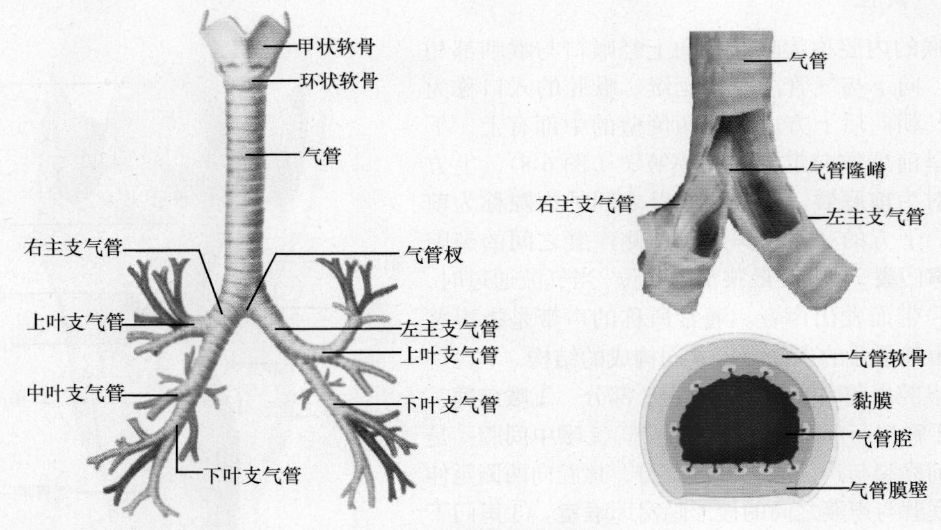

图6-9　气管与主支气管

（三）气管与主支气管的微细结构特点

气管与主支气管的管壁由内向外依次为黏膜、黏膜下层和外膜（图6-10）。①**黏膜**：上皮为假复层纤毛柱状上皮（图6-11），上皮深面为固有层。②**黏膜下层**：为疏松结缔组织，含有较多的气管腺。气管腺和上皮杯形细胞的分泌物覆盖在上皮表面，可黏附吸入空气中的细菌及尘埃颗粒，经纤毛的节律性摆动，将黏附物推向咽部成痰而被咳出。③**外膜**：由"C"形的透明软骨环和疏松结缔组织构成，软骨环后面的缺口处由弹性纤维构成的韧带和平滑肌束封闭。咳嗽反射时平滑肌收缩，使气管腔缩小，有助于清除痰液。

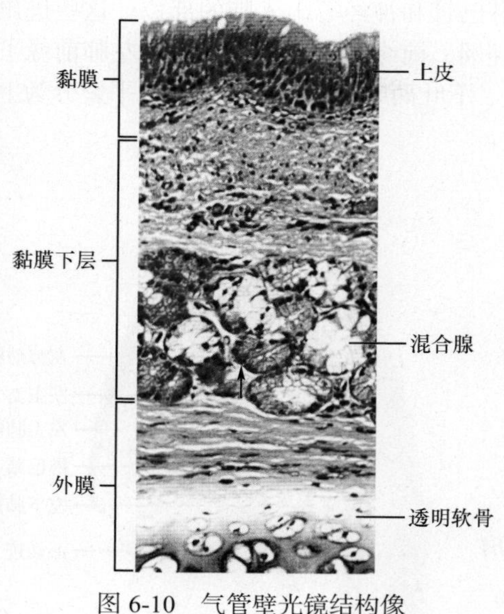

图 6-10 气管壁光镜结构像

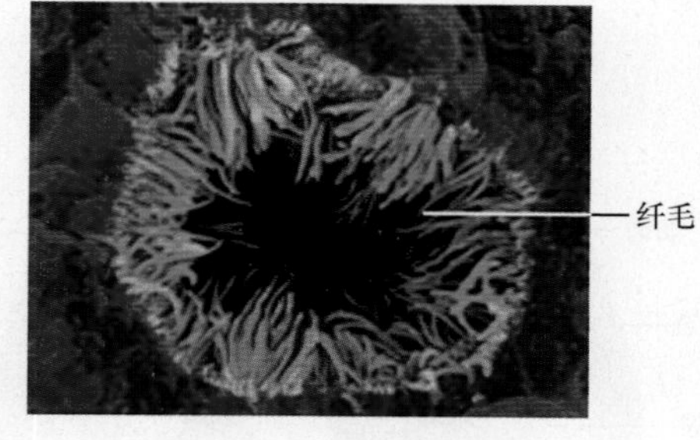

图 6-11 气管壁扫描电镜像

（颜盛鉴）

第二节 肺

案例 6-2

患者男，76 岁。有近 60 年的吸烟史。因近段时间体重明显下降，刺激性咳嗽并有血痰而来医院就诊。胸部 X 线片显示：左肺下叶有一占位性病变，左侧肋膈隐窝处有阴影状。支气管镜检查见左肺下叶支气管内有一肿块，取材活检，病理学检查为鳞状上皮癌。临床诊断：肺癌，左侧胸腔积液。

问题： 1. 支气管镜检查时，判断左、右主支气管起点的重要标志是什么？

2. 支气管镜检查时，要经过哪些结构才能到达左肺上叶支气管腔内？

3. 胸腔积液常聚集于何处？通常选择在何处进行穿刺抽液？

一、肺的位置和形态

1. 肺的位置 肺 (lung) 左、右各一（图 6-12），位于胸腔内纵隔的两侧，膈的上方。肺质软而轻，呈海绵状富有弹性。由于肺内含有空气，比重小于 1，故能浮于水面。婴幼儿的肺呈淡红色，成人的肺因吸入空气中尘埃的不断沉积而呈暗红色或深灰色，吸烟者尤为明显。

2. 肺的形态 由于肝的影响，膈的右侧较左侧为高，以及心脏位置偏左，故右肺较宽短，左肺较狭长。肺形似圆锥形，具有一尖、一底、两面（肋面、内侧面）和三缘（前缘、后缘和下缘）（图 6-12，图 6-13）。肺的上端钝圆为**肺尖**，经胸廓上口突至颈根部，超出锁骨内侧 1/3 段上方 2.5cm。**肺底**与膈相邻，略向上凹陷，又称膈面。外侧面与肋和肋间肌相邻，故称肋面；内侧面朝向纵隔，故又称纵隔面。内侧面中央凹陷处称为**肺门**，是支气管、

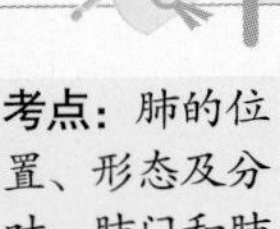

考点：肺的位置、形态及分叶；肺门和肺段的概念

肺动脉、肺静脉、支气管动脉、支气管静脉、淋巴管和神经等出入肺的部位。这些进出肺门的结构被结缔组织包绕构成**肺根**。肺的后缘钝圆，前缘和下缘均较锐薄，左肺前缘下份有一弧形凹陷，称为**心切迹**。左肺被斜裂分为上、下叶两叶，右肺被斜裂和水平裂分为上、中、下叶 3 叶。

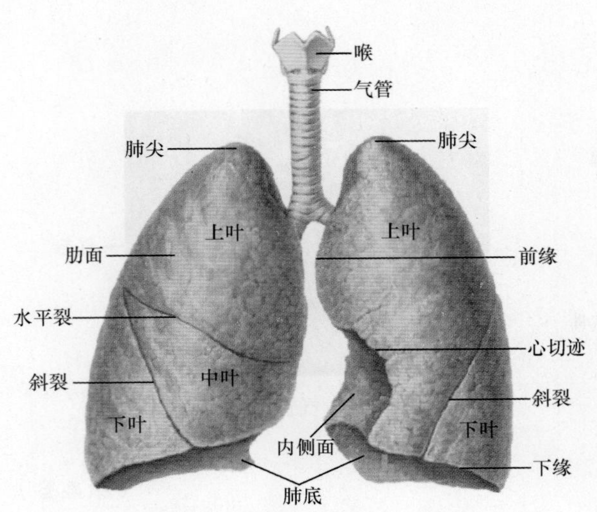

图 6-12　肺的形态（前面观）

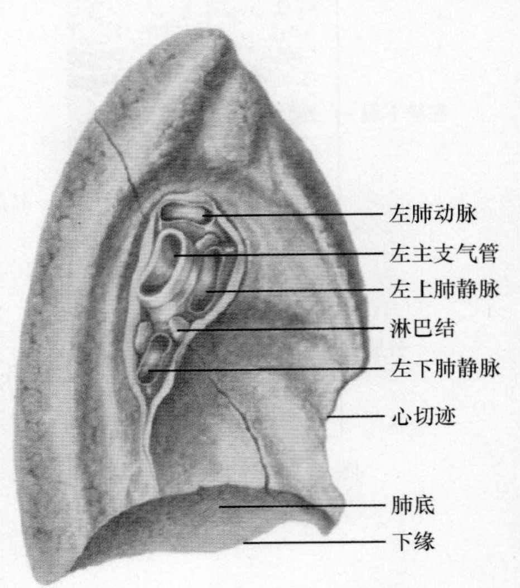

图 6-13　左肺的内侧面

二、肺段支气管和支气管肺段

主支气管进入肺门后，左主支气管分为上、下两支，右主支气管分为上、中、下 3 支，分别进入相应的肺叶，称为**肺叶支气管**（图 6-14）。肺叶支气管在各肺叶内再分支为**肺段支气管**。每一肺段支气管及其分支和所属的肺组织，合称为**支气管肺段**，简称**肺段**。各肺段略呈圆锥形，尖端朝向肺门，底朝向肺表面。左、右两肺各分为 10 个肺段。由于肺段结构和功能的相对独立性，故临床上常以肺段为单位进行病变的定位诊断或做肺段切除术。

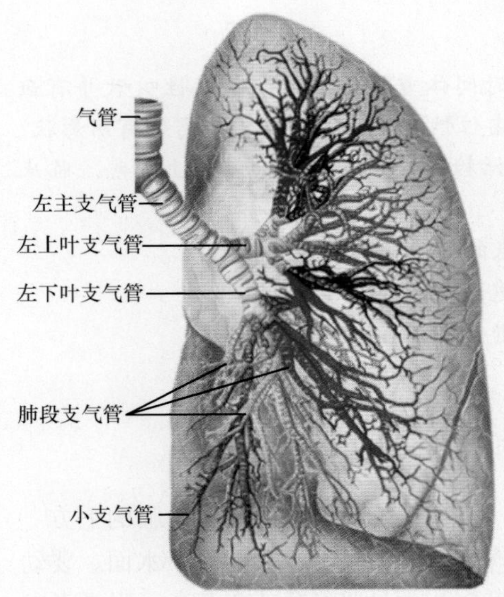

图 6-14　支气管树

三、肺的微细结构

肺的表面被覆有一层光滑的浆膜，即胸膜的脏层。肺组织分为实质和间质两部分。肺间质是肺内各级支气管道之间的结缔组织及血管、淋巴管和神经等。肺实质是指肺内支气管的各级分支及其终末的大量肺泡。主支气管经肺门入肺后反复分支呈树枝状，形似一颗倒置的树，故称为**支气管树**（图 6-14）。支气管树的分支从主支气管（第 1 级）至肺泡（第 24 级）通常分为 24 级。肺实质按功能不同又可分为肺导气部和肺呼吸部两部分。

（一）肺导气部

肺导气部包括**肺叶支气管**、**肺段支气管**、**小支气管**、**细支气管**和**终末细支气管**，只有输送气体的功能，不能进行气体交换。每一条细支气管连同它的各级分支和肺泡构成一个肺小叶（图 6-15），是肺的结构单位。临床上称仅累及若干肺小叶的炎症，称为小叶性肺炎。

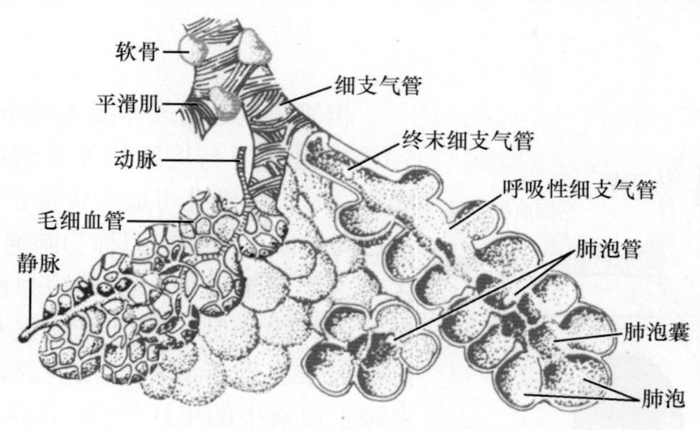

图 6-15 肺小叶结构

肺导气部的各级支气管随着管径逐渐变细，管壁变薄，管壁结构也发生了一些规律性变化，至终末细支气管，上皮为单层柱状上皮，杯形细胞、腺体和软骨全部消失，平滑肌已形成完整的环行肌。在发生过敏反应时，肺间质内的肥大细胞释放大量组胺，引起细支气管和终末细支气管平滑肌痉挛而导致哮喘发生。

歌诀助记

肺 实 质

肺实质，分两部，导气呼吸称为树；
导气部，依次分，肺叶肺段小细终；
管壁渐薄径变细，三消一多是特点；
呼吸部，镜下瞧，呼吸细支管囊泡；
各部肺泡量不同，气体交换显神功。

（二）肺呼吸部

肺呼吸部是终末细支气管以下的各级分支直至肺泡，包括**呼吸性细支气管**、**肺泡管**、**肺泡囊**和**肺泡**（图 6-15）。肺泡是进行气体交换的部位，各部组织结构的共同特点是都不同程度地出现了肺泡，故各部均具有气体交换的功能。

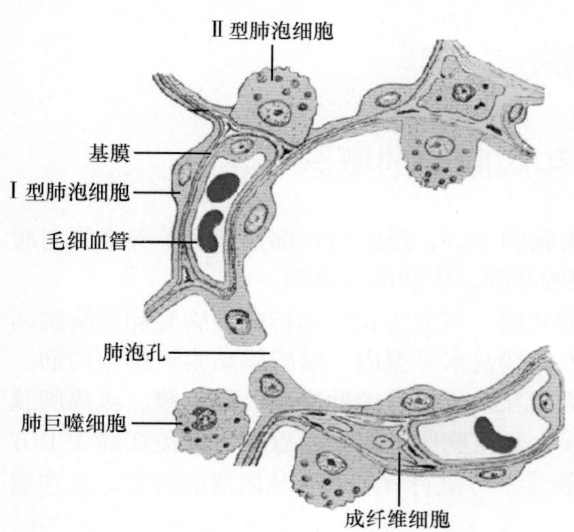

图 6-16 肺泡和肺泡孔

肺泡是支气管树的终末部分，是构成肺的主要结构。肺泡壁很薄，由单层肺泡上皮和基膜构成。肺泡上皮由两种细胞组成（图 6-16）。①**Ⅰ型肺泡细胞**：细胞扁平，覆盖了肺泡约 95% 的表面积，构成了气体交换的广大面积，参与气 - 血屏障的构成。②**Ⅱ型肺泡细胞**：呈立方形或圆形，散在分布于Ⅰ型肺泡细胞之间，覆盖了肺泡约 5% 的表面积。它能分泌表面活性物质，具有降低肺泡表面张力、稳定肺泡大小的重要作用。

链接

婴儿的哭并非坏事

婴儿时期，适当地让孩子哭一哭并非坏事。它不但可以使更多的“原始”肺泡得到充分的膨胀，锻炼肺泡的舒缩能力，而且还可以增加婴儿的肺活量。那些哭声洪亮有力的婴儿，多数身体健康。

考点：肺导气部和呼吸部的组成；呼吸膜的概念

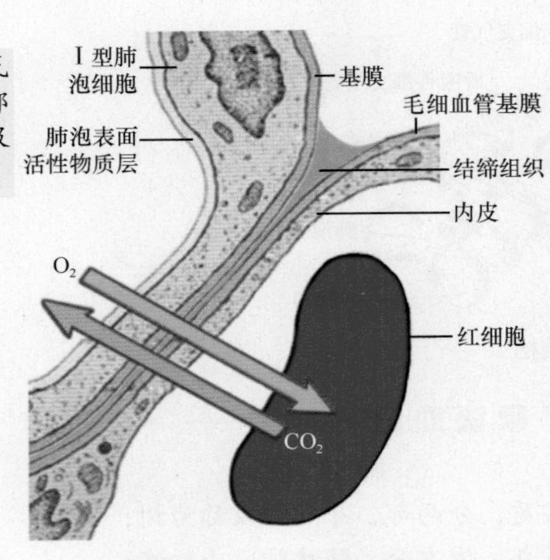

图 6-17　气 - 血屏障结构

相邻肺泡之间气体流通的小孔称为**肺泡孔**（图 6-16），是沟通与均衡相邻肺泡内气体的通道。肺部感染时，肺泡孔可成为炎症扩散的渠道。相邻肺泡之间的薄层结缔组织称为**肺泡隔**，即肺间质，内含丰富的毛细血管、大量的弹性纤维以及散在分布的成纤维细胞、肺巨噬细胞和肥大细胞等，其弹性纤维有助于肺泡扩张后的回缩。**肺巨噬细胞**来源于血液中的单核细胞，具有活跃的吞噬功能。吞噬了较多尘粒的肺巨噬细胞称为**尘细胞**。**气 - 血屏障**（呼吸膜）是指肺泡腔内的 O_2 与肺泡隔毛细血管内血液携带的 CO_2 之间进行气体交换所通过的结构，由肺泡表面活性物质层、Ⅰ型肺泡细胞与基膜、薄层结缔组织、毛细血管基膜与内皮构成（图 6-17）。

四、肺的血管

肺有两套血管系统：一套是完成气体交换功能的肺动脉和肺静脉，是肺的功能性血管；另一套是营养肺组织的支气管动脉和支气管静脉，是肺的营养性血管。

（颜盛鉴）

第三节　胸　　膜

一、胸腔、胸膜和胸膜腔的概念

1. 胸腔　是由胸廓和膈围成的腔。上界为胸廓上口，经此与颈部连通，下界借膈与腹腔分隔。胸腔分为 3 部，即左、右两侧为胸膜腔和肺，中间部为纵隔。

2. 胸膜　是由间皮和薄层结缔组织构成的浆膜，可分为相互移行的脏胸膜和壁胸膜两部分。**脏胸膜**紧贴在肺表面（图 6-1），并伸入斜裂及水平裂内。**壁胸膜**贴附于胸壁内面、膈上面和纵隔两侧面，依其贴附部位不同分为相互转折移行的**肋胸膜**、**膈胸膜**、**纵隔胸膜**和**胸膜顶** 4 部分。胸膜顶是肋胸膜与纵隔胸膜上延至胸廓上口平面以上，覆盖在肺尖上方的部分，高出锁骨内侧 1/3 段上方 2.5cm。在锁骨上方进行针刺或臂丛阻滞麻醉时，应注意胸膜顶的位置，以免刺破而造成气胸。

3. 胸膜腔　是由脏胸膜与壁胸膜在肺根处相互移行而形成的一个潜在性密闭腔隙，左右各一，互不相通，腔内呈负压，仅有少量浆液，可减少呼吸时脏、壁胸膜间的摩擦。由

肋胸膜与膈胸膜转折处形成的半环形隐窝，称为**肋膈隐窝**，是人体直立状态下胸膜腔的最低部位，胸腔积液首先积聚于此处。临床上进行胸膜腔穿刺抽液时，通常选择在患侧腋后线第 8、9 肋间隙紧贴肋骨上缘进针，穿刺层次由浅入深依次经皮肤、浅筋膜、深筋膜、胸壁肌、肋间隙（肋间肌）、胸内筋膜、肋胸膜至胸膜腔。

考点：胸膜腔的概念；肋膈隐窝的位置及临床意义

二、胸膜下界与肺下界的体表投影

胸膜的体表投影是指壁胸膜各部之间相互移行形成的返折线在体表的投影位置，投影位置标志着胸膜腔的范围，其中最有实用意义的是胸膜下界的体表投影。胸膜下界是肋胸膜与膈胸膜的返折线，在锁骨中线处与第 8 肋相交，在腋中线处与第 10 肋相交，在肩胛线处与第 11 肋相交，在接近后正中线处平第 12 胸椎棘突的高度。肺下界的体表投影约高出胸膜下界两个肋的距离（图 6-18，表 6-1）。

考点：胸膜下界与肺下界的体表投影

表 6-1　肺下界与胸膜下界的体表投影

部位	锁骨中线	腋中线	肩胛线	后正中线
肺下界	第 6 肋	第 8 肋	第 10 肋	第 10 胸椎棘突
胸膜下界	第 8 肋	第 10 肋	第 11 肋	第 12 胸椎棘突

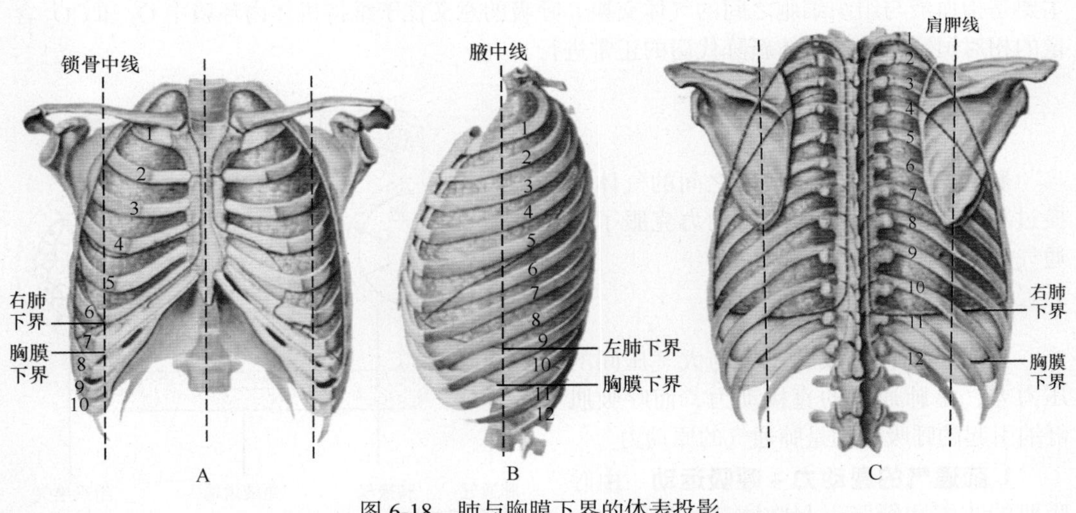

图 6-18　肺与胸膜下界的体表投影

A. 前面观；B. 左侧面观；C. 后面观

（颜盛鉴）

第四节　纵　　隔

纵隔是左、右两侧纵隔胸膜之间全部器官、结构与结缔组织的总称。其前界为胸骨，后界为脊柱胸段，两侧界为纵隔胸膜，上界为胸廓上口，下界为膈（图 6-19）。成人纵隔位置略偏左侧。

通常以胸骨角平面（平对第 4 胸椎体下缘）为界将纵隔分为**上纵隔**和**下纵隔**。下纵隔

考点：纵隔的概念、境界及其分部

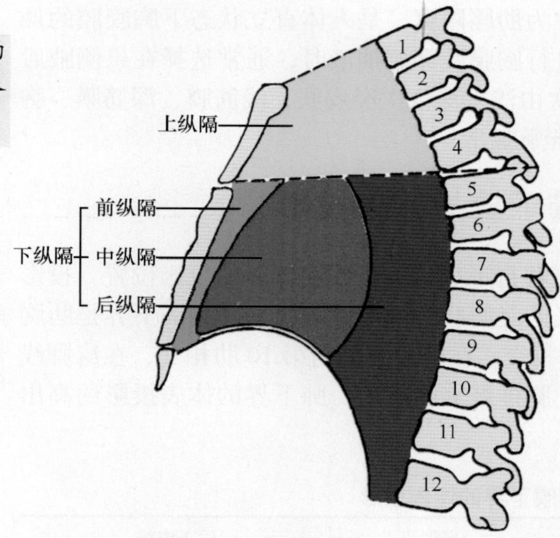

图 6-19 纵隔的分部

又以心包为界分为前纵隔、中纵隔和后纵隔。**前纵隔**位于胸骨与心包之间，**后纵隔**位于心包与脊柱胸段之间，**中纵隔**则位于前、后纵隔之间，内有心包、心和出入心的大血管根部。纵隔内主要有心包、心、出入心的大血管、胸腺、气管、主支气管、食管、神经及胸导管等结构。

（颜盛鉴）

第五节 呼吸过程

考点：呼吸的概念及其意义；呼吸过程的3个环节

呼吸是机体新陈代谢的重要环节，人每天都要不断从外环境中摄取 O_2，排出体内过多的 CO_2，这种机体与外环境之间进行气体交换的过程称为呼吸。呼吸的全过程由3个相互衔接且同时进行的环节组成（图 6-20）。①外呼吸，通过肺实现的外环境与血液间的气体交换，包括肺通气和肺换气；②气体在血液中的运输；③组织换气又称为**内呼吸**，主要是指血液与组织细胞之间的气体交换。呼吸的意义在于维持机体内环境中 O_2 和 CO_2 含量的相对恒定，维持机体新陈代谢的正常进行。

一、肺通气

肺通气是指肺与外环境之间的气体交换过程，它是由于肺通气的动力克服了肺通气的阻力而实现的。

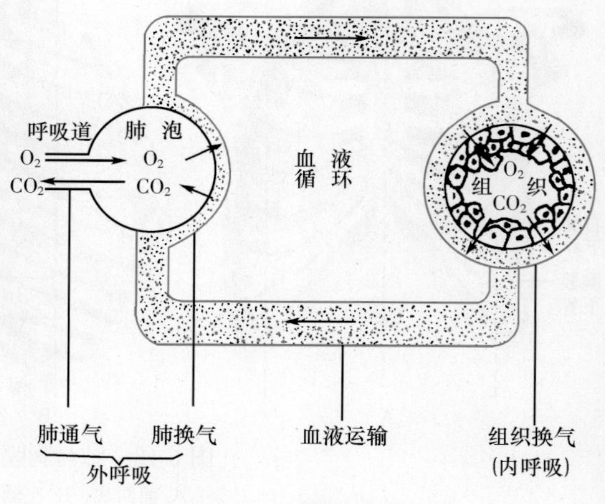

图 6-20 呼吸过程

（一）肺通气的动力

呼吸运动可造成肺内压与大气压间的压力差，是肺通气的直接动力，而呼吸肌舒缩引起的呼吸运动是肺通气的原动力。

1. 肺通气的原动力－呼吸运动 由呼吸肌的收缩和舒张引起胸廓节律性的扩大和缩小，称为**呼吸运动**，包括吸气运动和呼气运动。基本的呼吸肌是膈肌和肋间肌，此外还有胸锁乳突肌、胸大肌和腹肌等辅助呼吸肌。按呼吸的深度、参与活动的呼吸肌的主次及外观表现不同，将呼吸运动分为以下几种类型。

(1) 平静呼吸和用力呼吸：人在安静状态下均匀而平稳的自然呼吸，称为**平静呼吸**。平静吸气是由于膈肌和肋间外肌的收缩，胸腔容积增大，通过胸膜腔负压的耦联作用，使肺被动扩张，肺内压降低，低于大气压，气体进肺，产生吸气；平静呼气是由于膈肌和肋间外肌的舒张，胸腔容积缩小，通过胸膜腔负压的耦联作用，使肺容积缩小，肺内压升高，高于大气压，气体出肺，产生呼气。平静呼吸的特点是吸气是主动的，而呼气是被动的。

人在劳动和运动时，呼吸运动加深加快，称为**用力呼吸**或**深呼吸**。用力吸气除膈肌和肋间外肌收缩外，还有辅助吸气肌的参与，使胸廓和肺容积进一步扩大，肺内压更低于大气压，吸气量增加；而用力呼气除膈肌和肋间外肌舒张外，还有肋间内肌和腹肌等收缩，使胸廓和肺容积进一步缩小，肺内压更高于大气压，呼气量增加。用力呼吸的特点是吸气和呼气都是主动过程。

(2) 胸式呼吸和腹式呼吸：以膈肌舒缩为主，引起腹壁明显起伏的运动，称为腹式呼吸，如婴儿（胸廓不发达）、胸膜炎、胸腔积液等，因胸廓活动受限，而主要靠膈肌舒缩引起呼吸运动。以肋间肌舒缩为主，引起胸壁明显起伏的运动，称为**胸式呼吸**，如在妊娠晚期、严重腹水、腹腔巨大肿瘤等，因膈肌活动受限，而主要靠肋间肌舒缩引起呼吸运动。正常成人呼吸大多是胸式呼吸和腹式呼吸同时存在，称为**混合式呼吸**。

每分钟呼吸运动的次数，称为**呼吸频率**。正常成人平静时，呼吸频率为 12 ～ 20 次 / 分。呼吸频率可随着年龄、性别、肌肉活动和情绪变化等发生变化。

2. 肺通气的直接动力 – 肺内压与大气压之差 肺泡内的压力称为**肺内压**，肺内压的变化与呼吸的深浅、缓急和呼吸道的通畅程度有关。在呼吸暂停（如屏气），声带开放，呼吸道通畅时，肺内压等于大气压；在平静呼吸的吸气时，肺扩张，肺内压下降，低于大气压 1 ～ 2mmHg，外界空气经呼吸道进入肺泡，肺内压逐渐升高，到吸气末，肺内压等于大气压，吸气暂停；平静呼吸的呼气时，肺缩小，肺内压高于大气压 1 ～ 2mmHg，肺泡内气体经呼吸道流出，肺内压逐渐下降，到呼气末，肺内压与大气压相等，呼气暂停（图 6-21）。

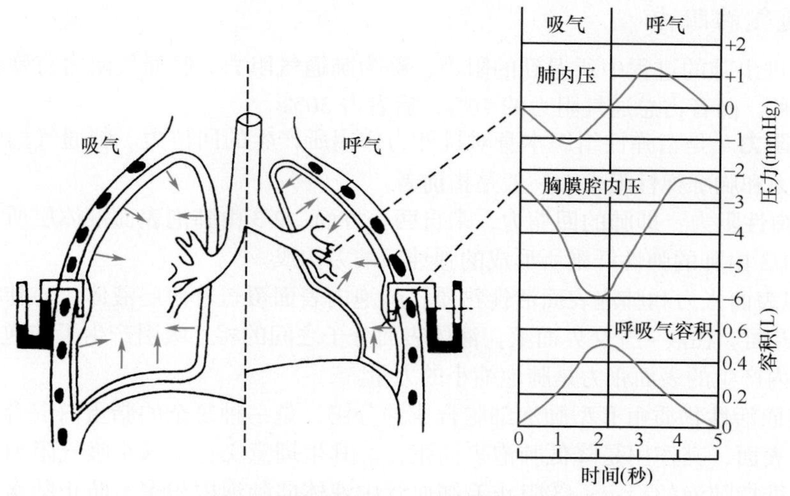

图 6-21 呼吸时肺内压、胸膜腔内压的变化

向外的箭头表示肺内压；向内的箭头表示肺回缩力

链接

人工呼吸

人工呼吸是用于自主呼吸停止时的一种急救方法。通过徒手或机械装置（如呼吸机）使空气有节律地进入肺内，然后利用胸廓和肺组织的弹性回缩力使进入肺内的气体呼出。如此周而复始以代替自主呼吸。

3. 原动力转变成直接动力的耦联基础 – 胸膜腔内压 胸膜腔内的压力称为胸内压。通过测定在整个呼吸过程中胸膜腔内压通常低于大气压，因此习惯上称为胸膜腔负压，简称胸内负压（图 6-21）。

胸内负压形成的条件是胸膜腔密闭，另外，正常肺的容积总是小于胸廓容积，胸膜腔内的浆液使胸膜的脏层与壁层紧紧相贴，因而肺总是被胸廓牵拉处于被动扩张状态，而肺是有弹性的，总会产生一个阻止胸廓牵拉的力，即肺回缩力。实际上胸膜脏层受到两种方向相反力的影响：①促使肺泡扩张的肺内压；②促使肺泡缩小的肺回缩力。因此，胸膜腔内压承受的实际压力应为：胸膜腔内压 = 肺内压 – 肺回缩力，当吸气末或呼气末时，肺内压等于大气压，因而，胸膜腔内压 = 大气压 – 肺回缩力，若将大气压视为零，则胸膜腔内压 =– 肺回缩力。

> **考点：**平静呼吸时肺内压和胸内压的变化；胸膜腔负压的概念及其生理意义

可见胸膜腔内压主要是由肺回缩力造成的。吸气时，肺扩大，回缩力增大，胸膜腔负压绝对值增大；呼气时，肺缩小，回缩力减小，胸膜腔负压绝对值也减小。在平静呼吸时，吸气末胸膜腔内压为 −10 ～ −5mmHg，呼气末胸膜腔内压为 −5 ～ −3mmHg。

胸膜腔负压的生理意义：①维持肺的扩张状态，并使肺容积随着胸廓的容积变化而变化。②促进静脉血和淋巴的回流。在临床上，气胸（胸壁贯通伤或肺损伤累及胸膜脏层）时，胸膜腔负压减小或消失，肺因本身的回缩力而塌陷，造成呼吸困难，严重时不仅影响呼吸功能，而且还影响循环功能，甚至危及生命。

（二）肺通气的阻力

气体在进出肺的过程中所遇到的阻力，称为**肺通气阻力**。肺通气阻力有弹性阻力和非弹性阻力两种，前者占总通气阻力的 70%，后者占 30%。

1. 弹性阻力 是指弹性组织本身对抗外力作用所产生的回位力。肺通气的弹性阻力包括肺弹性阻力和胸廓弹性阻力，一般是指前者。

(1) 肺弹性阻力：即肺的回缩力，来自两个方面：2/3 由肺泡表面液体层所形成的表面张力构成；1/3 由肺的弹性纤维所形成的弹性回缩力构成。

1) 肺泡表面张力和肺泡表面活性物质：肺泡内表面覆盖着薄层液体，与肺泡内液体形成液 - 气交界面。在液 - 气交界面上，液体表面分子之间的相互吸引产生了肺泡表面张力，在球形肺泡内产生的表面张力是肺泡缩小的力量。

肺泡表面活性物质由Ⅱ型肺泡细胞合成并分泌，是一种复杂的脂蛋白混合物，覆盖在肺泡液体层表面，其作用是降低肺泡表面张力。其生理意义：①减小吸气阻力，有利于肺的扩张；②维持肺泡的稳定；③阻止毛细血管中液体向肺泡内积聚，防止肺水肿的发生。在临床上由于肺组织缺血缺氧，使Ⅱ型肺泡细胞功能受损，则表面活性物质分泌减少，肺泡表面张力增大，吸气阻力增大，导致呼吸困难，甚至发生肺不张和肺水肿。

链接

新生儿呼吸窘迫综合征

新生儿呼吸窘迫综合征指新生儿（多见于早产儿）出生后不久即出现进行性呼吸困难和呼吸衰竭等症状，主要是由于缺乏肺泡表面活性物质所引起，导致肺泡进行性萎陷。患儿于生后 4 ～ 12 小时出现进行性呼吸困难、呻吟、发绀、吸气三凹征，严重者发生呼吸衰竭，死亡率高。

2) 肺的弹性回缩力：肺间质内的弹性纤维，也具有弹性回缩力。在一定范围内，肺愈扩张，弹性回缩力愈大，这也是构成肺弹性阻力的重要因素之一。在肺气肿时，弹性纤维破坏，肺弹性阻力减小，严重时可出现呼吸困难。

(2) 顺应性：弹性阻力的大小，通常用顺应性来表示。顺应性是指在外力作用下，弹性体扩张的难易程度，容易扩张者，则顺应性大；不易扩张者，则顺应性小。由此可见，顺应性与弹性阻力成反比关系。肺和胸廓的顺应性通常用单位压力差（△P）所引起的容积（△V）变化来表示（L/kPa）。

2. 非弹性阻力　主要是指气体通过呼吸道时所产生的摩擦力，又称**气道阻力**。其大小与呼吸道口径、气流速度和气流形式有关，但主要取决于呼吸道口径。它与呼吸道半径的4次方成反比，口径愈小，阻力愈大。在临床上，支气管哮喘患者就是因为呼吸道平滑肌强烈收缩，气道口径减小，使气道阻力明显增加，从而出现严重的呼吸困难。

（三）肺通气功能的评价指标

肺容量和肺通气量的变化可作为评价肺通气功能的指标。

1. 肺容量　是指肺容纳气体的量。在呼吸过程中，肺容量随着气体的吸入或呼出以及呼吸幅度的变化而变化（图6-22）。

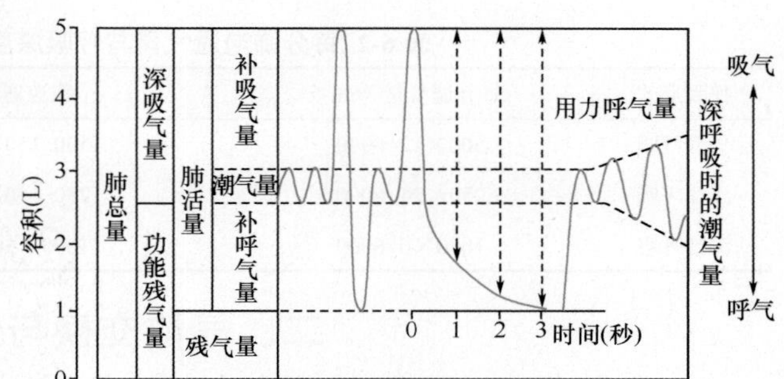

图6-22　肺容量变化记录曲线

(1) 潮气量：是指呼吸时每次吸入或呼出的气量。平静呼吸时，正常成人为400～600ml，平均为500ml。用力呼吸时，潮气量增大。

(2) 补吸气量：是指平静吸气末再尽力吸气，所增加的吸入气量。正常成人为1500～2000ml。潮气量与补吸气量之和，称为**深吸气量**，可反映吸气的贮备能力。

(3) 补呼气量：是指平静呼气末再尽力呼气，所增加的呼出气量。正常成人为900～1200ml，可反映呼气的贮备能力。

(4) 余气量和功能余气量：最大呼气末肺内所残留的气体量，称为**余气量**。正常成人为1000～1500ml。肺组织弹性功能减退时，余气量增加，表示肺通气功能不良。平静吸气末肺内所残留的气体量，称为**功能余气量**，它等于补呼气量与余气量之和。正常成人约为2500ml。在肺气肿时，功能余气量增加；肺实变时，功能余气量减少。

(5) 肺活量和用力呼气量：在做一次最深吸气后再尽力呼气所能呼出的最大气体量，称为**肺活量**。它等于潮气量、补吸气量和补呼气量三者之和。正常成年男性平均为3500ml，女性为2500ml。它能反映一次呼吸时最大通气能力。肺活量测定方法简便、可重复性好，但个体差异大，一般适合作自身比较。用力呼气量又称时间肺活量，是受试者在一次最深吸气后再用力尽快呼吸，计算第1、2、3秒末呼出的气体量占肺活量的百分数。正常成人第1、2、3秒末呼出的气体量分别占肺活量的83%、96%、99%。第1秒用力呼气量低于60%，表示有一定程度的呼吸道阻塞。因此，用力呼气量是衡量肺通气功能的一项较好的指标。

(6) 肺总量：是肺组织所能容纳的最大气量，它等于肺活量与余气量之和，男性约为5000ml，女性约为3500ml。

2. 肺通气量 是指单位时间内进出肺的气体量。也是评价肺通气功能的重要指标。

(1) 每分通气量：是指每分钟进肺或出肺的气体量，它等于潮气量和呼吸频率的乘积。安静时，呼吸频率每分钟为 12 ～ 20 次，潮气量约为 500ml，每分通气量为 6000 ～ 10000ml。在剧烈运动和从事重体力劳动时，每分通气量可大大增加。在尽力做深快呼吸时，每分钟吸入或呼出的最大气体量，称为**最大通气量**。最大通气量一般可达 150L，它能反映通气功能的贮备能力，是评价一个人能进行多大运动量的一项重要指标。

考点：肺泡表面活性物质的作用及其意义；肺活量和肺泡无效腔的概念

(2) 肺泡通气量：是指每分钟进入肺泡能够与血液进行气体交换的新鲜空气量。从鼻到终末细支气管只是气体进出肺的通道，气体在此处不能与血液进行气体交换，称为解剖无效腔，正常成人约为 150ml。进入肺泡的气体也可因血流分布不均而未能进行气体交换，这一部分肺泡容量称为肺泡无效腔。解剖无效腔和肺泡无效腔合称为**生理无效腔**。正常人平卧时，肺泡无效腔为零，故肺泡通气量 =（潮气量 - 解剖无效腔）× 呼吸频率 =(500-150) ml×12/ 分 =4200ml/ 分。生理无效腔（Vd）与潮气量（VT）的比值（Vd/VT）称为无效腔效应，它能反映通气的效率。浅而快的呼吸，Vd/VT 值增大，通气效率下降；深而慢的呼吸，Vd/VT 值减小，通气效率上升（表 6-2）。

表 6-2 每分肺泡通气量与呼吸深度和频率的关系

呼吸形式	每分通气量（ml/ 分）	肺泡通气量（ml/ 分）	Vd/VT
平静呼吸	500×12=6000	(500-150) ×12=4200	0.3
浅快呼吸	250×24=6000	(250-150) ×24=2400	0.6
深慢呼吸	1000×6=6000	(1000-150) ×6=5100	0.15

二、气体交换与运输

（一）气体交换

气体交换包括肺换气和组织换气两个过程。气体交换的动力是气体分压差。气体分压（P）是指某种气体在混合气体总压力中所占有的分压力。气体总是从分压高的一侧向分压低的一侧扩散。气体扩散速度与分压差呈正比关系。分压差越大，气体扩散速度则越快。

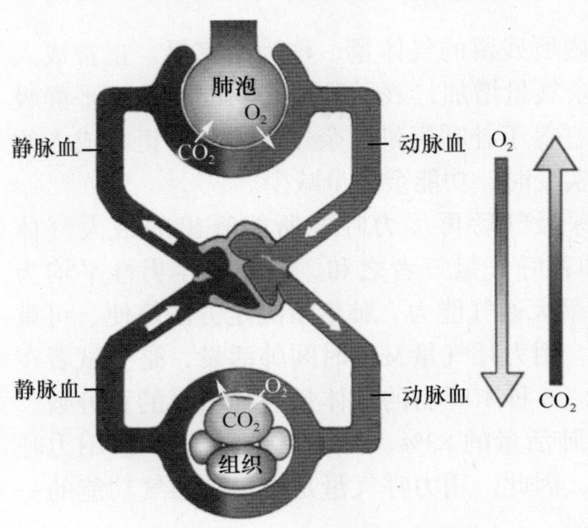

图 6-23 肺换气和组织换气

1. 气体交换的过程

(1) 肺换气：肺泡气的氧分压（PO_2）为 102mmHg，二氧化碳分压（PCO_2）为 40mmHg，而流经肺毛细血管的静脉血 PO_2 为 40mmHg，PCO_2 为 46mmHg。因此 O_2 便由肺泡进入血液，而 CO_2 则由血液进入肺泡。这样静脉血流经肺泡变成了富含 O_2 的动脉血。

(2) 组织换气：由于细胞代谢会产生 CO_2 和消耗 O_2，血液流经组织时，O_2 会从分压比较高的毛细血管血液扩散进入组织，而 CO_2 会从分压比较高的组织扩散进入毛细血管血液，这样动脉血流经组织后变成了静脉血（PO_2 下降，PCO_2 升高）（图 6-23）。

2. 影响肺换气的因素

(1) 气体分压差：是气体扩散的动力，肺泡内气体与血液气体之间的分压差越大，越有利于气体的扩散。如在临床发生通气功能障碍时，往往因为通气不足，使肺泡气的 PO_2 降低，而 PCO_2 升高，不利于气体交换而导致缺氧。

(2) 呼吸膜的厚度和面积：正常呼吸膜非常薄（图 6-17），厚度为 0.2 ～ 0.5μm，通透性好，极有利于气体交换。成人每侧肺内有 3 亿～ 4 亿个肺泡，吸气时总表面积可达 70 ～ 80m^2。安静时仅需 40m^2 的呼吸膜扩散面积，因此，人肺有相当大的贮备面积。临床上，在必要时可以切除患者的部分肺叶，而不会影响安静状态的呼吸功能。呼吸膜广大的面积与良好的通透性，是肺泡与血液进行气体交换的保证。在病理情况下，如肺气肿时，呼吸膜面积减少或肺炎、肺纤维化、肺水肿等使呼吸膜厚度增加，都将导致气体扩散量减少。

 **链接**

重症急性呼吸综合征（SARS）

2002 年冬至 2003 年春，由变种的 SARS 冠状病毒引起的非典型性肺炎在肆虐全球，世界卫生组织（WHO）将其定义为重症急性呼吸综合征。主要病变是肺纤维化，患者胸部 X 线检查呈肺纤维化改变，初期呈单灶病变，短期内病灶迅速增多，呈斑片状或网状，常累及双肺或单肺多叶。肺快速纤维化，通气功能下降，呼吸膜厚度增加，换气减少，出现呼吸困难，危及生命。在短短几个月时间，800 多人包括不少医务工作者因此病死于呼吸衰竭。

(3) 通气 / 血流比值（V/Q 比值）：是指每分钟肺泡通气量与每分钟肺血流量之间的比值。正常成人安静时，每分肺泡通气量是 4200ml，而每分肺血流量等于心输出量，约为 5000ml，故 V/Q 比值 =4200/5000=0.84，此时肺换气效率最高。

当 V/Q 比值减小，意味着通气不足（如支气管痉挛）或血流过剩，相当于功能性动 - 静脉短路；当 V/Q 比值增大，意味着通气过剩或血流不足（如肺动脉栓塞），相当于增加了生理无效腔。总之，无论比值增大或减小，都会使肺换气效率降低。

（二）气体在血液中的运输

O_2 和 CO_2 在血液中的运输形式有物理溶解和化学结合两种。其中物理溶解少，以化学结合为主要的运输形式（表 6-3），但物理溶解也是不可缺少的重要的中间步骤。

表 6-3 每 100ml 血液中 O_2 和 CO_2 的含量

	动脉血液			静脉血液		
	物理溶解	化学结合	总量	物理溶解	化学结合	总量
O_2	0.31	20.0	20.31	0.11	15.2	15.31
CO_2	2.53	46.4	48.93	2.91	50.0	52.91

1. 氧的运输

(1) 物理溶解：血浆中溶解的 O_2 量极少，100ml 动脉血中溶解 O_2 的量仅为 0.31ml，约占血液运输 O_2 总量的 1.5%。

(2) 化学结合：进入血浆中的 O_2 绝大部分扩散入红细胞与血红蛋白结合形成氧合血红蛋白（HbO_2），约占血液运输 O_2 总量的 98.5%。这种结合的特点是迅速、可逆，无需酶的

参与，主要受氧分压的影响。在肺泡处 PO_2 高，Hb 与 O_2 结合形成 HbO_2，在组织处 PO_2 低，HbO_2 迅速解离，释放 O_2 形成去氧血红蛋白（Hb）。氧合血红蛋白呈鲜红色，去氧血红蛋白呈紫蓝色，所以动脉血是鲜红色的，而静脉血则呈暗红色。在 1L 动脉血中去氧血红蛋白含量达到 50g 以上时，在毛细血管丰富的浅表部位，如口唇、甲床可出现青紫色，称为发绀。临床上常以患者的发绀程度推断缺氧程度。发绀一般是 HbO_2 减少，去氧 Hb 增加所致。因此，发绀一般是缺氧的标志。

$$Hb + O_2 \underset{PO_2低}{\overset{PO_2高}{\rightleftharpoons}} HbO_2$$

链接

一氧化碳（CO）中毒

CO 可与 Hb 结合，占据 Hb 分子中 O_2 的结合位点，使血液中 HbO_2 含量减少，CO 与 Hb 的亲和力是 O_2 的 250 倍，而且不可逆。因此，CO 中毒使 Hb 丧失携 O_2 能力和作用，造成组织窒息，尤其对大脑皮质的影响最为严重。

考点：气体交换的过程及影响肺换气的因素；O_2 和 CO_2 在血液中的运输形式

2. 二氧化碳的运输

（1）物理溶解：CO_2 在血浆中溶解度比 O_2 大，100ml 静脉血中溶解 CO_2 的量约为 3ml，约占血液运输 CO_2 总量的 5%。

（2）化学结合：CO_2 在血液中主要以化学结合形式运输，主要有以下两种结合形式。

1）碳酸氢盐：约占血液运输 CO_2 总量的 88%。从组织细胞内生成的 CO_2 扩散入血浆后，大部分 CO_2 迅速扩散进入红细胞内。红细胞内有丰富的碳酸酐酶（CA），在碳酸酐酶的作用下，CO_2 与 H_2O 生成 H_2CO_3，H_2CO_3 又迅速解离成 H^+ 和 HCO_3^-（图 6-24）。少部分 HCO_3^- 在红细胞内与 K^+ 生成 $KHCO_3$，大部分 HCO_3^- 扩散入血浆与 Na^+ 结合生成 $NaHCO_3$，溶解在血浆中运输。与此同时，血浆中 Cl^- 向红细胞内转移，以保持红细胞内外电荷平衡，这种现象称为氯转移。氯转移可促进 HCO_3^- 向血浆中扩散，有利于 CO_2 运输。

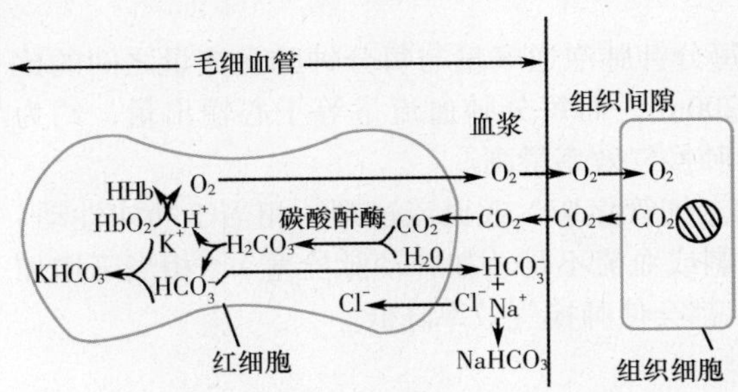

图 6-24　在血液中 CO_2 的运输

2）氨基甲酸血红蛋白：约占血液运输 CO_2 总量的 7%。进入红细胞中的 CO_2 还能直接与血红蛋白的氨基结合，形成氨基甲酸血红蛋白（HbNHCOOH）。这一反应无需酶的参与，反应迅速，而且是一种可逆反应。在组织中 PCO_2 高，反应向右进行；肺泡中 PCO_2 低，反应向左进行。

$$HbNH_2O_2 + H^+ + CO_2 \underset{在肺}{\overset{在组织}{\rightleftharpoons}} HHbNHCOOH + O_2$$

（刘　强）

第六节 呼吸运动的调节

呼吸系统的主要功能是维持内环境中 PO_2、PCO_2 和 $[H^+]$ 的稳态，也称为呼吸系统的稳态功能，是通过调节肺通气来实现的。另外，人在清醒时，可以随意进行的讲话、唱歌、吹奏、咳嗽、屏气、过度呼吸等，这些是呼吸器官提供的非稳态功能，也称为随意和行为功能，是在中枢神经系统的精细调节下完成的。

一、呼吸中枢

在中枢神经系统内，从脊髓到大脑皮质广泛分布着调节呼吸运动的神经元群，称为呼吸中枢，它们各有分工，共同完成对呼吸运动的调节。

1. 脊髓 呼吸肌的活动受运动神经支配，管理呼吸肌的运动神经元位于脊髓灰质前角，它们发出的膈神经和肋间神经支配着呼吸肌的运动。脊髓在呼吸运动调节中作为联系脑和呼吸肌的中继站，为整合某些呼吸反射的初级中枢。

2. 延髓和脑桥 在横断脑干实验研究中，当对动物进行延髓和脑桥之间的横切后，呼吸运动存在，但呼吸的节律性不规则，呈喘息样呼吸，说明延髓是产生节律性呼吸运动的基本中枢，但正常呼吸节律的形成还需要高一级中枢的进一步调节。在动物中脑和脑桥之间横断脑干，呼吸节律无明显变化，这表明脑桥存在对延髓呼吸节律进行调整的中枢，称为呼吸调整中枢。

3. 大脑皮质 在中脑、间脑、大脑皮质等处，都分布有与呼吸活动相关的神经元，构成对呼吸运动更完善的调节。大脑皮质是呼吸器官随意和行为功能调节的高级中枢，随意调节系统的冲动是通过皮质脊髓束，把信息直接传给脊髓灰质前角呼吸运动神经元。

二、呼吸运动的反射性调节

1. 化学感受性呼吸反射 主要是指血液或脑脊液中 O_2、CO_2、$[H^+]$ 水平变化时，通过刺激化学感受器，反射性地引起呼吸运动的变化，使肺通气量与机体代谢变化相适应，保持内环境中 O_2、CO_2、pH 的相对稳定。

调节呼吸活动的化学感受器，按所在部位的不同，分为外周化学感受器和中枢化学感受器。**外周化学感受器**是指颈动脉小球和主动脉小球，感受血液中 PO_2、PCO_2 或 $[H^+]$ 的变化，冲动分别经窦神经和迷走神经传入延髓呼吸中枢。**中枢化学感受器**位于延髓腹外侧浅表部位，左右对称，感受脑脊液和局部细胞外液中 $[H^+]$ 的变化，通过与延髓呼吸中枢的联系，引起呼吸运动的变化。

（1）CO_2 对呼吸的调节：在麻醉动物或人，动脉血液中 PCO_2 很低时，可以发生呼吸暂停。因此，动脉血液中一定水平的 PCO_2 是维持呼吸中枢兴奋性所不可缺少的条件，CO_2 是调节呼吸最重要的生理性因子。在一定范围内，动脉血液中 PCO_2 升高，可加强对呼吸的刺激作用，但超过一定限度则有抑制或麻醉效应。

CO_2 对呼吸的调节作用是通过两条途径来实现的：一条途径是通过刺激中枢化学感受器再兴奋呼吸中枢；另一条途径是刺激外周化学感受器，反射性地引起呼吸加深加快。这两条途径中，前者是主要的，后者可能在引起快速呼吸反应中起重要作用。

(2) H^+ 对呼吸的调节：血液中 $[H^+]$ 升高，可引起呼吸加深加快，$[H^+]$ 降低，呼吸则受到抑制。H^+ 对呼吸的调节作用也是通过刺激外周化学感受器和中枢化学感受器而实现的。由于血液中 H^+ 通过血 - 脑屏障的速度慢，限制了 H^+ 对中枢化学感受器的刺激作用，H^+ 对中枢化学感受器的作用不及 CO_2。

(3) O_2 对呼吸的调节：当动脉血液中 PO_2 下降到 80mmHg 以下时，可出现呼吸加深加快，肺通气量增加。可见动脉血液中 PO_2 对正常呼吸的调节作用不大。严重肺部疾患引起持续的低 O_2 和 CO_2 潴留，中枢化学感受器对 CO_2 的刺激发生适应，这种情况下，低 O_2 成为驱动呼吸的重要因素。切断动物的外周化学感受器传入神经，低 O_2 不再引起呼吸加强，说明低 O_2 对呼吸的调节作用完全是通过刺激外周化学感受器而实现的。严重的低 O_2 使中枢抑制，从而导致呼吸抑制。

考点：呼吸中枢的概念；肺牵张反射的概念及其生理意义

2. 肺牵张反射 是指由肺的扩张或肺萎缩引起的吸气抑制或吸气兴奋的反射。其反射过程：吸气时肺扩张，位于气管到细支气管平滑肌层的牵张感受器受到刺激而兴奋，冲动沿迷走神经传入纤维到达延髓呼吸中枢，通过中枢内一定的神经联系，抑制吸气活动，使吸气及时向呼气转化，加快呼吸的频率。其生理意义在于防止吸气过深过长，促进吸气转化为呼气。

肺牵张反射存在种属差异，人类的肺牵张反射最弱，在平静呼吸时，肺牵张反射不参与人的呼吸调节。在肺淤血、肺水肿等病理情况下，由于肺的顺应性降低，肺扩张时对呼吸道的牵张刺激较强，可以引起该反射，使呼吸变浅变快。

3. 呼吸肌本体感受性反射 呼吸肌的本体感受器是肌梭，当肌肉受到牵拉时，感受器受到刺激，可以反射性地引起呼吸肌收缩，即呼吸肌本体感受性反射。

4. 防御性呼吸反射 是呼吸道黏膜受到刺激时，所引起复杂的保护性呼吸反射，常见的有咳嗽反射和喷嚏反射。咳嗽反射是在喉、气管或支气管黏膜受到机械或化学性刺激时引起，其生理意义是清洁、保护和维持呼吸道的通畅。喷嚏反射由鼻黏膜受到刺激而引起，其生理意义是清除鼻腔中的刺激物。

（刘　强）

小结

呼吸系统由呼吸道和肺两部分组成。呼吸道是传送气体的通道，由鼻、咽、喉、气管和各级支气管组成。肺是进行气体交换的器官，由肺实质和肺间质两部分构成。肺实质分为肺导气部和肺呼吸部两部分。肺导气部只有输送气体的功能，而肺呼吸部的管壁由于不同程度地出现了肺泡，故各部均具有气体交换的功能。胸膜腔是左右独立、互不相通的密闭腔隙，肋膈隐窝为胸膜腔的最低部位，是胸膜腔诊断性和治疗性穿刺的常选部位。

呼吸是维持机体生命活动所必需的基本生理过程之一，一旦呼吸停止，生命便将结束。呼吸过程包括外呼吸、气体在血液中的运输和组织换气 3 个环节。肺通气的原动力是呼吸肌舒缩，直接动力是肺内压和大气的压力差。肺活量在一定程度上可作为评价肺通气功能的静态指标；而用力呼气量是反映呼气时所遇到阻力的变化，是评价肺通气功能的较好指标。肺泡通气量是反映肺通气效率的较好指标。气体运输是沟通肺换气和组织换气的重要环节，而气体运输的方式主要以化学结合形式运输。肺换气的结果是使原来的静脉血变成了动脉血；而组织换气的结果是使原来的动脉血变成了静脉血。

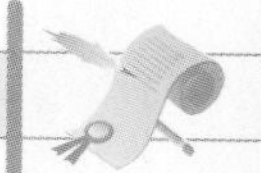

自测题

一、名词解释

1. 上呼吸道 2. 声门裂 3. 肺门 4. 呼吸膜 5. 肋膈隐窝 6. 纵隔 6. 呼吸 7. 肺通气 8. 胸膜腔负压 9. 肺活量 10. 肺泡无效腔 11. 肺牵张反射

二、填空题

1. 呼吸系统由________和________两部分组成。
2. 鼻腔的黏膜按功能分为________和________两部分。
3. 喉软骨包括成对的________和不成对的________、________和________。
4. 喉腔被________和________分为________、________和________ 3 部分。
5. 气管在________平面分为左、右主支气管，其分叉处称为________。
6. 肺导气部包括________、________、________、________和________ 5 部分。
7. 呼吸的全过程包括________、________和________。
8. 肺通气的直接动力是________与________之间的压力差。
9. 肺通气的阻力可分为________和________。
10. 肺泡通气量＝(________－________)×________。
11. CO_2 的运输方式主要以________的形式在________中运输。
12. 肺牵张反射的传入神经是________。
13. 外周化学感受器位于________与________，能感受血液中________、________、________的变化。
14. 常见的防御性呼吸反射有________和________。

三、选择题

A_1 型题

1. 鼻腔黏膜的易出血区位于（　　）
   A. 鼻中隔前下部　　B. 呼吸区
   C. 鼻中隔前中部　　D. 嗅区
   E. 鼻中隔上部
2. 喉结位于下列何结构上（　　）
   A. 会厌软骨　　B. 甲状软骨
   C. 杓状软骨　　D. 环状软骨
   E. 舌骨
3. 在吞咽时，关闭喉口的结构是（　　）
   A. 甲状软骨　　B. 环状软骨
   C. 会厌　　D. 杓状软骨
   E. 舌
4. 喉腔最狭窄的部位在（　　）
   A. 前庭裂　　B. 喉室
   C. 喉中间腔　　D. 声门裂
   E. 声门下腔
5. 进行支气管镜检查时的定位标志是（　　）
   A. 气管分叉处　　B. 左主支气管
   C. 右主支气管　　D. 声门裂
   E. 气管隆嵴
6. 关于肺的描述，错误的是（　　）
   A. 前缘锐利，后缘钝圆
   B. 心切迹位于左肺前缘下份
   C. 右肺较左肺粗短
   D. 两肺均有斜裂和水平裂
   E. 肺尖高出锁骨内侧 1/3 段上方约 2.5cm
7. 在支气管树中，肺泡最早出现于（　　）
   A. 呼吸性细支气管　　B. 终末细支气管
   C. 肺泡管　　D. 肺泡囊
   E. 细支气管
8. 能分泌肺泡表面活性物质的细胞是（　　）
   A.I 型肺泡细胞　　B. Ⅱ型肺泡细胞
   C. 杯形细胞　　D. 尘细胞
   E. 肺巨噬细胞
9. 胸膜下界的体表投影在腋中线处与（　　）
   A. 第 6 肋相交　　B. 第 7 肋相交
   C. 第 8 肋相交　　D. 第 9 肋相交
   E. 第 10 肋相交
10. 肺通气的原动力是（　　）
   A. 肺本身的舒缩运动
   B. 肺内压与大气压之间的压力差

C. 肺内压的变化

D. 呼吸肌的舒缩运动

E. 胸膜腔内压的变化

11. 平静呼吸和用力呼吸的相同点是（　　）

A. 吸气是主动的　　B. 呼气是主动的

C. 吸气是被动的　　D. 呼气是被动的

E. 有辅助呼气肌帮助

12. 肺的有效通气量是指（　　）

A. 肺活量　　B. 每分通气量

C. 肺泡通气量　　D. 最大通气量

E. 潮气量

13. 某人的潮气量为 500ml，呼吸频率为 14 次 / 分，肺泡通气量为（　　）

A.3000ml　　B.4000ml

C.5000ml　　D.4500ml

E.5500ml

14. 肺换气的动力是（　　）

A. 呼吸肌的舒缩活动

B. 肺内压与大气压之差

C. 胸内压与肺内压之差

D. 肺泡气与血液间的气体分压差

E. 肺的舒缩活动

15. 关于胸膜腔内压，描述错误的是（　　）

A. 呼气时为正压

B. 吸气时为负压

C. 胸内压 = 肺内压—肺的回缩力

D. 呼气时负压值减小

E. 吸气时负压值增大

16. 正常成人时间肺活量的数值是（　　）

A. 第 1 秒末约为肺通气量的 83%

B. 第 1 秒末约为肺活量的 83%

C. 第 1 秒末约为最大通气量的 83%

D. 第 2 秒末约为肺通气量的 96%

E. 第 3 秒末约为肺通气量的 99%

17. 使肺换气效率最佳的通气 / 血流比值是（　　）

A.0.64　　B.0.74　　C.0.84

D.0.94　　E.1.04

18. 体内氧分压最高的部位在（　　）

A. 肺泡气　　B. 细胞内液

C. 组织液　　D. 动脉血

E. 静脉血

19. 维持正常呼吸节律的中枢部位是（　　）

A. 脊髓和延髓　　B. 脊髓和脑桥

C. 延髓和脑桥　　D. 中脑和脑桥

E. 大脑皮质

20. 肺牵张反射的作用是（　　）

A. 使呼气向吸气转化

B. 使吸气向呼气转化

C. 兴奋吸气和呼气

D. 属于正反馈调节

E. 正常情况下对呼吸起到重要调节作用

21. 呼吸调整中枢位于（　　）

A. 延髓　　B. 中脑

C. 脊髓　　D. 脑桥

E. 大脑

22. 调节节律性呼吸的基本中枢位于（　　）

A. 脊髓　　B. 延髓

C. 脑桥　　D. 小脑

E. 大脑皮质

23. 缺 O_2 和血液 $[H^+]$ 升高引起呼吸运动增强的主要途径是（　　）

A. 直接兴奋呼吸中枢

B. 兴奋肺牵张反射

C. 刺激中枢化学感受器

D. 刺激呼吸肌

E. 刺激外周化学感受器

24. 血液中 PCO_2 升高时，呼吸运动增强的主要途径是（　　）

A. 刺激中枢化学感受器

B. 刺激外周化学感受器

C. 直接作用于呼吸中枢

D. 引起肺牵张反射

E. 引起呼吸肌本体感受器反射

A_2 型题

25. 患儿女，5 岁。因呼吸困难而来医院就诊，诊断为喉部水肿导致的喉阻塞。病变部位最有可能发生在（　　）

A. 喉口　　B. 喉中间腔

C. 声门下腔　　D. 喉室

E. 喉前庭

26. 患者女，18 岁。患结核性胸膜炎一年，有低热、胸痛、胸闷和轻度气急等症状。体征：患侧胸部呼吸运动受限、触及胸膜有摩擦感。经 B 超检查发现胸腔积液。关于胸膜腔的描

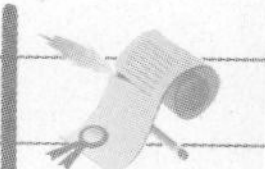

述，错误的是（　　）

A. 是由脏胸膜与壁胸膜移行而成的密闭腔隙

B. 肺位于胸膜腔内

C. 左右各一，互不相通

D. 胸膜腔内呈负压

E. 胸腔积液首先积聚于肋膈隐窝

四、简答题

1. 鼻旁窦有哪几对？各开口于何处？
2. 气管内异物易坠入哪一侧主支气管？为什么？
3. 人体吸入的 O_2 经过呼吸系统的哪些结构才能到达肺泡毛细血管内进行气体交换？
4. 鼻翼扇动提示什么？哪些情况下会出现用力呼吸？
5. 平静呼吸时气体是怎样进出肺的？
6. 呼吸时肺内压和胸内压各有何变化？
7. 胸膜腔负压有何生理意义？
8. 肺活量和用力呼气量有何不同？
9. 影响肺换气的因素有哪些？

（颜盛鉴　刘　强）

7

第七章　泌尿系统

机体在新陈代谢过程中产生的各种代谢废物要经过血液循环，通过尿液及时排出体外。那么，泌尿系统是如何组成的？它们的形态、结构和功能怎样？尿液是怎样产生并经哪些结构排出体外的？让我们带着这些神奇而有趣的问题一起来探究人体泌尿系统的奥秘。

考点：泌尿系统的组成及肾的功能

泌尿系统（urinary system）由肾、输尿管、膀胱和尿道4部分组成（图7-1）。肾是人体最重要的排泄器官，其主要功能是通过产生尿液，排出机体在新陈代谢过程中产生的溶于水的代谢废物（如尿素、尿酸等）及多余的水分和无机盐等，以维持机体内环境的稳定。输尿管为输送尿液至膀胱的管道，膀胱为暂时贮存尿液的器官，当尿液积存到一定量时，再经尿道排出体外。

第一节　肾

案例7-1

患者男，60岁。因腰痛伴腹痛急诊入院。体格检查：右肾区叩击痛明显，右下腹有轻度压痛。尿常规检查可见红细胞，经B超探查，右肾盂有1.1cm大小之高密度阴影。临床诊断：右肾盂结石。

问题：1. 肾门位于何处？出入肾门的结构有哪些？

2. 何为肾区？肾区叩击痛明显，提示何器官可能有病变？

3. 肾小囊腔内的原尿经过哪些结构才能排出体外？

一、肾的形态和位置

1. 肾的形态　肾（kidney）是成对的实质性器官，形似蚕豆，新鲜时呈红褐色，质地柔软，表面光滑。肾可分为上下两端、前后两面和内外侧两缘（图7-1）。上端宽而薄，下端窄而厚。前面凸向前外侧，后面紧贴腹后壁。外侧缘隆凸，内侧缘中部凹陷称为**肾门**，是肾动脉、肾静脉、肾盂、神经和淋巴管出入肾的门户。出入肾门的各结构被结缔组织包裹形成**肾蒂**，右侧肾蒂较左侧短，故临床上右肾手术较左肾难度大。肾门向肾实质内凹陷形成的潜在性腔隙称为肾窦，其内容纳肾动脉的分支、肾静脉的属支、肾小盏、肾大盏、肾盂及脂肪组织等。

考点：出入肾门的结构；肾的位置；肾区的概念及其临床意义

2. 肾的位置　肾位于腹膜后脊柱的两侧，属于腹膜外位器官。左肾在第11胸椎体下缘至第2腰椎体下缘之间（图7-2，图7-3），右肾在第12胸椎上缘至第3腰椎体上缘之间。

右肾因受肝的影响而较左肾略低 1 ～ 2cm，第 12 肋分别斜越左肾后面的中部和右肾后面的上部。肾门约平对第 1 腰椎体平面，在腹后壁的体表投影点位于竖脊肌的外侧缘与第 12 肋所构成的夹角处，该处称为**肾区**。肾病患者触压或叩击肾区可引起疼痛。

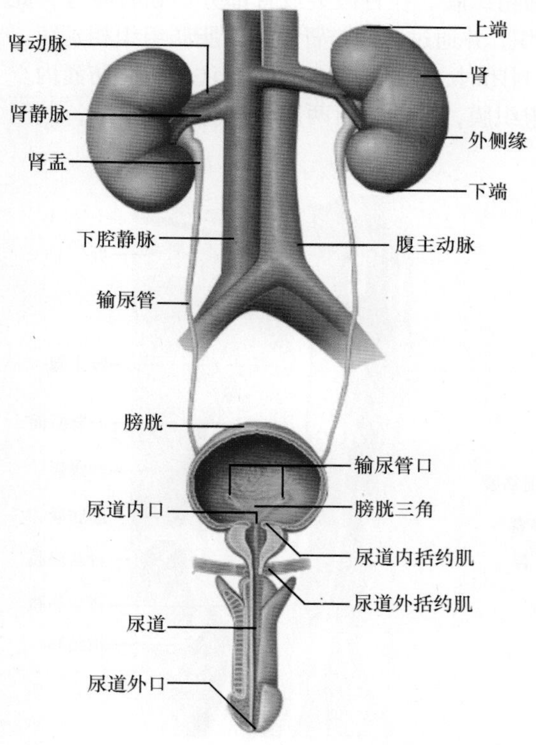

图 7-1　男性泌尿生殖系统

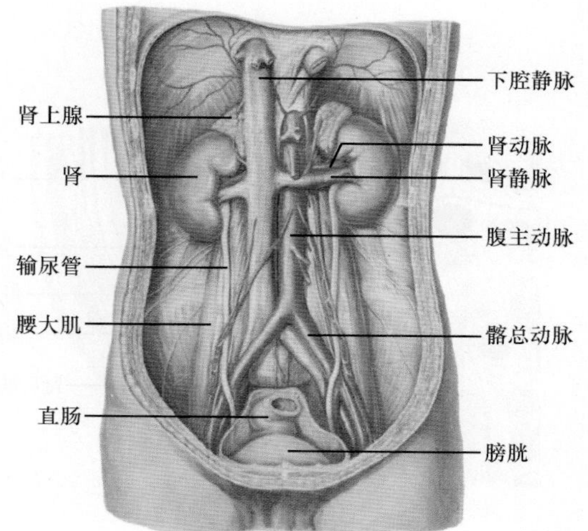

图 7-2　肾和输尿管

链接

肾 移 植

肾移植是将有功能的肾由活着的亲属身上或脑死亡患者的身体取出，植入接受者的右侧或左侧下腹部髂窝处，以代替失去功能肾的一种器官移植手术。人类历史上第 1 个移植成功的器官就是肾，也是到目前为止移植效果最好的。第 1 例肾移植是由美国的莫利在 1954 年施行，他也因此而获得了 1990 年度的诺贝尔奖。我国肾移植始于 20 世纪 70 年代，目前 5 年有功能存活率为 50% ～ 70%。

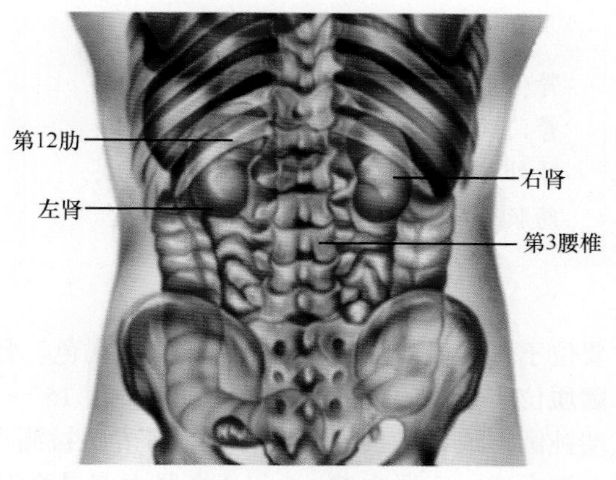

图 7-3　肾与肋骨、椎骨的位置关系（后面观）

二、肾的被膜

考点：肾的被膜；肾囊封闭的注入部位

肾的表面由内向外依次包有纤维囊、脂肪囊和肾筋膜3层被膜（图7-4）。①**纤维囊**：为紧贴肾实质表面的一层薄而坚韧的致密结缔组织膜。在肾破裂或肾部分切除时应缝合此膜。②**脂肪囊**：是包裹在纤维囊外周的脂肪组织，并通过肾门与肾窦内的脂肪组织相延续，对肾起着弹性垫样的保护作用。临床上做肾囊封闭时，是将药液经腹后壁注入肾脂肪囊内。③**肾筋膜**：是覆盖在脂肪囊外面的致密结缔组织膜，分前、后两层包裹肾和肾上腺，其间有输尿管通过。

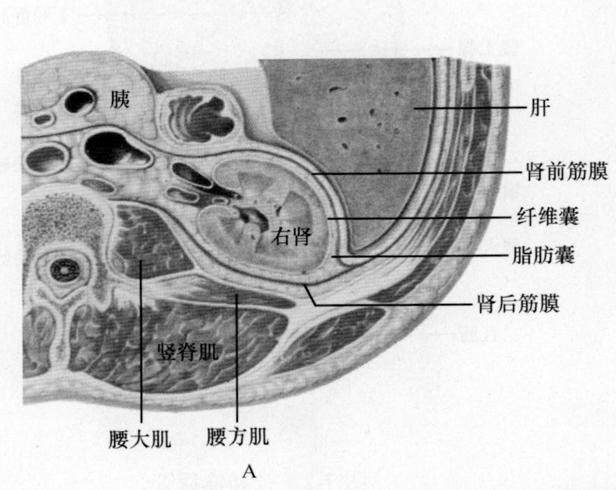

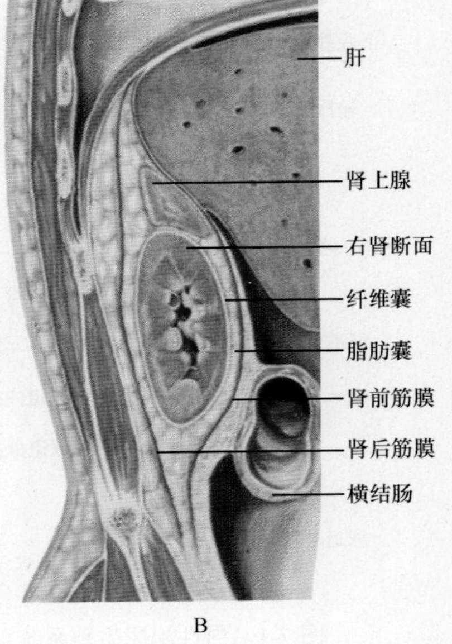

图7-4 肾的被膜

A.横切面；B.矢状切面

歌诀助记

肾

肾似蚕豆表面光，脊柱两旁腹后藏；
肾门约平第1腰，病变肾区叩击痛；
肾外被膜三层包，纤维衬衣脂肪袄；
筋膜外罩前后包，肾囊封闭脂肪囊。

肾的正常位置依赖于肾的被膜、血管、邻近器官、腹膜和腹内压等多种因素的维持。由于肾前、后筋膜下方开放，当肾周脂肪减少或固定结构薄弱时，可出现肾下垂或游走肾。

三、肾的构造

在肾的冠状切面上，肾实质可分为肾皮质和肾髓质两部分（图7-5）。**肾皮质**主要位于肾实质的浅层，新鲜标本呈红褐色。肾皮质伸入到肾锥体之间的部分称为**肾柱**。**肾髓质**位于肾皮质的深部，呈淡红色，由15～20个肾锥体构成。**肾锥体**的底朝向皮质，尖端钝圆形成**肾乳头**而朝向肾窦。肾乳头被漏斗状的膜性管道**肾小盏**所包绕，2～3个肾小盏汇合成一个**肾大盏**，2～3个肾大盏最终汇合形成一个扁漏斗状的**肾盂**。肾盂出肾门后向下弯曲，逐渐变细移行为输尿管。肾盂是炎症和结石的好发部位。

四、肾的微细结构

肾实质主要由肾单位和集合管构成，其间有少量结缔组织、血管和神经等构成的肾间质。每个肾单位包括一个肾小体和一条与它相连的肾小管。肾小管和集合管都是由单层上皮构成的管道，均与尿液形成有关，故合称为**泌尿小管**。

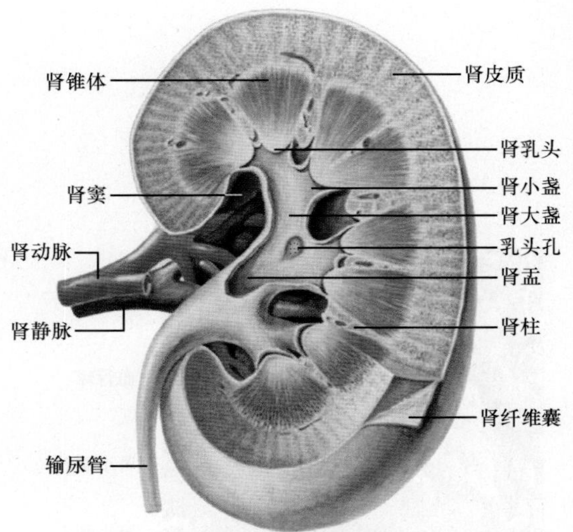

图 7-5　右肾冠状切面

（一）肾单位

肾单位是肾的结构和功能单位，由肾小体和肾小管组成（图 7-6），每个肾约有 150 万个肾单位。

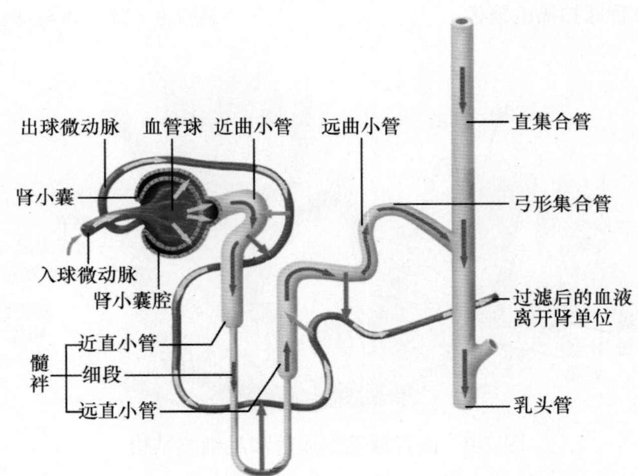

图 7-6　肾单位和集合管的结构以及尿液生成过程

1. 肾小体　形似球形，又称**肾小球**，位于肾皮质内，由血管球和肾小囊组成。

(1) 血管球：是位于入球微动脉与出球微动脉之间一团蟠曲成球状的毛细血管（图 7-6，图 7-7），被肾小囊包裹。毛细血管由一层有孔的内皮细胞和基膜构成。由于入球微动脉管径较出球微动脉粗，使血管球毛细血管内形成较高的压力，故有利于血浆成分的滤过。

(2) 肾小囊：是肾小管起始端膨大并向内凹陷形成的杯状双层囊，两层之间的狭窄腔隙称为**肾小囊腔**。壁（外）层为单层扁平上皮，与近曲小管的上皮相延续。脏（内）层由足细胞构成（图 7-8，图 7-9），在扫描电镜下，可见**足细胞**从胞体发出几个粗大的初级突起，初级突起再发出许多指状的次级突起，相邻次级突起互相嵌插成栅栏状，紧贴在毛细血管基膜的外面。次级突起之间有宽约 25nm 的裂隙，称为**裂孔**，裂孔上覆盖一层极薄的**裂孔膜**（图 7-10）。

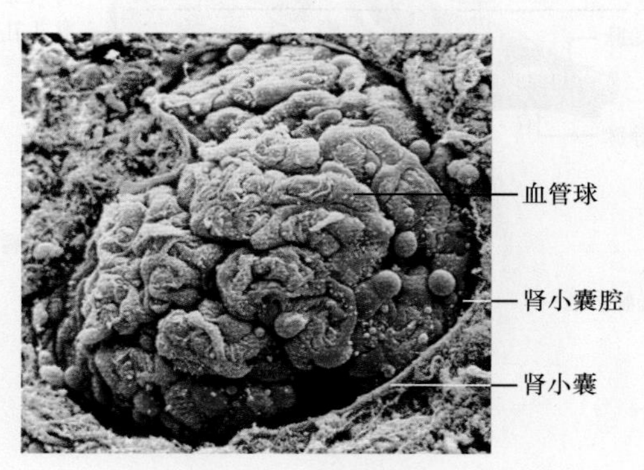

图 7-7 血管球扫描电镜像

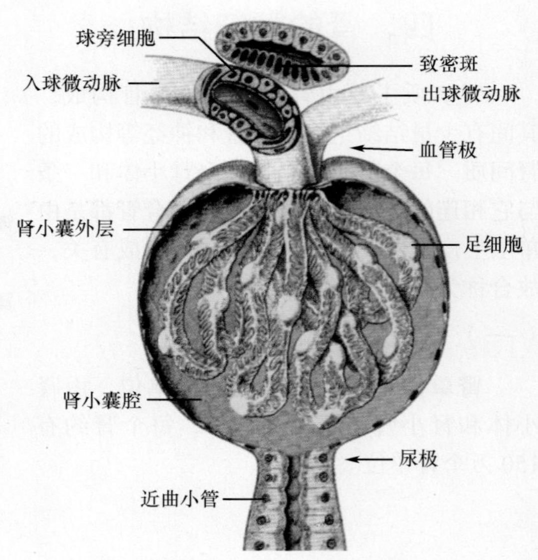

图 7-8 肾小体与球旁复合体

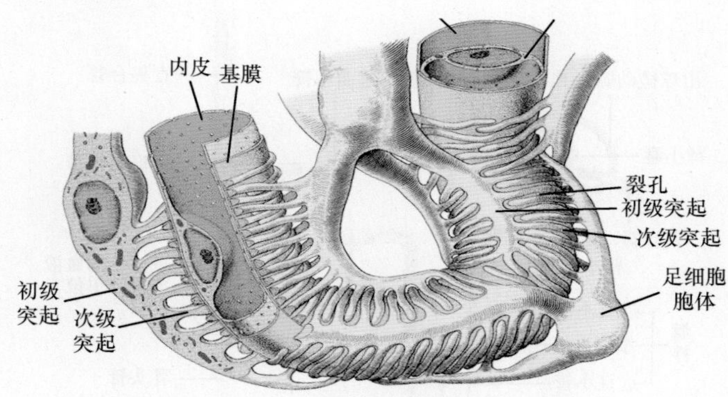

图 7-9 血管球毛细血管和足细胞结构

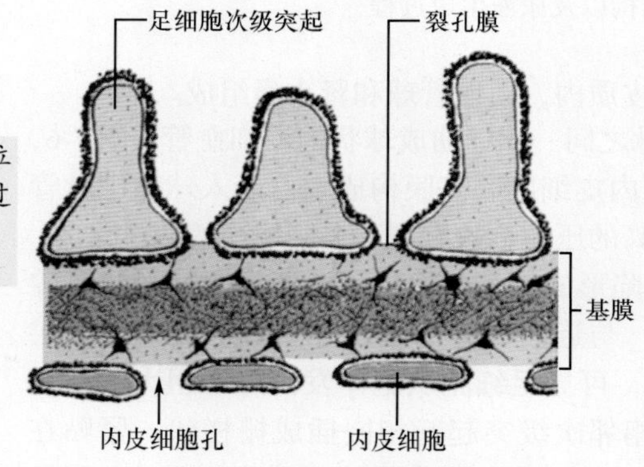

图 7-10 滤过屏障结构

考点：肾单位的组成；滤过膜的概念

（3）滤过屏障：肾小体犹如一个滤过器，当血液流经血管球毛细血管时，由于毛细血管内血压较高，血浆内部分物质经有孔内皮、基膜和足细胞裂孔膜滤入肾小囊腔，这 3 层结构统称为**滤过屏障**或**滤过膜**（图 7-10），对血浆成分具有选择性通透作用。经滤过膜滤入肾小囊腔的滤液称为原尿。

2. 肾小管 是由单层上皮构成的细长而弯曲的管道，从近端至远端依次分为近端小管、细段和远端小管 3 部分（图 7-6）。肾小管周围的血管内皮细胞能产生促红细胞生成素，刺激骨髓生成红细胞，肾病晚期往往伴有贫血。

（1）近端小管：是肾小管中最长、最粗的一段，约占肾小管总长的一半，分为**近曲小管**和**近直小管**两段。近曲小管是肾小管的起始部，与肾小囊腔相连通，壁厚腔小而不规则

（图 7-11），上皮细胞呈立方形或锥体形，胞质呈嗜酸性，细胞分界不清，游离面有刷状缘。近端小管的上述结构特点使其具有良好的吸收功能，是重吸收原尿成分的主要场所。

(2) 细段：是肾小管中管径最细的部分，由单层扁平上皮构成。由于细段上皮薄，故有利于水和离子通透。

(3) 远端小管：包括**远直小管**和**远曲小管**。壁薄、管腔较大而规则，上皮细胞呈立方形（图 7-11），细胞分界较清晰，游离面无刷状缘。远曲小管是离子交换的重要部位。

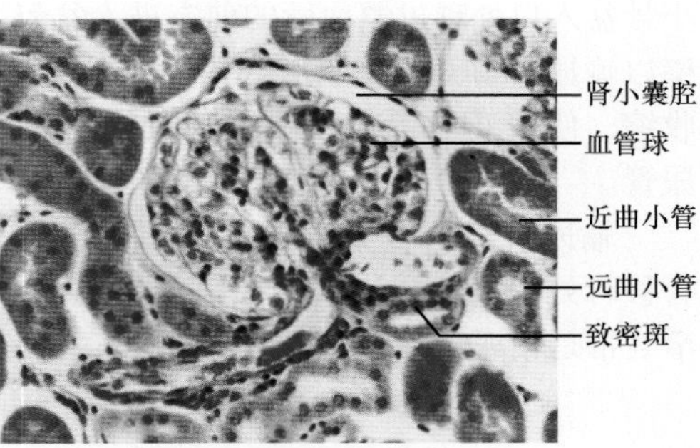

图 7-11 肾皮质光镜结构像

在肾髓质内，由近直小管、细段和远直小管三者构成的“U”形结构，称为**髓袢**或**肾单位袢**（图 7-6）。其主要功能是减缓原尿在肾小管中的流速，有利于肾小管对水和部分离子的吸收。

（二）集合管

集合管分为**弓形集合管**、**直集合管**和**乳头管** 3 段（图 7-6）。弓形集合管连于远曲小管与直集合管之间，直集合管在肾皮质和肾锥体内下行，至肾乳头处改称为乳头管，开口于肾小盏。集合管具有重吸收原尿中水和无机盐的功能，使原尿进一步浓缩。

综上所述，肾小体形成的原尿，依次流经近曲小管→近直小管→细段→远直小管→远曲小管→弓形集合管→直集合管→乳头管（终尿）→肾小盏→肾大盏→肾盂→输尿管→膀胱→尿道→排出体外。

（三）球旁复合体

球旁复合体又称为肾小球旁器，由球旁细胞、致密斑和球外系膜细胞组成。

1. 球旁细胞 在入球微动脉接近肾小体处，管壁中膜的平滑肌细胞分化为上皮样细胞，称为球旁细胞（图 7-8）。球旁细胞分泌的肾素能使血压升高。

2. 致密斑 为远端小管靠近肾小体侧的上皮细胞增高、变窄而形成的椭圆形斑（图 7-8，图 7-11）。致密斑是 Na^+ 感受器，能敏锐地感受远端小管内 Na^+ 浓度的变化。当 Na^+ 浓度降低时，将信息传递给球旁细胞并促进其分泌肾素。

五、肾的血液循环特点

肾的血液循环一是营养肾组织，二是参与尿液的形成。其特点：①肾动脉直接发自腹主动脉，短而粗，因而血流量大、流速快，约占心输出量的 1/4；②入球微动脉较出球微动脉粗，使血管球毛细血管内形成较高的压力，有利于血浆滤出形成原尿；③出球微动脉在肾小管周围形成球后毛细血管网，压力低，有利于肾小管和集合管重吸收的物质进入血液。

（秦 辰）

第二节 排尿管道

一、输 尿 管

输尿管是一对细长的肌性管道，上端与肾盂相接，在腹膜后沿腰大肌的前面下行，在小骨盆入口处越过髂血管的前方进入盆腔（图 7-1，图 7-2），在膀胱底的外上角，斜穿膀胱壁以输尿管口开口于膀胱底内面。输尿管常有数目和形态的变异。输尿管平滑肌有节律地收缩，使尿液不断流入膀胱。当膀胱充盈时，输尿管壁受压而封闭，可阻止尿液逆流入输尿管。

考点：输尿管3处狭窄的位置

输尿管长 20 ～ 30cm，管径为 0.5 ～ 1.0cm，全长有 3 处狭窄：上狭窄位于肾盂与输尿管移行处；中狭窄位于小骨盆入口、跨越髂血管处；下狭窄位于输尿管斜穿膀胱壁处。狭窄处常是输尿管结石易嵌留的部位。

歌诀助记

输 尿 管

输尿管，细而长，上起肾盂下终胱；
三处狭窄要牢记，起始越髂穿膀胱。

二、膀 胱

膀胱是暂时贮存尿液的肌性囊状器官，其形态、大小、位置、壁的厚度及毗邻关系均随尿液的充盈程度不同而异。成人膀胱容量为 350 ～ 500ml，最大容量可达 800ml，新生儿的膀胱容量约为成人的 1/10。

1. 膀胱的形态 空虚时的膀胱呈三棱锥体形，分为尖、体、底和颈 4 部（图 7-12），各部之间无明显界限。**膀胱尖**朝向前上方，**膀胱底**朝向后下方，膀胱尖与底之间的部分为**膀胱体**，膀胱的最下部为**膀胱颈**，颈的下端有尿道内口与尿道相接。膀胱充盈时呈卵圆形。

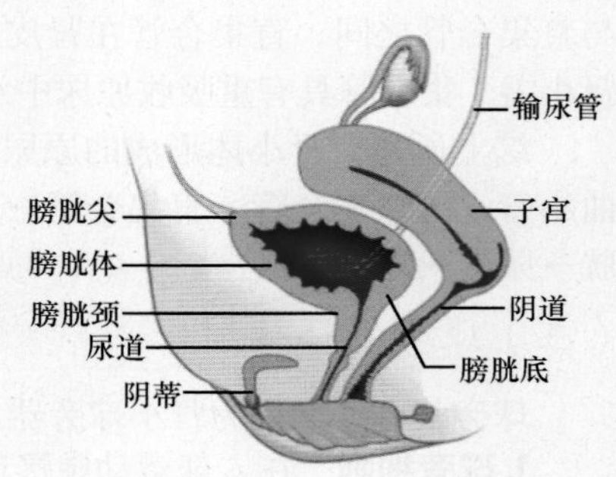

图 7-12 膀胱的形态

2. 膀胱的位置与毗邻 成人膀胱位于盆腔的前部（图 7-12，图 7-13），其前方是耻骨联合，故耻骨骨折易损伤膀胱；后方在男性与精囊、输精管末端和直肠相邻，在女性则与子宫和阴道相邻；膀胱颈下方男性邻接前列腺，女性邻接尿生殖膈。

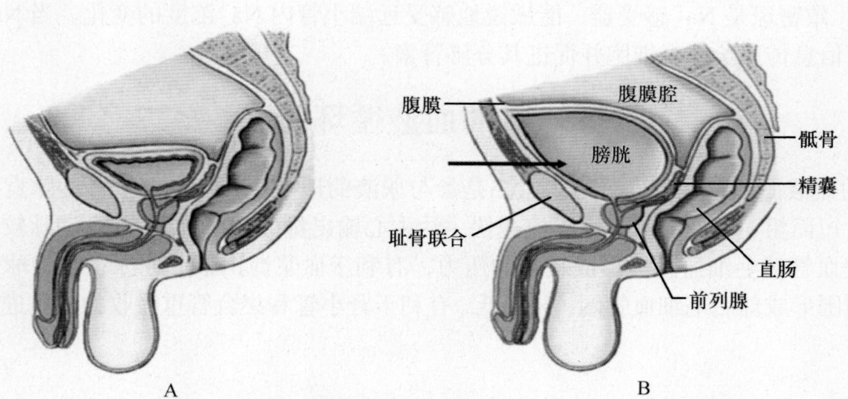

图 7-13 膀胱与腹膜关系（男性骨盆正中矢状切面）

A. 膀胱空虚时；B. 膀胱充盈时

空虚时的膀胱尖不超过耻骨联合上缘。充盈时的膀胱尖即上升至耻骨联合以上，此时，由腹前壁折向膀胱上面的腹膜也随之上移，使膀胱前壁直接与腹前壁相贴，临床上常利用这种解剖关系在耻骨联合上方1～2cm处垂直进针2～3cm进行膀胱穿刺术，这样既不经过腹膜腔，也不会伤及腹膜和污染腹膜腔。穿刺针依次穿经皮肤、浅筋膜、腹白线、腹横筋膜、膀胱前壁而达膀胱腔。

3. 膀胱壁的结构特点 膀胱壁由内向外由黏膜、肌层和外膜构成。黏膜上皮为变移上皮。膀胱收缩时，黏膜形成许多皱襞，充盈时皱襞扩展而消失。但在膀胱底内面，两输尿管口与尿道内口之间的三角形区域，黏膜与肌层紧密相连，无论膀胱充盈或空虚时，黏膜始终平滑无皱襞，此区称为**膀胱三角**（图7-1）。膀胱三角是肿瘤、结核和炎症的好发部位，也是膀胱镜检的重点区域。两输尿管口之间的横行黏膜皱襞，称为**输尿管间襞**，膀胱镜下所见为一苍白带，是临床上寻找输尿管口的标志。肌层由内纵行、中环行和外纵行的3层平滑肌构成，各层肌细胞互相交织共同构成**膀胱逼尿肌**，对排尿起重要作用。在尿道内口处，环行肌增厚形成尿道内括约肌。

膀胱三角

膀胱底内三角形，不见皱襞黏膜平；
输尿两口尿内口，膀胱三角故得名；
肿瘤结核好发部，膀胱镜检重点区；
输尿管口之间襞，尿管间襞有意义。

考点：膀胱三角的概念及其临床意义

三、尿　道

尿道是从膀胱通向体外的一条管道。男性尿道除有排尿功能外，还兼有排精功能，故在男性生殖系统中叙述。

女性尿道较男性尿道短、宽而直，易于扩张，长3～5cm，直径约0.6 cm，仅有排尿功能。它起自膀胱的尿道内口，经阴道前方行向前下（图7-12），穿过尿生殖膈，以尿道外口开口于阴道前庭，位于阴道口的前方。在穿过尿生殖膈处，周围有骨骼肌形成的尿道阴道括约肌环绕，有控制排尿的作用。由于女性尿道具有短、宽、直和易于扩张等特点，且开口于阴道前庭，后方又邻近阴道口和肛门，故易引起逆行性尿路感染。临床上为女性患者插导尿管时，要注意尿道外口的位置，尿管插入尿道的深度为4～6cm。

考点：女性尿道的特点及其开口部位

链接

您知道吗?

口服维生素B_2后，不久尿液呈黄色，药物在体内吸收、运行和排泄的具体途径：维生素B_2→口腔→咽峡→口咽→喉咽→食管→胃→十二指肠→空、回肠吸收→肠系膜上静脉（为主）→肝门静脉→小叶间静脉→肝血窦→中央静脉→小叶下静脉→肝静脉→下腔静脉→右心房→右房室口→右心室→肺动脉→肺泡毛细血管网→肺静脉→左心房→左房室口→左心室→升主动脉→主动脉弓→胸主动脉→腹主动脉→肾动脉及其分支→入球微动脉→血管球毛细血管→滤过屏障→肾小囊腔（原尿）→近曲小管→近直小管→细段→远直小管→远曲小管→弓形集合管→直集合管→乳头管→乳头孔（终尿）→肾小盏→肾大盏→肾盂→输尿管→膀胱→尿道→体外。

（秦　辰）

第三节 肾脏生理

案例 7-2

患者女，7 岁。因出现双眼睑水肿，并伴有尿少、血尿 3 天而来医院就诊。尿常规检查：尿呈洗肉水样，尿蛋白 (++)，红细胞布满视野。B 超显示两肾对称性增大。临床诊断：急性肾小球肾炎。

问题： 1. 水肿和少尿意味着患者的哪一个器官出现了异常？

2. 出现蛋白尿或血尿提示肾脏的哪个结构受到了破坏？

3. 为什么女性易患肾盂肾炎？其感染途径可能是什么？

机体将新陈代谢过程中产生的代谢终产物、多余的水和进入体内的异物等，经血液循环运送至某些器官排出体外的过程，称为**排泄**。人体排泄有多种途径（表 7-1），其中以肾脏最为重要。肾脏通过泌尿排出的排泄物种类最多、数量最大，当肾功能障碍时，其他器官不能替代，故肾是人体最重要的排泄器官。

表 7-1　人体的排泄途经及其排泄物

排泄途经	排泄物
肾	水、尿素、尿酸、肌酐、盐类、药物、毒物等
肺	CO_2、水、挥发性药物等
皮肤	水、盐类、少量尿素等
消化道	钙、镁、铁、磷等电解质、胆色素、毒物等

考点： 排泄的概念及其意义；机体主要排泄的途径

肾在泌尿过程中不仅起排泄作用，而且还对机体的水、电解质平衡和酸碱平衡起重要调节作用，在维持机体内环境稳态方面具有重要意义。此外，肾还能产生肾素、促红细胞生成素等生物活性物质。

一、尿液的生成过程

尿液的生成在肾单位和集合管中进行，包括 3 个基本过程：①肾小球的滤过作用；②肾小管和集合管的重吸收作用；③肾小管和集合管的分泌作用（图 7-14）。通过肾小球的滤过

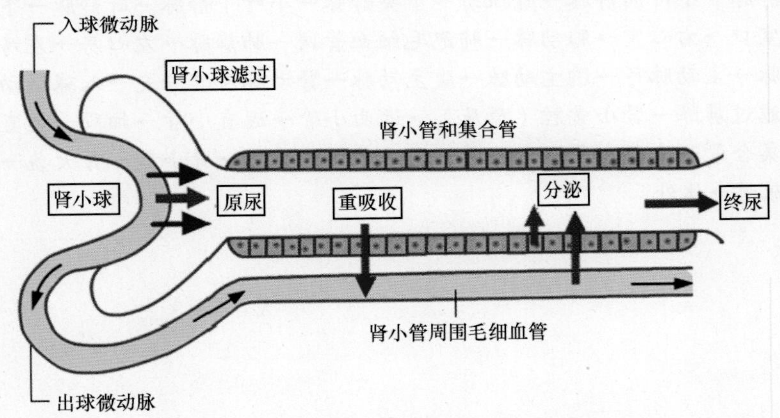

图 7-14　尿液的生成过程

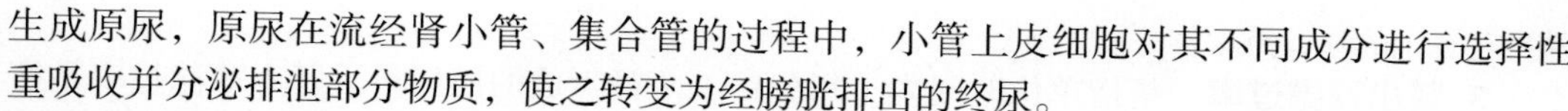

生成原尿，原尿在流经肾小管、集合管的过程中，小管上皮细胞对其不同成分进行选择性重吸收并分泌排泄部分物质，使之转变为经膀胱排出的终尿。

（一）肾小球的滤过作用

肾小球的滤过作用是指血液流经肾小球时，血浆中除大分子蛋白质外，其他水和小分子物质均可通过滤过膜进入肾小囊腔形成原尿的过程。微量分析结果显示，原尿中除不含大分子的血浆蛋白质外，其余成分、渗透压以及酸碱度基本上与血浆相近。原尿就是血浆的超滤液。

链接

血液透析

血液透析是临床上常用的血液净化方法之一，是利用半透膜原理，将患者的血液和透析液同时引入人工肾（即透析器）中，血液经半透膜与透析液相接触，身体蓄积的代谢废物，经半透膜扩散进入透析液中，同时尿毒症患者所缺乏的物质，则由透析液扩散进入血液。血液透析治疗用于急性肾衰竭及药物或毒物中毒的抢救治疗，是一种替代治疗。

1. 肾小球滤过膜 是滤过的结构基础（图 7-10）。正常人两肾全部肾小球的滤过面积 $1.5m^2$ 左右，滤过面积大且稳定。在滤过膜上存在有大小不等的孔道，构成滤过的机械屏障。一般来说，分子有效半径小于 2.0nm 的中性物质可自由滤过（如葡萄糖）；有效半径大于 4.2nm 的物质则不能滤过。在滤过膜上还存在带负电荷的糖蛋白，构成滤过的电屏障，可阻止血浆中某些带负电荷的物质通过（如白蛋白）。因此，肾小球滤过膜对物质的滤过起电化学屏障作用。以上结果表明，滤过膜的通透性不仅取决于滤过膜孔的大小，还取决于滤过膜所带的电荷。

2. 有效滤过压（EFP） 是肾小球滤过的动力，有效滤过压包括 3 部分力量，**肾小球毛细血管血压**是推动血浆滤出滤过膜的力量，而血浆胶体渗透压和囊内压是对抗滤过的力量。因此，肾小球有效滤过压＝肾小球毛细血管血压－（血浆胶体渗透压＋囊内压）（图 7-15）。据测定，肾小球有效滤过压的相关数据如表 7-2 所示。

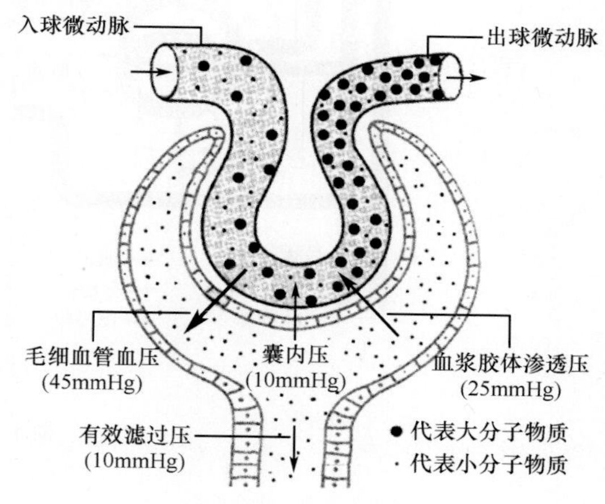

图 7-15 有效滤过压

表 7-2 肾小球有效滤过压各组力量数值（mmHg）

部位	毛细血管血压	血浆胶体渗透压	囊内压	有效滤过压
入球端	45	20	10	15
出球端	45	35	10	0

由表 7-2 可以看出，肾小球有效滤过压的大小，主要取决于血浆胶体渗透压的变化。从入球端的毛细血管开始，在血液流向肾小球毛细血管的出球端时，随着水和小分子物质的不断滤出，血浆中蛋白质浓度相对增加，导致血浆胶体渗透压逐渐升高，故有效滤过压则逐渐下降，当有效滤过压下降为零时，滤过即停止。一般情况下，滤过发生在靠近入球

端的毛细血管。

3. 肾小球滤过率 是指单位时间内（每分钟）两肾生成的原尿量。肾小球滤过率是衡量肾小球滤过功能的一项重要指标，正常成人安静时约为 125ml/ 分，依此计算，每昼夜生成的原尿量高达 180L。

（二）肾小管和集合管的重吸收作用

原尿流经肾小管和集合管时，其中某些成分经肾小管和集合管上皮细胞又重新返回血液的过程，称为肾小管和集合管的重吸收。进入肾小管后的原尿，称为**小管液**。

1. 重吸收的方式 有主动和被动两种。主动重吸收是指肾小管和集合管上皮细胞将小管液中的溶质逆浓度差或电位差转运到血液的过程，需要消耗能量。如葡萄糖、氨基酸、维生素、K^+、Na^+、Ca^{2+} 等是主动重吸收。被动重吸收是指小管液中的物质顺着浓度差或电位差转运到血液的过程，不需消耗能量。如水、尿素和大部分 Cl^- 等则是被动重吸收。

2. 重吸收的部位 肾小管各段和集合管都具有重吸收功能，但近端小管重吸收的物质种类最多、数量最大，因而是各类物质重吸收的主要部位。全部营养物质（如葡萄糖、氨基酸、甘油、脂肪酸、维生素等）几乎都在近端小管重吸收；65%～70%的水和大部分无机盐均在此段被重吸收，余下的水和盐类则在髓袢、远曲小管和集合管重吸收，少量随尿排出（图 7-16）。

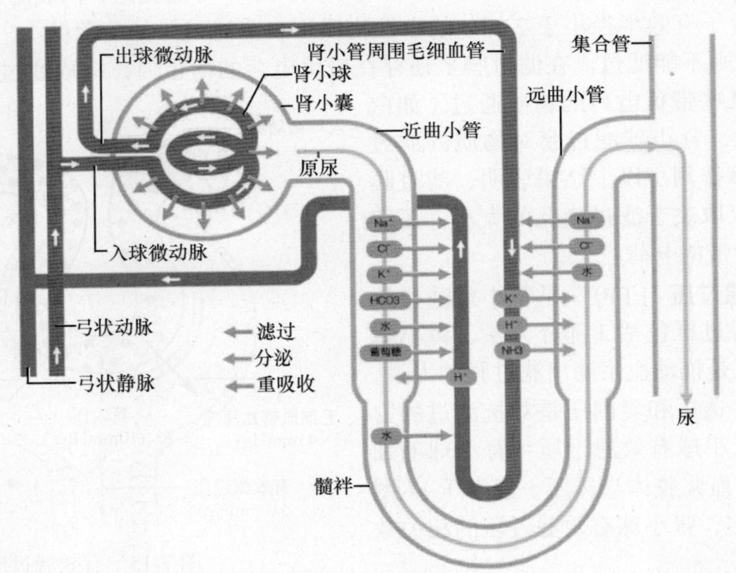

图 7-16　肾小管的重吸收与分泌

3. 重吸收的特点

(1) 量大：如肾小球滤过率是 125ml/ 分，每日生成的原尿总量可达 180L，而终尿量约为 1.5L，说明原尿中的水 99% 以上被重吸收入血。若对水的重吸收率减少 1%，尿量将会成倍增加。

(2) 选择性：机体对葡萄糖、氨基酸、甘油、脂肪酸、维生素等有用的物质全部重吸收；对 Na^+、Cl^- 和水等大部分重吸收；对尿素和磷酸根等小部分重吸收；对肌酐、NH_3 等无用的代谢终产物则完全不被重吸收。

(3) 有限性：近端小管对葡萄糖的重吸收有一定限度，当血糖浓度超过一定范围时，

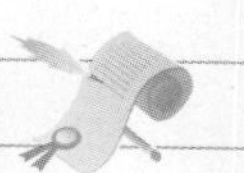

有部分肾小管对葡萄糖的重吸收已超过极限，此时尿中可出现葡萄糖，称为糖尿。通常把开始出现糖尿时的血糖浓度，称为**肾糖阈**。正常值为 8.9 ～ 10.0mmol/L。

考点：有效滤过压、肾小球滤过率和肾糖阈的概念

链接

糖　尿　病

糖尿病有现代文明病之称，是一种因胰岛素分泌绝对或相对不足，导致以高血糖为共同特征的内分泌代谢疾病。其典型症状为“三多一少”，即多饮、多尿、多食、消瘦。其多尿的原因是血糖增高超过肾糖阈，多余葡萄糖不能被近端小管重吸收，造成小管液中渗透压增高，从而阻碍了 NaCl 和水的重吸收，不仅尿量增多，而且尿中还出现葡萄糖。

（三）肾小管和集合管的分泌作用

肾小管和集合管上皮细胞将自身代谢产生的物质或血液中某些物质排入小管液的过程，称为分泌作用。分泌的主要物质是 H^+、NH_3 和 K^+，对维持体内酸碱平衡具有重要意义（第十五章第二节）。

二、影响和调节尿液生成的因素

尿的生成有赖于肾小球的滤过作用和肾小管、集合管的重吸收及分泌作用，故机体对尿生成的调节也就是通过对滤过作用和重吸收、分泌作用的调节来实现的。

（一）影响肾小球滤过的因素

1. 有效滤过压　肾小球滤过的动力是有效滤过压。决定有效滤过压的 3 个因素发生变化时，都会影响肾小球的滤过。

(1) 肾小球毛细血管血压：由于肾血流量存在自身调节机制，当动脉血压在 80 ～ 180mmHg 时，肾通过自身调节维持肾小球毛细血管血压相对稳定，从而使肾小球滤过率基本不变。如在剧烈运动时，或大失血后使平均动脉压下降到 80mmHg 以下，就会引起肾小球滤过率的减少，尿量减少；当休克时，动脉血压下降至 40mmHg 以下时，肾小球滤过率则降至零，从而出现无尿。此外，原发性高血压晚期，入球微动脉由于硬化而狭窄时，肾小球毛细血管血压也会明显降低，而使滤过率减少，可导致少尿，严重时可无尿。

(2) 血浆胶体渗透压：正常情况下，血浆蛋白浓度比较稳定，血浆胶体渗透压亦不会有明显波动。某些肝、肾疾病使血浆蛋白的浓度明显降低，或由静脉输入大量生理盐水使血浆蛋白被稀释，均可导致血浆胶体渗透压降低，有效滤过压升高，肾小球滤过率增加，尿量增多。

(3) 囊内压：在正常情况下，囊内压变化较小。肾盂或输尿管结石、肿瘤压迫或其他原因引起输尿管阻塞，小管液或终尿排不出去，可导致囊内压升高，有效滤过压降低，肾小球滤过率减少，尿量减少。

2. 滤过膜的面积和通透性　正常情况下，滤过膜的面积和通透性相对稳定。在病理情况下，如急性肾小球肾炎时，由于肾小球毛细血管的管腔变窄或闭塞，使滤过面积减少，滤过率下降，导致少尿以至无尿。又由于滤过膜带负电荷的糖蛋白减少或消失，滤过膜通透性增大，本来不能通过的蛋白质甚至红细胞滤出，而出现蛋白尿或血尿。

考点：影响肾小球滤过的因素

3. 肾血浆流量　在正常情况下，肾血流量在自身调节的基础上，肾血浆流量可保持相对稳定。只有在剧烈运动或处于大失血、严重缺氧等病理情况下，因交感神经强烈兴奋，

肾血管收缩使肾血流量和肾血浆流量明显减少，肾小球滤过率因而也显著降低，尿量减少。

（二）影响肾小管和集合管重吸收与分泌的因素

1. 小管液中溶质浓度 小管液中溶质浓度决定小管液渗透压的高低，而小管液渗透压是对抗水重吸收的力量。如果小管液中溶质浓度升高，渗透压升高，水的重吸收减少，排出的尿量将增多。例如，糖尿病患者或正常人摄入大量葡萄糖后，血糖升高超过肾糖阈，这时滤过的葡萄糖不能全部被近端小管重吸收，造成小管液中葡萄糖的浓度增加，小管液渗透压升高，从而阻碍了 NaCl 和 H_2O 的重吸收，出现尿量明显增多，所以糖尿病患者的多尿即由渗透性利尿所致。

临床上给病人静脉滴注甘露醇，由于甘露醇可被肾小球滤过而不易被肾小管重吸收，故可提高小管液中溶质的浓度，使尿量增加，以达到利尿消肿的目的，常用来治疗脑水肿、青光眼等疾病。

2. 抗利尿激素 由下丘脑视上核和室旁核的神经内分泌细胞合成的**抗利尿激素**（ADH）通过下丘脑 - 神经垂体束的轴突运输至神经垂体贮存，当机体需要时由此释放入血。

(1) 生理作用：主要是提高远曲小管和集合管上皮细胞对水的通透性，促进水的重吸收，使尿液浓缩，尿量减少。下丘脑或下丘脑垂体束病变时，ADH 的合成和释放发生障碍，可大量排出低渗尿，每日可达 10L 以上，临床称之为**尿崩症**。

(2) 调节因素：ADH 的释放主要受血浆晶体渗透压和循环血量的调节（图 7-17）。

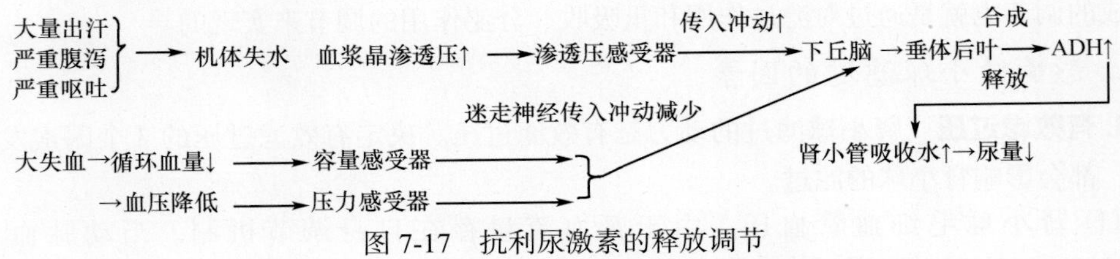

图 7-17 抗利尿激素的释放调节

1）血浆晶体渗透压：在下丘脑视上核附近区域有渗透压感受器，对血浆晶体渗透压的改变十分敏感。当血浆晶体渗透压增高时，渗透压感受器兴奋，反射性地引起 ADH 合成和释放增加；反之，当血浆晶体渗透压降低时，可引起 ADH 分泌和释放减少。例如，当人体缺水时（如大量出汗、呕吐、腹泻等），血浆晶体渗透压升高，对下丘脑渗透压感受器刺激增强，则 ADH 合成和释放增加，使远曲小管和集合管上皮细胞对水的重吸收明显增强，尿液浓缩，尿量减少。相反，大量饮清水后，血液被稀释，血浆晶体渗透压降低，对下丘脑渗透压感受器刺激减小，ADH 合成和释放减少，使远曲小管和集合管上皮细胞对水的重吸收明显减少，尿液稀释，尿量增多，以排出体内多余的水分。大量饮清水后引起尿量增多的现象，称为**水利尿**。

由此可见，血浆晶体渗透压和循环血量的变化，都可通过负反馈机制调节 ADH 的分泌和释放，以维持血浆晶体渗透压和循环血量的相对稳定。

2）循环血量：在左心房和胸腔大静脉壁上有容量感受器，主要感受循环血量的变化。当循环血量增加时，对容量感受器的刺激增强，经迷走神经传入中枢的冲动增加，反射性地抑制 ADH 的分泌和释放，使水重吸收减少，尿量增多。当机体失血，循环血量减少时，对容量感受器的刺激减弱，经迷走神经传入中枢的冲动减少，反射性地促进 ADH 的分泌和释放，使水重吸收增加，尿量减少。

3. 醛固酮 是由肾上腺皮质球状带细胞分泌的一种盐皮质激素。

(1) 生理作用：主要是促进远曲小管和集合管上皮细胞对 Na^+ 主动重吸收，同时促进

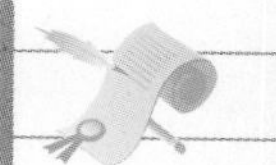

K^+ 的排出。Na^+ 重吸收又伴有 Cl^- 和水的重吸收。所以醛固酮具有保钠排钾、保持和稳定细胞外液的作用。

(2) 调节因素：醛固酮的分泌主要受肾素 - 血管紧张素 - 醛固酮系统和血 Na^+、血 K^+ 浓度的调节。

1) 肾素 - 血管紧张素 - 醛固酮系统（图 7-18）：肾素主要由球旁细胞分泌，当循环血量减少时，肾血流量减少，使入球微动脉牵张感受器兴奋、致密斑兴奋，球旁细胞分泌肾素增加；肾交感神经兴奋可直接刺激球旁细胞分泌肾素。肾素可作用于血浆中无活性的血管紧张素原（主要在肝脏产生）转变为血管紧张素Ⅰ，后者经过转换酶的作用变为血管紧张素Ⅱ，血管紧张素Ⅱ再经过氨基肽酶的作用下生成血管紧张素Ⅲ。血管紧张素Ⅱ和血管紧张素Ⅲ均可刺激肾上腺皮质球状带细胞合成和分泌醛固酮，从而实现保 Na^+、保水、排 K^+ 的作用。由于肾素、血管紧张素、醛固酮之间有密切的功能联系，故称为**肾素 - 血管紧张素 - 醛固酮系统**。

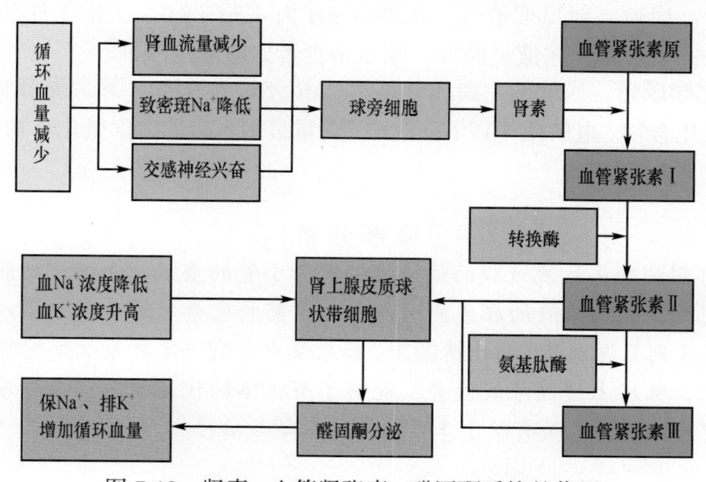

图 7-18 肾素 - 血管紧张素 - 醛固酮系统的作用

2) 血 Na^+、血 K^+ 浓度的调节：当血 Na^+ 浓度降低或血 K^+ 浓度升高时，可直接刺激肾上腺皮质球状带细胞分泌醛固酮，促进肾脏保 Na^+ 排 K^+；反之，当血 Na^+ 浓度增高或血 K^+ 浓度降低时，则抑制醛固酮分泌，从而维持机体血 Na^+ 和血 K^+ 浓度的相对稳定。

考点：渗透性利尿和水利尿的概念；抗利尿激素、醛固酮对尿液生成的调节

(3) 心房钠尿肽：又称心钠素或心房肽，是由心房肌细胞合成和分泌的激素。其主要作用是抑制 Na^+ 的重吸收，因而有较强的排 Na^+、排水作用，从而能够使血容量减少，血压降低。心房钠尿肽可使入球微动脉舒张，增加肾血浆流量和肾小球滤过率，抑制肾素、醛固酮和抗利尿素等分泌，从而达到利尿、利钠。

三、尿液的排放

肾生成尿是一个连续不断的过程，而终尿排出是间歇性的。这是因为尿由肾生成后，即经输尿管的蠕动送入膀胱暂时贮存，只有达到一定量时，反射性地引起排尿活动，才能将尿液排出体外。

（一）尿量与尿的理化性质

1. 尿量 正常成人每昼夜尿量为 1000 ～ 2000ml，平均为 1500ml。尿量的多少与饮水量及其他途径所排出的液体量有关。异常情况下，每昼夜尿量长期超过 2500ml，称为**多尿**；每昼夜尿量为 100 ～ 400ml 或每小时尿量小于 17ml，称为**少尿**；每昼夜尿量少于 100ml

或12小时内完全无尿，称为**无尿**。正常人每日代谢产生的固体代谢终产物，至少溶解在500ml的尿中才能排出。多尿可使机体水分大量丢失，而致脱水等；少尿、无尿时，会使代谢终产物在体内积蓄，严重时可导致尿毒症。

2. 尿的理化性质

(1) 颜色：正常新鲜尿液为淡黄色透明液体。尿液颜色主要来自于胆红素的代谢产物。大量饮清水后，尿液被稀释，颜色变浅；机体缺水时，尿量减少，尿液浓缩，颜色变深。

(2) 密度与渗透压：尿液的相对密度为1.015～1.025，其相对密度的大小决定于尿量。尿液的渗透压一般高于血浆渗透压。尿液的渗透压低于血浆渗透压时称为**低渗尿**，尿液的渗透压高于血浆渗透压时称为**高渗尿**。

尿密度与尿的渗透压都能反映尿中溶质的含量，当尿浓缩、尿溶质含量增多时，尿密度与尿的渗透压均增高，故可反映肾的浓缩稀释功能。

(3) 酸碱度：尿液一般呈弱酸性，尿液的pH为4.5～8.0。正常人尿的酸碱度主要决定于食物的成分，素食者，尿液呈碱性；荤素杂食者，尿液呈酸性。

3. 尿液的化学成分 尿液的主要成分是水，占95%～97%，其余为溶质，主要是电解质和非蛋白含氮化合物。电解质中以Na^+、Cl^-含量最多，非蛋白含氮化合物中以尿素为主。

链接

尿液分析

肾的病变可影响肾小体滤过膜的通透性以及肾小管的重吸收和排泄功能，从而导致尿液颜色或成分发生变化。尿液的颜色同时受食物或药物色素的影响，如摄入大量胡萝卜或维生素B_2等，尿液则呈深黄色。病理情况下，如尿液中含有一定数量红细胞时，尿液呈红色，称为血尿。因此，临床上通过尿液检查，能够了解机体的代谢状况；通过尿液分析，能够获得肾病变的有关信息，从而有助于正确的临床诊断与治疗。

（二）尿的排放

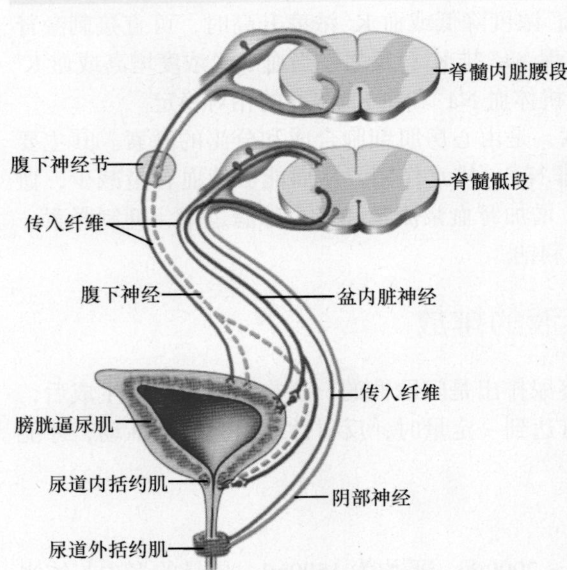

图7-19 膀胱和尿道神经支配

1. 膀胱和尿道的神经支配 膀胱逼尿肌与尿道内括约肌受腹下神经（交感神经）和盆内脏神经（副交感神经）双重支配（图7-19）。副交感神经兴奋使膀胱逼尿肌收缩，尿道内括约肌舒张，促进排尿；交感神经兴奋使膀胱逼尿肌松弛，尿道内括约肌收缩，阻止排尿。尿道外括约肌受阴部神经（躯体运动神经）支配，兴奋时使尿道外括约肌收缩，阻止排尿，这一作用受意识控制，是高级中枢控制排尿的主要传出途径。上述3种神经纤维也含有感觉传入纤维，感受来自膀胱和尿道的刺激。

2. 排尿反射 是一种脊髓反射，其初级中枢位于脊髓骶段，并受大脑皮质的控制。当膀胱内的贮存尿液增加到

400～500ml 时，膀胱壁牵张感受器受到刺激而兴奋，冲动沿盆内脏神经传入纤维到达脊髓骶段的排尿反射初级中枢，同时冲动也上传到大脑皮质的排尿反射高位中枢，产生尿意。若条件不许可，则排尿反射高位中枢对脊髓骶段的排尿反射初级中枢产生抑制作用，暂时抑制排尿。若条件许可，则其抑制解除，脊髓骶段排尿反射初级中枢可发出兴奋冲动，沿盆内脏神经传出纤维到达膀胱，引起膀胱逼尿肌收缩，尿道内括约肌松弛，于是尿液进入后尿道，并刺激尿道感受器，冲动沿阴部神经传到脊髓骶段，加强排尿中枢的活动，使膀胱逼尿肌进一步加强收缩，同时反射性地抑制阴部神经活动，使尿道外括约肌松弛，于是尿液被强大的膀胱内压驱出体外。这一正反馈过程反复进行，直至膀胱内的尿液排完为止（图 7-20）。

考点：排尿反射的基本过程

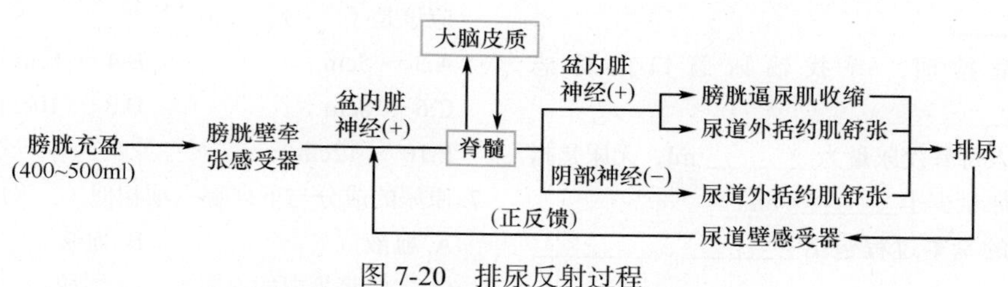

图 7-20　排尿反射过程

3. 排尿异常　小儿的大脑皮质发育尚未完善，对排尿反射初级中枢控制能力较弱，故排尿次数多，易发生夜间遗尿。当膀胱炎或膀胱受到机械刺激（如膀胱结石）时，由于膀胱牵张感受器受到刺激可频繁兴奋而引起排尿次数过多，出现**尿频**。在脊髓腰段以上受损时，使排尿反射初级中枢与大脑皮质失去联系，排尿反射不受意识控制，称为**尿失禁**。若脊髓排尿反射初级中枢或盆内脏神经受损，则排尿反射不能进行，此时膀胱内充满尿液而不能排出，称为**尿潴留**。

（覃庆河）

小结

泌尿系统由肾、输尿管、膀胱和尿道 4 部分组成。如果把人体看作是一座城市，那么，肾就相当于城市的污水处理厂，输尿管、膀胱和尿道则相当于排污管道。肾是重要的排泄器官，其主要功能是通过尿的生成和排出维持机体内环境稳态。尿的生成包括肾小球的滤过、肾小管和集合管的重吸收与分泌。尿的生成受自身调节、神经和体液调节的共同影响。交感神经兴奋可使尿量减少；ADH 有抗利尿的作用，血浆晶体渗透压升高、循环血量减少，可使 ADH 分泌增多；醛固酮的主要作用是保 Na^+、排 K^+、保水，肾素 - 血管紧张素 - 醛固酮系统活动增强、血 K^+ 浓度升高或血 Na^+ 浓度降低，均使醛固酮分泌增多。

自测题

一、名词解释

1. 肾门　2. 肾区　3. 滤过膜　4. 膀胱三角　5. 肾小球滤过率　6. 有效滤过压　7. 肾糖阈　8. 水利尿　9. 渗透性利尿

二、填空题

1. 泌尿系统由________、________、________和

________组成。

2. 患者体检时左肾区叩击痛明显，提示________可能患病。

3. 肾单位由________和________组成，前者包括________和________；后者分为________、________和________3 部分。

4. 球旁复合体中的________分泌肾素，________是 Na^+ 感受器。

5. 输尿管的 3 处狭窄分别位于________、________和________。

6. 膀胱镜检时，寻找输尿管口的标志是________。

7. 正常成人每昼夜尿量为________ml，无尿是指每昼夜尿量少于________ml。

8. 尿生成的基本过程包括________、________和________。

9. 原尿生成的结构基础是________，肾小球滤过作用的动力是________。

10. 影响肾小球滤过的主要因素是________、________和________。

11. 当血浆晶体渗透压________和循环血量________时，ADH 合成与释放增多。

12. 重吸收的主要部位是________，正常情况下在该处完全被重吸收的物质是________。

三、选择题

A_1 型题

1. 人体内最重要的排泄器官是（　　）
   A. 肝　　B. 皮肤
   C. 肾　　D. 肺
   E. 大肠

2. 关于肾的描述，错误的是（　　）
   A. 属于腹膜外位器官
   B. 形似蚕豆形
   C. 右侧肾蒂较左侧短
   D. 纤维囊紧贴肾实质表面
   E. 肾柱属于肾髓质的结构

3. 临床上做肾囊封闭时是将药物注入（　　）
   A. 肾髓质　　B. 肾筋膜
   C. 脂肪囊　　D. 肾皮质
   E. 纤维囊

4. 关于输尿管的描述，错误的是（　　）
   A. 起于肾门，终于膀胱
   B. 为一对细长的肌性管道
   C. 长 20 ～ 30cm
   D. 全长有 3 处狭窄
   E. 狭窄处常是结石易嵌留的部位

5. 临床上进行膀胱镜检的重点区域是（　　）
   A. 输尿管间襞　　B. 膀胱体
   C. 膀胱三角　　D. 膀胱颈
   E. 膀胱尖

6. 为成年女性患者导尿时，尿管插入尿道的深度应该是（　　）
   A.3 ～ 5cm　　B.4 ～ 6cm
   C.6 ～ 8cm　　D.8 ～ 10cm
   E.10 ～ 12cm

7. 原尿的成分与下列哪一项相似（　　）
   A. 血液　　B. 血浆
   C. 去血浆蛋白的血浆　　D. 终尿
   E. 等渗溶液

8. 下列哪种情况下可出现蛋白尿或血尿（　　）
   A. 滤过膜通透性增大
   B. 滤过膜面积增大
   C. 大分子血浆蛋白含量增加
   D. 肾小管分泌增加
   E. 肾小管重吸收增加

9. 正常情况下，成人的肾小球滤过率为（　　）
   A.100ml/ 分　　B.125ml/ 分
   C.150ml/ 分　　D.180ml/ 分
   E.250ml/ 分

10. 大量饮清水后引起尿量增多的主要原因是（　　）
   A. 血浆晶体渗透压升高
   B. 血浆晶体渗透压降低
   C. 肾小管液晶体渗透压升高
   D. 肾小管液溶质浓度降低
   E. 血浆胶体渗透压降低

11. 直接影响远曲小管和集合管重吸收水的激素是（　　）
   A. 肾素　　B. 甲状旁腺激素
   C. 醛固酮　　D. 抗利尿激素
   E. 肾上腺素

12. 葡萄糖的重吸收部位仅限于（　　）
   A. 远曲小管　　B. 集合管
   C. 髓袢　　D. 远曲小管和集合管

E. 近端小管

13. 大量出汗时尿量减少的主要原因是（　　）
A. 血浆晶体渗透压升高，引起 ADH 分泌
B. 交感神经兴奋，引起 ADH 分泌
C. 肾小管液晶体渗透压升高，引起 ADH 分泌
D. 血容量减少，导致肾小球滤过率减少
E. 血浆胶体渗透压降低，导致肾小球滤过率减少

14. 醛固酮的作用是（　　）
A. 保钾排水　　B. 保钠保钾
C. 排氢保钠　　D. 保钠排钾
E. 保钾排钠

15. 高位截瘫病人排尿障碍表现为（　　）
A. 尿潴留　　B. 尿失禁
C. 尿频　　D. 尿痛
E. 尿崩症

16. 排尿反射的初级中枢在（　　）
A. 中脑　　B. 延髓
C. 脊髓腰段　　D. 脊髓骶段
E. 脊髓胸段

A_2 型题

17. 患者男，72 岁。因无痛性血尿近 6 个月而来医院就诊，经膀胱镜检发现患有膀胱肿瘤。请问病变最有可能发生在（　　）
A. 膀胱尖　　B. 膀胱体
C. 膀胱三角　　D. 膀胱颈
E. 两输尿管口之间

18. 患者女，26 岁。因近日出现尿频、尿急、尿痛等症状而来医院就诊。经检查诊断为尿路感染。请问女性尿道易引起逆行性感染，主要是因为女性尿道（　　）
A. 抵抗力弱　　B. 较长、窄而直
C. 紧贴阴道　　D. 较短、宽而直
E. 仅有排尿功能

四、简答题

1. 肾小囊腔内的原尿经过哪些结构形成终尿并排出体外（可用箭头表示）？
2. 试比较渗透性利尿与水利尿的异同点。

（秦　辰　覃庆河）

8

第八章　生殖系统

俗话说："男女有别。"其中一个重要差别就是男、女性生殖系统的组成及功能活动，而人类的生殖正是通过男、女两性生殖系统的共同活动来实现的。那么，男、女性生殖系统在结构和功能上究竟有哪些差别？构成男、女性生殖系统的器官在人类的生殖活动中分别扮演着什么样的角色？让我们带着这些神奇而有趣的问题一起来探究人体生殖系统的奥秘。

生殖系统（reproductive system）分男性生殖系统（图 8-1）和女性生殖系统，具有产生生殖细胞、分泌性激素和繁殖后代的功能。按器官所在位置，分为内生殖器和外生殖器两部分（表 8-1）。内生殖器多数位于盆腔内，包括生殖腺、生殖管道和附属腺；外生殖器则显露于体表，主要为性的交接器官。

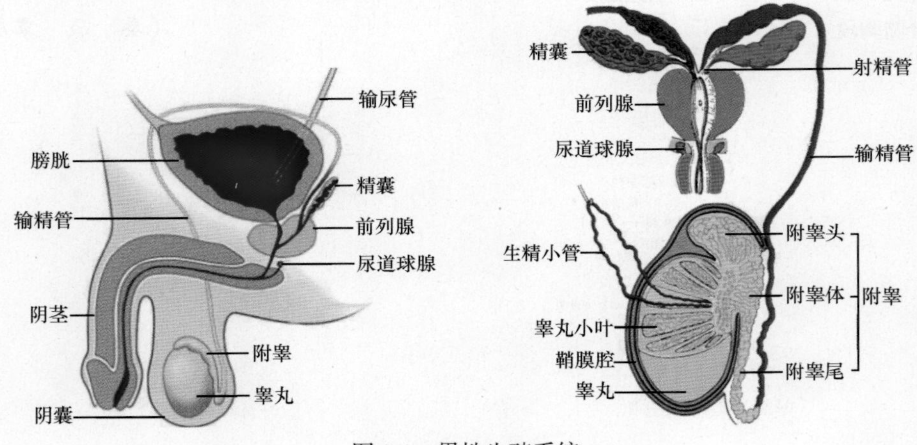

图 8-1　男性生殖系统

表 8-1　男、女性生殖系统的组成

组成		男性生殖系统	女性生殖系统	主要功能
内生殖器	生殖腺	睾丸	卵巢	产生生殖细胞、分泌性激素
	生殖管道	附睾、输精管、射精管和男性尿道	输卵管、子宫和阴道	男性输送精子，女性输送卵子、孕育、娩出胎儿
	附属腺	精囊、前列腺和尿道球腺	前庭大腺	分泌物男性参与精液的组成，女性润滑阴道口
外生殖器		阴囊和阴茎	女阴	第一性征的表现

睾丸和卵巢分别产生男、女性特有的生殖细胞—精子和卵子，并分泌性激素。精子和卵子是人类生殖的“使者”，在性生殖过程中起决定性作用，故把睾丸和卵巢称为**主性器官**，而把睾丸和卵巢以外的其他生殖器官则称为附性器官。**附性器官**在生殖过程中起辅助作用。

由于男、女性生殖腺所分泌的激素不同，使男、女两性在进入青春期后开始出现一系列与性别有关的特有体貌特征，称为**第二性征**或**副性征**。男性主要表现为骨骼粗壮、肌肉发达、喉结突出、嗓音低沉、长出胡须和阴毛等，女性主要表现为乳房发育、体态丰满、骨盆宽大、臀部肥厚、声调细润、毛发呈女性分布等。

考点：男、女性生殖系统的组成；第二性征的概念

第一节 男性生殖系统

案例 8-1

患者男，70 岁。因近半年出现尿频、尿急、尿痛，排尿困难，以夜间较重而来医院就诊。直肠指检提示：前列腺增大、前列腺沟变浅。初步诊断：前列腺增生。

问题：1. 前列腺增生为什么会引起排尿困难？

2. 前列腺增生或前列腺癌通常发生在前列腺的什么部位？

3. 从解剖学角度分析，给男性患者插导尿管时，应注意哪些问题？

一、男性内生殖器

（一）睾丸

1. 睾丸的位置和形态 睾丸位于阴囊内，左右各一，呈扁椭圆形（图 8-1），表面光滑，分上下两端、前后两缘和内外侧面。上端被附睾头遮盖，后缘有血管、神经和淋巴管出入，并与附睾、输精管起始部相接触。睾丸除后缘外都被覆有鞘膜，鞘膜分脏、壁两层，脏层紧贴睾丸表面，壁层衬于阴囊的内面，两者在睾丸后缘处相互移行形成一个密闭的腔隙，称为**鞘膜腔**（图 8-2），内有少量浆液。炎症时液体增多，形成鞘膜积液。

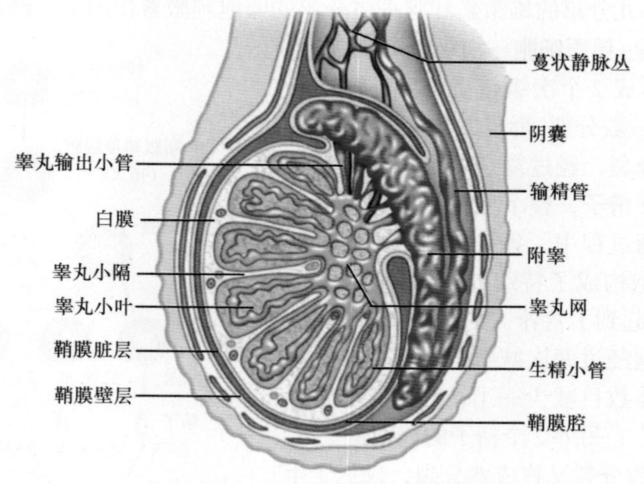

图 8-2 睾丸和附睾的结构

链接

隐睾症

若出生后3～5个月双侧或单侧睾丸仍未降至阴囊内，而滞留在腹腔或腹股沟管等处则称为隐睾症，故新生儿男婴均应检查有无隐睾。隐睾受腹腔内温度较高（高于阴囊内2℃左右）影响而致精子发生障碍，从而影响生育能力，故应及早进行治疗。

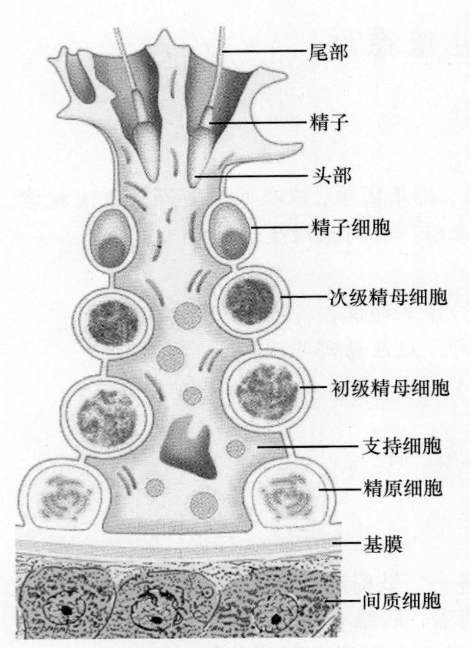

图 8-3　生精小管管壁结构

2. 睾丸的微细结构　睾丸表面覆以浆膜，即鞘膜脏层，其深部为致密结缔组织构成的坚韧白膜。白膜在睾丸后缘处增厚，并突入睾丸内形成**睾丸纵隔**。由睾丸纵隔发出许多放射状的**睾丸小隔**，将睾丸实质分隔成约250个锥状**睾丸小叶**。每个小叶内有1～4条细长而弯曲的生精小管。生精小管在接近睾丸纵隔处变为短而直的**直精小管**，直精小管进入睾丸纵隔后相互交织形成**睾丸网**（图8-2）。由睾丸网发出12～15条**睾丸输出小管**，经睾丸后缘上部进入附睾。

生精小管由生精细胞和支持细胞构成，其外侧有基膜包绕（图8-3）。生精细胞为一系列发育分化程度不同的细胞，从管壁基膜至腔面依次排列为精原细胞、初级精母细胞、次级精母细胞、精子细胞和精子。生精小管之间富含血管和淋巴管的疏松结缔组织，称为睾丸间质，内含成群分布的圆形或多边形嗜酸性睾丸间质细胞。

3. 睾丸的功能　睾丸是男性的主性器官，具有产生精子和分泌雄激素的功能。

(1) 睾丸的生精作用：生精小管是产生精子的部位。精原细胞是最原始的生精细胞，从青春期开始，在睾丸分泌的雄激素和腺垂体分泌的卵泡刺激素作用下，经过多次分裂发育为精子。其分化过程是：**精原细胞→初级精母细胞**（第1次减数分裂，形成2个次级精母细胞）**→次级精母细胞**（第2次减数分裂，形成2个精子细胞）**→精子细胞**（不再分裂，经过复杂的形态变化形成蝌蚪状的精子）**→精子**，整个生精过程需要两个半月左右。在生精过程中，各级生精细胞周围的长锥体形支持细胞构成了特殊的“微环境”（图8-3），对生精细胞起到了营养、支持和保护作用。一个初级精母细胞经过两次减数分裂形成4个精子细胞，其染色体数目减少一半，其中2个精子的核型是“23，X”；另外2个精子的核型是“23，Y”（图8-4）。减数分裂又称成熟分裂，仅见于生殖细胞的发育过程。

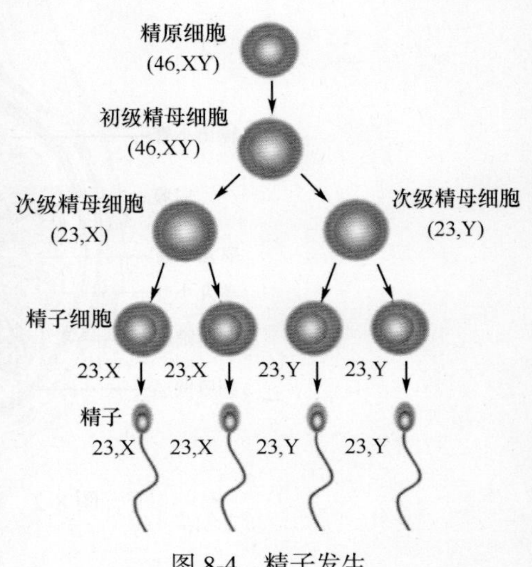

图 8-4　精子发生

精子分为头、尾两部分。头部为高度浓缩的

细胞核，核的前 2/3 有顶体覆盖，内含顶体酶，在受精过程中发挥重要作用。尾部是精子的运动装置。新生的精子还不具备运动和受精能力，必须借助生精小管外周类肌细胞的收缩经直精小管、睾丸网及睾丸输出小管，输送至附睾贮存并进一步发育成熟，需停留 18 ～ 24 小时后，才获得运动能力。射精时经输精管、射精管和尿道排出体外。精子的生成过程易受理化因素的影响，如高温、放射线、酒精、烟草等均可能影响精子的生成。

(2) 睾丸的内分泌功能：从青春期开始，睾丸间质细胞在腺垂体分泌的黄体生成素刺激下分泌雄激素，主要是睾酮。**雄激素**的生理作用主要是：①促进男性生殖器官的生长发育。②维持生精作用。③促进并维持男性第二性征。④促进肌肉、骨骼、生殖器官等处蛋白质的合成，因而能加速机体生长；还能通过促进肾合成促红细胞生成素，刺激红细胞的生成，故成年男性的红细胞数量、Hb 含量均较成年女性高。⑤维持正常性欲。

考点：睾丸的功能和雄激素的生理作用

4. 睾丸功能的调节　睾丸的生精作用和内分泌功能均受下丘脑、腺垂体分泌激素的调控，下丘脑、腺垂体、睾丸在功能上联系密切，构成了下丘脑 - 腺垂体 - 睾丸轴调节系统。下丘脑 - 腺垂体分泌的促性腺激素（卵泡刺激素和黄体生成素）调节睾丸的功能，睾丸分泌的激素又对下丘脑 - 腺垂体进行反馈调节（图 8-5），从而维持生精过程和各种激素水平的稳态。

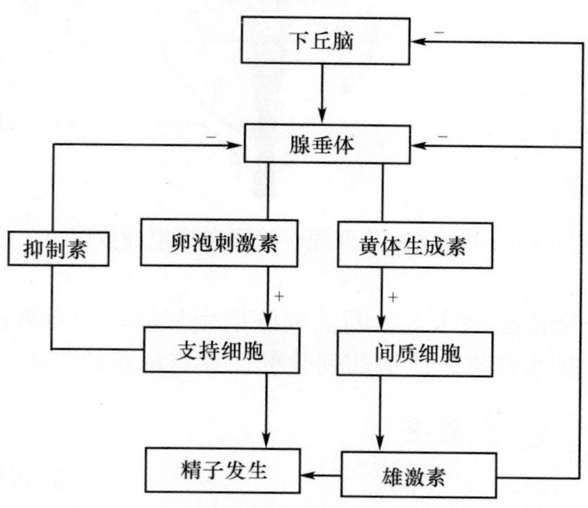

图 8-5　下丘脑 - 腺垂体对睾丸功能的调节

歌诀助记

睾丸的形态、结构和功能

男子性腺名睾丸，椭圆光滑是外观；实质分成多小叶，生精小管叶内盘；
小管腔壁仔细瞧，支持细胞生精伴；生精细胞渐生长，精子数量翻又翻；
睾丸小叶间质少，间质细胞管间找；细胞分泌雄激素，通过血液来运输；
男儿身体长成了，激素睾酮显功效；性腺睾丸真重要，结构功能需记牢。

（二）输精管道

1. 附睾　呈新月状，贴附于睾丸的上端和后缘，分为**附睾头**、**附睾体**和**附睾尾** 3 部（图 8-1，图 8-2）。附睾头由睾丸输出小管弯曲盘绕而成，其末端汇合成一条附睾管，形成附睾体和附睾尾。附睾尾折而向上移行为输精管。附睾具有暂时贮存精子和促进其进一步发育成熟的功能。

2. 输精管和射精管（图 8-1，图 8-6）　**输精管**是附睾管的直接延续，为一对壁厚腔小的肌性管道。沿附睾内侧上行至阴囊根部，穿过腹股沟管入盆腔，经输尿管末端的前方绕至膀胱底的后面、精囊的内侧，与精囊的排泄管汇合成**射精管**。射精管长约 2cm，向前下斜穿前列腺实质，开口于尿道的前列腺部。

精索是从睾丸上端延伸至腹股沟管腹环之间的一对柔软的圆索状结构，主要由输精管、睾丸动脉、蔓状静脉丛、神经和淋巴管等构成。输精管在睾丸上端至腹股沟

考点：精索的概念；射精管的合成及开口部位

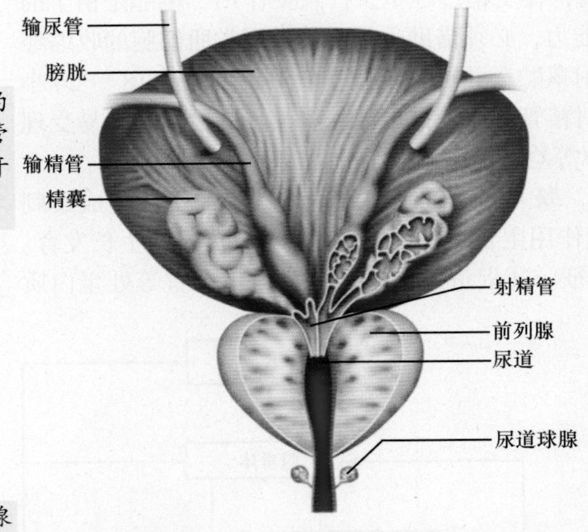

图 8-6　前列腺、精囊和尿道球腺

管皮下环之间位置表浅，活体触摸呈坚实的圆索状，是输精管结扎的理想部位。

（三）附属腺

1. 精囊　为一对长椭圆形囊状腺体，位于膀胱底后方输精管末端的外侧。其排泄管与输精管末端汇合成射精管（图 8-6）。精囊的分泌物参与精液的组成。

考点：前列腺的位置及前列腺沟的临床意义

2. 前列腺　是位于膀胱颈与尿生殖膈之间的一个实质性器官，前邻耻骨联合，后与直肠相贴，中央有尿道穿过（图 8-1，图 8-6）。前列腺形如栗子，上端宽大为前列腺底，下端尖细称前列腺尖，底与尖之间的部分为前列腺体，体后面的正中线上有一纵行**前列腺沟**，活体直肠指检时可扪及此沟。前列腺肥大时，此沟变浅或消失，故直肠指检是临床上诊断前列腺增生最简便而重要的检查方法。前列腺分泌的乳白色碱性液体经排泄管排入尿道前列腺部，参与精液的组成。

链接

前列腺增生

前列腺由腺组织、结缔组织和平滑肌构成。前列腺增生主要是前列腺尿道周围移行区的腺组织、结缔组织和平滑肌增生引起的前列腺肥大，可压迫尿道而导致排尿困难。前列腺的外周区则是前列腺癌最常发生的部位（图 8-7）。

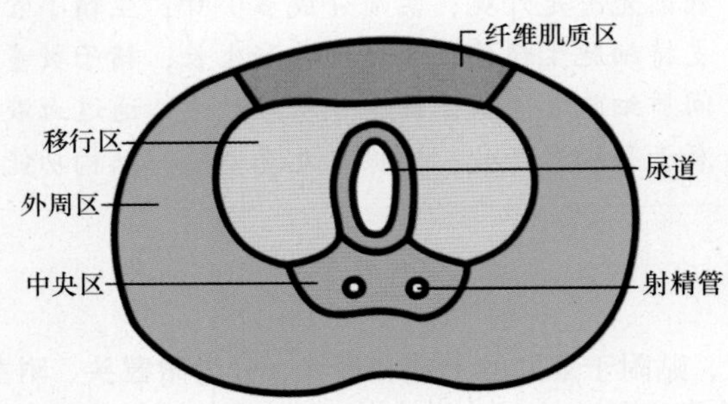

图 8-7　前列腺分区（横切面）

3. 尿道球腺　为一对豌豆大小的球形腺体，埋藏在尿生殖膈内，以细长的排泄管开口于尿道球部（图 8-6），其分泌物参与精液的组成。

精液是由睾丸产生的精子与输精管道和附属腺的分泌物共同组成的乳白色液体，呈弱碱性，以适于精子的生存和活动。正常男性一次射精量 2 ～ 5ml，含有 3 亿～ 5 亿个精子。输精管结扎后，精子排出的通路被阻断，但各附属腺的分泌和排出则不受影响，射出的精液中不含精子，故可达到绝育的目的。

二、男性外生殖器

1. 阴囊 是位于阴茎后下方、两侧大腿前内侧之间的皮肤囊袋，主要由皮肤和肉膜构成（图 8-8）。皮肤薄而柔软，颜色深暗，一般多皱褶且生有稀疏的阴毛。肉膜是一薄层含有平滑肌的结缔组织，可随外界温度的变化而反射性舒缩，以调节阴囊内的温度，有利于精子的发育和生存。肉膜在正中线处向内深入形成阴囊中隔，将阴囊分为左右互不相通的两腔，分别容纳两侧的睾丸、附睾及部分精索等。

图 8-8 阴囊结构

2. 阴茎 为男性的性交器官，分为**阴茎头**、**阴茎体**和**阴茎根** 3 部分（图 8-9）。后端为阴茎根，附着于会阴。中部为呈圆柱状的阴茎体，以韧带悬垂于耻骨联合的前下方。前端膨大为阴茎头，又称龟头，其尖端有矢状位的尿道外口。

阴茎由背侧的两条阴茎海绵体和腹侧的一条尿道海绵体外包筋膜和皮肤而构成。尿道海绵体内有尿道纵行穿过，其前端膨大为阴茎头，后端膨大为尿道球。包绕阴茎头的双层环形皮肤皱襞，称为**阴茎包皮**。在阴茎头腹侧中线上，连于尿道外口下端与包皮之间的皮肤皱襞，称为**包皮系带**。行包皮环切术时，应注意勿伤及包皮系带，以免影响阴茎的正常勃起。

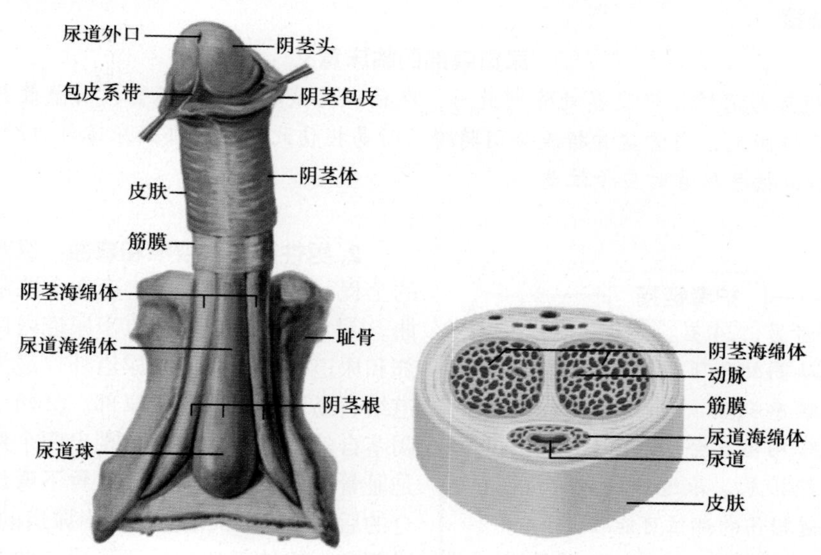

图 8-9 阴茎的形态和构造

三、男 性 尿 道

男性尿道起自膀胱的尿道内口，终于阴茎头的尿道外口（图 8-10），长 16 ～ 22cm，管径 5 ～ 7mm，具有排尿和排精的双重功能。

1. 男性尿道的分部 依其行程分为以下 3 部。①**前列腺部**：为尿道穿过前列腺的部分，

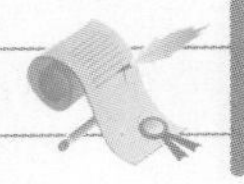

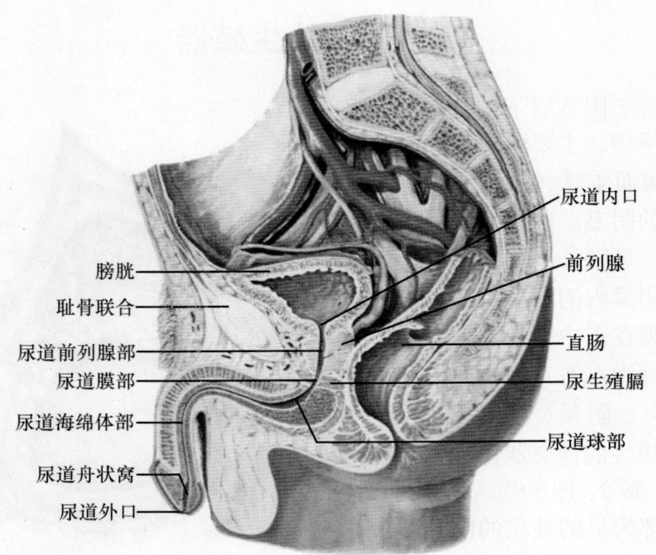

图 8-10　男性盆腔正中矢状切面

长约 3cm，是尿道中较宽和最易扩张的部分。②**膜部**：为尿道穿过尿生殖膈的部分，长约 1.5cm，其周围有骨骼肌形成的尿道外括约肌环绕，有控制排尿的作用。③**海绵体部**：为尿道穿过尿道海绵体的部分，长 12 ～ 17cm。阴茎头内的尿道呈梭形扩大，称为舟状窝。临床上将尿道的前列腺部和膜部合称为**后尿道**，海绵体部称为**前尿道**。

 **链接**

尿道膜部的临床意义

尿道膜部与海绵体部交界处管壁最薄，在插入器械时若操作不当，前壁最易受损伤。膜部位置比较固定，当骨盆骨折或会阴骑跨伤时易损伤此部。膜部距尿道外口约 15cm，在做膀胱镜检或插导尿管时应予注意。

考点：前尿道和后尿道的概念；男性尿道的分部、狭窄和弯曲及其临床意义

护考链接

患者男，24 岁。建筑工人。施工中不慎从高处坠下，会阴部骑跨于钢架上而顿感剧痛，随即送医院就诊。检查发现阴茎、会阴和下腹壁青紫肿胀，不能排尿，尿道口滴血。请问该患者尿道损伤的部位可能在（　　）

A. 海绵体部　　B. 前尿道
C. 前列腺部　　D. 膜部
E. 舟状窝

考点精讲：尿道膜部位置比较固定，当骨盆骨折或会阴骑跨伤时易造成此部损伤，故选择答案 D。

2. 男性尿道的狭窄和弯曲　纵观男性尿道的全程，管径粗细不等，有 3 个狭窄和两个弯曲。① 3 个狭窄：分别位于尿道内口、尿道膜部和尿道外口，其中以尿道外口最为狭窄。尿道结石易嵌顿在上述狭窄部。②两个弯曲：当阴茎自然悬垂时，尿道呈现出两个弯曲，分别是耻骨下弯和耻骨前弯。**耻骨下弯**位于耻骨联合的后下方，凹向前上方，由尿道的前列腺部、膜部和海绵体部的起始段形成，此弯曲恒定而不能变直。**耻骨前弯**位于耻骨联合的前下方，凹向后下，由海绵体部的中段构成。临床上为患者插导尿管时，将阴茎向上提起与腹前壁成 60° 角，耻骨前弯即可变直而消失。此时，尿道形成一个凹向上的大弯曲，将导尿管轻轻从

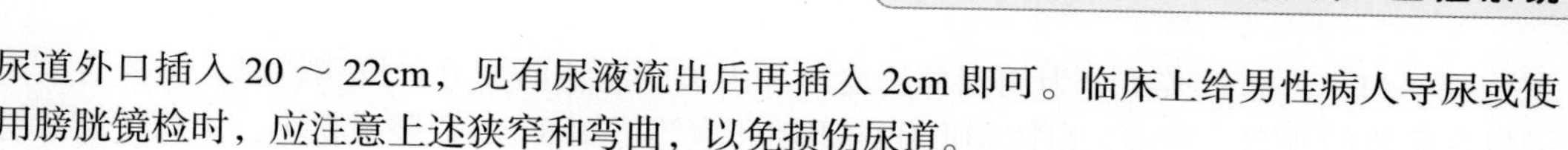

尿道外口插入 20 ～ 22cm，见有尿液流出后再插入 2cm 即可。临床上给男性病人导尿或使用膀胱镜检时，应注意上述狭窄和弯曲，以免损伤尿道。

第二节　女性生殖系统

案例 8-2

产妇，26 岁。妊娠 38 周，近日到某医院妇产科就诊。经检查发现骨产道（即真骨盆）狭窄，医生拟决定行剖宫产术。

问题： 1. 骨盆是如何构成的？大、小骨盆是怎样划分的？

2. 固定子宫的韧带有哪些？各有何作用？

3. 行剖宫产术时，子宫切口一般选择在何处？

一、女性内生殖器

（一）卵巢

1. 卵巢的位置和形态　卵巢是成对的扁卵圆形实质性器官（图 8-11），位于小骨盆侧壁，髂内、外动脉之间的卵巢窝内。前缘借卵巢系膜连于子宫阔韧带的后面，此缘中部有血管、神经和淋巴管等出入，称为**卵巢门**。上端与输卵管伞相接触，并借**卵巢悬韧带**（临床上称骨盆漏斗韧带）悬附于骨盆上口，内有卵巢的血管、神经和淋巴管等，是手术时寻找卵巢血管的标志。下端借**卵巢固有韧带**连于子宫底两侧。卵巢的正常位置主要依靠上述韧带的维持。

考点： 卵巢的位置；手术时寻找卵巢血管的标志

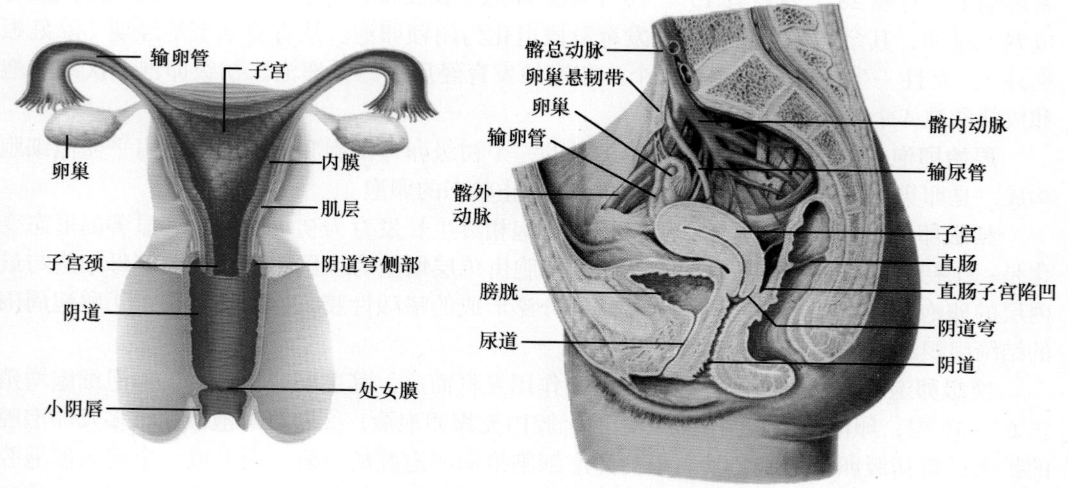

图 8-11　女性内生殖器

卵巢的大小和形态随年龄而变化。幼女的卵巢较小，表面光滑。性成熟期卵巢最大，成年女性的卵巢约为 4cm ×3 cm×1 cm。由于多次排卵，表面出现瘢痕，变得凹凸不平。35 ～ 40 岁卵巢开始缩小，50 岁左右逐渐萎缩，月经随之停止。

2. 卵巢的微细结构　卵巢表面覆盖有一层光滑的浆膜，浆膜深面为一薄层致密结缔组织构成的白膜。卵巢实质分为周围部的皮质和中央的髓质两部分。皮质较厚，主要含有不同发育阶段的卵泡、黄体、白体和退化的闭锁卵泡等（图 8-12）。髓质狭小，由疏松结缔组织构成，与皮质无明显分界。

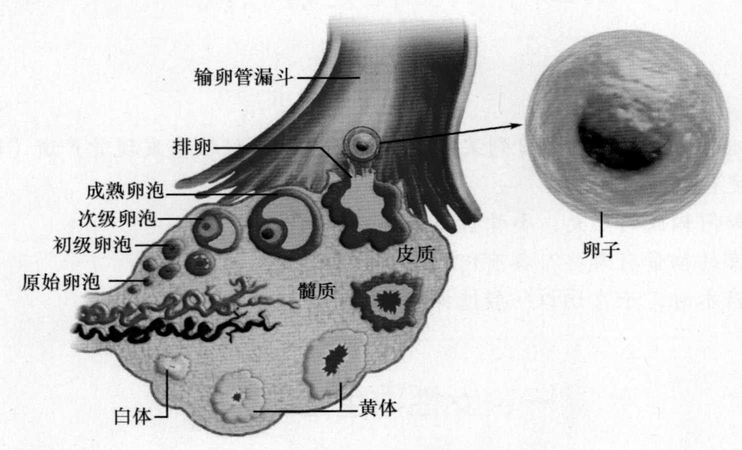

图 8-12　卵巢结构

3. 卵巢的功能　卵巢是女性的主性器官，具有产生卵子和分泌雌激素、孕激素的功能。

(1) 卵巢的生卵作用：是生育期女性最基本的生殖功能。从青春期开始，在腺垂体分泌的促性腺激素的作用下，卵巢功能发生周期性的变化，一般分为卵泡的发育与成熟（卵泡期）、排卵、黄体的形成与退化（黄体期）3 个阶段。

1) 卵泡的发育与成熟：卵泡的发育始于胚胎时期，出生时两侧卵巢共有 70 万～ 200 万个原始卵泡，至青春期仅存 4 万个左右。从青春期开始，卵巢在腺垂体分泌的促性腺激素影响下，每隔 28 天左右有 15 ～ 20 个原始卵泡生长发育，但通常只有一个优势卵泡发育成熟并排卵，其余卵泡均在不同的发育阶段退化为闭锁卵泡。从青春期至绝经期（除妊娠期外），女性一生中约排卵 400 余个。卵泡的发育经历了原始卵泡、初级卵泡、次级卵泡和成熟卵泡 4 个阶段（图 8-12）。

原始卵泡：位于皮质的浅层，由中央的一个初级卵母细胞和周围的一层扁平卵泡细胞构成，是卵巢内数量最多、体积最小的处于静止状态的卵泡。

初级卵泡：从青春期开始，部分原始卵泡相继生长发育为初级卵泡。其显著的形态变化是：①初级卵母细胞体积增大；②卵泡细胞由单层增殖为多层；③在初级卵母细胞与最内层的卵泡细胞之间出现一层由两者共同分泌形成的嗜酸性膜，称为**透明带**；④卵泡周围的结缔组织逐渐增生形成卵泡膜。

次级卵泡：由初级卵泡受卵泡刺激素作用发育而成，其主要变化是：①卵泡细胞增殖至 6 ～ 12 层，卵泡细胞之间出现卵泡腔，腔内充满卵泡液；②随着卵泡液的增多及卵泡腔的扩大，将初级卵母细胞与其周围的卵泡细胞推向卵泡腔的一侧，而形成一个突入卵泡腔内的卵丘（图 8-13）；③紧贴透明带的一层柱状卵泡细胞呈放射状排列，称为放射冠；④卵泡膜分化为内、外两层，内层的膜细胞具有内分泌功能。

成熟卵泡：次级卵泡发育到最后阶段即为成熟卵泡。此时，卵泡体积显著增大，直径可达2cm，并向卵巢表面突出。由于卵泡液的急剧增多，卵泡腔不断扩大，卵泡壁则越来越薄。在排卵前 36 ～ 48 小时，初级卵母细胞完成第 1 次减数分裂，形成一个很大的次级卵母细胞和一个很小的第 1 极体。次级卵母细胞随即进行第 2 次减数分裂，但停留在分裂中期。

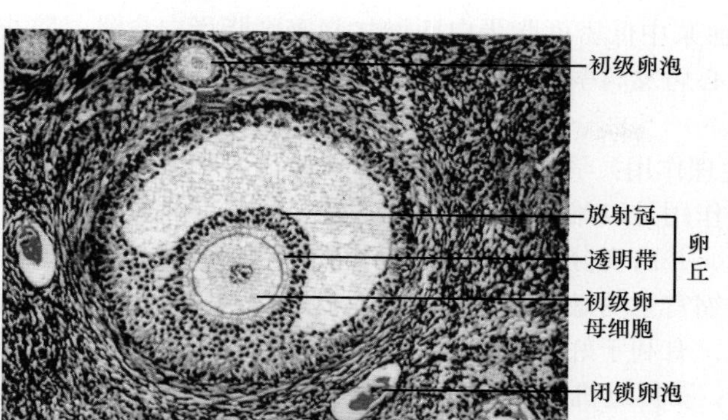

图 8-13 次级卵泡光镜结构像

2）排卵：成熟卵泡在黄体生成素分泌高峰的作用下，卵泡壁破裂，从卵泡壁脱落的次级卵母细胞连同透明带、放射冠与卵泡液一起排出到腹膜腔的过程称为排卵（图 8-12）。排出的卵子是处于第 2 次减数分裂中期的次级卵母细胞，被输卵管伞“拾取”并运送至输卵管壶腹部停留。生育期女性一般每隔 28 天左右排一次卵，一般只排一个卵，两侧卵巢交替排卵。正常排卵发生在月经周期的第 14 天左右。排出的次级卵母细胞若 24 小时内未受精，则在排卵后 12 ～ 24 小时退化消失；若与精子相遇受精，则继续完成第 2 次减数分裂，形成一个成熟的卵子（染色体核型为 23，X）和一个第 2 极体（图 8-14）。

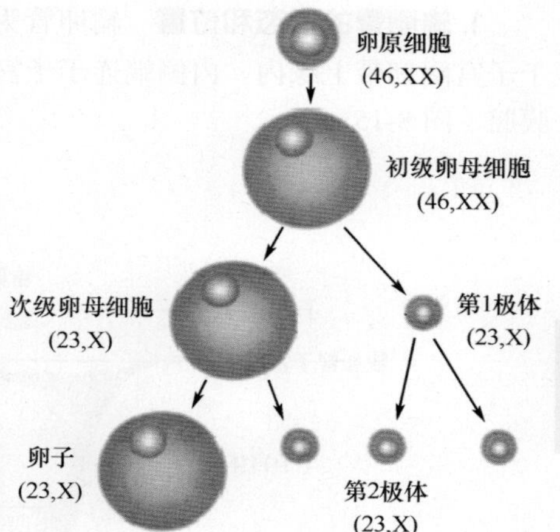

图 8-14 卵子发生

考点：排卵的概念及排卵发生的时间

3）黄体的形成与退化：排卵后，残留在卵巢内的卵泡壁连同卵泡膜一起向卵泡腔塌陷，在腺垂体分泌的黄体生成素作用下，逐渐发育成为一个体积较大而又富有血管的内分泌细胞团，新鲜时呈黄色，故称为**黄体**（图 8-12）。

黄体的发育及维持时间取决于排出的卵是否受精。若排出的卵未受精，黄体仅维持 14 天左右即退化，称为**月经黄体**。若排出的卵已受精，在胎盘分泌的人绒毛膜促性腺激素作用下，黄体则继续发育增大，称为**妊娠黄体**，可维持约 6 个月。黄体退化后被结缔组织取代，形成瘢痕样的**白体**。

考点：黄体的概念及退化的时间

(2) 卵巢的内分泌功能：卵巢主要分泌雌激素和孕激素。雌激素主要为雌二醇，孕激素主要为孕酮。排卵前主要由卵泡细胞和卵泡膜的膜细胞分泌雌激素，排卵后则由黄体细胞分泌孕激素和雌激素。

1）雌激素的生理作用：①促进女性生殖器官的发育，特别是促进子宫内膜发生增生期的变化；②促进卵泡发育成熟，诱导排卵前黄体生成素峰的出现并促使排卵；③促进输卵管的节律性收缩，有利于精子与卵子的运行；④促进阴道上皮细胞增生、角化并使其糖原含量增加，使阴道分泌物呈酸性；⑤刺激乳腺导管和结缔组织增生，促进乳腺发育；⑥促进并维持女性的第二性征；⑦广泛影响代谢过程，可促进肝内多种蛋白质的合成，刺激成骨细胞的活动，加速骨的生长（绝经期后由于雌激素分泌减少，骨中钙逐渐流失，易引起

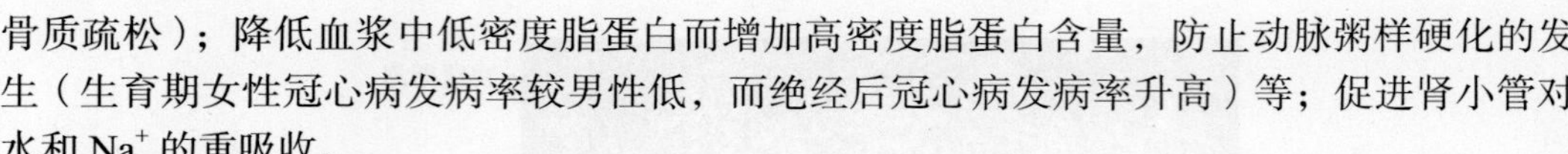

骨质疏松）；降低血浆中低密度脂蛋白而增加高密度脂蛋白含量，防止动脉粥样硬化的发生（生育期女性冠心病发病率较男性低，而绝经后冠心病发病率升高）等；促进肾小管对水和 Na^+ 的重吸收。

2）孕激素的生理作用：孕激素主要作用于子宫内膜和子宫平滑肌，为胚泡着床做准备。孕激素的绝大部分作用是以雌激素的作用为基础的。其具体作用是：①使处于增生期的子宫内膜进一步增厚，并出现分泌期的改变，为胚泡着床提供适宜的环境；②降低子宫平滑肌的兴奋性以及对缩宫素的敏感性，保证胚胎有一个"安静"的内环境；③抑制母体对胎儿的免疫排斥反应，有利于妊娠的维持；④促进乳腺腺泡的发育和成熟，为分娩后的泌乳做好"物质"准备；⑤促进机体产热，能使排卵后的基础体温升高 0.5℃左右，直至下次月经来临。临床上常将女性基础体温的变化，作为判断排卵日期的标志之一。

考点：雌激素和孕激素的生理作用

（二）输卵管

1. 输卵管的形态和位置 输卵管为一对输送卵子的弯曲肌性管道，长 10 ～ 14cm，位于子宫阔韧带上缘内。内侧端连于子宫底的两侧，与子宫腔相通；外侧端游离，开口于腹膜腔（图 8-15）。

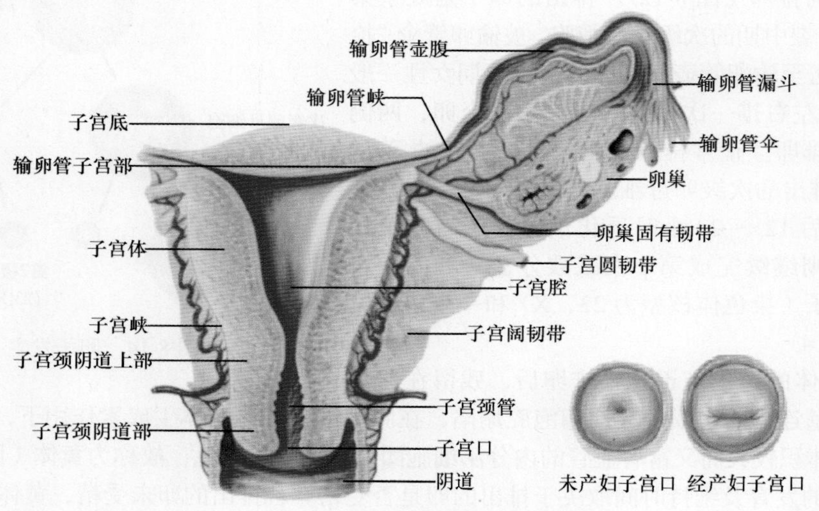

图 8-15 子宫与输卵管的形态

输卵管由内侧向外侧依次分为 4 部：①**输卵管子宫部**（临床上称间质部）：为贯穿子宫壁的一段，以输卵管子宫口通子宫腔。②**输卵管峡**：是子宫部向外延伸短直而狭窄的一段，是输卵管结扎的常选部位。③**输卵管壶腹**：约占输卵管全长的 2/3，粗而弯曲，卵子通常在此部受精。④**输卵管漏斗**：为输卵管外侧端呈漏斗状的膨大部分，漏斗末端的中央有输卵管腹腔口开口于腹膜腔。漏斗的边缘有许多细长的指状突起，称为**输卵管伞**，是手术时识别输卵管的标志。其中一条最长的突起连于卵巢，称为**卵巢伞**，具有引导卵子进入输卵管的（即"拾卵"）作用。

考点：输卵管的分部及各部的临床意义

2. 输卵管的微细结构特点 管壁由黏膜、肌层和浆膜构成。黏膜的上皮为单层柱状上皮，由纤毛细胞和分泌细胞组成。肌层为内环行、外纵行的平滑肌。纤毛的规律性定向摆动和平滑肌的节律性收缩均有助于将卵子或受精卵向子宫腔方向运送。

（三）子宫

子宫（uterus）是壁厚而腔小、富有伸展性的肌性器官，为孕育胎儿和产生月经的场所。

1. 子宫的形态和分部　成人未孕子宫呈前后略扁、倒置的梨形，长7～8cm，宽4～5cm，厚2～3cm，容量约5ml。子宫与输卵管相接的部位称为**子宫角**。子宫自上而下分为底、体、颈3部分（图8-15）。**子宫底**为两侧输卵管子宫口连线以上的圆凸部分。**子宫颈**为子宫下端狭细呈圆柱状的部分，由突入阴道的**子宫颈阴道部**和阴道以上的**子宫颈阴道上部**组成。子宫底与子宫颈之间的部分为**子宫体**。子宫颈与子宫体移行的狭细部分称为子宫峡，长约1cm。妊娠期，子宫峡逐渐伸展变长，妊娠末期可达7～10cm，形成"子宫下段"，是产科手术学的重要解剖结构，产科常在此处进行剖宫术。

> **护考链接**
>
> 当女性内生殖器官发生病变时，通常不会累及（　　）
>
> A. 直肠　　B. 阑尾
> C. 结肠　　D. 输尿管
> E. 膀胱
>
> **考点精讲：** 女性内生殖器官发生病变时，通常会累及邻近器官（尿道、膀胱、输尿管、小肠、直肠、阑尾），而不会累及结肠，故选择答案C。

子宫的内腔分为上、下两部。上部在子宫体内，为前后略扁的倒置三角形，称为**子宫腔**，左、右角通输卵管，下角接续子宫颈管。下部位于子宫颈内的梭形管道，称为**子宫颈管**，上口通子宫腔，下口通阴道，称为子宫口。未产妇子宫口光滑呈圆形，经产妇则呈横裂状。

2. 子宫的位置　子宫位于盆腔的中央，在膀胱与直肠之间（图8-11），下端接阴道。两侧有卵巢和输卵管，临床上统称为**子宫附件**。当膀胱空虚时，子宫的正常姿势呈轻度的前倾前屈位。前倾是指子宫的长轴与阴道的长轴形成一个向前开放的钝角，前屈是指子宫体与子宫颈之间形成一个向前开放的钝角。子宫姿势异常是女性不孕的原因之一。子宫的位置可随膀胱和直肠的充盈程度而发生改变，故妇科检查时，常需受检者排空尿液。

> **歌诀助记**
>
> **子宫的形态、位置和分部**
>
> 子宫似扁梨，盆中巧倒立；
> 前有膀胱抵，后与直肠邻；
> 外观底体颈，内为窄腔隙；
> 宫腔倒三角，颈管呈梭形。

3. 子宫的固定装置　子宫的正常位置主要依赖于盆底软组织的承托以及子宫周围4对韧带的牵拉与固定。固定子宫的韧带主要有（图8-15，图8-16）：①**子宫阔韧带**：为子宫两侧缘延伸至盆侧壁的双层腹膜皱襞，可限制子宫向两侧移位。②**子宫圆韧带**：为起于子宫角的前下方，穿经腹股沟管而止于阴阜和大阴唇皮下的圆索状结构，是维持子宫前倾的主要结构。③**子宫主韧带**：位于子宫阔韧带下部，为连于子宫颈两侧缘与盆侧壁之间的一对坚韧的平滑肌和结缔组织纤维束，是维持子宫颈正常位置、防止子宫向下脱垂的主要结构。④**骶子宫韧带**：起于子宫颈的后面，向后绕过直肠的两侧，止于骶骨的前面。骶子宫韧带向后上牵引子宫颈，与子宫圆韧带协同，维持子宫的前倾前屈。

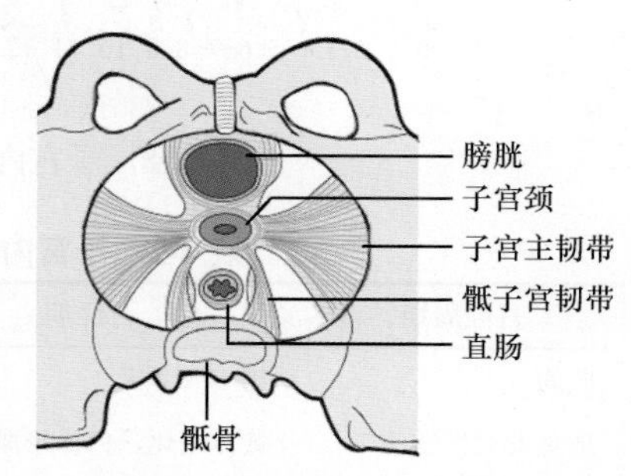

图8-16　固定子宫的韧带

4. 子宫壁的微细结构　子宫壁很厚，由外向内分为外膜、肌层和内膜3层（图8-11，图8-17）。①外膜：在子宫底部和体部为浆膜，子宫颈部为纤维膜。②肌层：很厚，由纵横交错的平滑肌束和束间结缔组织构成。

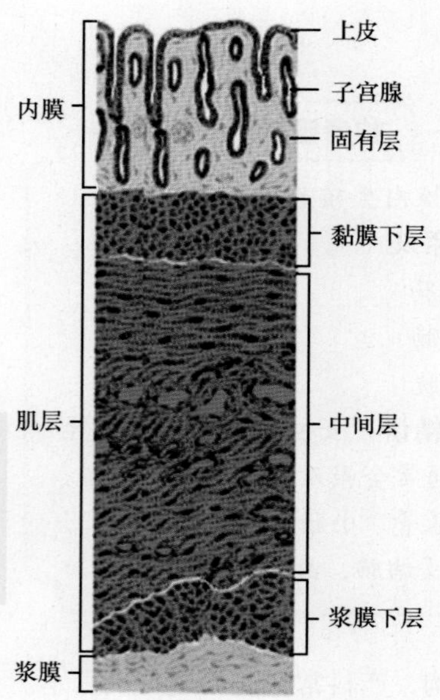

图 8-17　子宫壁的微细结构

考点：子宫的形态、位置及固定装置；宫颈癌的好发部位

③内膜：由单层柱状上皮和固有层构成。固有层结缔组织较厚，含有大量低分化的基质细胞、血管和子宫腺等。子宫颈阴道部表面光滑，由复层扁平上皮覆盖。子宫颈外口，单层柱状上皮与复层扁平上皮交接处是子宫颈癌的好发部位。

子宫底部和体部的内膜，是胚泡植入和胚胎发育的场所，依其结构和功能特点分为浅表的功能层和深部的基底层。功能层是指靠近子宫腔的内膜部分，从青春期至绝经期，在卵巢分泌激素的作用下，有发生周期性脱落出血的特点。基底层是指靠近肌层的内膜部分，在月经和分娩时均不脱落，具有增生和修复功能层的作用。

5. 子宫内膜的周期性变化（月经周期）　从青春期开始，在卵巢分泌的雌激素和孕激素周期性作用下，子宫底部和体部内膜的功能层将发生周期性变化，即每 28 天左右发生一次内膜剥脱、出血、增生、修复过程，称为**月经周期**。每个月经周期起于月经第 1 天，止于下次月经来潮前一天，可分为增生期、分泌期和月经期 3 个时期（图 8-18，表 8-2）。

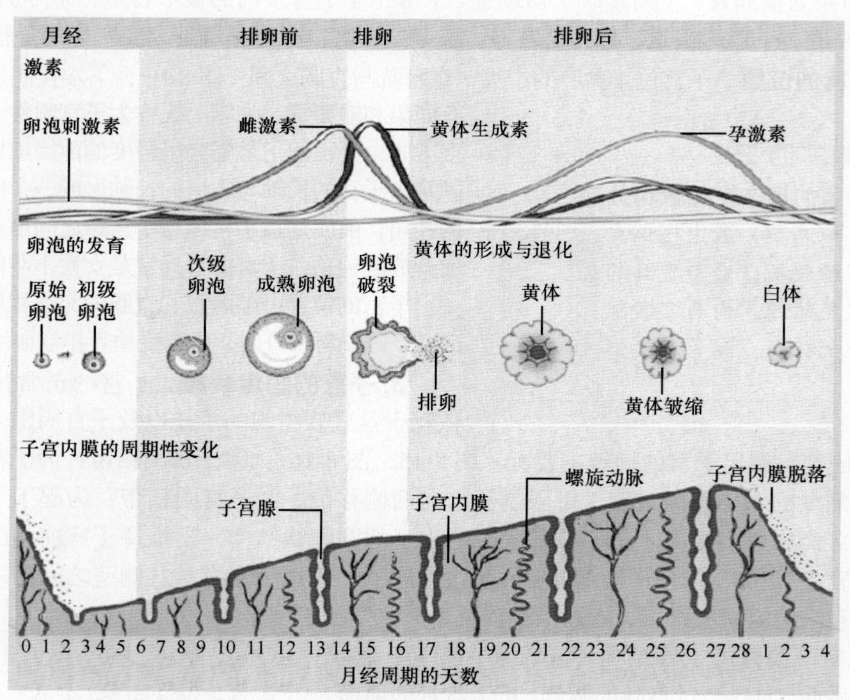

图 8-18　子宫内膜周期性变化与卵巢周期性变化的关系

表 8-2　子宫内膜周期性变化与卵巢周期性变化的关系

月经周期	月经期	增生期	分泌期
时间	第 1 ～ 4 天	第 5 ～ 14 天	第 15 ～ 28 天
卵巢周期性变化	黄体退化、白体形成	卵泡生长发育、成熟排卵	黄体形成
激素变化	雌激素和孕激素量急剧减少	雌激素分泌量逐渐增多	雌激素继续增多，孕激素达到高峰
子宫内膜周期性变化	脱落出血	逐渐增厚达 2 ～ 4mm	继续增厚至 5 ～ 7mm

(1) 增生期：为月经周期的第 5 ～ 14 天，卵巢内的若干卵泡开始生长发育，故又称**卵泡期**。在生长卵泡分泌的雌激素作用下，子宫内膜逐渐增厚达 2 ～ 4mm，子宫腺和螺旋动脉均增长而弯曲。至第 14 天，通常卵巢内有一个卵泡发育成熟并排卵，子宫内膜转入分泌期。

(2) 分泌期：为月经周期的第 15 ～ 28 天。由于卵巢已排卵，黄体随即形成，故分泌期又称**黄体期**。在黄体分泌的孕激素和雌激素作用下，子宫内膜继续增厚至 5 ～ 7mm。子宫腺进一步增长而弯曲，分泌含糖原的黏液。螺旋动脉增长变得更加弯曲。固有层内组织液增多呈水肿状态。此时，子宫内膜变得松软而富有营养，为胚泡的着床和发育提供适宜的环境。若排出的卵已受精，内膜将继续增厚发育成蜕膜，故妊娠期不来月经；若卵未受精，内膜的功能层于第 28 天脱落，转入月经期。

考点：月经周期的概念及分期

(3) 月经期：为月经周期的第 1 ～ 4 天。由于排出的卵未受精，月经黄体退化，雌激素和孕激素的分泌量急剧减少，子宫内膜失去了雌、孕激素的支持，引起螺旋动脉持续性收缩，导致内膜缺血、缺氧，功能层发生坏死。继而螺旋动脉又突然短暂扩张，致使功能层的血管破裂，血液涌入功能层，最终与坏死脱落的内膜一起经阴道排出体外，即为经血。月经血量为 100ml 左右，因子宫内膜富含纤溶酶原激活物，故月经血是不凝固的。月经期内，子宫内膜形成的创面容易感染，故要注意保持外阴清洁并避免剧烈运动。

月经是女性青春期至更年期之间的一种生理现象，是生育期女性生殖功能活动状态的体现和标志。女性一般在 13 ～ 14 岁初次出现月经，第一次月经称为月经初潮。月经初潮是青春期到来的标志之一，意味着性成熟的开始。生育期女性具有排卵和生育的能力。45 ～ 55 岁月经停止，称为绝经。

6. 月经周期的形成机制 下丘脑、腺垂体和卵巢构成下丘脑 - 腺垂体 - 卵巢轴，月经周期中子宫内膜的周期性变化受卵巢分泌激素的周期性变化的调节，而卵巢的周期性变化又受下丘脑 - 腺垂体 - 卵巢轴的调节（图 8-19）。

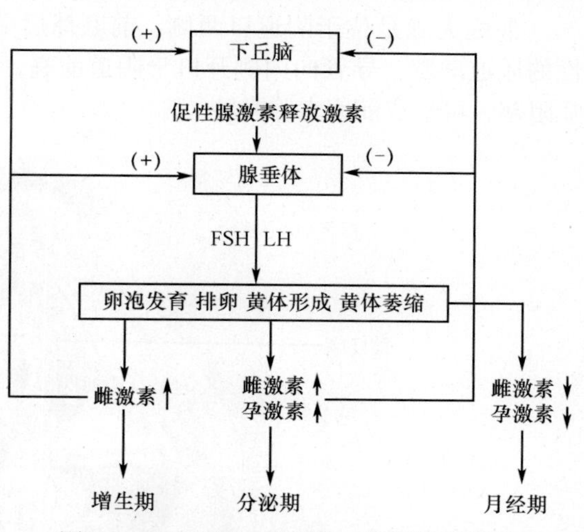

图 8-19 下丘脑 - 腺垂体 - 卵巢轴的调节

女性随着青春期的到来，下丘脑神经内分泌细胞分泌的促性腺激素释放激素（GnRH）增加，腺垂体分泌的卵泡刺激素（FSH）和黄体生成素（LH）也随之增加。FSH 促进卵泡生长发育，并与 LH 共同作用，促使卵泡细胞分泌雌激素，在雌激素的作用下，子宫内膜呈增生期变化。在增生期末，相当于排卵前一天，雌激素在血液中的浓度达到高峰，通过正反馈使 GnRH 分泌增加，进而使 FSH 特别是 LH 明显增加，在高浓度 LH 的作用下使已发育成熟的卵泡排卵并形成黄体，黄体分泌雌激素和孕激素，促使子宫内膜进入分泌期。随着黄体的继续发育，雌激素和孕激素的分泌量也不断增加，排卵后第 7 ～ 8 天，血液中的浓度达到高峰。由于高浓度的雌激素和孕激素对下丘脑和腺垂体分泌的负反馈抑制作用，抑制下丘脑 GnRH、腺垂体 FSH 和 LH 的分泌，致使黄体开始退化，雌激素和孕激素的分泌量急剧减少，使子宫内膜进入月经期。月经期内，随着血液中雌激素、孕激素的浓度降低，对下丘脑、腺垂体的抑制作用解除，下丘脑 - 腺垂体 - 卵巢轴的功能活动又进入下一个周期，导致新的月经周期形成。上述循环周而复始，下丘脑、腺垂体有节律地调节卵巢活动周期与子宫内膜周

期保持同步变化，以适应胚泡着床和生长发育的需要。

月经周期形成的过程充分显示，每个月经周期皆由卵巢提供成熟的卵子，子宫内膜不失时机地为胚泡着床创造适宜的环境，因此，月经周期是为受精、着床、妊娠做好周期性的生理准备过程。目前，临床上广泛使用的口服避孕药，就是根据上述激素调节的原理，通过改变体内激素水平，来抑制卵巢排卵和胚泡植入，以达到避孕的目的。

（四）阴道

阴道是连接子宫与外生殖器之间的、富有伸展性的肌性管道。它既是性交的器官，又是排出月经和胎儿娩出的通道。

考点：阴道后穹的位置及其临床意义

1. 阴道的位置和形态　阴道位于盆腔中央，前与膀胱和尿道相邻，后与直肠紧贴（图8-11）。下端较窄，以阴道口开口于阴道前庭，处女的阴道口周围有处女膜附着。上端较宽阔，包绕子宫颈阴道部，两者之间形成的环形凹陷称为**阴道穹**，分为前、后和左、右侧穹。其中以**阴道后穹**最深，其顶端紧邻腹膜腔的最低部位直肠子宫陷凹，临床上可经此穿刺或引流，用于某些疾病的诊断或治疗。

2. 阴道黏膜的结构特点　阴道壁由内向外由黏膜、肌层和外膜构成。黏膜形成许多横行皱襞，上皮为非角化的复层扁平上皮。阴道上皮的脱落与更新受卵巢激素的影响。排卵前后，在雌激素的作用下，上皮细胞内合成大量糖原。阴道上皮细胞脱落后，细胞内糖原被阴道内的乳酸杆菌分解为乳酸，使阴道分泌物呈酸性，有一定的抗菌作用。故临床上可通过阴道上皮脱落细胞的涂片观察，来了解卵巢的内分泌功能状态。

（五）前庭大腺

前庭大腺是位于阴道口两侧、前庭球后端深面豌豆大小的腺体（图8-20），相当于男性的尿道球腺，导管向内侧开口于阴道前庭，其分泌物有润滑阴道口的作用。若导管因炎症阻塞，可形成前庭大腺囊肿。

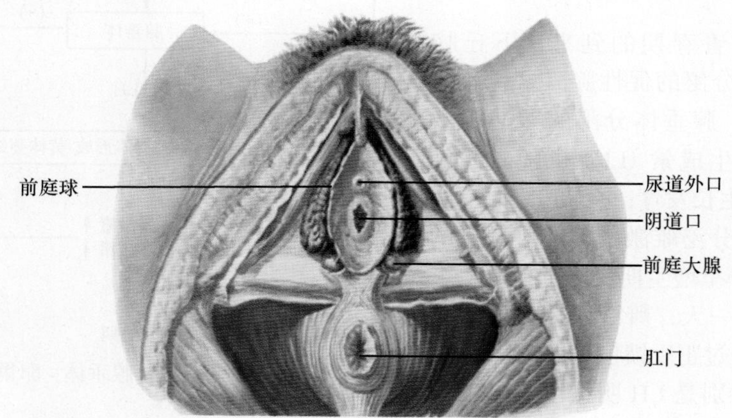

图8-20　前庭球和前庭大腺

二、女性外生殖器

女性外生殖器又称女阴，临床上称为外阴，包括以下结构（图8-21）：①**阴阜**：为耻骨联合前面的皮肤隆起，性成熟期皮肤长有阴毛。②**大阴唇**：为一对纵长隆起的皮肤皱襞，自阴阜向后延伸至会阴，大阴唇的皮下组织较疏松，血管丰富，外伤后易形成血肿。③**小阴唇**：是位于两侧大阴唇内侧的一对薄皮肤皱襞，表面光滑无毛。④**阴道前庭**：是位于两侧小阴唇之间的裂隙，前部有尿道外口，后部有阴道口。阴道口两侧有前庭大腺导管的开口。⑤**阴蒂**：位于两侧小阴唇顶端下方，露出阴蒂包皮的阴蒂头富有感觉神经末梢，故感觉敏锐。⑥**前庭球**：相当于男性的尿道海绵体，呈蹄铁形（图 8-20），位于尿道外口和阴道口两侧的皮下。

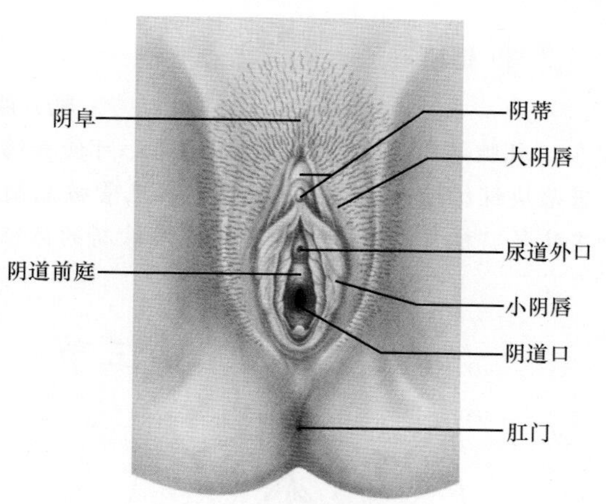

图 8-21　女性外生殖器

三、女性乳房

乳房为人类和哺乳动物特有的结构。男性乳房不发育，女性乳房在青春期受卵巢激素影响开始发育，在妊娠和哺乳期有分泌活动，故喻为“生命之源泉”。

1. 乳房的位置和形态　乳房位于胸前部，胸大肌和胸肌筋膜的表面，居第 3 ～ 6 肋之间。成年未产妇乳房呈半球形（图 8-22），高耸隆起，紧张而富有弹性，构成了成年女性特有的曲线美，是女性的性征器官。乳房中央的突起称为**乳头**，平对第 4 肋间隙或第 5 肋，其顶端有许多输乳管的开口。乳头周围颜色较深的环状皮肤区称为**乳晕**。乳头和乳晕的皮肤较薄，易受损伤而感染。

2. 乳房的结构　乳房由皮肤、结缔组织、脂肪组织和乳腺构成（图 8-22，图 8-23）。乳腺被结缔组织分隔成 15 ～ 20 个**乳腺叶**。每个乳腺叶内有一条走向乳头的输乳管，在近乳头处扩大成梭形的**输乳管窦**，其末端变细开口于乳头。输乳管窦是输乳管内乳头状瘤的好发部位。由于各乳腺叶和输乳管均以乳头为中心呈放射状排列，故乳房手术时应尽量做放射状切口，以减少对输乳管和乳腺叶的损伤。在乳腺与皮肤和胸肌筋膜之间，连有许多细小的结缔组织纤维束，称为**乳房悬韧带**或 **Cooper 韧带**，对乳房起支持和固定作用。

考点：乳房悬韧带的概念

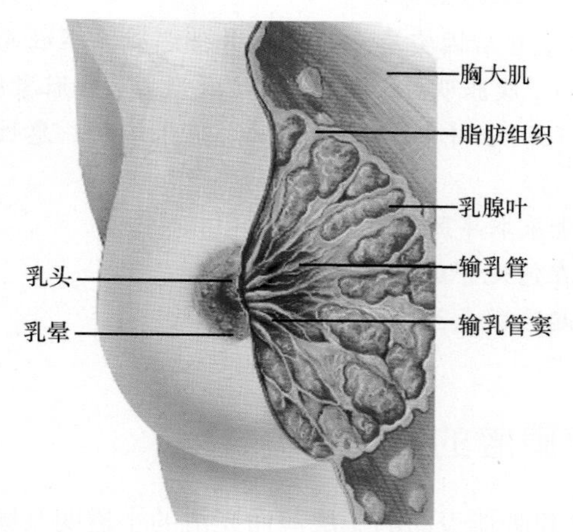

图 8-22　女性乳房的形态和结构

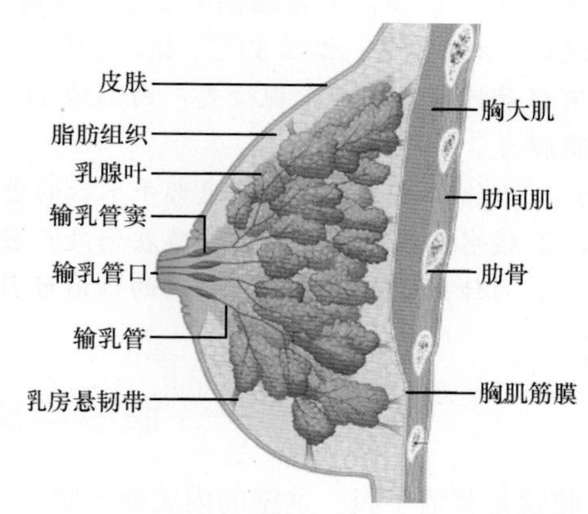

图 8-23　女性乳房（矢状切面）

链接

乳 腺 癌

乳腺癌时，若累及Cooper韧带，可使其缩短而致肿瘤表面皮肤凹陷，即所谓“酒窝征”。若癌块继续增大，如皮肤真皮内淋巴管被癌细胞堵塞，可引起淋巴回流障碍而致真皮水肿，皮肤呈“橘皮样”改变，是乳腺癌诊断的体征。

第三节 会 阴

考点：广义会阴的分区；产科会阴的概念

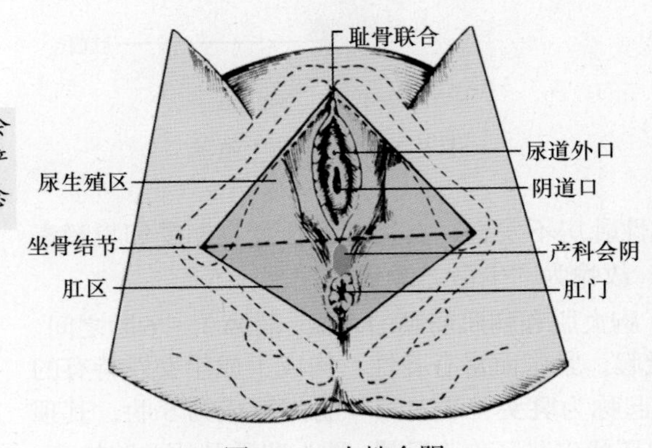

图 8-24 女性会阴

会阴有广义和狭义之分。广义的会阴是指封闭小骨盆下口的所有软组织（图 8-24）。此区呈菱形，以两侧坐骨结节前缘之间的连线为界，将其分为前、后两个三角形的区域。前方的是尿生殖区（尿生殖三角），男性有尿道通过，女性有尿道和阴道通过；后方的是肛区（肛门三角），中央有肛管穿过。会阴的结构，除男性或女性外生殖器外，其深部主要是会阴肌和筋膜。

狭义的会阴，在男性是指阴茎根与肛门之间狭小区域的软组织；在女性是指位于阴道口与肛门之间的楔形软组织，又称**产科会阴**。产妇分娩时此区承受的压力较大，易发生会阴撕裂，故助产时应注意保护。

第四节 腹 膜

案例 8-3

患者女，38 岁。胃溃疡病史 2 年，与亲友聚餐后因突感全腹剧痛并伴恶心、呕吐而来医院就诊。体格检查：体温 39℃，脉搏 120 次 / 分，腹胀明显，全腹压痛、反跳痛，腹肌紧张，叩诊有移动性浊音。血常规检查：白细胞 11×10^9/L，中性粒细胞 89%。临床诊断：急性化脓性腹膜炎。

问题：1. 为什么要求腹膜炎或腹部手术后的患者采取半卧位？

2. 腹水在半卧位时通常聚集在何处？应在何处穿刺抽取腹水？

3. 为什么来自女性生殖管道的细菌可引起腹膜炎？

一、腹膜与腹膜腔的概念

腹膜是覆盖于腹、盆壁的内表面和腹、盆腔脏器表面的一层薄而光滑的半透明浆膜。其中贴附于腹、盆壁内表面的部分称为**壁腹膜**，覆盖于腹、盆腔脏器表面的部分称为**脏腹膜**（图 8-25）。壁腹膜与脏腹膜相互移行，共同围成不规则的潜在性腔隙，称为**腹膜腔**。男性腹膜腔为一完全封闭的腔隙，而女性腹膜腔则借输卵管腹腔口，经输卵管腔、子宫腔和阴道与外界间接相通。

考点：腹膜腔的概念；腹膜炎或腹部手术后患者应采取的体位

腹膜具有分泌、吸收、修复、保护、支持、固定和防御等多种功能。正常情况，腹膜分泌的浆液可润滑和保护脏器，减少相互间的摩擦。一般认为，上腹部腹膜的吸收能力强于下腹部，故腹膜炎或腹部手术后的患者多采取半卧位，使有害液体流至下腹部，以减缓腹膜对有害物质的吸收。

二、腹膜与腹、盆腔脏器的关系

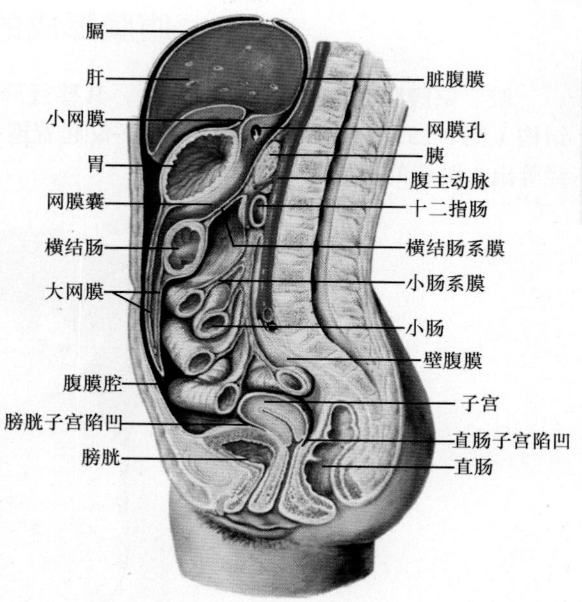

图 8-25　腹、盆腔矢状切面（女性）

依据脏器被腹膜覆盖的情况，可将腹、盆腔脏器分为以下3种类型（图8-25，图 8-26）。①**腹膜内位器官**：是指表面几乎全被腹膜包裹的器官，故其移动性大，如胃、十二指肠上部、空肠、回肠、盲肠、阑尾、横结肠、乙状结肠、脾、卵巢和输卵管等。②**腹膜间位器官**：是指表面大部分被腹膜覆盖的器官，如肝、胆囊、升结肠、降结肠、直肠上段、子宫和充盈的膀胱等。③**腹膜外位器官**：是指仅有一个面被腹膜覆盖的器官，其位置较固定，活动度极小，如十二指肠降部和水平部、直肠中下段、胰、肾、肾上腺、输尿管和空虚的膀胱等。

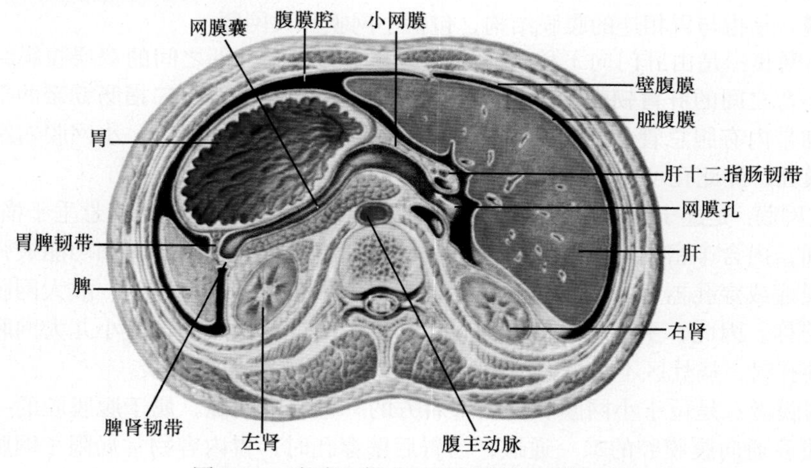

图 8-26　腹腔上部（通过网膜孔）横切面

链接

腹腔与腹膜腔的关系

腹腔与腹膜腔在解剖学上是两个不同而又相关的概念。腹腔是指小骨盆上口以上由腹壁和膈所围成的腔，其内容纳腹腔器官等。腹膜腔则是由壁腹膜与脏腹膜围成的潜在性腔隙，其内无任何器官，仅含少量浆液。腹腔内的所有器官实际上均位于腹膜腔之外。如腹膜内位器官的手术，必须通过腹膜腔才能进行，但对某些腹膜外位器官如肾、膀胱等的手术，可在腹膜腔外施行，避免腹膜腔的感染或术后脏器的粘连，故应明确两者的概念与关系。

三、腹膜形成的主要结构

脏、壁腹膜在相互移行的过程中，其移行部分形成了网膜、系膜、韧带和陷凹等腹膜结构（图 8-25 至图 8-27）。这些结构不仅起着连接和固定脏器的作用，有些还是血管、神经等出入脏器的部位。

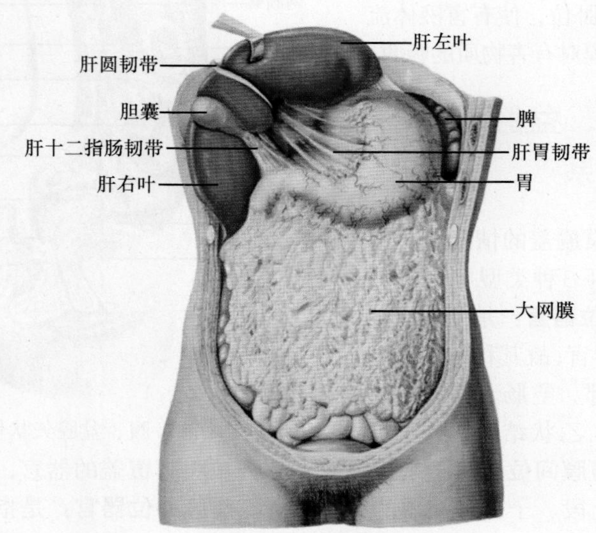

图 8-27　大网膜和小网膜

1. 网膜　是指与胃相连的腹膜结构，包括小网膜和大网膜。

(1) 小网膜：是由肝门向下移行至胃小弯和十二指肠上部之间的双层腹膜结构，包括肝门与胃小弯之间的**肝胃韧带**和肝门与十二指肠上部之间的**肝十二指肠韧带**两部分。在肝十二指肠韧带内有胆总管、肝固有动脉和肝门静脉等重要结构通过。小网膜右缘游离，其后方为**网膜孔**，经此孔可进入网膜囊。

(2) 大网膜：是连于胃大弯与横结肠之间的 4 层腹膜结构，呈围裙状悬垂于横结肠和空、回肠的前面，内含丰富的血管、脂肪组织和巨噬细胞等。大网膜的防御功能极强，其下垂部分可向炎症或穿孔器官移动，包裹病灶部位，以限治炎症扩散蔓延，故大网膜有“腹腔卫士”之美称。因此，手术时可借大网膜的移位情况寻找病灶部位。小儿大网膜较短，故当阑尾炎穿孔时，病灶区不易被大网膜包裹，常易形成弥漫性腹膜炎。

(3) 网膜囊：是位于小网膜和胃后壁后方的一个扁窄间隙，属于腹膜腔的一部分。网膜孔是网膜囊通向腹膜腔的唯一通道，当胃后壁穿孔时，胃内容物常局限于网膜囊内，也可经网膜孔流入腹膜腔。

链接

腹膜透析

腹膜透析是指利用腹膜的半透膜特性，将配制好的透析液经导管灌入患者的腹膜腔，利用腹膜两侧存在的浓度差，通过不断更换腹膜透析液，从而将体内蓄积的代谢产物和毒性物质清除，以维持水、电解质和酸碱平衡的一种疗法。

2. 系膜　是将肠管固定于腹、盆后壁的双层腹膜结构，内含血管、淋巴管、淋巴结和神经等，主要有**肠系膜**、**阑尾系膜**、**横结肠系膜**和**乙状结肠系膜**。因肠系膜和乙状结肠系膜较长，故空、回肠和乙状结肠活动度较大，较易发生系膜扭转而导致肠梗阻，以儿童较常见。

3. 韧带 是连于腹壁与脏器之间或相邻脏器之间的双层或单层腹膜结构，对脏器有固定或悬吊作用，故此韧带不同于骨连结中的韧带，主要有**肝镰状韧带**、**冠状韧带**、**胃脾韧带**和**脾肾韧带**等。

4. 盆腔的腹膜陷凹 是指腹膜在盆腔脏器之间移行返折形成较大而恒定的凹陷。男性在膀胱与直肠之间有**直肠膀胱陷凹**；女性在子宫与膀胱之间有**膀胱子宫陷凹**，在直肠与子宫之间有**直肠子宫陷凹**（又称 Douglas 腔），与阴道后穹仅隔以薄层脏腹膜和阴道后壁。在站位或半卧位时，男性的直肠膀胱陷凹和女性的直肠子宫陷凹为腹膜腔的最低部位，故腹水多聚集于此。临床上可经男性直肠前壁或女性阴道后穹穿刺以进行诊断或治疗（图 8-28）。

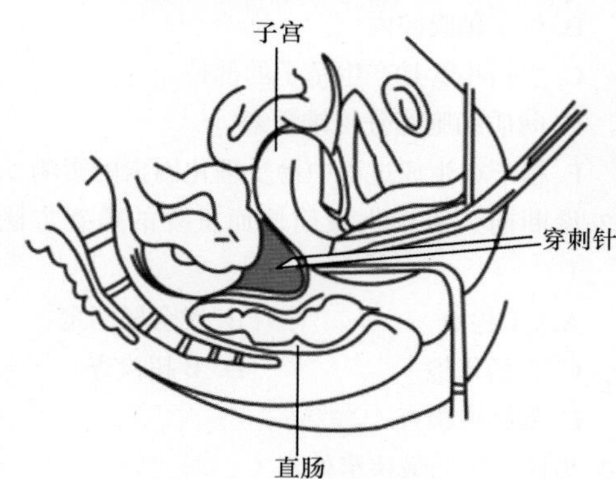

图 8-28 经阴道后穹穿刺术

考点：小网膜和大网膜的概念；直肠子宫陷凹的位置及其临床意义

小结

生殖系统分男性生殖系统和女性生殖系统。男性生殖系统的主性器官——睾丸具有产生精子和分泌雄激素的双重功能，而其他附性器官如附睾、输精管、射精管、精囊、前列腺、尿道球腺和尿道的功能是完成精子的成熟、贮存、运输及精液的排出。男性的生殖过程是在下丘脑 - 腺垂体 - 睾丸轴的调控下完成的。女性生殖系统的主性器官——卵巢具有产生卵子和分泌性激素的功能，输卵管是输送卵子和受精的场所，子宫是孕育胎儿和产生月经的部位，阴道是排出月经和娩出胎儿的通道，而阴道后穹则是临床上穿刺或引流腹水的常用部位。女性生殖系统的活动在下丘脑 - 腺垂体 - 卵巢轴的调控下，多呈现明显的周期性变化特征。

自测题

一、名词解释

1. 第二性征 2. 精索 3. 前尿道 4. 排卵 5. 输卵管伞 6. 月经周期 7.Cooper 韧带 8. 产科会阴 9. 腹膜腔 10. 直肠子宫陷凹

二、填空题

1. 男性的生殖腺是________，具有产生________和分泌________的功能。
2. 射精管由________和________汇合而成，开口于________。
3. 男性尿道分为________、________和________3部分；两个弯曲中，恒定不变的是________。
4. 女性的生殖腺是________，具有产生________和分泌________、________的功能。
5. 临床上行卵巢全切术时，寻找卵巢血管的重要标志是________。
6. 每个月经周期可分为________、________和________3 个时期。
7. 女性腹膜腔借________，经________、________和________与外界间接相通。
8. 在站立或半卧位时，腹膜腔的最低部位，在男性是________，女性是________。

三、选择题

A_1 型题

1. 关于睾丸的描述，错误的是（　　）
 A. 为男性的生殖腺
 B. 位于鞘膜腔内
 C. 生精小管是产生精子的部位
 D. 间质细胞能分泌雄激素
 E. 精子在生成过程中易受理化因素的影响
2. 诊断前列腺增生最简便而重要的检查方法是（　　）
 A. CT 检查　B. 残余尿测定
 C. 直肠指检　D. B 超检查
 E. 膀胱镜检查
3. 男性尿道的最狭窄处在（　　）
 A. 尿道内口　B. 尿道球部
 C. 尿道前列腺部　D. 尿道膜部
 E. 尿道外口
4. 为男性患者导尿时，提起阴茎与腹前壁成 60° 角，可使（　　）
 A. 耻骨前弯扩大　B. 耻骨下弯扩大
 C. 耻骨下弯消失　D. 耻骨前弯消失
 E. 尿道外口扩张
5. 为成年男性患者导尿时，导尿管插入尿道的深度为（　　）
 A.4 ～ 6cm　B.20 ～ 22cm
 C.10 ～ 12cm　D.18 ～ 20cm
 E.8 ～ 10cm
6. 关于卵巢的描述，错误的是（　　）
 A. 为女性的生殖腺
 B. 左、右各一
 C. 位于髂内、外动脉之间的卵巢窝内
 D. 上端与输卵管伞相接触
 E. 大小和形态与年龄变化无关
7. 排卵一般发生在月经周期的（　　）
 A. 第 12 天左右　B. 第 13 天左右
 C. 第 14 天左右　D. 第 15 天左右
 E. 第 16 天左右
8. 黄体形成后分泌的激素是（　　）
 A. 孕激素　B. LH
 C. 雌激素　D. 孕激素和雌激素
 E. 孕激素、雌激素和 LH
9. 黄体的发育和存在时间的长短取决于（　　）
 A. 排出的卵是否受精
 B. 雌激素分泌量的多少
 C. 输卵管运动的速度
 D. 孕激素分泌量的多少
 E. 黄体的血液供应情况
10. 临床上识别输卵管的标志是（　　）
 A. 输卵管壶腹　B. 输卵管伞
 C. 输卵管峡　D. 卵巢伞
 E. 输卵管子宫部
11. 下列管道中，无明显狭窄的是（　　）
 A. 男性尿道　B. 食管
 C. 输卵管　D. 输精管
 E. 输尿管
12. 临床上所称的子宫附件通常是指（　　）
 A. 卵巢　B. 卵巢和阴道
 C. 卵巢和输卵管　D. 输卵管和阴道
 E. 卵巢、输卵管和阴道
13. 子宫脱垂主要是由于下列哪对韧带损伤或恢复不良所致（　　）
 A. 骶子宫韧带　B. 子宫圆韧带
 C. 骨盆漏斗韧带　D. 子宫阔韧带
 E. 子宫主韧带
14. 从青春期至绝经期，子宫内膜受卵巢激素的影响而发生周期性脱落出血形成月经，其脱落的部位是子宫壁的（　　）
 A. 浆膜　B. 基底层
 C. 肌层　D. 功能层
 E. 内膜
15. 子宫内膜由分泌期进入月经期的主要原因是（　　）
 A. 子宫腺分泌
 B. 螺旋动脉破裂
 C. 血液中孕激素浓度高
 D. 血液中雌激素浓度低，孕激素浓度高
 E. 雌激素和孕激素的分泌量急剧减少
16. 从阴道后穹向上穿刺，针尖可刺入（　　）
 A. 直肠　B. 膀胱子宫陷凹
 C. 膀胱腔　D. 直肠子宫陷凹
 E. 子宫腔
17. 外阴局部受损最易形成血肿的部位是（　　）
 A. 大阴唇　B. 小阴唇

C. 尿道口　　D. 阴阜

E. 阴蒂

18. 乳房手术应采用放射状切口，主要是因为（　　）

A. 易找到发病部位

B. 便于延长切口

C. 可避免切断 Cooper 韧带

D. 减少损伤皮肤的血管和神经

E. 可减少对输乳管和乳腺叶的损伤

19. 乳腺癌患者当其真皮内淋巴管被癌细胞堵塞时，其临床表现为（　　）

A. 出现“酒窝征”

B. 皮肤呈“橘皮样”改变

C. 皮肤凹陷

D. 乳头湿疹样改变

E. 乳头凹陷

20. 不经过腹膜腔就能进行手术的器官是（　　）

A. 胃　　B. 肾

C. 小肠　　D. 阑尾

E. 乙状结肠

21. 腹水患者应采取的护理体位是（　　）

A. 头低足高位　　B. 俯卧位

C. 半卧位　　D. 平卧位

E. 侧卧位

22. 腹膜炎或腹部手术后病人采取半卧位的主要原因是（　　）

A. 有利于肠蠕动　　B. 有利于伤口愈合

C. 有利于呼吸　　D. 有利于腹膜吸收

E. 减缓腹膜对有害物质的吸收

A_2 型题

23. 患者男，70 岁。患慢性前列腺炎伴前列腺增生，需做前列腺按摩术。前列腺液自腺体排出后首先到达（　　）

A. 尿道内口　　B. 尿道前列腺部

C. 尿道海绵体部　　D. 尿道膜部

E. 尿道球部

24. 孕妇妊娠后期胎儿逐渐长大，子宫某部逐渐拉长达 10cm，形成“子宫下段”。该部是由子宫的哪一部分形成的（　　）

A. 子宫底　　B. 子宫体

C. 子宫颈　　D. 子宫峡

E. 子宫角

25. 患者女，24 岁。一年前足月分娩一女婴。现进行妇科检查，其子宫口的形状应该是（　　）

A. 横椭圆形　　B. 梯形

C. 横裂状　　D. 纵椭圆形

E. 圆形

26. 患者女，28 岁。月经周期为 28 天，这位妇女月经周期的第 15 ～ 28 天是（　　）

A. 排卵期　　B. 分泌期

C. 增生期　　D. 月经期

E. 黄体成熟期

四、简答题

1. 简述精子产生的部位及排出体外的途径。
2. 男性较小的肾盂结石需经过哪些狭窄和弯曲才能排出体外？
3. 输卵管分为哪几部分？受精和结扎的部位分别在何处？
4. 简述雄激素、雌激素、孕激素的生理作用。
5. 简述子宫的形态、位置、分部及其固定子宫的韧带。

（夏荣耀）

9

第九章　循环系统

常言道："心跳不止，生命不息"。机体内的血液通过周而复始的循环，保证了人体新陈代谢的正常进行，实现了体液调节和血液的免疫防御功能，进而维持了内环境理化性质的相对稳定。那么，循环系统是如何组成的？它们的形态和结构怎样？心是如何工作的？血压是怎样形成和维持的？让我们带着这些神奇而有趣的问题一起来探究人体循环系统的奥秘。

循环系统又称（脉管系统 vascular system）是一套连续而封闭的管道系统，包括心血管系统和淋巴系统两部分。心血管系统由心、动脉、毛细血管和静脉组成（图 9-1），其内循环流动的是血液。淋巴系统由淋巴管道、淋巴器官和淋巴组织组成，其内流动的是淋巴。

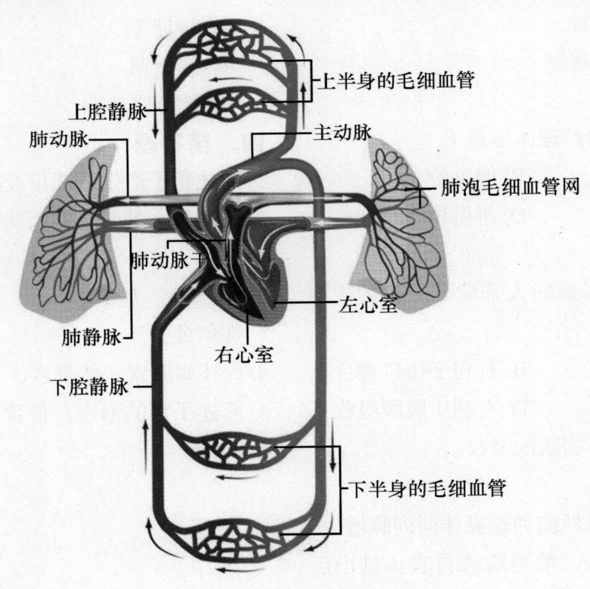

图 9-1　血液循环

循环系统的主要功能是物质运输，即不断地把消化系统吸收的营养物质和肺吸入的 O_2 运送到全身各器官的组织细胞，同时又将组织细胞的代谢产物如 CO_2 和尿素等运送到肺、肾和皮肤等器官排出体外，以保证机体新陈代谢的正常进行。内分泌系统分泌的激素通过血液循环，作用于相应的靶器官和靶细胞，以实现激素对人体的体液调节功能。

第一节　心血管系统概述

一、心血管系统的组成

心血管系统由心和血管组成。血管分为动脉、毛细血管和静脉 3 类。血管不仅是输送血液与其他物质的管道，而且还是连接全身各部、各个器官系统的交通要道。

1. 心　是中空的肌性器官，是连接动、静脉的枢纽和推动血液循环的“动力泵”（图 9-1）。心腔被房间隔和室间隔分为左、右互不相通的两半，每半又分为上方的心房和下方的心室，即心有 4 个腔，分别称为左心房、左心室、右心房和右心室。左半心内流动着动脉血，右半心内流动着静脉血。同侧的心房与心室之间借房室口相交通，心房接纳静脉，心室发出动脉。

2. 动脉（artery）　是由心室发出导流血液离心的血管（图 9-1）。在行程中不断分支，依次分为**大动脉**、**中动脉**、**小动脉**（管径为 0.3 ～ 1mm）和**微动脉** 4 级，最后移行为毛细血管（图 9-2）。动脉管壁较厚，管腔呈圆形，具有一定的弹性，随心的舒缩而明显搏动，故不少表浅动脉常被作为临床上中医诊脉、测量脉搏和压迫止血的部位。

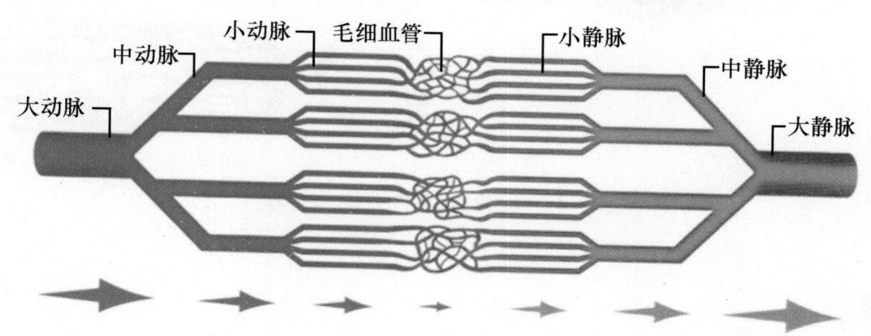

图 9-2　动脉和静脉的分级

动脉管壁可分为 3 层（图 9-3）：内膜菲薄，由内皮和内皮下层构成；中膜较厚，含有平滑肌、弹性纤维和胶原纤维；外膜由疏松结缔组织构成。各级动脉的差异主要体现在中膜：大动脉的中膜含有 40 ～ 70 层弹性膜和大量弹性纤维，故又称弹性动脉，包括主动脉、肺动脉、头臂干、颈总动脉、锁骨下动脉和髂总动脉等；中动脉（含 10 ～ 40 层）和小动脉（含 3 ～ 9 层）的中膜以环行的平滑肌为主，故又称**肌性动脉**。中动脉是指除大动脉外，凡在解剖学上有名称的动脉。

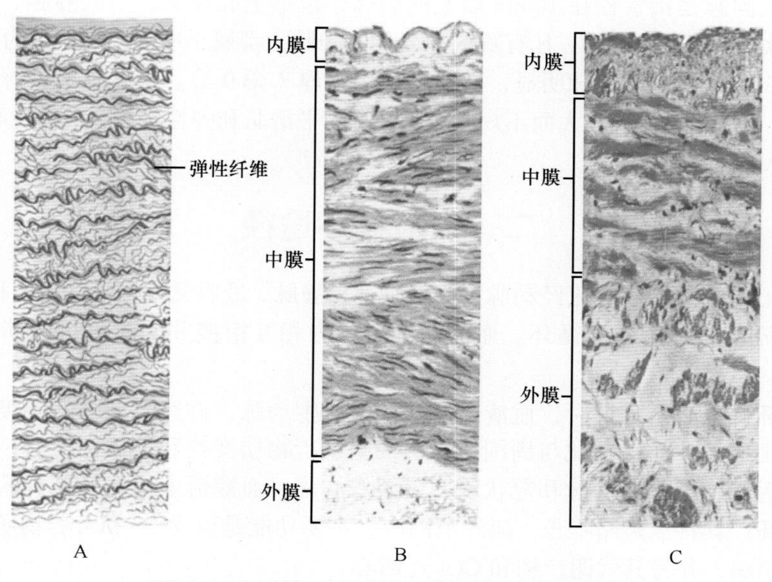

图 9-3　大动脉、中动脉和中静脉光镜结构像

A. 大动脉；B. 中动脉；C. 中静脉

3. 毛细血管 是连于微动脉与微静脉之间、管径最细、分布最广并相互交织成网状的微细血管（图 9-2），是血液与周围组织进行物质交换的主要部位，故又称为交换血管。其管径一般为 7 ～ 9μm，管壁仅由一层内皮细胞和基膜构成（图 9-4）。

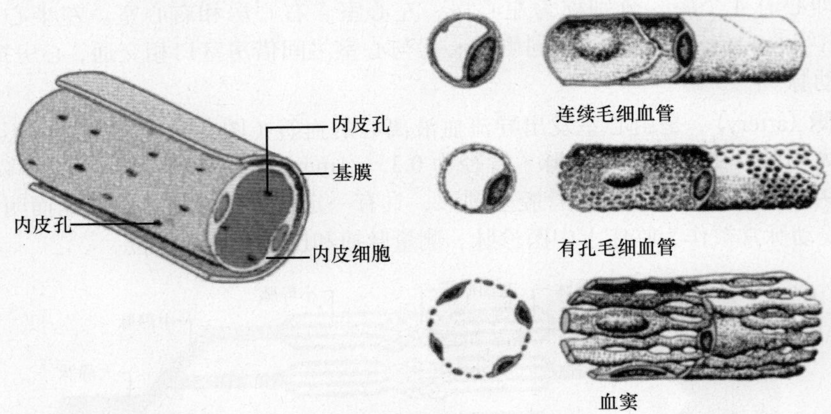

图 9-4 毛细血管的结构与分类

链接

毛细血管的分类

根据电镜下内皮细胞的结构特征，可将毛细血管分为 3 类（图 9-4）：①连续毛细血管，主要分布于肺和中枢神经系统等处，参与构成一些屏障结构；②有孔毛细血管，分布于肾血管球等处，通过内皮的窗孔来完成中、小分子物质的交换；③血窦（窦状毛细血管），分布于肝、脾、骨髓等处，通过内皮细胞之间较大的间隙进行大分子物质的交换。

考点：心血管系统的组成；血管的分类

4. 静脉（vein） 是运送血液回流至心房的血管（图 9-1）。由微静脉起自毛细血管，在向心回流的过程中不断接受其属支，逐渐汇合成**小静脉**、**中静脉**和**大静脉**（图 9-2），最后注入心房。大静脉是指管径在 10mm 以上的静脉，包括上腔静脉、下腔静脉、头臂静脉和颈内、外静脉等。除大静脉外，凡有解剖学名称的静脉大都属于中静脉，管径为 2 ～ 10mm。静脉管壁的 3 层结构不如动脉明显，外膜常比中膜厚（图 9-3）。与伴行的动脉比较，静脉的数量较多，管壁较薄，管腔大而不规则，管壁中的平滑肌和弹性纤维少，弹性和收缩性差，故血容量较大而血流缓慢。

二、血液循环途径

血液由心室射出，依次流经动脉、毛细血管和静脉，最后又返回心房，这种周而复始、循环不止的流动，称为血液循环。血液循环可分为相互衔接并同时进行的体循环和肺循环（图 9-1）。

1. 体循环 当心室收缩时，血液由左心室射入主动脉，再经主动脉的各级分支到达全身各部的毛细血管，血液在此与周围的组织细胞进行物质交换和气体交换后，再经各级静脉回流，最后经上、下腔静脉和冠状窦回流至右心房。血液沿上述途径进行的循环称为**体循环或大循环**。其特点是路程长，流经范围广，主要功能是以含 O_2 和营养物质丰富的动脉血营养全身组织，并将其代谢产物和 CO_2 运回心。

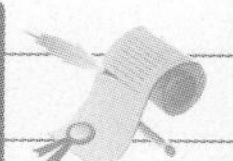

2. 肺循环 当心室收缩时，血液由右心室射出，经肺动脉干及其各级分支到达肺泡毛细血管网进行气体交换，再经肺静脉回流至左心房。血液沿上述途径进行的循环称为**肺循环或小循环**。其特点是路程短，只流经肺，主要功能是进行气体交换。

考点：体循环和肺循环的途径

三、血管的吻合及其功能意义

1. 血管的吻合 血管的吻合形式具有多样性，除经动脉 - 毛细血管 - 静脉吻合外，在动脉与动脉之间、静脉与静脉之间以及动静脉之间，均可借吻合支或交通支彼此相连分别形成**动脉间吻合**、**静脉间吻合**和**动静吻合**（图 9-5）。血管吻合具有调节血流量、改善局部血液循环等作用。

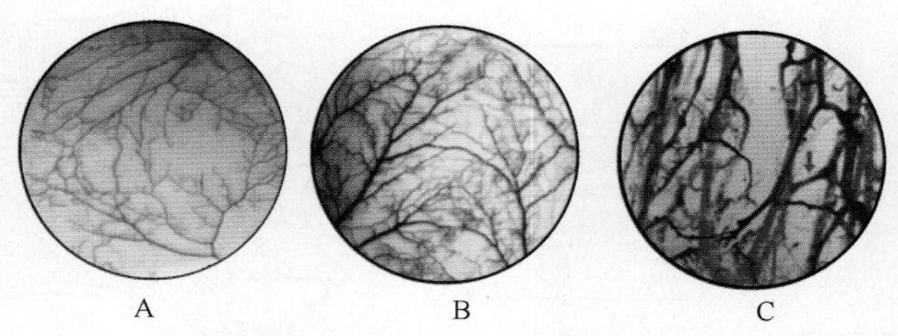

图 9-5 血管的吻合形式

A. 动脉间吻合；B. 静脉间吻合；C. 动静脉吻合

2. 侧支吻合 较大的动脉干在行程中发出与其平行的侧支，侧支与同一主干远侧端发出的返支彼此吻合而形成侧支吻合（图 9-6）。当动脉主干阻塞时，侧支逐渐增粗，血流可经扩大的侧支吻合到达阻塞远端的血管主干，使血管受阻区的血液供应得到不同程度的代偿和恢复。这种通过侧支吻合重新建立的循环称为**侧支循环**。侧支循环的建立，对于保证器官在病理状态下的血液供应具有重要意义。

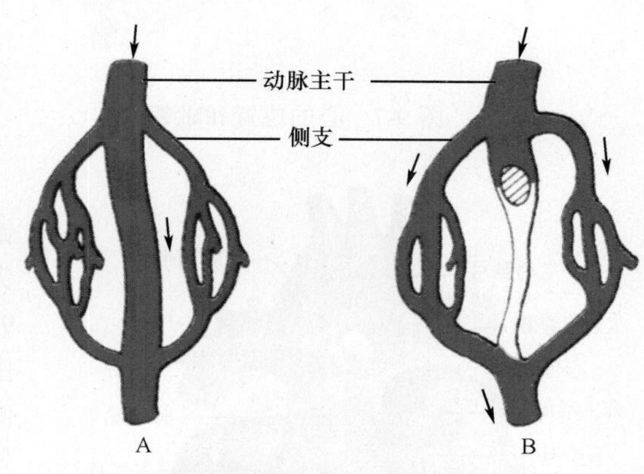

图 9-6 侧支吻合与侧支循环

A. 侧支吻合；B. 侧支循环

（李 智）

第二节 心

案例 9-1

患者女，46 岁。因夜间突感心前区憋闷，胸骨后紧缩性疼痛，出冷汗，含服硝酸甘油后不见好转而来医院就诊。体格检查：面色苍白，脉搏 120 次 / 分，血压 80/60mmHg。心电图显示：S-T 段抬高，T 波倒置。冠状动脉造影报告：左冠状动脉狭窄，前室间支阻塞。临床诊断：冠心病心绞痛急性发作，急性广泛左室前壁心肌梗死。

问题：1. 营养心的动脉有哪些？前室间支是哪条动脉的分支？

2. 心电图显示，左室前壁广泛心肌梗死，是何者阻塞所致？

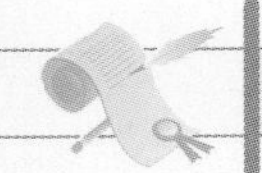

一、心的位置和外形

1. 心的位置　心位于胸腔前下部的中纵隔内，约2/3在身体正中线的左侧，1/3在正中线的右侧（图9-7）。心的上方连有出入心的大血管，下方是膈，两侧借纵隔胸膜与肺相邻，后方平对第5～8胸椎（图9-8），并与左主支气管、食管和胸主动脉等相邻。前方对着胸骨体和第2～6肋软骨，大部分被肺和胸膜所遮盖，为了不伤及肺和胸膜，临床上常在左侧第4肋间隙靠近胸骨左缘处进行心内注射。

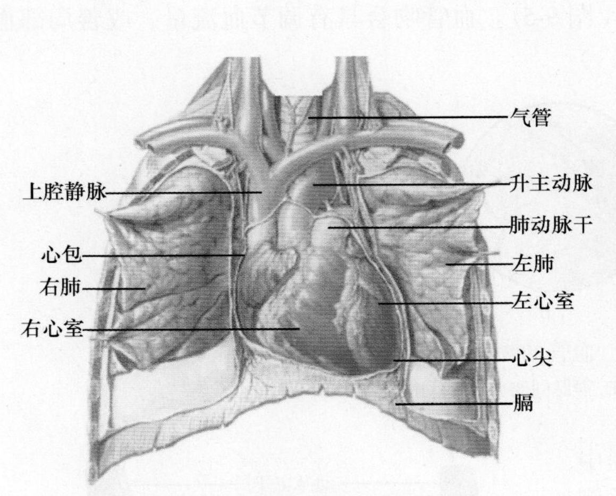

图9-7　心的位置和毗邻

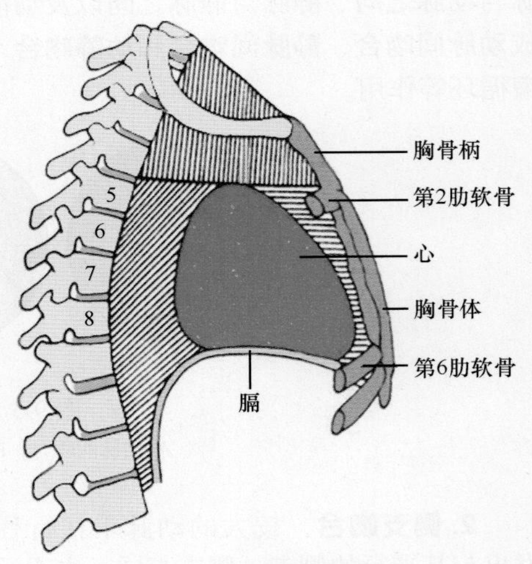

图9-8　心的毗邻

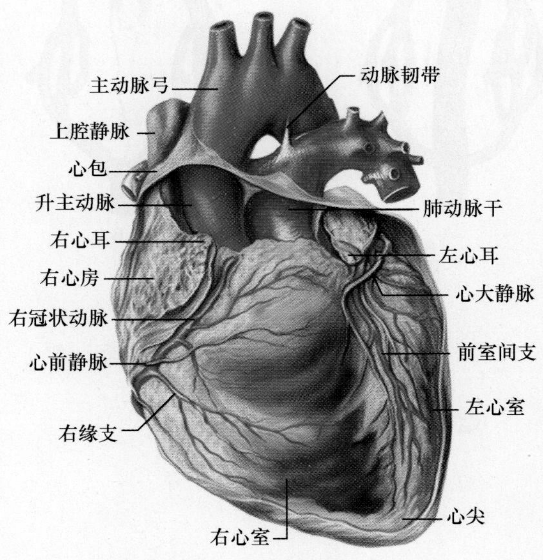

图9-9　心的外形和血管（前面观）

2. 心的外形　心似前后略扁、倒置的圆锥体，大小约与本人的拳头相近，可分为一尖、一底、两面、三缘和表面的三条沟（图9-9，图9-10）。**心尖**钝圆，朝向左前下方，由左心室构成，与左胸前壁贴近，故在左侧第5肋间隙、左锁骨中线内侧1～2cm处，可触及心尖搏动。**心底**朝向右后上方，与出入心的大血管相连。前面朝向前上方，邻近胸骨体和肋软骨，又称胸肋面；下面朝向后下方，近似水平位贴与膈，又称膈面。右缘由右心房构成，左缘绝大部分由左心室构成，下缘由右心室和心尖构成。在靠近心底处，心的表面有一条几乎呈环形的冠状位浅沟，称为**冠状沟**，是心房与心室在心表面的分界标志。在胸肋面和膈面各有一条自冠状沟向心尖右侧延伸的浅沟，分别称为**前室间沟**和**后室间沟**，是左、右心室在心表面的分界标志。上述诸沟内均有血管和脂肪组织填充。

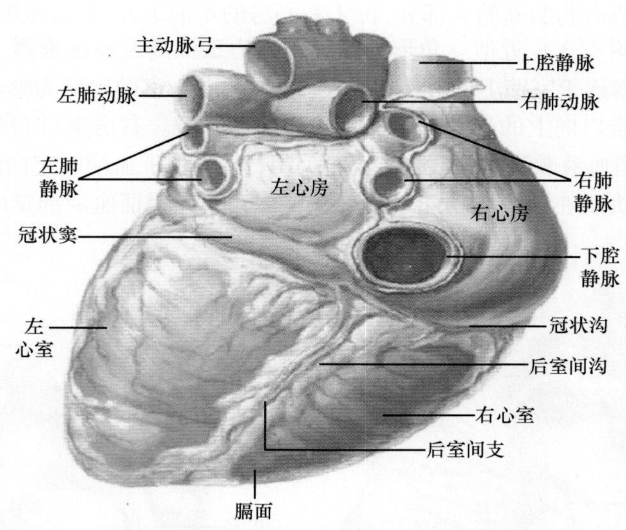

图 9-10 心的外形和血管（后面观）

二、心的体表投影

心在胸前壁的体表投影通常用下列 4 点的连线来确定（图 9-11）。①左上点，在左侧第 2 肋软骨下缘，距胸骨左缘约 1.2 cm 处；②右上点，在右侧第 3 肋软骨上缘，距胸骨右缘约 1.0cm 处；③左下点，在左侧第 5 肋间隙，左锁骨中线内侧 1 ～ 2cm（或距前正中线 7 ～ 9cm）处，即心尖的体表投影；④右下点，在右侧第 6 胸肋关节处。了解心在胸前壁的体表投影，对叩诊时判断心界是否扩大有实用意义。

心的位置和外形

心居胸腔中纵隔，三分之二左边居，
急救心内注射药，胸骨左缘四肋间；
心似倒置圆锥体，两面三缘沟底尖；
右上心底左下尖，前胸下膈是两面。

考点：心的位置、外形及心腔的表面分界标志；心尖的体表投影和心内注射的部位

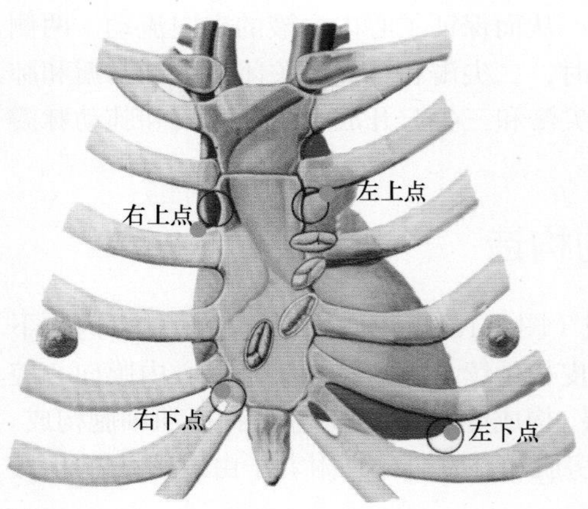

图 9-11 心的体表投影

三、心腔的结构

1. 右心房 位于心的右上部（图 9-12），它向左前方的突出部分称为**右心耳**，内面有许多近似平行隆起的**梳状肌**。右心房有 3 个入口：上方有上腔静脉口，下方有下腔静脉口，在下腔静脉口与右房室口之间有冠状窦口，它们分别导流人体上半身、下半身和心壁的静脉血。右心房的出口为右房室口，血液经此口流入右心室。房间隔右心房面的下部有一卵圆形浅窝，称为**卵圆窝**，是胚胎时期卵圆孔闭锁后的遗迹，此处较薄，是房间隔缺损的好发部位。

2. 右心室 构成心胸肋面的大部分，位于右心房的左前下方。右心室的入口即右房室口，口周缘的纤维环上附有 3 片近似三角形的瓣膜，称为**三尖瓣**或**右房室瓣**，各瓣膜的游离缘借数条细丝状的腱索连于室壁上的**乳头肌**（图 9-13）。右心室的出口为肺动脉口，口周缘的纤维环上附有 3 个袋口向上的半月形瓣膜，称为**肺动脉瓣**。右房室口和肺动脉出口处的瓣膜犹如泵的阀门，当血液顺流时开放，逆流时关闭，从而保证血液的定向流动。因纤维环、三尖瓣、腱索和乳头肌在结构和功能上是一个整体，共同保证血液的定向流动，故合称为**三尖瓣复合体**。

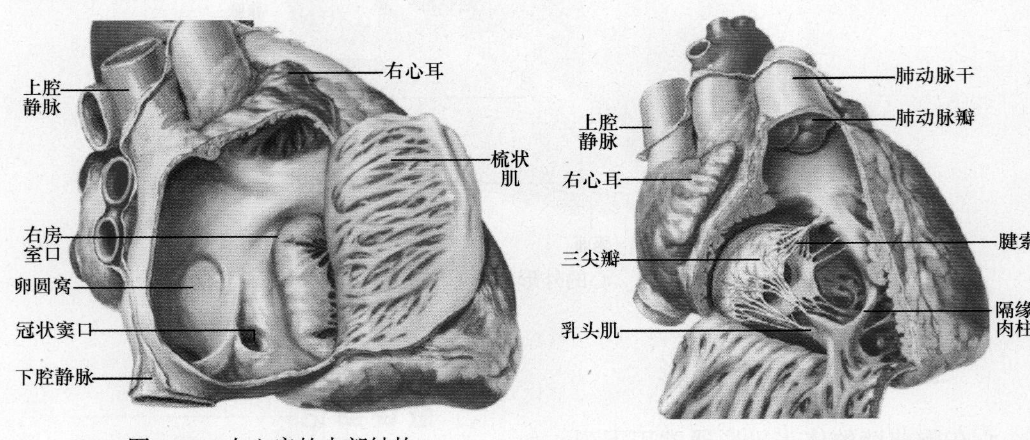

图 9-12 右心房的内部结构

图 9-13 右心室的内部结构

3. 左心房 位于右心房的左后方，构成心底的大部分。左心房前部向右前方的突出部分为**左心耳**（图 9-14），内有与右心耳相似的梳状肌。左心房后部两侧有左右肺上、下静脉的 4 个入口。左心房的出口为左房室口，血液经此口流入左心室。

4. 左心室 位于右心室的左后下方。左心室的入口即左房室口，口周缘的纤维环上附有两片近似三角形的瓣膜，称为**二尖瓣**或**左房室瓣**（图 9-14）。瓣膜也借腱索与室壁上的乳头肌相连。纤维环、二尖瓣、腱索和乳头肌的功能与右房室口的结构功能相似，故称为**二尖瓣复合体**。左心室的出口为主动脉口，口周围的纤维环上也附着 3 个袋口向上的半月形瓣膜，称为**主动脉瓣**（图 9-15），其形态和功能与肺动脉瓣相同。

考点：保证心腔内血液定向流动的装置

心似一个“血泵”，而瓣膜则犹如泵的阀门，从而保证了心内血液的定向流动。两侧心房和心室的收缩与舒张是同步的。当心室收缩时，二尖瓣和三尖瓣关闭，主动脉瓣和肺动脉瓣开放，血液射入动脉；当心室舒张时，二尖瓣和三尖瓣开放，主动脉瓣和肺动脉瓣关闭，血液由心房射入心室。

四、心壁的构造

心壁由心内膜、心肌层（膜）和心外膜构成（图 9-16）。①心内膜，由内皮、内皮下层和心内膜下层构成。内皮与出入心大血管的内皮相延续。心的各瓣膜是由心内膜向心腔内折叠并夹一层致密结缔组织而构成的。②心肌层，构成心壁的主体，主要由心肌细胞构成。心房肌较薄，心室肌较厚，左心室肌最发达。心房肌和心室肌分别附着于由致密结缔组织

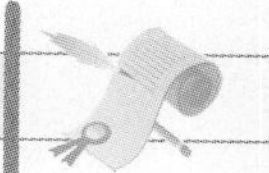

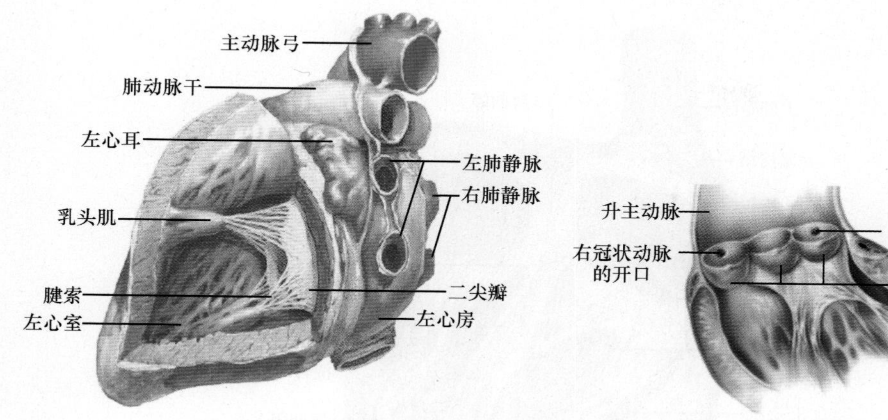

图 9-14 左心房和左心室

图 9-15 主动脉瓣

构成的纤维环上，两者互不相连，故心房肌和心室肌可以分别收缩和舒张。室间隔下方的大部分，由心室肌和两侧的心内膜构成，称为肌部（图 9-17）。其上部中份薄而缺乏心肌的部分称为膜部，是室间隔缺损的好发部位。③心外膜，为被覆于心肌层表面的浆膜，即浆膜心包的脏层。

考点： 房间隔、室间隔缺损的好发部位

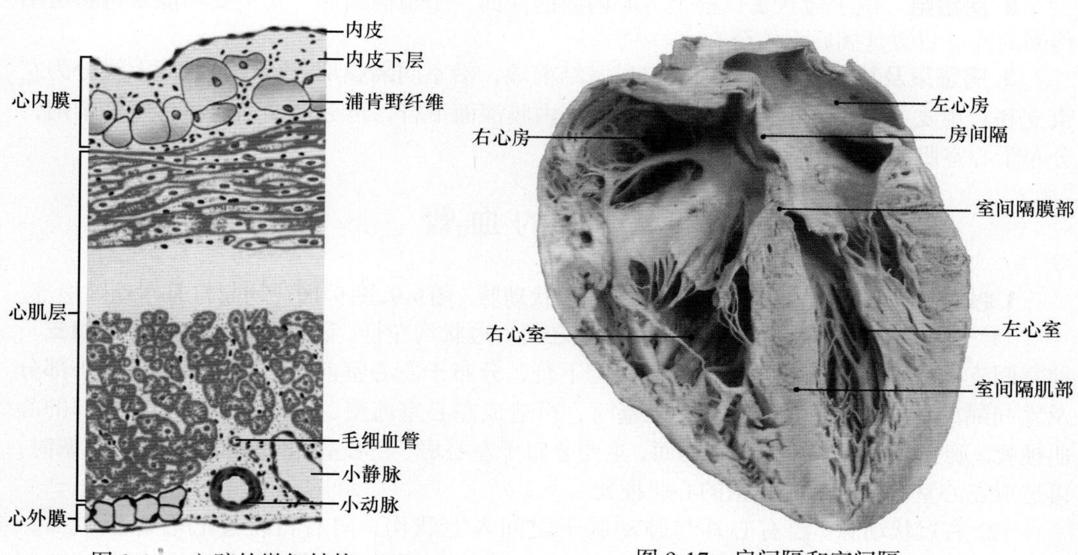

图 9-16 心壁的微细结构

图 9-17 房间隔和室间隔

五、心传导系统

心传导系统位于心壁内，由特殊分化的心肌细胞构成，其主要功能是产生并传导冲动，控制心的正常节律性活动。心传导系统包括窦房结、结间束、房室结、房室束、左右束支和浦肯野纤维（Purkinje fiber）网（图 9-18）。

1. 窦房结 是位于上腔静脉与右心房交界处心外膜深面的长梭形小体，是心自动节律性兴奋的发源地，为心的正常起搏点。窦房结发出的冲动传至心房肌，使两心房同时收缩，同时经结间束传至房室结。

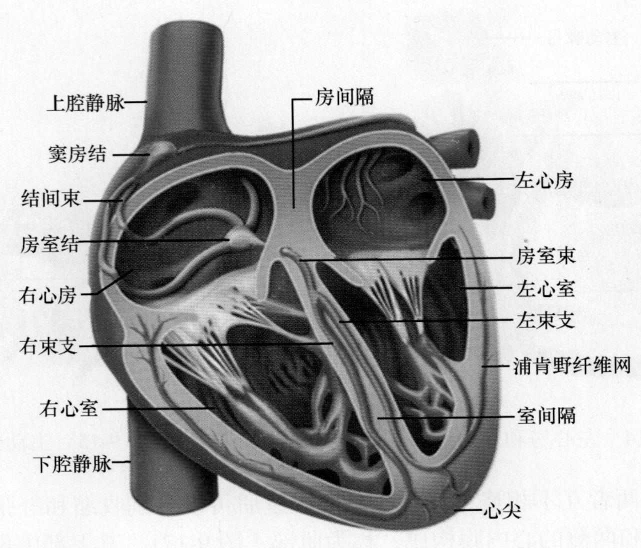

图 9-18 心传导系统

考点：心传导系统的组成；窦房结的位置及功能

2. 房室结 位于冠状窦口前上方心内膜的深面，呈扁椭圆形。其主要功能是将窦房结传来的冲动短暂延搁后下传至心室。

3. 房室束及其分支 房室束起自房室结前端，沿室间隔膜部下行，至肌部上缘分为左束支和右束支，分别在室间隔左、右侧面心内膜深面下行，再分散交织成浦肯野纤维网，分布于心室肌细胞。

六、心的血管

1. 心的动脉 心的血液供应来自左、右冠状动脉（图 9-9，图 9-10），均起自升主动脉根部。

(1) 左冠状动脉：经左心耳与肺动脉干之间沿冠状沟左行，随即分为**前室间支**和**旋支**。前室间支（临床上称前降支）沿前室间沟下行，分布于左心室前壁、右心室前壁一小部分及室间隔的前 2/3 区域。前室间支阻塞时，可造成左心室前壁、室间隔前部和心尖部的心肌梗死。旋支沿冠状沟左行至心膈面，主要分布于左心房、左心室侧壁及膈壁。旋支阻塞时，可造成左心室侧壁和部分膈壁的心肌梗死。

考点：左、右冠状动脉的起始及主要分支分布范围

(2) 右冠状动脉：经右心耳与肺动脉干之间入冠状沟，向右行绕过心右缘至膈面，移行为**后室间支**，沿后室间沟下行。右冠状动脉主要分布于右心房、右心室、室间隔后 1/3 及部分左心室后壁。右冠状动脉阻塞时，可引起心后壁心肌梗死和房室传导阻滞。

2. 心的静脉 多与动脉伴行（图 9-9），最终在左心房与左心室之间的冠状沟内汇合成**冠状窦**（图 9-10），借冠状窦口注入右心房。

3. 冠脉循环的特点 心本身的血液循环称为冠脉循环或冠状循环。冠状动脉开口于升主动脉根部，血液经过全部冠脉循环回流到右心房仅需几秒钟。因此，冠脉循环的特点是路途短、血流快、压力高、流量大。

链接

冠状动脉造影

临床上可通过冠状动脉造影来诊断冠状动脉的病变部位和狭窄程度。通常冠状动脉导管插管是经过股动脉→髂外动脉→髂总动脉→腹主动脉→胸主动脉→升主动脉，然后在升主动脉找到左、右冠状动脉开口，注入造影剂，使冠状动脉显影。当冠状动脉及其分支狭窄时，可通过导管插管放入支架以扩张血管（图 9-19），以保证冠状动脉的通畅。

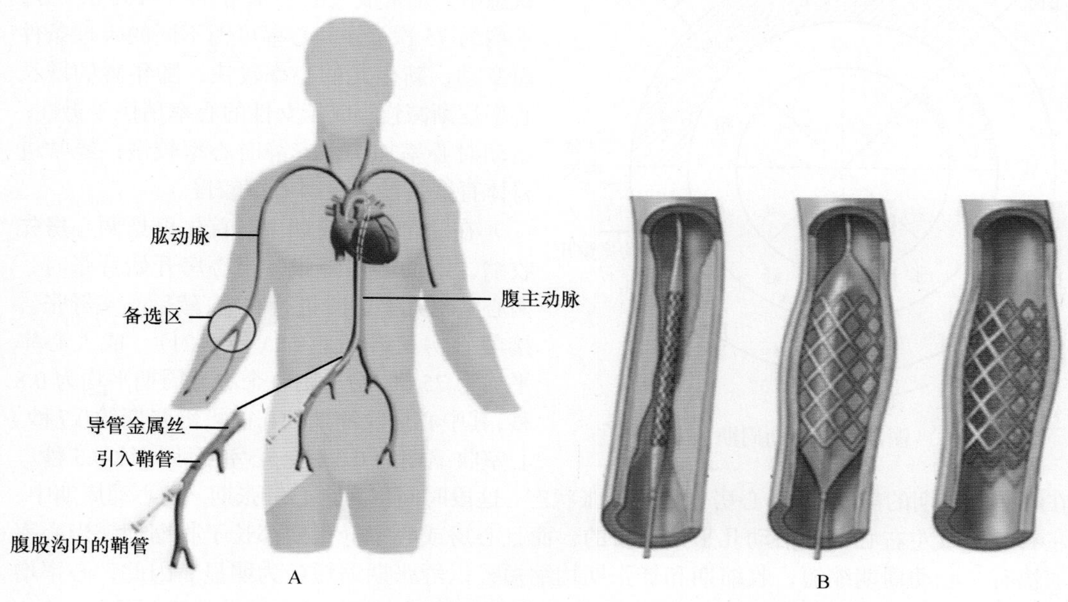

图 9-19 心脏介入手术

A. 股动脉穿刺；B. 心脏支架的张开过程

七、心 包

心包为包裹心和出入心大血管根部的锥体形纤维浆膜囊，分外层的纤维心包（图 9-20）和内层的浆膜心包。①**纤维心包**：上方与出入心大血管的外膜相移行，下方附着于膈的中心腱，是坚韧的致密结缔组织囊，伸缩性很小，有防止心过度扩张的作用。②**浆膜心包**：薄而光滑，分为脏、壁两层。脏层紧贴心肌层表面，即心外膜，壁层衬于纤维心包内面。脏、壁两层在出入心的大血管根部相互移行，形成潜在性的密闭腔隙，称为**心包腔**，内含少量浆液，可以减少心搏动时的摩擦。

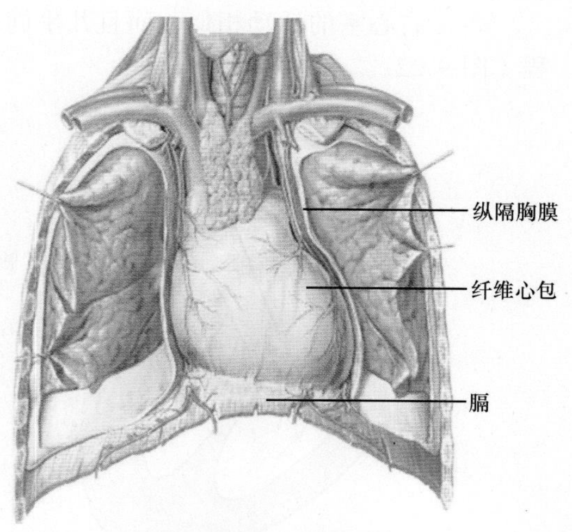

图 9-20 纤维心包

（李 智）

八、心脏的泵血功能与心音

（一）心动周期与心率

心脏收缩和舒张一次，称为一个**心动周期**，即一次心跳。在一个心动周期中包括心房收缩期、心房舒张期、心室收缩期、心室舒张期。由于心室在心脏的泵血过程中起主导作用，故通常的心动周期是指心室的活动周期而言。

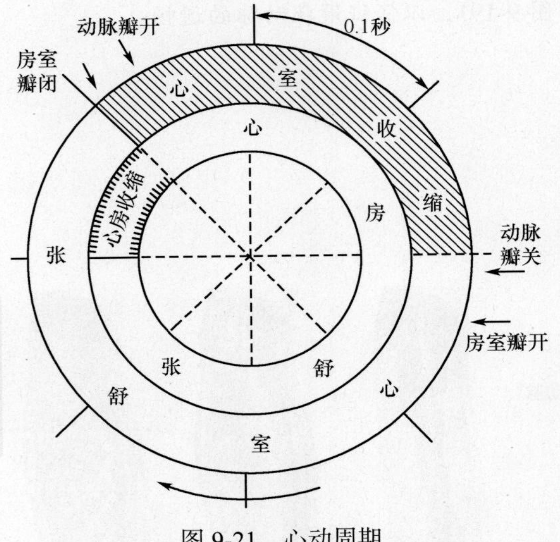

图 9-21　心动周期

每分钟心跳的次数，称为**心率**。在安静状态下，正常成人的心率为 60 ～ 100 次 / 分，平均为 75 次 / 分。心率可因不同的生理条件而变动，新生儿的心率较快，随年龄的增长心率逐渐减慢；成年女性的心率稍快于男性；运动时心率加快，安静时心率较慢；经常进行体育锻炼的人平时心率较慢。

考点：心动周期的概念；心率的正常值及其变动

在一个心动周期中，首先可见两心房先收缩，继而心房舒张；当心房开始舒张时，两心室也几乎同时进行收缩，然后心室舒张。接着心房又开始收缩（图 9-21）。成人心率平均为 75 次 / 分，则一个心动周期平均为 0.8 秒，其中心房收缩期约 0.1 秒，舒张期约 0.7 秒。心室收缩期约 0.3 秒，心室舒张期约 0.5 秒。在心室舒张期的前 0.4 秒，心房也处于舒张状态，这段时间称为全心舒张期。在心动周期中，左右心房或左右心室的活动几乎是同步的，而且心房或心室舒张期都长于收缩期。当心率加快时，心动周期缩短，收缩期和舒张期均缩短，以舒张期缩短最为明显。因此，心率增加时心肌的工作时间相对延长，休息时间相对缩短，这对心脏的持久活动是不利的。

（二）心脏的泵血过程

左、右心室的活动相似，而且几乎同时进行。现以左心室为例，介绍心室的泵血过程（图 9-22）。

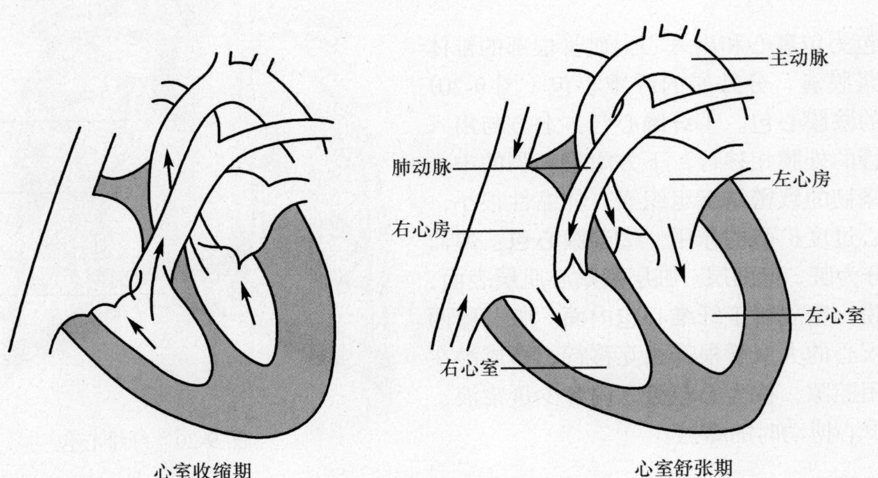

图 9-22　心泵血过程

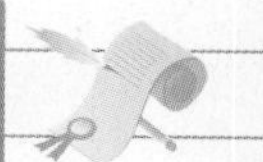

1. 心室收缩期 可分为等容收缩期和射血期。

(1) 等容收缩期：当心房收缩完毕后进入心房舒张期，此时心室开始收缩，室内压迅速上升，当升高至超过房内压时，房室瓣关闭，此时室内压仍低于主动脉压，动脉瓣仍处于关闭状态。此期心室的容积不变，称为等容收缩期，持续时间约 0.06 秒。如果动脉血压升高或心肌收缩力减弱，会导致动脉瓣推迟开放，等容收缩期延长。

(2) 射血期：心室肌继续收缩，室内压不断升高至超过主动脉压时，动脉瓣开放，心室内的血液射入主动脉，心室的容积缩小，此期称为射血期，持续时间约 0.24 秒。如果动脉压升高时，由于等容收缩期延长，射血期相对缩短。

2. 心室舒张期 可分为等容舒张期和充盈期。

(1) 等容舒张期：心室收缩射血完毕后开始舒张，室内压迅速下降，当降至低于主动脉压时，动脉瓣关闭，此时室内压仍较房内压高，房室瓣仍处于关闭状态。此期心室的容积不变，称为等容舒张期，持续时间 0.06 ～ 0.08 秒。

(2) 充盈期：心室肌继续舒张，当室内压继续下降至低于房内压时，房室瓣开放，血液由心房流入心室，心室容积增大，此期称为充盈期，持续时间 0.42 ～ 0.44 秒。在心室舒张期的最后 0.1 秒，心房开始收缩，房内压升高进一步促使血液流入心室。值得注意的是，血液流入心室主要不是靠心房收缩所产生的挤压作用，而是靠心室舒张降低室内压所产生的“抽吸”作用，但在心室舒张的后期，心房的收缩可使心室的充盈量再增加 10% ～ 30%。因此，心房收缩对于心室的充盈起着初级泵的作用，即对心室射血和静脉回流是一种协助。一旦心房泵功能丧失，尽管在静息状态下没有异常表现，但处于运动和应急状态下的机体，由于心脏泵功能不足而出现一些症状，如气短等。

现将心动周期中心腔内压力、容积、瓣膜开闭、血流方向的变化总结如表 9-1。

表 9-1 心动周期中心腔内压力、瓣膜活动、血流方向、心室容积变化

心动周期分期		压力比较（心房 心室 动脉）	瓣膜开闭		血流方向	心室容积
			房室瓣	动脉瓣		
房缩期		房内压＞室内压＜动脉压	开放	关闭	心房→心室	增大
室缩期	等容收缩期	房内压＜室内压＜动脉压	关闭	关闭	无出入	不变
	射血期	房内压＜室内压＞动脉压	关闭	开放	心室→动脉	减小
室舒期	等容舒张期	房内压＜室内压＜动脉压	关闭	关闭	无出入	不变
	充盈期	房内压＞室内压＜动脉压	开放	关闭	心房→心室	增大

（三）心输出量及影响因素

1. 每搏输出量和心输出量 一次心搏一侧心室所射出的血量，称为**每搏输出量**，简称搏出量。在安静状态下，正常成人的搏出量约为 70ml。在安静时一侧心室舒张末期的容积为 120ml，因而心室射血后，心室腔内仍有“余血”存在。每分钟一侧心室所射出的血量，称为**每分心输出量**，简称心输出量。心输出量等于搏出量与心率的乘积，正常成人安静时为 4.5 ～ 6L/ 分。两侧心室的搏出量和心输出量基本相等。心输出量是衡量心泵血功能的基本指标。

2. 影响心输出量的因素

(1) 心肌的前负荷：是指心室舒张末期充盈的血量，包括心室射血后的剩余血量和静

护考链接

临床输液时量增多和速度加快，会影响心肌的（　　）

A. 心肌收缩力　　B. 前负荷

C. 后负荷　　D. 心输出量

E. 心率

考点精讲：临床输液量增多和速度加快，可以增多心室舒张末期的充盈量，使心肌前负荷过大，故选择答案 B。

脉回心血量。在一定的范围内，静脉回心血量增多，心肌前负荷增大，心肌细胞的初长度增长，心肌收缩力增强，搏出量增多。如果静脉回心血量过多，心肌前负荷过大，心肌的收缩力反而减弱，搏出量减少。在临床输液中速度不宜过快、量不宜过多，避免心肌前负荷过大而导致急性心力衰竭。

（2）心肌的后负荷：大动脉血压，即心室肌收缩开始后遇到的阻力，称为**心肌的后负荷**。在其他因素不变的情况下，当动脉血压升高时，等容收缩期延长，射血期相对缩短，搏出量减少。反之，搏出量增多。

（3）心肌收缩能力：是指心肌细胞内在的功能状态。它是一种与心肌初长度无关，通过心肌本身收缩强度和速度的改变来影响心肌的收缩力量。当心肌收缩能力增强时，搏出量增多。反之，当心肌收缩能力降低时，搏出量减少。这是由于在心室肌收缩能力增强时，等容收缩期室内压上升的速度快、幅度大，射血时速度快，射血期末心室容积缩得更小，心室内血液排空得更完全，因而搏出量增多。在正常人体内，心肌收缩能力受神经体液因素的调节。当交感神经兴奋、去甲肾上腺素和肾上腺素增多时，心肌收缩能力增强，而当迷走神经兴奋时，心肌收缩能力则减弱。

链接

心力衰竭

心力衰竭是指由于各种原因使心输出量绝对或相对下降，不能满足机体代谢需要，伴有肺循环和（或）体循环淤血的一种综合征。心力衰竭是因心肌舒缩功能障碍或长期心脏负荷过重引起的。心脏长期负荷过重分为两种，一种是容量负荷（心肌前负荷）过重，另一种是压力负荷（心肌后负荷）过重。在防治心力衰竭时应注意改善心肌舒缩功能和减轻心肌的前、后负荷。

（4）心率：在一定范围内，心率加快，心室舒张期缩短不甚明显，搏出量减少不明显，心输出量增多；但若心率过快（超过 160 ～ 180 次 / 分），心室舒张期缩短明显，心室的充盈血量明显减少，搏出量明显减少，导致心输出量明显减少。在心率过慢时（低于 40 次 / 分），心室舒张期明显延长，但心室充盈量已接近极限而无明显增加，搏出量无明显增加，导致心输出量减少。

考点：影响心输出量的因素

3. 心力储备　是指心输出量随着机体代谢的需要而增多的能力。心力储备可通过加强体育锻炼而得到提高。在安静状态下，健康成人的心输出量为 4.5 ～ 6L/ 分；在剧烈运动时，可达到 25 ～ 30 L/ 分。

4. 心音　在心动周期中，由心肌收缩、瓣膜开闭和血液流动等机械活动所产生的声音，称为**心音**。心音可传至胸壁，用听诊器在胸壁的一定部位通常可听到两个心音，即第 1 心音和第 2 心音（表 9-2）。

表 9-2　第 1 心音与第 2 心音的比较

	第 1 心音	第 2 心音
产生时间	发生在心室收缩期，标志心室收缩开始	发生在心室舒张期，标志心室舒张开始
特点	音调较低，持续时间较长	音调较高，持续时间较短
产生机制	心室肌收缩、房室瓣关闭、心室射血冲击动脉管壁引起振动	动脉瓣关闭、血液返冲动脉的根部引起振动
意义	反映房室瓣的功能状态，心室肌收缩的强弱	反映动脉瓣的功能状态，动脉血压的高低

考点：比较第1心音和第2心音

此外，在有些健康的青年和儿童可听到第 3 心音，40 岁以上的健康人可出现第 4 心音。在某些心脏疾病时，可出现心杂音。在临床工作中，心音的听诊对某些心血管疾病的诊断具有重要意义。

九、心肌细胞的生物电现象和生理特性

心脏能不停地进行有节律的收缩和舒张活动，是由构成心脏的心肌本身的特性所决定的，而心肌生理特性又是以心肌细胞的生物电现象为基础的。

心肌细胞有两类：一类是具有收缩能力的心房肌和心室肌，称为**工作心肌细胞**，执行泵血功能。另一类是特殊传导系统的心肌细胞（窦房结、结间束、房室结、房室束、左右束支和浦肯野纤维），构成心传导系统，具有自动产生节律性兴奋的功能，称为**自律细胞**。两类细胞的生物电现象各不相同。

1. 心室肌细胞的生物电现象　心室肌细胞的静息电位约为 −90mV，其产生机制与神经纤维相同，主要是由 K^+ 外流形成的电 - 化学平衡电位。心室肌细胞动作电位的特征是去极化（0 期）迅速而复极化缓慢，因而其动作电位历时较长，可分为去极化的 0 期和复极化的 1 期、2 期、3 期、4 期，共 5 期（图 9-23）。各期膜电位变化、形成机制及历时见表 9-3。

2. 自律细胞的生物电特点　自律细胞生物电的最大特点是 4 期膜内电位不稳定，可缓慢自动去极化，去极化达阈值后即引起新的动作电位，如此周而复始。这种 4 期自动去极

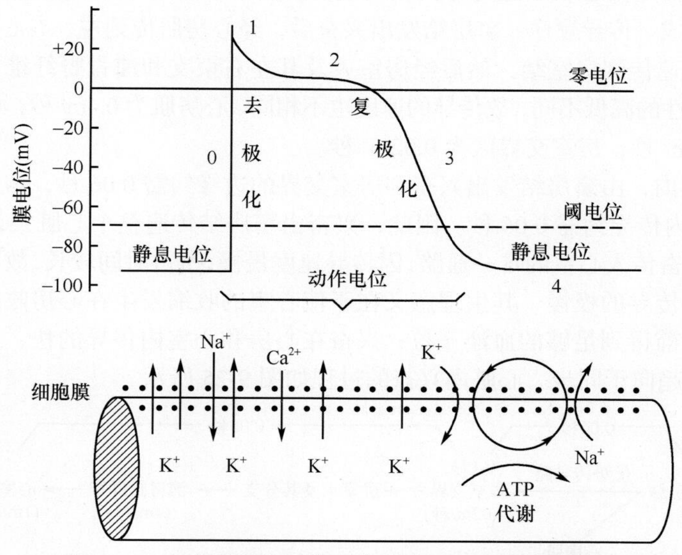

图 9-23　心室肌细胞动作电位及主要离子的跨膜转运

表 9-3　心室肌细胞膜电位各期的特点

分期	膜电位变化	形成机制	历时
0 期	-90mV 迅速上升到 +30mV	Na^+ 大量内流	1 ～ 2 毫秒
1 期	+30mV 快速下降到 0	K^+ 快速外流	10 毫秒
2 期	保持在近零电位水平	Ca^{2+} 内流和 K^+ 外流	100 ～ 150 毫秒
3 期	0 降到 -90mV	K^+ 外流	100 ～ 150 毫秒
4 期	稳定在静息电位水平	泵活跃，将离子重新泵回	

考点：心室肌细胞动作电位的分期及各期形成的离子基础

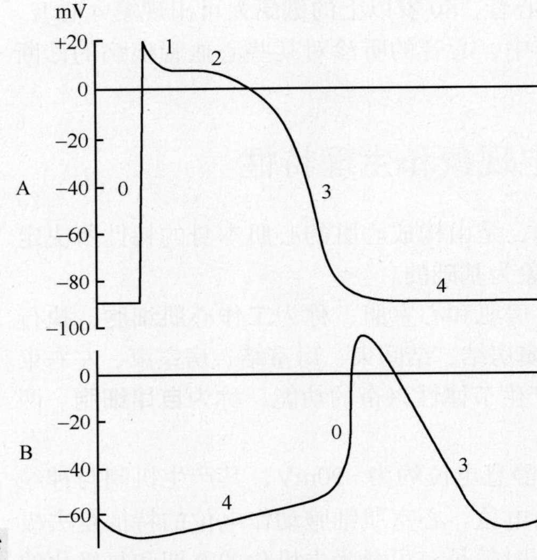

图 9-24　心室肌细胞（A）与窦房结细胞（B）的跨膜电位比较

化（图 9-24）是自律细胞与非自律细胞生物电现象的主要区别，也是形成自律性的基础。

3. 心肌的生理特性　包括自律性、兴奋性、传导性和收缩性。

(1) 自律性：是指心肌在没有外来刺激或无神经支配的条件下，能自动发生节律性兴奋和收缩的特性，简称自律性。心的自律性来源于自律细胞。由于心传导系统各部分自律细胞的 4 期自动去极化速度快慢不一，因而各部分的自律性则高低不同。其中，窦房结细胞的自律性最高，约为 100 次 / 分；房室结次之，约为 50 次 / 分；浦肯野纤维最低，约为 25 次 / 分。正常情况下，心肌的节律性活动受自律性最高的窦房结控制，因而窦房结就成为心肌的正常起搏点。以窦房结为起搏点的心搏动，称为**窦性心律**。以窦房结以外的部位为起搏点引起的心搏活动，则称为**异位心律**。

考点：窦性心律的概念；心正常起搏点的部位

(2) 传导性：是指心肌细胞传导兴奋的能力或特性。正常心脏内兴奋的传导主要依靠心传导系统来完成。传导顺序：窦房结发出兴奋后，经心房肌传到左、右心房，同时沿“优势传导通路”迅速传到房室结，然后经房室束及其左右束支和浦肯野纤维到达心室肌。各部心肌细胞传导性的高低不同，故传导的速度也不相同。心房肌为 0.4m/ 秒，心室肌为 1m/ 秒，浦肯野纤维为 4m/ 秒，房室交界区为 0.02m/ 秒。

在人体心脏内，由窦房结发出兴奋到房室交界的边缘约需 0.06 秒，房室交界内传导约需 0.1 秒，心室内传导约需 0.06 秒。因此，兴奋由窦房结传遍整个心脏共计约 0.22 秒。房室交界是心房兴奋传入心室的唯一通路，因传导速度最慢，所占时间较长，故称为**房 - 室延搁**。兴奋在房室交界传导的极慢，其生理意义在于使心室的收缩发生在心房收缩完毕之后，有利于心室在射血前得到足够的血液充盈；兴奋在心房和心室内传导的快，其意义是使心房肌或心室肌收缩趋向于同步。心脏内兴奋的过程如图 9-25 所示。

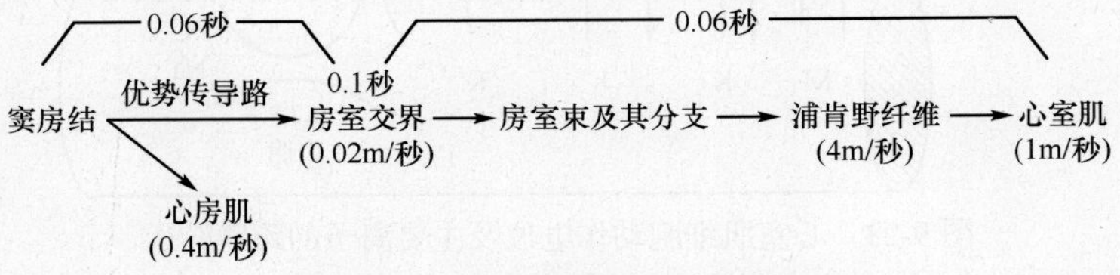

图 9-25　兴奋在心脏的传导过程

(3) 兴奋性：心肌细胞在受到刺激发生兴奋的过程中，其兴奋性会发生周期性的变化（图 9-26）。

1) 有效不应期 (b)：包括绝对不应期 (a) 和局部反应期。在绝对不应期不论多么强大的刺激都不能使心肌细胞产生动作电位，心肌兴奋性暂时缺失；在局部反应期，受到足够强度的刺激，可引起局部去极化，但不能产生动作电位。

2) 相对不应期 (c)：此期心肌兴奋性逐渐恢复，但仍低于正常，如给予阈上刺激，可使心肌细胞产生动作电位。

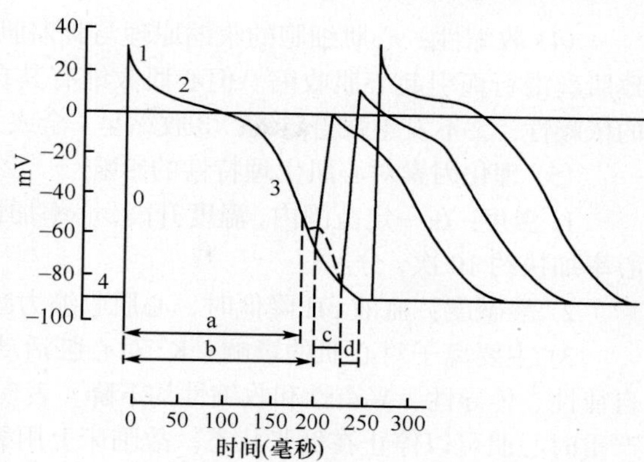

图 9-26 心室肌动作电位期间兴奋性的周期性变化

3) 超常期 (d)：此期兴奋性高于正常，给予一定的阈下刺激就能使心肌细胞产生动作电位。

心肌兴奋性呈周期性变化，其特点是有效不应期特别长，相当于整个收缩期和舒张早期，其生理意义是使心肌不能产生骨骼肌那样的强直收缩，保持着收缩与舒张交替的节律性活动，保证泵血功能的完成（图 9-27）。

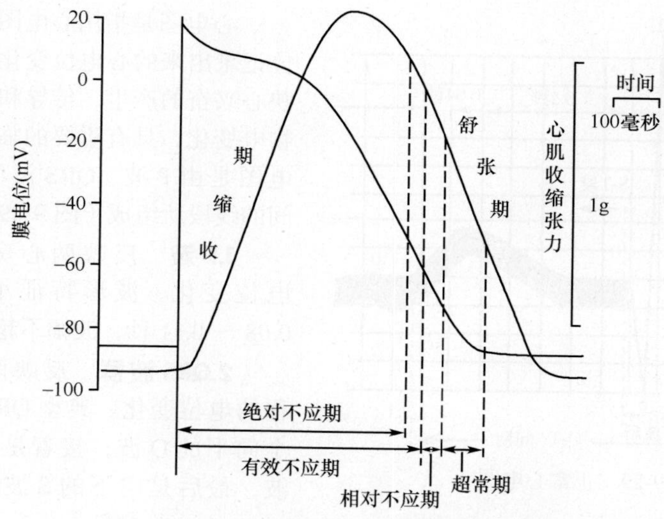

图 9-27 有效不应期与心室收缩的相应关系

正常情况下，心按照窦房结的节律进行活动。如果在有效不应期之后，下次窦房结兴奋到来之前，接受一个较强的额外刺激，可使心肌提前产生一次兴奋和收缩，称为期前收缩或早搏。期前收缩也有自己的有效不应期，此时须等到窦房结再一次传来兴奋，才能引起心肌收缩，故出现一个较长的心脏舒张期，称为**代偿间歇**（图 9-28）。

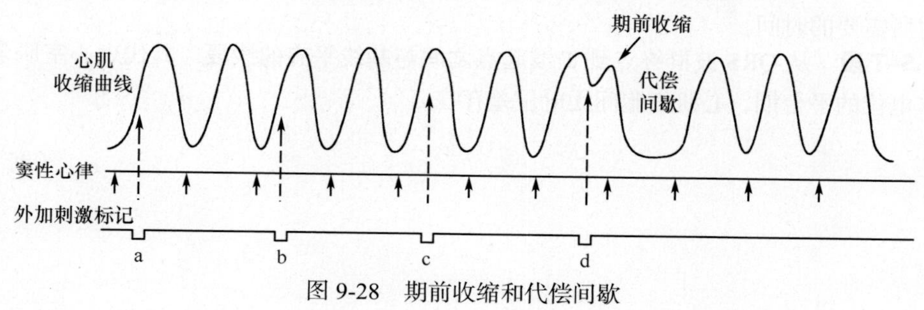

图 9-28 期前收缩和代偿间歇

(4) 收缩性：心肌细胞的收缩原理与骨骼肌的收缩原理相似，通过兴奋 - 收缩耦联，导致肌丝滑行而引起心肌收缩。但心肌收缩有其自身的特点：①对细胞外液 Ca^{2+} 浓度有较大的依赖性；②不发生强直收缩；③收缩呈“全或无”式，即心房肌或心室肌的收缩是同步的。

(5) 理化因素对心肌生理特性的影响

1) 温度：在一定范围内，温度升高，心率加快；温度降低，心率减慢。一般体温升高 1℃，心率加快约 10 次 / 分。

2) 酸碱度：血液 pH 降低时，心肌收缩力减弱；pH 增高时，心肌收缩力增强。

3) 主要离子对心肌的影响：K^+ 对心脏活动有抑制作用，当血 K^+ 浓度过高时，心肌的自律性、传导性、兴奋性和收缩性均下降，表现为心动过缓、传导阻滞、心肌收缩力减弱，严重时心肌可以停止在舒张状态。故临床上用氯化钾溶液补 K^+ 时，严禁静脉推注，只能口服或静脉缓慢滴注，同时必须遵循“不宜过多，不宜过浓，不宜过快”的原则，以防高血钾。当血 K^+ 浓度降低时，心肌的自律性、兴奋性和收缩性增高，易产生期前收缩和异位节律。血液中 Ca^{2+} 浓度增加，心肌收缩力增强。但血 Ca^{2+} 浓度过高，心肌可停止于收缩状态。血 Ca^{2+} 浓度降低时，心肌收缩力减弱。

考点：K^+ 和 Ca^{2+} 对心肌收缩力的作用有何不同

十、心　电　图

心电图是指用心电图机在体表一定部位记录出来的心电位变化曲线。它可以反映心兴奋的产生、传导和恢复过程中的生物电变化，具有重要的临床意义。正常心电图是由 P 波、QRS 波群和 T 波及各波间的线段所组成（图 9-29）。

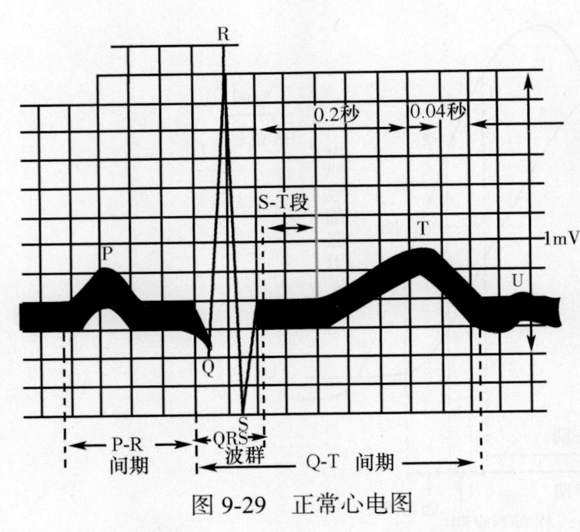

图 9-29　正常心电图

1.P 波　反映两心房去极化过程的电位变化。波形特征小而钝圆，历时 0.08 ～ 0.11 秒，波幅不超过 0.25mV。

2.QRS 波群　反映两心室去极化过程的电位变化。典型 QRS 复合波包括一个向下的 Q 波，接着是向上的高尖的 R 波，最后是向下的 S 波。QRS 波群历时 0.06 ～ 0.10 秒。

3.T 波　反映两心室复极化过程的电位变化。波幅一般为 0.1 ～ 0.8mV，历时 0.05 ～ 0.25 秒。

4.P–R 间期　指从 P 波起点到 QRS 波群起点之间的时间，为 0.12 ～ 0.20 秒。它反映窦房结产生的兴奋经心房、房室结和房室束等到心室，并引起心室开始去极化所需要的时间。

5.Q–T 间期　从 QRS 波群的起点到 T 波终点的时间，反映心室去极化和复极化到静息电位时所需要的时间。

6.S–T 段　从 QRS 波群终点到 T 波起点之间与基线平齐的线段。其代表心室肌全部处于动作电位的平台期，心肌细胞间无电位差存在。

（刘　强）

第三节 血 管

案例 9-2

患者男，66 岁。1 年前因头晕、头痛就诊。查体发现血压升高（190/120mmHg），其余未见异常。现已服降压药 1 年，治疗后症状好转，舒张压降至正常，但收缩压仍保持在较高水平（150/70 mmHg）。临床诊断：高血压病。

问题：1. 高血压病的诊断标准是什么？

2. 为什么患者服降压药后，舒张压降至正常，而收缩压仍保持在较高水平？

一、肺循环的血管

1. 肺循环的动脉 是从右心室发出的肺动脉干及其分支，输送的是含 CO_2 较多的静脉血。肺动脉干是一短而粗的动脉干，起自右心室，至主动脉弓的下方分为左、右肺动脉。左肺动脉至左肺门处分两支进入左肺上、下叶。右肺动脉至右肺门处分 3 支进入右肺上、中、下叶。左、右肺动脉在肺内经反复分支，最终形成肺泡毛细血管网。

在肺动脉干分叉处稍左侧与主动脉弓下缘之间有一结缔组织索，称为**动脉韧带**（图 9-9），是胚胎时期动脉导管闭锁后的遗迹。动脉导管若在出生后 6 个月尚未闭锁，则称为动脉导管未闭，是常见的先天性心脏病之一。

考点：动脉韧带的概念

2. 肺循环的静脉 肺静脉左、右各两条，分别称为左肺上、下静脉和右肺上、下静脉（图 9-14）。它们均起自肺门，注入左心房。肺静脉输送的是动脉血，有别于体循环的静脉。

链接

您知道吗?

经手背静脉网桡侧滴注某抗生素对左肺大叶性肺炎患者进行治疗，药物到达左肺的具体途径是：手背静脉网桡侧→头静脉→腋静脉→锁骨下静脉→头臂静脉→上腔静脉→右心房→右房室口→右心室→肺动脉干→左肺动脉→左肺门→分上、下两支分别进入左肺上、下叶。

二、体循环的动脉

体循环的动脉是从左心室发出的主动脉及其各级分支，输送的是含 O_2 丰富的动脉血。主动脉是体循环的动脉主干，按其行程分为**升主动脉**、**主动脉弓**和**降主动脉**，其中降主动脉又以膈的主动脉裂孔为界，分为**胸主动脉**和**腹主动脉**（图 9-30）。

（一）升主动脉

升主动脉起自左心室（图 9-9），向右前上方斜行至右侧第 2 胸肋关节的后方移行为主动脉弓，升主动脉根部发出左、右冠状动脉。

考点：主动脉的分部以及主动脉弓的三大分支；主动脉小球的位置及功能

（二）主动脉弓

主动脉弓是升主动脉的延续，在胸骨柄后方弓行弯向左后方，至第 4 胸椎体下缘移行为胸主动脉。主动脉弓壁内有压力感受器，具有调节血压的作用。在主动脉弓下方近动脉韧带处有 2 ～ 3 个粟粒状小体，称为**主动脉小球**，为化学感受器，参与调节呼吸。主动脉弓的凸侧从右向左依次发出三大分支，即**头臂干**、**左颈总动脉**和**左锁骨下动脉**（图 9-30）。

头臂干上行至右侧胸锁关节后方分为右颈总动脉和右锁骨下动脉。

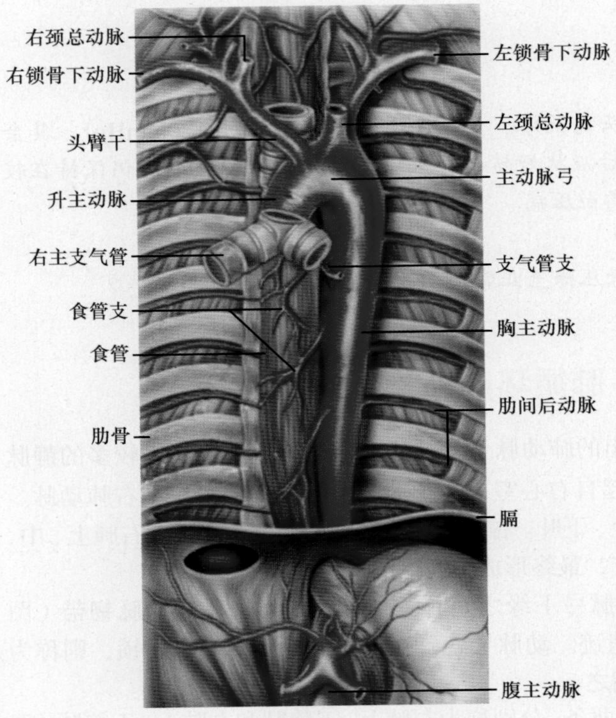

图 9-30　主动脉的分部及其分支

链接

器官外动脉的分布规律

动脉离开主干进入器官前的一段称为器官外动脉，进入器官后称为器官内动脉。器官外动脉具有如下分布规律：①分布具有明显的对称性；②每一大局部都有 1 ～ 2 条动脉干供应；③躯干部在结构上有体壁和内脏之分，故动脉的分支有壁支和脏支之别；④动脉常与静脉、神经伴行，构成血管神经束；⑤动脉在行程中，多居于身体的屈侧、深部或安全隐蔽不易受到损伤的部位。

1. 颈总动脉　是头颈部的动脉主干，左侧的起自主动脉弓，右侧的发自头臂干。两侧的颈总动脉均在胸锁关节的后方进入颈部，沿食管、气管和喉的外侧上行，至甲状软骨上缘处分为颈内动脉和颈外动脉（图 9-31）。颈总动脉上段位置表浅，活体可摸到搏动。如头面部大出血时，在胸锁乳突肌前缘，相当于环状软骨平面，可将颈总动脉向后将其压在第 6 颈椎横突前结节（即颈动脉结节）上进行急救止血（图 9-32）。

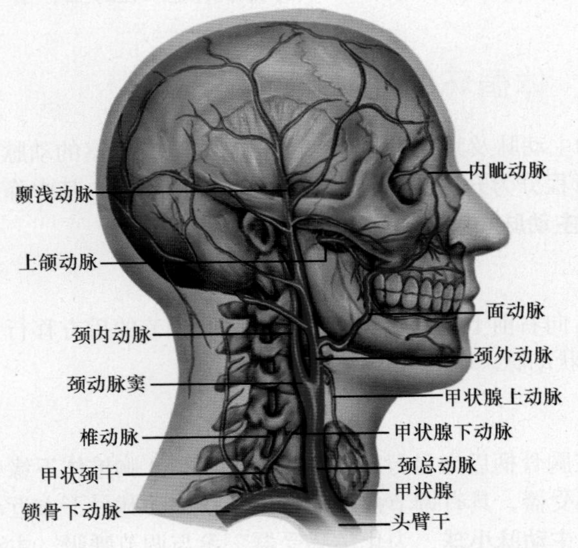

图 9-31　头颈部的动脉

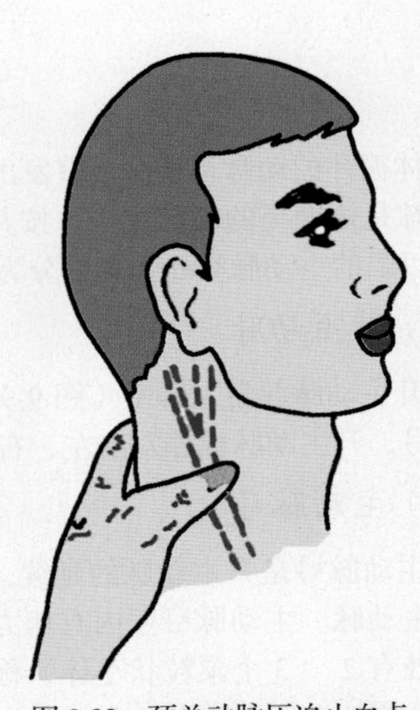

图 9-32　颈总动脉压迫止血点

考点：颈动脉窦和颈动脉小球的位置及功能

在颈总动脉分叉处有两个重要结构。①**颈动脉窦**：是颈总动脉末端和颈内动脉起始处的膨大部分，壁内有压力感受器。颈动脉窦和主动脉弓壁内的压力感受器可感受血压升高的刺激，反射性地引起心跳减慢，血管扩张，从而引起血压下降。若突然持续压迫颈动脉窦，可使心跳减慢和血压持续降低，可致猝死。②**颈动脉小球**：是位于颈总动脉分叉处后方的扁椭圆形小体，为化学感受器。颈动脉小球和主动脉小球能感受血液中CO_2浓度升高的刺激，反射性地引起呼吸加深、加快。

⑴ 颈外动脉：起自颈总动脉，在胸锁乳突肌深面上行，在腮腺实质内分为上颌动脉和颞浅动脉两个终支。其主要分支有（图 9-31）：①**甲状腺上动脉**：分布于甲状腺上部和喉。②**面动脉**：约平下颌角高度发出，向前经下颌下腺深面上行，至咬肌前缘绕过下颌骨下缘至面部，沿口角、鼻翼外侧上行至内眦，改称为内眦动脉，分布于面部、下颌下腺和腭扁桃体等处。在咬肌前缘与下颌骨下缘交界处可摸到面动脉搏动。当面部出血时，可在该处进行压迫止血（图 9-33）。③**颞浅动脉**：经外耳门前方至颞部皮下，分布于腮腺和额、颞、顶部的软组织。在外耳门前上方可触及其搏动，当头前外侧部出血时，可在此压迫止血（图 9-34）。④**上颌动脉**：经下颌支深面行向前内，分布于硬脑膜、牙及牙龈、咀嚼肌和鼻腔等处。其中分布于硬脑膜的分支称为**脑膜中动脉**，向上经棘孔入颅中窝，分为前、后两支。前支粗大，经翼点内面上行，颞部骨折时易受损伤而引起硬脑膜外血肿。

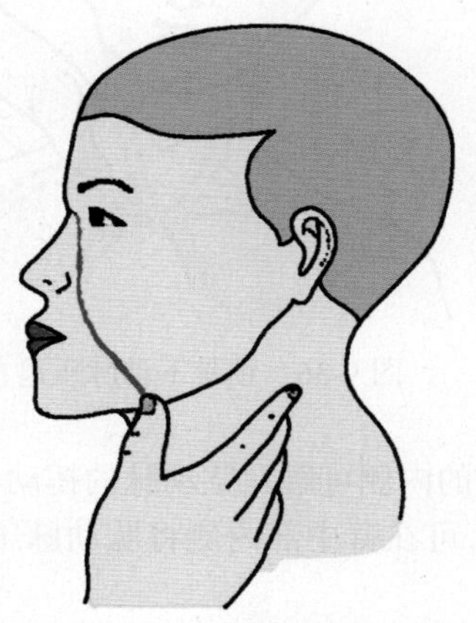

图 9-33 面动脉压迫止血点

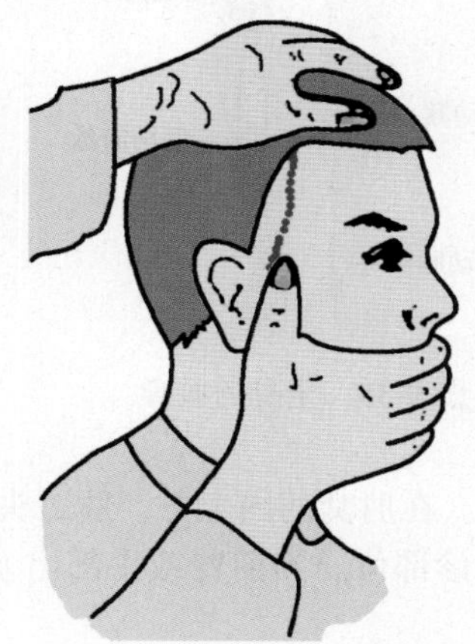

图 9-34 颞浅动脉压迫止血点

⑵ 颈内动脉：由颈总动脉分出后（图 9-31），垂直上升至颅底，再经颈动脉管入颅腔，分布于脑和视器（详见第十一章神经系统第二节）。

2. 锁骨下动脉 左侧的起自主动脉弓，右侧的发自头臂干。锁骨下动脉从胸锁关节后方呈弓状越过胸膜顶前方，向外穿斜角肌间隙至第 1 肋外缘延续为腋动脉。锁骨下动脉的主要分支有椎动脉、胸廓内动脉和甲状颈干等（图 9-31，图 9-35），其中**椎动脉**由锁骨下动脉上壁发出，向上穿第 6 ～ 1 颈椎的横突孔，经枕骨大孔入颅腔，分布于脑和脊髓（详见第十一章神经系统第二节）。上肢外伤大出血时，可在锁骨中点上方的锁骨上大窝处向后下将锁骨下动脉压向第 1 肋骨进行止血（图 9-36）。

3. 上肢的动脉（图 9-35）

⑴ 腋动脉：在第 1 肋外缘处续自锁骨下动脉，向外下进入腋窝，至臂部移行为肱动脉。

⑵ 肱动脉：是腋动脉的直接延续，沿肱二头肌内侧下行至肘窝，平桡骨颈高度分为

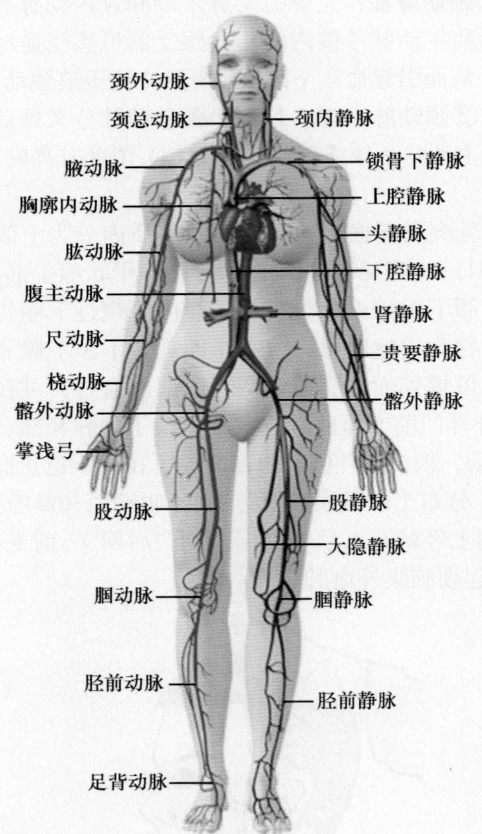

图 9-35　全身的血管

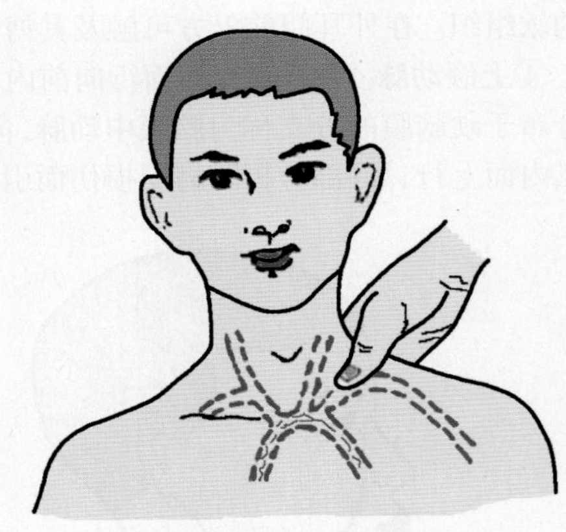

图 9-36　锁骨下动脉压迫止血点

考点：椎动脉的行径；上肢的动脉主干名称；测量脉搏的部位和测量血压的听诊部位

桡动脉和尺动脉。在肘窝的内上方，肱二头肌腱的内侧可触及肱动脉的搏动（图 4-68），是测量血压时的听诊部位。当前臂或手部出血时，可在臂中部内侧将肱动脉压向肱骨以暂时止血（图 9-37）。

护考链接

临床上测量脉搏的首选部位是（　）

A. 股动脉　　B. 足背动脉

C. 桡动脉　　D. 肱动脉

E. 颈总动脉

考点精讲：动脉随心的舒缩而明显搏动，故不少表浅动脉可在体表摸到其搏动。桡动脉在腕关节上方位置表浅，操作方便，是临床上中医诊脉和测量脉搏的首选部位，其次为颞浅动脉、颈总动脉、肱动脉、腘动脉、足背动脉、胫后动脉、面动脉和股动脉等，故选择答案 C。

(3) 桡动脉和尺动脉：两者均自肱动脉分出后，分别沿前臂前群肌的桡侧和尺侧下行，沿途分布于前臂和手，经腕至手掌形成掌浅弓和掌深弓。桡动脉在腕关节桡掌侧上方位置表浅（图 4-68），仅被皮肤和筋膜遮盖，是临床上中医诊脉和测量脉搏的首选部位。手部出血时，可在桡腕关节上方掌面的内、外侧，同时将尺、桡动脉分别压向尺、桡骨的下端进行压迫止血（图 9-38）。

(4) 掌浅弓和掌深弓：由尺动脉和桡动脉的终末支在手掌相互吻合而成（图 9-35）。除分布于手掌外，还发出指掌侧固有动脉沿手指掌面的两侧行向指尖，故当手指出血时，可在手指根部两侧压迫进行止血（图 9-38）。

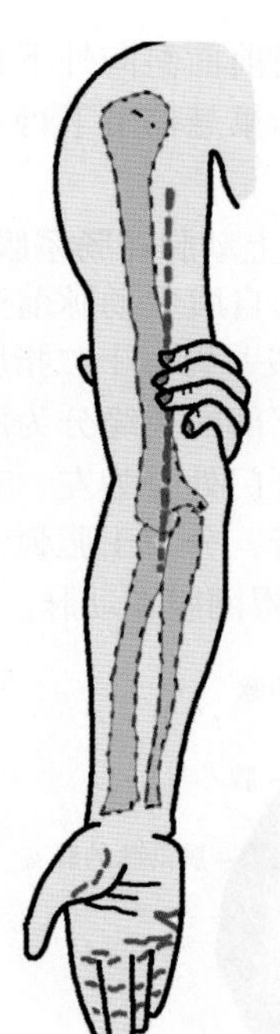

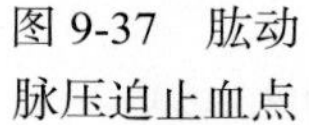

图 9-37　肱动脉压迫止血点

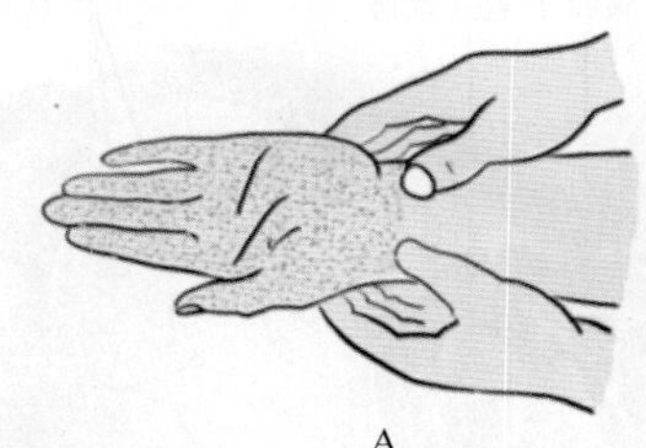

A　B

图 9-38　手的动脉压迫止血点

A. 桡尺动脉压迫止血；B. 压迫手指两侧止血

（三）胸主动脉

胸主动脉是胸部的动脉主干，行于脊柱的左前方，沿途发出壁支和脏支（图 9-30）。①壁支，主要包括位于第 3 ～ 11 对肋间隙内的 9 对肋间后动脉和位于第 12 肋下方的 1 对肋下动脉，分布于胸壁、腹壁上部、背部和脊髓等处；②脏支，主要有支气管支、食管支和心包支，分布于气管、支气管、食管和心包等处。

（四）腹主动脉

腹主动脉是腹部的动脉主干，自膈的主动脉裂孔处续于胸主动脉，沿脊柱的左前方下行，至第 4 腰椎体下缘分为左、右髂总动脉。腹主动脉按其分布区域，也有脏支和壁支之分。壁支主要是 4 对腰动脉，分布于腹后壁和脊髓等处；脏支分为成对和不成对的两种。

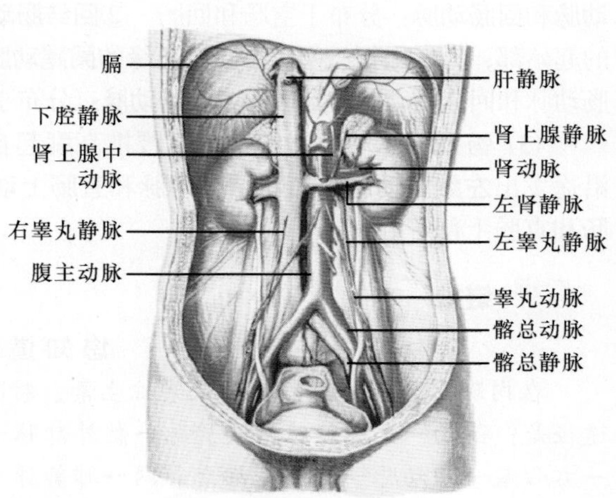

图 9-39　腹主动脉及其分支

1. 成对的脏支　主要分布于腹腔内成对的器官。包括（图 9-39）：①**肾上腺中动脉**：约平第 1 腰椎高度起自腹主动脉侧壁，分布于肾上腺。②**肾动脉**：约平对第 1、2 腰椎体之间起自腹主动脉侧壁，横行向外经肾门入肾，并在入肾门之前发出一支肾上腺下动脉至肾上腺。③**睾丸动脉**：

细而长，在肾动脉起始处的稍下方由腹主动脉前壁发出，沿腰大肌前面斜向外下方，穿经腹股沟管入阴囊，分布于睾丸和附睾。在女性则为**卵巢动脉**，经卵巢悬韧带下行入盆腔，分布于卵巢和输卵管壶腹部。

2. 不成对的脏支 分布于不成对的器官，包括腹腔干、肠系膜上动脉和肠系膜下动脉。

(1) 腹腔干：为一粗而短的动脉干，在主动脉裂孔的稍下方起自腹主动脉前壁，随即分为**胃左动脉**、**肝总动脉**和**脾动脉**（图 9-40），主要分布于食管腹段、胃、十二指肠、肝、胆囊、胰、脾和大网膜等处。其中，肝总动脉向右行至十二指肠上部的上缘分为肝固有动脉和胃十二指肠动脉。肝固有动脉在肝十二指肠韧带内上行，至肝门处分为左、右两支进入肝的左、右叶。右支在入肝门前发出**胆囊动脉**，经胆囊三角上行，分布于胆囊。脾动脉沿胰上缘左行至脾门处分数支入脾。在近脾门处还发出胃短动脉和胃网膜左动脉。

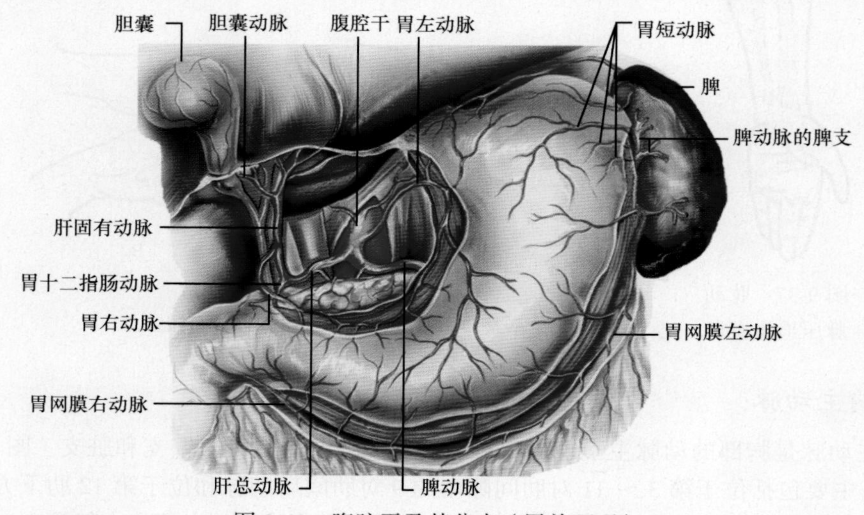

图 9-40 腹腔干及其分支（胃前面观）

考点：腹腔干和肠系膜上、下动脉的主要分支分布

(2) 肠系膜上动脉：在腹腔干起点的稍下方，约平第 1 腰椎高度起自腹主动脉前壁，向下经胰头和十二指肠水平部之间进入肠系膜根内，沿途发出下列主要分支（图 9-41）：①**空肠动脉**和**回肠动脉**：分布于空肠和回肠。②**回结肠动脉**：分布于回肠末端、盲肠、阑尾和升结肠的起始部，另发出行经阑尾系膜游离缘的**阑尾动脉**。③**右结肠动脉**：分布于升结肠，并与中结肠动脉和回结肠动脉吻合。④**中结肠动脉**：分布于横结肠，并与左、右结肠动脉吻合。

(3) 肠系膜下动脉：约平第 3 腰椎高度起自腹主动脉的前壁，沿腹后壁行向左下方，沿途发出**左结肠动脉**、**乙状结肠动脉**和**直肠上动脉**（图 9-41），分别分布于降结肠、乙状结肠和直肠上部等处。

链接

您知道吗?

在内踝前方经大隐静脉滴注某抗生素，对阑尾炎患者进行治疗，药物到达阑尾的具体途径是：药物→大隐静脉→股静脉→髂外静脉→髂总静脉→下腔静脉→右心房→右房室口→右心室→肺动脉→肺泡毛细血管网→肺静脉→左心房→左房室口→左心室→升主动脉→主动脉弓→胸主动脉→腹主动脉→肠系膜上动脉→回结肠动脉→阑尾动脉→阑尾。

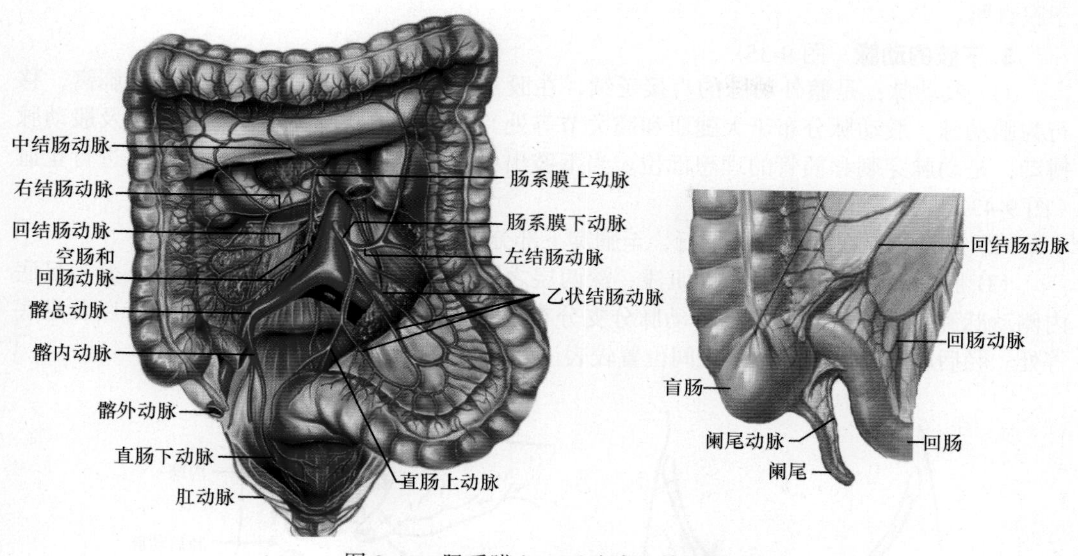

图 9-41 肠系膜上、下动脉及其分支

（五）髂总动脉

髂总动脉左、右各一，在第 4 腰椎体下缘高度自腹主动脉分出，沿腰大肌的内侧行向外下方，至骶髂关节的前方，分为髂内动脉和髂外动脉。

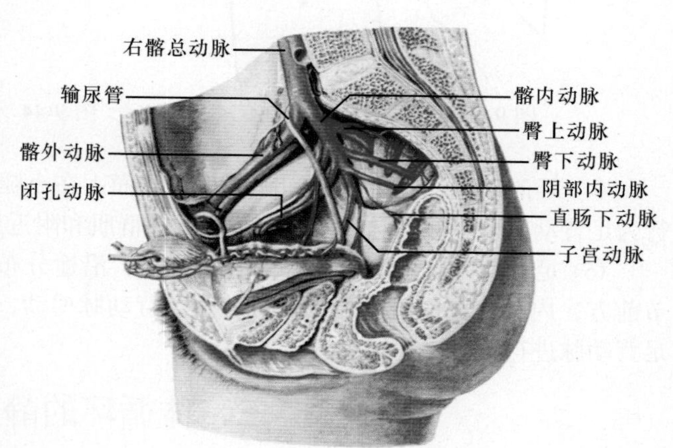

图 9-42 盆部的动脉（女性右侧）

1. 髂内动脉 粗而短，沿盆腔侧壁下行，分为壁支和脏支（图 9-42）。①壁支：主要包括分布于大腿内侧肌群和髋关节的闭孔动脉，以及分别经梨状肌上、下孔穿出至臀部分布于臀肌和髋关节等处的臀上动脉和臀下动脉。②脏支：主要包括分布于直肠下部的直肠下动脉和分布于肛门、会阴部和外生殖器等处的阴部内动脉以及女性独有的子宫动脉。

链接

子宫动脉与输尿管的关系

子宫动脉自髂内动脉发出后，沿盆腔侧壁下行进入子宫阔韧带两层腹膜之间，在距子宫颈外侧约 2 cm处跨过输尿管的前上方，沿子宫颈及子宫侧缘上行至子宫底，分布于子宫、输卵管、卵巢和阴道。由于子宫动脉与输尿管交叉形成“小桥（子宫动脉）流水（输尿管）”状，故在妇科手术结扎子宫动脉时，应注意子宫动脉与输尿管的这种跨越关系，以免损伤输尿管。

2. 髂外动脉 沿腰大肌的内侧缘下行，经腹股沟韧带中点深面至大腿前部移行为股动脉（图 9-35）。髂外动脉在腹股沟韧带的稍上方发出**腹壁下动脉**，向上进入腹直肌鞘，分布

于腹直肌。

3. 下肢的动脉（图 9-35）

(1) 股动脉：是髂外动脉的直接延续，在股三角内下行，继而转向后方进入腘窝，移行为腘动脉。股动脉分布于大腿肌和髋关节等处。在腹股沟韧带中点稍下方可触及股动脉搏动，是动脉穿刺和插管的理想部位。当下肢出血时，可在该处向后压迫股动脉进行止血（图 9-43）。

(2) 腘动脉：在腘窝深部下行，至腘窝下部分为胫前动脉和胫后动脉。

(3) 胫后动脉：沿小腿后群肌浅、深两层之间下行，经内踝后方进入足底，分为足底内侧动脉和足底外侧动脉。胫后动脉分支分布于小腿后群肌、外侧群肌和胫腓骨以及足底等处。胫后动脉在内踝和足跟之间位置较表浅，可触及其搏动（图 9-44）。

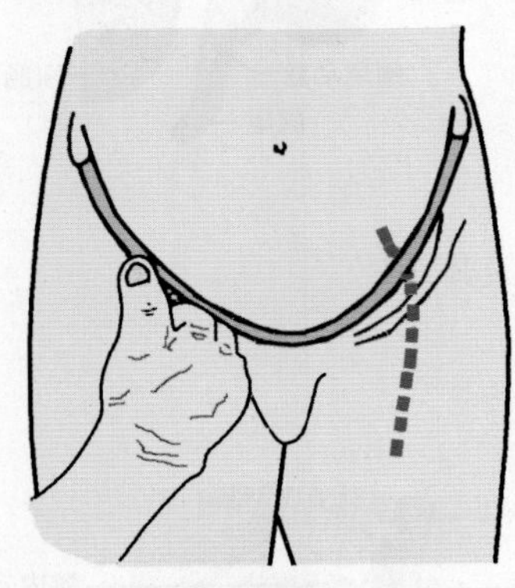

图 9-43　股动脉压迫止血点

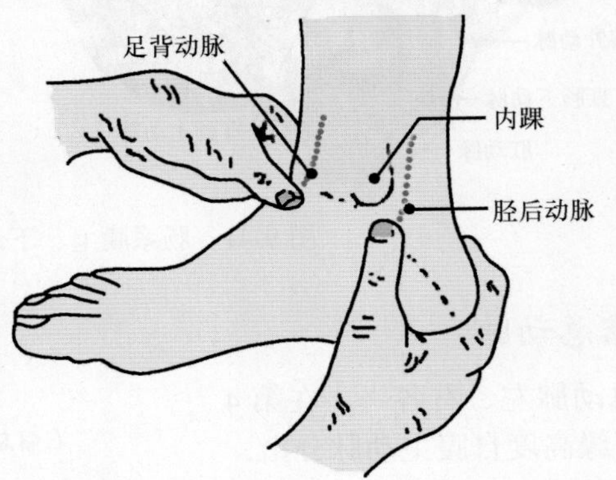

图 9-44　足背动脉压迫止血点

考点：子宫动脉的行径及其与输尿管的关系；股动脉和足背动脉的搏动点以及压迫止血部位

(4) 胫前动脉：穿小腿骨间膜至小腿前面，在小腿前群肌之间下行，至踝关节前方移行为足背动脉。胫前动脉沿途分布于小腿前群肌和附近皮肤等处。

(5) 足背动脉：是胫前动脉的直接延续，沿途分布于足背、足底和足趾等处。在踝关节前方，内、外踝连线的中点处可触及足背动脉搏动，足部出血时，可在该处向深部压迫足背动脉进行止血（图 9-44）。

三、体循环的静脉

体循环的静脉在结构和配布上具有如下特点：①静脉数量多，管径粗，管壁薄而弹性小，血流缓慢；②静脉内有成对的向心开放的半月形静脉瓣（图 9-45），静脉瓣顺血流开放，逆血流关闭，是防止血液逆流的重要装置，受重力影响较大的下肢静脉瓣较多；③体循环的静脉有浅、深之分，**浅静脉**位于皮下组织内，可透过皮肤看到且不与动脉伴行，故又称**皮下静脉**，临床上常利用浅静脉进行静脉注射、输液、输血或采血等，深静脉位于深筋膜深面或体腔内，其名称、行程、收集范围多与伴行动脉相同；④静脉之间有丰富的吻合，浅静脉常吻合成静脉网，深静脉常在某些器官周围吻合形成静脉丛，浅、深静脉之间也存在丰富的交通支。

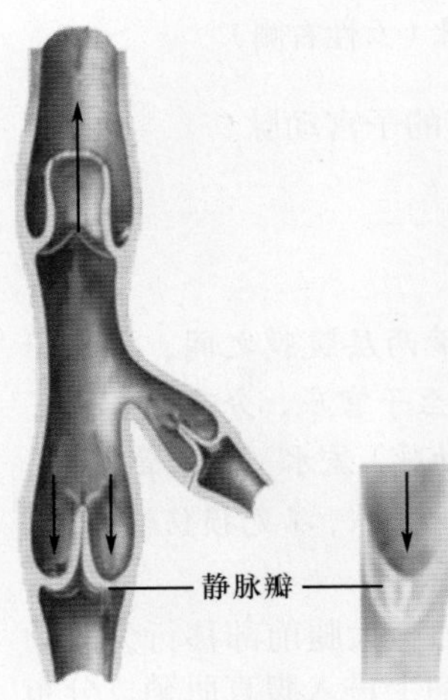

图 9-45　静脉瓣

体循环的静脉包括上腔静脉系、下腔静脉系（含肝门静脉系）和心静脉系（详见心的血管）。

（一）上腔静脉系

上腔静脉系由上腔静脉及其属支组成，收集头颈部、上肢和胸部（心和肺除外）等上半身的静脉血。

1. 头颈部的静脉 浅静脉有面静脉、下颌后静脉和颈外静脉等，深静脉包括颈内静脉、锁骨下静脉和颅内静脉（图 9-46）。

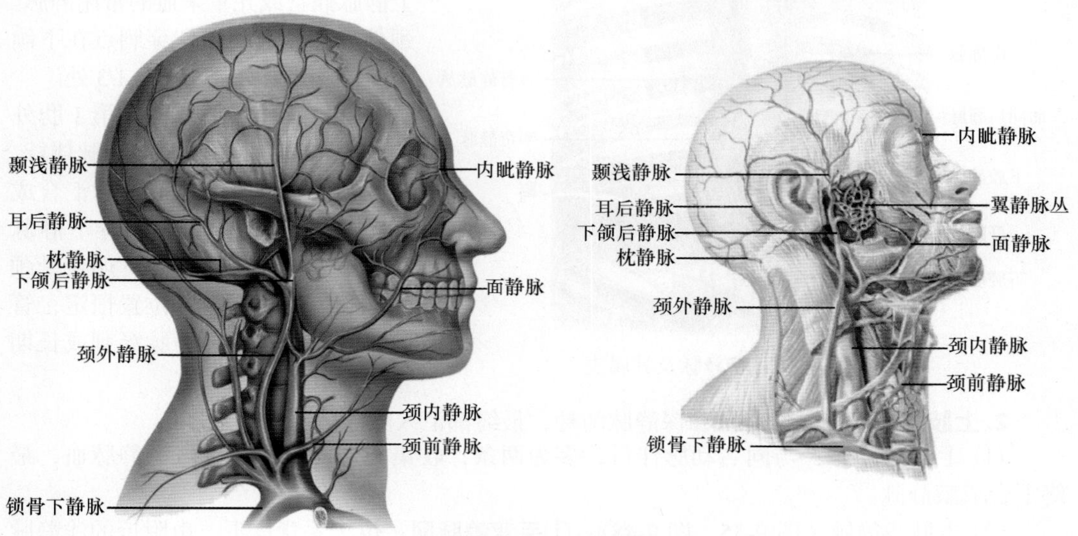

图 9-46 头颈部的静脉

(1) 颈内静脉：上端在颈静脉孔处与乙状窦相续，然后沿颈内动脉和颈总动脉的外侧下行，至胸锁关节后方与锁骨下静脉汇合成头臂静脉。颈内静脉的属支分为颅内属支和颅外属支两种。颅内属支通过硬脑膜窦收集脑和视器等处的静脉血，经乙状窦注入颈内静脉（详见第十一章神经系统第二节）。颅外属支重要的有面静脉。颈内静脉的体表投影是以乳突尖与下颌角连线的中点至胸锁关节中点的连线。

(2) 面静脉：于内眦处起自内眦静脉，伴面动脉下行至下颌角下方与下颌后静脉前支汇合，至舌骨高度注入颈内静脉。面静脉收集面前部软组织的静脉血。面静脉借内眦静脉、眼静脉与颅内海绵窦相交通。

护考链接

面部危险三角区域发生化脓性感染时，禁忌挤压的原因是（ ）

A. 易掩盖病情

B. 易加重病人疼痛

C. 易导致面部损伤

D. 易导致颅内感染

E. 易加重局部感染

考点精讲：因面静脉在口角以上一般无静脉瓣，并与颅内海绵窦相交通。当挤压时可致细菌和毒素进入血液循环，从而引起严重的颅内感染和败血症，故选择答案 D。

链接

危险三角及临床意义

面静脉在口角以上部分无静脉瓣，当口角以上面部发生化脓性感染时，若处理不当（如挤压化脓处），可导致细菌栓子沿内眦静脉、眼静脉蔓延至颅内海绵窦，造成颅内的继发感染，引起海绵窦炎和血栓的形成。故通常将两侧口角至鼻根之间的三角形区域称为“危险三角”。

(3) 颈外静脉：是颈部最大的浅静脉，由下颌后静脉的后支、耳后静脉和枕静脉汇合而成，

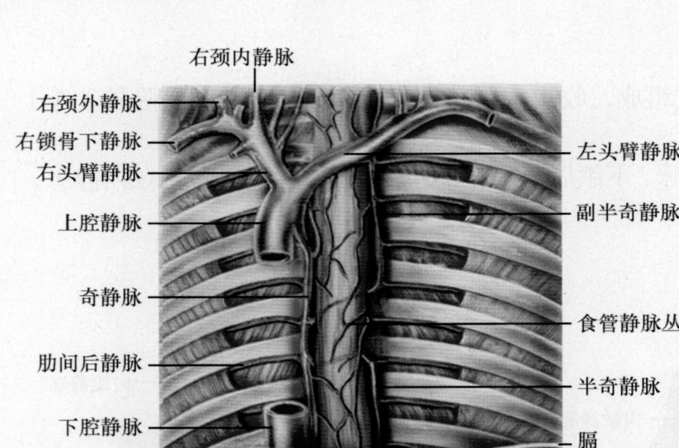

图 9-47　上、下腔静脉及其属支

沿胸锁乳突肌表面下行，在锁骨中点上方约 2cm 处穿深筋膜注入锁骨下静脉（图 9-46），主要收集头部、面部和颈前部浅层的静脉血。颈外静脉位置表浅而恒定，皮下可见，是临床上静脉插管或儿童采血的常用静脉。颈外静脉输液的最佳穿刺点在下颌角与锁骨上缘中点连线上 1/3 处。

(4) 锁骨下静脉：自第 1 肋外侧缘续于腋静脉，与同名动脉伴行，在胸锁关节后方与颈内静脉汇合成头臂静脉（图 9-47）。锁骨下静脉除收集上肢的静脉血外，还接受颈外静脉。锁骨下静脉位置恒定，管腔较大，常作为深静脉穿刺或长期置管输液的选择部位。

2. 上肢的静脉　分浅静脉和深静脉两种，最终都汇入腋静脉。

(1) 上肢深静脉：与同名动脉伴行，多为两条，收集同名动脉分布区域的静脉血，最终汇合成腋静脉。

(2) 上肢浅静脉（图 9-35，图 9-48）：①**手背静脉网**：位于手背皮下，由附近的浅静脉吻合而成，位置表浅，临床上常在此处进行静脉穿刺输液。②**头静脉**：起于手背静脉网的

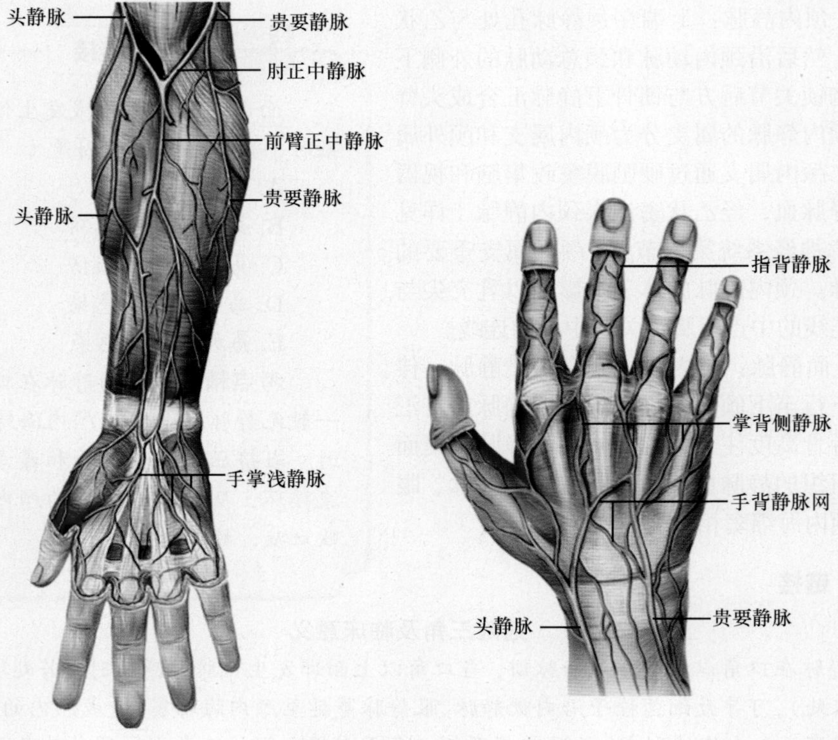

图 9-48　上肢的浅静脉

A. 前面观；B. 后面观

桡侧，沿前臂桡侧上行至肘窝，再沿肱二头肌外侧沟皮下上行，经三角胸大肌间沟，穿深筋膜注入腋静脉或锁骨下静脉。③**贵要静脉**：起于手背静脉网的尺侧，沿前臂尺侧上行，至肘窝处接受肘正中静脉，再沿肱二头肌内侧沟皮下上行，在臂中部穿深筋膜注入肱静脉，或伴行肱静脉汇入腋静脉。④**肘正中静脉**：位于肘窝前部，变异较多，连于头静脉与贵要静脉之间，并接受前臂正中静脉。肘正中静脉是临床注射、输液或采血的常用血管。

考点：危险三角的位置及临床意义；颈外静脉和上肢浅静脉的起始、行径、注入部位及临床意义

3. 胸部的静脉 包括头臂静脉、上腔静脉、奇静脉及其属支（图 9-47）。

(1) 头臂静脉：左、右各一，由同侧的颈内静脉与锁骨下静脉在胸锁关节后方汇合而成，汇合处形成的夹角称为**静脉角**，是胸导管和右淋巴导管注入静脉的部位。

(2) 上腔静脉：是上腔静脉系的主干，由左、右头臂静脉汇合而成，沿升主动脉的右侧垂直下行，注入右心房。在注入右心房之前还接纳奇静脉。

(3) 奇静脉：各腰静脉之间有纵行的腰升静脉相连。奇静脉起于右侧腰升静脉，穿膈后沿脊柱的右前方上行至第 4 胸椎体高度，向前绕右肺根上方注入上腔静脉。奇静脉沿途收集肋间后静脉、食管静脉、支气管静脉和腹后壁的部分静脉血。奇静脉上连上腔静脉，下通过腰升静脉与髂总静脉相通，是沟通上、下腔静脉系的重要途径之一。上腔静脉或下腔静脉阻塞时，该通道将成为重要的侧支循环途径。

（二）下腔静脉系

下腔静脉系由下腔静脉及其属支组成，收集腹部、盆部和下肢即膈以下下半身的静脉血。

1. 下肢的静脉 分浅静脉和深静脉两种，浅、深静脉之间的交通支丰富。

(1) 下肢深静脉：与同名动脉伴行，收集同名动脉分布区域的静脉血，最终汇合成股静脉，向上至腹股沟韧带深面延续为髂外静脉。在股三角处，腹股沟韧带的稍下方，股静脉位于股动脉的内侧，临床上有时经股静脉穿刺进行采血。

(2) 下肢浅静脉（图 9-35，图 9-49）：①**足背静脉弓**：位于足背远侧的皮下，由相近的

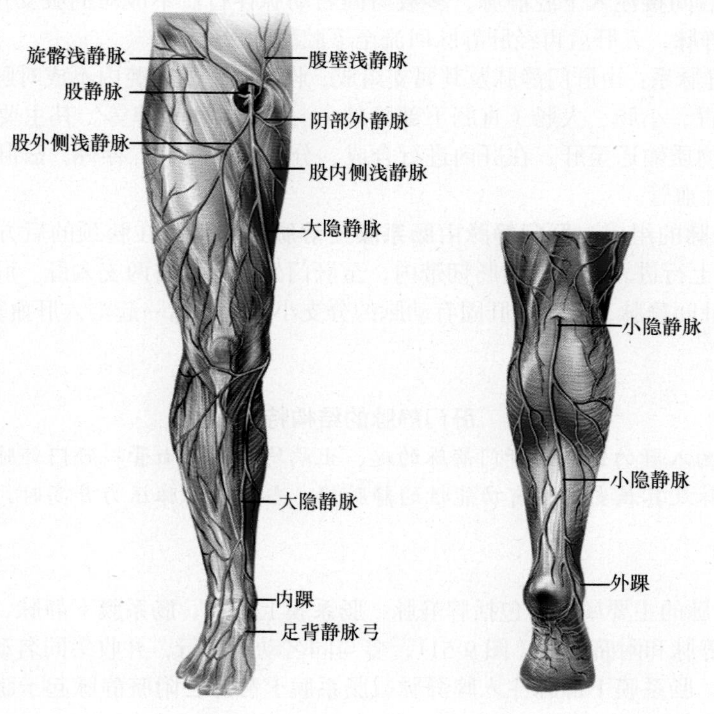

图 9-49 下肢的浅静脉

A. 前面观；B. 后面观

足背浅静脉吻合而成，在临床上也可作为静脉穿刺的部位。②**大隐静脉**：是全身最长、最粗的浅静脉，起自足背静脉弓的内侧端，经内踝前方，沿小腿、膝关节和大腿的内侧上行，在耻骨结节外下方 3 ～ 4cm 处穿过深筋膜注入股静脉。大隐静脉经内踝前方位置表浅而恒定，是静脉穿刺或切开插管的常用部位。大隐静脉是下肢静脉曲张的好发部位。③**小隐静脉**：起于足背静脉弓的外侧端，经外踝后方沿小腿的后面上行至腘窝，穿过深筋膜注入腘静脉。

链接

周围静脉

护理学上将常用于输液的四肢浅静脉称为周围静脉。浅静脉穿刺时，婴幼儿较常用的头皮静脉有额静脉、颞浅静脉、耳后静脉、枕静脉和颈外静脉等，成人可选用手背静脉网、肘正中静脉、头静脉、贵要静脉、足背静脉弓和大隐静脉起始段等。深静脉穿刺时，可选用颈内静脉、锁骨下静脉和股静脉等。

2. 盆部的静脉　盆部的静脉主干是髂内静脉，与同侧的髂外静脉在骶髂关节前方汇合成髂总静脉（图 9-39）。髂内静脉由盆部的静脉汇合而成，其属支包括脏支和壁支，均与同名动脉伴行，收集盆部、会阴和外生殖器的静脉血；髂外静脉是股静脉的直接延续，与同名动脉伴行，收集下肢和腹前壁下部的静脉血。

3. 腹部的静脉　包括下腔静脉及其属支，属支分为壁支和脏支两种。

考点：下腔静脉的组成及其收集范围；下肢浅静脉的起始、行径、注入部位及临床意义

(1) 下腔静脉：是人体最粗大的静脉干，由左、右髂总静脉在第 4 或第 5 腰椎体右前方汇合而成（图 9-39），沿腹主动脉右侧上行，穿经膈的腔静脉孔入胸腔，注入右心房。直接注入下腔静脉的属支有壁支（4 对腰静脉）和部分脏支（肾静脉、右肾上腺静脉、右睾丸静脉或右卵巢静脉和肝静脉）两种，而左睾丸静脉或左卵巢静脉、左肾上腺静脉分别注入左肾静脉，然后间接注入下腔静脉，多数与同名动脉伴行。不成对的脏支（肝静脉除外）先汇合成肝门静脉，入肝后再经肝静脉回流至下腔静脉。

(2) 肝门静脉系：由肝门静脉及其属支组成，收集肝除外腹腔内不成对脏器的静脉血，如食管腹段、胃、小肠、大肠（直肠下部除外）、胆囊、胰和脾等。其主要功能是将消化道吸收的营养物质输送至肝，在肝内进行合成、分解、转化、贮存等，故肝门静脉可以看作是肝的功能性血管。

1) 肝门静脉的组成：**肝门静脉**由**肠系膜上静脉**和**脾静脉**在胰颈的后方汇合而成（图 9-50），斜向右上行进入肝十二指肠韧带内，至肝门处分左、右两支入肝。肝门静脉在肝内反复分支成小叶间静脉，最后与肝固有动脉的分支小叶间动脉一起汇入肝血窦。

链接

肝门静脉的结构特点

肝门静脉为入肝的静脉；肝门静脉的起、止端均为毛细血管；肝门静脉既有分支又有属支；肝门静脉及其属支内没有功能性的静脉瓣，当肝门静脉压力升高时，血液可以发生逆流。

2) 肝门静脉的主要属支：包括脾静脉、肠系膜上静脉、肠系膜下静脉、胃左静脉、胃右静脉、胆囊静脉和附脐静脉（图 9-51），多与同名动脉伴行，并收集同名动脉分布区域的静脉血。其中，肠系膜下静脉注入脾静脉或肠系膜上静脉，附脐静脉起于脐周静脉网，沿肝圆韧带向肝前下面走行。

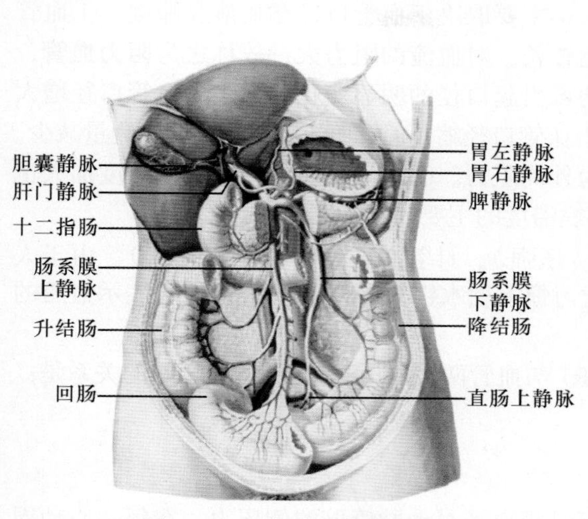

图 9-50　肝门静脉及其属支

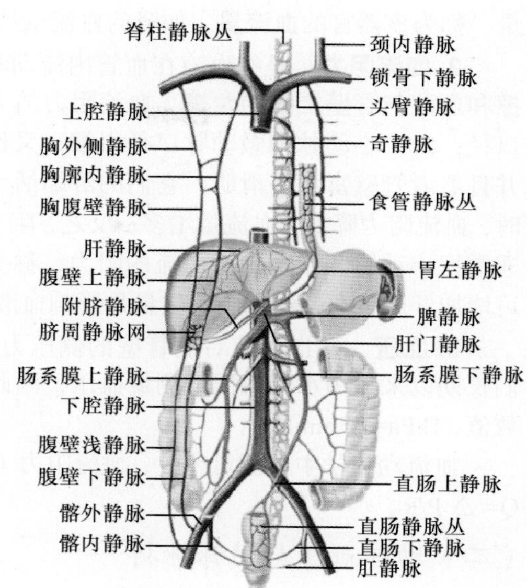

图 9-51　肝门静脉系与上、下腔静脉系之间的吻合途径

3）肝门静脉系与上、下腔静脉系之间的吻合部位及侧支循环：肝门静脉系与上、下腔静脉系之间存在丰富的吻合，主要吻合有**食管静脉丛**、**直肠静脉丛**和**脐周静脉网** 3 处（图 9-51）。当肝门静脉因病变而回流受阻时，通过上述吻合形成侧支循环途径，其具体路径：①肝门静脉→胃左静脉→食管静脉丛→食管静脉→奇静脉→上腔静脉；②肝门静脉→脾静脉→肠系膜下静脉→直肠上静脉→直肠静脉丛→直肠下静脉→髂内静脉→髂总静脉→下腔静脉；③肝门静脉→附脐静脉→脐周静脉网→胸腹壁浅、深静脉→上、下腔静脉。

考点：肝门静脉的组成、主要属支、收集范围、与上下腔静脉系之间的吻合部位

正常情况下，肝门静脉系与上、下腔静脉系之间的吻合支细小，血流量少，各属支的血液按正常方向回流。如因肝硬化等，肝门静脉回流受阻，由于肝门静脉内缺少静脉瓣，肝门静脉内的血液可通过上述吻合途径建立侧支循环，逆流入上、下腔静脉，从而造成吻合部位的细小静脉曲张，甚至破裂出血。如食管静脉丛曲张、破裂，造成呕血；直肠静脉丛曲张、破裂，导致便血；脐周静脉网曲张称为脐周静脉怒张。

歌诀助记

肝门静脉

门脉属支有七条，系膜上下要记牢；
胆囊脐脾胃左右，收集腹腔奇脏器；
与腔吻合有三处，食管直肠脐静网。

（李　智）

四、血管生理

血管具有运输血液、参与形成和维持动脉血压、分配器官血流、实现物质交换的功能。血液在心血管系统内运行时，涉及血流量、血流阻力、血压等流体力学问题。

（一）血流量、血流阻力和血压

1. 血流量　是指单位时间内流过某一血管横截面的血量。单位时间内通过某器官的血

量，称为该器官的**血流量**。如肾的血流量约为 1200ml ／分，脑的血流量约为 750ml ／分。

2. 血流阻力 是指血液在血管内流动时所遇到的阻力。它来源于血液各成分之间的摩擦和血液与管壁之间的摩擦。血流阻力的大小主要取决于血管口径和血液黏滞度。①血管口径：由于小动脉和微动脉口径很细，又比较长，对血流的阻力大，故称之为**阻力血管**，并且二者管壁富含平滑肌，它们的舒缩活动可引起口径的明显变化。当阻力血管口径增大时，血流阻力降低，血流量增多；反之，阻力血管口径缩小时，血流阻力增大，血流量减少。通常把小动脉和微动脉对血流的阻力，称为外周阻力。②血液黏滞度：血液黏滞度加大也可增加外周阻力，红细胞的数量是影响血液黏滞度的主要因素。

考点：外周阻力的概念及决定外周阻力大小的因素

3. 血压 是指血液对血管壁的侧压力（压强），计算单位通常用千帕（kPa）。由于人们长期以来采用水银检压计测量血压，因此习惯上用水银柱的高度即 mmHg 来表示血压的数值（1kPa=7.5mmHg）。

血流动力学中血流量（Q）、血流阻力（R）与血管两端的压力差（△ P）之间的关系是：Q= △ P/R。

（二）动脉血压与动脉脉搏

1. 动脉血压的概念及正常值 **动脉血压**是指血液对动脉管壁的侧压力。在每一心动周期中，动脉血压呈现周期性变化。心室收缩时，动脉血压升高所达到的最高值，称为**收缩压**。心室舒张时，动脉血压降低所达到的最低值，称为**舒张压**。收缩压与舒张压之差，称为脉**搏压**或**脉压**。脉压可反映动脉血压波动的幅度。在整个心动周期中，动脉血压的平均值，称为平均动脉压，平均动脉压约等于舒张压加 1/3 脉压。

一般所说的血压是指主动脉的血压。通常测肱动脉血压代表主动脉血压。我国健康青年人安静状态时的收缩压为 100 ～ 120mmHg，舒张压为 60 ～ 80mmHg，脉压为 30 ～ 40mmHg。**高血压**是指在未服抗高血压药物的情况下，收缩压≥ 140mmHg 和（或）舒张压≥ 90mmHg；凡血压低于 90/60mmHg 则称为**低血压**。临床上动脉血压的记录方法是“收缩压 / 舒张压 mmHg”。人体动脉血压有年龄、性别的差异，一般需年龄的增大而逐渐升高，收缩压升高比舒张压升高明显，男性比女性略高。安静时血压比较稳定，活动时暂时升高。稳定的动脉血压是推动血液循环和保持各器官有足够的血流量的必要条件。动脉血压过低，血液供应不能满足需要，特别是脑、心、肾等重要器官可因缺血缺氧而造成严重后果。动脉血压过高，心室肌负荷增大，可导致心室扩大，甚至心力衰竭。另外，血压过高还容易引起血管壁的损伤，如脑血管破裂可造成脑出血。由此可见，动脉血压的相对稳定，是内环境稳定的重要指标，是保证正常生命活动的必要条件。

考点：动脉血压的概念及正常值

2. 动脉血压的形成 在封闭的心血管系统内有足够的血液充盈是形成动脉血压的前提条件，心脏收缩射血和外周阻力是形成血压的两个基本因素。实际上，动脉血压有收缩压和舒张压两个数据，它的形成与大动脉的弹性有关。在心缩期，由于外周阻力的存在和大动脉管壁的可扩张性，心室射出的血液，约有 1/3 流至外周，其余 2/3 暂时贮存在主动脉和大动脉内，动脉血压也就随之升高，但由于大动脉壁的可扩张性，使得收缩压不至于过高。心舒期，心脏射血停止，被扩张的大动脉管壁弹性回缩，将心缩期多容纳的那部分血液继续向前推进，也使动脉血压在心舒期维持一定的水平。可见，大动脉血管壁的弹性作用，一方面使心室的间断射血变成动脉内的连续血流，另一方面起着缓冲收缩压，维持舒张压，减小脉压的作用（图 9-52）。

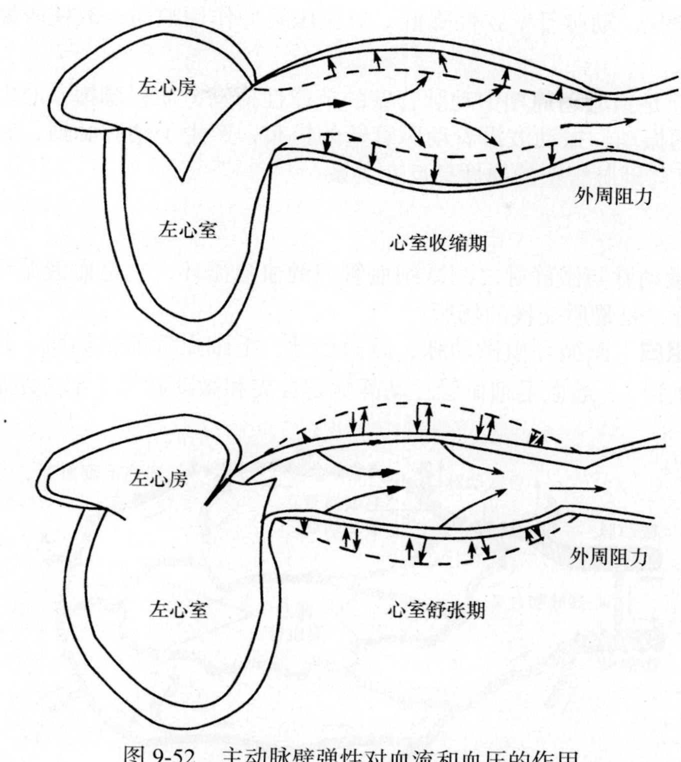

图 9-52　主动脉壁弹性对血流和血压的作用

3. 影响动脉血压的因素

(1) 搏出量：当搏出量增加时，首先引起收缩压升高，血流速度加快，流向外周血量增多，到心舒期末，存留在大动脉内的血量也有一定程度的增多，因此舒张压也有升高，但升高幅度不如收缩压升高明显，故脉压增大。反之，当搏出量减少时，则收缩压降低较明显，脉压减小。因此，收缩压主要反映搏出量的多少。

(2) 心率：其他因素不变，心率在一定范围内增加，心动周期缩短，心舒期缩短明显，心舒期流向外周的血量减少，心舒期末，存留于大动脉内的血量增多，使舒张压明显升高。在心缩期，由于动脉血压升高，血流速度加快，流向外周血量增多，心缩期末，存留在大动脉内的血量增加不多，故收缩压升高不如舒张压升高明显，脉压降低。当心率减慢时，舒张压降低明显，脉压增大。因此，心率改变对舒张压影响较大。

(3) 外周阻力：在其他因素不变，外周阻力增大，心舒期中血液流向外周的速度减慢，舒张期末，存留在大动脉血管内的血量增多，舒张压升高。在心缩期内，由于动脉血压升高，血流速度加快，流向外周血量增多，心缩期末，存留在大动脉内的血量增加不多，故收缩压升高不如舒张压升高明显，脉压降低。反之，外周阻力减小时，舒张压降低明显，脉压增大。在一般情况下，舒张压的高低主要反映外周阻力的大小。

(4) 循环血量与血管容量的比值：正常机体的循环血量与血管容积相适应，使血管内血液保持一定的充盈度，而显示一定的血压。当循环血量减少或血管容量增加时，均可导致血压下降，如人体大量失血时，循环血量减少，血压下降，急救措施主要是输血以补充血容量。药物过敏或中毒性休克的病人，全身小血管扩张，血管容量增大，循环血量相对减少，导致血压下降，此时应使用缩血管药，使血管收缩，容量减小，血压回升。

(5) 主动脉和大动脉管壁的弹性作用：主动脉和大动脉管壁的弹性具有减小脉压的作

考点：影响动脉血压的因素

用，老年人动脉硬化，动脉管壁弹性降低，对血压缓冲作用减弱，故使收缩压升高，舒张压降低，脉压增大。

4. 动脉脉搏　是指心动周期中动脉管壁的节律性搏动，简称**脉搏**。心室的泵血引起主动脉根部周期性的振动，振动波沿着动脉管壁的扩布，产生了动脉脉搏。它的传播速度比血流速度快，并且与动脉管壁的弹性呈反变关系。

（三）微循环

微循环是指微动脉与微静脉之间微细血管内的血液循环，它是血液循环系统与组织细胞直接接触的部分，是物质交换的场所。

1. 微循环的组成　微循环由微动脉、后微动脉、毛细血管前括约肌、真毛细血管（即通常所称的毛细血管）、通血毛细血管、动静脉吻合支和微动脉等 7 部分组成（图 9-53)。

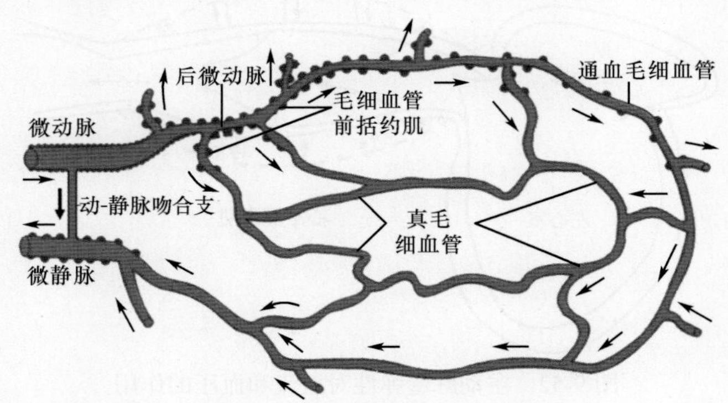

图 9-53　微循环组成

2. 微循环的血流通路及功能　微循环的基本功能是实现物质交换，调节毛细血管血流量，维持动脉血压和影响血管内、外体液的分布。微循环有 3 条血流通路，它们具有相对不同的生理意义。

(1) 迂回通路：是指血液经微动脉、后微动脉、毛细血管前括约肌，进入真毛细血管网，最后汇入微静脉的通路。真毛细血管管壁薄，通透性大，迂回曲折，相互交织成网，穿行于组织细胞之间，血流速度缓慢，是血液与组织液进行物质交换的场所，故又称营养通路。

(2) 直捷通路：是指血液从微动脉经后微动脉进入通血毛细血管，最后进入微静脉的通路。该通路的血管经常处于开放状态，血流速度较快，主要功能是使部分血液迅速通过微循环由静脉回流入心脏，以保证循环血量。

(3) 动－静脉短路：是指血液从微动脉经动静脉吻合支直接进入微静脉的通路。该通路的血管经常处于关闭状态，血流速度更快，故无物质交换功能，又称非营养通路。该通路多分布于皮肤，当通路开放后使皮肤血流加快，散热增多，有调节体温的作用。

考点：微循环的概念、血流通路及功能

微动脉通过舒缩活动控制微循环血液的“灌入”，它是微循环的“总闸门”；微静脉通过舒缩活动控制微循环的“流出”，它是微循环的“后闸门”；毛细血管前括约肌的舒缩控制真毛细血管的血流，决定微循环内真毛细血管网的血流分配，它是微循环的“分闸门”。

（四）组织液的生成与回流

组织细胞之间的间隙称为组织间隙，存在于组织间隙中的液体称为**组织液**，血液与组织细胞之间的物质交换是以组织液为中介的。组织液是血浆从毛细血管动脉端滤出而形成

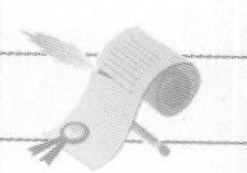

的。毛细血管壁的通透性是组织液生成的结构基础，血浆成分中除大分子蛋白质外，其余成分都可通过毛细血管壁。液体通过毛细血管壁滤过和重吸收取决于4个因素，即毛细血管血压、组织液静水压、血浆胶体渗透压和组织液胶体渗透压。其中，毛细血管血压和组织液胶体渗透压是促进毛细血管内液体向外滤出而生成组织液的力量；血浆胶体渗透压和组织液静水压是促使组织液重吸收入毛细血管的力量。滤过的力量和重吸收的力量之差，称为有效滤过压，可用下式表示：

考点：决定有效滤过压的4个因素

有效滤过压=（毛细血管血压+组织液胶体渗透压）-（血浆胶体渗透压+组织液静水压）

不同组织中毛细血管血压是有差异的，毛细血管动脉端血压比静脉端高，在动脉端约为32mmHg，在静脉端约为14mmHg。组织液静水压很低，在不同的组织静水压也不相同。例如，肾组织液约为6 mmHg，硬膜外、胸膜腔等组织液的静水压低于大气压为负值，一般平均为-2mmHg。血浆胶体渗透压约为25mmHg，组织液胶体渗透压约为8mmHg。以图9-54所假设压力数值为例，可见在毛细血管动脉端的有效滤过压约为13mmHg，液体滤出毛细血管壁生成组织液；而在毛细血管静脉端的有效滤过压为负值（-5mmHg），故组织液被重吸收。总的来说，在毛细血管动脉端滤出形成的组织液，90%在静脉端被重吸收回血，10%进入组织间隙中的毛细淋巴管而形成淋巴。

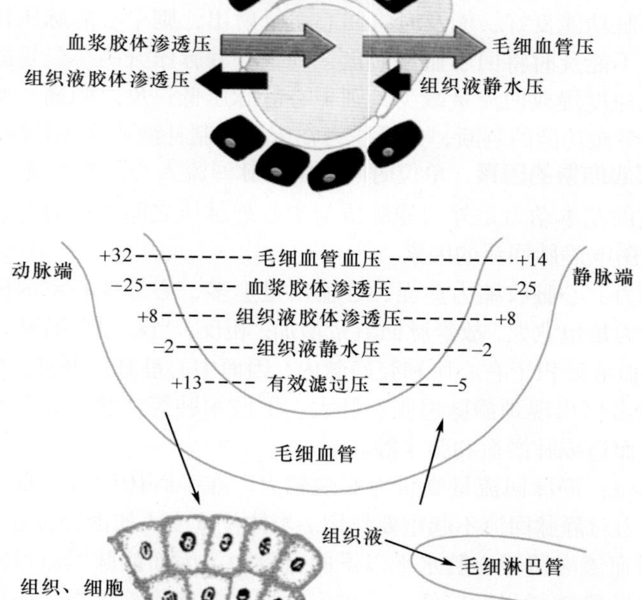

图9-54　组织液生成与回流

+. 代表液体滤出毛细血管的力量；-. 代表液体重吸收回毛细血管的力量

（图中数值单位为mmHg）

正常情况下，组织液的生成与回流维持着动态平衡，任何原因使毛细血管血压升高、血浆胶体渗透压降低、淋巴回流障碍、毛细血管壁的通透性增高均可导致组织液的生成增多或回流减少，从而形成水肿。

链接

水 肿

组织间隙或体腔内过量的体液潴留称为水肿，体腔内液体又称积液。任何引起组织液生成大于回流的因素都可能导致水肿，比如血浆胶体渗透压下降，原因可能是蛋白质吸收不良或营养不良及伴有大量蛋白尿的肾脏疾患等，病人血浆白蛋白量降到 25g/L 或总蛋白量降到 50g/L 以下时，就会引起水肿。肝硬化病人的水肿，就是因为吸收合成的蛋白质尤其是白蛋白减少，血浆胶体渗透压下降所致。一般给病人输入白蛋白，水肿或腹水很快就能消除。

（五）静脉血压与静脉血流

静脉是血液回流到心脏的通道，同时静脉容量大，起着血液存库（血库）的作用。静脉易扩张又能收缩，可有效地调节回心血量和心输出量，使循环功能适应机体不同情况的需要。

考点：中心静脉压的概念及意义

1. 静脉血压 体循环静脉的血液最后汇合于右心房，故右心房压力最低。通常将胸腔内大静脉和右心房内的血压，称为**中心静脉压**。中心静脉压的正常值为 4 ～ 12cmH_2O。各器官或肢体的静脉血压，称为**外周静脉压**。中心静脉压的高低取决于两个因素：一是心脏的射血能力。如心脏功能良好，能及时将回心血量射出，则中心静脉压较低；如心脏功能减弱或心力衰竭，不能及时将回心血量射出，则中心静脉压升高。二是静脉血液回流的速度与血量。若回流速度慢或回流量减少，则中心静脉压低；反之则高。所以，测定中心静脉压有助于对心脏泵血功能的判断，并可作为临床上控制补液速度和补液量的主要指标。

2. 影响静脉回心血量的因素 单位时间内由静脉回流入心脏的血量，称为静脉回流量。促进静脉回心血量的基本动力是外周静脉压与中心静脉压之间的压力差。凡能改变这个压力差的因素，都是影响静脉回流的因素。

(1) 心脏收缩力：心脏收缩力愈强，心输出量愈多，心舒期心室内压愈低，心房和大静脉中血液的抽吸力量也愈大，故静脉回流量增加；相反，当右心衰竭时，右心收缩力减弱，心输出量减少，使血液淤积于右心房和腔静脉内，因而中心静脉压升高，静脉回流量减少，静脉系统淤血，患者可出现颈静脉怒张、肝大、下肢水肿等症状。如左心衰竭，则可因肺静脉血回流受阻，而造成肺淤血和肺水肿。

(2) 重力和体位：静脉回流量受重力影响较大。在平卧体位，全身各静脉大都与心脏处于同一水平，重力对静脉回流不起重要作用。当体位改变（如由卧位变为直立体位）时，因重力关系，大量血液滞留于心脏水平以下的血管中，因而静脉回流量减少。长期卧床或体弱久病的人，静脉管壁紧张性较低，易扩张，加之肌肉收缩无力，挤压作用减弱，故由平卧或蹲位突然站立时，血液淤滞于下肢，以致静脉回流量不足，从而减少心输出量，动脉血压急剧下降。此时，可出现眼前发黑（视网膜缺血），甚至晕厥（脑缺血）。

(3) 骨骼肌的挤压作用：外周深静脉中有向心开放的静脉瓣存在，因而静脉内血液只能向心脏方向回流。骨骼肌舒张时，静脉内血压降低，可促使毛细血管血液流入静脉而重新充盈。因此，骨骼肌的节律性活动，也起到“泵血”作用。这对克服重力影响，降低下肢的静脉压，减少血液在下肢淤滞具有重要作用。

(4) 呼吸运动：正常情况下，胸膜腔内为负压，有利于腔静脉和心房的扩张，促进静脉回流。吸气时胸内负压值增大，静脉回流速度加快；呼气时，胸内负压则减小，静脉回

流的速度较呼气时慢。

（刘 强）

第四节 心血管活动的调节

心血管系统的功能活动随着机体内、外环境的变化而发生相应的变化，以适应各器官和组织在不同情况下对血流量的需要，并保持动脉血压的相对稳定。这种适应性变化主要是在神经和体液的调节下进行的。

一、神经调节

（一）心脏和血管的神经支配

1. 心脏的神经支配 心脏同时接受心交感神经和心迷走神经的双重支配。

(1) 心交感神经及其作用：支配心的交感神经来自脊髓胸 1~5 节段的灰质侧角，其节后纤维支配窦房结、房室交界、房室束、心房肌和心室肌。节后纤维释放去甲肾上腺素。心交感神经兴奋时，心率加快，心脏的兴奋传导加速，心肌收缩力增强。

(2) 心迷走神经及其作用：心迷走神经节前纤维来自延髓的迷走神经背核和疑核，其节后纤维主要支配窦房结、心房肌、房室交界、房室束及其分支。节后纤维释放乙酰胆碱。心迷走神经兴奋时，心率减慢，心脏兴奋传导减慢，心肌收缩力下降。

考点：心交感神经和心迷走神经对心脏的作用

2. 血管的神经支配 支配血管平滑肌的神经有两类，它们是缩血管纤维和舒血管纤维。

(1) 缩血管纤维：又称交感缩血管纤维，起于脊髓胸、腰段的灰质侧角，节后纤维释放去甲肾上腺素。缩血管神经兴奋时，可引起血管收缩效应。体内所有的血管平滑肌都受缩血管纤维支配，其中皮肤分布最密，其次是骨骼肌和内脏，冠状动脉和脑动脉最少。

(2) 舒血管纤维：舒血管纤维可分为两类：①交感舒血管纤维：主要分布于骨骼肌微动脉，其神经末梢释放乙酰胆碱，引起血管舒张。②副交感舒血管纤维：其神经末梢释放乙酰胆碱，导致血管舒张。这类神经只分布于脑、唾液腺及外生殖器等少数器官中，主要作用是调节局部血流量。

（二）心血管中枢

中枢神经系统与调节心血管活动有关的神经元群，称为**心血管中枢**。它分布在脊髓、脑干、下丘脑和大脑皮质等部位。但心血管活动的基本中枢位于延髓，包括心交感中枢和心迷走中枢，它们分别通过心交感神经、交感缩血管神经和心迷走神经维持并调节心脏或血管活动。

（三）心血管活动的反射性调节

1. 颈动脉窦和主动脉弓压力感受性反射（又称窦－弓反射） 当动脉血压升高时，可引起压力感受性反射，导致心率减慢，心输出量减少，外周阻力降低，血压降低。这一反射又称为**减压反射**。

颈动脉窦和主动脉弓血管壁有对牵张刺激敏感的压力感受器（图 9-55），当动脉血压升高时，压力感受器所受牵张刺激增强，兴奋沿窦神经和主动脉神经传入延髓心血管中枢，使交感缩血管神经和心交感神经的紧张性降低，心迷走神经的紧张性增高，引起心跳减慢，

考点：窦-弓反射的概念及其生理意义

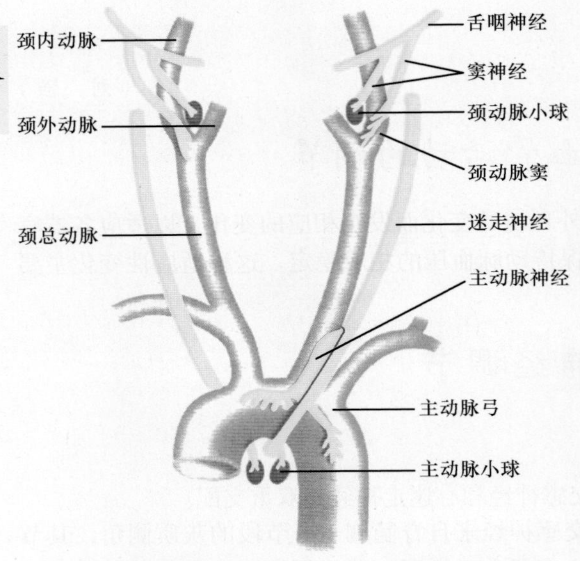

图 9-55　颈动脉窦和主动脉弓区的压力感受器和化学感受器

心肌收缩力减弱，心输出量减少，血管舒张，外周阻力降低，从而使动脉血压回降至正常水平。相反，当动脉血压突然降低时，压力感受器所受到的刺激减弱，传入中枢的冲动减少，反射作用减弱，结果又可使血压回升。窦-弓反射是一种负反馈调节，对维持动脉血压的相对稳定具有重要的生理意义。

2. 颈动脉小球和主动脉小球化学感受性反射　当血液中 PO_2、PCO_2、$[H^+]$ 改变时，刺激主动脉小球和颈动脉小球反射性地引起肺通气的变化。化学感受性反射在平时主要对呼吸具有经常性调节作用，而对心血管活动的调节作用不明显。只有在机体缺氧、窒息、失血、动脉血压过低和酸中毒等情况下才发挥作用，使血管收缩，血压升高。

链接

高而茨反射

用手指压迫眼球至出现胀感，或挤压、叩击腹部均可反射地引起心率减慢，血压下降，严重时甚至心脏停搏，称为高而茨反射，前者又称为眼心反射。临床上用压迫眼球的方法来抑制窦性心动过速，有一定的疗效。拳击比赛运动规则之一禁止拳击对方腹部，就与该反射有关。

二、体液调节

（一）全身性体液调节

1. 肾上腺素和去甲肾上腺素　血液中的肾上腺素和去甲肾上腺素主要由肾上腺髓质细胞分泌，两者对心血管的作用大致相同，又各有特殊性。

(1) 肾上腺素：对心肌的作用较强，可使心跳加快，心肌收缩力加强，心输出量增多；同时使皮肤和腹腔血管收缩，而使骨骼肌和冠状血管舒张，因而使总外周阻力变化不大。临床上常用它作为“强心”急救药。

(2) 去甲肾上腺素：对心肌的作用较肾上腺素弱，但对体内绝大多数血管（冠状血管除外）均有强烈的缩血管作用，能使外周阻力显著增加，从而引起动脉血压升高。临床上常用它作为“升压”药。

考点：肾上腺素、去甲肾上腺素和血管紧张素对心脏及血管的作用

2. 血管紧张素　主要由肝脏生成，无活性时称为血管紧张素原。血管紧张素能使血管平滑肌收缩（包括阻力血管和容量血管），外周阻力增大，血压升高。血管紧张素还能刺激肾上腺皮质合成和释放醛固酮，通过肾脏保钠、保水，提高血容量，间接使血压升高。

（二）局部性体液调节

组织细胞活动时释放的某些化学物质，如 CO_2、乳酸、H^+ 和腺苷、组胺和激肽等，具

有舒张局部血管的作用，使局部血流量增加。

链接

社会心理因素对心血管活动的影响

人体的心血管活动除受自然因素影响外，还受社会心理因素的影响。在日常生活中，可以经常见到社会心理因素对心血管活动影响的实例。如惊恐时心跳加快加强，愤怒时血压升高，羞怯时面部血管扩张以及一些语言刺激所引起的心血管反应等。事实证明，临床上许多心血管疾病的发生与社会心理因素密切相关。人们长期处在巨大的生活和工作压力之下，精神高度紧张，如果心理和生理得不到良好的调适，高血压的发病率将会明显增加。因此，我们要注重社会心理因素的影响和心理平衡的调适，积极预防心血管疾病的发生。

（刘 强）

第五节 淋巴系统

案例 9-3

患者女，56 岁。发现左乳房内上方约 2.5×3.0cm 的质硬肿块，无疼痛，肿块表面有“酒窝征”和“橘皮样”改变。体格检查发现左腋窝淋巴结和左锁骨上淋巴结均肿大。初步诊断：乳腺癌。

问题：1. 患者的左腋窝淋巴结和左锁骨上淋巴结为什么都会肿大？

2. 患者的乳房表面为什么会出现“酒窝征”和“橘皮样”改变？

3. 为什么乳房脓肿手术时应尽量采用放射状切口？

一、淋巴系统的组成及功能

淋巴系统（lymphatic system）由淋巴管道、淋巴组织和淋巴器官组成。淋巴组织是含有大量淋巴细胞的网状结缔组织，广泛分布于消化道和呼吸道的黏膜内。组织液进入毛细淋巴管即成为淋巴（液）（图 9-56），为无色透明的液体。淋巴沿着各级淋巴管道向心流动，途经诸多淋巴结的滤过，最终汇入静脉，故淋巴系统可视为静脉的辅助部分。

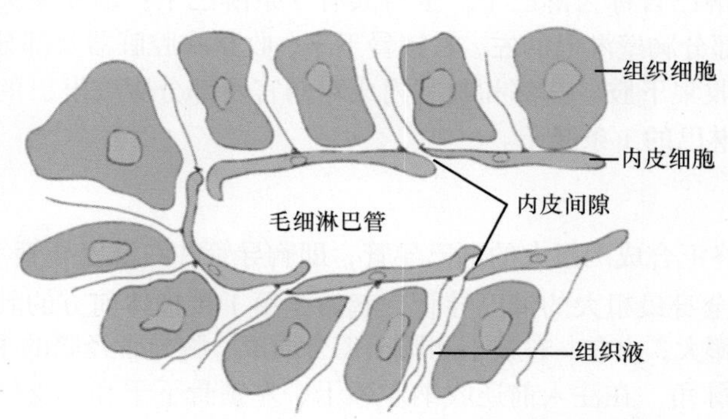

图 9-56 毛细淋巴管结构

考点：淋巴系统的组成及功能

正常人安静时每日生成2～4L淋巴，大致相当于全身的血浆量。淋巴回流的生理意义：①回收蛋白质，每日由淋巴带回到血液的蛋白质多达75～200g，从而能维持血浆蛋白的正常浓度；②运输脂肪及其他物质，食物中的脂肪80%～90%由小肠绒毛中的毛细淋巴管吸收并运输到血液；③调节体液平衡；④参与免疫应答。

淋巴系统不仅能协助静脉进行体液回流，淋巴组织和淋巴器官还具有产生淋巴细胞、滤过淋巴和参与免疫应答等功能。

二、淋巴管道

淋巴管道分为毛细淋巴管、淋巴管、淋巴干和淋巴导管（图9-57）。

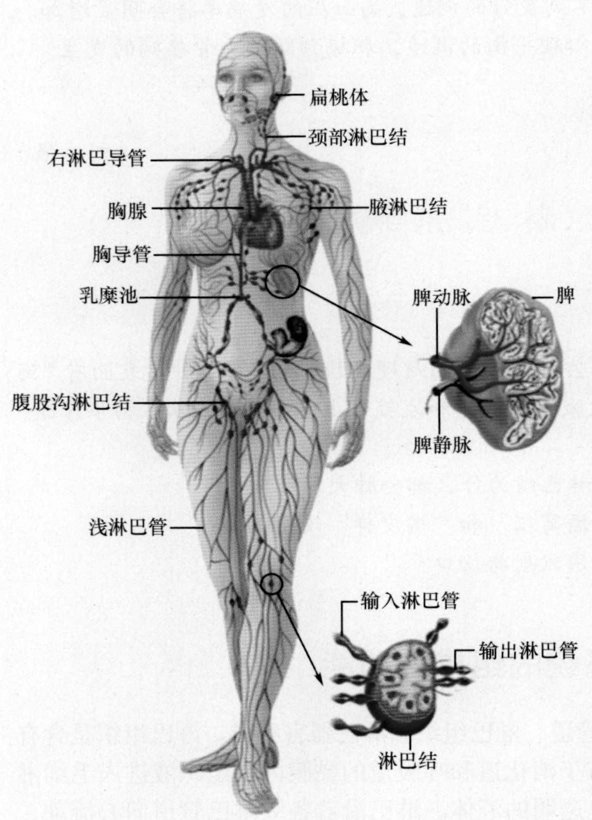

图9-57 淋巴系统

（一）毛细淋巴管

毛细淋巴管是淋巴管道的起始部分，以膨大的盲端起始于组织间隙，并相互吻合成网。其管壁仅由一层叠瓦状邻接的内皮细胞构成，内皮细胞之间有较大的间隙（图9-56）。故毛细淋巴管具有比毛细血管更大的通透性，一些大分子物质，如蛋白质、细菌和癌细胞等容易进入毛细淋巴管。因此，肿瘤或炎症常经淋巴管道转移。

（二）淋巴管

淋巴管由毛细淋巴管汇合而成，有浅、深之分。其结构和配布与静脉相似，内有大量瓣膜，是保证淋巴向心流动的装置。淋巴管在向心的行程中，通常经过一个或多个淋巴结。

（三）淋巴干

全身各部的淋巴管经过一系列的淋巴结后，由最后一站淋巴结的输出淋巴管汇合成较粗大的淋巴管称为淋巴干。全身共有9条淋巴干：即收集头颈部淋巴的**左、右颈干**，收集上肢及部分胸壁淋巴的**左、右锁骨下干**，收集胸腔脏器及部分胸腹壁淋巴的**左、右支气管纵隔干**，收集下肢、盆部和腹腔内成对器官及部分腹壁淋巴的**左、右腰干**，收集腹腔内不成对器官淋巴的1条**肠干**。

（四）淋巴导管

9条淋巴干最终汇合成两条大的淋巴导管，即胸导管和右淋巴导管（图9-57）。

1. 胸导管 是全身最粗大的淋巴导管，起始于第1腰椎体前方的乳糜池。乳糜池为胸导管起始处的囊状膨大，由左、右腰干和肠干汇合而成。胸导管经膈的主动脉裂孔入胸腔，在颈根部注入左静脉角。在注入前还收纳左颈干、左锁骨下干和左支气管纵隔干。胸导管收集下半身及左侧上半身的淋巴，即全身3/4区域的淋巴。

2. 右淋巴导管 为一短干，由右颈干、右锁骨下干和右支气管纵隔干汇合而成，注入右静脉角。右淋巴导管收集右侧上半身的淋巴，即全身右上 1/4 区域的淋巴。

考点： 胸导管的起始、行径、注入部位及收集范围；右淋巴导管的注入部位及收集范围

三、淋巴器官

淋巴器官又称免疫器官，是以淋巴组织为主要成分构成的器官，包括淋巴结、脾、胸腺和扁桃体等（图 9-57）。

（一）淋巴结

1. 淋巴结的形态 淋巴结为大小不等的灰红色圆形或椭圆形小体。一侧隆凸，有数条输入淋巴管进入（图 9-57）；另一侧凹陷称为**淋巴结门**，有输出淋巴管和神经、血管出入。由于淋巴管在向心的行程中，要经过数个淋巴结，故某一个淋巴结的输出淋巴管可成为下一个淋巴结的输入淋巴管。

2. 淋巴结的功能 主要是滤过淋巴（正常对细菌的清除率可达 99.5%）和参与机体的免疫应答。

3. 人体各部的主要淋巴结 淋巴结常聚集成群，有浅、深之分。四肢的淋巴结多位于关节的屈侧，内脏的淋巴结多位于器官的门附近或血管的周围（图 9-57）。引流人体某器官或部位淋巴的第一站淋巴结称为**局部淋巴结**，临床上称**前哨淋巴结**。当局部感染时，细菌、毒素或癌细胞等可沿淋巴管侵入相应的局部淋巴结而引起淋巴结的肿大。若局部淋巴结不能阻截或消灭它们，则病变可沿淋巴流向扩散和转移。故了解局部淋巴结的位置、收纳范围及引流去向，对诊断和治疗某些疾病具有重要的临床意义。

护考链接

胃癌晚期常向下列何处淋巴结转移（　　）

A. 右锁骨上淋巴结
B. 左腹股沟淋巴结
C. 颈部淋巴结
D. 左腋下淋巴结
E. 左锁骨上淋巴结

考点精讲： 胃癌最主要的转移方式是淋巴转移，胃癌晚期可转移至左锁骨上淋巴结，故选择答案 E。

(1) 头颈部的淋巴结：大多分布位于头颈交界处和颈内、外静脉的周围，主要包括下颌下淋巴结、颈外侧浅淋巴结、颈外侧深淋巴结和锁骨上淋巴结等（图 9-58）。其中，沿颈内静脉排列的颈外侧深淋巴结，它收纳头颈部的淋巴，其输出淋巴管汇合成颈干。胃癌或食管癌晚期，癌细胞可沿胸导管或左颈干逆行转移至左锁骨上淋巴结。临床上检查患者时，可在胸锁乳突肌后缘与锁骨交角处触及肿大的锁骨上淋巴结。

(2) 上肢的淋巴结：上肢的浅、深淋巴管直接或间接地注入腋淋巴结。腋淋巴结位于腋窝内（图 9-57，图 9-59），有 15 ～ 20 个，收纳上肢、乳房、胸前外侧壁和腹壁上部等处的淋巴，其输出淋巴管汇合成锁骨下干。乳腺癌常转移至腋淋巴结，然后侵入锁骨下淋巴结以至锁骨上淋巴结，引起两者的肿大。

链接

前哨淋巴结

从解剖学角度讲，前哨淋巴结是收纳某器官或某区域组织淋巴的第一枚（站）淋巴结。从临床角度讲是指某一具体部位原发肿瘤转移的第一枚淋巴结。如具体到乳腺，即为乳腺

癌癌细胞转移的第一枚淋巴结即腋淋巴结。理论上讲如果前哨淋巴结的病理结果预测没有癌细胞转移，其后的淋巴结就很少有转移（1/1000 以下），此种情况下可不做淋巴结清扫。

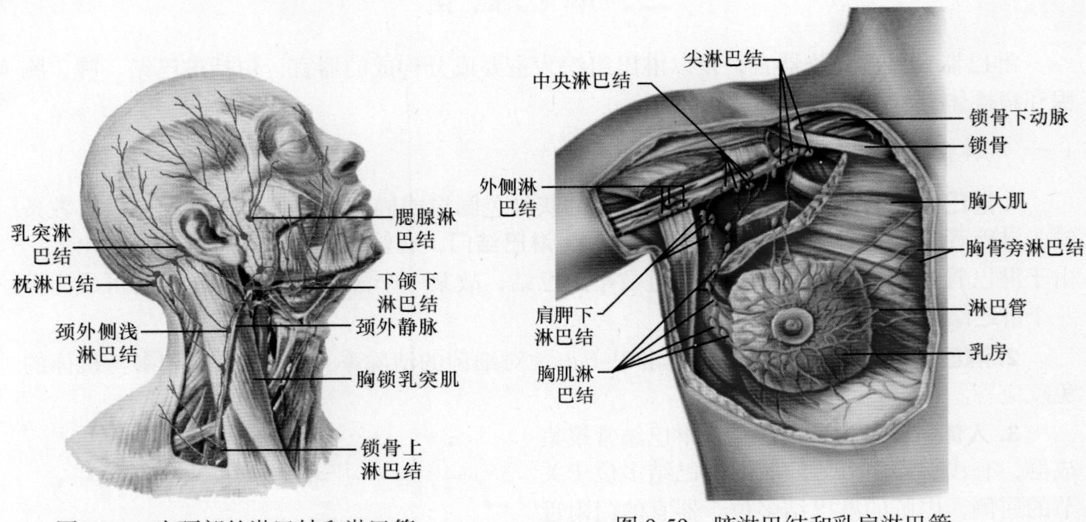

图 9-58　头颈部的淋巴结和淋巴管

图 9-59　腋淋巴结和乳房淋巴管

(3) 胸部的淋巴结：位于胸骨旁、气管和主支气管旁、肺门附近以及纵隔等处（图 9-59），主要收纳脐以上胸腹壁深层和胸腔脏器的淋巴，其输出淋巴管汇合成支气管纵隔干。肺癌和肺结核患者，常出现肺门淋巴结肿大。

(4) 腹部的淋巴结：数目较多，主要有腰淋巴结、腹腔淋巴结和肠系膜上、下淋巴结等，位于腹腔脏器的周围和大血管根部，收集腹壁和腹腔脏器的淋巴，其输出淋巴管汇合成左、右腰干和肠干，最终注入乳糜池。

(5) 盆部的淋巴结：包括髂总淋巴结和髂内淋巴结、髂外淋巴结，分别位于髂总动脉和髂内、外动脉的周围，收纳下肢、盆壁和盆腔脏器的淋巴。

(6) 下肢的淋巴结：主要有腹股沟浅淋巴结（图 9-57）和腹股沟深淋巴结，分别位于腹股沟韧带稍下方的浅筋膜内和股静脉根部的周围，收纳腹前壁下部、臀部、会阴、外生殖器和下肢的淋巴。

（二）脾

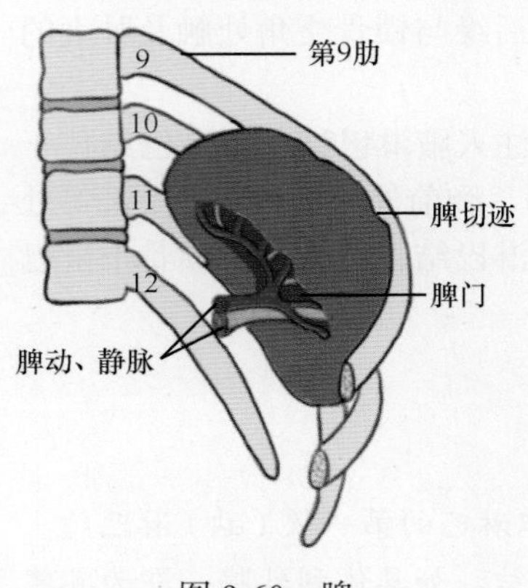

图 9-60　脾

1. 脾的位置和形态　脾是人体内最大的淋巴器官，位于左季肋区，胃底与膈之间，恰与左侧第 9 ～ 11 肋相对（图 9-60），其长轴与左侧第 10 肋一致。正常脾在左肋弓下不能触及。活体脾为暗红色的实质性器官，质软而脆，故左季肋区受暴力打击时，易导致脾破裂。

脾呈椭圆形，分为膈脏两面、前后两端和上下两缘。膈面光滑隆凸，与膈相贴。脏面凹陷，近中央处有脾门，为血管、神经出入之处。上缘较锐，有 2 ～ 3 个**脾切迹**，是临床上触诊判断脾大的重要标志。

2. 脾的功能　胚胎早期脾具有造血功能，自红骨髓开始造血后，脾演变成为淋巴器官，主要是参与机体的免疫

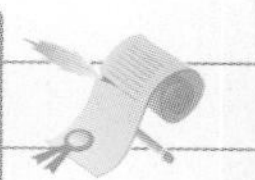

应答，吞噬和清除血液中的细菌、异物以及衰老的红细胞、血小板等（即滤过血液），并有贮存血液的功能。

（三）胸腺

1. 胸腺的位置和形态 胸腺位于胸骨柄后方上纵隔的前部，呈锥体形，分为不对称的左、右两叶（图 9-57）。胸腺既是人体内成熟最早，又是退化最快的器官，属于人体内“寿命”较短的器官。胸腺有明显的年龄变化，新生儿期的体积相对最大，青春期发育到顶峰，以后逐渐退化，大部分被脂肪组织所代替。

考点： 脾的位置、形态及功能；淋巴结和胸腺的功能

2. 胸腺的功能 胸腺既是一个淋巴器官，又兼有内分泌功能，其主要功能是产生 T 淋巴细胞和分泌胸腺激素。胸腺激素是促进 T 淋巴细胞成熟的必要条件。

（李　智）

小结

心血管系统恰如一套完整的水暖系统，锅炉泵相当于心脏，热水管道相当于动脉，各房间的暖气片相当于毛细血管，回水管道则相当于静脉。心的结构非常巧妙，分为 4 个腔，有 7 个入口（右心房 3 个入口，左心房 4 个入口）和两个出口（右心室的肺动脉口，左心室的主动脉口）。每个心腔的出口都有精细而复杂的“阀门”—心瓣膜（包括二尖瓣、三尖瓣、肺动脉瓣、主动脉瓣）守卫着，它们能顺血流而开放，逆血流而关闭，以保证心腔内血液的定向流动。浅静脉和部分淋巴管内也有犹如“阀门”样的半月形瓣膜，能防止血液或淋巴的逆流。如果它们发生故障，人体将会发生疾病。

血液循环是维持生命的基本条件。血液循环的原动力来源于心脏的泵血功能，心脏泵血功能的实现是以其特定的生物电活动为基础的。心脏泵血的过程即是心脏进行节律性有序舒缩的过程。心动周期可以作为分析心脏机械活动、研究其泵血机制的基本单位，对心脏泵血功能进行正确的评价具有重要的临床意义，其常用指标有心输出量、心脏做功量等。影响心输出量的因素有前负荷、后负荷、心肌收缩能力和心率。

淋巴系统是组织液回流入血液的一条重要途径。淋巴回流的生理功能是将组织液中的蛋白质分子带回到血液中，并具有免疫和防御功能。

一、名词解释

1. 血液循环 2. 卵圆窝 3. 动脉韧带 4. 主动脉小球 5. 静脉角 6. 危险三角 7. 乳糜池 8. 心率 9. 心动周期 10. 心输出量 11. 血压 12. 窦性心律 13. 收缩压 14. 中心静脉压 15. 微循环

二、填空题

1. 循环系统由________和________组成。
2. 心尖朝向________，在左侧第________肋间隙，左锁骨中线内侧________cm 处可触及心尖搏动。
3. 心腔内防止血液逆流的结构为________、________、________和________。
4. 心传导系统包括________、________、________、________、________和________。
5. 营养心的动脉是________和________。
6. 当心率加快时，心动周期________。
7. 心肌的生理特性包括________、________、________和________。
8. 在一定范围内增加前负荷，心肌收缩力________，搏出量________。
9. 第 1 心音标志着心室________开始，第 2 心音

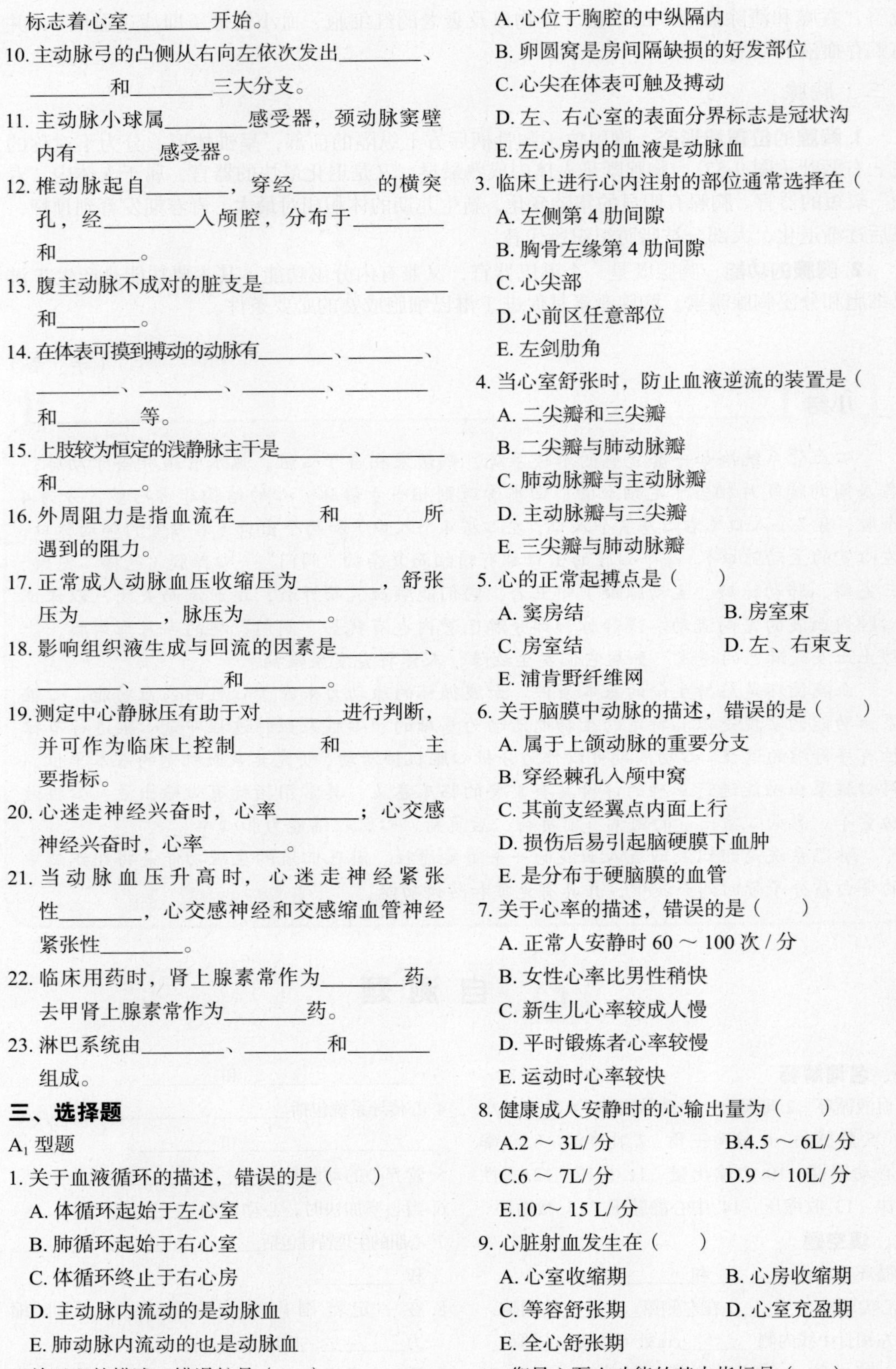

标志着心室________开始。

10. 主动脉弓的凸侧从右向左依次发出________、________和________三大分支。

11. 主动脉小球属________感受器，颈动脉窦壁内有________感受器。

12. 椎动脉起自________，穿经________的横突孔，经________入颅腔，分布于________和________。

13. 腹主动脉不成对的脏支是________、________和________。

14. 在体表可摸到搏动的动脉有________、________、________、________、________、________和________等。

15. 上肢较为恒定的浅静脉主干是________、________和________。

16. 外周阻力是指血流在________和________所遇到的阻力。

17. 正常成人动脉血压收缩压为________，舒张压为________，脉压为________。

18. 影响组织液生成与回流的因素是________、________、________和________。

19. 测定中心静脉压有助于对________进行判断，并可作为临床上控制________和________主要指标。

20. 心迷走神经兴奋时，心率________；心交感神经兴奋时，心率________。

21. 当动脉血压升高时，心迷走神经紧张性________，心交感神经和交感缩血管神经紧张性________。

22. 临床用药时，肾上腺素常作为________药，去甲肾上腺素常作为________药。

23. 淋巴系统由________、________和________组成。

三、选择题

A_1 型题

1. 关于血液循环的描述，错误的是（　）
   A. 体循环起始于左心室
   B. 肺循环起始于右心室
   C. 体循环终止于右心房
   D. 主动脉内流动的是动脉血
   E. 肺动脉内流动的也是动脉血

2. 关于心的描述，错误的是（　）
   A. 心位于胸腔的中纵隔内
   B. 卵圆窝是房间隔缺损的好发部位
   C. 心尖在体表可触及搏动
   D. 左、右心室的表面分界标志是冠状沟
   E. 左心房内的血液是动脉血

3. 临床上进行心内注射的部位通常选择在（　）
   A. 左侧第 4 肋间隙
   B. 胸骨左缘第 4 肋间隙
   C. 心尖部
   D. 心前区任意部位
   E. 左剑肋角

4. 当心室舒张时，防止血液逆流的装置是（　）
   A. 二尖瓣和三尖瓣
   B. 二尖瓣与肺动脉瓣
   C. 肺动脉瓣与主动脉瓣
   D. 主动脉瓣与三尖瓣
   E. 三尖瓣与肺动脉瓣

5. 心的正常起搏点是（　）
   A. 窦房结　　B. 房室束
   C. 房室结　　D. 左、右束支
   E. 浦肯野纤维网

6. 关于脑膜中动脉的描述，错误的是（　）
   A. 属于上颌动脉的重要分支
   B. 穿经棘孔入颅中窝
   C. 其前支经翼点内面上行
   D. 损伤后易引起脑硬膜下血肿
   E. 是分布于硬脑膜的血管

7. 关于心率的描述，错误的是（　）
   A. 正常人安静时 60 ～ 100 次 / 分
   B. 女性心率比男性稍快
   C. 新生儿心率较成人慢
   D. 平时锻炼者心率较慢
   E. 运动时心率较快

8. 健康成人安静时的心输出量为（　）
   A.2 ～ 3L/ 分　　B.4.5 ～ 6L/ 分
   C.6 ～ 7L/ 分　　D.9 ～ 10L/ 分
   E.10 ～ 15 L/ 分

9. 心脏射血发生在（　）
   A. 心室收缩期　　B. 心房收缩期
   C. 等容舒张期　　D. 心室充盈期
   E. 全心舒张期

10. 衡量心泵血功能的基本指标是（　）

A. 每搏输出量 B. 中心静脉压
C. 前负荷 D. 后负荷
E. 心输出量

11. 关于心室肌细胞动作电位的描述，错误的是（ ）
A. 0 期主要是 Na^+ 内流
B. 1 期主要是 Cl^- 外流
C. 2 期主要是 Ca^{2+} 内流
D. 3 期主要是 K^+ 外流
E. 4 期主要是离子泵活动

12. 第 1 心音的产生，主要是由于（ ）
A. 房室瓣关闭 B. 房室瓣开放
C. 动脉瓣关闭 D. 动脉瓣开放
E. 血液返冲动脉根部

13. 关于心肌生理特性的描述，错误的是（ ）
A. 窦房结自律性最高
B. 房室交界区兴奋传导最慢
C. 心肌的有效不应期特别长
D. 心房和心室呈同步收缩
E. 浦肯野纤维兴奋传导最快

14. 测量血压时，肱动脉的听诊部位在（ ）
A. 肱桡肌的内侧
B. 肘窝内上方，肱二头肌腱的外侧
C. 肘窝内上方，肱二头肌腱的内侧
D. 肱骨内、外上髁连线的中点
E. 肘窝内上方，肱二头肌腱的前面

15. 肠系膜下动脉起始处闭塞，可能出现血运障碍的器官是（ ）
A. 空肠和回肠 B. 阑尾
C. 升结肠 D. 降结肠和乙状结肠
E. 横结肠

16. 阑尾动脉起始于（ ）
A. 回肠动脉 B. 回结肠动脉
C. 肠系膜上动脉 D. 右结肠动脉
E. 空肠动脉

17. 临床上常供穿刺输液的静脉应除外（ ）
A. 头臂静脉 B. 手背静脉网
C. 大隐静脉 D. 肘正中静脉
E. 颈外静脉

18. 股静脉穿刺的部位在股三角区，位于（ ）
A. 股神经外侧
B. 股神经和股动脉外侧
C. 股神经和股动脉之间
D. 股神经内侧
E. 股动脉内侧

19. 关于大隐静脉的描述，错误的是（ ）
A. 起于足背静脉弓的内侧端
B. 经外踝前方上行
C. 最终注入股静脉
D. 大隐静脉切开穿刺术常在内踝前方进行
E. 是全身最长的浅静脉

20. 关于肝门静脉的描述，错误的是（ ）
A. 由肠系膜上静脉和脾静脉汇合而成
B. 收集腹腔内不成对脏器的静脉血
C. 肝门静脉及其属支内没有静脉瓣
D. 与上、下腔静脉系之间有 3 处吻合
E. 是肝的功能性血管

21. 影响舒张压最主要的因素是（ ）
A. 大动脉管壁弹性 B. 外周阻力
C. 心输出量 D. 血管充盈
E. 心率

22. 主动脉和大动脉的弹性作用降低时，血压的变化是（ ）
A. 收缩压升高，舒张压降低
B. 收缩压升高比舒张压升高更明显
C. 舒张压升高比收缩压升高更明显
D. 收缩压升高，舒张压不变
E. 收缩压降低，舒张压不变

23. 阻力血管主要是指（ ）
A. 大动脉 B. 小动脉和微动脉
C. 毛细血管 D. 小静脉和微静脉
E. 小动脉

24. 微循环中，进行物质交换的部位是（ ）
A. 微动脉 B. 后微动脉
C. 通血毛细血管 D. 真毛细血管网
E. 微静脉

25. 微循环的“分闸门”是指（ ）
A. 微动脉 B. 后微动脉
C. 毛细血管前括约肌 D. 真毛细血管网
E. 微静脉

26. 迂回通路不经过（ ）
A. 微动脉 B. 后微动脉
C. 真毛细血管网 D. 通血毛细血管
E. 微静脉

27. 中心静脉压的高低主要取决于（　）
A. 平均动脉压　　B. 外周阻力
C. 呼吸运动　　D. 血管容量
E. 静脉回流血量和心脏的射血能力
28. 下列哪项对静脉血回流影响不大（　）
A. 心脏射血能力　　B. 骨骼肌的挤压作用
C. 外周阻力　　D. 重力和体位
E. 呼吸运动
29. 调节心血管活动的基本中枢位于（　）
A. 脊髓　　B. 延髓　　C. 脑干
D. 下丘脑　　E. 大脑皮质
30. 关于胸导管的描述，错误的是（　）
A. 起始于乳糜池
B. 穿经膈的主动脉裂孔入胸腔
C. 注入左静脉角
D. 注入右静脉角
E. 收集下半身和左侧上半身的淋巴
31. 既是淋巴器官，又有内分泌功能的是（　）
A. 淋巴结　　B. 胰
C. 腭扁桃体　　D. 脾
E. 胸腺

A_2 型题

32. 在做子宫切除术时必须高位结扎子宫动脉，子宫动脉在距子宫颈外侧约 2 cm 处行于（　）
A. 输尿管的前下方　　B. 输尿管的前上方
C. 输尿管的后下方　　D. 输尿管的外侧
E. 子宫阔韧带的前方
33. 患者男，35 岁。间歇性跛行，右侧足背动脉波动减弱，诊断为血栓闭塞性脉管炎。足背动脉的摸脉点在（　）
A. 外踝前方　　B. 内踝前方
C. 内踝与足跟之间　　D. 踝关节前方
E. 踝关节前方，内、外踝连线的中点处
34. 患者男，50 岁，理发员。因左小腿内侧出现团索状物来医院就诊。体格检查：左小腿内侧静脉明显隆起，蜿蜒曲折呈蚓状团块，局部有色素沉着。该患者可能患有（　）
A. 动脉硬化性闭塞症　　B. 小隐静脉曲张
C. 深静脉血栓形成　　D. 大隐静脉曲张
E. 血栓闭塞性脉管炎
35. 患者男，18 岁。因左季肋区被汽车撞伤急诊入院。检查发现左上腹部压痛明显，腹腔穿刺抽到少量不凝固血液。X 线片显示左侧第 10 肋骨骨折。最大可能的临床诊断是肋骨骨折合并（　）
A. 胰腺损伤　　B. 胃破裂
C. 脾破裂　　D. 左肾破裂
E. 肠穿孔

四、简答题

1. 简述体循环和肺循环的途径。
2. 比较第 1 心音与第 2 心音的产生原因和特点。
3. 简述房室 - 延搁的概念及生理意义。
4. 影响心输出量的因素有哪些？
5. 影响动脉血压的因素有哪些？
6. 临床上快速静脉输液对心输出量有何影响？为什么？
7. 简述食物有效成分被运输到肝细胞的具体解剖学途径。
8. 肝癌介入治疗时，从股动脉插管，须经过哪些动脉才能到达肝固有动脉？

（李　智　刘　强）

10

第十章　感觉器官

人之所以能够闻到花草的芬芳，享受到饭菜的美味，体验“眼观六路，耳听八方”的美妙感觉，感知大自然的神奇变化，是因为人体内有许多能够感受机体内、外环境变化刺激的感受器和感觉器官。那么，感受器有哪些？感觉器官是如何构成的？具有怎样的形态、结构和功能特点？让我们带着这些神奇而有趣的问题一起来探究人体感觉器官的奥秘。

感觉是客观事物在人脑的主观反映，是机体赖以生存的重要功能活动之一。体内、外环境中的各种刺激首先作用于不同的感受器或感觉器官，将其转变为相应的神经冲动，然后沿一定的神经传导通路传至大脑皮质的特定区域进行整合或分析处理，产生相应的感觉。由此可见，各种感觉都是通过特定的感受器或感觉器官、传入神经和大脑皮质的共同活动而产生的。

第一节　概　　述

一、感受器和感觉器官的概念

感受器是指体内专门感受体内、外环境变化的结构或装置。感受器的结构具有多样性，最简单的感受器就是感受痛觉和温度觉的游离神经末梢。**感觉器官**也称感觉器，是机体感受内、外环境各种不同刺激的感觉装置，由感受器及其附属结构共同构成，如视器、前庭蜗器、嗅器、味器和皮肤等。人体最主要的感觉器官是视器、前庭蜗器和皮肤。

二、感受器的分类

考点：感受器的概念及分类

感受器广泛分布于人体的各个部位，种类繁多，其分类方法也各不相同。依据感受器的所在部位和接受刺激的来源分为3类。①**外感受器**：分布于皮肤、口腔和鼻腔的黏膜、视器和内耳，感受外环境的信息变化，如触、压、痛、温度、光、声等刺激。②**内感受器**：分布于内脏和心血管壁等处，感受内环境的信息变化，如颈动脉小球和主动脉小球化学感受器、颈动脉窦压力感受器等。③**本体感受器**：分布于肌、肌腱、关节和内耳等处，接受身体各部的运动觉、振动觉和位置觉等刺激。依据感受器所接受刺激的性质不同，可分为光感受器、机械感受器、温度感受器和化学感受器等。

三、感受器的一般生理特征

1. 感受器的适宜刺激　一种感受器通常只对某种特定形式的刺激最敏感，这种形式的刺激就称为该感受器的适宜刺激。如一定波长的光波是视网膜感光细胞的适宜刺激，而一定频率的声波是听觉感受器的适宜刺激。

2. 感受器的换能作用 是指感受器能将各种形式的刺激能量（如物理、化学能等）转换为传入神经冲动的动作电位。因此，可以把感受器看成是“生物换能器”。

3. 感受器的编码功能 是指感受器在完成能量转换的同时，将外界刺激所含的信息转移到了传入神经动作电位的排列和组合中。

4. 感受器的适应现象 若以一强度恒定的刺激持续作用于某一感受器时，传入神经冲动的频率随着时间的推移而逐渐降低的现象称为感受器的适应现象。感受器适应时间的快慢具有各自的生理意义，如触觉感受器适应很快，有利于感受器不断接受新的刺激；而痛觉感受器不容易产生适应，对机体有保护作用。

第二节 视 器

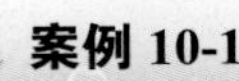
案例 10-1

患者男，68 岁。因右眼无痛性、渐进性视力下降 2 年，近日自感影响正常生活而来医院眼科就诊。检查：右眼睑无红肿，瞳孔直径约 3mm，对光反射灵敏，眼压正常，瞳孔区晶状体呈灰白色混浊。临床诊断：老年性白内障（右眼）。

问题： 1. 眼的折光系统是由哪几部分构成的？

2. 白内障是由于眼球内的哪个结构发生病变所引起的？

3. 为什么人在悲伤时，不但泪流满面，甚至会出现痛哭流涕的现象呢？

视器又称眼 (eye)，是人体接受光刺激和产生视觉冲动的器官，由眼球和眼副器两部分组成。

一、眼 球

眼球是视器的主要部分，近似球形，位于眶内前份，前面有眼睑保护，后面借视神经连于间脑的视交叉。眼球由眼球壁及其内容物组成（图 10-1）。

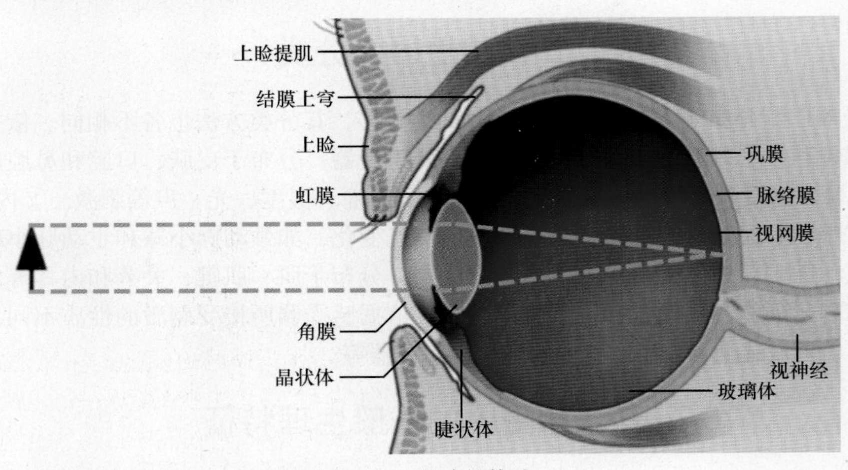

图 10-1 眼球的构造

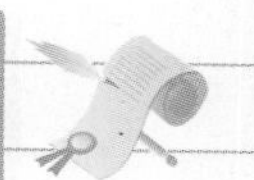

（一）眼球壁

眼球壁由外向内依次分为纤维膜、血管膜和视网膜3层。

1. 纤维膜 为眼球壁的最外层，又称外膜，由坚韧的致密结缔组织构成，分为**角膜**和**巩膜**两部分（图10-1，图10-2）。

(1) 角膜：位于眼球正前方，占纤维膜的前1/6，无色透明，像手表盖的玻璃，有折光作用，是光线射入眼球首先要经过的结构。角膜内无血管，但有丰富的游离神经末梢，故感觉极为敏锐，损伤时会引起剧烈疼痛。

(2) 巩膜：占纤维膜的后5/6，质地坚韧呈乳白色，具有维持眼球外形和保护眼球内容物的作用。在巩膜与角膜交界处的深部有一环形血管，称为**巩膜静脉窦**，是房水回流的通道。

2. 血管膜 位于纤维膜的内面，又称中膜，含有丰富的血管和色素细胞，呈棕黑色。由前向后分为虹膜、睫状体和脉络膜3部分（图10-1）。

(1) 虹膜：位于角膜的后方（图10-2），为冠状位圆盘形薄膜，中央有一圆形的**瞳孔**，直径为2.5～4mm（直径＞5mm者为瞳孔散大，直径＜2mm者为瞳孔缩小），是外界光线进入眼球的通路。在活体，透过角膜可以看到虹膜和瞳孔。虹膜的颜色有明显的种族差异，国人多呈棕黑色。虹膜内有两种不同排列方向的平滑肌，环绕在瞳孔周围的称**瞳孔括约肌**，受动眼神经的副交感纤维支配，收缩时瞳孔缩小；在瞳孔括约肌外侧呈放射状排列的称**瞳孔开大肌**，受交感神经支配，收缩时瞳孔开大（图10-3）。

考点：角膜和虹膜的结构特点

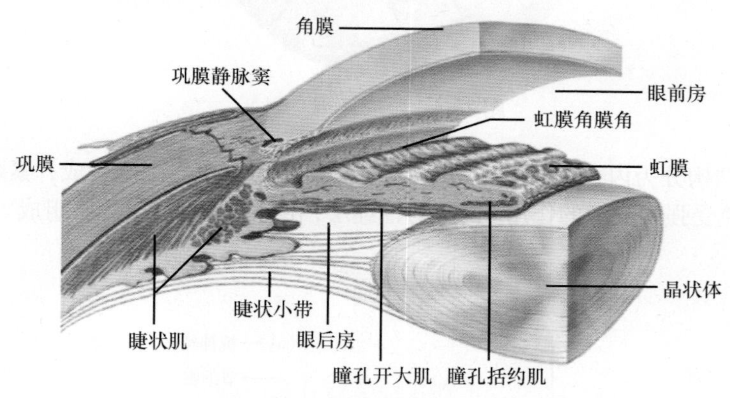

图10-2 眼球前半部后面观

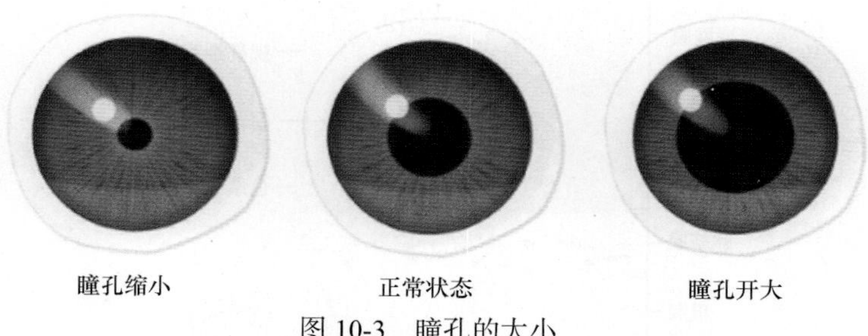

图10-3 瞳孔的大小

(2) 睫状体：位于角膜与巩膜移行处的内面，略呈三角形（图10-2），前部有许多呈放射状排列的睫状突，由睫状突发出的睫状小带与晶状体相连。睫状体内的平滑肌称为**睫状肌**，受动眼神经的副交感纤维支配，具有调节晶状体曲度的作用。睫状体是产生房水的部位。

(3) 脉络膜：占血管膜的后 2/3，外面与巩膜结合疏松，是眼球最富有血管的组织，具有营养眼球壁和吸收眼内分散光线的作用。

3. 视网膜 居眼球壁的最内层，又称内膜（图 10-1），为感受光线刺激的神经组织。视网膜由前向后分为虹膜部、睫状体部和视部。前两部分别贴附于虹膜和睫状体的内面，因无感光作用，故称为视网膜盲部；贴在脉络膜内面的部分具有感光作用，故称为视网膜视部，即通常所说的视网膜。

视网膜后部（即眼底）中央偏鼻侧处有一白色圆盘形隆起，称为**视神经盘**（图 10-4）或**视神经乳头**，其中央有视网膜中央动、静脉穿过，因此处无感光细胞，故又称**生理性盲点**。在视神经盘颞侧（外侧）约 3.5mm 处稍偏下方的一黄色小区，称为**黄斑**，其中央凹陷处称为**中央凹**，由密集的视锥细胞构成，是感光和辨色最敏锐的部位。

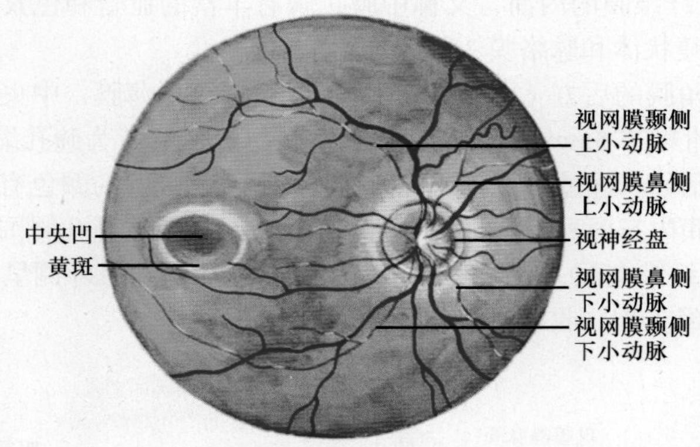

图 10-4 眼底像（左侧）

视网膜的结构分为内、外两层（图 10-5），外层由色素上皮细胞构成，紧贴脉络膜，有保护感光细胞免受强光刺激的作用。内层为神经层，由外向内由 3 层细胞组成。①**感光细胞**：

考点：视神经盘和黄斑的概念；视杆细胞和视锥细胞的分布及功能

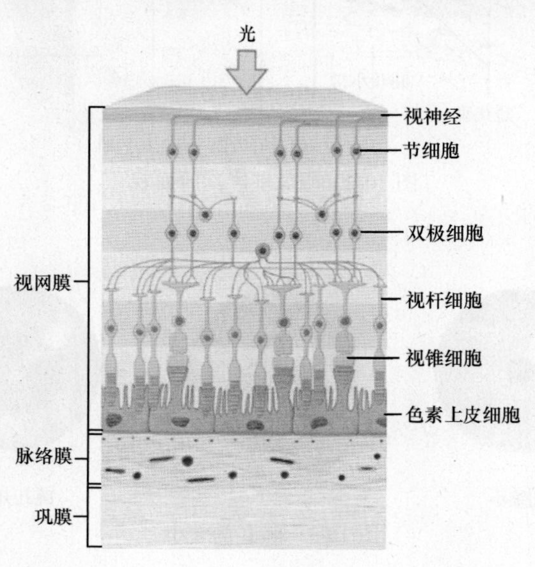

图 10-5 视网膜的结构

又称视细胞，是高度分化的感觉神经元，具有感光作用，即视觉感受器，分为视杆细胞和视锥细胞两种。前者主要分布在视网膜周边部，只能感受弱光而不能辨别颜色；后者则集中在视网膜中央部，能感受强光和辨别颜色。②**双极细胞**：为中间神经元，其树突与视细胞联系，轴突与节细胞联系。③**节细胞**：为多极神经元，树突与双极细胞的轴突形成突触，轴突在视神经盘处汇聚，并穿出眼球壁而构成视神经。

（二）眼球的内容物

眼球的内容物包括房水、晶状体和玻璃体（图 10-1，图 10-2）。它们均与角膜一样是无血管分布的透明结构，具有折光作用，与角膜共同组成眼的折光系统。

1. 房水 为充满眼房的无色透明液体。**眼房**是位于角膜与晶状体之间的间隙，被虹膜分为眼前房和眼后房，两者借瞳孔相通。在眼前房的周边，由虹膜与角膜相交所形成的夹角，称为**虹膜角膜角**或**前房角**。

房水由睫状体产生后，先进入眼后房，经瞳孔流入眼前房，然后经虹膜角膜角渗入巩膜静脉窦，最后汇入眼静脉。房水除具有折光作用外，还有营养角膜和晶状体的作用，是决定眼内压的主要因素之一。

链接

青 光 眼

正常情况下，房水的产生与排出总是保持恒定的动态平衡。若房水回流受阻时，滞留于眼房内，可使眼内压增高而影响视力，临床上称为青光眼。世界上约 20% 的盲人为青光眼所致。

2. 晶状体 位于虹膜与玻璃体之间，为富有弹性的双凸透镜状无色透明体，无血管和神经分布，是眼球折光系统的主要装置。晶状体周缘借睫状小带与睫状体相连，故晶状体的曲度可随睫状肌的舒缩而改变。当看近物时，睫状肌收缩，睫状体向前内移行，睫状小带放松，晶状体则由于本身的弹性而变凸，折光力增强，使物像清晰地聚焦于视网膜上。看远物时，与此相反。凡是由先天或后天因素引起的晶状体混浊均称为白内障。

3. 玻璃体 为充填于晶状体与视网膜之间无色透明的胶状物质，除有折光作用外，还对视网膜起支撑作用。若支撑作用减弱，则可导致视网膜剥离。

歌诀助记

眼球的内容物

眼球内容水晶玻，均无血管色透明；
房水源于睫状体，稳压折光养角晶；
晶状体，凸透镜，透明折光有弹性；
玻璃折光胶状物，网膜靠它来撑起。

考点：眼折光系统的组成；房水的产生部位及循环途径

二、眼 副 器

眼副器包括眼睑、结膜、泪器和眼球外肌等结构，对眼球起保护、支持和运动作用。

1. 眼睑 俗称“眼皮”，位于眼球的前方，为一能活动的皮肤皱襞，是保护眼球的屏障。眼睑对人的容貌具有重要意义，故也是面部整容的主要内容之一。眼睑分为**上睑**和**下睑**（图 10-1，图 10-6），睑的游离缘称为**睑缘**，上、下睑缘之间的裂隙称为**睑裂**。睑裂的内、外侧角分别称为**内眦**和**外眦**。上、下睑缘上长有向前弯曲的**睫毛**，有防止灰尘进入眼内和减弱强光照射的作用。若睫毛长向角膜，则称为倒睫。睫毛根部的睫毛腺发生急性炎症，称为

睑腺炎（麦粒肿）。

眼睑由浅入深由皮肤、皮下组织、肌层（眼轮匝肌和上睑提肌）、睑板和睑结膜构成。皮肤细薄，易形成皱襞。皮下组织疏松，患心、肾疾病时可发生明显的水肿。睑板内的睑板腺开口于睑缘，其分泌物有润滑睑缘、防止泪液外溢和保护角膜的作用。当睑板腺管阻塞时，形成睑板腺囊肿，也称霰粒肿。

2. 结膜 是一层薄而光滑透明并富有血管的黏膜（图 10-6），衬贴于眼睑内面的部分为**睑结膜**，覆盖于巩膜前部表面的部分为**球结膜**，两者之间相互移行，返折处分别形成**结膜上穹**和**结膜下穹**（图 10-1）。闭眼时各部结膜共同围成的囊状腔隙称为**结膜囊**。睑结膜和结膜穹窿是沙眼的好发部位，滴眼药时即滴入结膜囊内。

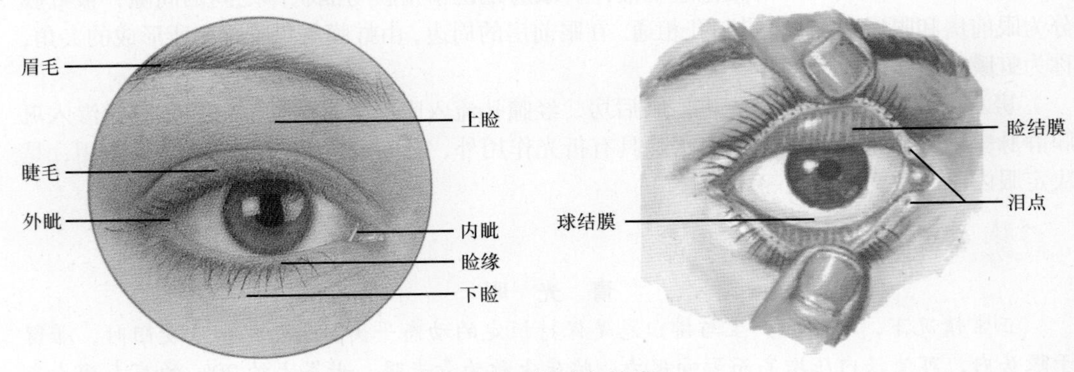

图 10-6　眼睑与结膜

3. 泪器 由分泌泪液的泪腺和导流泪液的泪道两部分组成（图 10-7）。

(1) 泪腺：位于眶上壁外侧部的泪腺窝内，有 10 ～ 20 条排泄管开口于结膜上穹的外侧份。泪腺分泌的泪液有冲洗结膜囊内异物、湿润角膜和抑制细菌生长等作用。近年的研究认为，流泪和出汗一样，通过流泪可以排出体内应激反应时产生的危险毒素，从而减少对机体的损害。从生理学角度讲，“有泪不轻弹”，对健康极为不利。

考点：结膜的分部及临床意义；泪液的排出途径

(2) 泪道：由**泪点**、**泪小管**、**泪囊**和**鼻泪管** 4 部分组成。泪点是上、下睑缘内侧端各自小隆起上针眼大小的小孔，为泪小管的入口，泪点异常可引起“泪溢症”。泪小管上、下各一，为连接泪点与泪囊的小管，两者向内侧汇合后开口于泪囊。泪囊是位于眶内侧壁泪囊窝内的一膜性囊，上部为盲端，下端移行为鼻泪管。鼻泪管为膜性管道，下端开口于下鼻道前份。人在悲伤时，部分泪液经泪点、泪小管、泪囊和鼻泪管流入鼻腔后与鼻腔分泌物（即鼻涕）混合在一起经鼻孔流出来，而出现痛哭流涕、一把鼻涕一把泪的现象。

链接

感冒时为何常伴流泪现象？

鼻泪管开口处的黏膜内有丰富的静脉丛，当您感冒时，由于鼻腔黏膜充血水肿，可使鼻泪管开口处闭塞，从而使泪液向鼻腔的引流不畅，故感冒时常伴有流泪的现象出现。

4. 眼球外肌 是配布在眼球周围的骨骼肌，共 7 块。除一块**上睑提肌**（图 10-1）提上睑、开大睑裂外，其余 6 块为运动眼球的肌（图 10-8，图 10-9）。**上直肌**使眼球转向上内，**下直肌**使眼球转向下内，**内直肌**使眼球转向内侧，**外直肌**使眼球转向外侧，**上斜肌**使眼球转向下外，**下斜肌**使眼球转向上外。眼球的正常运动是由两眼多块肌协同作用的结果。

考点：眼球外肌的作用

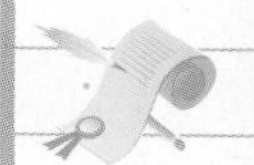

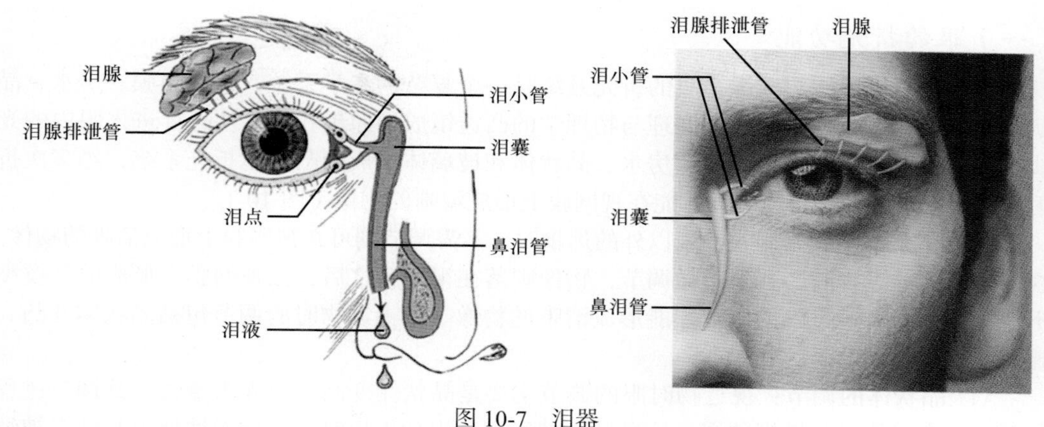

图 10-7 泪器

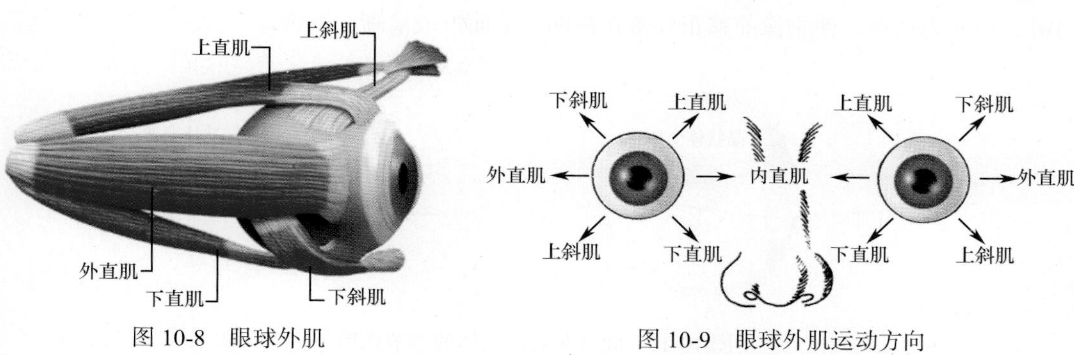

图 10-8 眼球外肌

图 10-9 眼球外肌运动方向

三、眼的血管

眼的血液供应来自眼动脉。眼动脉是颈内动脉入颅后的分支，经视神经管出颅到眶，分布于眼球及眼副器等处。其中最主要的是视网膜中央动脉，穿行于视神经内，至视神经盘处分为视网膜颞侧上、下小动脉和鼻侧上、下小动脉（图 10-4），营养视网膜内层。眼静脉收集眼球和眶内其他结构的静脉血，向前经内眦静脉与面静脉相交通，向后注入颅内的海绵窦。

链接

眼睛是血管的窗户

文学家说：眼睛是心灵的窗户。医生说：眼睛是血管的窗户。临床上常借助眼底镜，通过瞳孔直接观察视网膜血管（图 10-4）。从视网膜中央动脉形态特征的变化，找到动脉硬化、高血压、糖尿病以及颅内压增高等相关疾病的依据。

四、眼的功能

眼具有折光和感光功能。眼可感受光的刺激，经折光系统折射成像于视网膜上，通过感光细胞的换能作用，把光能转变成视神经上的动作电位，经视觉传导通路传至大脑皮质的视觉中枢而产生视觉。

（一）眼的折光功能

1. 眼的折光系统与成像 眼的折光系统是一个复杂的光学系统，包括角膜、房水、晶状体和玻璃体。眼的折光成像原理与物理学的凸透镜成像原理相似。从外界进入眼内的光线在到达视网膜前要经过角膜、房水、晶状体和玻璃体组成的凸透镜折光系统，经多次折射（折射率最大的是角膜）后才能在视网膜上形成清晰的物像（图 10-1）。

考点：眼视近物时的调节方式

2. 眼的调节 正常眼视 6 米以外的远物时，不需调节则可在视网膜上形成清晰的物像。视 6 米以内的近物时，若眼不做调节，物像则落在视网膜之后，在视网膜上形成的是模糊不清的物像，需通过眼的调节才能形成清晰的物像。眼视近物时的调节包括晶状体变凸、瞳孔缩小和双眼会聚三个方面。

(1) 晶状体的调节：视近物时眼的调节主要是晶状体变凸，折光力增强。其调节过程如下：当视近物时，模糊的视觉信息经视神经到达视觉中枢时，可反射性地引起动眼神经的副交感神经兴奋，使睫状肌收缩，睫状小带松弛，晶状体靠自身的弹性回位变凸（图 10-10），折光力增强，使物像前移正好落在视网膜上而形成清晰的物像。

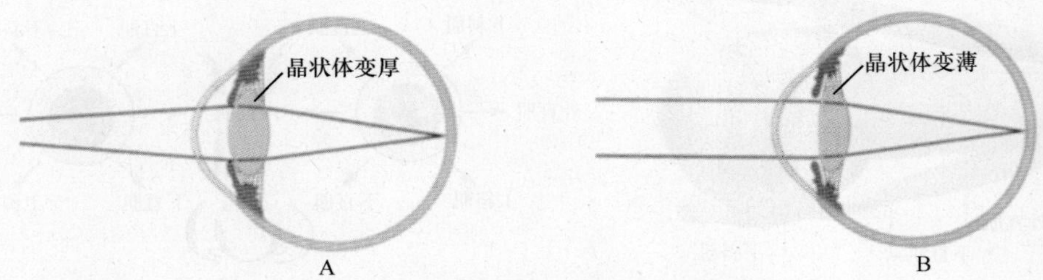

图 10-10 睫状肌对晶状体的调节作用

A. 近距视觉；B 远距视觉

通常把眼尽最大能力调节所能看清物体的最近距离称为**近点**。近点越近，说明晶状体的弹性越好，其调节能力越强。晶状体的弹性随着年龄的增长而逐渐减退，调节能力随之减弱，近点也因而变远。老年人因晶状体弹性差，调节能力降低，表现为近点远移，看近物时模糊，看远物时正常，称为老视，俗称“老花眼”，可佩戴合适的凸透镜矫正。

(2) 瞳孔的调节：瞳孔的大小可随视物的远近而改变，当视近物时，可反射性地引起双眼瞳孔缩小，称为瞳孔近反射或瞳孔调节反射，其意义在于减少进入眼内的光量，使视网膜成像更为清晰。瞳孔近反射和睫状肌调节的路径相同。

瞳孔的大小还可随光线的强弱而改变，强光下瞳孔缩小，弱光下瞳孔散大，这种现象称为瞳孔对光反射。瞳孔对光反射与视近物无关，是眼的一种适应功能，其意义在于调节进入眼内的光量，以保护视网膜。因瞳孔对光反射中枢在中脑，故临床上常通过检查瞳孔对光反射来判断麻醉的深度或病情的危重程度。

(3) 双眼会聚：当双眼注视一个由远移近物体时，两眼视轴同时向鼻侧会聚的现象，称为**双眼会聚**。其意义在于视近物时使物像始终落在两眼视网膜的对称点上，形成单一清晰视觉。否则，一个物体会呈现两个物象，这种现象称为复视。

3. 眼的折光异常 是指眼的折光系统或眼球形态异常，导致物体不能成像于视网膜上，包括近视、远视和散光 3 种（表 10-1）。

表 10-1 3 种折光异常的比较

折光异常	产生原因	成像部位	矫正方法
近视	眼球前后径过长或折光力过强	物体成像于视网膜之前	佩戴合适的凹透镜
远视	眼球前后径过短或折光力过弱	物体成像于视网膜之后	佩戴合适的凸透镜
散光	角膜经纬线的曲率不一致	不能在视网膜上清晰成像	佩戴圆柱形透镜

（二）眼的感光功能

1. 视网膜的感光换能系统 视网膜中存在两种感光换能系统，即视杆系统和视锥系统。视杆系统由视杆细胞和与它们相联系的双极细胞以及节细胞等组成，对光的敏感性较高，主要在弱光下起作用，不能产生色觉，只能辨别明暗和物体的大致轮廓，视物精确性差。视锥系统由视锥细胞和与它们相联系的双极细胞以及节细胞等组成，对光的敏感性较低，主要在强光下起作用，可辨别颜色，视物精确性高。两个系统构成上的不同决定了它们功能上的差异，其特点见表 10-2。

表 10-2 两种感光换能系统的区别

感光系统	感光细胞	分布	感光色素	功能
视杆系统	视杆细胞	视网膜周边部	视紫红质	感受弱光、不能辨色
视锥系统	视锥细胞	视网膜中央部	红绿蓝 3 种	感受强光、辨别颜色

2. 视锥细胞与色觉 视网膜中分布有 3 种不同的视锥细胞，能分别感受红、绿、蓝 3 种基本颜色。不同的色光刺激视网膜时，3 种视锥细胞以不同的比例兴奋，从而产生不同的色觉。

色觉障碍有色盲与色弱两种。色盲是一种或多种原色色觉缺失。色盲可分为全色盲和部分色盲，全色盲较少见，部分色盲又可分红色盲、绿色盲及蓝色盲，以红色盲和绿色盲最为多见。色盲属遗传缺陷疾病，男性居多，女性少见。

3. 视杆细胞与暗适应 视杆细胞内的感光色素是视紫红质，由视黄醛和视蛋白构成。视紫红质的光化学反应是可逆的，在弱光环境中，视紫红质合成大于分解。合成的视紫红质浓度越高，视网膜对弱光的敏感性越高；在强光作用下，视紫红质分解大于合成。

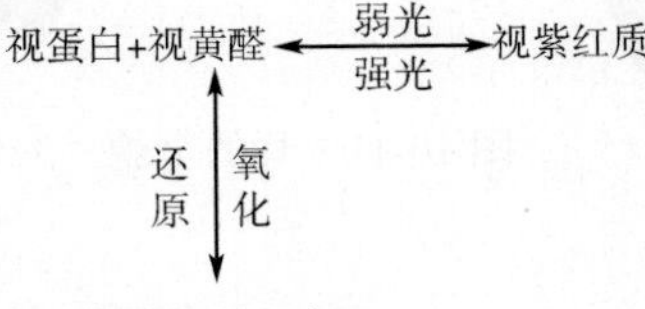

当人从明亮处突然进入暗处时，最初看不清任何东西，经过一定的时间后才能看清楚，这种现象称为暗适应。暗适应所需时间相当于感光物质视紫红质合成的时间。如合成视紫红质的原料维生素 A 不足，可使暗适应时间延长。如果维生素 A 长期摄入不足，会影响人的暗视觉，从而引起夜盲症。

当人从暗处突然进入明亮处时，最初感到耀眼的光亮，不能视物，稍待片刻后才能恢复视觉，这种现象称为明适应。这是由于视杆细胞在暗处蓄积了大量的视紫红质，在明亮处遇强光迅速分解，因而产生耀眼的光感。随着视紫红质的减少，视锥细胞恢复了在亮处的视觉。

4. 视力与视野 视力又称视敏度，是指眼分辨物体上两点间最小距离的能力。视野是指单眼固定注视正前方一点时，该眼所能看到的空间范围。在同一光照条件下，各种颜色的视野范围不一致，白色视野最大，其次为黄蓝色，再次为红色，绿色最小。正常人的鼻侧视野较小，颞侧视野较大。临床上检查视野，可以帮助诊断视网膜或视觉传导通路上的某些疾病。

考点：瞳孔对光反射、视力和视野的概念

第三节 前庭蜗器

案例 10-2

患者女，8岁。1周前因急性上呼吸道感染后自觉听力逐渐下降。近日突然出现畏寒发热，体温高达39℃，并伴左外耳道黄色脓液流出而来医院就诊。耳镜检查：可见鼓膜弥漫性充血。血常规检查：白细胞 12×10^9/L，中性粒细胞89%。临床诊断：急性化脓性中耳炎。

问题： 1. 检查婴儿鼓膜时，为何要将耳郭拉向后下方？

2. 幼儿患急性上呼吸道感染后为何易引起中耳炎？

3. 急性化脓性中耳炎为何常累及乳突窦和乳突小房的感染？

前庭蜗器又称**位听器**或**耳**（ear），按部位分为外耳、中耳和内耳3部分（图10-11）。外耳和中耳是收集和传导声波的装置，内耳是接受声波和位置觉刺激的感受器。

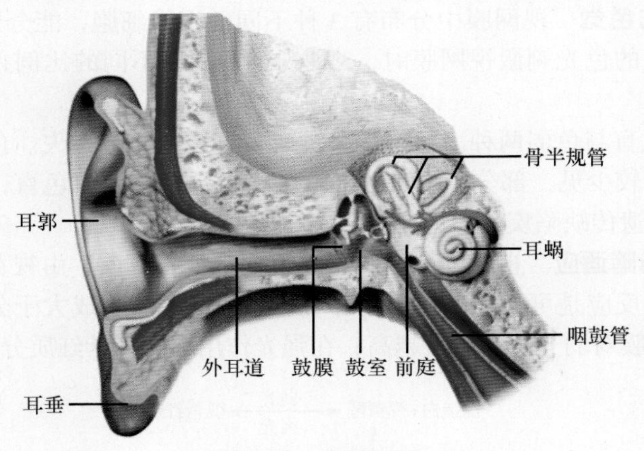

图10-11 耳的全貌

一、外耳

外耳包括耳郭、外耳道和鼓膜3部分（图10-11）。

1. 耳郭 位于头部的两侧，与外耳道共同组成收集声波的漏斗状结构。耳郭大部分以弹性软骨为支架，外覆皮肤而构成。唯有下方的小部分无软骨，仅含结缔组织和脂肪，称为**耳垂**，毛细血管丰富，是临床常用的采血部位。耳郭外侧面的中部凹陷，其前方有一大孔称为外耳门。外耳门前方的隆起称为耳屏。

2. 外耳道 是外耳门至鼓膜之间的弯曲管道，长2.0～2.5cm。临床耳镜检查成人鼓膜

时，须将耳郭向后上方牵拉，使外耳道变直方能观察到鼓膜。婴儿外耳道短而直，鼓膜近似水平位，故检查鼓膜时需将耳郭拉向后下方。

外耳道皮肤较薄，内含毛囊、皮脂腺和耵聍腺。皮下组织稀少，皮肤与软骨膜和骨膜附着紧密，又含有丰富的感觉神经末梢，故发生疖肿时疼痛剧烈。

链接

耵　聍

耵聍为耵聍腺分泌的淡黄色黏稠液体，俗称"耳屎"，其多少因人而异，干燥后形成痂块，在说话、吃饭、打呵欠时，由于颞下颌关节的运动可使耵聍脱落排出体外。因此，常挖耳朵可以说是多此一举，确切地讲是一种不良习惯。若耵聍凝结成块阻塞外耳道时，可出现听力减退，应及时去医院就诊。

3. 鼓膜　是位于外耳道底与鼓室之间的椭圆形半透明薄膜，位置倾斜，构成鼓室外侧壁的大部分（图 10-12）。鼓膜形似漏斗状，中心向内凹陷称为**鼓膜脐**（图 10-13）。在鼓膜脐的前下方有一三角形的反光区，称为光锥。**光锥**消失是鼓膜内陷的重要标志。

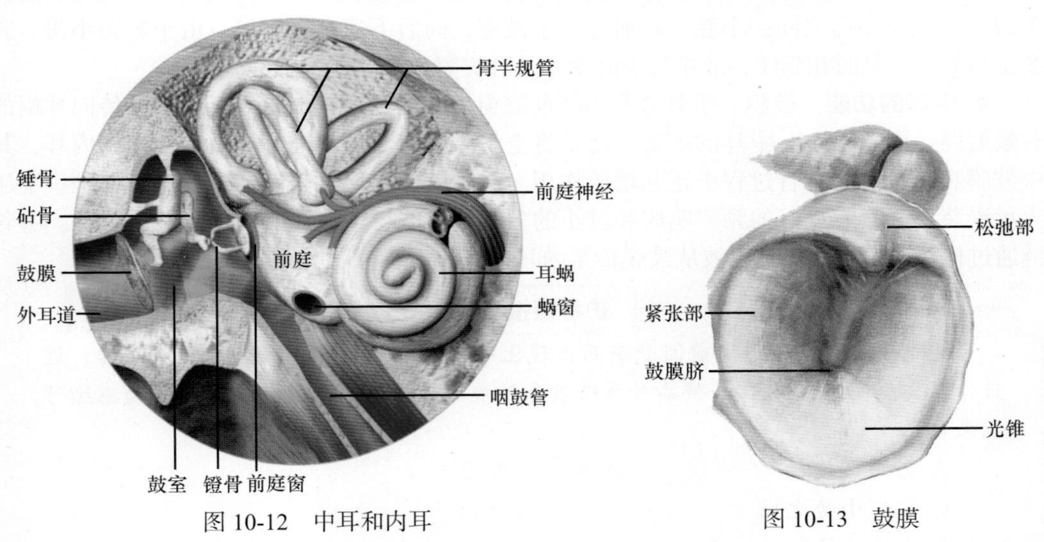

图 10-12　中耳和内耳

图 10-13　鼓膜

二、中　耳

中耳位于外耳与内耳之间，由鼓室、咽鼓管、乳突窦和乳突小房组成，是声波传导的主要结构。

1. 鼓室　是颞骨内一不规则的含气小腔（图 10-12），位于鼓膜与内耳外侧壁之间。前方借咽鼓管通向鼻咽部，向后经乳突窦通向乳突小房，外侧壁大部分由鼓膜构成。内侧壁即内耳的外侧壁，后上方有一卵圆形孔，称为**前庭窗**，在活体被镫骨底封闭；后下方的圆形小孔为**蜗窗**，在活体被第 2 鼓膜封闭。鼓室的黏膜与咽鼓管、乳突窦和乳突小房的黏膜相延续。

鼓室内有 3 块听小骨，由外侧向内侧依次为**锤骨**、**砧骨**和**镫骨**（图 10-14）。锤骨附着于鼓膜脐，镫骨底嵌在内耳的前庭窗上。听小骨之间以小关节形成一条听骨链，并构成交角杠杆。

考点：中耳的组成及其连通关系；幼儿咽鼓管的特点

2. 咽鼓管 为沟通鼓室与鼻咽部之间的管道。咽鼓管咽口平时处于关闭状态，仅在吞咽或打呵欠时可暂时开放，空气经咽鼓管进入鼓室，调节鼓室内气压与外界保持一致，有利于鼓膜的振动。当咽鼓管闭塞时，可影响中耳的正常功能。幼儿咽鼓管较成人短而平直（图 10-15），口径相对较大，故咽部感染易沿此管侵入鼓室，而引起中耳炎。

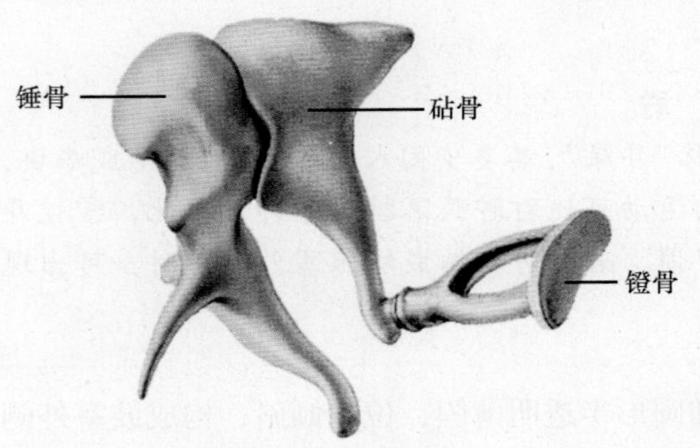

图 10-14 听小骨

小儿
成人

图 10-15 小儿与成人咽鼓管比较

3. 乳突窦和乳突小房 乳突小房为颞骨乳突内许多互相通连的含气小腔。乳突窦是介于鼓室与乳突小房之间的小腔，向前开口于鼓室，向后下通乳突小房。由于乳突小房、乳突窦与鼓室的黏膜相延续，故中耳炎时常累及乳突窦和乳突小房感染。

4. 中耳的功能 鼓膜、听骨链和内耳前庭窗之间的联系构成了声音从外耳传向耳蜗的有效通路（图 10-12）。中耳的主要功能是将空气中的声波振动准确高效地传递到内耳，其中鼓膜和听骨链在传音过程中还起增压作用。鼓膜就像电话机受话器中的振膜，是一个压力承受装置，具有良好的频率响应和较小的失真度，能将声波如实地传递给听骨链。听骨链通过杠杆作用不仅能把声波从鼓膜传至内耳前庭窗，还可以增大声波的传导效应。

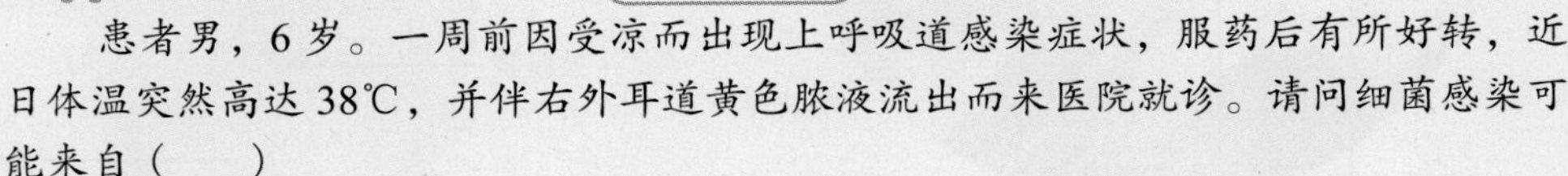

患者男，6 岁。一周前因受凉而出现上呼吸道感染症状，服药后有所好转，近日体温突然高达 38℃，并伴右外耳道黄色脓液流出而来医院就诊。请问细菌感染可能来自（　　）

A. 外耳道途径　　B. 咽鼓管途径
C. 乳突小房途径　　D. 乳突窦途径
E. 血液途径

考点精讲： 咽鼓管为沟通鼓室与鼻咽部之间的管道，其黏膜与鼓室和鼻咽部的黏膜相延续，而幼儿的咽鼓管较成人短而宽，且呈水平位，当咽部细菌感染时，细菌可沿咽鼓管侵入鼓室而引起中耳炎，故选择答案 B。

三、内　耳

内耳位于颞骨内，介于鼓室与内耳道底之间，由两套结构复杂的管道系统组合而成，故又称迷路。按解剖结构可分为骨迷路和膜迷路两部分。骨迷路是颞骨内的骨性隧道，膜迷路则套在骨迷路内（图 10-16）。膜迷路内含有内淋巴，骨迷路与膜迷路之间的间隙内充满外淋巴，内、外淋巴互不相通。

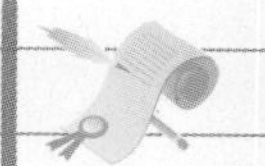

（一）骨迷路

骨迷路由后外向前内依次分为骨半规管、前庭和耳蜗3部分（图10-12），三者形态各异，但彼此连通。

1. 骨半规管 为3个相互垂直排列的半环形骨性小管，按其位置分别称为前、后和外骨半规管。每个骨半规管均借两骨脚开口于前庭，其中一骨脚膨大，称为骨壶腹。

2. 前庭 位于骨迷路中部，为一不规则的椭圆形腔隙。其前下方与耳蜗相通，后上方接3个骨半规管，外侧壁上有前庭窗和蜗窗。

3. 耳蜗 位于前庭的前方，形似蜗牛壳。蜗底朝向内耳道底，蜗顶朝向前外方。耳蜗由骨性蜗螺旋管环绕蜗轴约两圈半构成。蜗螺旋管被蜗轴发出的骨螺旋板和膜迷路分隔成3条管道，即上方的前庭阶、下方的鼓阶和中间的蜗管（图10-17）。前庭阶一端与前庭窗相接，鼓阶一端与蜗窗相接。前庭阶和鼓阶内充满外淋巴，两者在蜗顶处借蜗孔彼此相通。

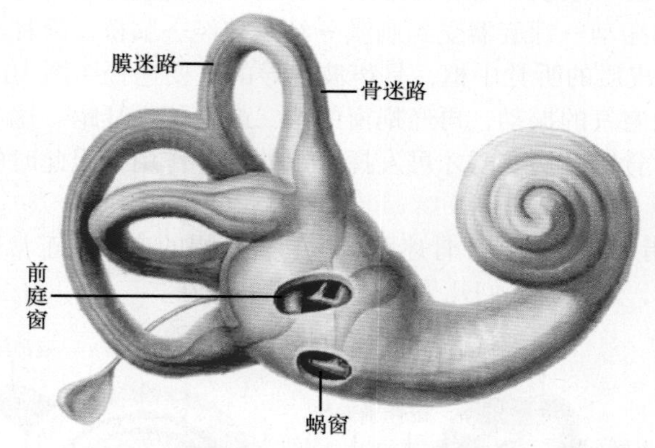

图10-16 骨迷路与膜迷路

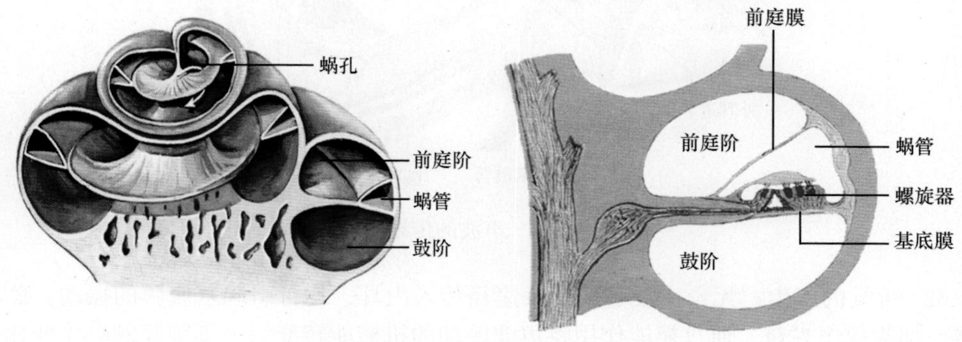

图10-17 耳蜗与螺旋器

（二）膜迷路

膜迷路是套在骨迷路内封闭的膜性小管和囊，似骨迷路的铸型。根据其与骨迷路的对应关系依次分为相互连通的膜半规管、椭圆囊和球囊、蜗管3部分（图10-16）。

1. 膜半规管 位于同名骨半规管内。在骨壶腹内的膨大部分为膜壶腹，壁上有隆起的**壶腹嵴**，为位置觉感受器，能感受旋转变速运动的刺激。当人体做旋转运动时，壶腹嵴的毛细胞受到惯性作用而兴奋，神经冲动经前庭神经传入中枢产生旋转感觉，并引起姿势反射，以维持身体平衡。

2. 椭圆囊和球囊 位于前庭内，为相互连通的两个膜性囊。椭圆囊位于后上方，与膜半规管相通。球囊位于前下方，与蜗管相连。椭圆囊和球囊的内壁上分别有**椭圆囊斑和球囊斑**，为位置觉感受器，能感受头部静止的位置觉及直线变速（加速或减速）运动的刺激。当人体头部的位置改变或做直线变速运动时，由于惯性及重力作用引起内淋巴振动，刺激囊斑毛细胞使之兴奋，神经冲动经前庭神经传入中枢，产生头部位置或变速运动感觉，并引起相应的姿势反射，以维持身体平衡。

考点：壶腹嵴、椭圆囊斑、球囊斑和螺旋器的位置及功能

3. 蜗管 套在蜗螺旋管内，即位于耳蜗内前庭阶与鼓阶之间的膜性管道，横切面呈三角形，上壁为前庭膜，下壁为基底膜。基底膜上有**螺旋器**，又称 **Corti 器**（图 10-17），为听觉感受器，能感受声波刺激。

(1) 声波的传导途径：声波由外耳传入内耳有气传导和骨传导两条途径。

1) 气传导：是指声波经外耳道引起鼓膜的振动，再经听骨链和前庭窗进入耳蜗的传导途径，即声波→外耳道→鼓膜→听骨链运动→前庭窗→引起前庭阶外淋巴的振动→前庭膜振动→蜗管内淋巴的振动→螺旋器受到刺激→经蜗神经→脑桥（换神经元）→内侧膝状体（换神经元）→大脑皮质的听觉中枢，是声波传导的主要途径（图 10-18）。此外，鼓膜的振动也可引起鼓室内空气的振动，再经蜗窗的第二鼓膜传入耳蜗。这一传导途径在正常情况下不重要，仅在听骨链有病变时才可发挥一定的传音作用，但此时的听力较正常时大为减弱。

考点：气传导的途径

2) 骨传导：是指声波经颅骨（骨迷路）传导至耳蜗的途径。正常情况下，骨传导的敏感性比气传导低得多，因此，人们几乎感觉不到它的存在。

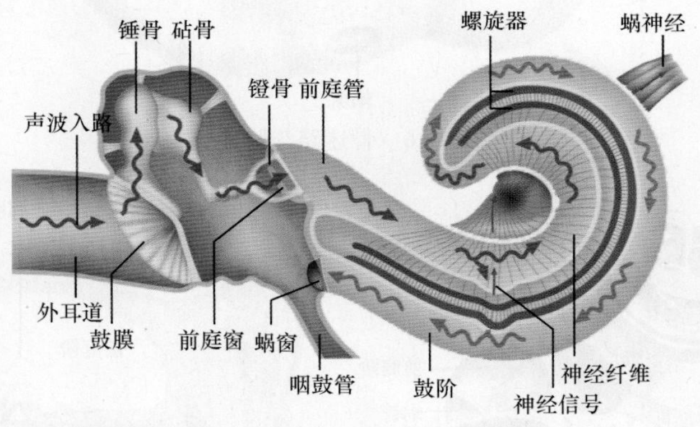

图 10-18 声波的传导途径

(2) 听觉的产生：无论声波是从哪条途径传入内耳，均可引起基底膜的振动，刺激螺旋器毛细胞使之兴奋，通过换能作用将声波振动的机械能转变为毛细胞膜的电位变化，触发与其相连的蜗神经产生动作电位，由蜗神经通过听觉传导通路传至大脑皮质的听觉中枢而产生听觉。

第四节 皮 肤

皮肤被覆于人体表面，是人体面积最大的器官，总面积可达 1.2 ～ 2.0m^2。皮肤具有感受外界刺激、保护深部组织、参与免疫应答、调节体温以及排泄和吸收等功能。皮肤由表皮和真皮构成（图 10-19），借皮下组织与深部组织相连。

一、表　皮

表皮位于皮肤的浅层，由角化的复层扁平上皮构成，无血管分布，但有丰富的游离神经末梢。人体各部的表皮厚薄不一，可分为厚表皮和薄表皮两种。手掌、足底及项背部的表皮最厚，而眼睑、阴茎和小阴唇等处的表皮最薄。

手掌和足底的厚表皮由基底至表面可以清楚地分为**基底层**、**棘层**、**颗粒层**、**透明层**和**角质层** 5 层结构（图 10-20）。基底层内的基底细胞有活跃的分裂增殖能力，新生的细胞向浅层推移，逐渐分化为表皮的其余各层细胞。在皮肤的创伤修复中，基底细胞具有重要的再生修复能力。正常表皮的更新周期为 3 ～ 4 周。

在基底细胞之间散在分布的树枝状**黑素细胞**，能产生黑色素，故黑素细胞的多少是决定肤色的重要因素。在人体的乳头、阴囊、阴茎、大阴唇、会阴及肛门附近等处色素较深。黑色素能吸收散射紫外线，保护表皮深层的幼稚细胞不受辐射损伤。

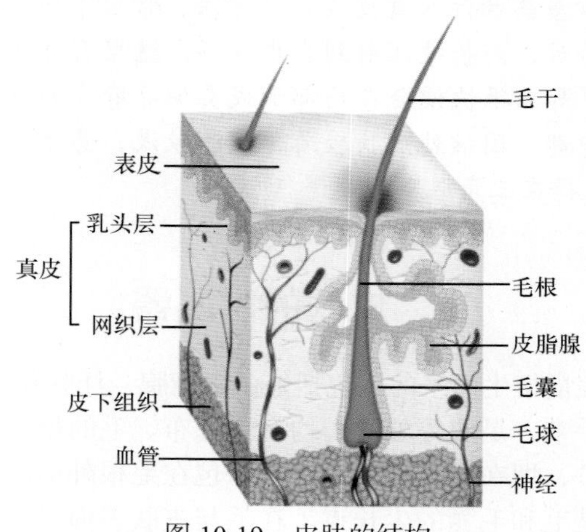

图 10-19　皮肤的结构

图 10-20　表皮光镜结构像

二、真　皮

真皮位于表皮与皮下组织之间，分为乳头层和网织层，两者间无明确分界（图 10-19）。

1. 乳头层 为紧靠表皮的薄层较致密结缔组织，因向表皮突起形成真皮乳头而得名（图10-20）。乳头层内含有较多的巨噬细胞、肥大细胞、T淋巴细胞、毛细血管和神经末梢等，是皮肤免疫反应的主要部位。在手指掌侧的真皮乳头层内含有较多的触觉小体。

2. 网织层 为乳头层下方较厚的致密结缔组织，是真皮的主要组成部分。内有粗大的胶原纤维束交织成网，并有许多弹性纤维，赋予皮肤较大的韧性和弹性。

在真皮下方为皮下组织，即解剖学所称的浅筋膜，由疏松结缔组织和脂肪组织构成。皮下组织将皮肤与深部组织相连，使皮肤具有一定的移动性。皮下注射术是将药物注入皮下组织内，常用于菌苗接种或需迅速达到药效和不能口服的药物，如胰岛素药物注射等。

考点：皮内注射术和皮下注射术的注射部位

链接

皮内注射术

皮内注射术是把极少量药物注入真皮浅层的方法，常用于药物过敏试验或预防接种。临床上做青霉素过敏试验时，药物被注射到真皮浅层，这里有许多肥大细胞，如果它们已对青霉素处于致敏状态，那么很快便会在局部形成类似荨麻疹的红晕硬块。用于过敏试验时宜取前臂掌侧下段正中部，因该处皮肤较薄，颜色较浅，易于注射和辨认局部反应。用于疫苗预防接种时，常选择在三角肌下缘处进行。

三、皮肤的附属器

皮肤的附属器是由表皮衍生而来的，包括毛、皮脂腺、汗腺和指（趾）甲。

1. 毛 人体皮肤除手掌、足底等处外，均有毛分布。毛的粗细和长短不一。露在皮肤表面的为**毛干**（图10-19），埋在皮肤内的为**毛根**，包在毛根外面的为**毛囊**。毛根和毛囊的下端膨大为**毛球**，毛球是毛和毛囊的生长点。在毛与皮肤表面呈钝角的一侧，有一束平滑肌连接毛囊与真皮，收缩时能使毛竖立，故称为**竖毛肌**（图10-21）。竖毛肌受交感神经支配，在寒冷、惊恐或愤怒时收缩，使毛竖立，从而产生“鸡皮疙瘩”的现象。

链接

胡须趣闻

解剖学家认为，胡须是人体皮肤的附属器，有同头发一样的功能。美容学家认为，年轻人在上唇留一线胡须，给人以精力充沛和老练的感觉；老年人留须，可以体现长者的风度。古往今来，世界各民族对胡须都很珍惜，将它作为美化自己生活的一部分。我国有“嘴上没毛，办事不牢”之说，有人甚至把胡须看作是男子汉的标志。

2. 皮脂腺 多位于毛囊与竖毛肌之间，其导管开口于毛囊或直接开口于皮肤表面（图10-19）。皮脂腺排出的皮脂具有润滑皮肤和保护毛发的作用。皮脂腺的发育和分泌活动受性激素的调节，青春期分泌最为活跃。当面部的皮脂腺分泌旺盛且导管阻塞时，可引起炎症，形成痤疮，又称青春痘或粉刺。

3. 汗腺 遍布于全身大部分皮肤内，以手掌和足底处最多。分泌部位于真皮深层和皮下组织内，导管开口于皮肤表面的汗孔（图10-21）。汗腺分泌是机体散热的主要方式，具有调节体温、湿润皮肤和排泄部分代谢产物等作用。有些人腋窝处的大汗腺过于发达，分泌物被细菌分解后产生特殊的气味，称为腋臭。

4. 指（趾）甲 位于手指和足趾的背面，露出体表的部分为**甲体**（图 10-22），甲体下面的组织为**甲床**，甲的近端埋在皮肤内的部分为**甲根**。甲体周缘的皮肤皱襞为**甲襞**，甲襞与甲体之间的沟为**甲沟**，是手指炎症的好发部位（如甲沟炎）。甲根附着处的甲床上皮为**甲母质**，是甲体的生长区。指（趾）甲受损或拔除后，如甲母质仍保留，则甲仍能再生。

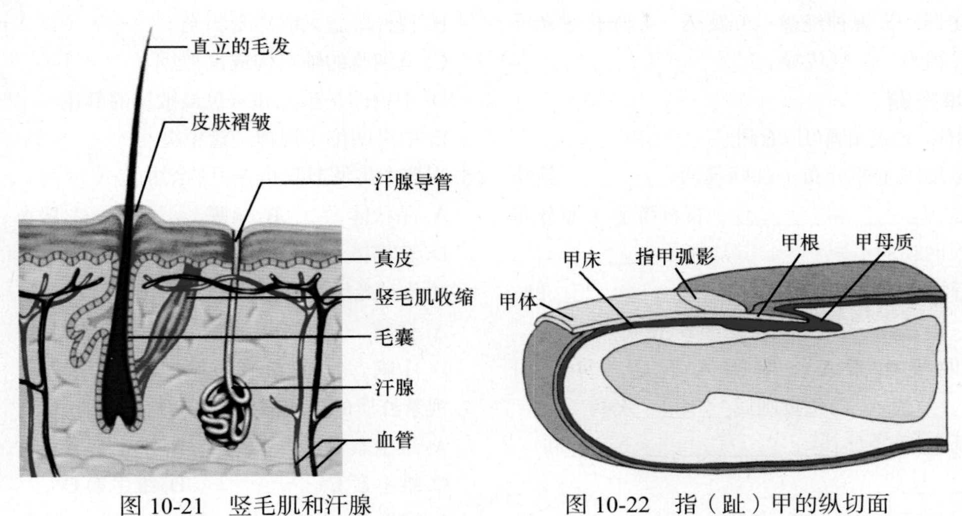

图 10-21　竖毛肌和汗腺　　　　图 10-22　指（趾）甲的纵切面

四、皮　肤　痛

当伤害性刺激作用于皮肤时，能引起皮肤痛，痛觉感受器是游离神经末梢。在各种伤害性刺激的作用下，受损细胞释放的致痛物质（如 K^+、H^+、组胺、5- 羟色胺、缓激肽、前列腺素等）作用于游离神经末梢，产生神经冲动传入中枢而引起痛觉。皮肤可出现两种性质不同的痛觉，首先出现的是尖锐而定位明确的刺痛，称为**快痛**，持续时间较短；稍后出现的是烧灼性的钝痛，称为**慢痛**，特点是持续时间较长，定位不明确，常伴有强烈的情绪反应及心血管和呼吸的改变。皮肤损伤或炎症引起的皮肤痛，常以慢痛为主。快痛主要经特异投射系统到达大脑皮质感觉区；慢痛则主要投射到扣带回。

小结

眼看东西就像照相机拍照一样。眼外光线到达视网膜依次要经过角膜、房水、晶状体和玻璃体组成的折光系统，瞳孔的开大或缩小可以控制进入眼内的光线量，睫状肌可调节晶状体的曲度，加上眼副器的辅助作用，可使视网膜得到最适宜的刺激。

耳有“人体内雷达”之美称。耳郭和外耳道相当于雷达的天线，收集和输送声波信号，鼓膜是放大器。中耳是相互连通的一个整体，鼓室是中心，而听骨链、咽鼓管、乳突窦和乳突小房是协助鼓室完成声波传导的结构。内耳的结构复杂而精巧，膜迷路内的壶腹嵴、椭圆囊斑和球囊斑是位置觉感受器，螺旋器则是听觉感受器。

自测题

一、名词解释

1. 感受器　2. 视神经盘　3. 黄斑　4. 瞳孔对光反射　5. 视力　6. 气传导

二、填空题

1. 在活体，透过角膜可以看到________和________。
2. 视锥细胞主要分布于视网膜的________，其功能是________和________；视杆细胞主要分布于视网膜的________，其功能是________。
3. 视近物时眼的调节包括________、________和________。
4. 如果维生素A长期摄入不足，将会引起________，而色盲则属________疾病。
5. 中耳包括________、________、________和________。
6. 听小骨位于________内，包括________、________和________3块。
7. 内耳的位置觉感受器是________、________和________，听觉感受器为________。
8. 正常情况下，声波传入内耳的途径有________和________两条。

三、选择题

A_1 型题

1. 关于角膜的描述，错误的是（　）
   A. 是入射光线最先接触的结构
   B. 无血管分布　C. 感觉极为敏锐
   D. 呈乳白色　E. 具有折光作用
2. 关于瞳孔的描述，错误的是（　）
   A. 是位于虹膜中央的一圆孔
   B. 瞳孔的大小可随光线的强弱而改变
   C. 看近物时瞳孔开大
   D. 瞳孔开大肌受交感神经支配
   E. 瞳孔括约肌受副交感神经支配
3. 调节晶状体曲度的肌是（　）
   A. 眼球外肌　B. 睫状肌
   C. 瞳孔括约肌　D. 眼轮匝肌
   E. 瞳孔开大肌
4. 关于视网膜的描述，错误的是（　）
   A. 视神经盘处无感光细胞
   B. 视杆细胞只能感受弱光
   C. 节细胞的轴突构成视神经
   D. 中央凹是感光和辨色最敏锐的部位
   E. 中央凹位于视神经盘中央
5. 视器中可调节眼折光力的结构是（　）
   A. 晶状体　B. 角膜　C. 房水
   D. 玻璃体　E. 瞳孔
6. 瞳孔对光反射中枢位于（　）
   A. 脊髓　B. 延髓　C. 脑桥
   D. 中脑　E. 下丘脑
7. 视紫红质的合成需要（　）
   A. 维生素B　B. 维生素A
   C. 维生素E　D. 维生素C
   E. 维生素D
8. 正常人视野由大到小的顺序是（　）
   A. 蓝、红、绿、白　B. 红、绿、白、蓝
   C. 白、蓝、红、绿　D. 绿、白、蓝、红
   E. 白、蓝、绿、红
9. 与鼓室相连通的管道是（　）
   A. 外耳道　B. 骨半规管
   C. 蜗管　D. 咽鼓管
   E. 膜半规管
10. 幼儿上呼吸道感染易并发中耳炎的主要原因是（　）
    A. 咽鼓管与鼓室相交通
    B. 咽鼓管周围血管丰富
    C. 咽鼓管易充血水肿
    D. 咽鼓管较窄、长斜
    E. 咽鼓管宽、短呈水平位
11. 放爆竹时，你若在现场观看，最好是张开嘴或捂住耳朵、闭上嘴。这种做法主要是为了（　）
    A. 防止听觉中枢受损伤
    B. 保护耳蜗内的听觉感受器
    C. 保持鼓膜内外气压平衡
    D. 防止内耳的壶腹嵴受损伤

E. 使咽鼓管张开，保护听小骨

12. 皮内注射是将药物注入（　　）

A. 真皮内　　B. 真皮浅层
C. 皮下组织内　　D. 表皮内
E. 真皮网织层内

13. 皮下注射是将药物注入（　　）

A. 皮下组织内　　B. 真皮内
C. 表皮内　　D. 真皮乳头层内
E. 表皮与真皮之间

14. 用于药物过敏试验的部位通常选择在（　　）

A. 三角肌下缘处　　B. 前臂外侧
C. 前臂背侧下段正中部　　D. 臀部皮肤
E. 前臂掌侧下段正中部

A_2 型题

15. 患者女，8 岁。看电视时喜欢斜视，看书时离书很近，经检查诊断为眼屈光不正。请问眼折光系统的组成应除外（　　）

A. 角膜　　B. 虹膜　　C. 玻璃体
D. 房水　　E. 晶状体

16. 患者男，9 岁。看物时有复视，检查发现双眼向前看时，左眼瞳孔偏向上外，眼球不能转向下外方，可能是哪块肌瘫痪所致（　　）

A. 上直肌　　B. 下斜肌
C. 内直肌　　D. 上斜肌
E. 外直肌

四、简答题

1. 简述房水的产生部位及循环途径。
2. 给结膜囊内滴入氯霉素眼药水后，为何会感到嘴里有股苦涩味？

（谢　飞）

11 第十一章　神经系统

在自然界，人与动物相比，在很多方面均处于下风。然而人却能够凌驾于一切动物之上，可上九天揽月，能下五洋捉鳖，成为“万物之主宰”，这是因为人体内有一个高度发达而又神奇的功能调节系统—神经系统。那么，神经系统是如何组成的？具有怎样的形态结构特点？对人体各器官系统的功能活动又是如何调节的？让我们带着这些神奇而有趣的问题一起来探究人体神经系统的奥秘。

第一节　概　　述

神经系统（nervous system）包括脑和脊髓以及与脑和脊髓相连并分布于全身各处的周围神经。神经系统活动的基本方式是反射。神经系统通过各种反射来控制和协调机体各器官、系统间的功能活动，使人体成为一个有机的整体，以适应内、外环境的变化，维持生命活动的正常进行，故神经系统是人体内最主要的调节系统，在调节中起主导作用。

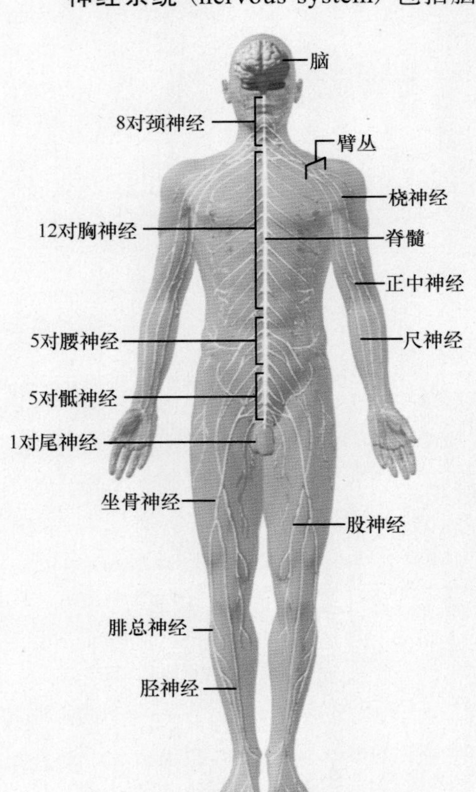

图 11-1　神经系统

一、神经系统的区分

神经系统在结构和功能上是一个不可分割的整体，但为了叙述和学习的方便，将其分为中枢神经系统和周围神经系统两部分（图 11-1）。**中枢神经系统**包括位于颅腔内的脑和椎管内的脊髓；**周围神经系统**包括与脑相连的 12 对脑神经和与脊髓相连的 31 对脊神经。周围神经系统依其分布部位的不同又分为躯体神经和内脏神经，前者分布于体表、骨、关节和骨骼肌，后者分布于内脏、心血管和腺体。躯体神经和内脏神经均含有感觉和运动两种纤维成分，分别称为感觉神经和运动神经。感觉神经是将神经冲动自感受器传至中枢，故又称传入神经；运动神经是将中枢的神经冲动传至周围的效应器，故又称传出神经。内脏运动神经又分为交感神经和副交感神经。

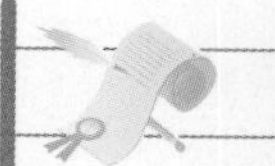

二、神经系统的组成及功能活动

1. 神经系统的组成 神经系统主要由神经组织即神经元和神经胶质细胞组成。神经元是构成神经系统的基本结构和功能单位，具有接受刺激、传导神经冲动和整合信息的功能。神经胶质细胞对神经元起支持、营养、保护和绝缘作用。神经系统的复杂功能是与神经系统特殊的形态结构分不开的，组成神经系统的无数神经元及其突起以其特殊的连接方式一突触建立起庞大而复杂的神经网络，把全身各组织、器官和系统紧密地联系在一起，使神经系统具有反射、联系、整合和调节等多种复杂功能。

2. 神经系统的功能活动 神经系统在人体功能调节方面起主导作用，其功能主要有3个方面：①感觉功能，是指感受器接受的各种体内、外刺激转变成神经冲动传向中枢，经过分析、综合，产生相应的感觉，如听觉、视觉、嗅觉、味觉、触觉、痛觉等。②调节功能，神经系统通过对感受器传入的信息进行分析、综合，进而对相应的器官活动进行调节，或引起某些行为的改变。③语言与心理活动功能，说话、唱歌、吹奏、绘画等语言活动以及意识、情感、思维等心理活动都是在神经系统主导下实现的。

三、神经系统功能活动的一般规律

（一）神经纤维传导兴奋的特征

神经纤维由神经元的轴突和包在其外面的神经胶质细胞构成。神经纤维的主要功能是传导兴奋（动作电位），在神经纤维上传导的动作电位又称神经冲动。神经纤维传导兴奋具有如下特征。①完整性：神经纤维结构和功能的完整性是其传导兴奋的必要条件。如果神经纤维受损或局部应用麻醉药，均可使兴奋传导受阻。②绝缘性：一条神经干中含有许多根神经纤维，但每根神经纤维传导兴奋时基本上互不干扰，此即神经纤维的绝缘性，其生理意义在于保证神经调节的精确性。③双向性：在实验条件下，人为刺激神经纤维上的任何一点，产生的动作电位可同时向两端传导。但在体内神经冲动总是由胞体传向神经末梢，表现为传导的单向性。④相对不疲劳性：连续电刺激神经数小时至十几小时，神经纤维仍然保持其传导兴奋的能力，表现为相对不疲劳性。

考点：神经纤维传导兴奋的特征

（二）神经元之间的信息传递

神经元之间的信息传递是通过突触来实现的。突触是神经元与神经元之间或神经元与效应细胞之间相互接触并传递信息的部位。

1. 突触的基本结构 典型的突触由**突触前膜**、**突触间隙**和**突触后膜**3部分构成（图11-2）。突触之前的神经元称为**突触前神经元**，突触之后的神经元称为**突触后神经元**。突触前神经元轴突末梢分支末端膨大形成突触小体，突触小体内有许多囊泡状的突触小泡，内含神经递质。突触后膜上有与相应神经递质发生特异性结合的受体。

2. 突触传递 突触前神经元的信息通过突触传递给突触后神经元的过程，称为突触传递。其传递的过程为：突触前神经元兴奋时，动作电位很快传至轴突末梢，使突触前膜上的 Ca^{2+} 通道开放，Ca^{2+} 由突触间隙进入突触小体内，促使突触小泡与突触前膜融合并通过出胞作用释放神经递质。神经递质经突触间隙扩散并与突触后膜上的特异性受体结合，使突触后膜对离子的通透性发生改变。若突触前膜释放的是兴奋性递质，就会使 Na^{+} 进入突触后神经元内，使突触后膜产生局部去极化，即产生兴奋性突触后电位。当突触后电位增大至一定程度时，便引起动作电位，即突触后神经元兴奋；若突触前膜释放的是抑制性递质，

就会使 Cl^- 和 K^+ 进入突触后神经元内较多，导致突触后膜超极化，形成抑制性突触后电位，突触后神经元则呈现抑制效应。

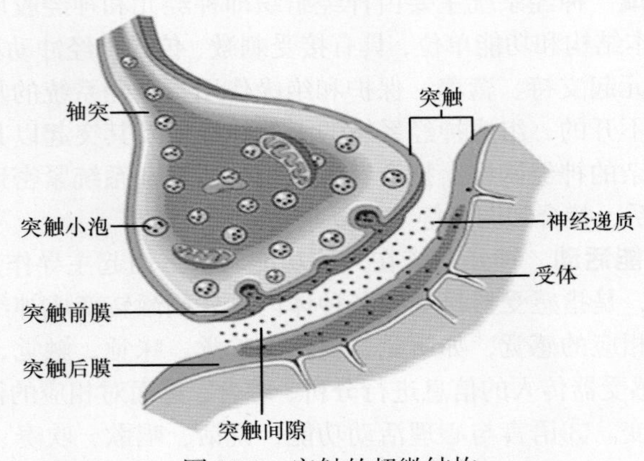

图 11-2　突触的超微结构

神经系统内神经元之间的连接形式复杂多样，一个突触前神经元的轴突末梢通常可与多个突触后神经元构成突触联系，而一个突触后神经元也可与多个突触前神经元的轴突末梢构成突触联系，其中既有兴奋性突触联系，也有抑制性突触联系。因此，一个神经元是兴奋还是抑制，主要取决于这些突触传递产生的综合效应。

链接

突触与记忆

2000 年诺贝尔奖获得者 Kardel 研究发现：在学习的过程中，突触的形态结构和功能会发生变化。研究表明，突触的可塑性是记忆产生和维持的结构基础，促进记忆形成的是神经递质。由此可见，学习促进记忆，记忆引起脑的结构和功能不断变化，在变化的过程中脑功能得以开发。所以，一个人活到老学到老，脑功能就不会老，正是学习与记忆的辩证法。

（三）中枢兴奋传播的特征

反射中枢是指中枢神经系统内，为完成某一反射活动所必需的神经细胞群及其突触联系。中枢信息传递要经过一个或多个突触接替，故中枢兴奋传递明显不同于神经纤维上的冲动传导，具有以下特征。

1. 单向传播　突触传递只能由突触前神经元传递给突触后神经元，这是由突触的结构特点所决定的。因为神经递质是由突触前神经元释放的，受体分布在突触后膜上。这种单向传播保证了神经系统活动有规律地进行。

2. 中枢延搁　兴奋通过中枢的突触时，要经历神经递质的释放、扩散以及与突触后膜受体结合等环节，耗时相对较长，这种现象称为中枢延搁，又称突触延搁。在多突触反射中，兴奋所通过的突触数目越多，中枢延搁时间就越长。

3. 总和　由单根神经纤维传入的单一神经冲动，一般不能引起突触后神经元产生动作电位。但是由一根神经纤维连续传入冲动或从多根神经纤维同时传入冲动至同一个神经元，则每个兴奋冲动引起的兴奋性突触后电位就会叠加起来达到阈电位，使突触后神经元产生动作电位，这种现象称为总和。

4. 后发放　在反射活动中，当对传入神经的刺激停止后，传出神经仍在一定的时间内继续发放冲动，使反射活动仍持续一段时间，这种现象称为后发放。神经元之间是环式联系及中间神经元的作用是后发放的主要原因。

5. 兴奋节律的改变 在反射活动中，传入神经和传出神经的冲动频率并不一致。这是因为突触后神经元常同时接受多个突触前神经元的突触传递，突触后神经元自身的功能状态也可能不同。因此，最后传出冲动的频率取决于各种影响因素的综合效应。

考点：突触的概念、结构及传递过程；中枢兴奋传播的特征

（四）神经递质

神经递质是指由突触前神经元合成并释放，能特异性作用于突触后神经元或效应器细胞的受体，并产生一定效应的信息传递物质。神经递质和受体是化学突触传递最重要的物质基础，也是药理学和临床上用于治疗疾病的重要环节，因而意义十分重大。

目前已知的神经递质有100多种，根据它们存在和释放部位的不同，分为**外周神经递质**和**中枢神经递质**两类。外周神经递质主要有乙酰胆碱（Ach）和去甲肾上腺素（NE）。中枢神经递质比外周神经递质多而复杂，主要有乙酰胆碱、单胺类（包括去甲肾上腺素、多巴胺、5-羟色胺）、氨基酸类和肽类等。

四、神经系统的常用术语

在神经系统内，神经元的胞体和突起在不同的部位有不同的组合和编排方式，因而拥有不同的术语名称（图11-3）。

1. 灰质和皮质 在中枢神经系统内，神经元的胞体和树突聚集的部位，在新鲜标本上色泽灰暗，故称为灰质。分布于大脑和小脑表面的灰质，称为**皮质**。

2. 白质和髓质 在中枢神经系统内，神经纤维聚集的部位，在新鲜标本上因色泽白亮而称为白质。位于大脑和小脑皮质深面的白质，称为**髓质**。

3. 神经核和神经节 在中枢神经系统内（皮质除外），形态和功能相似的神经元胞体聚集形成的灰质团状，称为神经核。在周围神经系统内，形态和功能相似的神经元胞体聚集在一起形成的膨大结构，称为神经节，如脊神经节等。

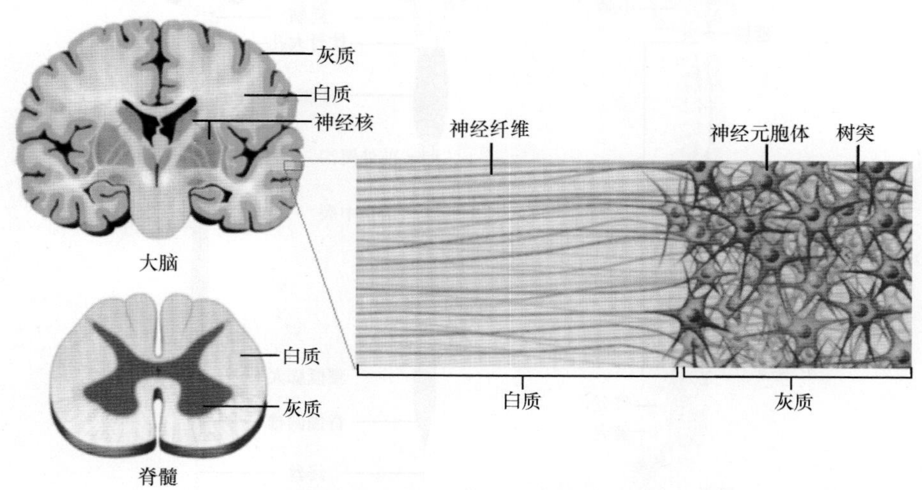

图11-3 灰质、白质和神经核

4. 纤维束和神经 在中枢神经系统内，起止、行程和功能基本相同的神经纤维集合在一起，称为纤维束。在周围神经系统内，由神经纤维聚集形成粗细不等的条索状结构，称为神经。

考点：神经系统的常用术语

5. 网状结构 在中枢神经系统的某些部位，神经纤维交织成网，神经元的胞体散在其中，

形成灰质与白质混杂排列的结构，称为网状结构，如脑干网状结构。

第二节 中枢神经系统

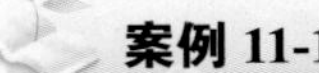

案例 11-1

患者男，8 岁。因发热、头痛，伴喷射状呕吐急诊入院。既往有结核病接触史。体格检查：神志模糊，时有惊厥，颈部强直，腱反射亢进。经腰椎穿刺被确诊为结核性脑膜炎。

问题：1. 腰椎穿刺时，通常选择在何处进行？为什么？

2：腰椎穿刺时，确定穿刺部位的重要骨性标志是什么？

3：穿刺针需穿经哪些结构才能到达蛛网膜下隙？

一、脊 髓

（一）脊髓的位置和外形

1. 脊髓的位置 脊髓位于椎管内（图 11-4），全长 42 ～ 45cm。上端在平枕骨大孔处与延髓相连，下端在成人平第 1 腰椎体下缘，新生儿可达第 3 腰椎体下缘。

2. 脊髓的外形 脊髓是呈前后略扁、粗细不等的圆柱状结构，有两处膨大，即**颈膨大**和**腰骶膨大**，分别连有分布到上肢和下肢的神经根。腰骶膨大以下逐渐变细呈圆锥状，称为**脊髓圆锥**（图 11-4）。自脊髓圆锥末端向下延续为一条细长的由结缔组织即软脊膜形成的**终丝**，止于尾骨的背面，起固定脊髓的作用。

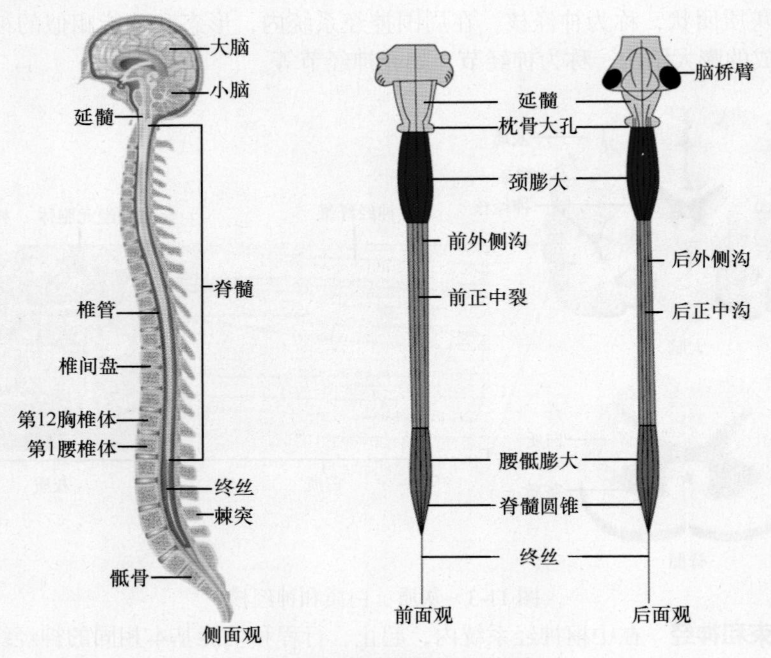

图 11-4 脊髓的位置和外形

脊髓的表面有 6 条平行排列的纵沟，前面正中的沟较深，称为前正中裂，其两侧有左右对称的前外侧沟，有31对脊神经前根穿出；后面正中的沟较浅，称为后正中沟，其两侧有左右对称的后外侧沟，有31对脊神经后根进入脊髓（图11-5）。

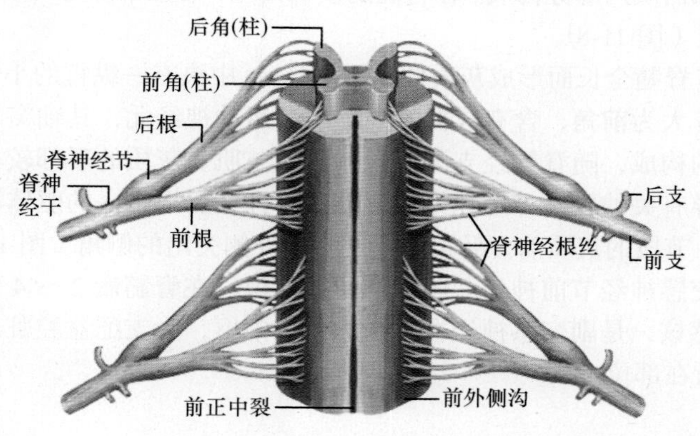

图11-5 脊髓立体结构

脊髓的两侧连有31对脊神经，通常把每一对脊神经前、后根所连的一段脊髓称为一个**脊髓节段**，故相应地将脊髓划分为31个节段，即8个颈节、12个胸节、5个腰节、5个骶节和1个尾节（图11-6）。

因成人脊髓比脊柱短，使脊髓各节段与同序数的椎骨不完全对应。腰、骶、尾部的脊神经根在到达相应的椎间孔之前要在椎管内下行一段距离，在脊髓圆锥以下围绕终丝形成马尾（图11-7）。由于成人第1腰椎以下已无脊髓而只有马尾，故临床上常选择在第3、4或第4、5腰椎棘突之间进行蛛网膜下隙穿刺抽取脑脊液或注入麻醉药物，以避免损伤脊髓。

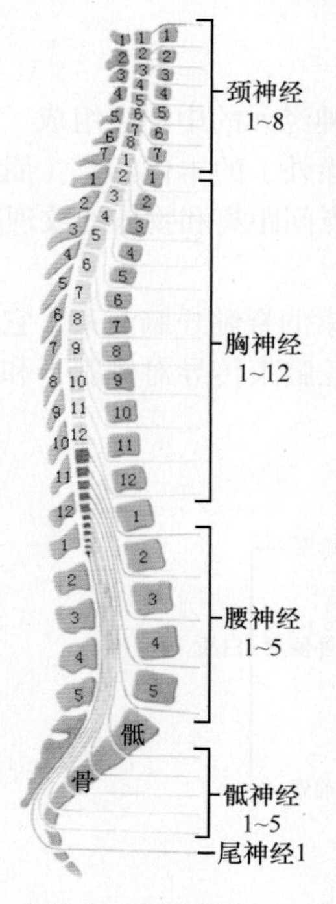

图11-6 脊髓节段与椎骨的对应关系

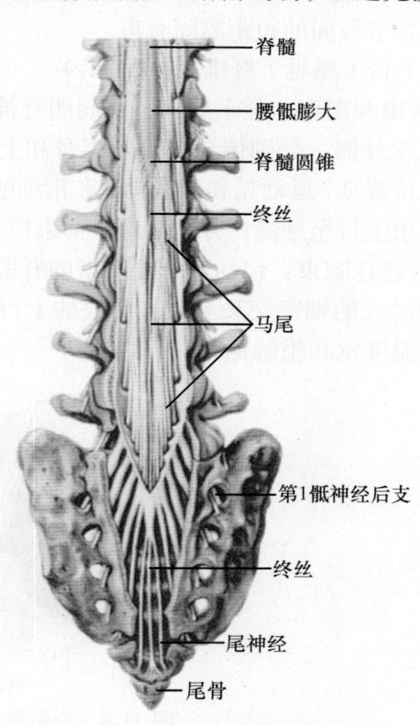

图11-7 终丝与马尾

（二）脊髓的内部结构

脊髓由灰质和白质两部分构成。在脊髓的横切面上，可见中部为“H”形或蝶形的灰质，灰质的周围是白质（图 11-8）。

1. 灰质 纵贯脊髓全长而形成灰质柱（图 11-5），中央有一纵行的小管，称为中央管。每侧灰质的前部扩大为**前角**，含有成群排列的前角运动神经元，其轴突自前外侧沟浅出，参与脊神经前根的构成，随脊神经支配躯干肌和四肢肌。灰质的后部较狭细，称为**后角**，主要由与感觉传导有关的联络神经元组成，接受脊神经后根传入的躯体和内脏感觉纤维。在脊髓胸 1 至腰 3 节段的灰质前、后角之间还有向外侧突出的侧角（图 11-8），是交感神经的低级中枢，为交感神经节前神经元胞体的所在部位。在脊髓骶 2 ～ 4 节段，相当于侧角的部位有骶副交感核，是副交感神经在脊髓的低级中枢，为支配盆腔脏器的副交感神经节前神经元胞体的所在部位。

考点：脊髓的位置和外形；脊髓灰质各部的神经元

链接

脊髓灰质炎

脊髓灰质炎是指感染脊髓灰质炎病毒导致脊髓灰质前角运动神经元的病变，表现为其所支配区域骨骼肌（以一侧下肢多见）软瘫、肌张力降低、腱反射消失、肌萎缩，但感觉正常。因患者多见于儿童，故又称小儿麻痹症。

2. 白质 位于灰质的周围。每侧白质借脊髓表面的纵沟分为 3 个索（图 11-8），前正中裂与前外侧沟之间为前索，前、后外侧沟之间为外侧索，后外侧沟与后正中沟之间为后索。每个索都由密集的纵行纤维束构成，包括联络脑与脊髓的长距离上、下行纤维束以及联络脊髓内部各节段间的短距离固有束。

(1) 上行（感觉）纤维束（图 11-9）

1) 薄束和楔束：位于后索，由同侧脊神经节内假单极神经元的中枢突组成。薄束在内侧，楔束在外侧，分别传导同侧下半身和上半身（头面部除外）的本体感觉（肌、肌腱、关节等的位置觉、运动觉和振动觉）和精细触觉（如辨别两点间距离和物体的纹理粗细等）。薄束和楔束上行至延髓，分别终止于薄束核和楔束核。

2) 脊髓丘脑束：包括位于外侧索的脊髓丘脑侧束和前索的脊髓丘脑前束，它们是由脊髓后角神经元的轴突交叉至对侧形成的上行纤维束。脊髓丘脑束传导对侧躯干和上、下肢的痛觉、温度觉和粗触觉。

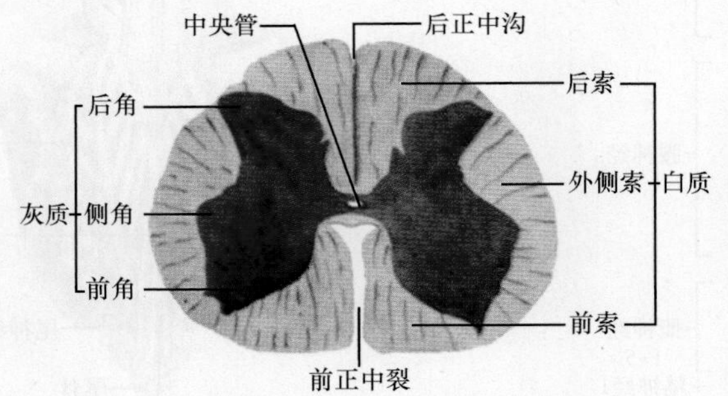

图 11-8　脊髓胸部横切面（新生儿）

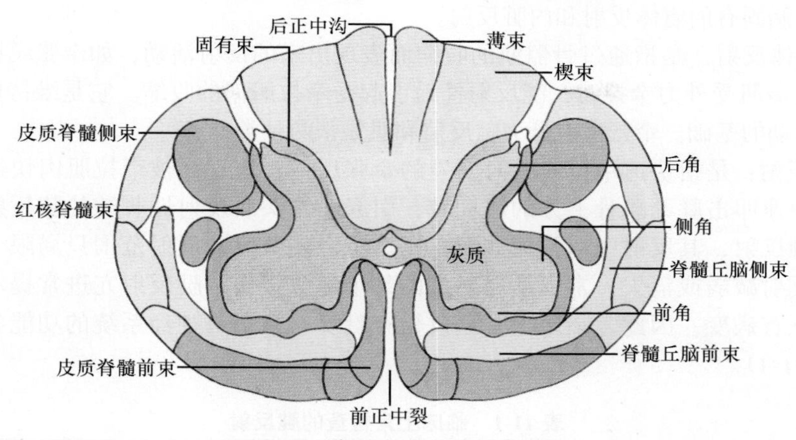

图 11-9　脊髓白质各传导束分布

(2) 下行（运动）纤维束（图 11-9）

1) 皮质脊髓束：包括位于外侧索的皮质脊髓侧束和前索的皮质脊髓前束。皮质脊髓束起始于大脑皮质运动区，下行至延髓下部时，大部分纤维在延髓经锥体交叉至对侧（图 11-10)，在脊髓外侧索中下行，形成皮质脊髓侧束，终止于同侧脊髓前角运动神经元，支配上、下肢肌的随意运动。少数未交叉的纤维则在同侧脊髓前索中下行，形成皮质脊髓前束，终止于双侧脊髓前角运动神经元，支配双侧躯干肌的随意运动。

2) 红核脊髓束：起始于中脑红核，终止于脊髓前角运动神经元，调节屈肌的肌张力。

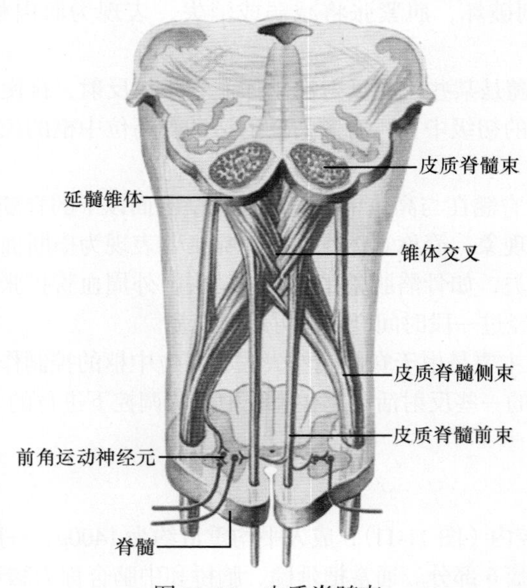

图 11-10　皮质脊髓束

（三）脊髓的功能

1. 传导功能　脊髓内的上、下行纤维束具有“上传下达”的作用，是实现其传导功能的物质基础。因此，脊髓白质是脑与躯干、四肢的感受器和效应器发生联系的重要枢纽。

2. 反射功能　脊髓灰质是许多简单反射的低级中枢。脊髓通过固有束和前、后根可以

完成一些脊髓固有的躯体反射和内脏反射。

(1) 躯体反射：是指通过骨骼肌的收缩而表现出来的反射活动，如牵张反射等。牵张反射是指骨骼肌受外力牵拉时，能反射性地引起受牵拉肌肉的收缩。它是维持机体姿势及完成躯体运动的基础。牵张反射分为腱反射和肌紧张两种类型。

1) 腱反射：是指快速牵拉肌腱时发生的牵张反射，表现为被牵拉肌肉快速而明显的缩短。如快速叩击膝部髌骨下方的髌韧带，引起股四头肌反射性收缩的膝反射等。腱反射是单突触反射，其反射中枢常只涉及1～2个脊髓节段，反射范围只局限于受牵拉的肌肉。腱反射减弱或消失，常提示反射弧的某个部分损伤，腱反射亢进常提示控制脊髓的高位中枢有病变。因此，临床上常通过检查腱反射来了解神经系统的功能状态或病变部位（表 11-1）。

表 11-1　临床上常检查的腱反射

反射名称	检查方法	传入神经	中枢部位	传出神经	效应器	反射效应
膝反射	叩击髌韧带	股神经	脊髓腰2～4前角	股神经	股四头肌	膝关节伸直
跟腱反射	叩击跟腱	胫神经	脊髓腰4～骶3前角	胫神经	腓肠肌	踝关节跖屈曲
肱二头肌反射	叩击肱二头肌腱	肌皮神经	脊髓颈5～7前角	肌皮神经	肱二头肌	肘关节屈曲
肱三头肌反射	叩击肱三头肌腱	桡神经	脊髓颈5～胸1前角	桡神经	肱三头肌	肘关节伸直

2) 肌紧张：是指缓慢而持续牵拉肌腱时发生的牵张反射，表现为被牵拉的肌肉持续而轻度的收缩。肌紧张是维持躯体姿势最基本的反射活动，是姿势反射的基础。肌紧张反射弧的任何部分受到破坏，肌紧张将减弱或消失，表现为肌肉松弛，人体无法维持正常姿势。

⑵ 内脏反射：脊髓是某些内脏反射活动如血管张力反射、排便反射、排尿反射、发汗反射和阴茎勃起反射等的初级中枢。脊髓的反射活动受高位中枢的控制，高位中枢可加强或抑制脊髓的反射活动。

3. 脊髓休克　是指脊髓在与高位中枢离断后，横断面以下的脊髓暂时丧失反射活动的能力而进入无反应状态的现象，简称脊休克。脊休克主要表现为横断面以下脊髓所支配的躯体和内脏反射均减退或消失，如骨骼肌紧张减弱或消失、外周血管扩张、血压下降、发汗反射消失、粪尿积聚潴留。经过一段时间脊休克可逐渐恢复。

考点：牵张反射和脊髓休克的概念

脊休克的产生机制主要是由于脊髓突然失去了高位中枢的控制作用所致。脊休克的产生和恢复，说明脊髓完成的一些反射活动是在高位中枢的调控下进行的。

二、脑

脑 (brain) 位于颅腔内（图 11-11），成人平均重量约为 1400g，一般将脑分为端脑、间脑、中脑、脑桥、延髓和小脑 6 部分。通常把延髓、脑桥和中脑合称为**脑干**。

（一）脑干

1. 脑干的位置　脑干位于颅后窝的前部，介于脊髓与间脑之间，自下而上由延髓、脑桥和中脑 3 部分组成（图 11-11），依次与第Ⅲ～Ⅻ对脑神经根相连。

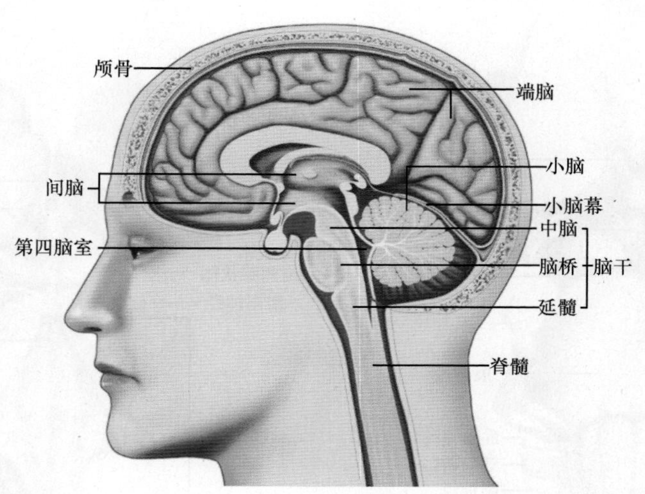

图 11-11 脑的位置和分部

2. 脑干的外形

(1) 腹侧面（图 11-12）：延髓是脊髓向上的直接延续，脊髓中所有的沟裂均延伸至延髓。其下端在枕骨大孔处与脊髓相连，上端与脑桥之间以横行的**延髓脑桥沟**为界。前正中裂两侧的纵行隆起，称为**锥体**，内有皮质脊髓束通过。皮质脊髓束的大部分纤维在锥体下部左右交叉，形成外观上可见的发辫状**锥体交叉**（图 11-10）。在前外侧沟内有舌下神经根出脑。在锥体的背侧，自上而下依次连有舌咽神经、迷走神经和副神经的根丝。

脑桥位于脑干的中部，其腹侧面宽阔膨隆的部分为脑桥基底部。基底部正中的纵行浅沟为容纳基底动脉的**基底沟**。基底部向后外逐渐变窄，在移行处连有粗大的三叉神经根。在脑桥下缘的延髓脑桥沟内，由内侧向外侧依次有展神经、面神经和前庭蜗神经根附着。

中脑腹侧面有一对粗大的柱状隆起，称为**大脑脚**。两侧大脑脚之间的凹陷为**脚间窝**，内有动眼神经根出脑。

> **歌诀助记**
>
> **脑神经的连脑部位**
>
> Ⅰ连端脑Ⅱ间脑，Ⅲ腹Ⅳ背在中脑；
> ⅤⅥⅦⅧ连脑桥，最后四对延髓找。

(2) 背侧面（图 11-13）：延髓下部后正中沟两侧的两对纵行隆起分别称为**薄束结节**和**楔束结节**，其深面藏有薄束核和楔束核。延髓背侧面上部与脑桥共同构成菱形窝，即第四脑室的底。中脑背侧面有两对圆形的隆起，上方的一对为**上丘**，是视觉反射中枢；下方的一对为**下丘**，是听觉反射中枢。下丘下方连有唯一从脑干背侧面出脑的滑车神经根。

3. 脑干的内部结构 远比脊髓复杂，由灰质、白质和网状结构 3 部分构成。

(1) 灰质：脑干的灰质不再像脊髓灰质那样是一个连续的、纵贯脊髓全长的灰质柱，而是分散形成大小不等、性质不同的独立神经核团，分为脑神经核和非脑神经核两大类。

1) 脑神经核：是指脑干内直接与第Ⅲ～Ⅻ对脑神经相连的神经核，是脑神经的起始或终止核团，可分为躯体运动核、内脏运动核、躯体感觉核和内脏感觉核 4 种。脑神经核的名称多与相连的脑神经相一致。脑神经核在脑干内的位置，大致与脑神经的连脑部位相对应。即中脑内含有与动眼神经和滑车神经有关的神经核，脑桥内含有与三叉神经、展神经、面神经和前庭蜗神经有关的神经核，延髓内含有与舌咽神经、迷走神经、副神经和舌下神经有关的神经核。

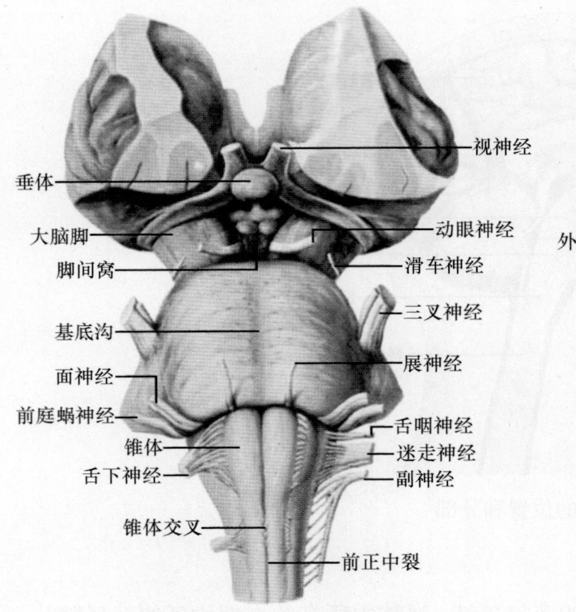

图 11-12　脑干的腹侧面

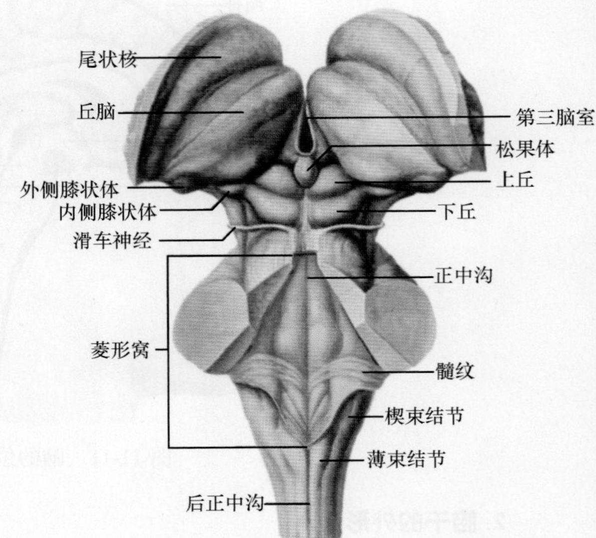

图 11-13　脑干的背侧面

2）非脑神经核：是脑干内不直接与脑神经相连的神经核团，为上、下行传导通路的中继核，与脑或脊髓之间存在着广泛的联系，如位于延髓内的**薄束核**和**楔束核**，中脑内的**红核**和**黑质**等。

（2）白质：主要由上行与下行纤维束组成，许多是脊髓纤维束的续行段。

考点：内侧丘系、脊髓丘系的纤维来源、行径及功能

1）内侧丘系：由薄束核和楔束核发出的纤维，在延髓中央管腹侧经内侧丘系交叉后形成的上行纤维束组成，终止于丘脑腹后外侧核（图 11-14），传导对侧躯干及上、下肢的本体感觉和精细触觉。

2）脊髓丘系：是脊髓丘脑束的续行，终止于丘脑腹后外侧核，传导对侧躯干及上、下肢的痛觉、温度觉和粗触觉。

3）三叉丘系：终止于丘脑腹后内侧核（图 11-15），传导对侧头面部的痛觉、温度觉和触压觉。

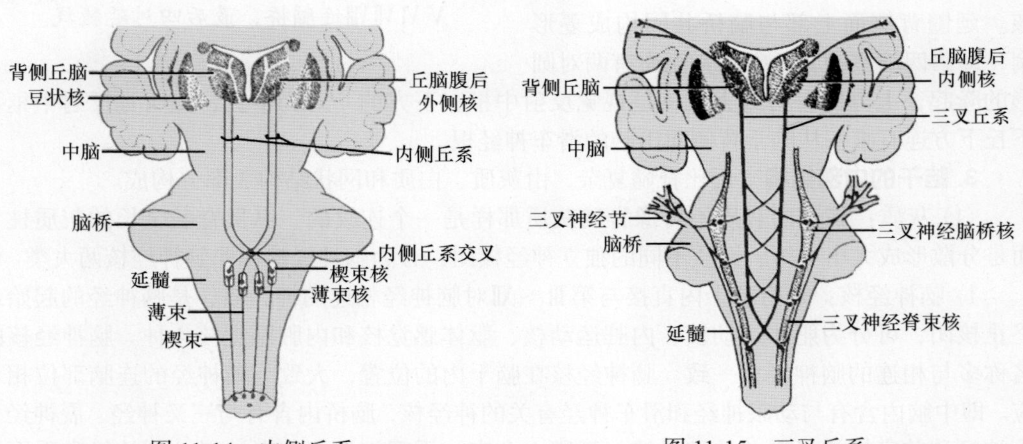

图 11-14　内侧丘系　　　图 11-15　三叉丘系

4）锥体束：由大脑皮质运动区发出的控制骨骼肌随意运动的下行纤维组成，其中一部分纤维在下行过程中，陆续终止于脑干内的各脑神经躯体运动核，称为皮质核束；另一部分纤维下行至脊髓，止于脊髓前角运动神经元，称为皮质脊髓束。

考点：脑干的组成及其相连的脑神经名称

（3）网状结构：在脑干内，除了边界清楚的脑神经核和非脑神经核以及长距离的纤维束外，还有一些界限不清、纤维交错排列、神经元散在分布的区域，称为网状结构。脑干网状结构与各级中枢均有广泛联系，是非特异投射系统的结构基础。

4. 脑干的功能

（1）传导功能：联系大脑、间脑、小脑与脊髓之间的上、下行纤维束，均必须经过脑干，故脑干具有传导功能。

（2）对大脑皮质的作用：脑干网状结构存在具有上行呼醒作用的非特异投射系统，能使大脑皮质维持觉醒状态，因而将这一系统称为脑干网状结构上行激动系统。动物实验和临床发现，切断或者损伤此系统，将导致昏睡不醒。例如，苯巴比妥那的催眠作用、乙醚的麻醉作用就是由于阻断了上行激动系统的结果。

链接

觉醒与睡眠

觉醒与睡眠是人类维持生命必不可少的生理过程，两者昼夜交替。人只有在觉醒时才能进行各种体力劳动和脑力活动，睡眠则能使人的精力和体力得到恢复，还能促进生长发育、增进学习和记忆。因此，充足的睡眠对促进人体身心健康，保证人精力充沛地从事各种活动至关重要。

人的一生中大约有三分之一的时间是在睡眠中度过的。一般情况下，成年人每天需要睡眠 7 ～ 9 小时，儿童需要更多睡眠时间，新生儿需要 18 ～ 20 小时，而老年人所需睡眠时间则较少。睡眠时，神经系统主要表现为抑制状态，机体的各种生理活动减退，睡眠具有可唤醒性，这是睡眠不同于麻醉或昏迷之处。

（3）对肌紧张的调节：脑干网状结构中存在有抑制肌紧张的抑制区和加强肌紧张的易化区。它们分别通过下行神经传导通路到达脊髓，对肌紧张起抑制或加强的作用。某些高位中枢也可通过脑干网状结构抑制区或易化区，引起抑制或加强肌紧张的作用。

图 11-16　去大脑僵直

在高位中枢的调控下，脑干网状结构抑制区和易化区的活动相对保持平衡，易化区的活动明显占优势，从而维持正常的肌紧张。若这种平衡被打破，则会出现肌紧张减弱或增强。在动物中脑的上、下丘之间切断脑干，动物出现四肢伸直、头尾昂起，脊柱挺硬的角弓反张状态，称为去大脑僵直（图 11-16）。它的发生是因为切断了大脑皮质运动区、纹状体等高位中枢与脑干网状结构抑制区的功能联系，造成抑制区活动减弱而易化区活动相对增强，结果使全身伸肌肌紧张亢进，从而出现去大脑僵直的现象。如人类在脑干损伤时，也会出现类似去大脑僵直的现象。

(4) 对内脏活动的调节：脑干中有许多重要的内脏活动中枢。延髓内有调节心血管反射和呼吸运动的重要中枢，这些部位严重受损会导致死亡，故延髓有“生命中枢”之称。此外，脑桥有呼吸调整中枢和角膜反射中枢，中脑有瞳孔对光反射中枢。

链接

角膜反射

当一侧角膜受到刺激时，引起两侧眼轮匝肌收缩而出现急速闭眼的现象称为角膜反射。由三叉神经和面神经共同完成，角膜反射的感受器存在于角膜，眼轮匝肌由面神经支配。临床上通过检查角膜反射情况，来了解患者的昏迷程度。若此反射已不存在，说明脑桥功能已受到障碍。

（二）小脑

考点：小脑的位置与小脑扁桃体的临床意义

1. 小脑的位置和外形 小脑位于颅后窝内，在延髓和脑桥的背侧（图 11-11）。小脑中间缩窄的部分称为**小脑蚓**，两侧膨大的部分为**小脑半球**（图 11-17）。小脑半球下面前内侧部靠近枕骨大孔处有一对椭圆形膨隆，称为**小脑扁桃体**，其前方邻近延髓。当颅脑外伤或颅内肿瘤等导致颅内压升高时，小脑扁桃体被挤压而嵌入枕骨大孔，形成小脑扁桃体疝或枕骨大孔疝，压迫延髓内的“生命中枢”而危及生命。

图 11-17 小脑的外形

A. 上面观；B. 下面观

2. 小脑的功能 小脑是调节躯体运动的重要中枢，其主要功能是维持身体的平衡、调节肌张力和协调骨骼肌的随意运动。小脑可分为前庭小脑、脊髓小脑和皮质小脑 3 个功能区（图 11-18），它与各级中枢有着广泛而密切的联系。

(1) 前庭小脑：主要功能是维持身体平衡。前庭小脑发生病变，则出现站立不稳、身体倾斜、步态蹒跚、容易跌倒等平衡失调的现象，但肌肉运动协调性良好。

(2) 脊髓小脑：主要功能是协调随意运动，参与肌紧张的调节。脊髓小脑发生病变时，会出现运动协调障碍，称为共济失调。具体表现为：肌紧张减退，四肢无力，行走时跨步过大而躯干落后，容易发生倾倒，或行走摇晃呈酩酊蹒跚状，不能进行拮抗肌轮替快动作。另外，患者不能完成精巧动作，进行动作过程中肌肉抖动而把握不住方向，精细动作的终末出现震颤，称为意向性震颤。

(3) 皮质小脑：主要功能是参与随意运动的设计和程序的编制。完成一个随意运动，往往需要组织多个关节同时执行相应的动作。“学会”一套流畅的动作，需要脑在设计和执行之间反复的比较，探测运动中的误差，不断纠正偏差，使运动逐步协调起来。待运动熟练后，皮质小脑就贮存了编制好的一整套程序，当大脑皮质要发动精巧运动时，从小脑提取程序，回输到大脑运动皮质，通过锥体系发动运动。

3. 第四脑室　是位于延髓、脑桥和小脑之间的室腔，底即菱形窝，顶朝向小脑（图 11-11）。第四脑室向上通中脑水管，向下通脊髓中央管，并借第四脑室正中孔和外侧孔与蛛网膜下隙相交通（图 11-19）。

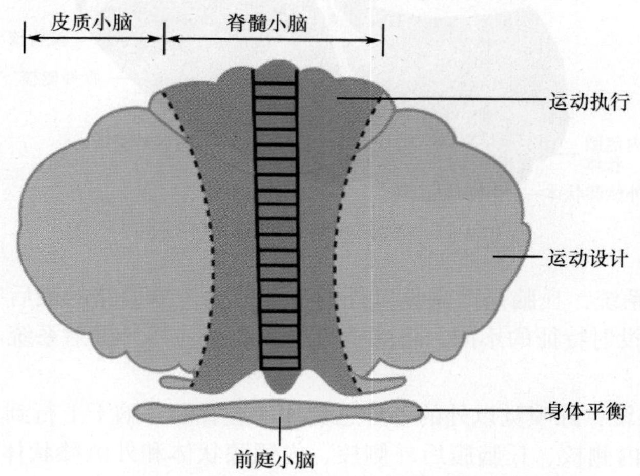

图 11-18　小脑表面的主要分区

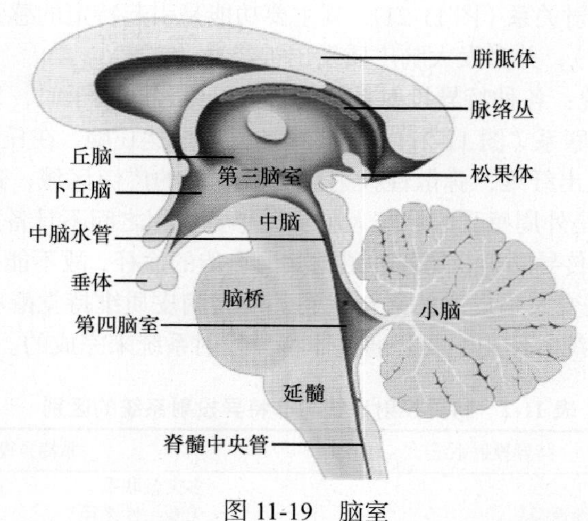

图 11-19　脑室

（三）间脑

间脑位于中脑与端脑之间（图 11-11），大部分被大脑半球掩盖，仅有前下部一小部分露于脑底。间脑可分为背侧丘脑（丘脑）、上丘脑、下丘脑、后丘脑和底丘脑 5 部分。

1. 丘脑

(1) 丘脑的位置和形态：丘脑是位居间脑背侧份的一对卵圆形灰质团块，被“Y”形白质内髓板分隔为前核群、内侧核群和外侧核群 3 个核群。外侧核群腹侧部的后部称为腹后核，此核再进一步分为**腹后内侧核**和**腹后外侧核**（图 11-20），前者接受三叉丘系和味觉纤维，后者接受内侧丘系和脊髓丘系的纤维。腹后内、外侧核发出的纤维参与组成丘脑中央辐射，经内囊后肢投射到大脑皮质的躯体感觉中枢。

考点：丘脑腹后内侧核和腹后外侧核的纤维联系

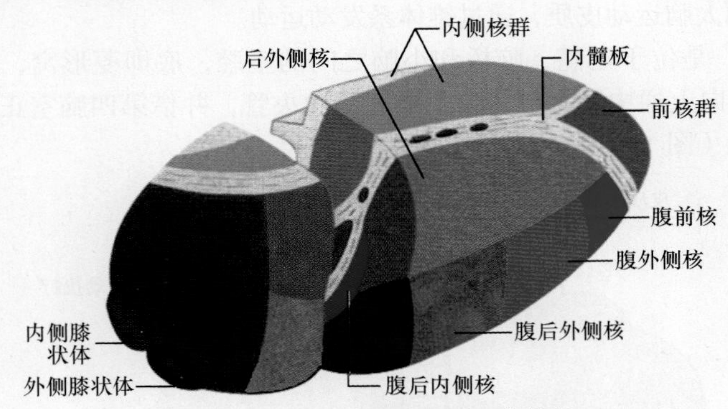

图 11-20　右侧丘脑核团的立体结构

(2) 感觉投射系统：丘脑是除嗅觉以外的各种感觉传导通路的最后中继站，根据丘脑各部分向大脑皮质投射特征的不同，将感觉投射系统分为特异投射系统和非特异投射系统（表 11-2）。

1) 特异投射系统：除嗅觉以外的各种感觉冲动经脊髓、脑干上行到丘脑特异感觉接替核（包括丘脑腹后内侧核、丘脑腹后外侧核、内侧膝状体和外侧膝状体），换元后发出特异投射纤维，投射至大脑皮质的特定区域（即相应的感觉中枢），这一投射系统称为特异投射系统。其特点是每一种感觉的传导路径都是专一的，外周感受区域与大脑皮质感觉中枢之间具有点对点的投射关系（图 11-21）。其主要功能是引起特定的感觉（如痛觉、温度觉、触压觉、视觉和听觉等），并激发大脑皮质发出神经冲动。

2) 非特异投射系统：各种特异投射系统的传入纤维经过脑干时，发出侧支与脑干网状结构的神经元发生突触联系（图 11-21），经多次换元后抵达丘脑，在丘脑非特异投射核（髓板内核群）换元后再发出纤维，弥散性投射到大脑皮质的广泛区域，这一投射系统称为非特异投射系统。其特点是外周感受区域与大脑皮质感觉中枢之间不具备点对点的投射关系，失去了原有的专一感觉传导功能，是各种感觉共同上传的途径，故不能引起各种特定感觉。其主要功能是维持和改变大脑皮质的兴奋状态，使大脑皮质维持觉醒状态。前面介绍的脑干网状结构上行激动系统的作用主要是通过非特异投射系统来完成的。

考点：特异投射系统与非特异投射系统的区别

表 11-2　特异投射系统与非特异投射系统的区别

项目	特异投射系统	非特异投射系统
突触联系	较少	多突触联系
传导途径	有专一性途径	无专一性途径
投射区域	大脑皮质的特定区域	大脑皮质的广泛区域
投射关系	点对点的投射	弥散性投射
主要功能	引起特定感觉，并激发大脑皮质发出神经冲动	维持和改变大脑皮质的兴奋状态，使大脑皮质维持觉醒状态

2. 后丘脑　是位于丘脑后下方的一对隆起，分别称为**内侧膝状体**和**外侧膝状体**（图 11-13，图 11-20），前者与听觉冲动传导有关，后者与视觉冲动传导有关。

3. 下丘脑 位于丘脑的前下方，包括**视交叉**、**灰结节**和**乳头体**以及灰结节下方所连的**漏斗**和**垂体**（图 11-19，图 11-22）。下丘脑内有许多神经核团，重要的有视上核和室旁核，两者分泌的抗利尿激素和缩宫素经下丘脑-神经垂体束输送到神经垂体贮存，并在需要时释放入血液。

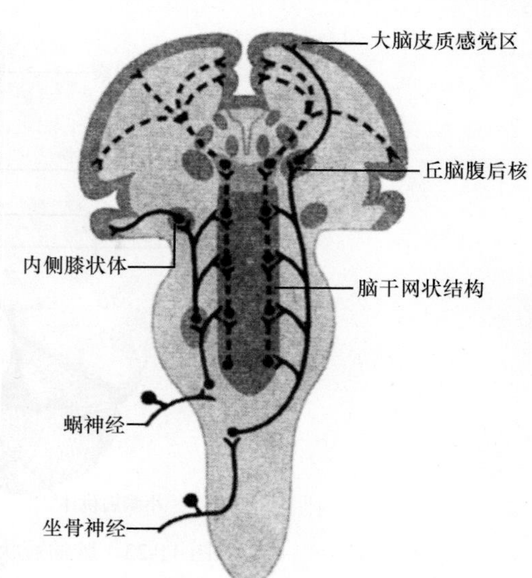

图 11-21 感觉投射系统
实线代表特异投射系统；虚线代表非特异投射系统

考点：下丘脑的组成及功能

下丘脑是较高级的内脏活动调节中枢，它与大脑皮质的边缘系统、脑干网状结构及垂体之间保持密切的联系，广泛调节内脏活动。如参与调节体温、摄食、水平衡、内分泌、情绪反应和生物节律等生理过程。

4. 第三脑室 是位于两侧丘脑和下丘脑之间的矢状位狭窄间隙（图 11-13，图 11-19）。前方借左、右室间孔与两侧大脑半球内的侧脑室相通，后方借中脑水管通向第四脑室。

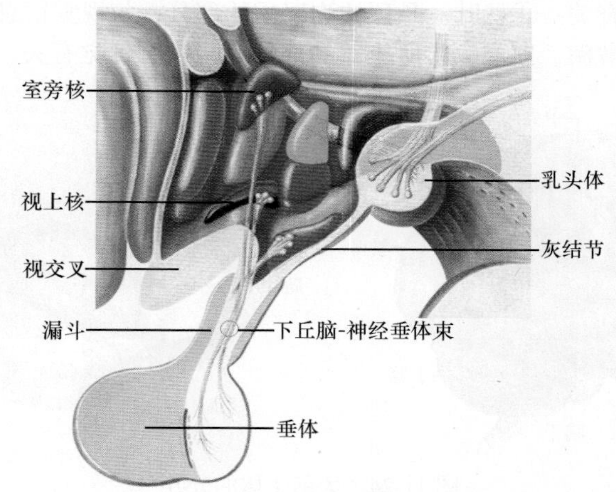

图 11-22 下丘脑的结构

（四）端脑

端脑是脑的最高级部位，被大脑纵裂分为左、右两个大脑半球（图 11-23），纵裂底部是连接左、右大脑半球的胼胝体。端脑与小脑之间以大脑横裂分隔。

1. 端脑的外形和分叶 每侧大脑半球可分为 3 个面，即宽广隆凸的上外侧面、两半球相对的内侧面和凹凸不平的下面。

(1) 大脑半球的分叶（图 11-24）：大脑半球的表面有许多深浅不同的大脑沟，沟与沟之间形成长短大小不一的隆起称为大脑回。在每侧大脑半球有 3 条深而恒定的沟：**外侧沟**起自半球的下面，转至上外侧面而行向后上方；**中央沟**起自半球上缘中点的稍后方，斜向前下方，几乎到达外侧沟；**顶枕沟**位于半球内侧面的后部，从前下方斜向后上方并转延至上外侧面。借上述 3 条沟将每侧大脑半球分为 5 个叶。①**额叶**：是中央沟以前、外侧沟以

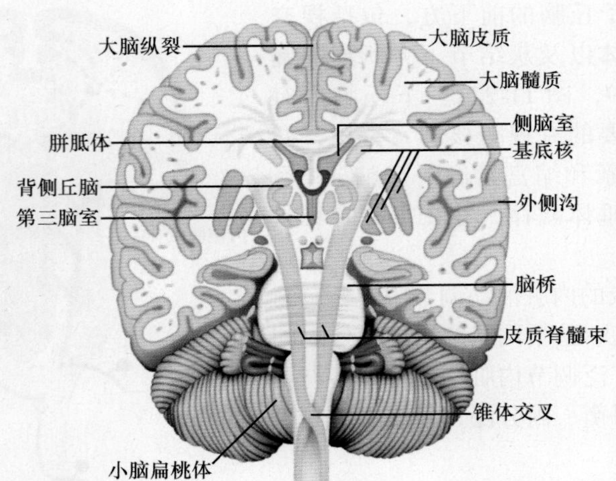

图 11-23　脑的冠状切面（通过大脑脚和延髓）

上的部分，与躯体运动、语言及高级思维活动有关。②**顶叶**：是顶枕沟与中央沟之间、外侧沟以上的部分，与躯体感觉、味觉及语言等有关。③**颞叶**：是外侧沟以下的部分，与听觉、语言和学习记忆功能有关。④**枕叶**：是顶枕沟以后的部分，与视觉信息整合有关。⑤**岛叶**：隐藏于外侧沟深处，被额、顶、颞叶所掩盖的部分，与内脏感觉有关。

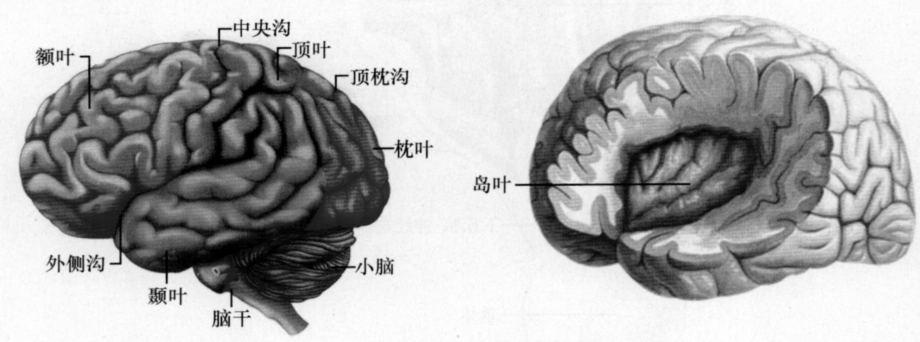

图 11-24　大脑半球的分叶

(2) 大脑半球的重要沟回

1) 上外侧面（图 11-25）：①额叶：在中央沟的前方，有与之平行的**中央前沟**，两沟之间为**中央前回**。在中央前沟的前方，有两条与半球上缘大致平行的**额上沟**和**额下沟**，将中央前沟之前的额叶分为**额上回**、**额中回**和**额下回**。②顶叶：在中央沟的后方，有与之平行的**中央后沟**，两沟之间为**中央后回**。在中央后沟的后方有一条与半球上缘平行的**顶内沟**，将顶叶的其余部分分为顶上小叶和顶下小叶。顶下小叶又分为包绕外侧沟末端的**缘上回**和包绕颞上沟末端的**角回**。③颞叶：在外侧沟的下方，有两条大致与之平行的**颞上沟**和**颞下沟**，两沟将颞叶分为**颞上回**、**颞中回**和**颞下回**。颞上回转入外侧沟下壁有两三条横行的**颞横回**。

考点：大脑半球的分叶及上外侧面的重要沟回

2) 内侧面（图 11-26）：在中部有前后方向上略呈弓形的胼胝体，其背面和头端的脑回为**扣带回**。在扣带回中部的上方，由中央前、后回延伸至大脑半球内侧面的部分称为**中央旁小叶**。在胼胝体的后方，有与顶枕沟呈 T 形相交的**距状沟**。在距状沟的前方有与海马沟平行的**侧副沟**，海马沟与侧副沟之间的部分为**海马旁回**，其前端弯曲称为**钩**。

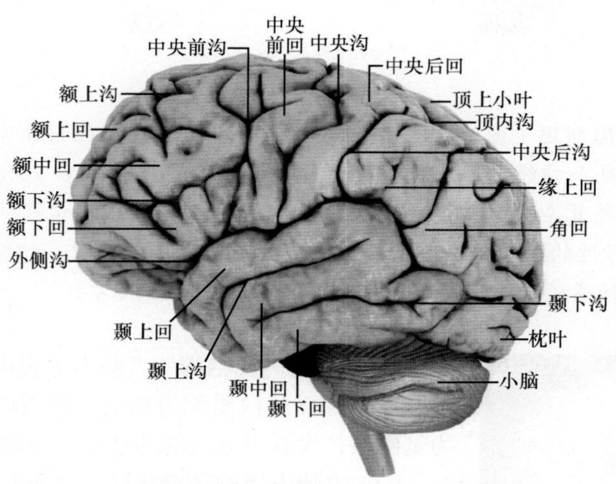

图 11-25 大脑半球的上外侧面（左侧）

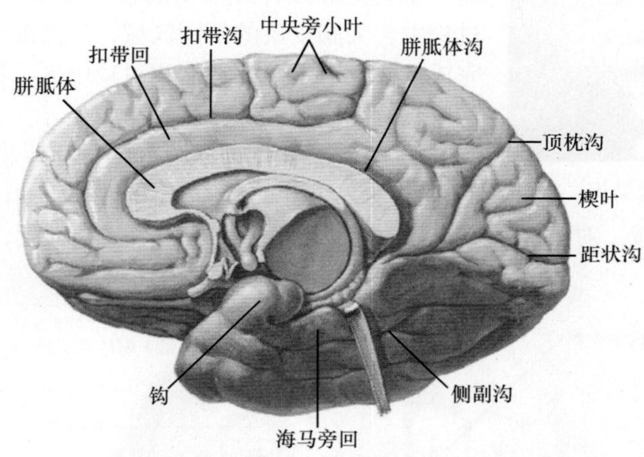

图 11-26 大脑半球的内侧面（右侧）

3）下面（图 11-27）：额叶下面有纵行的嗅束，其前端膨大为嗅球，与嗅神经相连。嗅束向后扩大为嗅三角。嗅球和嗅束均与嗅觉冲动传导有关。

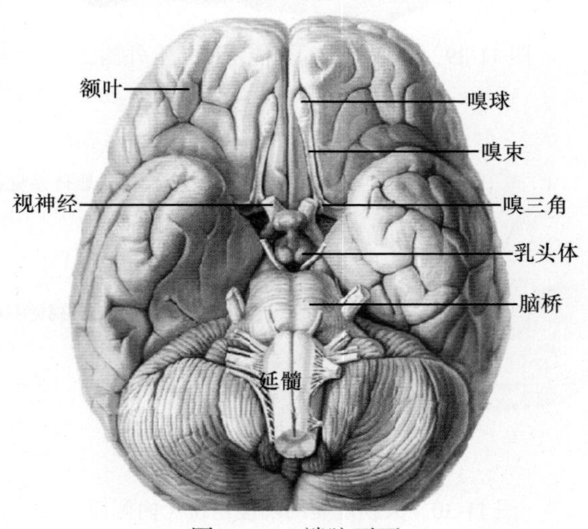

图 11-27 端脑下面

链接

爱因斯坦的大脑之谜

天才科学家爱因斯坦（图 11-28）1955 年 4 月逝世后，由 3 位科学家保存了他的大脑。通过研究发现，在每个神经元周围神经胶质细胞的数量比普通人多 73% 以上。由此推测，神经元执行的功能越复杂，越需要神经胶质细胞的支持。另有科学家研究指出，他的脑重仅有 1230g，低于男性的平均值 1400g。但是，在他的大脑皮质中，神经元的密度较高，使大脑皮质有甚佳的传感效率，因而可以解释爱因斯坦的卓越天才。

图 11-28　爱因斯坦

2. 端脑的内部结构　大脑半球表面的灰质称为大脑皮质，皮质深面的白质称为髓质，髓质内包埋的灰质核团称为基底核，大脑半球内部的室腔称为侧脑室（图 11-23）。

(1) 大脑皮质的功能定位：大脑皮质是神经系统的最高中枢，是高级神经活动的物质基础。人类在长期进化的过程中，大脑皮质的不同区域，逐渐形成了接受某些刺激，完成某些反射活动的功能相对集中区，称为皮质功能定位，这些具有特定功能的脑区称为中枢。

1) 第Ⅰ躯体运动区（大脑皮质运动区）：位于中央前回和中央旁小叶的前部（图 11-29，图 11-30），是控制躯体运动最重要的区域。对躯体运动的调控具有以下特征：①交叉性支配，即一侧皮质运动

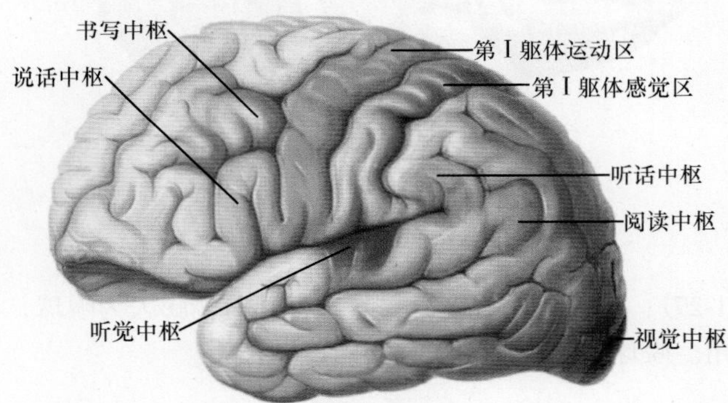

图 11-29　大脑皮质的功能定位（上外侧面）

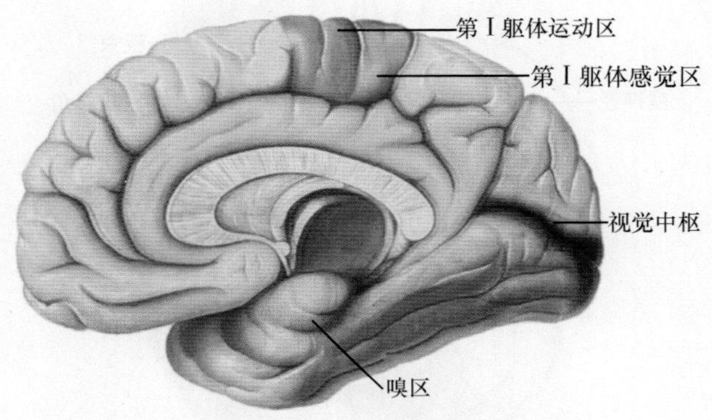

图 11-30　大脑皮质的功能定位（内侧面）

区支配对侧躯体的骨骼肌，但头面部肌肉，除下部面肌和舌肌受对侧支配外，其余部分均为双侧性支配；②功能定位精细，呈倒置安排，但头面部代表区的内部安排仍然是正立的（图11-31）；③运动代表区的大小与运动的精细和复杂程度有关。运动越精细越复杂，其相应肌肉在皮质运动区所占的范围就越大。

考点：大脑皮质运动区对躯体运动调控的特征

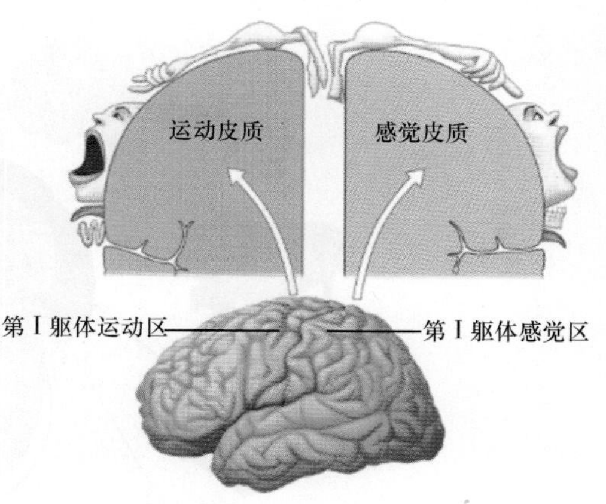

图 11-31　第Ⅰ躯体运动区和第Ⅰ躯体感觉区投射

2）第Ⅰ躯体感觉区（躯体感觉中枢）：位于中央后回和中央旁小叶的后部（图 11-29，图 11-30），接受丘脑腹后核传来的对侧半身的痛、温、触、压觉以及位置和运动感觉。其感觉投射规律：①躯干、四肢部分的感觉为交叉性投射，即躯体一侧的传入冲动向对侧大脑皮质投射，但头面部感觉的投射是双侧性的；②投射区的空间定位是上下倒置，但头面部投射区的内部安排是正立的；③投影区的大小与感觉的灵敏程度有关，感觉灵敏度高的部位如拇指等皮质代表区较大（图 11-31）。

考点：躯体感觉中枢的感觉投射规律

3）视觉区（视觉中枢）：位于枕叶内侧面距状沟两侧的皮质（图 11-30），接受同侧外侧膝状体发出的视辐射。

4）听觉区（听觉中枢）：位于颞横回（图 11-29），接受内侧膝状体发出的听辐射。每侧听觉区接受来自两耳的听觉冲动，故一侧听觉区受损，不致引起全聋。

5）嗅区：位于海马旁回的钩附近。

6）语言中枢：语言是人类相互交流思想和传递信息的工具。语言中枢是人类大脑皮质特有的功能区，语言中枢所在的大脑半球称为优势半球，绝大多数人的语言中枢位于左侧大脑半球。语言中枢包括说话、听话、书写和阅读 4 个中枢（图 11-29）：①**运动性语言中枢**（说话中枢）：位于额下回后部。若此区受损伤，患者虽能发音，但丧失了说话的能力，称为运动性失语症。②**听觉性语言中枢**（听话中枢）；位于颞上回后部。若此区受损伤，患者虽听觉正常，能够听到别人的讲话，但听不懂别人讲话的意思，也不能理解自己讲话的意义，即所答非所问，称为感觉性失语症。③**书写中枢**：位于额中回后部。若此区受损伤，患者的手虽运动正常，但不能写出原来会写的文字符号，称为失写症。④**视觉性语言中枢**（阅读中枢）：位于角回。若此区受损伤，患者视觉虽无障碍，但不能理解文字符号的含意，称为失读症。

考点：大脑皮质各中枢的位置

链接

大脑半球的不对称性

人类左、右大脑半球的功能基本相同，但由于长期的进化和发育，导致左、右大脑半球的功能呈不对称性。左侧大脑半球与语言、意识、数学分析等密切相关，因此语言中枢主要在左侧大脑半球，临床观察证明，90% 以上的失语症都是左侧大脑半球受损伤的结果。右侧大脑半球则主要感知非语言信息、音乐、图形和时空概念。左、右大脑半球各有优势，它们相互协调配合以完成各种高级神经精神活动（图 11-32）。

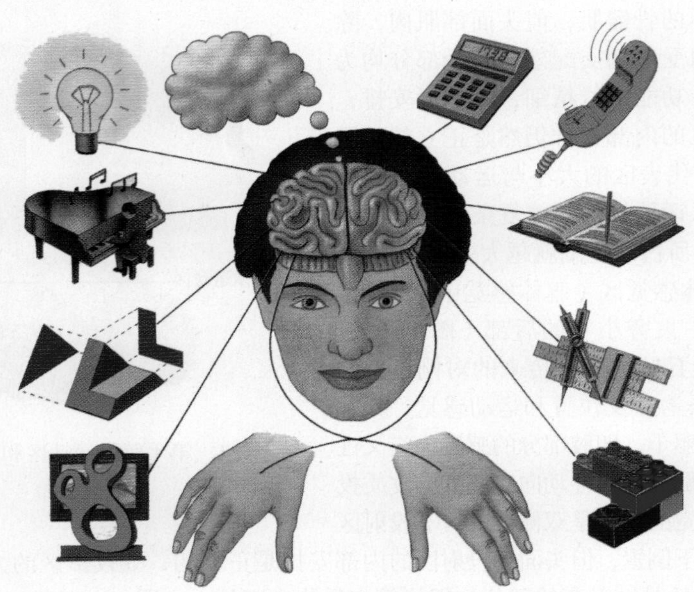

图 11-32 大脑半球的分工

(2) 基底核：又称基底神经节，为靠近大脑半球底部髓质内灰质核团的总称，包括**尾状核**、**豆状核**和**杏仁体**等（图 11-23，图 11-33，图 11-34）。豆状核位于丘脑的外侧，在水平切面上呈尖向内侧的楔形，被穿行于其中的白质板分成 3 部，外侧部最大称为**壳**，内侧两部合称**苍白球**（图 11-34）。尾状核与豆状核统称为**纹状体**，与躯体运动调控有关。尾状核和壳是较新的结构，合称**新纹状体**；苍白球是纹状体中较古老的部分，称为**旧纹状体**。

考点：基底核的组成和新、旧纹状体的概念

基底核可能与随意运动的产生和稳定、肌紧张的调节、本体感觉传入信息的处理等都有关系。另外，基底核可能还参与运动的设计和程序编制。基底核损伤的临床表现可分为两大类：一类是运动过少而肌紧张增强，如帕金森病；另一类是运动过多而肌紧张降低，如舞蹈病。

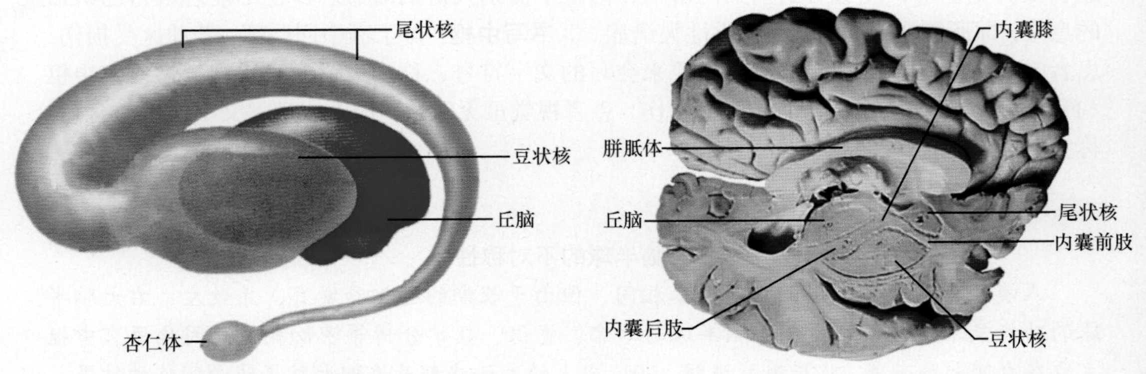

图 11-33 大脑基底核（左侧）　　图 11-34 基底核及内囊

(3) 大脑半球的髓质：由大量神经纤维构成，可分为以下 3 类。①**联络纤维**：是联系同侧大脑半球各部皮质的纤维。②**联合纤维**：是连接左、右大脑半球相应部位皮质的纤维，大脑纵裂底的**胼胝体**是最大的联合纤维（图 11-23，图 11-34）。③**投射纤维**：由联系大脑皮质与皮质下各中枢之间的上、下行纤维组成，绝大部分纤维经过内囊。

内囊是位于尾状核、丘脑与豆状核之间的宽厚白质纤维板。在大脑半球水平切面上，内囊呈向外开放的“> <”形，可分为3部分（图11-34，图11-35）。①**内囊前肢**：位于豆状核与尾状核之间，有下行的额桥束和上行到额叶的丘脑前辐射通过。②**内囊膝**：位于前、后肢会合处，有**皮质核束**通过。③**内囊后肢**：位于豆状核与丘脑之间，有皮质脊髓束、皮质红核束、丘脑中央辐射、顶枕颞桥束、视辐射和听辐射通过。因此，内囊是大脑皮质与皮质下各中枢联系的“交通要道”。

考点：内囊的位置、分部及各部通过的纤维束

链接

三　偏　征

当一侧内囊损伤时（多由于供应此区的血管栓塞或出血所致），患者可出现对侧半身浅、深感觉障碍（丘脑中央辐射受损所致）、对侧半身痉挛性瘫痪（皮质脊髓束、皮质核束受损所致）和双眼对侧视野同向性偏盲（视辐射受损所致），即临床上所谓的“三偏征”。

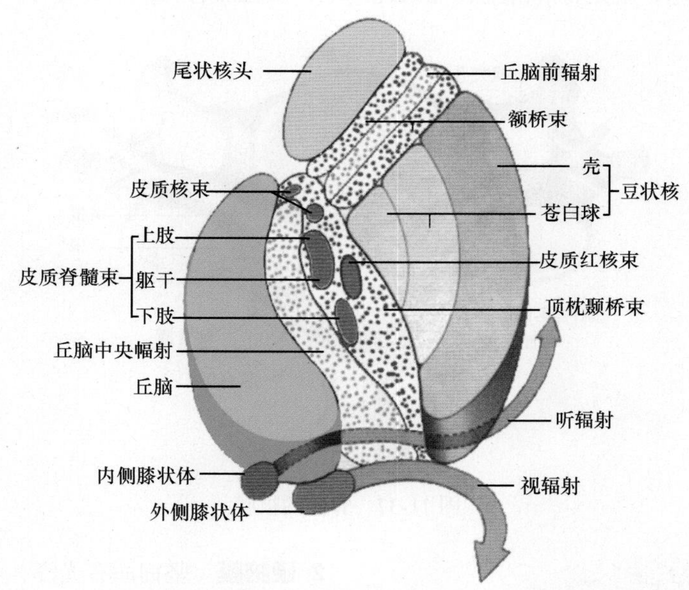

图11-35　内囊结构

(4) 侧脑室：是位于两侧大脑半球内左、右对称的一对室腔（图11-36），内含脑脊液，前借室间孔与第三脑室相交通。

3. 边缘系统　是由边缘叶及与其联系密切的皮质和皮质下结构（如杏仁体、下丘脑和丘脑的前核群等）共同组成。**边缘叶**由扣带回、海马旁回和钩等组成。边缘系统是调节内脏活动的高级中枢，参与对血压、心率、呼吸、胃肠、瞳孔、体温、汗腺、排

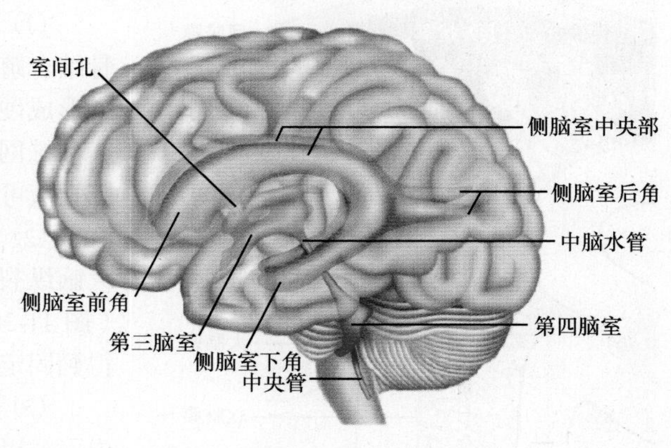

图11-36 脑室投影

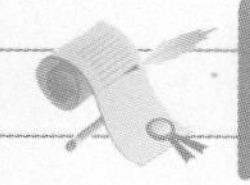

尿、排便等活动的调节，故有内脏脑之称。此外，边缘系统还与情绪反应、学习与记忆以及性活动等密切相关。

三、脊髓和脑的被膜

脊髓和脑的表面均包有 3 层被膜，由外向内依次为硬膜、蛛网膜和软膜，具有支持、保护脊髓和脑的作用。

（一）硬膜

硬膜由厚而坚韧的致密结缔组织构成。包裹脊髓的为硬脊膜（图 11-37），包裹脑的为硬脑膜（图 11-38）。

1. 硬脊膜　上端附着于枕骨大孔边缘，与硬脑膜相延续。下端在第 2 骶椎以下逐渐变细，包裹终丝，末端附着于尾骨的背面。硬脊膜与椎管内面骨膜之间的狭窄间隙，称为**硬膜外隙**，其内呈负压，内含疏松结缔组织、脂肪组织和椎内静脉丛等，并有脊神经根通过。临床上进行硬膜外麻醉术，就是将麻醉药物注入此间隙，以阻滞脊神经根的传导。

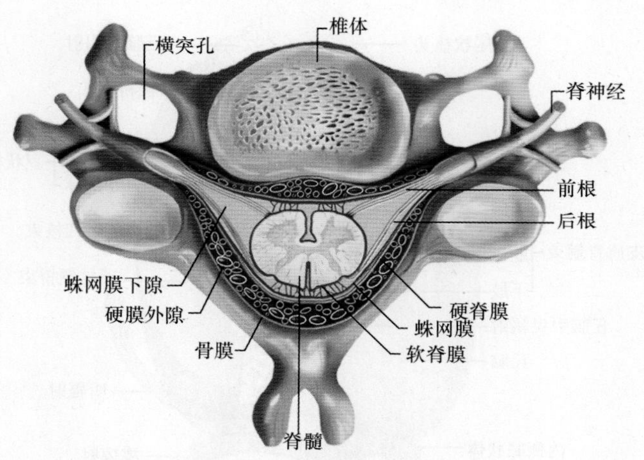

图 11-37　脊髓的被膜

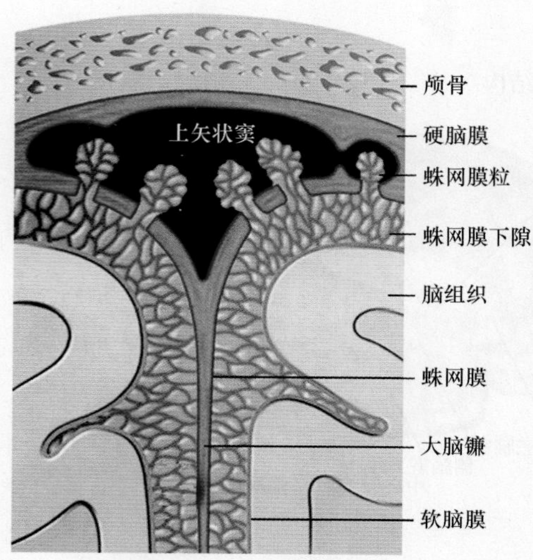

图 11-38　脑的被膜和蛛网膜粒

2. 硬脑膜　坚韧而有光泽，与硬脊膜相比较有如下特点。

（1）硬脑膜由内、外两层构成。外层与颅盖骨结合疏松，与颅底则结合紧密，故颅顶骨骨折易形成硬脑膜外血肿，而颅底骨折时易撕裂硬脑膜和蛛网膜造成脑脊液外漏。如颅前窝骨折时，脑脊液可流入鼻腔而形成鼻漏。

（2）硬脑膜内层在某些部位折叠，形成伸入大脑纵裂内的**大脑镰**和伸入大脑横裂内的**小脑幕**（图 11-38，图 11-39），使脑不致移位而更好地得到固定和保护。

（3）硬脑膜在某些部位内、外两层彼此分开，内面衬以内皮细胞，构成含有静脉血的**硬脑膜窦**，

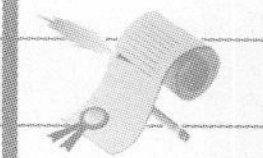

主要有**上矢状窦**、**下矢状窦**、**直窦**、**窦汇**、**横窦**、**乙状窦**和**海绵窦**等（图 11-39）。海绵窦位于蝶骨体的两侧，因形似海绵而得名。窦内有颈内动脉和展神经通过。在窦的外侧壁内，自上而下依次有动眼神经、滑车神经、眼神经和上颌神经通过。

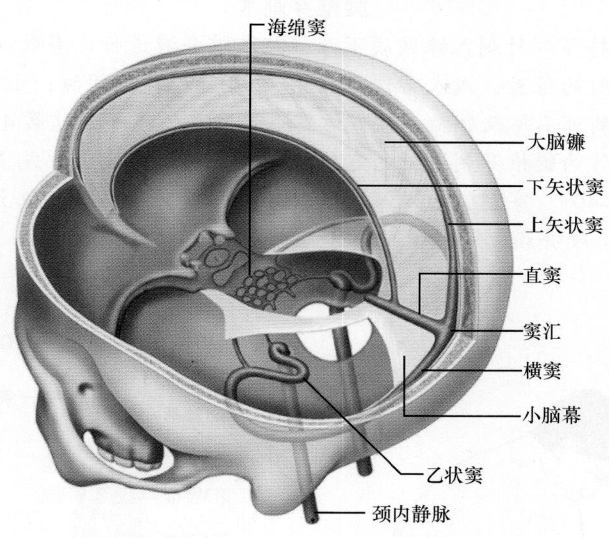

图 11-39 硬脑膜和硬脑膜窦

硬脑膜窦内的血液流向归纳如下：

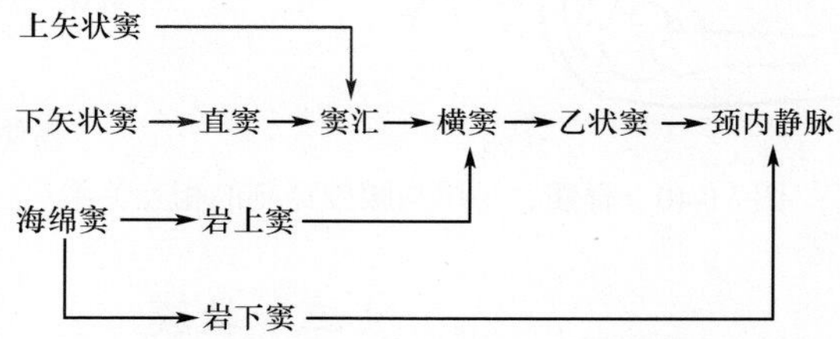

护考链接

诊断颅前窝骨折最有价值的临床表现是（　　）

A. 球结膜下出血　B. 脑脊液鼻漏

C. 严重头痛　D. 鼻孔出血

E. 硬膜外血肿

考点精讲：颅前窝骨折常伴有硬脑膜撕裂，可引起脑脊液鼻漏，故选择答案 B。

（二）蛛网膜

蛛网膜位于硬膜与软膜之间（图 11-37，图 11-38），为一层缺乏血管和神经的半透明结缔组织薄膜。蛛网膜与软膜之间的腔隙，称为**蛛网膜下隙**，其内充满脑脊液。蛛网膜下隙在某些部位扩大，形成蛛网膜下池。在小脑与延髓之间有**小脑延髓池**，临床上可经枕骨大孔做小脑延髓池穿刺。在脊髓下端与第 2 骶椎平面之间有**终池**，内有马尾和脑脊液。临床上常在此进行穿刺，以抽取脑脊液或注入某些药物。脑蛛网膜在上矢状窦附近形成许多“菜花状”突起突入上矢状窦内，称为**蛛网膜粒**。脑脊液可通过蛛网膜粒渗入硬脑膜窦内，

考点：硬膜外隙和蛛网膜下隙的概论及其临床意义

回流入静脉。

链接

腰椎穿刺术

腰椎穿刺术是将穿刺针刺入蛛网膜下隙，抽取脑脊液进行检查或注射药物进行治疗的一项技术。根据脊髓的位置，成人常选择在第3、4腰椎棘突间隙，小儿选择在第4、5腰椎棘突间隙进行穿刺可不伤及脊髓。左、右髂嵴最高点的连线经过第4腰椎棘突或第3、4腰椎棘突间隙，可作为腰椎穿刺进针的定位标志，在该标志线上方或下方的棘突间隙作为穿刺点均可（图11-40）。穿刺针由浅入深依次穿经皮肤、浅筋膜、棘上韧带、棘间韧带、黄韧带、硬膜外隙、硬脊膜、蛛网膜而到达终池。

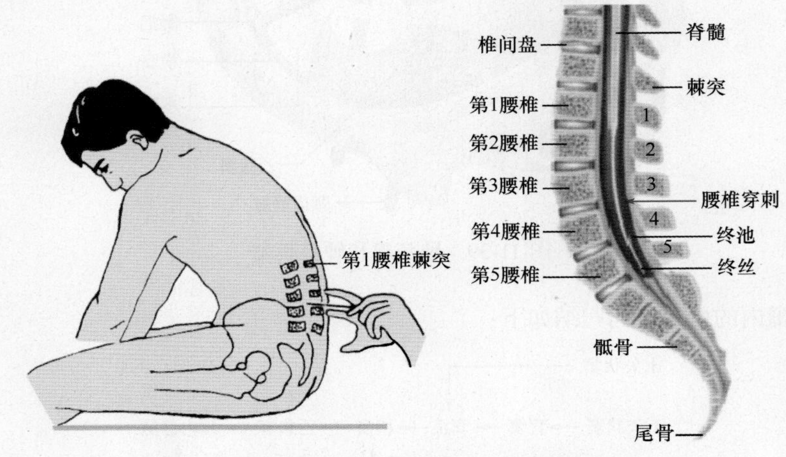

图11-40　脊髓、马尾与腰椎穿刺的相互关系

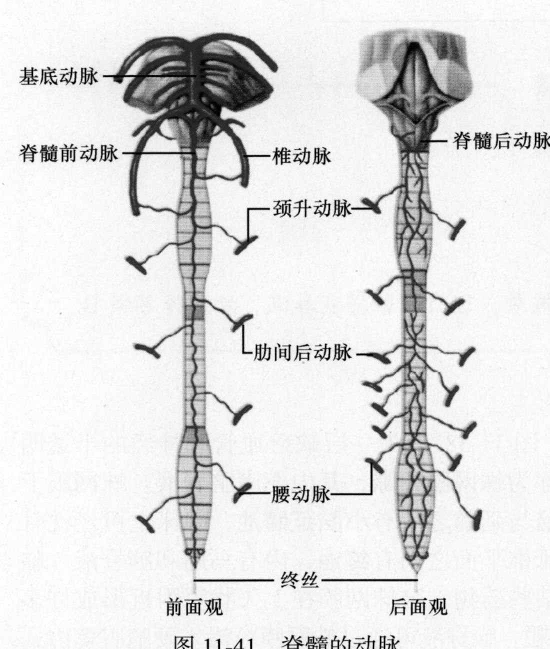

图11-41　脊髓的动脉

（三）软膜

软膜为一层薄而透明的、富有血管的结缔组织膜，紧贴在脊髓和脑的表面（图11-37，图11-38），并伸入它们的沟裂内，分别称为软脊膜和软脑膜。在脑室的一定部位，软脑膜及其血管与该部位的室管膜细胞共同构成**脉络丛**，是产生脑脊液的主要结构。软脊膜在脊髓下端向下延续为细长的终丝（图11-40）。

四、脊髓和脑的血管

（一）脊髓的血管

1. 脊髓的动脉　有两个来源（图11-41），一是来自椎动脉发出的脊髓前动脉和脊髓后动脉；二是来自节段性动脉，由肋

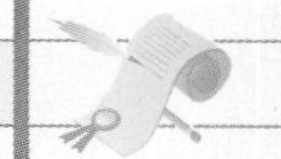

间后动脉和腰动脉等发出的脊髓支，伴脊神经进入椎管与脊髓前、后动脉吻合，以保证脊髓足够的血液供应。

2. 脊髓的静脉　较动脉多而粗，最终注入硬膜外隙内的椎内静脉丛。

（二）脑的血管

脑是体内代谢最旺盛的器官，对缺 O_2 极其敏感。任何原因致使脑血流量减少或中断，均可导致脑神经细胞缺 O_2 损伤，造成严重的神经精神障碍。

1. 脑的动脉　来自**颈内动脉**和**椎动脉**（图 11-42）。两者均发出皮质支和中央支，前者营养大脑皮质及其深面的髓质，后者供应基底核、内囊及间脑等（图 11-43）。

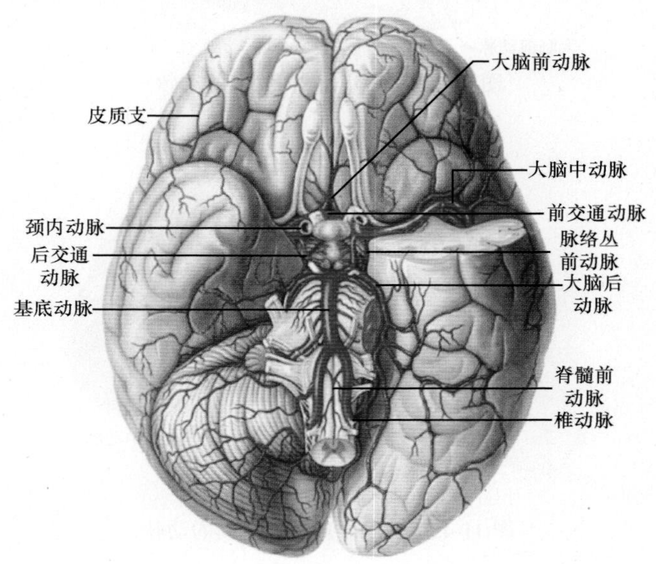

图 11-42　脑底的动脉

(1) 颈内动脉：起自颈总动脉，经颈动脉管入颅后，分出**大脑前动脉**（图 11-44）、**大脑中动脉**（图 11-45）和**后交通动脉**等分支，主要供应顶枕沟以前大脑半球的前 2/3 和部分间脑等。

链接

出血动脉

大脑中动脉起始段发出一些垂直向上的细小中央支，又称豆纹动脉，供应尾状核、豆状核和内囊（图 11-43）。豆纹动脉因行程和血流动力学的关系，有动脉硬化和高血压的患者容易破裂而导致脑溢血（即“中风”），引起内囊损伤而出现“三偏征”，故该动脉又称出血动脉。

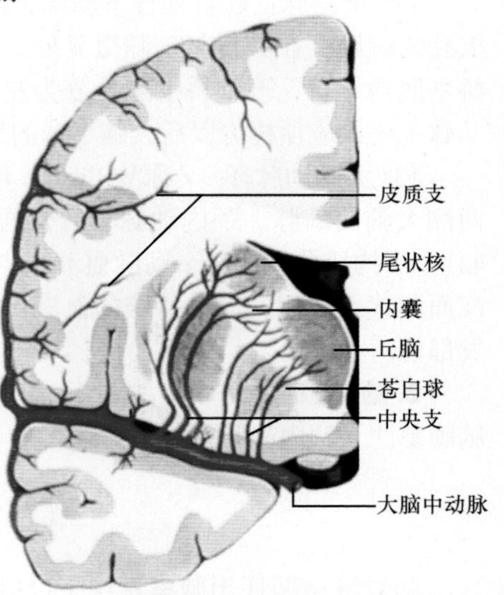

图 11-43　大脑中动脉的皮质支和中央支

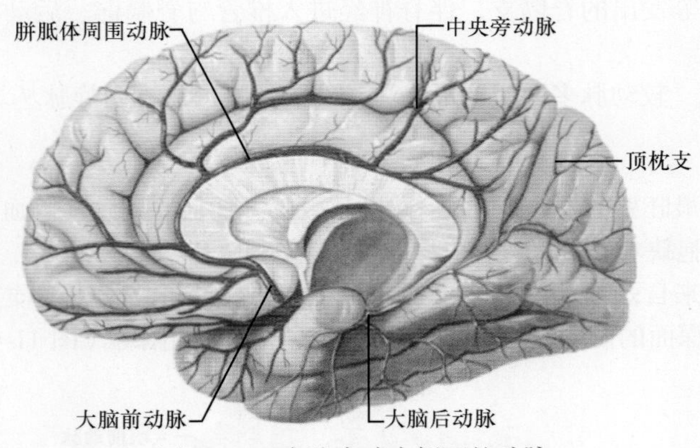

图 11-44　大脑半球内侧面的动脉

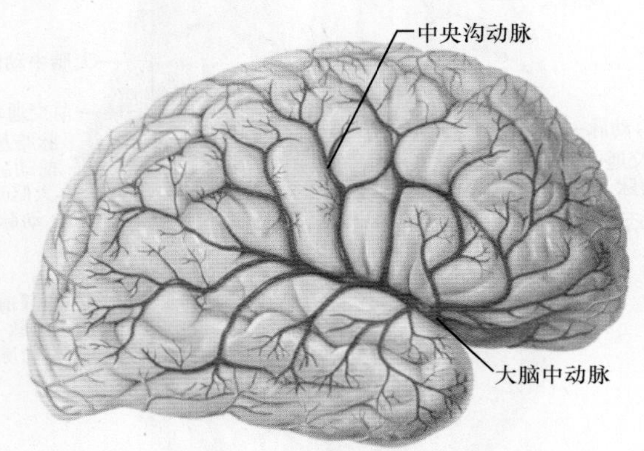

图 11-45　大脑半球上外侧面的动脉

(2) 椎动脉：起自锁骨下动脉，向上穿经第 6 至第 1 颈椎的横突孔（图 9-31），经枕骨大孔入颅腔。在脑桥与延髓交界处，左、右椎动脉汇合成一条基底动脉（图 11-42），沿脑桥基底沟上行，至脑桥上缘处分为左、右大脑后动脉，借后交通动脉与颈内动脉吻合。椎动脉主要供应顶枕沟以后大脑半球的后 1/3、部分间脑、脑干和小脑。

考点：脑的动脉来源；大脑动脉环的构成

(3) 大脑动脉环：又称 Willis 环，环绕在视交叉、灰结节和乳头体的周围，由前交通动脉、两侧大脑前动脉、颈内动脉、后交通动脉和大脑后动脉吻合而成的封闭式动脉环（图 11-42）。当构成此环的某一动脉血流减少或被阻断时，通过大脑动脉环的调节，使血液重新分配而起代偿作用，以维持脑的血液供应。前交通动脉与大脑前动脉的连接处是动脉瘤的好发部位。

2. 脑的静脉　不与动脉伴行，可分为浅、深两组，两组之间互相吻合，最后均通过硬脑膜窦注入颈内静脉。

五、脑脊液及其循环

脑脊液是循环于**脑室系统**（包括左右侧脑室、第三脑室、中脑水管和第四脑室）、蛛网膜下隙和脊髓中央管内的无色透明液体，对中枢神经系统起缓冲、保护、营养、运输代谢产物以及维持正常颅内压的作用。成人脑脊液总量约 150ml，处于不断地产生、循环和回流的动态平衡状态之中。脑脊液循环途径中若发生阻塞（如中脑水管阻塞），可导致脑积水和颅内压升高，进而使脑组织受压、移位，甚至形成脑疝而危及生命。

考点：脑脊液的产生部位及循环途径

脑脊液主要由各脑室脉络丛产生，其循环途径如图 11-46 所示。

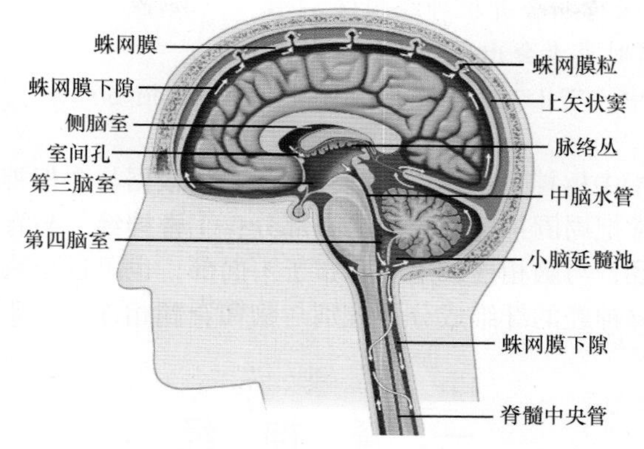

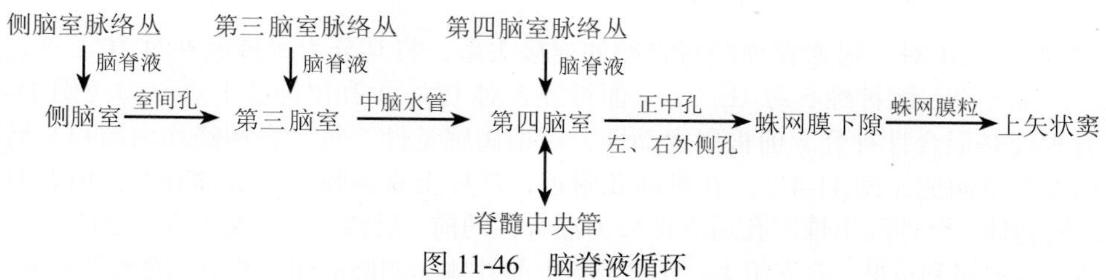

图 11-46 脑脊液循环

链接

神秘王国的“警卫员”

人们常把脑比作是一个神秘的王国，它的“警卫员”众多，个个身怀绝技。浓密的头发是“冲锋在先的战斗员”，能抵抗暴力的袭击；坚韧的头皮是脑的“防弹衣”，如果破损则会引起大出血；由 8 块脑颅骨围成的颅腔是坚不可摧的“钢铁长城”；脑的 3 层被膜是称职的“保育员”；蛛网膜下隙和脑室内的脑脊液既是安全的液体“缓冲垫”，又是值得信赖的“资料员”，临床上通过对脑脊液的检测可协助诊断某些疾病。

六、血 - 脑屏障

在中枢神经系统内，毛细血管内的血液与脑和脊髓的神经细胞之间存在具有选择性通透作用的结构，称为**血 - 脑屏障**。其结构基础是脑和脊髓内毛细血管的内皮细胞、内皮细胞之间的紧密连接、基膜以及毛细血管外周由星形胶质细胞形成的胶质膜。血 - 脑屏障的主要功能是阻止有害物质进入神经组织，以维持中枢神经系统内环境的相对稳定，保证其功能的正常进行。

第三节 周围神经系统

案例 11-2

患者男，16 岁。因骑摩托车不慎摔到，右肘部着地受伤而急诊入院。体格检查：右臂中下部压痛、肿胀，右上肢活动障碍；右“虎口区”皮肤感觉消失，不能伸腕和掌指关节，抬前臂时呈“垂腕”状态。X线片显示：右臂肱骨中、下1/3交界处骨折。临床诊断：右臂肱骨中、下1/3交界处骨折合并桡神经损伤。

问题：1. 为什么抬前臂时患者会出现“垂腕”状态？

2：为什么肱骨中、下1/3交界处骨折易合并桡神经损伤？

周围神经系统是指中枢神经系统以外的神经成分，根据与中枢神经系统的连接部位和分布区域的不同，通常把周围神经系统分为3部分：①**脊神经**，与脊髓相连，主要分布于躯干和四肢；②**脑神经**，与脑相连，主要分布于头面部，也可远至胸、腹腔脏器；③**内脏神经**，作为脑神经和脊神经的纤维成分，分别与脑和脊髓相连，主要分布于内脏、心血管和腺体。

一、脊 神 经

脊神经共31对。根据脊神经与脊髓的连接关系，将其分为颈神经8对（$C_{1\sim8}$）、胸神经12对（$T_{1\sim12}$）、腰神经5对（$L_{1\sim5}$）、骶神经5对（$S_{1\sim5}$）和尾神经1对（C_0）（图11-1）。

脊神经是混合性神经，前根属运动性，后根属感觉性。每对脊神经均由前根与后根在椎间孔处汇合而成（图11-47）。在椎间孔附近，后根上有一膨大的**脊神经节**，内含假单极神经元的胞体。脊神经出椎间孔后立即分为混合性的前、后两支。后支细小，分布于项、背、腰骶部的深层肌和皮肤；前支粗大，分布于躯干前外侧和四肢的肌及皮肤。除胸神经前支外，其余脊神经的前支则分别交织成颈丛、臂丛、腰丛和骶丛，再由神经丛发出分支分布到相应的区域。

考点：脊神经的分部及构成

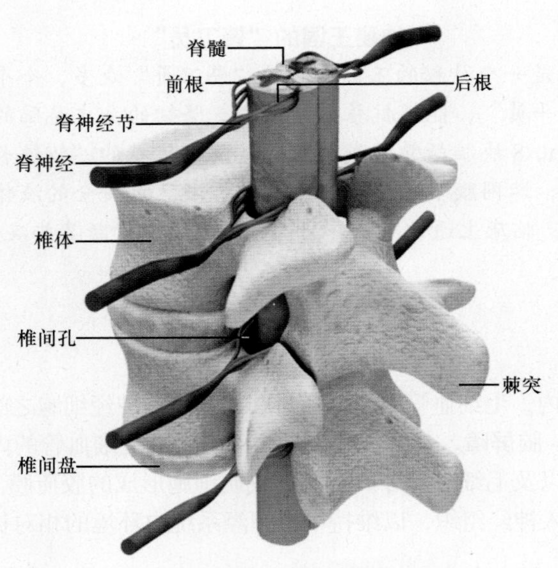

图11-47　脊神经与脊髓的关系

（一）颈丛

颈丛由第1～4颈神经的前支组成，位于胸锁乳突肌上部的深面。颈丛的分支有皮支和肌支。

1. 皮支 由胸锁乳突肌后缘中点附近穿出（图 11-48），呈放射状分布于枕部、耳郭、颈前部、肩部和胸上部的皮肤。其浅出部位置表浅，是颈部浅层结构浸润麻醉的一个阻滞点。

2. 肌支 主要是膈神经，属混合性神经，由颈丛发出后经前斜角肌表面下行，经胸廓上口入胸腔，越过肺根前方，沿心包两侧下行至膈（图 11-49）。其运动纤维支配膈，感觉纤维分布于胸膜、心包和膈下面的部分腹膜。右膈神经的感觉纤维还分布到肝和胆囊。膈神经受刺激时可产生呃逆，损伤时出现同侧半的膈肌瘫痪，严重者可有窒息感。

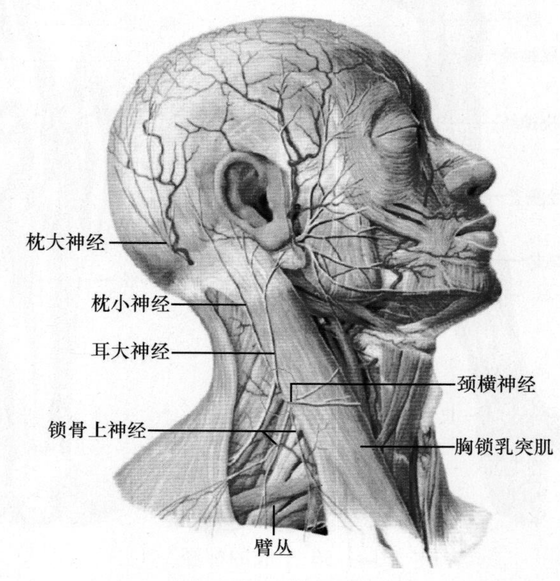

图 11-48 颈丛的皮支

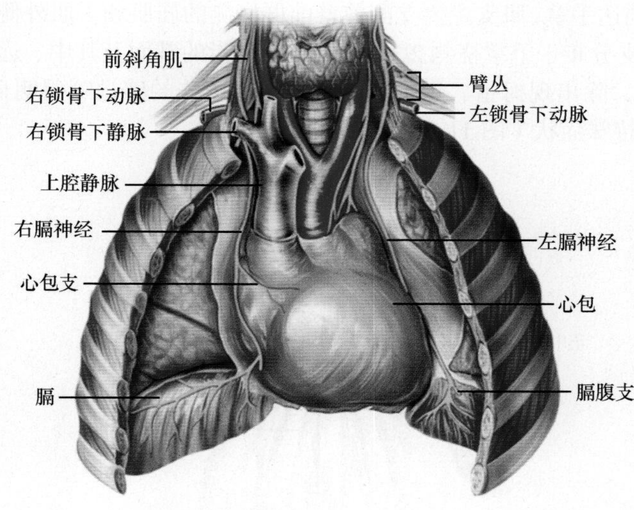

图 11-49 膈神经

（二）臂丛

臂丛由第 5 ～ 8 颈神经的前支和第 1 胸神经前支的大部分组成。经锁骨下动脉的后上方穿斜角肌间隙浅出（图 11-49），继而经锁骨后方进入腋窝，围绕腋动脉排列。臂丛在锁骨中点后方位置表浅且较集中，常作为臂丛阻滞麻醉的部位。臂丛的分支（图 11-1，图 11-50）主要分布于上肢的肌和皮肤。

1. 肌皮神经 自臂丛发出后，向外下斜穿喙肱肌，肌支支配肱二头肌等，其终支在肘关节稍下方穿出深筋膜称为前臂外侧皮神经，分布于前臂外侧部的皮肤。

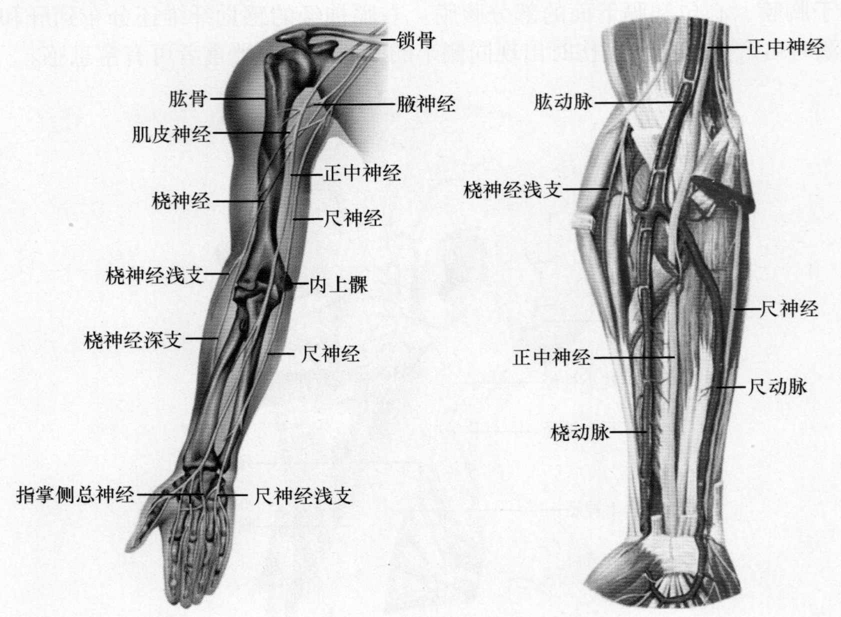

图 11-50 上肢的神经

2. 正中神经 沿肱二头肌内侧沟伴肱动脉下行至肘窝，再沿前臂正中下行于指浅、深屈肌之间，经腕管到达手掌。肌支主要支配前臂前群桡侧的屈肌和手肌外侧群（拇收肌除外）等（图 11-51）；皮支分布于手掌桡侧 2/3、桡侧 3 个半指的掌面及其中、远节指背面的皮肤。正中神经干损伤后，除出现拇指、示指和中指的远节皮肤的感觉障碍明显外，运动障碍则表现为“猿手”的特殊症状（图 11-52）。

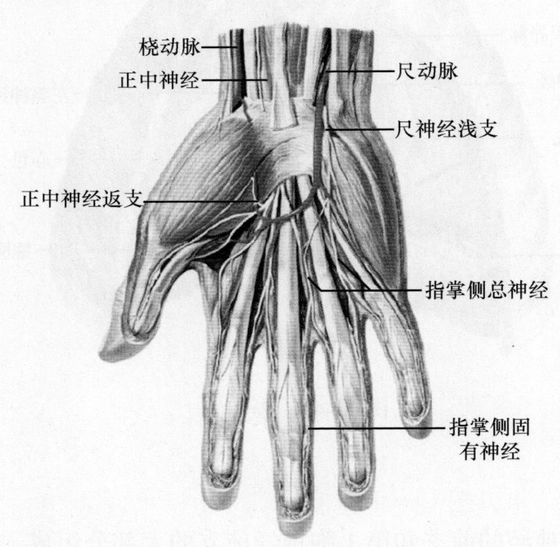

图 11-51 手掌面的神经

3. 尺神经 在肱二头肌内侧伴肱动脉下行至臂中部，然后转向后下，经肱骨内上髁后方的尺神经沟进入前臂，伴尺动脉内侧下行至手掌（图 11-50）。肌支支配前臂前群尺侧的屈肌、拇收肌、手肌内侧群和中间群的大部分；皮支分布于手掌尺侧 1/3、尺侧一个半指掌面的皮肤和手背尺侧半及尺侧两个半指背面的皮肤（图 11-51，图 11-53）。在尺神经沟处，尺神经位置表浅又贴近骨面，骨折时易损伤。损伤后除出现手掌及手背内侧缘皮肤感觉障碍外，运动障碍则表现为“爪形手”（图 11-52）。

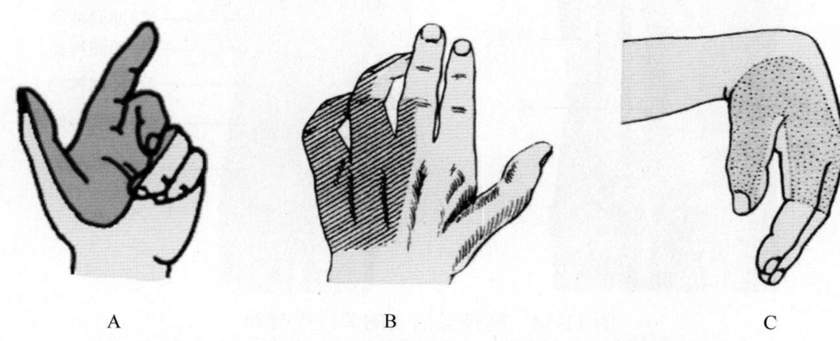

图 11-52 桡、尺、正中神经损伤后的手形及皮肤感觉丧失区

A. 正中神经损伤；B. 尺神经损伤；C. 桡神经损伤

4. 桡神经 在肱三头肌深面，紧贴肱骨中段背侧的桡神经沟向外下行，在肱骨外上髁前方分为浅、深两支，即皮支和肌支。皮支分布臂和前臂背面以及手背桡侧半和桡侧两个半手指近节背面的皮肤（图 11-53）；肌支支配肱三头肌、肱桡肌和前臂后群肌。肱骨中段骨折易合并桡神经损伤，主要表现为抬前臂时呈“垂腕”状态（图 11-52），感觉障碍以“虎口区”皮肤最为明显。

5. 腋神经 绕肱骨外科颈后方至三角肌深面，肌支支配三角肌等，皮支由三角肌后缘穿出，分布于肩部和臂外侧区上部的皮肤。肱骨外科颈骨折或被拐杖压迫，均可造成腋神经损伤而致三角肌瘫痪，臂不能外展，并出现“梳头困难”。

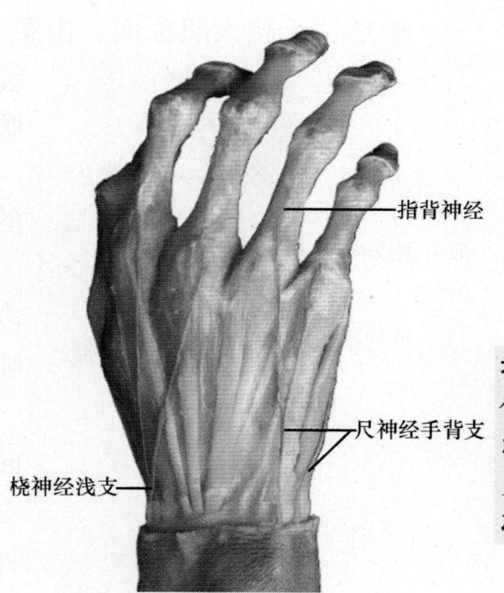

图 11-53 手背面的神经

考点：颈丛、臂丛的组成以及主要分支的分布概况

（三）胸神经前支

胸神经前支共 12 对，除第 1 对的大部分参与臂丛组成，第 12 对的少部分参与腰丛组成外，其余均不形成神经丛。第 1 ～ 11 对位于相应的肋间隙中，称为肋间神经；第 12 对位于第 12 肋下方，故名肋下神经。胸神经前支主要分布于肋间肌、腹壁肌和胸腹壁皮肤及胸膜、腹膜等处。

胸神经前支在胸、腹壁皮肤的节段性分布最为明显，自上而下按神经顺序依次排列（图 11-54）。如 T_2 分布区相当于胸骨角平面，T_4 相当于乳头平面，T_6 相当于剑突平面，T_8 相当于肋弓最低平面，T_{10} 相当于脐平面，T_{12} 相当于脐与耻骨联合连线中点平面。临床上常依此检查感觉障碍的平面来判断脊髓损伤的节段或测定麻醉平面的高低。

考点：胸神经前支的节段性分布概况

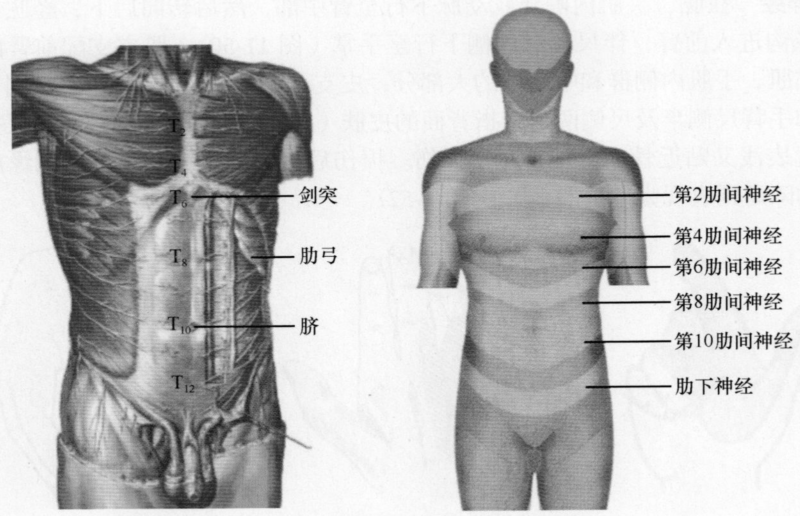

图 11-54　胸神经前支的节段性分布

（四）腰丛

腰丛位于腰大肌深面，由第 12 胸神经前支的一部分、第 1 ～ 3 腰神经前支和第 4 腰神经前支的一部分组成（图 11-55）。腰丛的分支主要分布于腹股沟区及大腿的前内侧部。

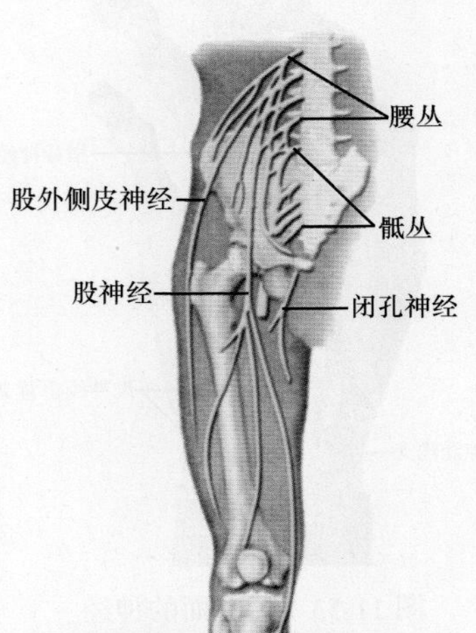

图 11-55　下肢前面的神经

1. 髂腹下神经和髂腹股沟神经　主要分布于腹股沟区的肌和皮肤，髂腹股沟神经还分布于阴囊或大阴唇的皮肤。

2. 闭孔神经　沿盆腔侧壁前行，穿闭孔出盆腔至大腿内侧（图 11-55）。肌支支配大腿内收肌群，皮支分布于大腿内侧面的皮肤。

3. 股神经　是腰丛中最大的分支，在腰大肌与髂肌之间下行，经腹股沟韧带深面、股动脉的外侧进入股三角。肌支支配股四头肌和缝匠肌等，皮支除分布于大腿前面的皮肤外，还发出一长的皮支**隐神经**，伴大隐静脉沿小腿内侧面下行达足内侧缘，分布于小腿内侧面和足内侧缘的皮肤（图 11-55）。股神经损伤后的主要表现为坐位时不能伸膝，即膝反射消失。

（五）骶丛

骶丛位于盆腔内骶骨和梨状肌的前面，由第 4 腰神经前支的一部分与第 5 腰神经前支合成的腰骶干以及全部骶神经和尾神经的前支组成（图 11-55）。骶丛的分支（图 11-56）主要分布于盆部、臀部、会阴、大腿后部、小腿和足部的肌及皮肤。

1. 臀上神经　伴臀上血管经梨状肌上孔出盆腔，行于臀中、小肌之间，支配臀中肌、臀小肌等。

2. 臀下神经 伴臀下血管经梨状肌下孔出盆腔，行于臀大肌深面，支配臀大肌等。

3. 阴部神经 经梨状肌下孔出盆腔，分布于肛门、会阴部和外生殖器的肌及皮肤。在行肛门及会阴部手术时，常需麻醉阴部神经。

4. 坐骨神经 是全身最长、最粗大的神经，经梨状肌下孔出盆腔，在臀大肌深面，经股骨大转子与坐骨结节之间的中点下行至大腿后部，在腘窝上角处分为胫神经和腓总神经。坐骨神经在大腿后部发出肌支支配股二头肌、半腱肌和半膜肌。

歌诀助记

坐骨神经

坐骨神经粗又长，骶丛起始梨下出；
坐骨大转之间跨，大腿后肌全归它；
分支平面差异大，多在腘窝分两叉；
胫神损伤钩状足，腓总受损马蹄足。

(1) 胫神经：是坐骨神经本干的直接延续，沿腘窝中线在小腿三头肌深面伴胫后动脉下行，经内踝后方至足底，分为足底内侧神经和足底外侧神经。肌支支配小腿后群肌和足底肌，皮支分布于小腿后面及足底部的皮肤。胫神经损伤的主要表现为足呈背屈伴外翻位，即“钩状足”畸形（图 11-57）。

(2) 腓总神经：与胫神经分离后沿腘窝外侧缘下行，绕腓骨头后方至腓骨颈外侧分为腓浅神经和腓深神经。腓浅神经的肌支支配小腿外侧群肌，皮支分布于小腿外侧、足背及第 2 ～ 5 趾背的皮肤。腓深神经的肌支支配小腿前群肌和足背肌，皮支分布于第 1、2 趾背面相对缘的皮肤。腓总神经在绕经腓骨颈处位置表浅，易受损伤。损伤后可造成所支配肌瘫痪而出现“马蹄”内翻足畸形（图 11-57）。

考点：腰丛、骶丛的组成以及主要分支的分布概况

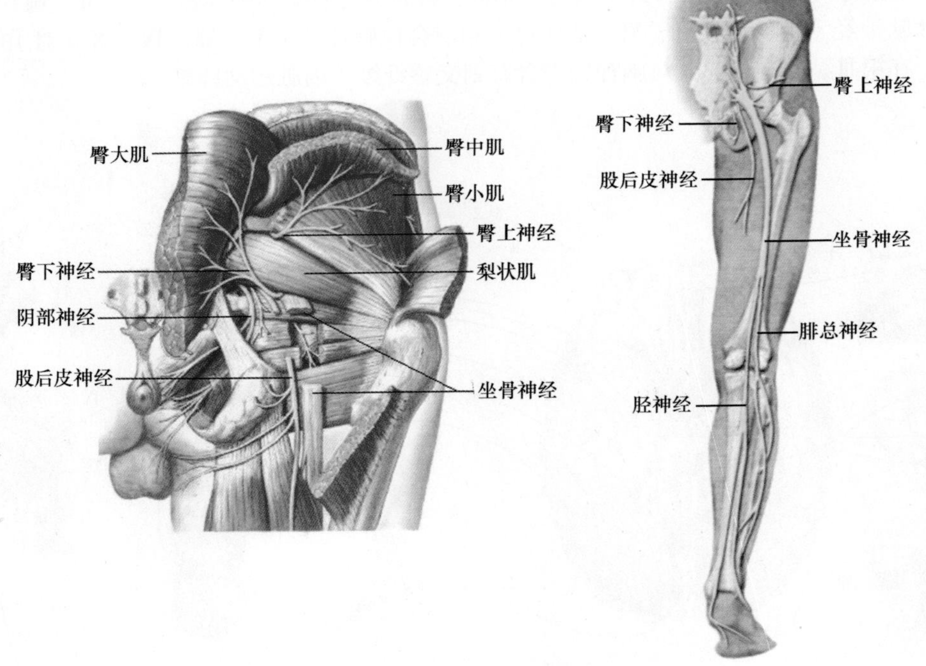

图 11-56 下肢后面的神经

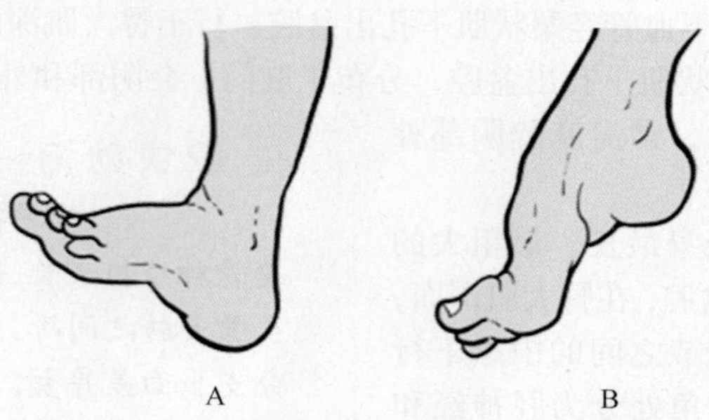

图 11-57　足畸形

A. 钩状足；B. 马蹄内翻足

歌诀助记

脑神经的名称和性质

Ⅰ嗅Ⅱ视Ⅲ动眼，Ⅳ滑Ⅴ叉Ⅵ外展；
Ⅶ面Ⅷ听Ⅸ舌咽，迷副舌下十二全；
ⅠⅡⅧ对司感觉，ⅤⅦⅨⅩ属混合；
其余五对管运动，ⅢⅦⅨⅩ副交感。

二、脑神经

脑神经共 12 对，其排列顺序通常用罗马数字表示：Ⅰ嗅神经、Ⅱ视神经、Ⅲ动眼神经、Ⅳ滑车神经、Ⅴ三叉神经、Ⅵ展神经、Ⅶ面神经、Ⅷ前庭蜗神经、Ⅸ舌咽神经、Ⅹ迷走神经、Ⅺ副神经、Ⅻ舌下神经（图 11-58)。脑神经中含有躯体感觉、躯体运动、内脏感觉和内脏运动 4 种纤维成分。根据每对脑神经内所含纤维成分的不同，将其分为感觉性脑神经（Ⅰ、Ⅱ、Ⅷ 3 对）、运动性脑神经（Ⅲ、Ⅳ、Ⅵ、Ⅺ、Ⅻ 5 对）和混合性脑神经（Ⅴ、Ⅶ、Ⅸ、Ⅹ 4 对）3 类。此外，在第Ⅲ、Ⅶ、Ⅸ、Ⅹ对脑神经中含有副交感纤维（内脏运动纤维）。

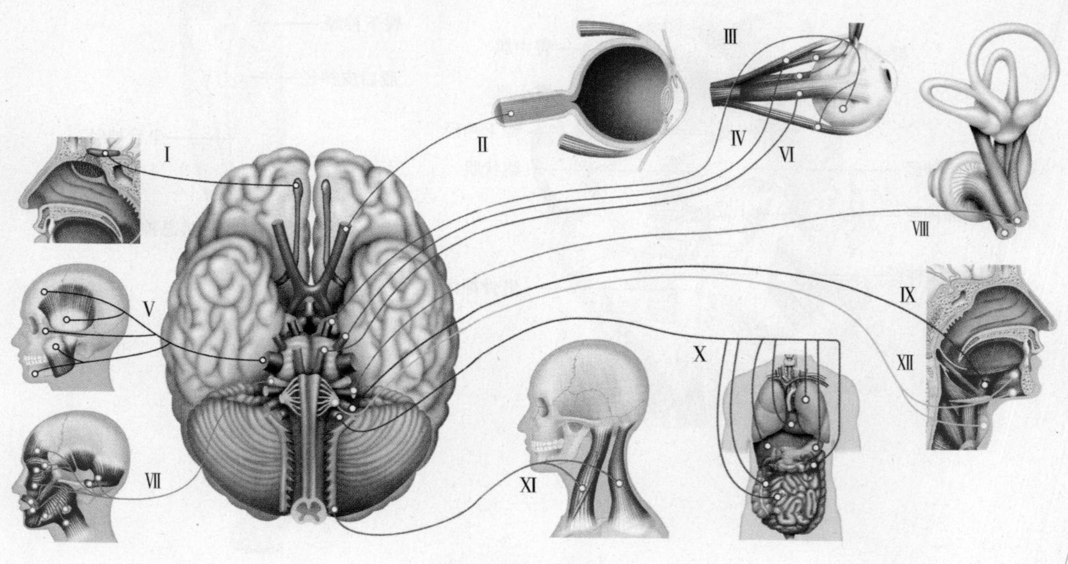

图 11-58　脑神经

1. 嗅神经　为感觉性脑神经，起自鼻黏膜嗅区，由嗅细胞的中枢突聚集成 20 多条嗅丝（即嗅神经），穿筛孔入颅前窝，终止于嗅球（图 11-58)，传导嗅觉。颅前窝骨折累及筛板

时，可造成嗅觉障碍和脑脊液鼻漏。

2. 视神经　为感觉性脑神经，由视网膜节细胞的轴突在视神经盘处聚集穿过巩膜而构成，穿视神经管入颅中窝（图 11-59），形成视交叉，再经视束连于间脑的外侧膝状体，传导视觉。

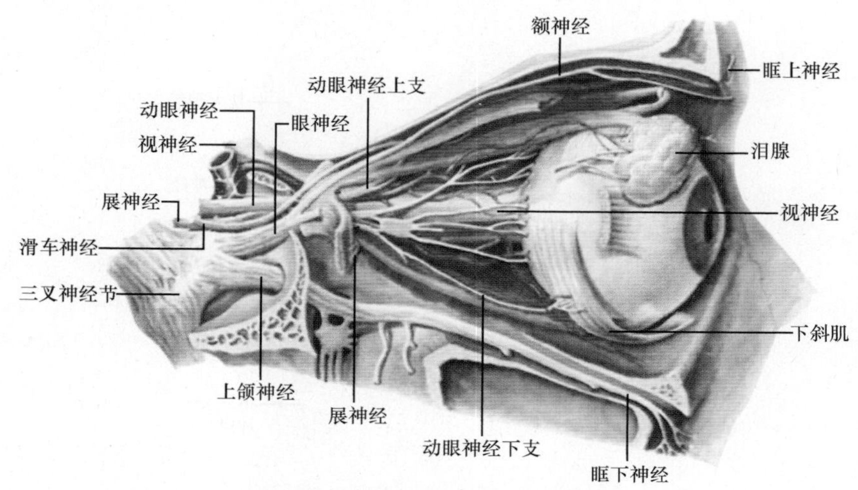

图 11-59　眶内神经（右外侧面观）

3. 动眼神经　为运动性脑神经，内含躯体运动和内脏运动两种纤维成分。动眼神经由中脑脚间窝出脑，经眶上裂入眶（图 11-59）。躯体运动纤维支配上直肌、内直肌、下直肌、下斜肌和上睑提肌；内脏运动（副交感）纤维支配瞳孔括约肌和睫状肌。动眼神经损伤可导致所支配肌瘫痪，出现患侧上睑下垂，瞳孔散大，瞳孔斜向外下方以及瞳孔对光反射消失等症状。

4. 滑车神经　为运动性脑神经，由中脑背侧下丘的下方出脑，经眶上裂入眶（图 11-59），支配上斜肌。

5. 三叉神经　为混合性脑神经，含有躯体感觉和躯体运动两种纤维，可分为眼神经、上颌神经和下颌神经三大分支（图 11-60，图 11-61）。①**眼神经**：为感觉性神经，经眶上裂入眶，分布于眼球、结膜、泪腺以及鼻背和睑裂以上的皮肤。②**上颌神经**：为感觉性神经，经圆孔出颅，经眶下裂入眶延续为眶下神经。上颌神经分布于睑裂与口裂之间的皮肤、

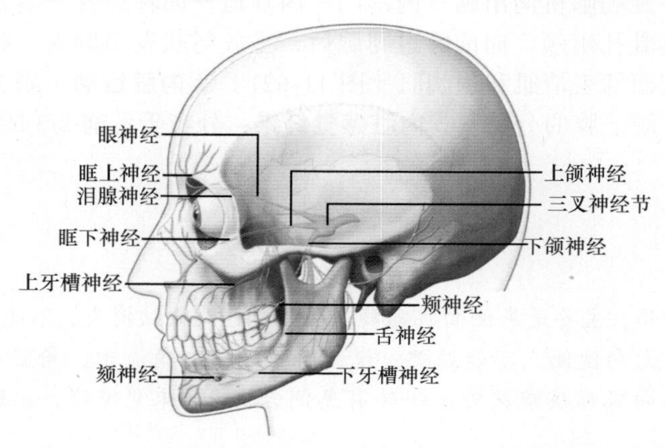

图 11-60　三叉神经的分支

上颌牙、牙龈以及鼻腔和口腔黏膜。③**下颌神经**：为混合性神经，经卵圆孔出颅，躯体感觉纤维分布于下颌牙、牙龈、舌前2/3的黏膜以及口裂以下的皮肤等；躯体运动纤维支配咀嚼肌。

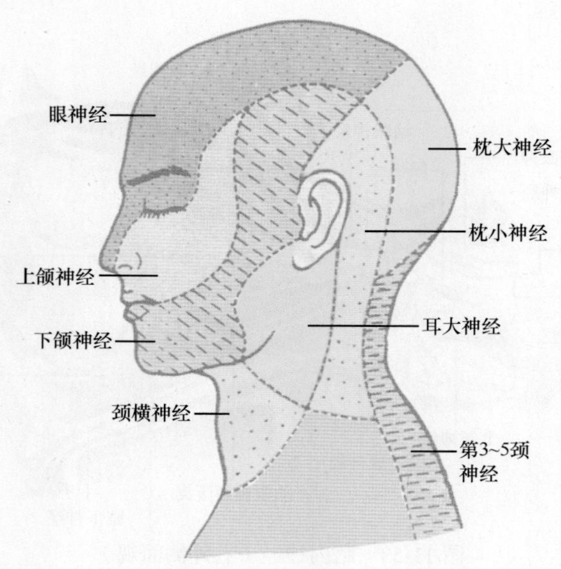

图 11-61　三叉神经皮支分布区

链接

三叉神经损伤

一侧三叉神经损伤，出现患侧面部皮肤、眼、口腔及鼻腔黏膜感觉丧失；角膜反射因角膜感觉丧失而消失；患侧咀嚼肌瘫痪和萎缩，张口时下颌偏向患侧。当压迫眶上孔、眶下孔或颏孔时，可以诱发患支分布区的疼痛。

6. 展神经　为运动性脑神经，由延髓脑桥沟出脑，经眶上裂入眶（图11-59），支配外直肌。

7. 面神经　为混合性脑神经，含有躯体运动、内脏运动和内脏感觉3种纤维。其基本行径：面神经→延髓脑桥沟出脑→内耳门→内耳道→面神经管→茎乳孔出颅腔。①**躯体运动纤维**：经茎乳孔出颅，向前穿过腮腺后，呈放射状发出颞支、颧支、颊支、下颌缘支和颈支，支配面部表情肌和颈阔肌（图11-62）。②**内脏运动**（副交感）纤维：支配泪腺、舌下腺和下颌下腺的分泌。③**内脏感觉纤维**：分布于舌前2/3的味蕾，传导味觉。

链接

面神经损伤

面神经管外损伤，主要是患侧面肌瘫痪，表现为患侧额纹消失，不能闭眼，不能皱眉，鼻唇沟变浅，口角歪向健侧，不能鼓腮，说话时唾液从口角流出，角膜反射消失；面神经管内损伤，除上述面肌瘫痪症状外，还伴有患侧舌前2/3味觉障碍，泪腺、舌下腺和下颌下腺分泌障碍等。

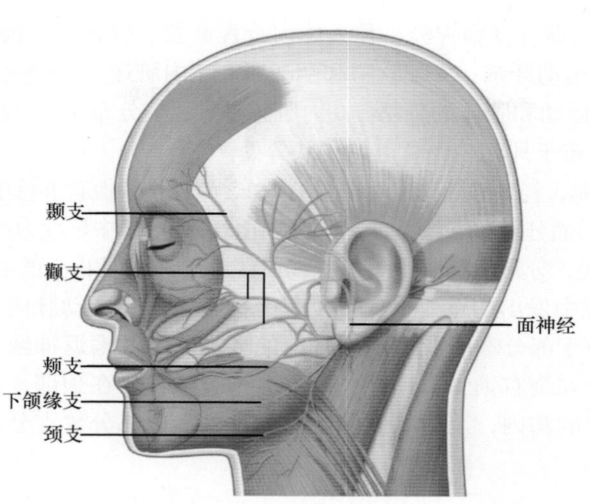

图 11-62 面神经在面部的分支

8. 前庭蜗神经 为感觉性脑神经，由前庭神经和蜗神经组成（图 11-58）。①**前庭神经**：传导平衡觉。位于内耳道底前庭神经节的周围突分布于球囊斑、椭圆囊斑和壶腹嵴位置觉感受器，中枢突组成前庭神经与蜗神经伴行，出内耳门经延髓脑桥沟入脑干。②**蜗神经**：传导听觉。位于内耳蜗轴内蜗神经节的周围突分布于螺旋器，中枢突组成蜗神经，伴随前庭神经入脑干。

9. 舌咽神经 为混合性脑神经，含有 4 种纤维成分。舌咽神经连于延髓，经颈静脉孔出颅，下行于颈内动、静脉之间，继而弓形入舌（图 11-63）。①躯体运动纤维：支配咽部肌。②内脏运动（副交感）纤维：支配腮腺的分泌。③躯体感觉纤维：分布于耳后皮肤。④内脏感觉纤维：分布于舌后 1/3 的黏膜和味蕾、咽及中耳等处的黏膜。由内脏感觉纤维组成的**颈动脉窦**支分布于颈动脉窦和颈动脉小球（图 11-64）。

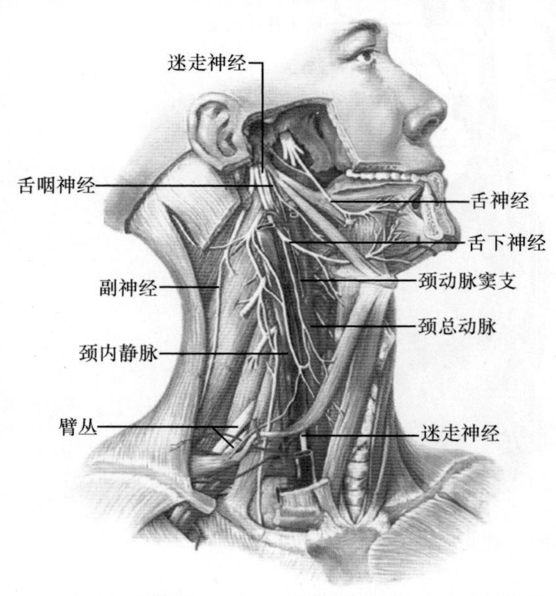

图 11-63 舌咽神经、迷走神经、副神经和舌下神经

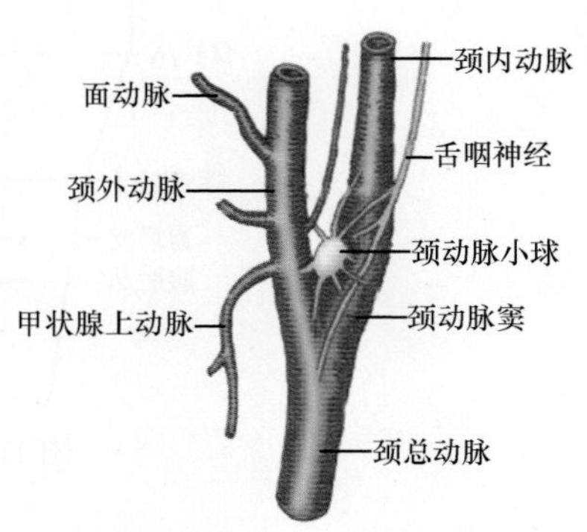

图 11-64 舌咽神经颈动脉窦支

10. 迷走神经 为混合性脑神经，是人体内行程最长、分布范围最广的脑神经，含有4种纤维成分。①躯体运动纤维：支配软腭和咽喉肌。②内脏运动（副交感）纤维：管理颈、胸、腹部多种脏器的运动和腺体的分泌。③内脏感觉纤维：分布于颈、胸、腹部的多种脏器。④躯体感觉纤维：分布于耳郭、外耳道的皮肤等处。

考点：脑神经的名称、性质、出入颅的部位及分布概况

迷走神经连于延髓，经颈静脉孔出颅（图11-63），伴颈部大血管下行至颈根部，经胸廓上口入胸腔，在食管前、后面分别形成食管前、后丛，在食管下段集中延续为迷走神经前、后干，然后穿食管裂孔进入腹腔，分布于胃、肝、胰、脾和肾以及结肠左曲以上的消化管（图11-65）。

迷走神经在行程中发出的重要分支：①**喉上神经**，沿颈内动脉内侧下行，在舌骨水平分为内、外支，分布于部分喉肌及声门裂以上的喉黏膜；②**喉返神经**，左喉返神经勾绕主动脉弓，右喉返神经勾绕右锁骨下动脉，向上返行至颈部。在颈部，两侧的喉返神经均上行于食管与气管之间的沟内，至甲状腺侧叶深面进入喉内，分数支分布于大部分喉肌及声门裂以下的喉黏膜。

链接

喉返神经损伤

喉返神经是喉肌的重要运动神经。由于喉返神经在甲状腺侧叶后缘中、下1/3交界处与甲状腺下动脉相互交叉，且关系复杂。因此，在行甲状腺次全切除术结扎甲状腺下动脉时，应远离甲状腺侧叶后缘，以免损伤喉返神经。单侧喉返神经损伤可导致声音嘶哑或发音困难，双侧喉返神经损伤则可引起失声、呼吸困难，甚至窒息。

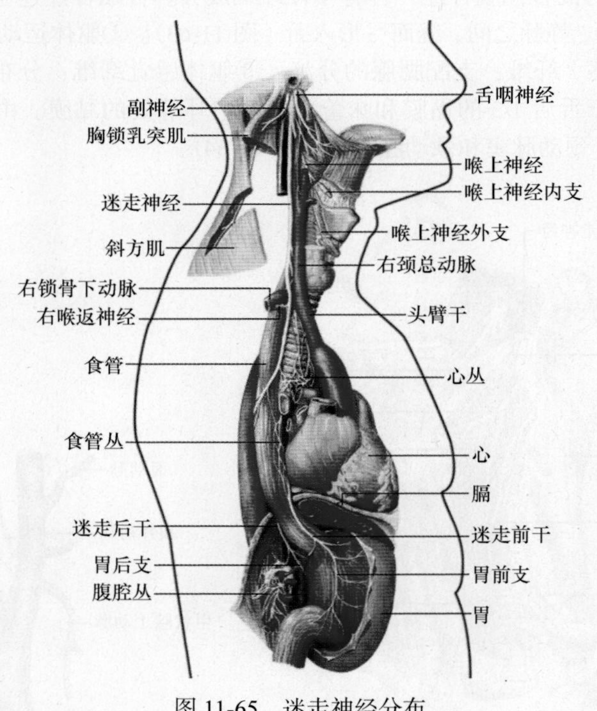

图11-65 迷走神经分布

11. 副神经 为运动性脑神经，自延髓外侧迷走神经根下方出脑，经颈静脉孔出颅，行向后下方支配胸锁乳突肌和斜方肌（图11-65）。

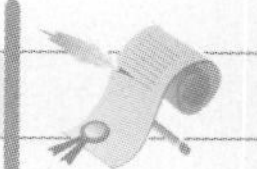

12. 舌下神经 为运动性脑神经，从延髓的前外侧沟出脑，经舌下神经管出颅，支配舌内肌和舌外肌（图 11-64）。一侧舌下神经损伤，由于患侧颏舌肌瘫痪，健侧颏舌肌收缩正常，伸舌时舌尖偏向患侧。

护考链接

患者女，36 岁。甲状腺大部切除术后第 2 天，护士询问病情，发现患者说话声音嘶哑，应考虑是由下列哪种原因引起的（ ）

A. 误切了甲状旁腺

B. 损伤了单侧喉上神经

C. 损伤了双侧喉上神经

D. 损伤了单侧喉返神经

E. 损伤了双侧喉返神经

考点精讲： 喉返神经单侧损伤可导致声音嘶哑或发音困难，双侧损伤则可引起呼吸困难，甚至窒息，故选择答案 D。

三、内脏神经

内脏神经是指分布于内脏、心血管和腺体的神经，含有感觉和运动两种纤维成分。内脏运动神经的主要功能是调节心肌、平滑肌和腺体（消化腺、汗腺、部分内分泌腺）的活动，这种调节通常不受人的意志控制，故又称之为自主神经系统。同时由于它主要控制和调节动、植物共有的物质代谢活动，因而也称之为植物神经系统。

（一）内脏运动神经

内脏运动神经与躯体运动神经在形态结构和功能上存在着较大差异，两者的差异主要表现在以下几个方面：①**支配对象不同**：躯体运动神经支配骨骼肌，一般都受意志的控制；内脏运动神经则支配平滑肌、心肌和腺体，在一定程度上不受意志控制。②**纤维成分不同**：躯体运动神经只有一种纤维成分，而内脏运动神经则包括交感和副交感两种纤维成分，且多数器官同时接受交感和副交感神经的双重支配，两者对同一器官的作用往往是相互拮抗的。例如，迷走神经抑制心脏活动，交感神经则兴奋心脏活动。③**神经元数目不同**：躯体运动神经从低级中枢到达效应器（骨骼肌）前经过一个神经元，而内脏运动神经从低级中枢到达效应器（通常是指平滑肌、心肌和外分泌腺）前则需经过两个神经元。第 1 个神经元称为**节前神经元**，胞体位于脑干和脊髓内，其轴突称为**节前纤维**；第 2 个神经元称为**节后神经元**，胞体位于内脏神经节内，其轴突称为**节后纤维**。④**分布形式不同**：躯体运动神经以神经干的形式分布于效应器，而内脏运动神经的节后纤维通常是先在效应器周围形成神经丛，再由神经丛分支至效应器。

内脏运动神经根据其结构和功能分为交感神经和副交感神经两部分，它们都有各自的中枢部和周围部。

1. 交感神经 交感神经的低级中枢位于脊髓胸 1 至腰 3 节段的灰质侧角（图 11-66）。周围部由交感干、交感神经节以及节前纤维和节后纤维等组成。

(1) 交感神经节：依其所处的位置分为椎旁神经节和椎前神经节两类。**椎旁神经节**位于脊柱两旁，每侧有 19 ～ 24 个。同侧相邻椎旁神经节之间借节间支相连，形成上至颅底、下至尾骨的串珠样**交感干**，故椎旁神经节又称交感干神经节。**椎前神经节**位于脊柱前方，包括**腹腔神经节**、**主动脉肾神经节**和**肠系膜上、下神经节**等，分别位于同名动脉根部附近。

(2) 交感神经节前纤维的去向：由脊髓胸1至腰3节段灰质侧角发出的节前纤维，经脊神经前根、脊神经、交通支进入交感干后（图11-66，图11-67）有3种不同的去向：①终止于相应的椎旁神经节内更换神经元；②在交感干内上升或下降，然后再终止于上方或下方的椎旁神经节内更换神经元；③穿过椎旁神经节，至椎前神经节内更换神经元。

(3) 交感神经节后纤维的去向：由交感神经节发出的节后纤维也有3种不同的去向：①经交通支返回31对脊神经（图11-67），随脊神经分布于头颈部、躯干和四肢的血管、汗腺、竖毛肌和瞳孔开大肌等；②攀附于动脉表面形成同名神经丛，并随动脉分支分布到所支配的器官；③由交感神经节直接分布到所支配的脏器。

(4) 交感神经的分布概况：由交感神经低级中枢发出的节前纤维，在交感神经节更换神经元后，其节后纤维分布于头、颈、胸腔、腹腔、盆腔脏器等以及四肢的血管、汗腺、竖毛肌和瞳孔开大肌等。

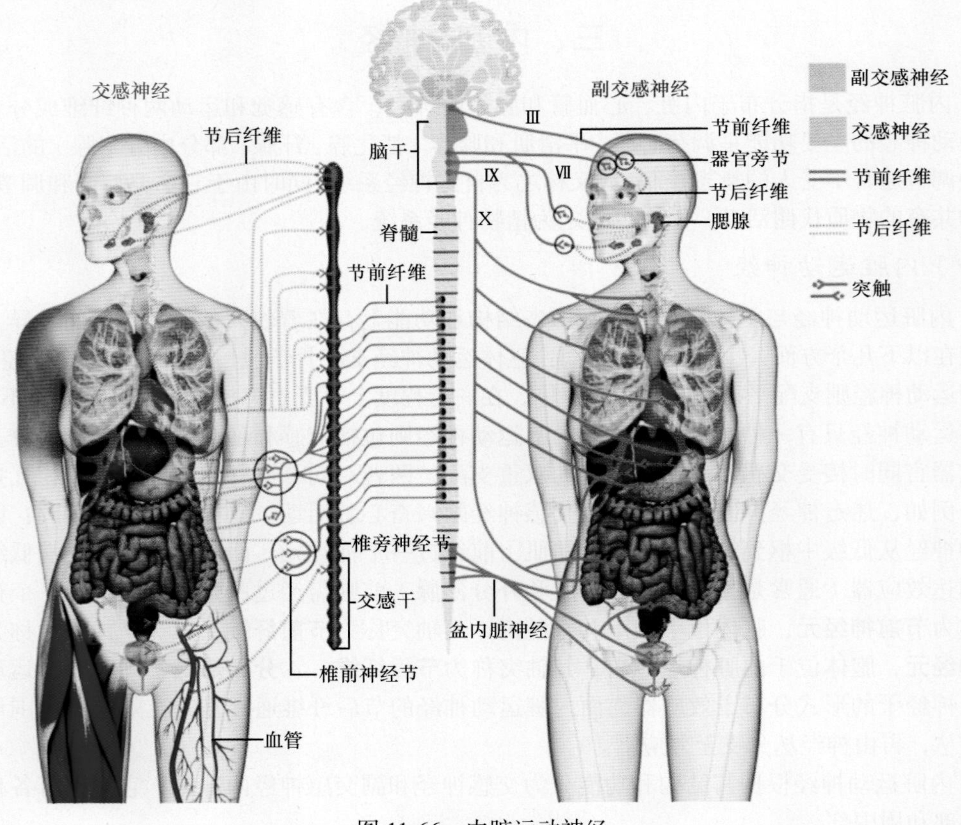

图11-66　内脏运动神经

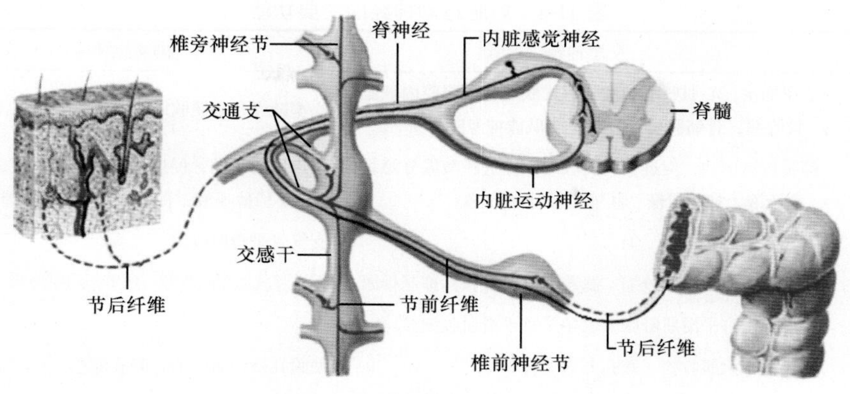

图 11-67　交感神经纤维走行

链接

眼的神经分布

眼的神经来源于6对脑神经和交感神经，视神经传导视觉冲动，眼的感觉由三叉神经的眼神经传导，眼球外肌由动眼神经、滑车神经和展神经支配，眼球内肌中的瞳孔括约肌和睫状肌由动眼神经的副交感纤维支配，瞳孔开大肌由交感神经支配，泪腺的分泌由面神经的副交感纤维支配。

2. 副交感神经　副交感神经的低级中枢位于脑干内的副交感神经核和脊髓骶 2 ～ 4 节段的骶副交感核（图 11-66）。周围部包括副交感神经节以及进出此节的节前纤维和节后纤维。副交感神经节多位于所支配器官的附近或器官的壁内，分别称为器官旁节和器官内节。由脑干副交感神经核发出的节前纤维随Ⅲ、Ⅶ、Ⅸ、Ⅹ对脑神经走行分布（详见脑神经）；由脊髓骶 2 ～ 4 节段骶副交感核发出的节前纤维随骶神经走行，出骶前孔后组成盆内脏神经加入盆丛，由副交感神经节内发出的节后纤维分布于结肠左曲以下的消化管和盆腔脏器。

考点：交感神经与副交感神经的区别

3. 交感神经与副交感神经的区别　交感神经和副交感神经同属内脏运动神经，且常对同一器官进行双重神经支配。但两者在来源、形态结构、分布范围和功能等方面又各有其特点，两者的主要区别见表 11-3。

表 11-3　交感神经与副交感神经的主要区别

比较内容	交感神经	副交感神经
低级中枢的部位	脊髓胸 1 至腰 3 节段的灰质侧角	脑干内的副交感神经核和脊髓骶 2 ～ 4 节段的骶副交感核
周围神经节的位置	椎旁神经节或椎前神经节	器官旁节或器官内节
节前、节后纤维	节前纤维短，节后纤维长	节前纤维长，节后纤维短
分布范围	分布范围广泛，分布于全身血管、内脏平滑肌、心肌、腺体、瞳孔开大肌和竖毛肌等	仅分布于内脏平滑肌、心肌、腺体、瞳孔括约肌和睫状肌等

4. 内脏运动神经的主要功能及其生理意义

（1）内脏运动神经的主要功能（图 11-68，表 11-4）

表 11-4　内脏运动神经的主要功能

器　官	交感神经	副交感神经
循环系统	心率加快、心肌收缩力加强，皮肤血管、腹腔内脏血管收缩，骨骼肌血管收缩（胆碱能神经除外）	心率减慢，心肌收缩力减弱
消化系统	抑制胃肠运动，促进括约肌收缩，促进唾液腺分泌黏稠唾液，抑制胃液、胰液、胆汁的分泌	促进胃肠运动，促进括约肌舒张，促进唾液腺分泌稀薄唾液，促进胃液、胰液、胆汁的分泌
呼吸系统	支气管平滑肌舒张	支气管平滑肌收缩
泌尿系统	促进尿道内括约肌收缩、膀胱逼尿肌舒张，抑制排尿	促进膀胱逼尿肌收缩，尿道括约肌舒张，促进排尿
生殖系统	使未孕子宫平滑肌舒张，已孕子宫平滑肌收缩	
眼	使瞳孔开大肌收缩，瞳孔开大	使瞳孔括约肌收缩，瞳孔缩小
皮肤	促进汗腺分泌，使竖毛肌收缩	
内分泌系统	促进肾上腺髓质分泌儿茶酚胺类激素	促进胰岛素分泌
新陈代谢	促进肝糖原分解	

考点：内脏运动神经活动的生理意义

(2) 内脏运动神经活动的生理意义：交感神经是一个应激系统，如缺氧、剧痛、寒冷、失血等情况下，交感神经活动明显加强，心率加快、血压升高、血糖升高等。其主要生理意义在于动员机体的潜在力量，以适应环境的急剧变化。人在安静时，副交感神经的活动增强，其主要生理意义在于促进消化吸收、蓄积能量、加强排泄、休整恢复，保证机体安静时基本生命活动的正常进行。

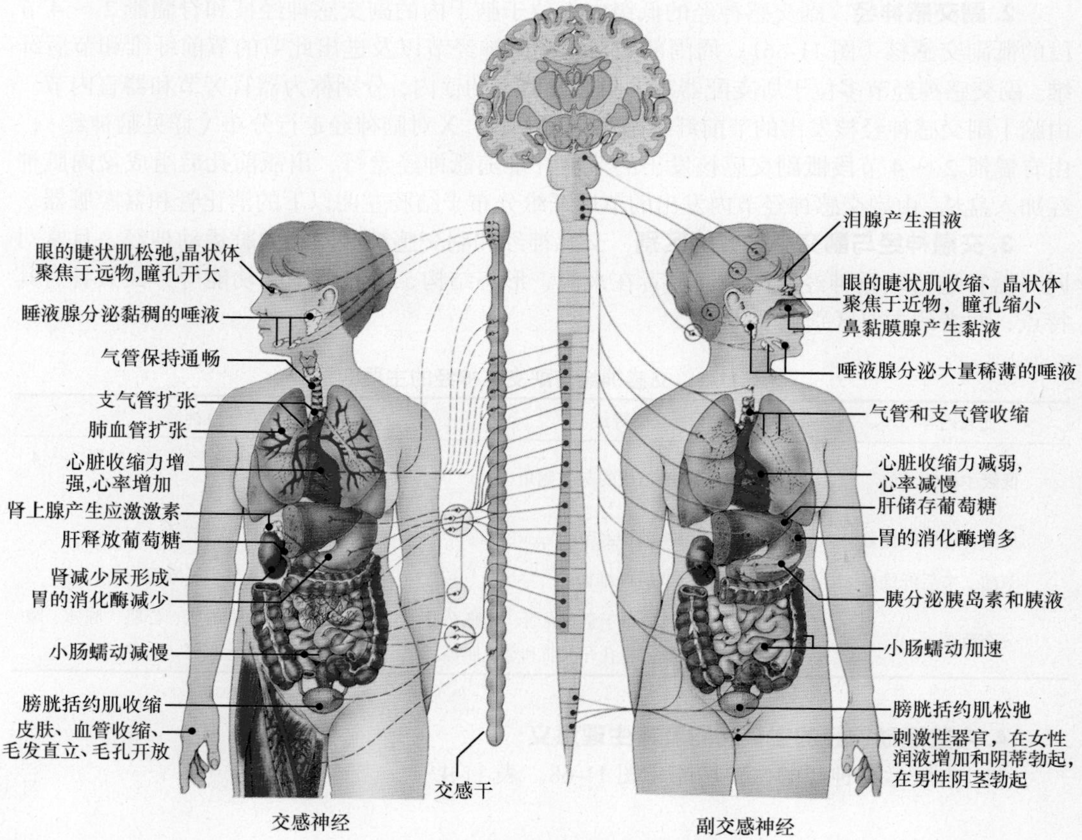

图 11-68　交感神经与副交感神经的功能区别

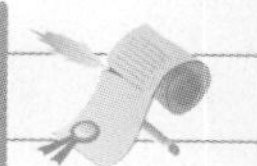

5. 内脏运动神经的信息传递 是通过节前纤维和节后纤维释放的外周递质与节后神经元或效应器上相应受体结合产生作用来实现的。

(1) 内脏运动神经的递质与神经纤维分类：内脏运动神经释放的递质主要是乙酰胆碱和去甲肾上腺素。根据所释放的递质不同，将内脏运动神经纤维分为两类：①**胆碱能纤维**，是指末梢释放乙酰胆碱的神经纤维，包括交感神经节前纤维、副交感神经节前和节后纤维、少数交感神经节后纤维（支配骨骼肌血管、汗腺等）。支配骨骼肌的躯体运动神经纤维也释放乙酰胆碱，属于胆碱能纤维。②**肾上腺素能纤维**，是指末梢释放去甲肾上腺素的神经纤维，包括绝大多数交感神经节后纤维。

(2) 内脏运动神经的受体

1) 胆碱能受体：是指能与乙酰胆碱结合的受体。根据药理学特性，分为以下两类。

①**毒蕈碱受体**（M 受体）：是指能与毒蕈碱结合的胆碱能受体，主要分布于副交感神经节后纤维支配的效应细胞、交感神经节后纤维支配的汗腺和骨骼肌血管的平滑肌细胞膜上。乙酰胆碱与 M 受体结合后，可产生一系列副交感神经兴奋的效应，称为毒蕈碱样作用，简称 **M 样作用**。如心脏活动抑制，支气管平滑肌、胃肠平滑肌、膀胱逼尿肌、瞳孔括约肌收缩，消化腺、汗腺分泌增加和骨骼肌血管舒张等。阿托品是 M 受体阻断剂。

②**烟碱受体**（N 受体）：是指能与烟碱结合的胆碱能受体。N 受体又分为 N_1 与 N_2 受体两个亚型，N_1 受体分布于内脏运动神经节后神经元细胞膜上，乙酰胆碱、烟碱等与 N_1 受体结合，可引起节后神经元兴奋；N_2 受体位于骨骼肌的运动终板膜上，与乙酰胆碱结合可引起骨骼肌兴奋。筒箭毒是 N_1 和 N_2 受体的阻断剂，故临床手术中常作为肌肉松弛剂使用。

2) 肾上腺素能受体：是指能与肾上腺素和去甲肾上腺素结合的受体。分布于肾上腺素能纤维所支配的效应器细胞膜上，分为 α 受体和 β 受体两类。

① **α 受体**：主要分布于皮肤、肾、胃肠等的血管平滑肌细胞上。肾上腺素和去甲肾上腺素与 α 受体结合后产生的平滑肌效应以兴奋为主，如血管收缩、已孕子宫收缩、瞳孔开大肌收缩等；但对小肠平滑肌却表现为抑制性效应，使小肠平滑肌舒张。酚妥拉明是 α 受体阻断剂。

考点： 胆碱能受体和肾上腺素能受体的概念及其分布

② **β 受体**：可分为 $β_1$ 受体和 $β_2$ 受体。$β_1$ 受体主要分布于心肌细胞膜上，肾上腺素和去甲肾上腺素与 $β_1$ 受体结合后产生兴奋效应，如心率加快、心肌收缩力增强等。$β_2$ 受体分布于支气管、胃、肠、子宫及许多血管平滑肌细胞上，肾上腺素和去甲肾上腺素与 $β_1$ 受体结合后产生的平滑肌效应则为抑制性的，包括血管、子宫、小肠、支气管等的平滑肌舒张。普萘洛尔（心得安）能阻断 β 受体，但对 $β_1$、$β_2$ 受体无选择性。阿替洛尔主要阻断 $β_1$ 受体，而丁氧胺则主要阻断 $β_2$ 受体。

（二）内脏感觉神经

内脏器官除有交感神经和副交感神经支配外，还有内脏感觉神经分布。内脏感觉神经通过分布于内脏和心血管壁等处的内感受器接受来自内脏的各种刺激，并将内脏感觉冲动传导至大脑皮质，产生内脏感觉，中枢可直接通过内脏运动神经或间接通过体液途径来调节内脏器官的活动。

（三）内脏痛与牵涉痛

内脏痛常由机械性牵拉、痉挛、缺血和炎症等刺激所致，是临床常见的一种症状，具

考点：牵涉痛的概念及临床意义

有以下特点：①定位不准确，是内脏痛的最主要特点；②疼痛发生缓慢、持续时间较长，对刺激的分辨能力差；③对机械性牵拉、痉挛、缺血、炎症等刺激敏感，而对切割、烧灼等刺激不敏感；④常伴有牵涉痛。

牵涉痛是指某些内脏器官发生病变引起体表特定部位发生疼痛或疼痛过敏的现象。牵涉痛可发生在患病器官邻近的皮肤区，也可发生在与患病器官相距较远的皮肤区。例如，心绞痛时，则会感到心前区、左肩及左臂内侧的皮肤疼痛；胆囊炎、胆石症发作时，常在右肩部感到疼痛；阑尾炎早期，腹痛常发生在上腹部或脐周围。牵涉痛是造成临床误诊的常见原因之一，故正确认识牵涉痛对诊断某些疾病具有一定参考价值。

护考链接

急性胆囊炎有右肩部疼痛表现，这种疼痛属于（　　）

A. 转移性疼痛　　B. 皮肤痛

C. 牵涉痛　　D. 胆绞痛　E. 内脏痛

考点精讲： 因为胆囊的内脏感觉神经与右肩部体表的感觉神经进入同一脊髓节段，并在脊髓后角密切联系，故急性胆囊炎患者表现为右肩部疼痛，故选择答案C。

第四节　神经系统的传导通路

神经系统的传导通路是指联系大脑皮质与感受器和效应器之间神经冲动的传导通路，包括感觉（上行）传导通路和运动（下行）传导通路。前者是指感受器将内、外环境的各种刺激所产生的神经冲动传至大脑皮质的神经通路，是反射弧组成中的传入部分；后者是指大脑皮质发出的神经冲动传至效应器的神经通路，是反射弧组成中的传出部分。

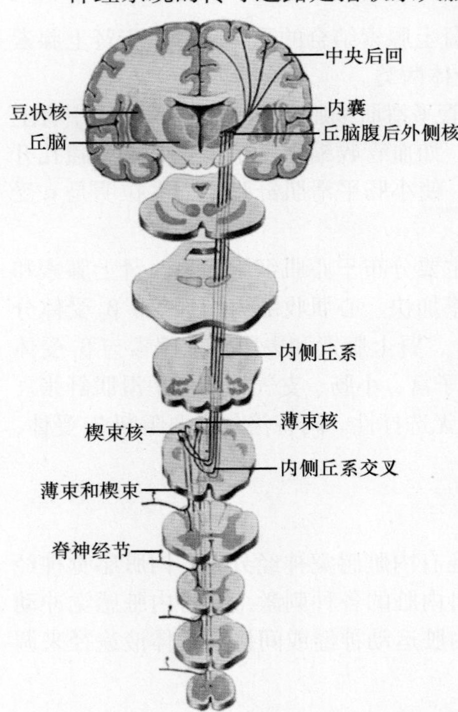

图 11-69　躯干、四肢本体感觉和精细触觉传导通路

一、感觉传导通路

（一）躯干、四肢的本体感觉和精细触觉传导通路

本体感觉又称深感觉，是指肌、肌腱和关节等处在不同状态（如运动或静止）时产生的位置觉、运动觉和振动觉。在本体感觉传导通路中还传导皮肤的精细触觉。此通路由3级神经元组成（图 11-69）：第1级神经元为脊神经节内的假单极神经元，其周围突随脊神经分布于躯干、四肢的肌、肌腱、关节等处的本体感受器和皮肤的精细触觉感受器，中枢突经脊神经后根进入同侧脊髓后索组成薄束和楔束，两束上行分别终止于薄束核和

楔束核。第 2 级神经元的胞体位于延髓的薄束核和楔束核内，它们发出的纤维向前绕过中央管的腹侧左右交叉，形成内侧丘系交叉，交叉后的纤维折而向上形成内侧丘系，向上终止于丘脑的腹后外侧核。第 3 级神经元的胞体位于丘脑的腹后外核内，其发出的纤维参与组成丘脑中央辐射，经内囊后肢投射至大脑皮质中央后回的中、上部和中央旁小叶后部，小部分纤维投射至中央前回。

考点：感觉传导通路各级神经元胞体所在的位置、纤维束交叉的部位以及投射区域

（二）躯干、四肢的浅感觉传导通路

浅感觉包括皮肤、黏膜的痛觉、温度觉、粗触觉和压觉。此通路由 3 级神经元组成（图 11-70）：第 1 级神经元为脊神经节内的假单极神经元，其周围突随脊神经分布于躯干、四肢皮肤内的感受器。中枢突经脊神经后根进入脊髓，终止于脊髓灰质后角。第 2 级神经元的胞体位于脊髓灰质后角内，发出的纤维上升 1 ～ 2 个脊髓节段后交叉至对侧，形成脊髓丘脑束，向上终止于丘脑的腹后外侧核。第 3 级神经元的胞体位于丘脑的腹后外侧核内，其发出的纤维参与组成丘脑中央辐射，经内囊后肢投射至大脑皮质中央后回的中、上部和中央旁小叶后部。

链接

感觉传导通路的特点

感觉传导通路均由 3 级神经元组成。第 1 级神经元一般为神经节内的假单极神经元；第 2 级神经元的胞体多数位于脊髓或脑干内，并发出纤维交叉至对侧；第 3 级神经元的胞体均位于间脑内，发出的纤维均经内囊后肢投射至大脑皮质相对应的感觉中枢。熟悉交叉的位置，根据临床的体征，可以推断病变的部位。

（三）头面部的浅感觉传导通路

第 1 级神经元为三叉神经节内的假单极神经元（图 11-71），其周围突经三叉神经分布于头面部皮肤和黏膜的有关感受器。中枢突经三叉神经根进入脑桥，终止于三叉神经感觉核群。第 2 级神经元的胞体位于三叉神经感觉核群内，它们发出的纤维交叉至对侧形成三叉丘系，向上终止于丘脑的腹后内侧核。第 3 级神经元的胞体位于丘脑的腹后内侧核内，其发出的纤维加入丘脑中央辐射，经内囊后肢投射至大脑皮质中央后回的下部。

（四）视觉传导通路和瞳孔对光反射通路

1. 视觉传导通路 第 1 级神经元为视网膜内的双极细胞，其周围突与视锥细胞和视杆细胞相联系，中枢突则与节细胞形成突触。第 2 级神经元为视网膜内的节细胞，其轴突在视神经盘处聚集成视神经，经视神经管入颅，形成视交叉后（图 11-72），延为左右视束，绕过大脑脚，大部分终止于外侧膝状体。在视交叉中，来自两眼视网膜鼻侧半的纤维交叉，进入对侧视束中；颞侧半的纤维不交叉，进入同侧视束中。因此，左侧视束含有来自两侧视网膜左侧半的纤维，右侧视束含有来自两侧视网膜右侧半的纤维。第 3 级神经元的胞体位于间脑的外侧膝状体内，其发出的纤维组成视辐射，经内囊后肢的后部投射至端脑距状沟两侧的视觉中枢，产生视觉。

2. 瞳孔对光反射通路 **瞳孔对光反射**是指光照射一侧瞳孔，引起两眼瞳孔缩小的反射。光照射侧的瞳孔缩小称为直接对光反射，未照射侧的瞳孔缩小则称为间接对光反射。瞳孔对光反射的通路：光刺激→视网膜→视神经→视交叉→两侧视束→中脑瞳孔对光反射中枢

→两侧动眼神经副核→两侧动眼神经（节前纤维）→睫状神经节→节后纤维→两侧瞳孔括约肌收缩→两侧瞳孔缩小。

瞳孔对光反射在临床工作中有着十分重要的意义，反射消失，可能预示病危。但视神经或动眼神经受损，也能引起瞳孔对光反射的变化，应引起注意。

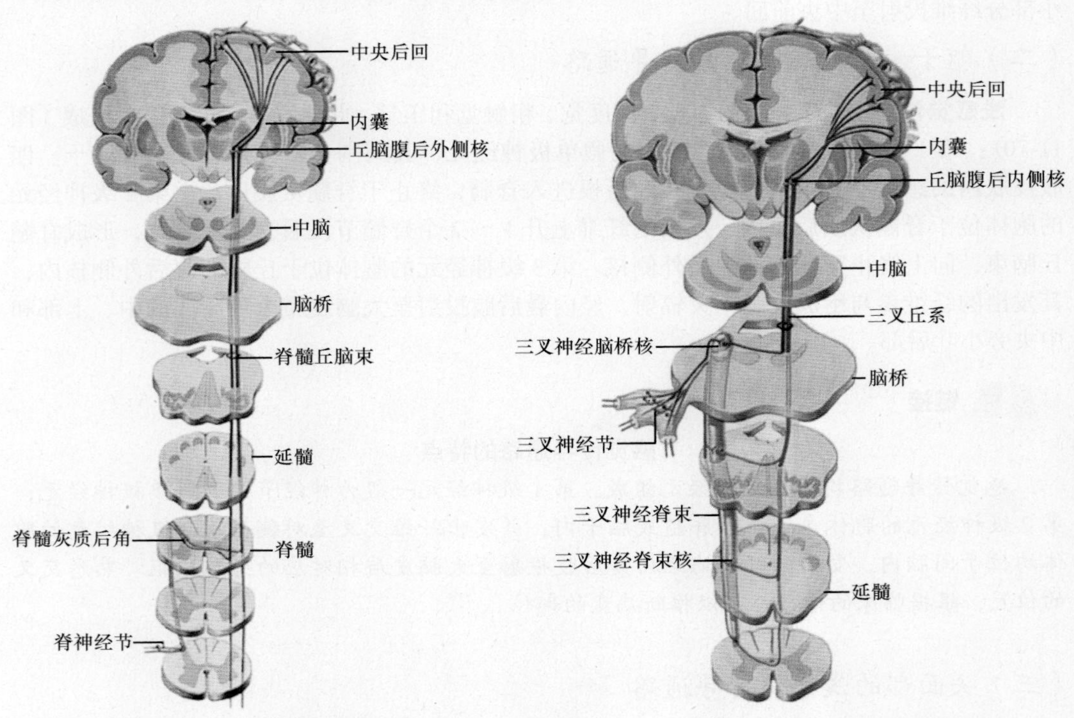

图 11-70　躯干、四肢的浅感觉传导通路　　图 11-71　头面部的浅感觉传导通路

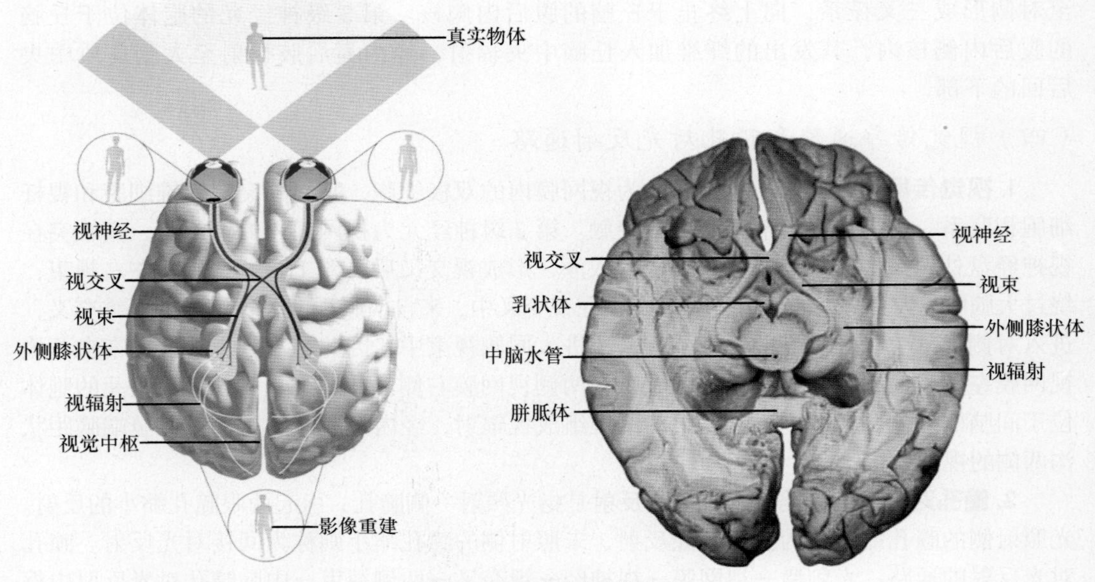

图 11-72　视觉传导通路

二、运动传导通路

运动传导通路常指躯体运动传导通路，是指从大脑皮质至躯体运动效应器（骨骼肌）之间的神经联系，包括锥体系和锥体外系两部分。大脑皮质运动区对躯体运动的控制是通过锥体系和锥体外系协同完成的。

（一）锥体系及其功能

锥体系为管理骨骼肌随意运动的下行纤维束，由上、下两级运动神经元组成。上运动神经元由位于大脑皮质运动区等处的锥体细胞组成，其轴突组成下行的锥体束。其中，终止于脊髓前角运动神经元的下行纤维束称为皮质脊髓束，终止于脑干内脑神经躯体运动核的下行纤维束称为皮质核束。下运动神经元为脑干内脑神经躯体运动核（动眼神经核、滑车神经核、三叉神经运动核、展神经核、面神经核、疑核、副神经核和舌下神经核）和脊髓前角运动神经元，它们的轴突分别构成脑神经和脊神经的躯体运动纤维，随脑神经和脊神经支配相应的骨骼肌。

1. 皮质脊髓束（图 11-73）　由中央前回中、上部和中央旁小叶前部大脑皮质等处的锥体细胞轴突集中而成，经内囊后肢、大脑脚和脑桥基底部下行至延髓锥体。在锥体下端，75%～90% 的纤维经锥体交叉越至对侧，在脊髓外侧索中下行，形成皮质脊髓侧束，沿途逐节终止于同侧的脊髓前角运动神经元，支配上、下肢肌。在延髓内未交叉的小部分纤维，则在同侧脊髓前索中下行，形成皮质脊髓前束（仅达上胸节）。皮质脊髓前束在下行过程中有部分纤维逐节交叉至对侧，终止于脊髓前角运动神经元，支配躯干肌和上、下肢肌；皮质脊髓前束中有一部分纤维始终不交叉而终止于同侧的脊髓前角运动神经元，支配躯干肌。由上可知，躯干肌受两侧大脑皮质支配，而上、下肢肌则受对侧大脑皮质支配。故一侧皮质脊髓束在锥体交叉前受损，主要引起对侧肢体的瘫痪，而对躯干肌的运动没有明显的影响。

考点：皮质脊髓束纤维交叉的部位及其与下运动神经元的联系状况

2. 皮质核束（图 11-74）　主要由中央前回下部的锥体细胞轴突集中而成，经内囊膝下行至脑干后，大部分纤维陆续终止于双侧的脑神经躯体运动核，再由上述脑神经核发出的躯体运动纤维，随相应脑神经支配眼球外肌、咀嚼肌、睑裂以上的面肌、咽喉肌、胸锁乳突肌和斜方肌。小部分纤维完全交叉到对侧，终止于面神经核下部和舌下神经核，支配对侧睑裂以下的面肌和舌肌，即面神经核的下部和舌下神经核只接受对侧皮质核束的支配。故当一侧皮质核束受损时，只会出现对侧睑裂以下面肌和舌肌的瘫痪，表现为对侧鼻唇沟消失，口角歪向患侧，伸舌时舌尖偏向健侧，为核上瘫。而当一侧面神经核或面神经（下运动神经元）受损时，会出现同侧面肌全部瘫痪，表现为额纹消失，不能闭眼，口角下垂，鼻唇沟消失等（图 11-75）；一侧舌下神经核或舌下神经（下运动神经元）受损则会出现同侧舌肌瘫痪，表现为伸舌时舌尖偏向患侧，为核下瘫。

锥体系的主要功能是传达大脑皮质运动区的指令，发动随意运动，调节精细动作，保持运动的协调性。

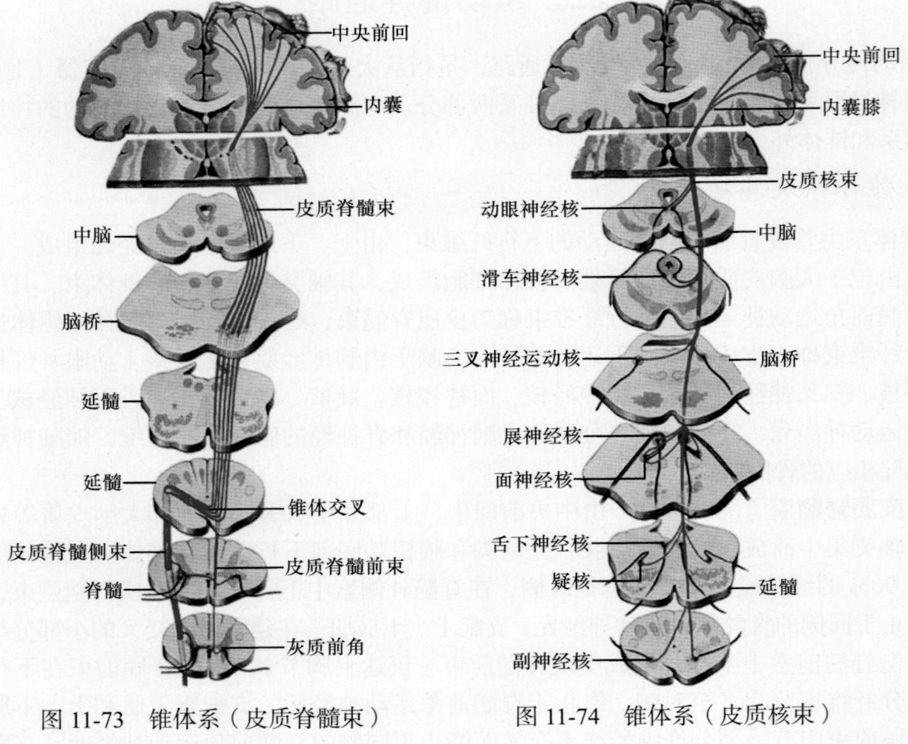

图 11-73　锥体系（皮质脊髓束）

图 11-74　锥体系（皮质核束）

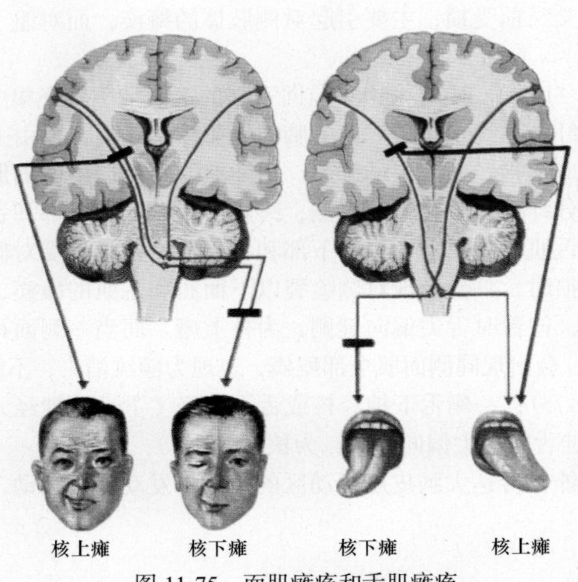

图 11-75　面肌瘫痪和舌肌瘫痪

（二）锥体外系及其功能

锥体外系是指锥体系以外的影响和控制骨骼肌运动的传导通路。结构十分复杂，锥体外系的纤维起自大脑皮质，在下行过程中与纹状体、丘脑、红核、黑质、小脑及脑干网状结构等发生广泛联系，并经多次更换神经元后，下行终止于脑神经躯体运动核和脊髓前角运动神经元。

考点：锥体系及其功能

锥体外系的主要功能是调节肌张力、协调肌群间的运动、维持人体姿势和完成习惯性动作（如在走路时双臂自然协调地摆动）等。

小结

神经系统是人体内结构和功能最为复杂的系统，由中枢神经系统和周围神经系统两部分组成。脊髓是完成躯体运动最基本的反射中枢。脑内具有产生各种感觉和调节各种运动的中枢，大脑皮质是接受和处理传入信息以及发出指令的最高级中枢。脑和脊髓的被膜及血管对中枢神经系统起着支持、营养和保护等作用。周围神经系统通过脊神经、脑神经和内脏神经从分布于全身各处的感受器接受信息而传向中枢，并可完成大脑皮质发出的各种指令。调节内脏活动的中枢是脊髓、脑干、下丘脑和边缘系统。传导通路是实现神经系统各部位之间的联系及神经系统与周围器官联系的重要途径。

自测题

一、名词解释

1. 灰质　2. 神经核　3. 牵张反射　4. 腱反射　5. 脊髓休克　6. 纹状体　7. 蛛网膜下隙　8. 大脑动脉环　9. 胆碱能受体　10.M 样作用　11. 牵涉痛

二、填空题

1. 神经系统分为________和________两部分。
2. 神经纤维传导兴奋的特征是________、________、________和________。
3. 突触由________、________和________3 部分组成。
4. 脊髓位于________内，上端在________处与________相连，下端成人约平________。
5. 牵张反射包括________和________两种类型。临床上常通过检查________来了解神经系统的功能状态。
6. 牵张反射的感受器是________，肌紧张是________反射的基础。
7. 脑干自下而上由________、________和________3 部分组成。
8. 小脑对躯体运动的调节功能主要是________、________和________。
9. 丘脑腹后内侧核接受________和________纤维，丘脑腹后外侧核接受________和________纤维。
10. 每侧大脑半球借 3 条恒定的沟分为________、________、________、________和________5 个叶。
11. 大脑皮质运动区位于________，视觉区位于________，说话中枢位于________。
12. 脊髓和脑表面的被膜由外向内依次为________、________和________。
13. 脑的血液供应来自________和________，大脑动脉瘤的好发部位在________与________连接处。
14. 手背皮肤感觉主要由________和________传导，手掌皮肤感觉主要由________和________

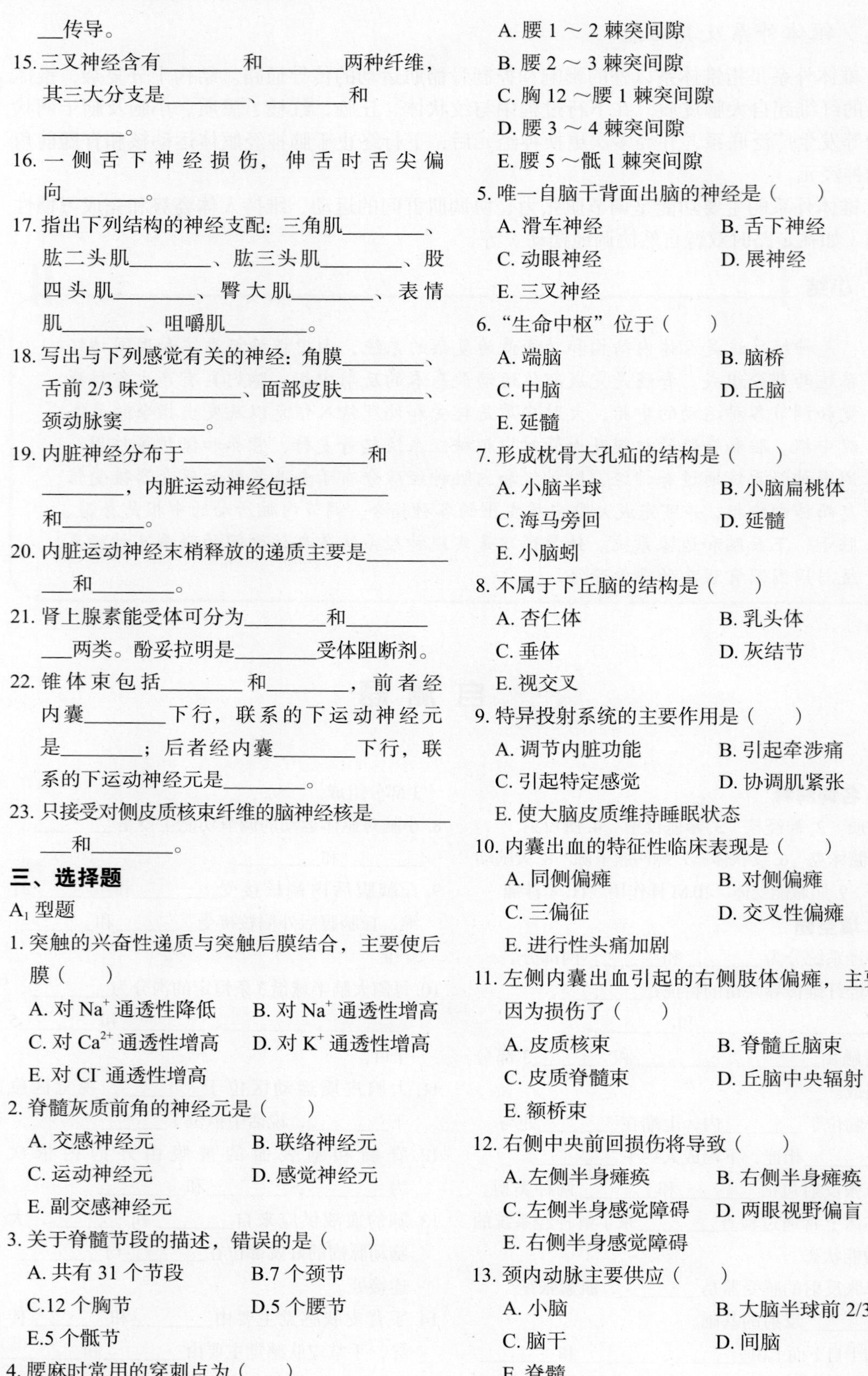

___传导。

15. 三叉神经含有________和________两种纤维，其三大分支是________、________和________。

16. 一侧舌下神经损伤，伸舌时舌尖偏向________。

17. 指出下列结构的神经支配：三角肌________、肱二头肌________、肱三头肌________、股四头肌________、臀大肌________、表情肌________、咀嚼肌________。

18. 写出与下列感觉有关的神经：角膜________、舌前2/3味觉________、面部皮肤________、颈动脉窦________。

19. 内脏神经分布于________、________和________，内脏运动神经包括________和________。

20. 内脏运动神经末梢释放的递质主要是________和________。

21. 肾上腺素能受体可分为________和________两类。酚妥拉明是________受体阻断剂。

22. 锥体束包括________和________，前者经内囊________下行，联系的下运动神经元是________；后者经内囊________下行，联系的下运动神经元是________。

23. 只接受对侧皮质核束纤维的脑神经核是________和________。

三、选择题

A_1 型题

1. 突触的兴奋性递质与突触后膜结合，主要使后膜（　　）
   A. 对 Na^+ 通透性降低　B. 对 Na^+ 通透性增高
   C. 对 Ca^{2+} 通透性增高　D. 对 K^+ 通透性增高
   E. 对 Cl^- 通透性增高

2. 脊髓灰质前角的神经元是（　　）
   A. 交感神经元　B. 联络神经元
   C. 运动神经元　D. 感觉神经元
   E. 副交感神经元

3. 关于脊髓节段的描述，错误的是（　　）
   A. 共有31个节段　B.7个颈节
   C.12个胸节　D.5个腰节
   E.5个骶节

4. 腰麻时常用的穿刺点为（　　）
   A. 腰1～2棘突间隙
   B. 腰2～3棘突间隙
   C. 胸12～腰1棘突间隙
   D. 腰3～4棘突间隙
   E. 腰5～骶1棘突间隙

5. 唯一自脑干背面出脑的神经是（　　）
   A. 滑车神经　B. 舌下神经
   C. 动眼神经　D. 展神经
   E. 三叉神经

6. “生命中枢”位于（　　）
   A. 端脑　B. 脑桥
   C. 中脑　D. 丘脑
   E. 延髓

7. 形成枕骨大孔疝的结构是（　　）
   A. 小脑半球　B. 小脑扁桃体
   C. 海马旁回　D. 延髓
   E. 小脑蚓

8. 不属于下丘脑的结构是（　　）
   A. 杏仁体　B. 乳头体
   C. 垂体　D. 灰结节
   E. 视交叉

9. 特异投射系统的主要作用是（　　）
   A. 调节内脏功能　B. 引起牵涉痛
   C. 引起特定感觉　D. 协调肌紧张
   E. 使大脑皮质维持睡眠状态

10. 内囊出血的特征性临床表现是（　　）
   A. 同侧偏瘫　B. 对侧偏瘫
   C. 三偏征　D. 交叉性偏瘫
   E. 进行性头痛加剧

11. 左侧内囊出血引起的右侧肢体偏瘫，主要是因为损伤了（　　）
   A. 皮质核束　B. 脊髓丘脑束
   C. 皮质脊髓束　D. 丘脑中央辐射
   E. 额桥束

12. 右侧中央前回损伤将导致（　　）
   A. 左侧半身瘫痪　B. 右侧半身瘫痪
   C. 左侧半身感觉障碍　D. 两眼视野偏盲
   E. 右侧半身感觉障碍

13. 颈内动脉主要供应（　　）
   A. 小脑　B. 大脑半球前2/3
   C. 脑干　D. 间脑
   E. 脊髓

14. 脑脊液的循环途径中不经过（ ）
A. 蛛网膜粒 B. 蛛网膜下隙
C. 硬膜外隙 D. 第三脑室
E. 脊髓中央管

15. 关于脊神经的描述，错误的是（ ）
A. 共有 31 对 B. 脊神经是混合性神经
C. 后根属感觉性 D. 前支为运动性
E. 前根属运动性

16. 不属于臂丛的分支是（ ）
A. 正中神经 B. 桡神经
C. 尺神经 D. 腋神经
E. 膈神经

17. 肱骨外科颈骨折最易损伤的神经是（ ）
A. 肌皮神经 B. 桡神经
C. 正中神经 D. 腋神经
E. 尺神经

18. 在内踝前方做大隐静脉注射时，若药物外漏可能刺激（ ）
A. 腓深神经 B. 隐神经
C. 腓浅神经 D. 胫神经
E. 腓总神经

19. 不含副交感神经纤维的脑神经是（ ）
A. 三叉神经 B. 动眼神经
C. 面神经 D. 舌咽神经
E. 迷走神经

20. 与上、下颌牙关系最密切的神经是（ ）
A. 舌下神经 B. 展神经
C. 面神经 D. 舌咽神经
E. 三叉神经

21. 拥有最多支配区的脑神经是（ ）
A. 三叉神经 B. 舌咽神经
C. 迷走神经 D. 面神经
E. 动眼神经

22. 交感神经兴奋可引起（ ）
A. 支气管平滑肌收缩
B. 肠蠕动增强
C. 心率加快
D. 瞳孔缩小
E. 膀胱逼尿肌收缩

23. 副交感神经兴奋可引起（ ）
A. 支气管平滑肌舒张
B. 肝糖原分解
C. 心率加快
D. 瞳孔缩小
E. 瞳孔开大

24. 引起心脏抑制的胆碱能受体是（ ）
A. α 受体 B. M 受体 C. N 受体
D. β_1 受体 E. β_2 受体

25. 不易引起内脏痛的刺激是（ ）
A. 缺血 B. 牵拉 C. 炎症
D. 切割 E. 痉挛

26. 与视觉传导无关的结构是（ ）
A. 外侧膝状体 B. 上丘
C. 视交叉 D. 视辐射
E. 内侧膝状体

27. 下列哪一结构损伤，症状将发生在病灶的同侧（ ）
A. 三叉丘系 B. 内侧丘系
C. 脊髓丘脑束 D. 薄束和楔束
E. 丘脑中央辐射

28. 躯干、四肢本体感觉传导通路第 2 级神经元的胞体位于（ ）
A. 脊神经节 B. 丘脑腹后内侧核
C. 丘脑腹后外侧核 D. 脊髓灰质后角
E. 薄束核和楔束核

A_2 型题

29. 患者右腕部被刀割伤后 1 小时急诊入院，检查发现右手小指掌、背侧皮肤感觉障碍，提示哪条神经受到了损伤（ ）
A. 正中神经 B. 桡神经
C. 尺神经 D. 肌皮神经
E. 腋神经

30. 患者男，20 岁。打篮球时与他人发生冲撞而造成左小腿外伤，X 线片显示左侧腓骨头处骨折，除小腿外侧和足背皮肤感觉障碍外，还出现“马蹄”内翻足畸形。其原因可能是骨折合并下列何神经损伤（ ）
A. 坐骨神经 B. 腓总神经
C. 腓浅神经 D. 腓深神经
E. 胫神经

31. 建筑工人不慎从高处摔下，造成下部胸椎骨折而引起脊髓受损。医生为患者进行神经系统检查，发现右侧脐平面以下痛觉消失。提示脊髓损伤平面可能在（ ）

A. 第 8 胸髓节段　　B. 第 9 胸髓节段
C. 第 10 胸髓节段　　D. 第 11 胸髓节段
E. 第 12 胸髓节段

32. 意识清醒的患者角膜反射消失，可能损伤的结构是（　　）
A. 视神经或动眼神经　　B. 动眼神经或面神经
C. 视神经或三叉神经　　D. 动眼神经或三叉神经
E. 三叉神经或面神经

33. 临床上做脑神经功能检查时，医生将手指置于患者眼睑上，试图翻开眼睑，并令患者用力闭眼。此方法是测试下列哪条脑神经的功能（　　）
A. 三叉神经　　B. 动眼神经
C. 眼神经　　D. 面神经
E. 滑车神经

34. 患者男，18 岁。因右眼外伤而急诊入院。检查发现右眼球除可做外展和向外下方运动外，其余运动均不能完成，并伴有上睑下垂，瞳孔对光反射消失等症状。其原因可能是损伤了（　　）
A. 右侧视神经　　B. 右侧眼神经
C. 右侧面神经　　D. 右侧滑车神经
E. 右侧动眼神经

四、简答题

1. 运动眼球的神经有哪些？
2. 何谓小脑扁桃体？为什么小脑扁桃体疝会危及生命？
3. 比较特异投射系统与非特异投射系统的结构和功能特点。
4. 简述大脑皮质运动区对躯体运动的调节特点。
5. 简述内囊的位置、分部和各部通过的纤维束。
6. 硬膜外麻醉时，穿刺针经过哪些结构才能到达硬膜外隙？
7. 脑脊液的产生部位及循环途径如何？
8. 简述交感神经和副交感神经活动的生理意义。

（王之一）

12

第十二章　内分泌系统

引言：内分泌系统是发布信息整合机体功能的调节系统，具有多种奇特的生理功能。一旦某个内分泌腺功能发生异常，将会引起一些稀奇古怪的疾病。那么，内分泌系统是如何组成的？具有怎样的形态结构特点？它们又是如何调节人体功能活动的？让我们带着这些神奇而有趣的问题一起来探究人体内分泌系统的奥秘。

案例 12-1

患者女，40 岁。发现颈部肿大 6 年，近日常感心悸、失眠、怕热、多汗，食量加大但体重却减轻而来医院就诊。体格检查：体温 37.7℃，脉搏 116 次 / 分，呼吸 22 次 / 分，血压 120/70mmHg，甲状腺弥漫性、对称性肿大。化验检查：游离 T_3 ↑、游离 T_4 ↑。初步诊断：甲状腺功能亢进。

问题：1. 甲状腺位于何处？具有怎样的功能？

2. 甲状腺功能亢进的患者为何会出现心悸、怕热多汗、食量增加等现象？

第一节　概　　述

一、内分泌系统的组成及功能

内分泌系统（endocrine system）由内分泌腺和散在分布于其他器官组织内的内分泌细胞组成。**内分泌腺**是指在结构上独立存在、肉眼可见的内分泌器官而言，主要包括垂体、甲状腺、甲状旁腺、肾上腺、胰岛、性腺、松果体和胸腺等（图 12-1）。其结构特点是腺细胞排列成团状、索状或围成滤泡状，无输送分泌物的导管，毛细血管丰富。**内分泌细胞**广泛分布于某些器官组织中，如消化道黏膜、心、肺、肾、下丘脑以及胎盘等，已分别在相关章节内叙述。

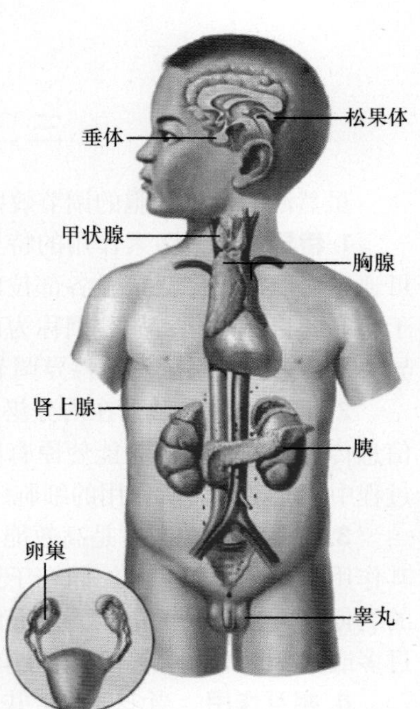

图 12-1　内分泌腺分布

考点：内分泌系统的组成

激素是由内分泌腺或内分泌细胞分泌的具有传递调节信息的高效能生物活性物质，是内分泌系统完成调节功能的物质基础。

内分泌系统是机体的功能调节系统，通过分泌各种激素发布调节信息，如维护组织细胞的新陈代谢，调节

生长发育、生殖及衰老等过程，维持机体的内环境稳态。

二、激素的分类

激素按化学性质可分为含氮激素和类固醇激素两类。

1. 含氮激素 体内多数内分泌腺分泌的激素属于此类，如胰岛素、肾上腺素、腺垂体激素、甲状腺激素、胃肠激素等。这类激素易被消化酶破坏（甲状腺激素例外），作为药物使用时不宜口服。含氮激素都是通过与镶嵌在靶细胞膜上的受体结合而发挥作用的（图12-2）。

2. 类固醇激素 主要包括肾上腺皮质激素（如皮质醇、醛固酮）和性激素（如雄激素、雌激素和孕激素）。这类激素不易被消化酶破坏，作为药物使用时可以口服。类固醇激素能直接进入靶细胞内，与胞内受体结合成激素 - 胞质受体复合物（图 12-2），再进入细胞核内，与核内受体结合，形成激素 - 核受体复合物，而引起调节效应。

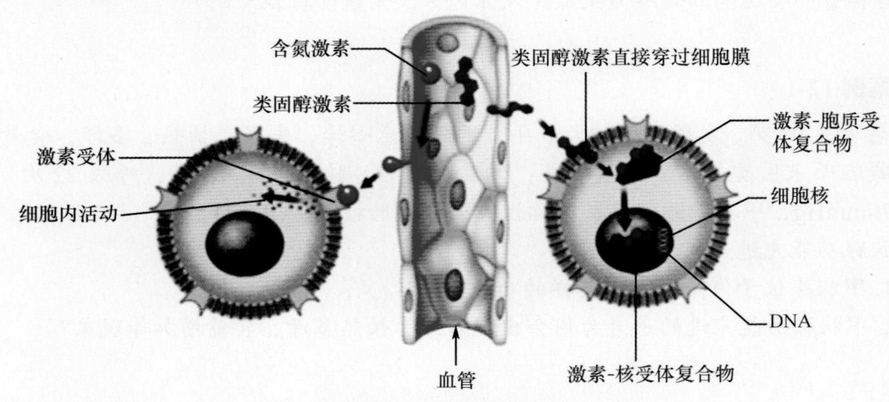

图 12-2　激素的作用机制

三、激素作用的一般特征

虽然激素对靶细胞的调节效应不尽相同，但可表现出一些共同的作用特征。

考点：激素的概念及激素作用的一般特征

1. 特异作用 激素作用的特异性主要取决于分布于靶细胞的相应受体。虽然多种激素可通过血液循环广泛接触各部位的器官、腺体、组织和细胞，但各种激素只选择性地作用于特定的目标—靶，故分别称为该激素的**靶器官**、**靶腺**、**靶组织**和**靶细胞**。激素与靶的特异关系是内分泌系统发挥特异调节效应的基础。

2. 信使作用 激素在内分泌细胞与靶细胞之间充当“化学信使”的作用，仅是将生物信息传递给靶细胞，只能使原有的生理生化过程加速或减慢、增强或减弱。在发挥作用的过程中，激素对其所作用的细胞，既不添加新功能，也不提供额外能量。

3. 高效作用 激素是高效能生物活性物质。生理状态下，激素在血液中浓度很低，但其作用却十分显著。其原因在于当激素与受体结合后，在细胞内发生一系列效应逐级放大的酶促反应，形成了一个高效能的生物信息放大系统。因此，如果某内分泌腺分泌的激素过多或过少，均可引起相应的功能异常。

4. 相互作用 当多种激素共同调节机体的某一生理活动时，各种激素之间往往存在着相互影响、彼此关联，错综复杂。主要表现：①协同作用：是指多种激素联合作用时所产生的倍增效应，即大于各激素单独作用所产生效应的总和。如生长激素、肾上腺素、胰高血糖素及糖皮质激素虽然作用的环节不同，但在升糖效应上有协同作用。②拮抗作用：是指两种不同的激素调节同一生理活动时，产生相互对抗的效应。如胰岛素能降低血糖，而生长激素、肾上腺素、胰高血糖素及糖皮质激素则有升高血糖的作用。③允许作用：是指某种激素本身并不能直接对某些器官、组织或细胞产生生理效应，但它的存在却是另一激素的作用明显增强的前提条件或支持因素。如糖皮质激素本身对心肌和血管平滑肌并无直接的收缩作用，但只有它的存在，去甲肾上腺素才能充分发挥其缩血管作用。

链接

环境雌激素

“环境雌激素”是指由于人类的生产和生活活动而释放到环境中的、进入机体后能与雌激素受体作用而产生雌激素效应的化学物质。绝大多数属于化学合成物，进入人体后不易降解，在血液中循环，在脂肪中蓄积，增强或阻断人体内雌激素的生理效应，给生殖健康带来危害。环境雌激素在成年男性可干扰精子的发生，在妊娠女性可影响男性胎儿生殖系统的发育。

第二节　垂体与下丘脑

一、垂体的位置和形态

垂体是位于蝶骨体上面垂体窝内的一椭圆形小体，重约 0.5g，借漏斗连于下丘脑，是人体内最重要、最复杂的内分泌腺。垂体由前方的腺垂体和后方的神经垂体两部分组成。腺垂体分为远侧部、结节部和中间部 3 部分，神经垂体分为神经部和漏斗（图 12-3）。通常又将远侧部称为**垂体前叶**，中间部和神经部合称为**垂体后叶**。

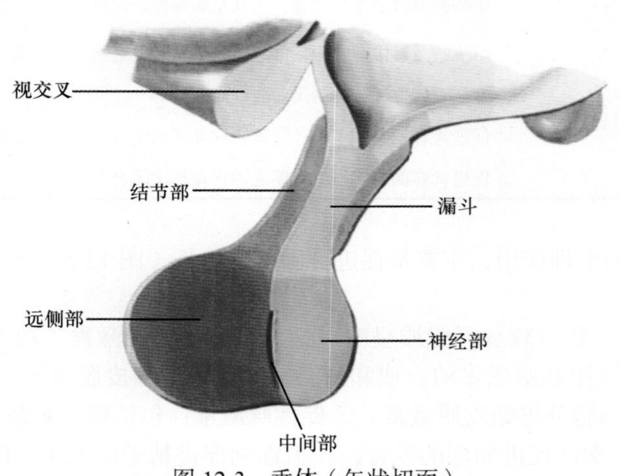

图 12-3　垂体（矢状切面）

二、腺垂体远侧部的微细结构和功能及其与下丘脑的关系

（一）腺垂体远侧部的微细结构和功能

腺垂体远侧部是垂体的主要部分，腺细胞排列成团索状或围成小滤泡。在 HE 染色的

标本中，依据腺细胞着色不同，将其分为嗜酸性细胞、嗜碱性细胞和嫌色细胞 3 种（图 12-4）。

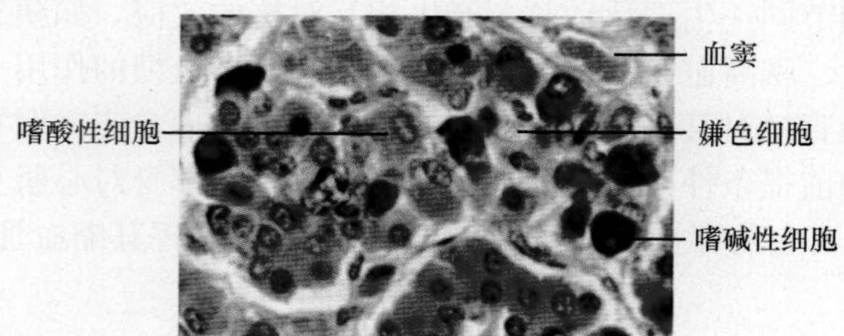

图 12-4　腺垂体远侧部光镜结构像

考点：生长激素的生理作用

1. 嗜酸性细胞　数量较多，胞质呈嗜酸性，能分泌**生长激素**（GH）和**催乳激素**（PRL）。

（1）生长激素的生理作用

1）促进机体生长：机体的生长发育受多种激素的调节（表 12-1），而 GH 是起关键性作用的激素。GH 能促进机体各组织、器官的生长，尤其是对骨骼（图 12-5）、肌肉及内脏器官的作用最为明显。若幼年时期 GH 分泌不足，则生长发育迟缓，甚至停滞，身材矮小，但智力正常，称为侏儒症；若幼年时期 GH 分泌过多，则生长发育过快，身材高大，引起巨人症。成年后如果 GH 分泌过多，因骺软骨已钙化闭合，长骨不再增长，只能刺激肢端骨、面颅骨及软组织异常增生，出现手足粗大、下颌突出和肝、肾增大，形成肢端肥大症。

2）调节物质代谢：GH 具有促进蛋白质合成、脂肪分解和升高血糖的作用。由 GH 分泌过多引起高血糖所造成的糖尿，称为垂体性糖尿。

表 12-1　调节生长发育部分激素的主要作用

激素	主要作用
生长激素	全身组织器官生长，尤其是骨骼与肌肉等
甲状腺激素	维持胚胎时期生长发育，尤其是脑发育；促进生长激素分泌，提供允许作用
胰岛素	与生长激素协同作用，促进胎儿生长；促进蛋白质合成
肾上腺皮质激素	抑制躯体生长；抑制蛋白质合成
雄激素	促进青春期躯体生长；促进骺软骨钙化闭合；促进肌肉增长
雌激素	促进青春期躯体生长；促进骺软骨钙化闭合

（2）催乳激素的生理作用：主要是促进乳腺发育生长（图 12-5），引起并维持成熟乳腺泌乳。

2. 嗜碱性细胞　数量较少，胞质呈嗜碱性，可分泌 3 种激素（图 12-5）。①**促甲状腺激素**（TSH）：能促进甲状腺激素的合成和分泌。②**促肾上腺皮质激素**（ACTH）：主要促进肾上腺皮质束状带细胞分泌糖皮质激素。③**促性腺激素**：包括**卵泡刺激素**（FSH）和**黄体生成素**（LH）。FSH 在女性促进卵泡的发育，在男性则促进精子的发生。LH 在女性促进排卵和黄体形成，在男性则促进睾丸间质细胞分泌雄激素，故又称间质细胞刺激素（ICSH）。

促甲状腺激素、促肾上腺皮质激素和促性腺激素均有各自的靶腺，分别形成下丘脑 - 腺垂体 - 甲状腺轴、下丘脑 - 腺垂体 - 肾上腺皮质轴和下丘脑 - 腺垂体 - 性腺轴，通过靶腺发挥作用（图 12-6）。靶腺激素还可通过反馈联系分别对腺垂体和下丘脑起调节作用，从而使血液中各相关激素的浓度保持相对稳定。

3. 嫌色细胞　数量多，体积小，功能尚不清楚。

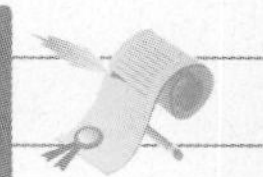

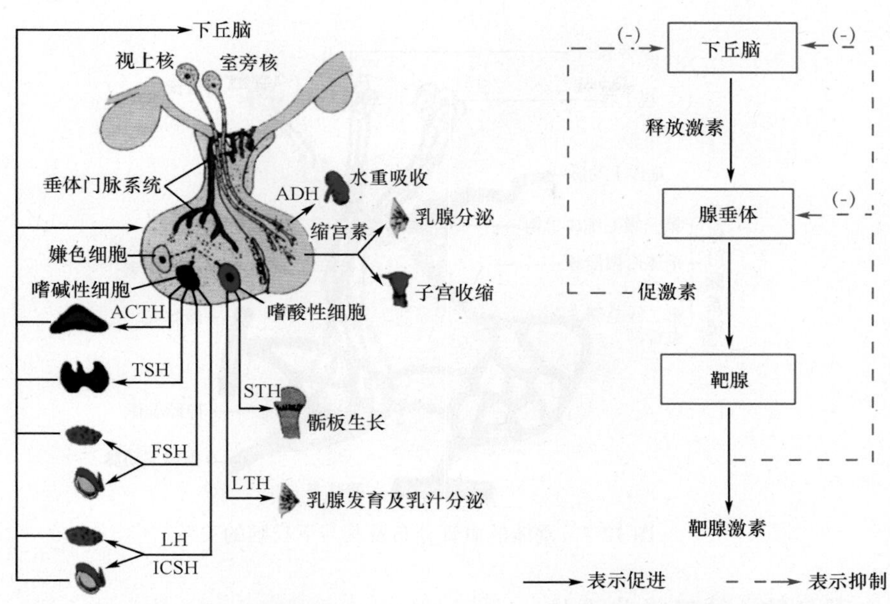

图 12-5　下丘脑和垂体的激素对靶器官作用

图 12-6　促激素分泌的调节轴

（二）下丘脑 - 腺垂体系统

下丘脑与腺垂体的功能联系是通过垂体门脉系统实现的。由下丘脑促垂体区神经内分泌细胞分泌的下丘脑调节肽（表 12-2），通过垂体门脉系统的运输至腺垂体（图 12-7），调节腺垂体相关激素的分泌，构成了下丘脑 - 腺垂体系统。

表 12-2　下丘脑调节肽的种类和主要作用

下丘脑调节肽	缩写	主要作用
促甲状腺激素释放激素	TRH	促进促甲状腺激素的分泌
促肾上腺皮质激素释放激素	CRH	促进促肾上腺皮质激素的分泌
促性腺激素释放激素	GnRH	促进黄体生成素、卵泡刺激素的分泌
生长激素抑制激素（生长抑素）	GHRIH	抑制 GH、TSH、LH、FSH、PRL、ACTH 等分泌
生长激素释放激素	GHRH	促进生长激素的分泌
催乳素释放肽	PRP	促进催乳激素的分泌
催乳素抑制因子	PIF	抑制催乳激素的分泌

三、神经垂体的微细结构和功能及其与下丘脑的关系

（一）神经垂体的微细结构

神经垂体主要由大量的无髓神经纤维和神经胶质细胞构成，含有较丰富的毛细血管。无髓神经纤维是下丘脑视上核和室旁核神经内分泌细胞轴突形成的**下丘脑 - 神经垂体束**（图 12-7）。

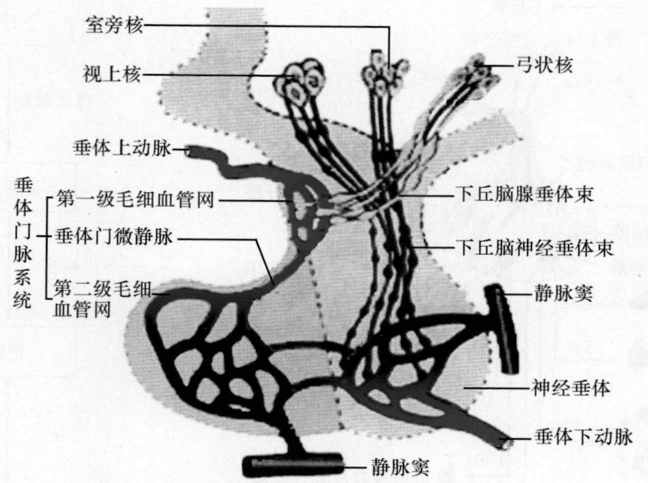

图 12-7　垂体的血管分布及其与下丘脑的关系

（二）下丘脑 - 神经垂体系统

下丘脑**视上核**和**室旁核**的神经内分泌细胞合成的抗利尿激素和缩宫素通过下丘脑 - 神经垂体束的轴突运输至神经垂体贮存，当机体需要时由此释放入血，构成了下丘脑 - 神经垂体系统，故神经垂体可视为下丘脑的延伸部分。由此可见，下丘脑与神经垂体直接相连，在结构和功能上是一个整体。神经内分泌细胞的胞体位于下丘脑，是合成激素的部位；轴突位于神经垂体，是贮存和释放下丘脑视上核和室旁核分泌激素的场所。

1. 抗利尿激素（ADH）的生理作用　主要是促进肾远曲小管和集合管对水的重吸收而发挥抗利尿作用，还可引起皮肤、肌肉和内脏的血管收缩，使血压升高，故又称血管升压素（VP）。生理情况下，血浆中 ADH 浓度很低，抗利尿作用十分明显，对正常血压没有调节作用。当机体失血时，ADH 释放量明显增加，对升高和维持动脉血压起重要作用。临床上某些内脏出血时，可使用大剂量 ADH 进行紧急止血。

2. 缩宫素的生理作用　缩宫素又称催产素（OXT），主要靶器官是子宫和乳腺，其主要作用是在分娩时刺激子宫收缩和在哺乳期促进乳汁的排出。OXT 对非孕子宫的作用较弱，而对妊娠子宫的作用则较强。在分娩过程中，胎儿刺激子宫颈可反射性地引起 OXT 分泌增加，使子宫收缩进一步增强，起到“催产”的作用。临床上可将 OXT 用于引产及产后出血。OXT 能使哺乳期乳腺腺泡周围的肌上皮细胞收缩，促使乳汁排放。

链接

鞠躬院士对垂体研究的贡献

中国科学院院士、第四军医大学神经科学研究所所长鞠躬院士主要从事神经内分泌学、大脑边缘系统及化学神经解剖学等研究，在脊髓与脑干的联系以及垂体前叶、后叶的神经支配等方面研究中有许多重要发现，尤其是发现哺乳动物的垂体前叶有大量肽能神经纤维并与腺细胞有突触联系，具有突破性意义，从而为垂体前叶的神经调节奠定了形态学基础，并提出了垂体前叶受神经 - 体液双重调节的假说。此成果已被收入国际解剖学经典教科书《格氏解剖学》中。

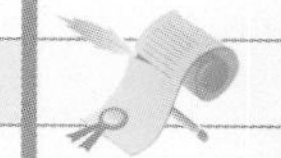

第三节　甲状腺和甲状旁腺

一、甲 状 腺

（一）甲状腺的位置和形态

甲状腺是人体内最大的内分泌腺，位于颈前部，大小和形状很像一只展翅飞翔的小蝴蝶，呈“H”形，由左、右两个侧叶和中间的峡部构成（图 12-8）。左、右侧叶分别贴附于喉和气管颈部的两侧。峡部横位于第 2 ～ 4 气管软骨环的前方，气管切开时应尽量避开甲状腺峡。甲状腺借结缔组织附着于喉软骨上，吞咽时可随喉上下移动。因此，临床上检查甲状腺肿时，常嘱病人做吞咽动作。

考点：甲状腺的形态

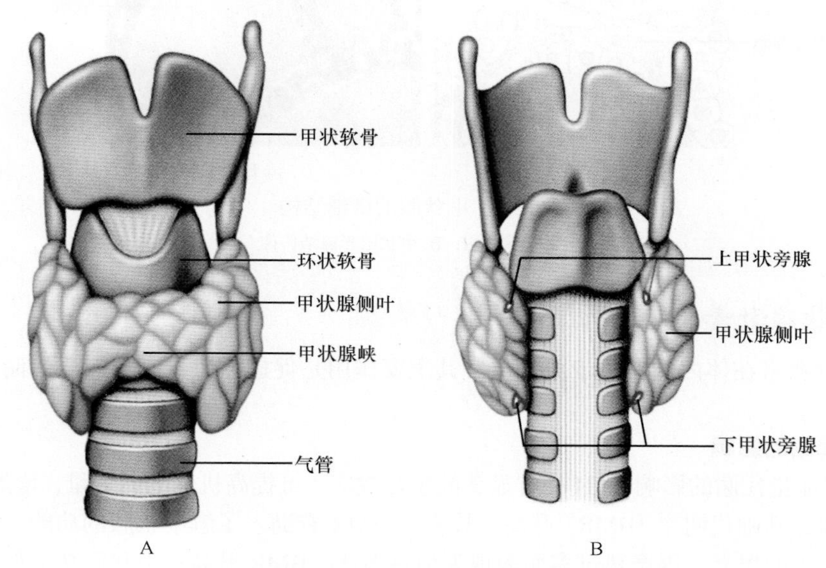

图 12-8　甲状腺和甲状旁腺

A. 前面观；B. 后面观

（二）甲状腺的微细结构

甲状腺表面包有薄层结缔组织被膜，腺实质由大量甲状腺滤泡和滤泡旁细胞组成（图 12-9），滤泡间有少量结缔组织和丰富的毛细血管。

1. 甲状腺滤泡　大小不等，呈圆形或不规则形。滤泡壁由单层立方的滤泡上皮细胞围成，滤泡腔内充满均质状的嗜酸性胶质，是滤泡上皮细胞的分泌物，其主要成分为碘化的甲状腺球蛋白。

歌诀助记

甲状腺

滤泡细胞围成腔，分泌甲素调节忙；
促进代谢骨生长，多则亢进少者呆；
另有滤泡旁细胞，分泌激素降血钙。

滤泡上皮细胞能合成和分泌甲状腺激素。**甲状腺激素**（TH）主要包括甲状腺素，又称**四碘甲腺原氨酸**（T_4）和**三碘甲腺原氨酸**（T_3）。T_4 的含量较 T_3 高，约占分泌总量的 97%，但 T_3 的生物活性却高于 $T_4$5 倍。合成 TH 的基本原料是酪氨酸和碘。酪氨酸在体内可以合成，碘则必须依靠食物供给。国人从食物中摄入碘量为 100 ～ 200μg/ 天，其中约 1/3 进入甲状腺。国际上推荐的碘摄入量为 150μg/ 天，妊娠期和哺乳期均需适当增加碘的摄入量，应≥ 200μg/ 天。TH 的正常合成需要碘 60 ～ 75μg/ 天，若低于 50μg/ 天将影响 TH 的正常

考点：甲状腺滤泡上皮细胞和滤泡旁细胞分泌的激素

合成，从而影响甲状腺的功能。目前，我国已普遍供应碘盐来防治碘缺乏病。

2. 滤泡旁细胞 常单个嵌在滤泡上皮细胞之间或散在分布于甲状腺滤泡间的结缔组织内（图 12-9），体积略大而着色较淡。滤泡旁细胞能分泌**降钙素**。

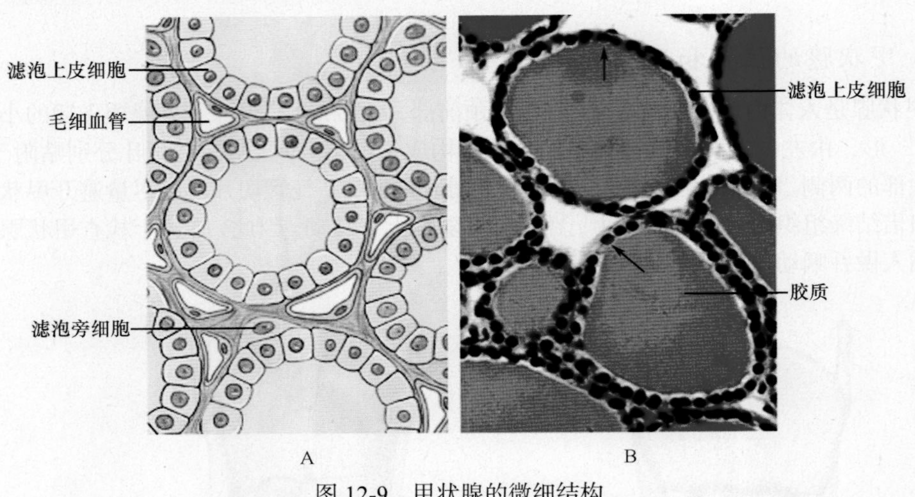

图 12-9 甲状腺的微细结构

A. 甲状腺结构；B. 甲状腺光镜结构像

（三）甲状腺激素的生理作用

甲状腺激素在体内的作用十分广泛，其主要作用是促进物质代谢与能量代谢，促进生长发育。

1. 对代谢的影响

(1) 对能量代谢的影响：TH 具有显著的生热效应，可提高机体的耗氧量，增加产热量，使代谢增强，基础代谢率（BMR）升高，故测定 BMR 有助于了解甲状腺的功能。临床上甲状腺功能亢进的患者，因产热过多而表现为怕热多汗，BMR 升高；甲状腺功能低下的患者则相反，因产热不足而喜热怕冷，BMR 降低。

(2) 对物质代谢的影响：TH 对三大营养物质的合成与分解均有影响。

1) 蛋白质代谢：生理情况下，TH 能加速肌肉、骨、肝、肾等组织蛋白质合成，有利于幼年时期机体的生长发育。但 TH 分泌过多时，则加速组织蛋白质分解，特别是促进骨骼肌和骨的蛋白质分解，致使肌肉消瘦、乏力，并导致血钙升高和骨质疏松。TH 分泌不足时，蛋白质合成减少，但组织间黏蛋白增多，可引起黏液性水肿。

2) 糖代谢：TH 可促进小肠黏膜对糖的吸收，增强糖原分解与糖异生，并能加强肾上腺素、胰高血糖素、糖皮质激素和生长激素的升糖作用，使血糖升高。但 TH 也可同时加强外周组织对糖的利用，从而降低血糖。故甲状腺功能亢进的患者进食后，血糖可迅速升高，甚至出现糖尿，但随后又快速降低。

3) 脂肪代谢：TH 能促进脂肪的分解，而对胆固醇的作用则是既能促进合成，又能加速胆固醇在肝脏降解，但降解速度超过合成。故甲状腺功能亢进的患者，血中胆固醇含量常低于正常，甲状腺功能低下的患者血中胆固醇水平高于正常。

2. 对生长发育的影响 TH 是维持人体正常生长发育不可缺少的激素，特别是对脑和长骨的发育尤其重要。TH 具有促进组织分化、生长与发育成熟的作用。胚胎时期缺碘而导致 TH 合成不足或出生后甲状腺功能低下的婴幼儿，可导致脑和长骨的发育明显障碍，表现为智力低下，身材矮小，称为呆小症或克汀病。

3. 对神经系统的影响　TH 能提高中枢神经系统的兴奋性。因此，甲状腺功能亢进的患者，常表现为易激动，注意力不集中，烦躁不安，兴奋失眠等；而甲状腺功能低下的患者，则表现为记忆力减退，反应迟钝，表情淡漠及终日嗜睡等。

考点：甲状腺激素的生理作用；呆小症的概念

4. 对心血管活动的影响　TH 可使心率加快，心肌收缩力增强，心输出量增多。临床上常利用心率作为判断甲状腺功能亢进或低下的一个敏感而重要的指标。甲状腺功能亢进的患者表现为心动过速、心肌肥大，甚至因心肌过度劳累而导致心力衰竭。

（四）甲状腺激素分泌的调节

甲状腺激素的合成和分泌主要受下丘脑 - 腺垂体 - 甲状腺轴的调节。此外，甲状腺还有一定程度的自身调节。

1. 下丘脑 – 腺垂体 – 甲状腺轴的调节　下丘脑分泌的促甲状腺激素释放激素（TRH）通过垂体门脉系统作用于腺垂体，促进 TSH 的合成和释放。TSH 作用于甲状腺，刺激甲状腺合成和分泌 TH 并促进腺体增生。当血中 TH 浓度升高时，可反馈性地抑制 TSH 和 TRH 的分泌，继而使 TH 释放减少。这种负反馈作用是体内 TH 浓度维持生理水平的重要机制（图 12-10）。

2. 甲状腺的自身调节　甲状腺本身具有适应碘的供应变化，调整摄取碘和合成 TH 的能力。当饮食中缺碘时，甲状腺摄碘能力增强，使 TH 的合成与释放不致因碘供应不足而减少。相反，当饮食中碘过多时，甲状腺对碘的摄取减少，TH 的合成也不致过多。这是一种有限度的、缓慢的自身调节机制。若长期缺碘，超过上述自身调节的限度，血液中 TH 浓度将降低，通过反馈调节可使 TSH 分泌增多，刺激甲状腺腺泡增生，导致甲状腺肿大，临床上称为地方性甲状腺肿，俗称“粗脖子病”（图 12-11）。

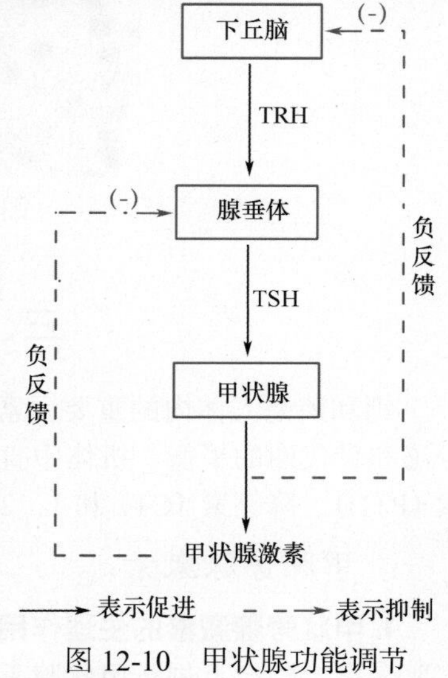

图 12-10　甲状腺功能调节

考点：引起巨人症、肢端肥大症、侏儒症、呆小症和甲状腺功能亢进的主要原因

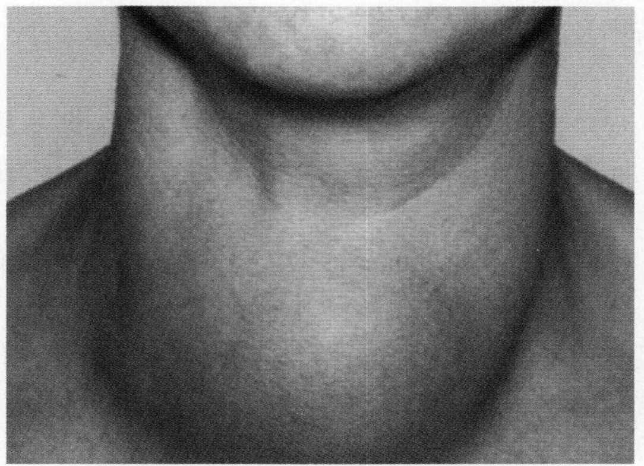

图 12-11　地方性甲状腺肿

二、甲状旁腺

（一）甲状旁腺的位置和形态

甲状旁腺为棕黄色、黄豆大小的扁圆形小体，一般有上、下两对，贴附于甲状腺侧叶

的后缘（图 12-8）。有时可埋入甲状腺组织内，手术时寻找困难。

（二）甲状旁腺的微细结构

甲状旁腺的腺细胞排列成索状或团状，分为主细胞和嗜酸性细胞两种（图 12-12）。主细胞是构成甲状旁腺的主要细胞，能合成和分泌甲状旁腺激素。嗜酸性细胞常单个或成群分布于主细胞之间，目前功能尚不清楚。

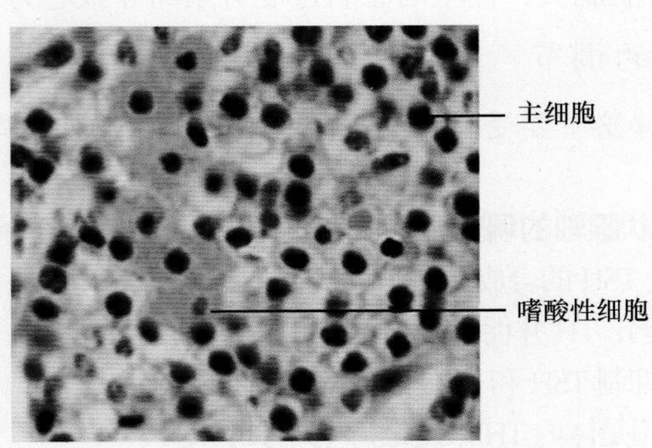

图 12-12　甲状旁腺的光镜结构像

三、调节钙磷代谢的激素

钙和磷是人体内的重要元素，血钙浓度的高低直接关系到神经肌肉的兴奋性、腺体的分泌和骨代谢的平衡。机体中直接参与钙、磷代谢调节的激素主要有 3 种，即甲状旁腺激素（PTH）、降钙素（CT）和 1，25- 二羟维生素 D_3（即钙三醇）。

（一）甲状旁腺激素

1. 甲状旁腺激素的生理作用　主要是升高血钙、降低血磷，是体内调节血钙浓度的最主要激素。临床上进行甲状腺手术时，若不慎误将甲状旁腺摘除，将导致严重的低血钙，患者出现手足搐搦。若不及时治疗，可因喉部肌肉痉挛而窒息死亡。骨和肾是 PTH 的主要靶器官。

(1) 对骨的作用：骨是机体钙的贮存库。PTH 通过刺激破骨细胞的活动，加速骨基质的溶解，动员骨钙进入血液，使血钙升高。若甲状旁腺功能亢进时，则可引起骨质过度吸收，导致骨质疏松并易发生骨折。

(2) 对肾的作用：PTH 可促进肾远曲小管对钙的重吸收，同时抑制肾近端小管对磷的重吸收，促进磷的排出，故可升高血钙、降低血磷。

(3) 对小肠的间接作用：PTH 具有激活肾内 1,25- 羟化酶的作用，使无活性的 1,25- 二羟维生素 D_3 转变为有活性的 1,25- 二羟维生素 D_3，后者可促进小肠上皮细胞对钙的吸收，使血钙升高（图 12-13）。

2. 甲状旁腺激素分泌的调节　血钙浓度是调节 PTH 分泌的最主要因素。当血钙浓度降低时，促进 PTH 分泌增加，使血钙浓度回升；反之，血钙浓度升高时，则 PTH 分泌减少，血钙下降（图 12-13）。因此，若长期缺钙，会引起甲状旁腺增生。如佝偻病患儿，因血钙长期偏低，往往出现甲状旁腺增大。

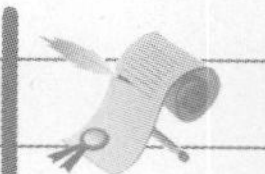

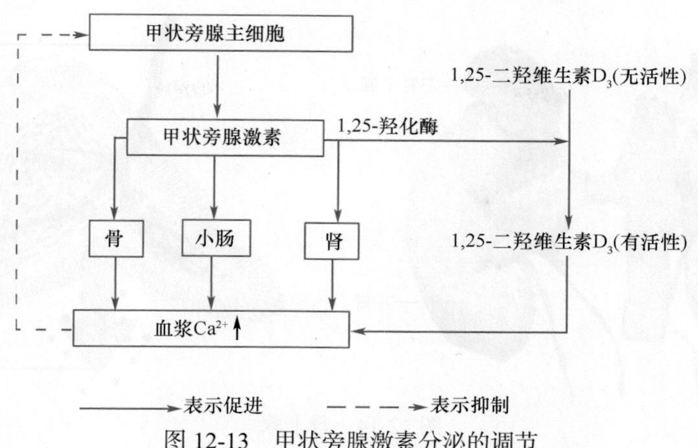

图 12-13　甲状旁腺激素分泌的调节

护考链接

甲状腺大部切除术后第 3 天，患者出现手足抽搐等症状，应考虑是由下列哪种原因引起的（　）

A. 损伤了喉上神经　　B. 损伤了喉返神经

C. 误切了甲状旁腺　　D. 损伤了甲状腺上动脉

E. 误伤了甲状腺下动脉

考点精讲：若手术中不慎误切或挫伤甲状旁腺，则可引起血钙浓度下降而出现手足抽搐，甚至窒息死亡，多在术后 1～4 天出现，故选择答案 C。

（二）降钙素

1. 降钙素的生理作用　主要是降低血钙和血磷，骨和肾是 CT 的主要靶器官。CT 有抑制破骨细胞活动、加强成骨细胞活动的作用，故可使溶骨过程减弱、成骨过程加强，增加钙、磷在骨中的沉积，从而使血钙和血磷降低。此外，CT 还能抑制肾小管对钙、磷、钠和氯的重吸收，增加了这些离子在尿中的排出量，导致血钙和血磷降低。

2. 降钙素分泌的调节　CT 的分泌主要受血钙浓度的调节。当血钙浓度升高时，CT 分泌增多；反之，则 CT 分泌减少。

第四节　肾　上　腺

一、肾上腺的位置和形态

肾上腺位于腹膜之后、肾的上内方，与肾共同包在肾筋膜内。肾上腺左、右各一，左侧近似半月形，右侧呈三角形（图 12-14）。

考点：肾上腺的形态

二、肾上腺的微细结构与功能

肾上腺表面包有结缔组织被膜，其实质由周边的皮质和中央的髓质两部分构成（图 12-14）。

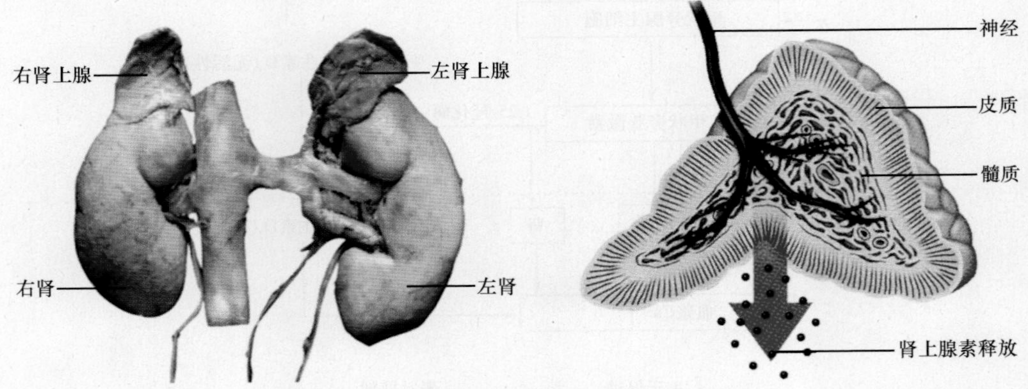

图 12-14　肾上腺

1. 皮质　约占肾上腺体积的 80%。依据皮质细胞的形态和排列特征，由外向内将皮质分为球状带、束状带和网状带 3 个带（图 12-15）。①**球状带**：位于被膜下方，腺细胞排列成团球状。球状带细胞分泌**盐皮质激素**，主要是醛固酮，调节体内钠、钾和水的平衡（醛固酮的生理作用和分泌调节详见第七章泌尿系统）。②**束状带**：是皮质中最厚的部分。腺细胞排列成垂直于腺体表面的单行或双行的细胞索。束状带细胞分泌**糖皮质激素**，主要是皮质醇。③**网状带**：位于皮质的最内层。腺细胞排列成条索状并相互吻合成网。网状带细胞主要分泌雄激素，也分泌少量雌激素和糖皮质激素。

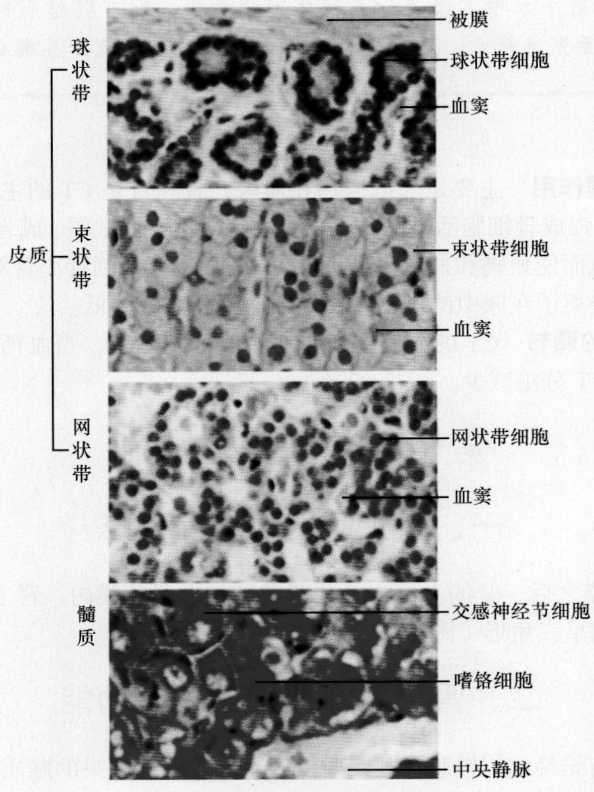

图 12-15　肾上腺的微细结构

⑴ 糖皮质激素的生理作用：广泛而复杂，对多种器官、组织都有影响，主要有以下几个方面。

考点：糖皮质激素的生理作用

1）对物质代谢的影响：①**糖代谢**：糖皮质激素具有抗胰岛素作用，能抑制外周组织对葡萄糖的利用，还可促进糖异生，使血糖升高。因此，糖皮质激素分泌过多时，可引起血糖升高，甚至出现糖尿；相反，肾上腺皮质功能低下时则可出现低血糖。②**蛋白质代谢**：糖皮质激素可促进肝外组织，尤其是肌组织的蛋白质分解，并加速氨基酸进入肝脏，生成肝糖原。糖皮质激素分泌过多或长期使用糖皮质激素，由于蛋白质分解增强，可出现肌肉消瘦、骨质疏松、皮肤变薄、淋巴组织萎缩等现象。③**脂肪代谢**：糖皮质激素能促进脂肪分解，增强脂肪酸在肝内的氧化过程，有利于糖异生。糖皮质激素分泌过多时，由于不同部位脂肪组织对糖皮质激素的敏感性不同，可导致脂肪组织由四肢向躯干重新分布，形成面圆（满月脸）、背厚、躯干发胖（水牛背）而四肢消瘦的“向心性肥胖”的特殊体型。

2）对水盐代谢的影响：糖皮质激素可增加肾小球血浆流量，使肾小球滤过率增加，有利于水的排出。此外，糖皮质激素还有较弱的保钠排钾作用。

3）对其他组织器官的影响：①**对血细胞的影响**：糖皮质激素可使循环血液中红细胞、血小板和中性粒细胞数量增加，而使淋巴细胞和嗜酸性粒细胞数量减少。淋巴细胞和嗜酸性粒细胞减少已成为临床上诊断肾上腺皮质功能亢进的一个重要指标。②**对循环系统的影响**：糖皮质激素能提高血管平滑肌对儿茶酚胺的敏感性（即糖皮质激素的允许作用），从而提高儿茶酚胺的缩血管效应，对维持正常动脉血压具有重要意义，故临床上常用糖皮质激素来增强去甲肾上腺素的升压作用。③**对消化系统的影响**：糖皮质激素能提高胃腺细胞对迷走神经和促胃液素的敏感性，促进胃酸和胃蛋白酶原的分泌。若长期大量应用糖皮质激素可诱发或加重胃溃疡。

4）在应激反应中的作用：当机体受到各种有害刺激，如创伤、失血、感染、中毒、缺氧、寒冷、饥饿等时，将立即引起 ACTH 和糖皮质激素分泌增多，引起机体一系列适应性和耐受性的反应，称为**应激反应**。通过应激反应，可增强机体对各种有害刺激的耐受、适应能力，帮助机体渡过“难关”，以维持生存。大剂量的糖皮质激素具有抗炎、抗毒、抗过敏、抗休克等药理作用。

⑵ 糖皮质激素分泌的调节：糖皮质激素的分泌主要受下丘脑-腺垂体-肾上腺皮质轴的调节。下丘脑分泌的 CRH 通过垂体门脉系统作用于腺垂体，促进腺垂体 ACTH 的合成与分泌，ACTH 则可促进肾上腺皮质的增生和刺激糖皮质激素的合成与分泌。血中的糖皮质激素对腺垂体和下丘脑有反馈性调节作用。当糖皮质激素浓度升高时，可通过负反馈抑制 CRH 和 ACTH 的分泌（图 12-16），从而维持体内糖皮质激素水平的稳态。此外，ACTH 对 CRH 的分泌也有负反馈调节作用。临床上，长期使用糖皮质激素的患者，可反馈抑制 ACTH 的释放，导致肾上腺皮质萎缩。若突然停药，将引起肾上腺皮质功能不全的症状，甚至危及生命。因此，长期用药时，不能骤然停药，应逐步减量，缓慢停药。或在用药期间间断给予 ACTH，以防止肾上腺皮质发生萎缩。

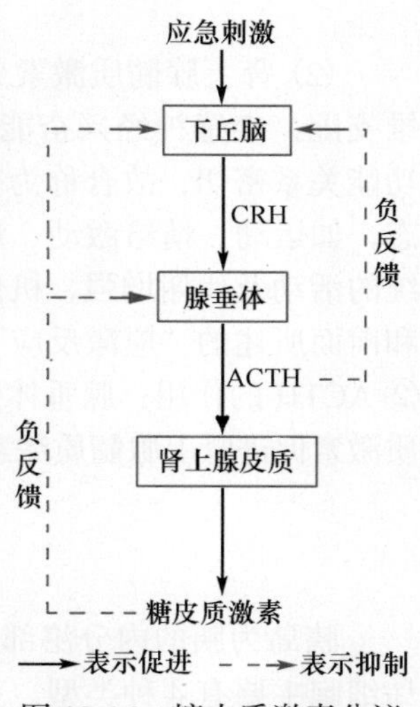

图 12-16　糖皮质激素分泌的调节

2. 髓质　主要由排列成索状或团状的髓质细胞构成，还有少量散在分布的交感神经节细胞（图 12-15）。髓质细胞体积较大，若用铬盐处理标本，胞质内可见黄褐色的嗜铬颗粒，故又称嗜铬细胞。嗜铬细胞分泌肾上腺素和去甲肾上腺素，嗜铬细胞的分泌活动受交感神经节前纤维支配。

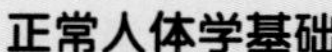

链接

您知道吗?

肾上腺髓质与交感神经节后神经元在胚胎发生上属于同源，既属于内脏运动神经又属于内分泌系统。因此，肾上腺髓质嗜铬细胞在功能上相当于无轴突的交感神经节后神经元。血液中的肾上腺素主要来自肾上腺髓质，而去甲肾上腺素则来自肾上腺髓质和肾上腺素能神经纤维末梢。

(1) 肾上腺髓质激素的生理作用：肾上腺髓质分泌的肾上腺素和去甲肾上腺素均属于儿茶酚胺。两种激素对心血管、内脏平滑肌及代谢的作用相似，但也有差别（表 12-3）。肾上腺髓质激素的作用与交感神经密切相关，在应激反应中起着重要作用。

表 12-3　肾上腺素与去甲肾上腺素的主要作用

项目	肾上腺素	去甲肾上腺素
心脏	心率加快、心肌收缩力加强、心输出量增加	心率减慢（减压反射的作用）
血管及外周阻力	皮肤、内脏小动脉收缩，冠状动脉、骨骼肌小动脉舒张，外周总阻力降低或不变	除冠状动脉舒张外，其他小动脉强烈收缩，外周总阻力明显升高
血压	血压升高，主要是强心所致	血压明显升高，主要是外周总阻力升高所致
内脏平滑肌	舒张（作用强）	舒张（作用弱）
支气管平滑肌	舒张（作用强）	舒张（作用弱）
瞳孔	扩大（作用强）	扩大（作用弱）
血糖	升高（作用强，促进糖原分解和糖异生）	升高（作用弱）

考点：应急反应和应激反应的概念

(2) 肾上腺髓质激素分泌的调节：①交感神经的作用：肾上腺髓质受交感神经节前纤维支配，交感神经兴奋能促进肾上腺髓质激素的分泌。交感神经与肾上腺髓质的结构、功能关系密切，故合称为交感 - 肾上腺髓质系统。任何导致交感神经兴奋性加强的紧急状态，如运动、情绪激动、疼痛、出血等，都能促进肾上腺髓质激素大量分泌，使各器官系统的活动及代谢增强，机体反应灵敏，警觉性和应变能力提高，即引起“**应急反应**”。这和前面所述的“应激反应”两者相辅相成，共同增强机体对有害刺激的应变、适应能力。② ACTH 的作用：腺垂体分泌的 ACTH 可直接刺激肾上腺髓质激素的合成或间接通过糖皮质激素促进肾上腺髓质激素的分泌。

第五节　胰　岛

胰岛为胰的内分泌部，由柏林医生朗罕 1869 年首先发现，故又称 “朗罕小岛”。胰岛细胞主要有 4 种类型，其中 A 细胞分泌胰高血糖素，B 细胞分泌胰岛素，D 细胞分泌生长抑素，PP 细胞分泌胰多肽。胰岛素和胰高血糖素是机体调节正常糖、脂肪及蛋白质代谢

的重要激素。

一、胰　岛　素

人胰岛素是含有51个氨基酸残基的小分子蛋白质。1965年，我国科学家首次运用化学方法，人工合成了具有高度生物活性的牛胰岛素结晶，开创了人类历史上人工合成生命物质的先例，为探索人类生命的奥秘做出了重大贡献。正常人空腹状态下，血清胰岛素浓度约为10μU/ml，半衰期只有5～6分钟，主要在肝脏被胰岛素酶灭活，少量胰岛素在肌肉和肾中灭活。

（一）胰岛素的生理作用

胰岛素是体内促进合成代谢的关键激素，对维持血糖浓度的相对稳定起重要作用，也是体内生理情况下唯一能降低血糖的激素。

1. 对糖代谢的作用　胰岛素是调节血糖浓度的关键激素。胰岛素一方面促进全身组织对葡萄糖的摄取和利用，加速葡萄糖转变为糖原和脂肪酸并贮存起来，即增加血糖的去路；另一方面则抑制糖原分解和糖异生，即减少血糖的来源，因而使血糖浓度降低。胰岛素分泌不足时，将引起机体代谢紊乱，因血糖浓度升高超过肾糖阈而出现糖尿，称为糖尿病。

2. 对脂肪代谢的作用　胰岛素能促进脂肪的合成与贮存，抑制脂肪的分解，降低血中脂肪酸的浓度。当胰岛素缺乏时，脂肪分解增强，血脂升高，易引起动脉硬化。此外，还可生成大量酮体，引起酮血症或酸中毒。

考点：胰岛素的生理作用

3. 对蛋白质代谢的作用　胰岛素能加速细胞对氨基酸的摄取，促进蛋白质的合成，并抑制蛋白质的分解，因而能促进机体的生长，但胰岛素必须与生长激素共同作用时才能发挥明显的促生长效应。

链接

胰岛素抵抗

胰岛素抵抗是胰岛素靶细胞对胰岛素敏感性下降，即要更大量胰岛素才能产生正常的生物效应。目前认为，胰岛素抵抗是导致糖尿病、高血压和高血脂等疾病发生发展的最重要、最根本的原因之一。

（二）胰岛素分泌的调节

1. 血糖浓度　血糖浓度是调节胰岛素分泌的最重要因素。胰岛B细胞对血糖浓度的变化十分敏感，血糖浓度升高时，可直接刺激胰岛B细胞，使胰岛素分泌增加；当血糖浓度降至正常时，胰岛素分泌量也迅速恢复到基础分泌水平，从而维持血糖浓度的相对稳定。此外，当血中氨基酸和脂肪酸的水平升高时，也能促进胰岛素分泌。

2. 激素的作用　①胃肠激素均有促进胰岛素分泌的作用；②胰高血糖素、生长激素、甲状腺激素、糖皮质激素等都可通过升高血糖间接刺激胰岛素分泌；③肾上腺素可抑制胰岛素的分泌。

3. 神经调节　胰岛受迷走神经和交感神经的双重神经支配。迷走神经兴奋既可直接促进胰岛素分泌，也可通过刺激胃肠激素释放而间接地促进胰岛素分泌。交感神经兴奋时，可通过释放肾上腺素而抑制胰岛素的分泌。

护考链接

患者男，40岁。患糖尿病多年，因肺炎而来医院就诊。体检：体温39℃，体型明显消瘦，右肺底可听到较多湿啰音。请问患者消瘦的最主要原因是（　　）

A. 因细菌感染消耗过多　　B. 因糖尿病多尿排出大量水分

C. 机体脂肪、蛋白质消耗　　D. 食欲减退导致摄入不足

E. 糖尿病导致机体基础代谢率增加

考点精讲：胰岛素能促进蛋白质和脂肪的合成与贮存，抑制它们的分解。糖尿病患者的胰岛素分泌不足，将导致蛋白质和脂肪的分解过多而引起机体消瘦，故应选择答案C。

二、胰高血糖素

（一）胰高血糖素的生理作用

胰高血糖素的靶器官主要是肝。胰高血糖素的作用与胰岛素相反，是促进物质分解代谢的激素。其主要作用：①促进糖原分解和增强糖异生，从而使血糖升高；②促进脂肪分解及脂肪酸的氧化，使血中酮体生成增多；③抑制肝内蛋白质合成，促进蛋白质分解。

胰高血糖素可通过旁分泌促进胰岛B细胞分泌胰岛素和D细胞分泌生长抑素。另外，大量的胰高血糖素具有增强心肌收缩力、促进胆汁分泌以及抑制胃液分泌的作用。

（二）胰高血糖素分泌的调节

1. 血糖浓度　是调节胰高血糖素分泌的重要因素。当血糖浓度降低时，可促进胰高血糖素的分泌；当血糖浓度升高时，胰高血糖素分泌则减少。

2. 激素的作用　胰岛素可通过降低血糖间接地促进胰高血糖素的分泌；另外，胰岛素和生长抑素还可通过旁分泌直接作用于相邻的A细胞，抑制胰高血糖素的分泌。

3. 神经调节　交感神经兴奋时，可促进胰高血糖素的分泌；而迷走神经兴奋时，则可抑制胰高血糖素的分泌。

第六节　松　果　体

一、松果体的位置和形态

松果体为一淡红色的椭圆形小体，位于背侧丘脑的后上方，以细柄连于第三脑室顶的后部（图12-1），因形似松果而得名。儿童时期较发达，一般7岁左右开始退化，成年后不断有钙盐沉着而形成脑砂，可作为临床上X线诊断颅内占位病变的定位标志。

二、松果体的微细结构与功能

松果体主要由松果体细胞、神经胶质细胞和无髓神经纤维构成。松果体细胞分泌的**褪黑素**具有广泛的生理作用：①抑制下丘脑-腺垂体-性腺轴的活动，褪黑素能通过抑制腺垂体分泌促性腺激素而间接影响生殖腺的活动，具有防止性早熟的作用，松果体发生病变时，可出现性早熟和生殖器官过度发育；②参与机体的免疫调节、生物节律的调整。③具有镇静、催眠、镇痛等作用。

小结

内分泌系统是人体内一个奇异深邃的系统。下丘脑通过分泌下丘脑调节肽控制腺垂体的内分泌功能，下丘脑分泌的抗利尿激素和缩宫素通过神经垂体释放入血。腺垂体除分泌生长激素和催乳激素外，其促激素主要调节甲状腺、肾上腺和性腺的活动。与生长发育有关的激素主要有生长激素和甲状腺激素，前者分泌不足可致侏儒症，后者分泌不足则导致呆小症。甲状旁腺激素、降钙素和1，25-二羟维生素D_3默契配合，调节正常钙、磷代谢。能使血糖升高的激素有生长激素、甲状腺激素、糖皮质激素、胰高血糖素、去甲肾上腺素和肾上腺素等，而降低血糖的激素仅有胰岛素一种。肾上腺髓质分泌的去甲肾上腺素和肾上腺素作为强心剂，在生命垂危之际维持血压和加强心肌的收缩。松果体分泌的褪黑素能配合其他内分泌腺一起工作，协调体内的许多生命环节。

自测题

一、名词解释

1. 激素 2. 呆小症 3. 应激反应 4. 应急反应

二、填空题

1. 内分泌系统由________和________组成。
2. 神经垂体贮存和释放的激素是________和________。
3. 甲状腺滤泡旁细胞分泌的________，可与甲状旁腺分泌的________共同调节血钙浓度。
4. 幼年时生长激素分泌不足可导致________，甲状腺激素分泌不足可导致________。
5. 国际上推荐的碘摄入量为________，妊娠期和哺乳期均需适当增加碘的摄入量，应≥________。TH的正常合成需要碘60～75μg/天，若低于________将影响TH的正常合成。
6. 参与应急反应的激素是________，参与应激反应的激素是________。

三、选择题

A_1型题

1. 关于内分泌腺的描述，错误的是（　　）
   A. 甲状腺是人体内最大的内分泌腺
   B. 甲状旁腺共有4个
   C. 神经垂体能分泌抗利尿激素和缩宫素
   D. 松果体在7岁以前较发达
   E. 肾上腺右侧呈三角形，左侧近似半月形
2. 骺软骨消失后，生长激素分泌过多将会引起（　　）
   A. 巨人症　B. 侏儒症
   C. 甲状腺功能亢进　D. 黏液性水肿
   E. 肢端肥大症
3. 不属于腺垂体分泌的激素是（　　）
   A. 生长激素　B. 黄体生成素
   C. 催乳素　D. 缩宫素
   E. 促甲状腺激素
4. 关于甲状腺的描述，何者错误（　　）
   A. 由左、右侧叶和中间的峡部构成
   B. 滤泡上皮细胞分泌降钙素
   C. 峡部位于第2～4气管软骨环的前方
   D. 吞咽时甲状腺可随喉上、下移动
   E. 幼儿甲状腺功能低下可致呆小症
5. 下列哪个内分泌腺分泌的激素不足时，将引起血钙下降（　　）
   A. 甲状腺　B. 垂体
   C. 松果体　D. 肾上腺
   E. 甲状旁腺
6. 调节甲状腺功能的主要激素是（　　）
   A. 生长激素　B. 甲状旁腺激素
   C. 甲状腺激素　D. 促甲状腺激素
   E. 降钙素
7. 男性体内能分泌雌激素的器官是（　　）

A. 肾上腺　　B. 甲状腺
C. 松果体　　D. 垂体
E. 甲状旁腺

8. 对去甲肾上腺素的缩血管作用具有允许作用的激素是（　）
A. 胰岛素　　B. 甲状旁腺激素
C. 甲状腺激素　　D. 肾上腺素
E. 糖皮质激素

9. 向心性肥胖是由下列哪种激素分泌增多所致（　）
A. 甲状腺激素　　B. 甲状旁腺激素
C. 糖皮质激素　　D. 肾上腺素
E. 胰岛素

10. 糖尿病的发生与胰岛的哪种细胞有关（　）
A. A 细胞　　B. B 细胞
C. 浆液性细胞　　D. D 细胞
E. PP 细胞

11. 生理情况下唯一能降低血糖的激素是（　）
A. 甲状腺激素　　B. 生长激素
C. 糖皮质激素　　D. 胰岛素
E. 胰高血糖素

12. 刺激胰岛素分泌的主要原因是（　）
A. 促胃液素释放　　B. 血糖浓度升高
C. 迷走神经兴奋　　D. 胰高血糖素释放
E. 血糖浓度降低

13. 松果体细胞分泌的褪黑素不足时可出现（　）
A. 侏儒症　　B. 呆小症
C. 钙代谢失常　　D. 糖尿病
E. 性早熟

14. 呆小症与侏儒症的最大区别是（　）
A. 身材比例适当　　B. 身材更矮小
C. 内脏增大　　D. 智力低下
E. 肌肉发育不良

A_2 型题

15. 患者男，36 岁。身材矮小，身材比例适当，智力正常，可诊断为（　）
A. 呆小症　　B. 皮质醇增多症
C. 侏儒症　　D. 营养不良
E. 肢端肥大症

四、简答题

1. 简述胰岛素的生理作用。
2. 为什么长期缺碘会引起甲状腺肿大?
3. 为什么长期大量使用糖皮质激素的患者不能突然停药?
4. 生长激素和甲状腺激素对机体生长发育的影响有何异同?

（颜盛鉴）

13 第十三章　人体胚胎发育总论

孩子是父母生命的延续，是祖国的希望和未来（图 13-1）。生命的诞生充满着无穷的奥秘。那么，人的生命是从何时、在何地拉开序幕的？在母体内是通过什么途径供给胎儿营养的？孕育多长时间小生命才能发育成熟而降临到人世间的呢？让我们带着这些神奇而有趣的问题一起来探究人体胚胎发育的奥秘。

人体胚胎发育是指从受精卵形成到胎儿发育成熟和娩出的过程，历时 38 周（约 266 天）。通常将胚胎发育分为两个时期：①**胚期**，又称人体胚胎发育总论，是指从受精卵形成到第 8 周末，受精卵由单个细胞经过迅速而高度有序的增殖分化，发育成为各器官、系统与外形都初具人形的胎儿。②**胎期**，是指从第 9 周至出生，胎儿逐渐长大，各器官、系统继续发育，并逐渐出现不同程度的功能。

图 13-1　母与子

案例 13-1

患者女，28 岁。已婚，停经 8 周。因突发左下腹部撕裂样疼痛，伴恶心、呕吐而急诊入院。妇科检查：子宫略大，左侧子宫附件区压痛明显，阴道有点状出血，阴道后穹饱满。尿 hCG(+)，B 超提示直肠子宫陷凹有积液，经阴道后穹穿刺有鲜血。初步诊断：异位妊娠（输卵管破裂）出血。

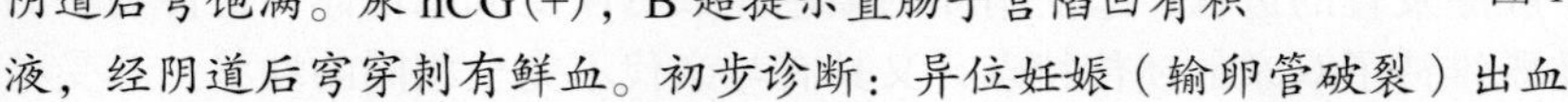

问题：1. 何谓异位妊娠？子宫附件通常是指什么？

2. 受精和植入的部位通常在何处？

3. 直肠子宫陷凹与阴道后穹之间有何关系？

一、精子获能与受精

（一）精子获能

精子在睾丸的生精小管形成并进入附睾进一步发育成熟。射出的精子虽有运动能力，但尚无受精能力。精子在进入女性生殖管道后，在子宫和输卵管分泌物的作用下，阻止顶体酶释放的糖蛋白被去除，从而使精子获得了受精的能力，此现象称为**精子的获能**，由美籍华人科学家张民觉（图 13-2）和奥地利学者 Austin（1951 年）首先发现。精子在女性生

图 13-2 “试管婴儿之父”——张民觉院士（1908—1991 年）

殖管道内的受精能力一般可维持 24 小时。

（二）受精

受精是指获能的精子与卵子结合形成受精卵的过程。一般发生在排卵后的 12 小时之内，受精的部位通常在输卵管壶腹部。

1. 受精的过程 正常成年男性一次可射出 3 亿～5 亿个精子，但由阴道穿过子宫颈管、子宫腔和输卵管子宫口而抵达输卵管壶腹部的仅有 300～500 个强壮精子。大量获能的精子接触到卵子周围的放射冠时，顶体开始释放顶体酶（图 13-3），溶解放射冠和透明带，形成一条精子穿过的通道，随即精子完全进入卵子内。然后，透明带结构发生变化即**透明带反应**，从而阻止了其他精子穿越透明带，保证了人卵的单卵受精。同时，由于卵子受到精子的激发，迅速完成第 2 次减数分裂，排出一个第 2 极体。此时精子和卵子的细胞核逐渐膨大，分别称为雄原核和雌原核。两个原核逐渐靠拢，核膜消失，染色体混合，形成一个二倍体的受精卵即合子。整个受精过程到此完成，约需 24 小时。

考点：受精的概念、时间及部位

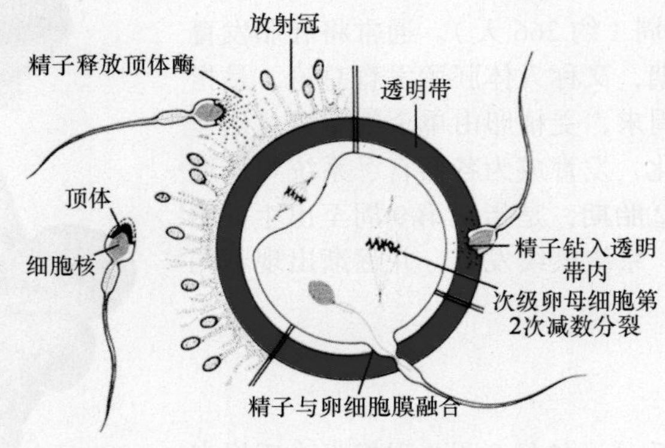

图 13-3 受精过程

2. 受精的意义 受精标志着新生命的开始，其意义在于：①受精刺激受精卵进行快速的细胞分裂，启动了胚胎发育的进程；②受精卵的染色体数目恢复成二倍体，遗传物质的重新组合，使新个体既维持了双亲的遗传特点，又具有与亲代不完全相同的性状；③受精决定性别，带有 Y 染色体的精子与卵子结合发育为男性，带有 X 染色体的精子与卵子结合则发育为女性。

 **链接**

体外受精及胚胎移植技术

体外受精及胚胎移植技术是目前世界上广为应用的生殖辅助技术，是将母体取出的卵子和经优选诱导获能处理后的精子置于培养液内使其受精形成受精卵（体外受精），并在试管内发育成胚泡后移植回母体正处于分泌期的子宫内发育成胎儿（胚胎移植），然后与正常受孕妇女一样由母体娩出。由于胚胎最初是在试管内发育，故该技术又称试管婴儿技术，利用体外受精技术出生的婴儿称为试管婴儿。1978 年 7 月 25 日，世界上第 1 例“试管婴儿”路易斯·布朗在英国诞生。

二、卵裂、胚泡的形成和植入

1. 卵裂　受精卵一旦形成，便借助输卵管平滑肌的节律性收缩和内膜上皮细胞纤毛的规律性定向摆动一边向子宫腔方向移动，一边进行细胞分裂（图 13-4）。受精卵早期进行的细胞分裂称为**卵裂**，卵裂产生的子细胞称为**卵裂球**。受精后的第 3 天，卵裂球数目达到 12 ～ 16 个，共同组成一个外观形似桑葚的实心胚，故称为**桑葚胚**。

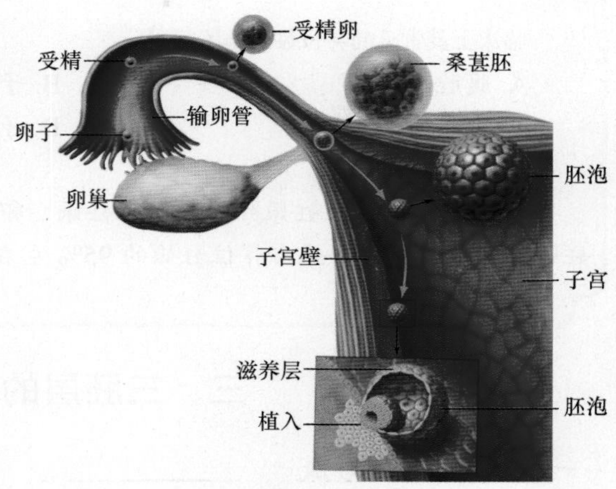

图 13-4　排卵、受精、卵裂和植入过程

2. 胚泡的形成　桑葚胚进入子宫腔后继续分裂，于受精后第 4 天形成一个囊泡状的胚泡。胚泡壁由单层细胞构成，与吸收营养物质有关，故称为**滋养层**，主要发育成胎儿的附属结构；胚泡中心的腔称为**胚泡腔**；位于胚泡腔内一侧的一群细胞称为**内细胞群**（图 13-5），将来主要发育成胎儿。胚泡形成后，其外面的透明带溶解而消失，胚泡逐渐孵出与子宫内膜接触，开始植入。

3. 植入　胚泡逐渐埋入子宫内膜的过程，称为植入或着床。植入于受精后第 5 ～ 6 天开始，于第 11 ～ 12 天完成。植入的部位通常在子宫体部和底部，最多见于子宫体后壁。植入时，内细胞群侧的滋养层先黏附在子宫内膜上（图 13-4），并分泌蛋白水解酶，在内膜溶蚀出一个缺口，然后胚泡陷入缺口并逐渐被包埋其中。当胚泡全部埋入子宫内膜后，内膜表面缺口修复，植入完成，植入犹如把一粒种子埋入肥沃的土壤中。通过植入胚泡获得了进一步发育的适宜环境和充足的营养供应。若植入位于近子宫颈处，在此形成的胎盘称为前置胎盘，自然分娩时胎盘可堵塞产道，导致胎儿娩出困难，需行剖宫产。

链接

异位妊娠

异位妊娠习称宫外孕，是指胚泡在子宫体腔以外部位着床。依据胚泡种植部位不同可分为输卵管妊娠、卵巢妊娠、腹腔妊娠、子宫阔韧带妊娠、宫颈妊娠。输卵管妊娠占异位妊娠的 95% 左右，其中以输卵管壶腹部妊娠在临床上最为多见，约占 78%。

植入时的子宫内膜正处于分泌期。植入后的子宫内膜发生了一系列适应性变化而改称**蜕膜**。根据蜕膜与胚胎的位置关系，将其分为 3 部分（图 13-6）：①**底蜕膜**：又称基蜕膜，位居胚深部，为胚泡与子宫肌层之间的蜕膜。②**包蜕膜**：是覆盖在胚子宫腔面侧的蜕膜。③**壁蜕膜**：是子宫其余部分的蜕膜。壁蜕膜与包蜕膜之间为子宫腔。

考点：植入的概念、部位及其开始和结束的时间；蜕膜的分部

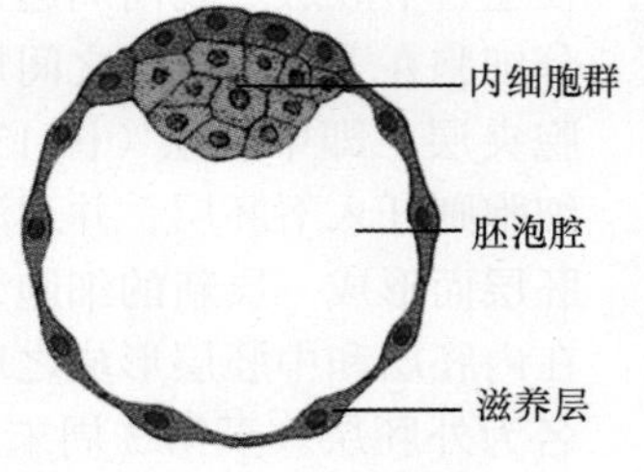

图 13-5　胚泡结构

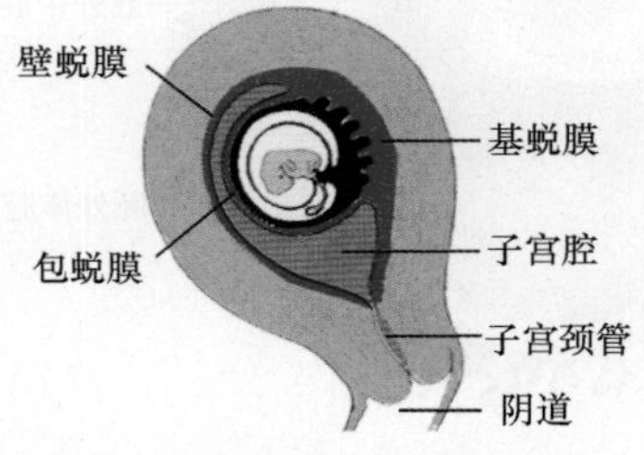

图 13-6　胚胎与子宫蜕膜关系

护考链接

临床上最常见的异位妊娠是（　　）

A. 腹腔妊娠　　B. 子宫颈妊娠

C. 输卵管妊娠　　D. 子宫阔韧带妊娠

E. 卵巢妊娠

考点精讲：异位妊娠分为输卵管妊娠、卵巢妊娠、腹腔妊娠、子宫阔韧带妊娠、宫颈妊娠，其中输卵管妊娠占异位妊娠的95%左右，故选择答案C。

三、三胚层的形成与分化

（一）三胚层的形成

1. 二胚层胚盘的形成　在第2周胚泡植入过程中，内细胞群增殖分化逐渐形成一个由上胚层和下胚层紧密相贴的圆盘状结构，即**二胚层胚盘**（图13-7），它是人体发育的原基。在上、下胚层形成的同时，上胚层的背侧形成一个充满羊水的羊膜腔，下胚层的腹侧则形成一个卵黄囊（图13-8）。

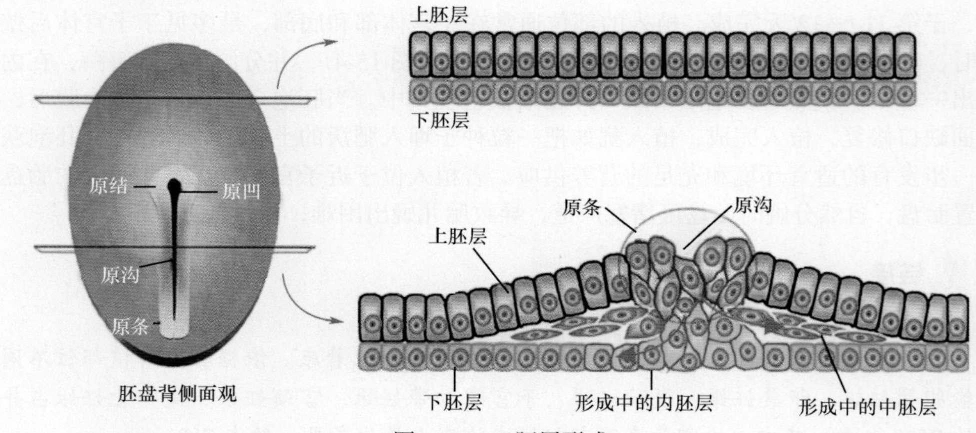

图13-7　三胚层形成

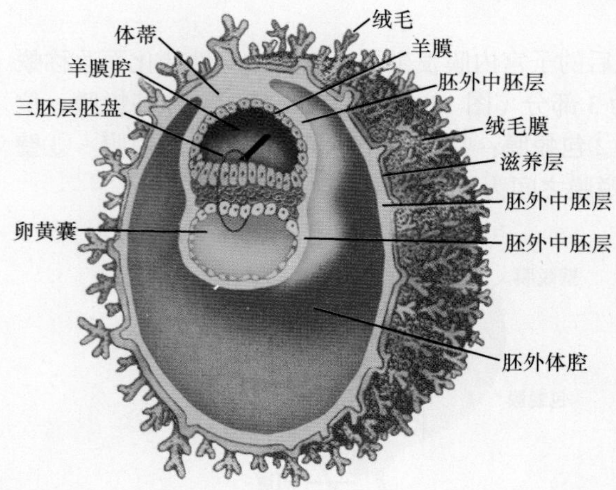

图13-8　第3周初的胚剖面

2. 三胚层胚盘的形成　第3周初，部分上胚层细胞增殖较快，在上胚层正中轴线的一侧出现一条纵行的细胞索，称为原条。原条的细胞向深部迅速增殖内陷，在上、下胚层之间向周边扩展迁移。一部分细胞在上、下胚层之间形成一个新的细胞夹层，即中胚层（图13-7）；另一部分细胞则迁入下胚层，并逐渐全部置换了下胚层而形成一层新的细胞，称为内胚层。在内胚层和中胚层形成之后，原上胚层改名为外胚层。至第3周末，内、中、外3个胚层形成三胚层胚盘（图13-8），3个胚层均起源于上胚层。

链接

临床上是如何计算怀孕时间的？

临床上是从孕妇末次月经的第1天作为怀孕即妊娠的开始，以4周为一个孕月，共40周，即10个月共280天。人们经常讲的“十月怀胎，一朝分娩”由此而来。而从实际受精之日算起，应为280天减去14天，即为266天（38周）。

（二）三胚层的分化

在胚胎发育过程中，结构和功能相同的细胞分裂增殖，形成结构和功能不同的细胞，称为**分化**。在第4～8周，3个胚层逐渐分化形成各器官的原基。外胚层将分化为神经系统、皮肤的表皮及其附属器以及角膜上皮、口腔、鼻腔及肛管下段的上皮等；中胚层将分化为泌尿生殖系统的主要器官、结缔组织、肌组织、血管和间皮等；内胚层将分化为消化管、消化腺、气管、支气管、肺、膀胱等器官的上皮组织。

四、胎膜和胎盘

胎膜和胎盘是胚胎发育过程中形成的一些附属结构，对胚胎起保护、营养、呼吸和排泄等作用，还具有内分泌功能。胎儿娩出后，胎膜、胎盘即与子宫壁分离，并被排出体外。

（一）胎膜

胎膜包括绒毛膜、羊膜、卵黄囊、尿囊和脐带（图13-9）。其中，卵黄囊和尿囊都是早期胚的一过性结构，在胚胎后期先后退化。胎膜均来源于胚泡，与胚胎有着共同的来源，但却有着不同的结局。

1. 绒毛膜　由滋养层等发育而成。胚胎早期，整个绒毛膜表面的绒毛均匀分布。之后，包蜕膜侧的绒毛因血供不足而逐渐退化、消失，形成表面无绒毛的**平滑绒毛膜**（图13-9）。底蜕膜侧的绒毛则因血供充足而反复分支，生长茂密，形成**丛密绒毛膜**，参与胎盘的构成。绒毛膜的绒毛浸浴在绒毛间隙的母体血中，具有从母体血中吸收O_2和营养物质，并排出CO_2和代谢产物的功能。

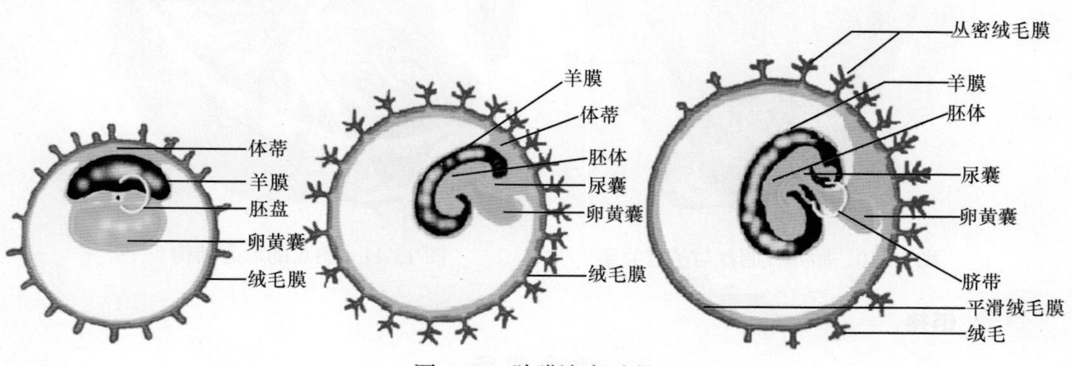

图13-9　胎膜演变过程

链接

葡 萄 胎

在绒毛膜发育过程中，若滋养层细胞过度增生，绒毛内结缔组织变性水肿，血管消失，胚胎发育受阻，形成大小不一的水泡样组织，状如葡萄，故称为葡萄胎或水泡状胎块。若滋养层细胞癌变，则称为绒毛膜癌。

2. 羊膜 为一层无血管的半透明薄膜，羊膜腔内充满羊水，胚胎浸泡在羊水中生长发育。妊娠早期的羊水无色透明，由羊膜不断分泌和吸收；妊娠中期以后，胎儿开始吞咽羊水，其消化、泌尿系统的排泄物等进入羊水，使羊水变得浑浊。

羊膜和羊水对胚胎的发育起着支持和保护作用，胚胎可以在羊水中较自由地活动，有利于骨骼和肌肉的发育，并能防止胚胎局部粘连或受外力的挤压与震荡。临产时，羊水还具有扩张子宫颈、冲洗和润滑产道的作用。

羊水量随着胚胎的长大而逐渐增多，妊娠 38 周约 1000ml，此后羊水量逐渐减少。妊娠晚期羊水量少于 300ml 者，称为羊水过少，常因胎儿无肾或尿道闭锁所致。妊娠期间羊水量超过 2000ml 者，称为羊水过多，常见于胎儿消化道闭锁或无脑儿。通过 B 超检查羊水量的改变，可以早期诊断某些先天性畸形；通过穿刺抽取羊水进行羊水细胞检查，可以判断胎儿性别或血型等。

考点：胎儿附属结构的组成；妊娠 38 周的羊水量；脐带的长度及构成

3. 脐带 是连于胚胎脐部与胎盘之间的一条圆索状结构（图 13-10，图 13-11），是胎儿与母体间进行物质交换的唯一通道，为胚胎的“生命线”。脐带外被覆羊膜，内含一条脐静脉、两条脐动脉和脐血管周围的黏液性结缔组织（又称华通胶）等。足月妊娠的脐带长度为 30 ～ 100cm，平均长度为 55cm。脐带短于 30cm 者，称为脐带过短，胎儿娩出时易导致胎盘早剥；脐带长度超过 100cm 者，称为脐带过长，易造成脐带绕颈、绕体、打结、脱垂或脐带受压。

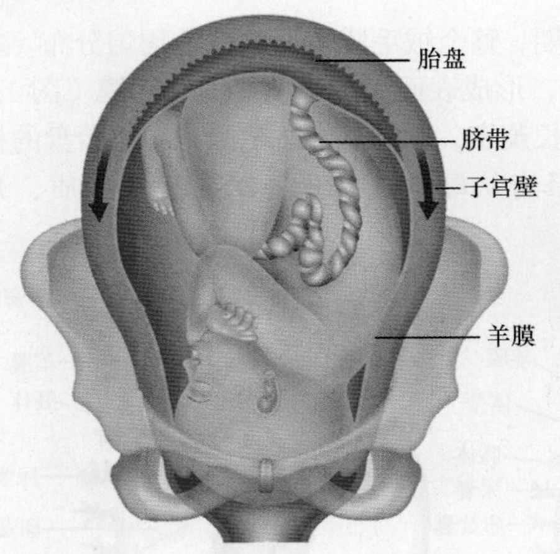

图 13-10 胎儿、胎盘与子宫关系

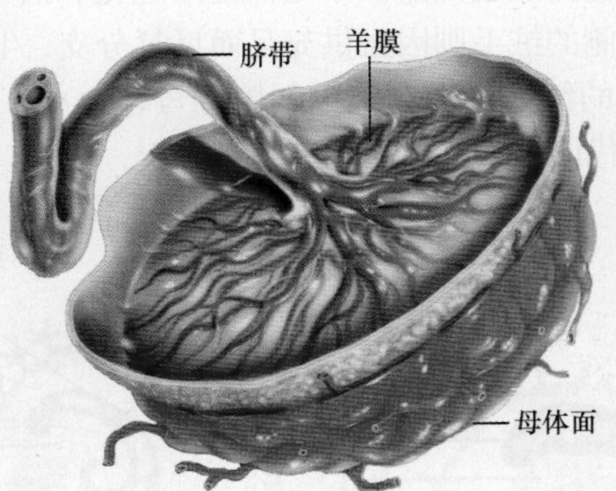

图 13-11 胎盘的形态结构

链接

生命银行

所谓“生命银行”，就是储户将自己孩子出生时的脐带血即胎儿娩出后从脐静脉抽出的胎盘血，贮存在医院的干细胞库中，等孩子将来万一有病需要时取出，用来拯救孩子的

生命，或提供给亲属和合适的非亲属使用。由于脐带血比红骨髓易于得到，人们已经把它视为新生儿带给人类的一份厚礼。

（二）胎盘

1. 胎盘的形态结构　胎盘是由胎儿的丛密绒毛膜与母体的底蜕膜共同构成的圆盘状结构（图 13-11）。足月胎儿的胎盘重约 500g，直径 15 ～ 20cm，中央厚，周边薄，平均厚度约 2.5cm。胎盘的胎儿面光滑，表面覆有羊膜，其中央与脐带相连。胎盘的母体面粗糙，为剥离后的底蜕膜，可见 15 ～ 30 个由浅沟分隔的胎盘小叶。胎盘小叶之间有由底蜕膜形成的胎盘隔。胎盘隔之间的腔隙称为绒毛间隙，其内充满母体血，绒毛浸在母体血中，便于物质交换（图 13-12）。

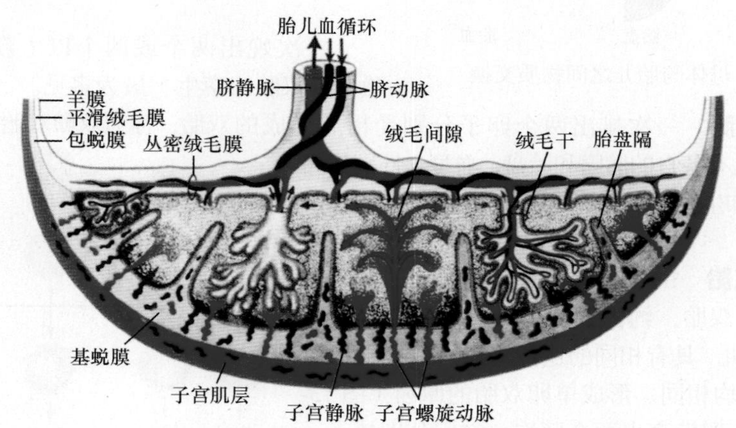

图 13-12　胎盘结构与血液循环

箭头表示血流方向；红色表示富含营养物质和 O_2 的血液；蓝色表示含代谢产物和 CO_2 的血液

2. 胎盘的血液循环　胎盘内有母体和胎儿两套血液循环系统，母体和胎儿的血液在各自封闭的管道内循环，互不相混，但可进行物质交换。母体血从子宫螺旋动脉流入绒毛间隙，与绒毛毛细血管内的胎儿血进行物质交换后，经子宫静脉流回母体。胎儿的静脉血经脐动脉及其分支流入绒毛内的毛细血管，与绒毛间隙内的母体血进行物质交换后成为动脉血，经脐静脉回流入胎儿体内。胎儿血与母体血在胎盘内进行物质交换所通过的薄层结构，称为胎盘膜或胎盘屏障。

> **歌诀助记**
>
> **胎膜和胎盘**
>
> 两囊两膜一脐带，顺带一枚圆形盘；
> 两囊退化绒毛长，脐带长来供营养；
> 随胎分娩一起出，生命降临使命完。

3. 胎盘的功能

(1) 物质交换：是胎盘的主要功能，胎儿通过胎盘从母体血中获得营养物质和 O_2，排出胎儿的代谢产物和 CO_2。因此胎盘具有相当于出生后小肠、肺和肾的功能。胎盘膜的屏障作用极为有限，多数细菌虽不能通过胎盘膜，但各种病毒和大部分药物均可通过胎盘膜而进入胎儿体内（图 13-13），故孕妇不可轻易服用未经医生核准的药物，以免影响胎儿的正常发育。

(2) 内分泌功能：胎盘合成和分泌的激素：①**人绒毛膜促性腺激素**（hCG）：能促进

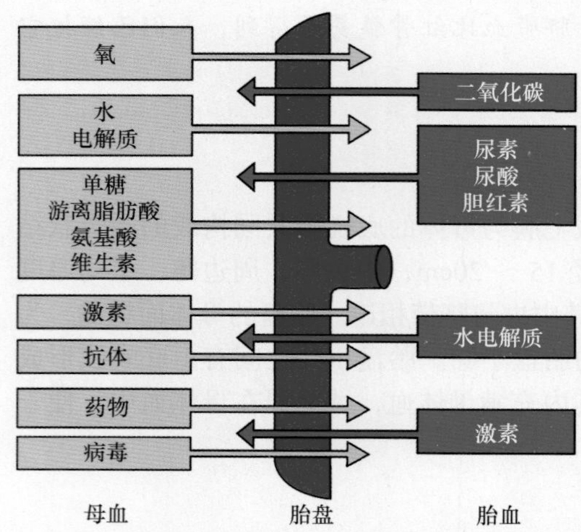

图 13-13　母体与胎儿之间物质交换

黄体的生长发育，以维持妊娠。受精后第10天可从孕妇血清中测出，成为诊断早孕的最敏感方法，临床上还可通过检测孕妇尿hCG，来诊断是否怀孕。②**人胎盘催乳素**：既能促进孕妇乳腺生长发育，又可促进胎儿的生长发育。③**孕激素和雌激素**：于妊娠后第4个月开始分泌，以后逐渐增多并逐步替代了母体卵巢孕激素和雌激素的功能，起着继续维持妊娠的作用。

五、多　胎

一次娩出两个或两个以上新生儿称为多胎，以双胎（孪生）最为多见。

1. 双卵双胎　一次排出两个卵子分别受精后形成的双胎，称为双卵双胎，约占双胎的70%。两个胎儿有各自的胎膜和胎盘，血型、性别相同或不同，外貌和生理特征的差异如同一般的兄弟姐妹，仅是同龄而已。

2. 单卵双胎　由一个受精卵发育形成的两个胚胎，称为单卵双胎，约占双胎的30%。一个受精卵形成的两个胎儿，具有相同的遗传基因，故两者性别、血型及外貌等均相同。形成单卵双胎的原因（图13-14）：①从受精卵发育出两个胚泡，它们分别植入，两个胎儿有各自的羊膜腔和胎盘；②一个胚泡内形成两个内细胞群，各自发育成一个胚胎；③一个胚盘上出现两个原条与脊索，分别发育成两个胚胎。

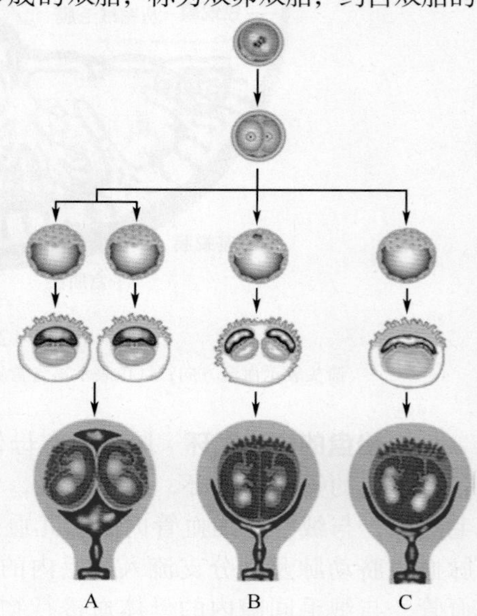

图 13-14　单卵双胎形成

A. 从受精卵发育出两个胚泡；B. 一个胚泡内形成两个内细胞群；C. 一个胚盘上出现两个原条

3. 联体双胎　在单卵双胎中，当一个胚盘上出现两个原条并分别发育为两个胚胎时，若两原条靠得较近，胚体形成时发生局部联结，而形成联体双胎。依据联结的部位可分为头联体双胎、臀联体双胎、胸腹联体双胎等（图13-15）。若联体双胎中明显一大一小，则小的称为寄生胎或胎中胎。联体双胎的发生率为单卵双胎的1/1500。

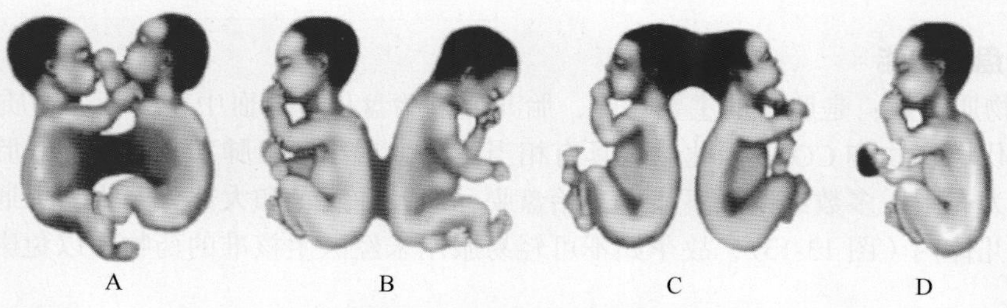

图 13-15　联体双胎的种类

A. 胸腹联体双胎；B. 臀联体双胎；C. 头联体双胎；D. 寄生胎

六、先天性畸形概述

先天性畸形是由于胚胎发育紊乱所致的形态结构异常，出生时即已存在，是出生缺陷的一种。临床上最常见的严重胎儿畸形有无脑儿、脊柱裂、脑积水等。先天性畸形发生的原因主要包括遗传、环境、食品、药物、病毒感染等。影响胚胎发育的环境因素有3个方面，即母体周围的外环境、母体的内环境和胚体周围的微环境。能引起先天性畸形的环境因素统称为致畸因子，主要有生物的、物理的、化学的、药物及其他致畸因子。

胚胎受致畸因子作用后，最容易发生畸形的发育时期称为**致畸敏感期**。胚期第3～8周，胚体内细胞增殖分化活跃，胚体形态发生复杂变化，最易受致畸因子的干扰而发生器官形态结构畸形，是最易发生畸形的致畸敏感期，故在这一时期的孕期保健尤为重要。

考点：胎盘的构成及功能；致畸敏感期的概念

小结

人体的发生是从精子与卵子的结合即从受精开始的。受精在输卵管壶腹部发生，其结果是产生了新一代个体的最初生命形态—受精卵。受精卵一旦形成便踏上了降生问世的征途，细胞功能即被激活，从而开始了不断的分裂增殖，并遵循高度有序的机制逐步分化发育出各种组织、器官、系统，直至演变成为结构和功能均十分复杂的胎儿。“十月怀胎，一朝分娩”，成熟的胎儿连同胎膜、胎盘一道降临于世。

自测题

一、名词解释

1. 受精 2. 卵裂 3. 植入 4. 胎盘

二、填空题

1. 人体胚胎发育历时________天，通常分为________和________两个时期。
2. 根据蜕膜与胚的位置关系，将蜕膜分为________、________和________3部分。
3. 三胚层是指________、________和________。
4. 致畸敏感期是指受精后的第________周。

三、选择题

A_1 型题

1. 世界上第1例试管婴儿于1978年7月25日诞生在（ ）
   A. 英国 B. 中国 C. 美国
   D. 法国 E. 德国
2. 人体胚胎发育开始于（ ）
   A. 卵裂 B. 三胚层形成
   C. 受精 D. 胚泡形成
   E. 植入
3. 胚胎初具人形的时间是在受精后的（ ）
   A. 1周末 B. 2周末
   C. 4周末 D. 8周末
   E. 9周末
4. 卵子受精的部位通常在（ ）
   A. 腹膜腔 B. 输卵管壶腹部
   C. 输卵管子宫部 D. 输卵管漏斗
   E. 输卵管峡部
5. 胚泡植入的部位通常在（ ）
   A. 子宫阔韧带 B. 输卵管
   C. 子宫体或子宫底部 D. 腹膜腔
   E. 近子宫颈管内口处
6. 胚泡完全埋入子宫内膜是在受精后的（ ）
   A. 12小时内 B. 2～3天
   C. 5～6天 D. 11～12天
   E. 14～15天
7. 临床计算妊娠开始的时间是（ ）
   A. 受精之日 B. 末次月经后14日
   C. 夫妻同房之日 D. 末次月经干净之日
   E. 末次月经第一日
8. 不属于胎儿附属结构的是（ ）

A. 胎盘　　B. 脐带
C. 子宫壁肌层　　D. 羊膜
E. 绒毛膜

9. 关于脐带的描述，错误的是（　）
A. 为连接胎儿与胎盘的纽带
B. 平均长度为 55cm
C. 短于 30cm 者称为脐带过短
D. 表面无羊膜覆盖
E. 脐带过长易造成脐带绕颈、打结或脱垂等

10. 胎儿血与母体血借下列何结构进行物质交换（　）
A. 胎盘隔　　B. 胎盘膜
C. 底蜕膜　　D. 丛密绒毛膜
E. 平滑绒毛膜

11. 关于胎盘功能的描述，错误的是（　）
A. 能阻止细菌、病毒通过
B. 能进行气体交换
C. 分泌多种激素
D. 有防御功能
E. 能进行物质交换

12. 怀孕早期与胎儿致畸无关的因素是（　）
A. 吸烟与饮酒　　B. 喷洒农药
C. 口服甲硝唑　　D. 补充乳酸钙
E. 病毒感染性疾病

A_2 型题

13. 已婚妇女，26 岁，孕 1 产 0，妊娠 38 周，来医院产科检查，B 超报告羊水过少，向护士了解妊娠足月时正常羊水量的多少，正确的是（　）
A. ＞ 2000ml　　B. 300 ～ 500ml
C. 1000ml　　D. ＜ 300ml
E.500 ～ 1000ml

14. 已婚妇女，25 岁，停经 42 天。早期妊娠的诊断通常是测定孕妇尿液中的（　）
A. 黄体生成素　　B. 孕激素
C. 雌激素　　D. 人胎盘催乳素
E. 人绒毛膜促性腺激素

（翟新梅）

14

第十四章　新陈代谢

引言：新陈代谢是生命活动的基本特征之一。机体通过新陈代谢实现生物体与外界环境的物质交换，以达到自我更新和内环境的相对稳定。那么，我们每天从食物中摄取的糖、脂肪和蛋白质等在体内是如何进行代谢的？它们对生命活动又起什么作用？让我们带着这些神奇而有趣的问题一起来探究人体新陈代谢的奥秘。

第一节　蛋白质和核酸化学

一、蛋白质化学

蛋白质是生物体内最重要的生物大分子之一，是生物体的主要构成成分，生命活动的重要载体，更是功能的执行者。

（一）蛋白质的分子组成

蛋白质是生物体内含量最丰富的生物大分子，约占人体固体成分的45%，而在细胞中可达细胞干重的70%以上。

1. 蛋白质的元素组成　尽管蛋白质的种类繁多，结构各异，功能复杂，但元素组成却相似。所有蛋白质都含有碳、氢、氧、氮4种基本元素。很多蛋白质含有硫，有些蛋白质还含有少量的磷和一些金属元素，如铁、铜、锌、锰、钴等。各种蛋白质的平均含氮量为16%，因此测定生物样品的含氮量就可推算出蛋白质的含量。

考点：蛋白质的基本组成元素；计算样品中蛋白质的含量

每克样品中的含氮克数 $\times 6.25 \times 100 =$ 100g 样品中所含蛋白质克数。

链接

“三鹿奶粉”事件

2008年6月28日兰州市医院收治了首例患“肾结石”病症的婴幼儿，家长反映，孩子出生后一直服用三鹿婴幼儿奶粉。后经检测奶粉中含有三聚氰胺。三聚氰胺为化工原料，其分子中含有大量的氮元素，添加在食品中，可以提高检测食品中蛋白质的检测数值。用普通的全氮测定法测食品中的蛋白质数值时，根本不会区分这种伪蛋白氮。

2. 蛋白质分子的基本组成单位—氨基酸　自然界中已发现的**氨基酸**有300余种，但可用于组成生物体蛋白质的氨基酸只有20种，各种氨基酸分子的结构通式如图14-1。

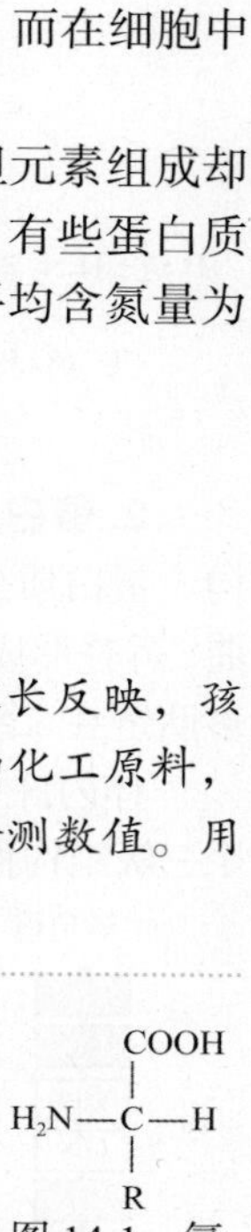

$$\begin{array}{c} COOH \\ | \\ H_2N—C—H \\ | \\ R \end{array}$$

图14-1　氨基酸的结构通式

20种氨基酸中除甘氨酸外，均为α-氨基酸，即氨基（$—NH_2$）和羧基（—COOH）同时连在α碳原子上。R代表侧链，R不同，氨基酸的种类及性质也不同。

3. 氨基酸与氨基酸相连形成肽 两个氨基酸脱水缩合生成的肽即为二肽，3 个氨基酸生成的肽即为三肽，依次类推。相邻氨基酸之间形成的化学键即为肽键（图 14-2）。10 个以内的氨基酸脱水缩合生成的肽为寡肽，更多的氨基酸缩合成的肽称为多肽。肽链中的氨基酸分子因为脱水缩合而不完整，故称为氨基酸残基。

$$H_2N-\underset{}{\overset{R_1}{\overset{|}{CH}}}-COOH + H_2N-\overset{R_2}{\overset{|}{CH}}-COOH \rightarrow H_2N-\overset{R_1}{\overset{|}{CH}}-CO-HN-\overset{R_2}{\overset{|}{CH}}-COOH$$

N–末端　　肽键　　C–末端

图 14-2　肽与肽键

蛋白质是由许多氨基酸相连而成的具有特定的空间结构和特定生物学功能的多肽。一般而言，由 50 个以上的氨基酸残基组成的多肽即可称为蛋白质，50 个以下的氨基酸残基组成的则仍称为多肽。比如由 39 个氨基酸残基组成的促肾上腺皮质激素称为多肽，而由 51 个氨基酸残基组成的胰岛素则称为蛋白质。

（二）蛋白质的分子结构

1. 蛋白质分子的一级结构 蛋白质分子中，氨基酸按照特定的顺序相连而形成多肽链。多肽链中氨基酸的排列顺序称为蛋白质分子的一级结构（图 14-3），也称为基本结构。由于构成蛋白质分子的氨基酸有 20 种，且蛋白质的分子量较大，因此，蛋白质的氨基酸排列顺序和空间位置几乎是无穷尽的，人体数以万计的蛋白质均具有特异的氨基酸序列和特定的空间结构，使蛋白质形成了数以千万计的生理功能。

S–S

A 链　H_2N-甘-异亮-缬-谷-谷酰-半胱-半胱-苏-丝-异-半胱-丝-亮-酪-谷酰-亮-谷-天冬酰-酪-半胱-天冬酰-COOH

S　S

S　S

B 链　H_2N-苯-缬-天冬酰-谷酰-组-亮-半胱-甘-丝-组-亮--缬-谷-丙-亮-酪-亮--缬-半胱-甘-谷-精-甘-苯-

苯-酪-苏-脯-赖-丙-COOH

图 14-3　牛胰岛素的一级结构

2. 蛋白质分子的空间结构 在一级结构的基础上，蛋白质分子均可形成独特的空间结构。蛋白质分子的空间结构包括二级、三级和四级结构（图 14-4）。蛋白质分子的多肽链盘曲、折叠形成的长链骨架称为蛋白质的二级结构，二级结构包括 α- 螺旋、β- 折叠等多种形式。多肽链在二级结构的基础上进一步折叠形成三级结构。

体内许多蛋白质含有 2 条或 2 条以上的多肽链。每一条多肽链都有其完整的三级结构，每个三级结构称为一个亚基，亚基与亚基之间以非共价键相连，形成了蛋白质分子的四级结构。

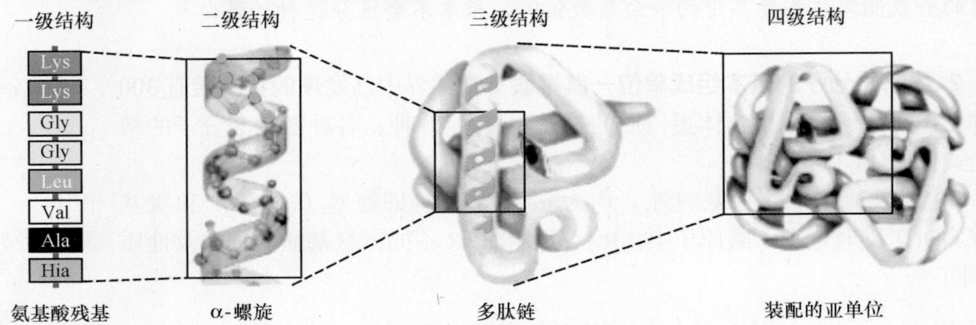

图 14-4　蛋白质的分子结构层次

（三）蛋白质分子结构与功能的关系

1. 一级结构与功能的关系　①蛋白质分子的一级结构是空间结构与功能的基础，只有形成正确的空间结构的蛋白质才具有生物学活性；②一级结构相似的蛋白质具有相似的高级结构与功能，例如不同哺乳类动物的胰岛素分子都是由 A 和 B 两条肽链组成，而且一级结构中仅有个别氨基酸有差异，因而它们都执行着相同的调节代谢的生理功能；③蛋白质的一级结构中某些重要氨基酸序列异常可引起疾病，称为分子病。如正常人血红蛋白 β 亚基第 6 位氨基酸是谷氨酸，而镰刀状红细胞性贫血症患者体内的血红蛋白中的谷氨酸被缬氨酸替代，导致血红蛋白聚集成丝，相互粘着，红细胞变形成为镰刀状而极易破碎，产生贫血。

2. 空间结构与功能的关系　蛋白质的生物学功能依赖其特定而完整的空间结构。若蛋白质在形成空间结构的过程中，其折叠或盘曲发生错误，使蛋白质的构象发生改变，可影响其功能，严重时可导致疾病的发生，此类疾病称为蛋白质的构象疾病。而有些蛋白质错误折叠后相互聚集，常形成淀粉样纤维沉淀，产生毒性而导致疾病，比如人纹状体脊髓变性病、老年性痴呆症、亨廷顿舞蹈病、疯牛病等。

（四）蛋白质的变性

蛋白质分子的一级结构和空间结构均具有一定的稳定性，从而保证其生物学功能的完整性。但在某些物理和化学因素的作用下，其特定的空间构象被破坏，从而导致其理化性质的改变和生物学活性的丧失，称为蛋白质的变性。蛋白质变性后表现为溶解度降低、黏度增加、生物活性丧失、易被蛋白酶水解等。引起蛋白质变性的物理因素有高温、高压、紫外线照射等；化学因素有强酸、强碱、重金属盐、有机溶剂（如乙醇）、生物碱试剂等。

在临床医学领域，变性因素常被用来消毒及灭菌。如高温、高压、酒精、紫外线可消毒灭菌。此外，为保存蛋白质制剂（疫苗、抗体等）的有效性，也必须防止蛋白质变性，如采用低温保存等。

二、核酸化学

核酸是生物信息大分子，是生物遗传的物质基础，具有复杂的结构和重要的生物学功能。核酸可分为**核糖核酸**（RNA）和**脱氧核糖核酸**（DNA）两类。DNA 主要分布于细胞核和线粒体中，携带有遗传信息，并通过复制将遗传信息传递给子代。RNA 是 DNA 的转录产物，参与遗传信息的表达。RNA 分布于细胞质、细胞核和线粒体中。在某些病毒中 RNA 也可作为遗传信息的载体。

（一）核酸的分子组成

1. 核酸的元素组成　核酸是由 C、H、O、N、P5 种元素组成，其中 P 元素含量比较恒定，平均为 9% ～ 10%，故测定样品中磷的含量可以推算出其核酸含量。

2. 核酸的组成成分　包括磷酸、戊糖和含氮碱基（表 14-1）。戊糖分为核糖和脱氧核糖两种，核糖只存在于 RNA，而脱氧核糖则只存在于 DNA 中。碱基是含氮的杂环化合物，包括嘌呤碱基和嘧啶碱基两种。嘌呤碱基分为腺嘌呤和鸟嘌呤，嘧啶碱基分为胞嘧啶、胸腺嘧啶和尿嘧啶。

表 14-1 核酸的基本组成成分

组成成分	RNA	DNA
磷酸	磷酸 H_3PO_4	磷酸 H_3PO_4
戊糖	核糖	脱氧核糖
含氮碱基	腺嘌呤（A）	腺嘌呤（A）
	鸟嘌呤（G）	鸟嘌呤（G）
	胞嘧啶（C）	胞嘧啶（C）
	尿嘧啶（U）	胸腺嘧啶（T）

考点：核酸的基本组成单位

3. 核酸的基本组成单位—核苷酸 DNA 的基本组成单位是脱氧核糖核苷酸，RNA 的基本组成单位是**核糖核苷酸**。戊糖与碱基通过糖苷键连接而成的化合物称为核苷，核苷则再与磷酸通过酯键形成核苷酸（图 14-5）。

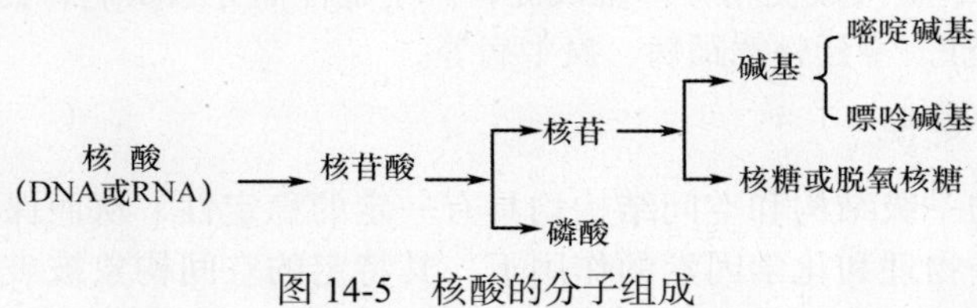

图 14-5 核酸的分子组成

（二）核酸的分子结构

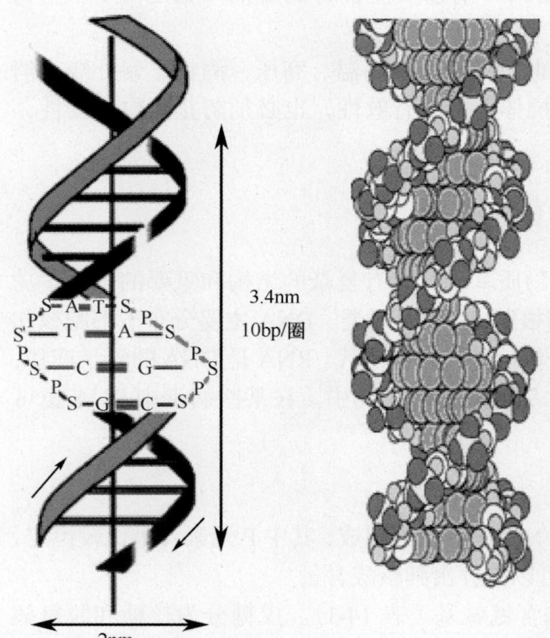

图 14-6 DNA 分子双螺旋结构

1. 核酸的一级结构 核苷酸之间以磷酸二酯键相互连接形成多核苷酸链。多核苷酸链有两个游离的末端，一端为戊糖 C-5′ 上的磷酸，称为 5′- 末端，另一端为戊糖 C-3′ 上的羟基，称为 3′- 末端。因而核酸具有方向性。RNA 分子为单链，DNA 分子为双链。

多核苷酸链中核苷酸的排列顺序称为核酸的一级结构，由于核苷酸间的差异主要是碱基不同，所以也称为碱基序列。基因是携带遗传信息的 DNA 分子片段，DNA 分子中核苷酸的排列序列（碱基的排列序列）决定了 DNA 分子上基因的结构和功能。

2. 核酸的空间结构 分为二级结构和高级结构。DNA 分子的二级结构为双螺旋结构（图 14-6）。DNA 分子由两条反向平行的多聚脱氧核苷酸链组成，它们围绕着同一个共同的螺旋轴形成右手螺旋的结构。两条链之间的碱基通过氢键相连，并遵循碱基互补原则，即 A 与 T 形成两个氢键，G 与 C 形成 3 个氢键。DNA 分子在双螺旋的基础上，进一步盘绕、折叠、压缩形成致密的超螺旋结构，高度纤维化后形成高度致密的染色体。整个过程都需要蛋白质的参与。

由于 RNA 分子是以单链的形式存在，故可通过盘曲折叠形成局部双链。tRNA 分子的二级结构为三叶草形（图 14-7）。

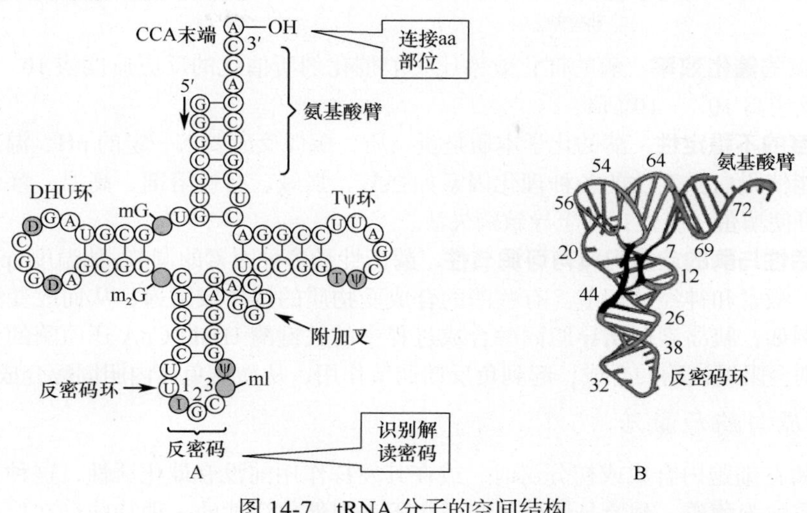

图 14-7　tRNA 分子的空间结构

A. tRNA 的二级结构；B. tRNA 的三级结构

（李翠玲）

第二节　酶和维生素

一、酶

生物体内的化学反应之所以能够在温和的条件下高效、有序、特异地进行，是因为生物体内存在着一种极为重要的生物催化剂—酶。**酶是由活细胞产生的具有催化能力的蛋白质（少数为核酸）**。酶的催化能力称为酶的活性。酶所催化的反应物称为底物，在酶的催化下生成的物质称为产物，酶所催化的化学反应称为酶促反应。

（一）酶的分子组成

酶的化学本质为蛋白质，按照酶的化学组成，可分为单纯酶和聚合酶。①**单纯酶**：即单纯由蛋白质构成的酶，如脲酶淀粉酶、蛋白酶、脂肪酶等各种消化酶。这类酶的活性由蛋白质来决定。②**结合酶**：由蛋白质部分和非蛋白质部分共同组成，其中蛋白质部分称为酶蛋白，非蛋白质部分称为辅助因子。酶蛋白主要决定酶促反应的特异性及其催化机制，辅助因子则主要决定酶促反应的性质和类型。酶蛋白与辅助因子结合在一起称为全酶，只有全酶才具有催化活性，酶蛋白与辅助因子单独存在时均无催化活性。

酶蛋白 + 辅助因子 = 全酶

根据辅助因子与酶蛋白结合的牢固程度不同，可将其分为辅酶与辅基两类。与酶蛋白结合疏松的称为辅酶，如 NAD^+（辅酶Ⅰ）、$NADP^+$（辅酶Ⅱ）；与酶蛋白结合紧密的称为辅基，如 FAD（黄素腺嘌呤二核苷酸）等。酶的辅助因子可以是金属离子（如 K^+、Mg^{2+}、Zn^{2+}），也可以是小分子有机物（多为 B 族维生素）。它们在酶促反应中主要参与传递电子、质子（或基团）或充当载体作用。金属离子是最常见的辅助因子，约 2/3 的酶含有金属离子。因而许多金属元素如 K、Ga、Na、Mg、Fe、Zn 等均是人体必需的矿物质营养素。

（二）酶促反应的特点

酶的化学本质是蛋白质，具有蛋白质的一切属性，与一般催化剂比较有如下特点。

1. 高度的专一性 酶对其所作用的底物具有严格的选择性，即一种酶只能作用于一种或一类底物（或一类化学键），并产生一定的产物，酶的这种特性称为酶的专一性或酶的特异性。

2. 高度的催化效率 酶的催化效率比一般催化剂所催化的反应速度快 10^7 ～ 10^{13} 倍，比非催化反应高 10^8 ～ 10^{20} 倍。

3. 高度的不稳定性 酶的化学本质是蛋白质，酶促反应要求一定的 pH、温度和压力等条件。凡能使蛋白质变性的各种理化因素如强酸、强碱、有机溶剂、高温、紫外线、剧烈振荡等都可使酶蛋白变性，甚至导致酶失活。

4. 酶活性与酶的含量均具有可调节性 酶活性受多种因素的调节，如温度、pH、代谢物、产物浓度、激素和神经的调节。有些酶的合成受物质的诱导或阻遏，从而改变酶在细胞内的含量。例如，胰岛素可诱导胆固醇合成过程中的关键酶 HMG-CoA 还原酶的合成，而胆固醇本身则会阻遏该酶的合成，起到负反馈调节作用，从而避免体内胆固醇合成过多。

（三）酶原与酶原激活

有些酶在细胞内合成或初分泌时，或在其发挥作用前没有催化活性，这种无活性的酶的前身物质称为**酶原**。酶原是体内某些酶暂不表现催化活性的一种特殊存在形式。酶原在一定条件下转变为有活性的酶的过程称为酶原激活。酶原激活的实质就是酶活性中心的形成或暴露的过程。胃蛋白酶、胰蛋白酶等它们初分泌时均以无活性的酶原形式存在，在一定条件下酶原才能转化成具有催化活性的酶。如胰蛋白酶原刚合成或初分泌时无活性，进入小肠后，受肠激酶作用，活性中心形成，从而成为具有催化活性的胰蛋白酶。

考点：酶原的概念；酶原激活的生理意义

酶原激活的生理意义在于既可保护自身组织不被细胞产生的蛋白水解酶进行自身消化，又可使酶原到达特定部位或环境后发挥其催化作用。

（四）同工酶

同工酶是指催化相同的化学反应，但酶的分子结构、理化性质、免疫特性等均不相同的一组酶。它们可存在于生物的同一种属或同一个体的不同组织细胞中，甚至在同一组织或同一细胞的不同细胞器中，在代谢调节上起着重要的作用。在已发现的几百种同工酶中，临床上应用最广的是乳酸脱氢酶（LDH）和肌酸激酶（CK）。

乳酸脱氢酶是由 H 亚基和 M 亚基组成的四聚体，这两种亚基以不同的比例组成 5 种同工酶，分别是 LDH_1、LDH_2、LDH_3、LDH_4、LDH_5（表 14-2）。LDH 同工酶在各种组织器官中的分布与含量不同，在心肌中以 LDH_1 活性最高，骨骼肌和肝细胞中以 LDH_5 活性最高。在临床上常根据同工酶谱活性与含量的改变对疾病进行诊断。如急性心肌梗死患者血清中 LDH_1 明显升高，而急性肝炎患者血清中 LDH_5 明显升高。

表 14-2 人体各组织器官 LDH 同工酶谱（活性 %）

LDH	红细胞	白细胞	骨骼肌	心肌	肺	肾	肝	脾	血清
LDH_1	44	22	0	73	14	43	2	10	27.1
LDH_2	43	49	0	24	34	44	4	25	34.7
LDH_3	12	33	50	3	35	12	11	10	20.9
LDH_4	1	60	16	0	5	1	27	20	11.7
LDH_5	0	0	79	0	12	0	56	5	5.7

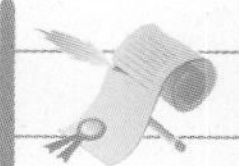

（五）酶与医学的关系

1. 酶与疾病的发生 酶的活性和含量与许多疾病密切相关。酶的先天性缺陷是先天性疾病的重要原因之一。现已发现 140 多种先天性代谢缺陷中由于酶的先天性缺陷所致（表 14-3）。

表 14-3 遗传性酶缺陷所致疾病

缺陷酶	相应疾病
酪氨酸酶	白化病
黑尿酸氧化酶	黑尿酸症
苯丙氨酸羟化酶系	苯丙氨酸尿症
1- 磷酸半乳糖尿苷移换酶	半乳糖血症
葡萄糖 -6- 磷酸酶	糖原累积症
6- 磷酸葡萄糖脱氢酶	蚕豆病
高铁血红蛋白还原酶	高铁血红蛋白血症
谷胱甘肽过氧化物酶	新生儿黄疸
肌腺苷酸脱氢酶	肌病

有些疾病也可引起酶活性或含量的异常，这种异常又可使病情加重。例如急性胰腺炎，胰蛋白酶原在胰腺中被激活，造成胰腺组织被水解破坏。酶活性异常多见于中毒性疾病，如有机磷农药中毒，重金属盐中毒以及氰化物中毒等。

2. 酶与疾病的诊断 酶的活性或含量的改变可作为疾病的诊断指标。组织器官损伤可使其组织特异性酶释放入血，有助于对组织器官疾病的诊断。如急性肝炎血清丙氨酸转氨酶活性升高；急性胰腺炎血、尿淀粉酶活性升高；前列腺癌病人血清酸性磷酸酶的含量增高；骨癌病人血中碱性磷酸酶含量升高；卵巢癌和睾丸癌病人血中胎盘型碱性磷酸酶升高。因此，检测血清中酶的含量有助于疾病的辅助诊断和预后判断。

3. 酶与疾病的治疗 某些酶可作为药物用于疾病的治疗。酶作为药物最早用于助消化，如胃蛋白酶、胰蛋白酶、胰脂肪酶、胰淀粉酶等用于消化腺功能下降而导致的消化不良。有些酶可用于清洁伤口和抗炎，如胰蛋白酶、溶菌酶、木瓜蛋白酶、菠萝蛋白酶等。有些酶具有溶解血栓的疗效，如链激酶、尿激酶、纤溶酶等可用于治疗心、脑血管血栓等疾病。

二、维 生 素

维生素是维持机体正常生命活动所必需的一类小分子有机化合物。具有如下共同特点：①不构成机体组织成分，也不提供能量，但参与调节物质和能量代谢；②体内不能合成或合成量很少，必须从外界环境中摄取补充；③机体对其需要量很小，但不能缺乏。

（一）维生素的分类

维生素种类多，化学结构差异大。目前发现的维生素按其溶解性质分为脂溶性维生素和水溶性维生素两大类。

1. 脂溶性维生素 是疏水性化合物，不溶于水，易溶于有机溶剂和脂类，包括**维生素 A**、**维生素 D**、**维生素 E**、**维生素 K**。脂溶性维生素作用多种多样，除了直接参与影响特异的代谢过程外，它们多半还与细胞内受体结合，影响特定基因的表达。脂溶性维生素常随脂类物质吸收，在血液中与脂蛋白或特异的结合蛋白结合而运输。长期缺乏此类维生素可引起相应的缺乏症，摄入过多可发生中毒。

2. 水溶性维生素 包括B族维生素和维生素C。B族维生素有维生素B_1、维生素B_2、维生素PP、维生素B_6、泛酸、生物素、叶酸和维生素B_{12}。水溶性维生素的作用主要是构成酶的辅助因子，直接影响某些酶的催化作用。体内过剩的水溶性维生素可随尿排出，一般不会引起中毒现象。

（二）维生素缺乏的原因

维生素在体内不断参与代谢或转变为其他物质，且其本身不断代谢分解，排出体外。所以必须经常予以补充，否则会导致相应维生素缺乏症（表14-4）。维生素缺乏的主要原因有以下几方面。

1. 摄入量不足 食物中供给的维生素不足或因贮存、烹调方法不当，造成维生素大量破坏与流失，如淘米过度、煮稀饭加碱、米面加工过细均可使维生素B_1大量丢失破坏。

2. 吸收障碍 多见于消化系统疾病的患者，如长期腹泻、消化道梗阻以及胆道疾患等。

3. 需要量增加或排出量增多 生长期儿童、孕妇、乳母、重体力劳动者以及长期高热和慢性消耗性疾病患者对维生素的需要量增加，但未能及时得到补充。授乳、大量出汗、长期大量使用利尿药等使维生素排出增多。

4. 某些药物引起的维生素缺乏 长期服用抗生素，使肠道正常菌群的生长受到抑制，可引起某些由肠道细菌合成的维生素缺乏，如维生素K、维生素B_6、叶酸等。

考点：各种维生素缺乏引起的疾病

表14-4 各种维生素的来源、功能与缺乏症

名称	食物来源	主要功能	缺乏症
维生素A	肝、蛋黄、牛奶、胡萝卜、红橙深绿色蔬菜	①构成视紫红质；②维持上皮组织结构的完整；③促进生长发育；④抗氧化作用	夜盲症、眼干燥症
维生素D	鱼肝油、蛋黄、肝、奶类	①调节钙磷吸收；②促进骨盐沉积	佝偻病（儿童） 软骨病（成人）
维生素E（生育酚）	植物油、坚果类、肉类、动物性食物	①抗氧化作用；②与生殖功能有关；③调节血小板的聚集；④保护肝细胞	
维生素K	肝、绿叶植物、肠道细菌合成	①促进凝血因子合成；②参与骨盐代谢	凝血障碍
维生素B_1	谷类外皮、酵母、豆类、瘦肉、蛋类、坚果等	①参与氧化脱羧反应；②促进胃肠消化吸收功能	脚气病 胃肠功能障碍
维生素B_2	绿叶蔬菜、蛋类、酵母等	①参与生物氧化反应；②参与抗氧化作用，保护巯基化合物的巯基	舌炎、唇炎、阴囊、皮炎、口角炎等
维生素PP	肉类、谷类、花生、鱼类、蔬菜、谷类	①构成多种脱氢酶的辅酶；②参与生物氧化反应	癞皮病
维生素B_6	肝、蛋黄、谷类、豆类、花生、白菜、肠道细菌合成	①构成转氨酶和氨基脱羧酶的辅酶；②参与氨基酸分解代谢	
泛酸	各种动植物性食物，肠道细菌合成	①构成COA，是酰基转移酶的辅酶；②可转移酰基	
生物素	各种动植物性食物，肠道细菌合成	构成羧化酶的辅酶，参与物质代谢的羧化反应	
叶酸	绿叶蔬菜、酵母、肝、肠道细菌合成	构成一碳单位转移酶的辅酶，促进红细胞成熟	巨幼红细胞性贫血
维生素B_{12}	动植物性食物，发酵豆制品	转甲基酶和变位酶的辅酶	巨幼红细胞性贫血
维生素C（抗坏血酸）	新鲜蔬菜、水果	①参与羟化反应；②参与氧化还原反应；③抗病毒作用	坏血病

（李翠玲）

第三节 糖代谢

糖类是人类食物的主要成分，约占食物总入量的50%以上，主要生理功能是为生命活动提供能源和碳源。一般来说，人体所需能量的50%～70%以上是由糖氧化分解提供的。1mol葡萄糖在体内完全氧化分解，可以释放出约2840kJ的能量，其中约34%转化成ATP，以供机体生理活动所需的能量。糖也是机体重要的碳源，糖代谢的中间产物可转变成其他的含碳化合物，如氨基酸、脂肪酸、核苷酸等。此外，糖类还参与构成结缔组织等组织结构调节细胞信息传递，形成多种生物活性物质，构成激素、酶、免疫球蛋白等具有特殊生理功能的糖蛋白。

食物中的糖类分为**单糖**（葡萄糖、果糖）、**二糖**（蔗糖、麦芽糖、乳糖）和**多糖**（植物淀粉、动物糖原、纤维素）。食物中糖类（以淀粉为主）的消化主要在小肠内进行，在胰淀粉酶的催化下，淀粉水解生成糊精、麦芽糖等中间产物，最终生成葡萄糖。有些人缺乏乳糖酶，不能顺利将食物中的乳糖转化为葡萄糖，在食用牛奶后因消化吸收障碍会出现腹胀、腹泻等症状。

糖类以单糖（主要是葡萄糖）的形式经肠黏膜吸收。吸收入血的葡萄糖经肝门静脉入肝（图14-8），少量在肝内进行代谢，大部分通过血液循环运至全身各组织，进入组织细胞内进行代谢。

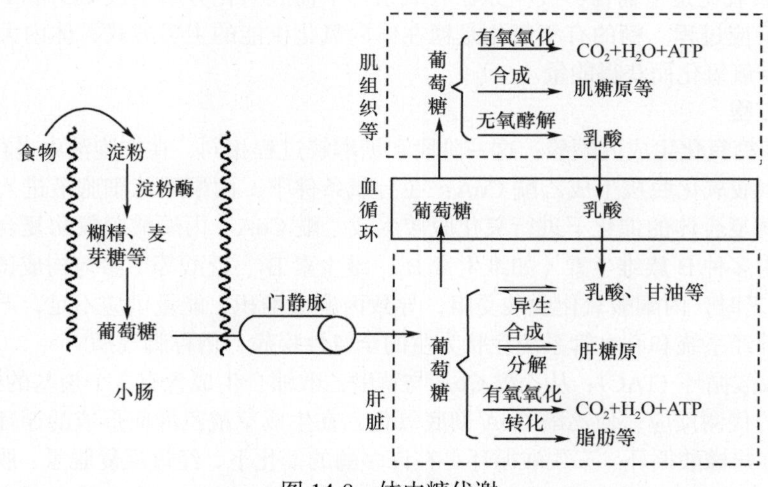

图14-8 体内糖代谢

葡萄糖是糖在血液中的运输形式，在机体糖代谢中占据主要地位；糖原是葡萄糖的多聚体，包括肝糖原、肌糖原和肾糖原等，是糖在体内的贮存形式。

一、糖在体内的氧化分解

糖供给机体能量是通过它在体内的氧化分解代谢来实现的。糖在体内的分解代谢主要有3条途径，即糖的有氧氧化、糖的无氧氧化和磷酸戊糖途径。

（一）糖的无氧氧化（糖酵解）

当机体处于相对缺氧情况（如剧烈运动）时，葡萄糖或糖原分解生成乳酸，并产生能量的反应过程称为糖的无氧氧化。该代谢过程常见于运动时的骨骼肌，因与酵母的发酵过程非常相似，故又称为糖酵解。糖酵解的全部反应过程均在细胞液中进行。

1. 基本过程 可以分为两个阶段：①第一阶段，葡萄糖或糖原分解为丙酮酸。这是糖酵解和糖的有氧氧化共同经过的阶段，称之为酵解途径，是在细胞质中进行的。其反应过程：葡萄糖或糖原经磷酸化生成 6- 磷酸葡萄糖。1 分子的 6- 磷酸葡萄糖经过多步反应生成 2 分子的丙酮酸。本阶段的反应过程在肝脏是可逆的，因为肝脏具有逆行过程的全部特异酶类。②第二阶段，丙酮酸在无氧或缺氧状态下，由乳酸脱氢酶催化生成乳酸。糖酵解的大多数反应是可逆的，这些可逆反应的方向、速率由底物和产物的浓度控制。

2. 生理意义 是在机体处于无氧或缺氧状态时迅速提供能量，这对肌肉收缩更为重要。肌组织中 ATP 含量很低，仅 5 ～ 7μmol/g，肌肉收缩几秒钟就可耗尽。由于糖酵解的反应过程比有氧氧化短，速度比有氧氧化快，所以肌组织可以通过无氧氧化迅速获得 ATP。

人体成熟的红细胞由于缺乏线粒体，其生命活动所需的能量完全依靠糖无氧氧化供应。少数组织如视网膜、肾髓质、皮肤、睾丸等，即便在有氧条件下，也主要依靠糖的无氧氧化供能。

一般情况下人体主要靠糖的有氧氧化供能，但当机体缺氧或因剧烈运动时则主要靠糖酵解供能。在一些病理情况下，如严重贫血、大量失血、呼吸障碍、循环衰竭等，机体则因供氧不足而使糖酵解加强、甚至过度，导致乳酸堆积而产生酸中毒。

（二）糖的有氧氧化

糖的有氧氧化是指葡萄糖或糖原在有氧条件下彻底氧化分解生成 CO_2 和 H_2O，并释放大量能量的反应过程。糖的有氧氧化是糖在体内氧化供能的主要方式，体内大多数组织细胞都能通过有氧氧化而获得能量。

1. 反应过程

(1) 葡萄糖氧化生成丙酮酸：这一阶段和糖酵解过程相同，在细胞液中进行。

(2) 丙酮酸氧化脱羧生成乙酰 CoA：在有氧条件下，丙酮酸从细胞液进入线粒体。在丙酮酸脱氢酶复合体的催化下进行氧化脱羧生成乙酰 CoA。丙酮酸脱氢酶复合体属于多酶复合体，体内多种 B 族维生素（如维生素 B_1、维生素 B_2、泛酸等）参与构成该复合体。当维生素 B_1 缺乏时，丙酮酸氧化脱羧受阻，导致丙酮酸堆积，能量供应不足，严重者引起以消化系统、神经系统和心血管系统症状为主的全身性疾病，俗称脚气病。

(3) 三羧酸循环（TAC）：从乙酰 CoA 与草酰乙酸缩合生成含有 3 个羧基的柠檬酸开始，经过一连串的代谢反应，使乙酰 CoA 彻底氧化，在生成草酰乙酸而形成的循环，称为三羧酸循环，又称柠檬酸循环。三羧酸循环是在许多酶的催化下，经过反复脱氢、脱羧完成的。脱羧产生 CO_2 则通过血液运输到呼吸系统而被排出，脱下的氢在线粒体中呼吸链的作用下与氧反应生成 H_2O，产生 ATP。每次循环将 1 分子的乙酰 CoA 中的乙酰基彻底氧化成 CO_2 和 H_2O 并释放大量的能量。

考点： 糖的无氧氧化、有氧氧化的概念及其生理意义

2. 生理意义 ①糖的有氧氧化的主要功能是提供能量，人体内绝大多数组织细胞通过糖的有氧氧化获取能量；②三羧酸循环是糖、脂肪和蛋白质三大物质代谢的枢纽；③三羧酸循环是糖、脂肪和蛋白质三大物质代谢彻底氧化的共同代谢通路。糖、脂肪和蛋白质在体内代谢都最终生成乙酰辅酶 A，然后进入三羧酸循环彻底氧化分解成 CO_2 和 H_2O 并产生能量。

（三）磷酸戊糖途径

磷酸戊糖途径是葡萄糖氧化分解的另一条重要途径，它的功能不是产生 ATP，而是产生细胞所需的具有重要生理作用的特殊物质，如 NADPH（尼克酰胺腺嘌呤二核苷酸磷酸的还原型）和 5- 磷酸核糖。主要在肝脏、红细胞等组织细胞中进行，全部过程在细胞液中发生。

该途径的生理意义：①生成 5- 磷酸核糖是合成核酸的必要原料；② NADPH 是体内合成脂肪酸、胆固醇、类固醇激素所必需；③ NADPH 保持红细胞膜中谷胱甘肽的还原性（GSH），维持红细胞的稳定。

考点：磷酸戊糖途径的产物及生理意义

二、糖异生作用

糖异生作用是指非糖物质如生糖氨基酸、乳酸、丙酮酸及甘油等转变为糖或糖原的过程（图 14-9）。糖异生的最主要器官是肝脏，其次为肾，长期饥饿时肾的糖异生能力加强。

考点：糖异生的概念及其生理意义

糖异生最重要的生理意义是在空腹或饥饿情况下维持血糖浓度的相对恒定。在某些生理或病理情况下，如剧烈运动时，肌糖原酵解产生大量乳酸，大部分可经血液运到肝脏，通过糖异生作用合成肝糖原或葡萄糖以补充血糖，血糖再经血液运输到各组织中继续氧化提供能量，这个过程称为乳酸循环。乳酸循环可避免损失乳酸以及防止因乳酸堆积而引起的酸中毒。

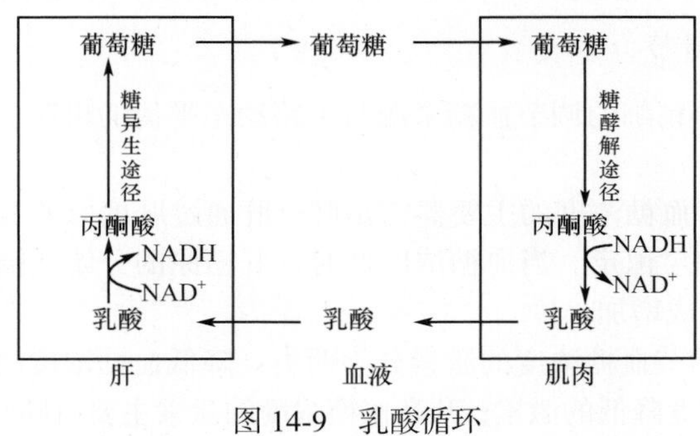

图 14-9　乳酸循环

三、糖原的合成与分解

糖原是体内糖的贮存形式，主要存在于肝脏和肌肉，分别称为肝糖原和肌糖原。人体肝糖原总量 70 ～ 100g，肌糖原 180 ～ 300g。

由单糖合成糖原的过程称为糖原的合成，在肝脏和肌组织中均可进行。由肝糖原直接分解为葡萄糖的过程称为糖原的分解。肝糖原的合成与分解主要是为了维持血糖浓度的相对恒定。由于肌组织中缺乏糖原分解所需的葡萄糖 -6- 磷酸酶，故肌糖原不能直接分解为葡萄糖。肌糖原是肌肉糖酵解的主要来源。

四、血糖及其调节

血液中所含的葡萄糖称为血糖。血糖浓度是反映体内糖代谢状况的一项重要指标。正常情况下，血糖浓度是相对恒定的。正常人空腹血糖浓度为 3.89 ～ 6.11mmol/L。要维持血糖浓度的相对恒定，必须保持血糖来源与去路的动态平衡。

考点：血糖的概念与正常浓度范围

（一）血糖的来源与去路

1. 血糖的来源　①食物中的糖是血糖的主要来源；②肝糖原分解是空腹血糖的直接来源；③非糖物质如甘油、乳酸及生糖氨基酸通过糖异生作用生成葡萄糖，在长期饥饿时作为血糖的来源（图 14-10）。

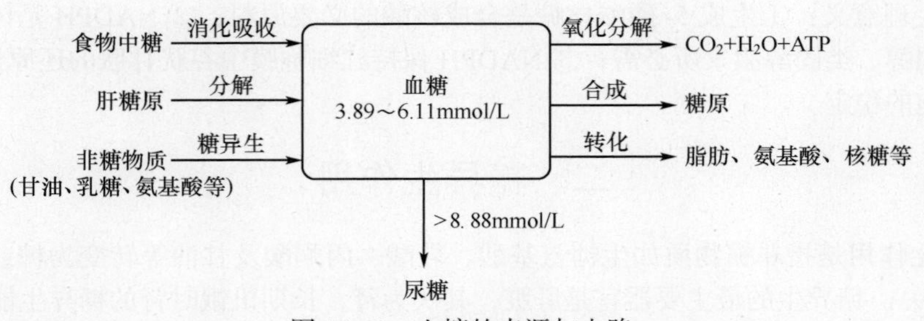

图 14-10　血糖的来源与去路

2. 血糖的去路　①在各组织细胞中氧化分解提供能量，这是血糖的主要去路；②在肝脏及肌组织中进行糖原合成；③转变为其他糖及其衍生物，如核糖等；④转变为非糖物质，如脂肪、非必需氨基酸等。血糖浓度过高时，由尿液排出。血糖浓度大于 8.9 ～ 10.0mmol/L，超过肾小管重吸收能力，出现糖尿。糖尿在病理情况下出现，常见于糖尿病患者。

（二）血糖浓度的调节

正常人体内存在着精细的调节血糖来源与去路动态平衡的机制，从而保持血糖浓度的相对恒定。

1. 器官调节　调节血糖浓度的主要器官是肝。肝通过肝糖原的合成与分解及糖异生作用，维持血糖浓度的相对恒定。当血糖浓度低时，肝糖原的分解及糖异生作用增强；而血糖浓度高时，则糖原合成增加。

考点：调节血糖浓度的激素

2. 激素的调节　调节血糖浓度的激素分为两类：降低血糖浓度的激素为胰岛素，这也是体内唯一能使血糖浓度降低的激素；升高血糖浓度的激素主要有胰高血糖素、肾上腺素、糖皮质激素、生长激素、甲状腺激素等。

（三）血糖浓度异常

1. 高血糖　是指空腹血糖浓度高于 7.1mmol/L。血糖浓度超过肾糖阈，则出现糖尿。生理性高血糖和糖尿（如饮食性糖尿、情感性糖尿等）有一过性特点，不需治疗即可恢复正常；而病理性高血糖和糖尿，是疾病所导致的代谢异常，需要进行特殊的治疗。

考点：高血糖和低血糖的范围

2. 低血糖　对于健康人群，血糖浓度低于 2.8mmol/L 时，称为**低血糖**。引起低血糖的原因有过度饥饿或持续剧烈运动、胰岛素使用过量、胰岛 B 细胞增生或肿瘤、垂体前叶或肾上腺皮质功能减退、严重肝脏疾病等。表现为头晕、心悸、出冷汗，甚至昏迷，应立即采取有效的措施进行纠正。

护考链接

注射胰岛素过量常可引起（　　）

A. 高血糖　　B. 低血糖反应

C. 胰岛素瘤　　D. 酮症酸中毒

E. 高渗性昏迷

考点精讲：胰岛素是降低血糖的唯一激素，当过量注射后可使血糖降低，从而引起低血糖反应，故选择答案 B。

（李翠玲）

第四节　脂类代谢

脂类是**脂肪**和**类脂**的总称。脂肪是甘油和脂肪酸结合所形成的三酰甘油或称甘油三酯。人体内的脂肪主要分布在皮下组织、大网膜和肾周围等部位，因受营养状况和机体活动量等因素的影响而变动，故又称“可变脂”。脂肪的主要生理功能：①贮能和供能；②保持体温和保护内脏；③提供必需脂肪酸；④促进脂溶性维生素的吸收。类脂主要是指磷脂、糖脂和胆固醇及其酯等，总量相对恒定，故又称“固定脂”或“基本脂”。类脂的主要生理功能：维持细胞膜的结构和功能，是细胞膜的重要组成成分；转变为多种重要的活性物质，参与物质代谢。

一、脂肪代谢

（一）脂肪的分解代谢

1. 脂肪的动员　甘油三酯的分解代谢是从脂肪的动员开始的。脂肪动员是指在脂肪酶的作用下，逐步水解释放游离脂肪酸和甘油供其他组织细胞氧化利用的过程。

2. 甘油的代谢　甘油直接由血液运输至肝、肾、肠等组织利用。甘油可转变成磷酸丙糖，经糖分解代谢途径氧化供能，也可经糖异生途径转变成糖原或葡萄糖。

3. 脂肪酸的氧化分解　除脑组织和成熟的红细胞外，大多数组织都能氧化脂肪酸，其中以肝、心、骨骼肌能力最强。线粒体是脂肪酸氧化的主要场所。在 O_2 充足时，脂肪酸经过β- 氧化产生乙酰 CoA，乙酰 CoA 进入三羧酸循环彻底氧化产生 CO_2、H_2O 及大量能量。

4. 酮体的生成与利用　脂肪酸在肝内经过β- 氧化产生大量乙酰 CoA，部分用于合成酮体，向肝外输出。**酮体**包括乙酰乙酸（30%）、β- 羟丁酸（70%）、丙酮（微量）3 种。

肝脏有较强的酮体合成酶系，但缺乏利用酮体的酶系。肝外许多组织（如大脑、心肌、骨骼肌等）具有较强的酮体利用酶，能将酮体重新转化成乙酰 CoA，通过三羧酸循环彻底氧化。所以肝内合成的酮体需经血液运输到肝外组织氧化利用。正常情况下，丙酮生成很少，不能被氧化利用，可经肺呼出或随尿液排出。

酮体生成的生理意义：酮体在肝生成运输到肝外组织进行氧化，是肝向肝外组织输出脂肪类能源的一种形式。脑组织不能氧化脂肪酸，却能利用酮体。长期饥饿，糖供应不足时，酮体可代替葡萄糖成为脑组织和肌肉的主要能源。

考点：酮体的概念及酮体生成的生理意义

正常情况下，血液中酮体含量很少，为 0.03 ～ 0.5mmol/L。但在饥饿、低糖高脂膳食及糖尿病时，脂肪的动员加强，酮体生成增加，超过肝外组织利用的能力，可使血中酮体含量升高，称为酮血症。严重糖尿病患者血中酮体含量可高出正常人数十倍，导致酮症酸中毒。血中酮体超过肾阈值，便可随尿排出，引起酮尿。此时，血丙酮含量也大大增加，通过呼吸道排出，产生特殊的烂苹果气味。

（二）脂肪的合成代谢

甘油三酯主要在肝、脂肪组织及小肠等组织的细胞液中合成，其中以肝组织最为活跃。但肝细胞不能贮存甘油三酯，需与载脂蛋白、磷脂、胆固醇等物质组装成极低密度脂蛋白分泌入血，运输至肝外组织。

甘油和脂肪酸是合成脂肪的基本原料。机体能利用葡萄糖分解代谢的中间产物乙酰 CoA 合成脂肪酸。小肠黏膜主要利用摄取食物中甘油三酯消化产物重新合成甘油三酯，并以乳糜微粒的形式运送至脂肪组织、肝等器官。

二、胆固醇代谢

胆固醇在体内以游离胆固醇和胆固醇酯两种形式广泛分布于各组织中。人体胆固醇总量为每公斤体重约 2g，脑及神经组织约占 20%，肾上腺、卵巢等类固醇激素内分泌腺中胆固醇含量达 1% ～ 5%，肝、肾、肠等内脏及皮肤、脂肪组织，胆固醇含量为每 100g 组织 200 ～ 500mg，以肝最多。肌组织含量为每 100g 组织 100 ～ 200mg。

1. 胆固醇的来源 人体内胆固醇的来源有两个方面：即通过动物性食物获取的外源性胆固醇和体内自身合成的内源性胆固醇。除成年脑组织和成熟的红细胞外，几乎全身各组织均可合成胆固醇，每天合成量为 1g 左右。肝是合成胆固醇能力最强的器官，合成量占全身合成总量的 70% ～ 80%，其次是小肠，约合成 10%。合成胆固醇的原料是乙酰 CoA。

考点：胆固醇的来源、转化与排泄途径

2. 胆固醇的去路 在肝转化成胆汁酸是胆固醇的主要代谢去路。胆汁酸具有促进脂类的消化和预防胆结石的功效。胆固醇还可转变成类固醇激素（如肾上腺皮质激素、性激素）、维生素 D_3 等物质。体内胆固醇通过转化为胆汁酸或直接以游离胆固醇的形式随胆汁排入肠道，排入肠道的胆汁酸盐大部分可经肠黏膜重吸收，经肝门静脉返回肝，少部分可随粪便排出体外，称为胆汁酸的肠肝循环，有利于最大限度利用胆汁酸。肠道中的胆固醇则经肠道细菌还原变成粪固醇随粪便排出体外。

三、血脂与血浆脂蛋白

1. 血脂 是指血浆中所含脂类的总称，主要包括甘油三酯、磷脂、胆固醇、胆固醇酯、游离脂肪酸等。血脂不如血糖含量稳定，受年龄、性别、职业、膳食、运动、代谢等诸多因素的影响，波动范围较大（表 14-5）。

表 14-5 正常人空腹 12 ～ 14 小时血脂的组成及含量

组成	血浆含量		空腹时主要来源
	mg/ml	mmol/L	
总脂	400 ～ 700（500）		
甘油三酯	10 ～ 150（100）	0.11 ～ 1.69（1.13）	肝
总胆固醇	100 ～ 250（200）	2.59 ～ 6.47（5.17）	肝
胆固醇酯	70 ～ 200（145）	1.81 ～ 5.17（3.75）	
游离胆固醇	40 ～ 70（55）	1.03 ～ 1.81（1.42）	
总磷脂	150 ～ 250（200）	48.44 ～ 80.73（64.58）	肝
游离脂肪酸	5 ～ 20（15）	0.2 ～ 0.80（0.5）	脂肪组织

2. 血浆脂蛋白 由于脂类食物难溶于水，所以血浆中的脂类不是以游离的形式存在的，而是与载脂蛋白结合形成脂蛋白的形式存在，这样才有利于转运和代谢。血浆脂蛋白是由蛋白质、甘油三酯、胆固醇和磷脂等成分组成的复合体，是脂类在血浆中存在及转运的主要形式。

用电泳分类法或密度分类法可将血浆脂蛋白分为 4 类，它们的名称、化学组成、合成部位及主要功能见表 14-6。

表 14-6　血浆脂蛋白分类、组成、合成部位及功能

分类		乳糜微粒	极低密度脂蛋白	低密度脂蛋白	高密度脂蛋白
	密度法	乳糜微粒（CM）	极低密度脂蛋白（VLDL）	低密度脂蛋白（LDL）	高密度脂蛋白（HDL）
	电泳法	CM	前β- 脂蛋白	β- 脂蛋白	α- 脂蛋白
成分 %	甘油三酯	80 ～ 95	50 ～ 70	10	5
	胆固醇	1 ～ 4	15	40 ～ 50	20
	磷　脂	5 ～ 7	15	20	25
	蛋白质	0.5 ～ 2	5 ～ 10	20 ～ 25	50
合成部位		小肠黏膜细胞	肝细胞	血浆	肝细胞、小肠黏膜细胞、血浆
主要生理功能		转运外源性脂肪和胆固醇	转运内源性脂肪到肝外组织	转运内源性胆固醇到肝外组织	反向转运胆固醇

血浆中 LDL 及 VLDL 增高的患者，冠心病的发病率显著升高，而 HDL 的水平与冠心病的发病率呈负相关。HDL 含量较高者，冠心病发病率较低；缺乏 HDL 的人，即使胆固醇含量不高，也易发生动脉粥样硬化。总之，血浆 LDL、VLDL 含量升高和 HDL 含量降低是导致动脉粥样硬化的关键因素。

考点： 血浆脂蛋白的分类及主要生理功能

链接

脂　肪　肝

正常成人肝中脂类含量约占肝湿重的 5%，其中以磷脂含量最多，约占 3%，而甘油三酯约占 2%。如果肝中脂类含量超过肝湿重 10%，且主要是甘油三酯堆积，肝细胞脂肪化超过 30% 以上即为脂肪肝。形成脂肪肝的常见原因：①磷脂合成不足，引起极低密度脂蛋白合成障碍，致使肝细胞内的甘油三酯不能正常运出而导致含量升高；②肝细胞内甘油三酯的来源过多，如高脂、高糖饮食或大量酗酒；③肝功能障碍，影响极低密度脂蛋白的合成与释放。

3. 脂类代谢紊乱

（1）高脂血症：空腹血脂浓度高于正常值，称为高脂血症。临床上常见的有高胆固醇血症和高甘油三酯血症。由于血脂在血浆中主要是以脂蛋白的形式存在，所以高脂血症又称为高脂蛋白血症。不同脂蛋白的异常可引起不同类型的高脂血症。高脂蛋白血症可分为原发性和继发性两大类。原发性高脂蛋白血症与脂蛋白的组成和代谢过程中的载脂蛋白、酶和受体等先天性缺陷有关。继发性高脂蛋白血症常继发于其他疾病如糖尿病、肾病、肝病及甲状腺功能减退等。

考点： 高脂血症概念及分类

（2）肥胖症：若体内脂肪含量超过标准体重的 20% 或体重指数大于 25 者为肥胖。世界卫生组织公布了亚洲人用体重指数（BMI）作为肥胖度的衡量标准，体重指数（BMI）= 体重（kg）÷ 身高^2（m^2）。我国规定 BMI 在 24 ～ 26 为轻度肥胖；BMI 在 26 ～ 28 为中度肥胖；BMI ＞ 28 为重度肥胖。

引起机体肥胖的原因很多，除遗传因素和内分泌失调外，主要原因是长期超过机体需要的膳食，特别是甜食（即高糖饮食）。其中比较常见的原因为营养过剩，同时体力活动减少，导致过多的糖、脂肪酸、甘油、氨基酸等转变成甘油三酯贮存于脂肪组织中，则可造成肥胖。肥胖人群应少吃多动、减少脂肪和糖的摄入，以便更好地控制体重。

（李翠玲）

第五节　氨基酸代谢与核酸代谢

体内蛋白质合成、分解和转变成其他物质都是以氨基酸为中心来进行的。所以，氨基酸代谢是蛋白质合成与分解代谢的中心内容。

一、蛋白质的营养作用

（一）蛋白质的生理功能

1. 维持组织细胞的生长、更新和修复　蛋白质是组织细胞的主要结构成分。因此，参与构成各种组织细胞是蛋白质最重要的功能。机体只有不断地从食物摄取足够量的蛋白质，才能维持组织细胞的生长、更新和修补的需要。这对于处于生长发育期的儿童、孕妇以及康复期的病人尤为重要。

2. 参与体内多种重要的生理活动　体内许多具有特殊生物活性的物质均为蛋白质，例如酶、蛋白质类激素、抗体、载体、部分凝血因子等都是蛋白质。可以说，人体的一切生理活动都离不开蛋白质。如肌肉的收缩、物质的转运、血液的凝固、新陈代谢、免疫活动等。由此可见，蛋白质是生命活动的重要物质基础。

3. 氧化供能　每克蛋白质在体内氧化分解可释放 17.19kJ（4.1kcal）能量。成人每日约有 18% 的能量来自蛋白质的分解代谢。但是，蛋白质的这种功能可由糖和脂肪代替，因此供能是蛋白质的次要功能。

（二）蛋白质的需要量

人体必须经常补充足够质量的蛋白质才能维持正常的生理活动。人体对蛋白质的需要量是根据氮平衡试验来确定的。

1. 氮平衡　食物中的含氮物质主要是蛋白质，且蛋白质的含氮量平均为 16%，测定食物中的含氮量，即可反应蛋白质的摄入量。人体通过粪、尿排出的含氮物质主要是蛋白质分解代谢的产物，故排出氮量可以反映体内蛋白质的分解量。研究人每日摄入氮量和排出氮量之间的关系，称为氮平衡试验，氮平衡有以下 3 种情况。①氮的总平衡：是指摄入氮等于排出氮。它表示组织蛋白质的分解与合成处于动态平衡，如营养正常的成年人。②氮的正平衡，是指摄入氮大于排出氮。它表示体内蛋白质的合成量大于分解量，如儿童、孕妇及恢复期的病人等。③氮的负平衡：是指摄入氮小于排出氮。它表示体内蛋白质的合成量小于分解量，如饥饿或消耗性疾病的病人等。

2. 生理需要量　根据氮平衡实验获得，成人每日最低分解蛋白质约 20g，考虑到食物蛋白质不能全部被吸收利用，故成人每日最低需要量为 30 ～ 50g。为了能长期保持总氮平衡及营养的需要，2000 年我国营养学会推荐成人每日蛋白质的需要量为 80g。蛋白质代谢为正氮平衡的人群，对蛋白质的需要量还要大些。

（三）蛋白质的营养价值

氮平衡实验证明，构成人体蛋白质的 20 种氨基酸，其中有 8 种在体内不能合成，必须从食物中摄取。这些人体需要而不能自身合成，必须由食物来提供的氨基酸，称为营养必需氨基酸。包括赖氨酸、色氨酸、苏氨酸、苯丙氨酸、蛋氨酸（甲硫氨酸）、亮氨酸、异亮氨酸、缬氨酸。其余 12 种氨基酸在体内可以合成，不一定需要由食物供应的，称为非必需氨基酸。

蛋白质营养价值的高低取决于食物蛋白质中所含必需氨基酸的种类、数量及比例。由于动物蛋白质中必需氨基酸的种类、比例更接近于人体，故营养价值高。几种营养价值较低的蛋白质混合食用，彼此之间所含的必需氨基酸可以得到互相补充，从而提高蛋白质的营养价值，称为食物蛋白质的互补作用。

考点：我国成人每日蛋白质的需要量；必需氨基酸的概念及种类

链接

氨基酸静脉营养与临床应用

氨基酸静脉营养是指通过静脉输入形式提供机体生理上所需蛋白质的氨基酸制剂。临床上对进食困难、营养不良、严重腹泻、烧伤、严重创伤或感染及术后的病人常需要补充氨基酸混合液。氨基酸混合液是人为地按物质含量和比例以各种结晶氨基酸为原料配制而成的氨基酸制剂，主要成分是必需氨基酸。其种类大致可分为纯氨基酸营养液、营养代血浆和复合营养液。

二、氨基酸的代谢

（一）氨基酸的来源与去路

体内游离氨基酸分布在血液和组织中，构成氨基酸的代谢库。正常情况下，代谢库内氨基酸的来源与去路处于动态平衡（图 14-11）。

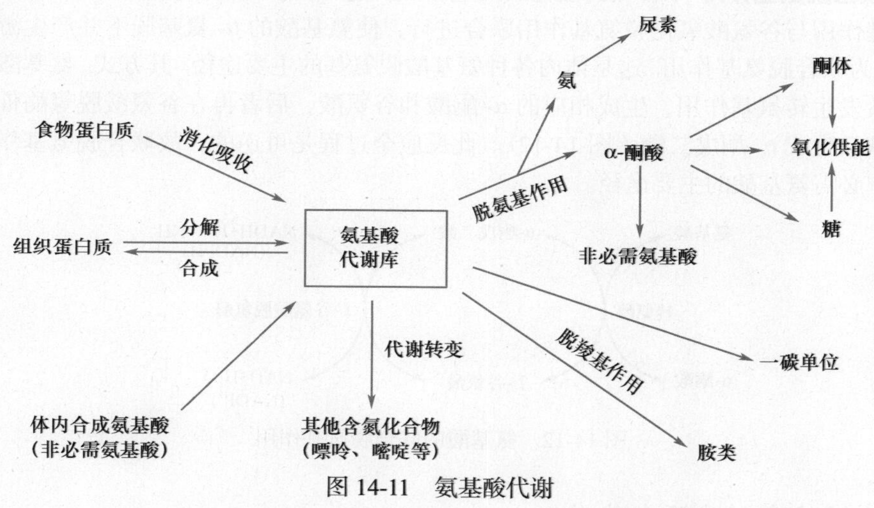

图 14-11 氨基酸代谢

（二）氨基酸的脱氨基作用

氨基酸脱去氨基，形成 α- 酮酸的过程称为脱氨基作用。它是氨基酸分解代谢的主要途径，全身各组织均可进行，肝和肾的作用最强。体内脱氨基的方式有氧化脱氨基、转氨基、联合脱氨基等，以联合脱氨基作用最为重要。

1. 氧化脱氨基作用 是氨基酸在氨基酸氧化酶催化下脱氢氧化生成亚氨基酸，再水解成 α- 酮酸和游离氨的过程。

$$\text{L-谷氨酸} \xrightarrow[\text{NAD}^+ \ \ \text{NADH+H}^+]{\text{L-谷氨酸脱氢酶}} \text{亚谷氨酸} \underset{-H_2O}{\overset{+H_2O}{\rightleftharpoons}} \alpha\text{-酮戊二酸} + \text{氨}$$

上述反应是可逆的，是体内 α- 酮酸生成非必需氨基酸的方式之一。组织中存在有多种氨基酸氧化酶，其中以 L- 谷氨酸脱氢酶最为重要。此酶在体内普遍存在，活性强，特异性高。

2. 转氨基作用 是指 α- 氨基酸的氨基通过转氨酶的催化，转移到 α- 酮酸的酮基上，生成相应的氨基酸，而原来的α-氨基酸则转变成相应的α-酮酸。此反应可逆，是体内合成非必需氨基酸的又一种方式。

$$\alpha\text{-氨基酸}+\alpha\text{-酮酸} \xrightleftharpoons{\text{转氨酶}} \alpha\text{-酮酸}+\alpha\text{-氨基酸}$$

考点：ALT和AST的临床诊断意义

转氨酶主要存在于细胞内，血清中活性很低（表14-7）。肝组织中丙氨酸转氨酶（ALT）活性最高，心肌中天冬氨酸转氨酶（AST）活性最高。当某种原因使细胞膜的通透性增高或组织损坏、细胞破裂时，转移酶可大量释放入血液，使血清中转氨酶活性明显升高。例如急性肝炎患者血清ALT活性显著升高；心肌梗死患者血清AST明显上升。

表14-7 正常成人各组织中AST与ALT的活性（单位/克湿组织）

组织	ALT	AST	组 织	ALT	AST
肝	44000	142000	胰腺	2000	28000
肾	19000	9100	脾	1200	14000
心	7100	156000	肺	700	10000
骨骼肌	4800	99000	血清	16	20

3. 联合脱氨基作用 转氨酶催化的反应，只发生了氨基的转移，并未真正脱下氨基。将转氨基作用与谷氨酸氧化脱氨基作用联合进行，使氨基酸的α-氨基脱下并产生游离氨的过程，称为联合脱氨基作用。这是体内各种氨基酸脱氨基的主要途径。其方式：氨基酸先与α-酮戊二酸发生转氨基作用，生成相应的α-酮酸和谷氨酸，后者再在谷氨酸脱氢酶催化下，脱去氨基又生成α-酮戊二酸（图14-12）。此反应全过程是可逆的，故联合脱氨基作用是体内合成非必需氨基酸的主要途径。

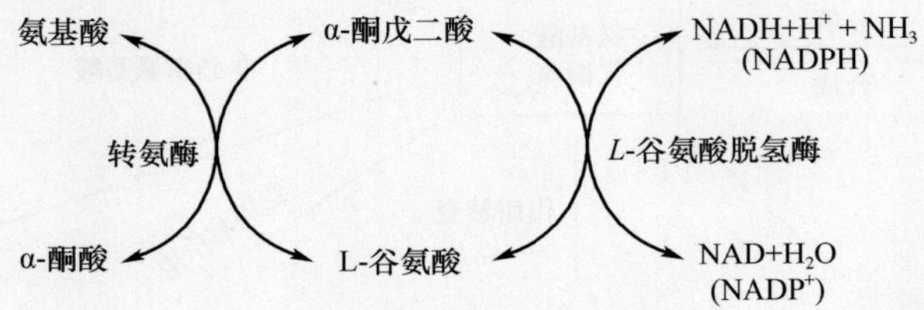

图14-12 氨基酸的联合脱氨基作用

（三）血液中氨的来源与去路

体内各组织中氨基酸分解产生的氨以及由肠管吸收来的氨进入血液，形成血氨。正常生理情况下，血氨水平在47～65μmol /L。氨是有毒物质，对中枢神经系统，尤其是脑组织有毒性作用。虽然体内的氨有多种来源，但机体在正常情况下不会发生堆积中毒，即氨的来源与去路保持着动态平衡。

1. 氨的来源

(1) 氨基酸脱氨基产生的氨：这是体内氨的主要来源，胺类分解也可产生氨。

(2) 肠道吸收的氨：肠道细菌腐败作用也可产生氨。未被消化吸收的蛋白质和氨基酸在肠道细菌作用下产生氨，肠道尿素经细菌尿素酶水解也产生氨。肠道产氨量较多，每天约4g。肠道腐败作用增强时，氨的产生量多。氨的吸收与肠道pH有关，碱性条件下，氨多以NH_3分子形式存在，有利于氨的吸收。酸性条件下多以NH_4^+的形式存在，氨的吸收减少。临床上对高血氨病人采用弱酸性透析液做结肠透析，禁止用肥皂水灌肠。

(3) 肾产生的氨：肾小管上皮细胞中的谷氨酰胺，在谷氨酰胺酶的催化下水解释放出氨和谷氨酸。这些氨可分泌到小管液中与 H^+ 结合为 NH_4^+，再以铵盐的形式随尿液排出。这对调节机体酸碱平衡起着重要的作用。酸性尿有利于肾小管细胞中的氨扩散入尿，而碱性尿则妨碍肾小管中氨的分泌，此时氨被吸收入血，为氨的另一个来源。因此，高血氨病人慎用碱性利尿药。

考点：体内氨的主要来源与去路

2. 氨的去路 ①合成尿素，这是体内氨的主要去路。肝是体内合成尿素的最主要器官。氨和 CO_2 等化合物在肝细胞线粒体以及细胞液中由酶催化，经历鸟氨酸循环而生成尿素。每次循环可利用 2 分子的氨和 1 分子的 CO_2 合成 1 分子的尿素。尿素可通过血液循环运输到肾随尿液排出体外。②合成谷氨酰氨，也是氨的代谢去路。③再利用，参与非必需氨基酸、含氮碱（嘌呤碱、嘧啶碱）等含氮化合物的合成。

3. 高血氨 正常生理情况下，血氨的来源与去路保持动态平衡，血氨的浓度保持较低水平，一般不超过 60μmol/L。氨在肝内合成尿素是维持这种平衡的关键。当肝功能严重受损时，尿素合成发生障碍，血氨浓度升高，称为高血氨症。大量氨进入脑组织后，引起大脑功能障碍，严重时可发生昏迷。

三、核苷酸的分解代谢

核苷酸是核酸的基本结构单位，是合成核酸的原料。人体内的核苷酸主要由机体细胞自身合成，因此与糖、脂类、蛋白质不同，食物中的核酸不属于营养必需物质。

1. 嘌呤核苷酸的分解代谢 主要在肝、小肠及肾内进行。人体内的嘌呤碱最终被分解生成尿酸，经肾随尿液排出体外。

考点：痛风产生的原因

尿酸是人体嘌呤碱分解代谢的终产物，水溶性较差。正常人血浆中尿酸含量为 0.12~0.36mmol/L，男性略高于女性。当进食高嘌呤饮食、体内核酸大量分解（如白血病、恶性肿瘤等）或肾疾病而使尿酸排泄障碍时，均可导致血中尿酸增高。当血清尿酸浓度超过 0.48mmol/L 时，就会出现尿酸盐晶体，沉积于关节、软组织、软骨及肾等处，导致关节炎、尿路结石及肾疾病，而引起痛风。别嘌呤醇有抑制嘌呤核苷酸合成的作用，所以临床上常用别嘌呤醇治疗痛风症。

2. 嘧啶核苷酸的分解代谢 主要在肝内进行。主要产物有 NH_3、CO_2、β- 丙氨酸、β- 氨基异丁酸。嘧啶碱的降解产物均易溶于水，可直接随尿液排出或进一步分解。

（李翠玲）

第六节 物质代谢的整合与调节

人体摄取的食物含有糖、蛋白质、脂类、水、无机盐及维生素等，从消化吸收开始，经过中间代谢到排泄，这些物质的代谢都是同时进行、互相联系、互相依存的。体内物质代谢的方向、速度和强度均受机体的精细调节。

一、物质代谢的相互联系

糖、脂类、蛋白质是人体的主要能量物质，它们通过共同的中间代谢产物乙酰 CoA 而进入三羧酸循环最终分解为 CO_2 和 H_2O。释放的能量均以 ATP 的形式贮存。从供能来看，三大营养物质可以相互补充、相互制约、相互转化。一般情况下，供能以糖和脂肪为主，并尽量减少蛋白质的消耗。若一种物质代谢障碍，则会引起其他物质代谢的紊乱。如糖尿病时，糖代谢紊乱，并引起脂代谢、蛋白质代谢甚至水盐代谢紊乱。

三大营养物质之间还可相互转化（图 14-13）。当摄入葡萄糖超过体内需要时，可转化为脂肪贮存于脂肪组织。因而摄入糖类过多，可使人血浆三酯甘油升高，并导致肥胖。组成人体蛋白质的 20 种氨基酸除亮氨酸和赖氨酸外，均可转化为糖，而糖代谢中间产物仅可转变为 12 种非必需氨基酸。此外，氨基酸亦可通过乙酰 CoA 转变为脂肪，但脂肪酸、胆固醇等脂质不能转变为氨基酸。仅脂肪水解的甘油可异生为葡萄糖而转变为某些非必需氨基酸，但量很少。

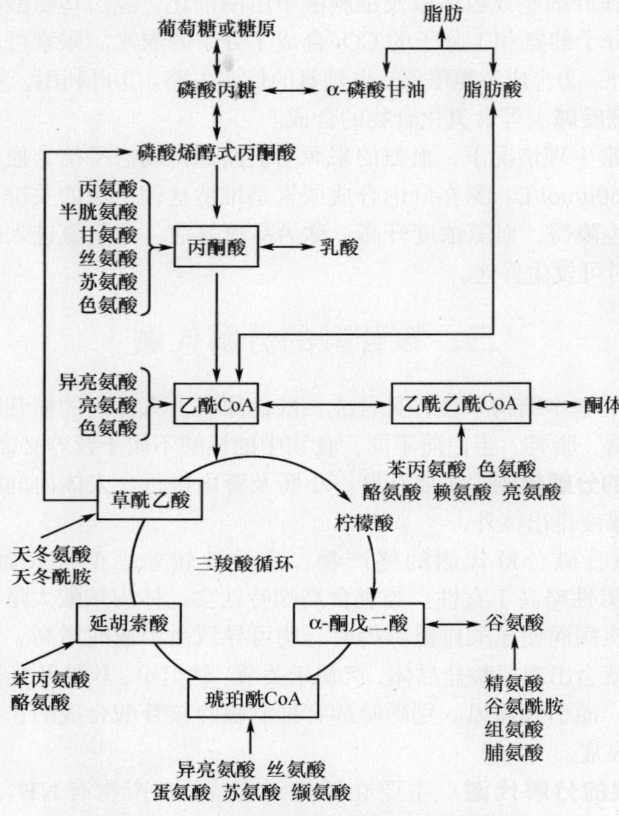

图 14-13　糖、脂肪、氨基酸代谢的相互联系

二、肝在物质代谢中的作用

肝是物质代谢的核心器官，具有多种重要的代谢功能。肝由肝门静脉和肝固有动脉两套血管双重供血，既接受来自肺丰富的 O_2 和其他组织器官的代谢产物，也接受来自胃肠道吸收的大量营养物质；肝由肝静脉和胆道两大输出系统，既向其他组织器官输出代谢产物，也向消化道排出代谢产物、毒物；肝有丰富的血窦，血流缓慢，接触面积大，有利于物质交换；肝细胞内酶的种类多、含量大，有些酶为肝特有，因而肝对糖、脂类、蛋白质、维生素和激素等物质的代谢均具有重要作用。

肝在糖代谢中的核心作用是维持血糖浓度的相对恒定。肝通过糖原的合成与分解、糖异生等来维持血糖恒定。肝受损时，肝糖原合成与分解及糖异生能力降低，可出现耐糖能力降低，餐后高血糖，饥饿低血糖症状。

肝在脂类的消化、吸收、运输、分解与合成等方面均起重要作用。饱食状态下，肝可将大量过剩的葡萄糖分解成乙酰 CoA 并转化为脂肪酸，进一步合成脂肪。饥饿时，促进脂

肪动员，加速氧化分解，并生成酮体。当肝受损或出现胆道阻塞时胆汁酸不能合成或排入肠道，就会出现脂类消化吸收不良，病人易出现脂肪泻、厌油腻食物等临床症状。

肝是维持机体胆固醇平衡的主要器官。既是合成胆固醇最活跃的器官（合成量占 75% 以上，是空腹血浆胆固醇的主要来源），又是排出胆固醇及其转化产物的唯一器官。胆道是排出胆固醇及其转化产物的唯一途径。此外肝也是合成磷脂的主要器官。

肝在蛋白质的合成和分解中也起重要的作用。肝不仅合成大量蛋白质，满足自身结构和功能的需要，还合成大量蛋白质输出肝，以满足机体需要。如肝合成的大部分血浆白蛋白、纤维蛋白原、凝血酶原、脂蛋白等，在血液中执行维持渗透压、物质运输、血液凝固等功能。肝是合成尿素的特异性器官，体内氨基酸分解代谢产生的氨具有毒性，肝可将其转化为尿素而排出体外。肝功能严重受损时，由于合成尿素的能力降低，可使血液中氨浓度升高，这是导致肝性脑病的原因之一。

肝在维生素的吸收、贮存、代谢等方面都有重要作用。例如，肝细胞分泌的胆汁酸可协助脂溶性维生素的吸收，若肝功能下降或胆道阻塞时，会使脂溶性维生素吸收障碍，从而导致脂溶性维生素的缺乏。肝细胞可以将胡萝卜素转化为维生素 A。

激素在发挥生理功能后，在组织中进行代谢失活或减弱其活性，称为激素的灭活。肝是激素灭活的主要器官。肝疾病时，可使体内多种激素因灭活作用降低而过多积聚，进而引起某些激素的调节功能紊乱，如血中雌激素水平异常升高，可使局部小动脉扩张，出现“蜘蛛痣”或“肝掌”，男性乳房发育等。

三、肝外重要组织器官的物质代谢特点及其联系

心肌细胞可利用多种营养物质及其代谢中间产物为能源，优先利用脂肪酸氧化分解供能。心肌主要通过有氧氧化脂肪酸、酮体和乳酸获得能量，极少进行糖酵解。心肌在饱食状态下不排斥利用葡萄糖，餐后数小时或饥饿时利用脂肪酸和酮体，运动中或运动后则利用乳酸。

脑功能复杂，活动频繁，能量消耗多且连续。人脑重仅占体重的 2%，但其耗氧量却占全身耗氧量的 20% ～ 25%，是静息状态下耗氧量最大的器官。脑没有糖原，也没有作为能量贮存的脂肪及蛋白质用于分解代谢，因而脑主要依赖糖获取能量。脑每天消耗葡萄糖约 100g，即使在血糖很低时脑组织也能有效利用葡萄糖。长期饥饿血糖供应不足时，脑主要利用酮体供能。

骨骼肌主要氧化脂肪酸，剧烈运动时产生大量乳酸。因而运动是减肥最科学的方法之一。骨骼肌有一定的糖原贮备，剧烈运动时糖无氧氧化供能大大增加，产生大量乳酸，通过乳酸循环实现再利用。

成熟的红细胞内没有线粒体，不能进行有氧氧化，也不能利用脂肪酸和其他非糖物质作为能源，所以成熟的红细胞只能依赖糖酵解获取能量。

脂肪组织是贮存和释放能量的主要场所，也能将糖和一些氨基酸转化为脂肪。饥饿时脂肪动员加强，分解加速，并合成酮体供机体利用。

（李翠玲）

第七节　能量代谢与体温

一、能量代谢

伴随物质代谢而发生的能量的释放、贮存、转移和利用的过程，称为能量代谢。

（一）能量的来源与去路

机体能量的来源与食物中的糖、脂肪、蛋白质有关。机体所需要的能量约 70% 以上由食物中的糖所提供，其余能量由脂肪提供，蛋白质一般不作为供能物质。营养物质在体内氧化分解时释放的能量并不能被机体直接利用，其中约 50% 以热能的形式散发出来，用以维持体温；约 50% 以化学能的形式转存在高能化合物中（主要是 ATP）。因此 ATP 是体内直接的供能物质。

（二）影响能量代谢的因素

1. 肌肉活动 对能量代谢的影响最为显著，机体的任何轻微活动，都可以提高能量代谢率。

2. 精神活动 精神和情绪活动对能量代谢也有显著影响。人体处于激动、愤怒、恐惧及焦虑等紧张状态下，能量代谢率可显著增加。精神紧张可引起骨骼肌紧张性增高、产热量增加，也可引起甲状腺、肾上腺髓质等分泌激素增多，促进细胞代谢活动增强，从而增加产热量。

考点： 影响能量代谢的因素

3. 食物的特殊动力效应 人在进食后一段时间内，虽处于安静状态，但机体所产生的热量也比进食前有所增加。这种由食物引起机体额外产生热量的现象，称为食物的特殊动力效应。食物的特殊动力效应在各种营养物质中是不同的。例如，蛋白质食物可增加产热量 25% ～ 30%；糖类和脂肪食物可增加产热量 4% 和 6%；混合性食物可增加产热量 10%。

4. 环境温度 人在安静状态时的能量代谢，在 20 ～ 30℃的环境中最为稳定。环境温度过低或过高时，能量代谢均增加。

（三）基础代谢

1. 基础代谢和基础代谢率的概念 为了尽量消除各种可变因素对能量代谢的影响，通常把基础状态下的能量代谢，称为基础代谢。基础状态是指人体在清晨、清醒、空腹、静卧、免除思虑、环境温度在 18 ～ 25℃时的状态。这时人体的各种生命活动和代谢都比较稳定，能量消耗仅限于维持心跳、呼吸基本的生命活动。单位时间内的基础代谢，称为基础代谢率，简写为 BMR（kJ/m^2・小时）。

2. 基础代谢率的正常值及其意义 一般来说，男性的基础代谢率略高于同年女性，儿童、少年比成人高。我国正常人的基础代谢率平均值见表 14-8。基础代谢率通常用相对数值表示，即用实测数值与正常值相差的百分率表示，该表示方法对测定 BMR 正常与否很便捷，故临床上常用此法，其计算公式如下：

$$\text{BMR}=\frac{\text{实测值}-\text{正常值}}{\text{正常值}}\times 100\%$$

表 14-8 中国正常人基础代谢率平均值 [$kJ/(m^2$・小时)]

年龄	11 ～ 15	16 ～ 17	18 ～ 19	20 ～ 30	31 ～ 40	41 ～ 50	＞51
男性	195.5	193.4	166.2	157.8	158.7	154.1	149.1
女性	172.5	181.7	154.0	146.5	141.7	142.4	138.6

考点： 基础状态和基础代谢率的概念

BMR 相对值在 ±10% ～ 15% 以内均属正常。测定基础代谢率可反映甲状腺功能，甲状腺功能亢进时，BMR 升高；甲状腺功能低下时，BMR 则降低。

二、体　　温

体温是指机体深部的平均温度。人体具有相对恒定的体温，这是保证机体进行新陈代

谢和正常生命活动的必要条件。

（一）体温的正常值及其变动

1. 体温的正常值　人体的深部温度不易测定，临床上通常用口腔温度、直肠温度和腋窝温度来代表体温。直肠温度的正常值为 36.9 ～ 37.9℃，口腔温度（舌下部）为 36.7 ～ 37.7℃，腋窝温度为 36.0 ～ 37.4℃。

考点：体温的正常值

2. 体温的正常波动　在生理情况下，体温可随昼夜、年龄、性别、肌肉活动和精神因素等而有所变化。

(1) 昼夜波动：体温在一昼夜之间有周期性的波动：清晨 2 ～ 6 时体温最低，午后 1 ～ 6 时最高，这种昼夜周期性的波动称为昼夜节律或日节律，它是由一种内在的生物节律所决定的。但这种变化的幅度一般不超过 1℃。

(2) 性别：成年女性的体温平均比男性的体温高 0.3℃，这可能与女性皮下脂肪较多，散热较少有关。而且其体温随月经周期而呈现节律性波动（图 14-14）。月经期的平均温度最低，随后轻度升高，排卵日又降低，排卵后体温升高（0.2 ～ 0.5℃）。连续测定女性的基础体温可以了解有无排卵及确定排卵日期。

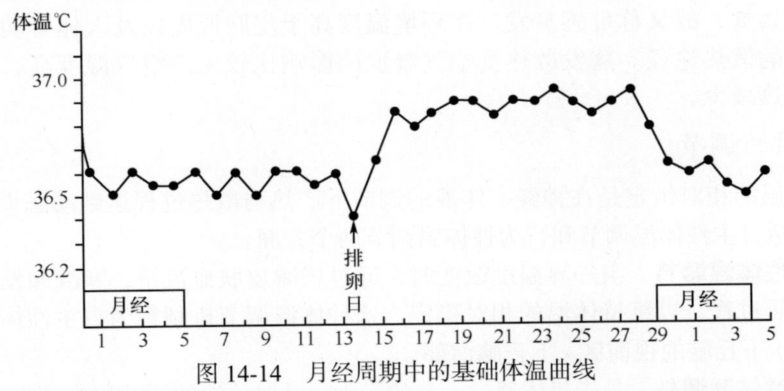

图 14-14　月经周期中的基础体温曲线

(3) 年龄：儿童、青少年的体温较高，随着年龄的增长，体温逐渐降低，老年人的体温低于青壮年。新生儿体温不规则，容易发生波动，这是由于新生儿的体温调节机制发育不完善，体温调节能力差，其体温易受环境温度变化的影响。老年人代谢率降低，活动少，其他系统的功能也在降低，对外界温度变化代偿的能力较差，故应注意保暖。

(4) 肌肉活动：肌肉活动、情绪激动都可以使体温略有升高，因而应在安静状态下测定体温，测定小儿体温时应避免哭闹。此外，精神紧张、环境温度、进食等对体温也有一定的影响。

（二）机体的产热与散热

机体在体温调节机制的调控下，使产热过程和散热过程处于动态平衡，从而维持正常的体温。

1. 产热　安静状态下，内脏是主要的产热器官，以肝产热最多。劳动或运动时，骨骼肌的产热量很大，是机体的主要产热器官。

2. 散热　人体的主要散热器官是皮肤，其散热方式有以下几种。

(1) 辐射散热：是机体以热射线的形式将热量传给外界较冷物质的一种散热形式。以此种方式散发的热量，在机体安静状态下所占的比例较大（占总散热量的 60% 左右）。辐射散热量同皮肤与环境间的温度差以及机体有效辐射面积等因素有关。四肢表面积比较大，因此，在辐射散热中起重要作用。气温与皮肤的温差越大，或机体有效辐射面积越大，辐射的散热量就越多。

(2) 传导散热：是机体热直接传给同它接触的冷物体的一种散热方式。传导散热决定于物体的传导热性。正常情况下与身体接触的物质，如床单或衣服等，均属于热的不良导体，所以体热因传导而散失的量不大。根据这个道理可利用冰袋、冰帽给高热病人降温。

考点：常见的几种主要散热方式

(3) 对流散热：是指通过气体或液体的流动来交换热量的一种方式。人体周围总是绕有一薄层同皮肤接触的空气，人体的热量传给这一层空气，由于空气不断流动（对流），便将体热发散到空间。对流是传导散热的一种特殊形式，通过对流所散失热量的多少，受风速影响极大。风速越大，对流散热量也越多；相反，风速越小，对流散热量则越少。

(4) 蒸发散热：是指机体通过体表水分的蒸发来散发热量的方式。在常温条件下，蒸发 1g 水可使机体散失 2.4kJ 热量。当环境温度等于或高于皮肤温度时，辐射、传导和对流的散热方式就不起作用，此时，蒸发就成为机体唯一的散热方式。临床上给高热病人采用酒精擦浴就是利用酒精的蒸发达到降温的目的。

人体蒸发散热有不感蒸发和发汗两种方式。**不感蒸发**是指体液中的水直接渗到皮肤和呼吸道黏膜表面而被蒸发的散热方式。它不被人察觉，持续进行，每日蒸发量约 1000ml。其中，通过呼吸道蒸发的为 200 ～ 400ml，通过皮肤蒸发的为 600 ～ 800ml。给病人补液时，应考虑不感蒸发丧失的液体量。**发汗**是指汗腺分泌汗液再进行蒸发的散热方式，可察觉，故又称可感蒸发。在环境温度高于皮肤温度以及人体劳动或运动时的发汗是有效的散热途径。蒸发散热受空气湿度的影响比较大，空气湿度高，体表水不易被蒸发，散热减少。

（三）体温的调节

人体体温的相对恒定是在神经、体液的调节下产热与散热过程达到动态平衡的过程。体温调节包括自主性体温调节和行为性体温调节两个方面。

1. 自主性体温调节　当外界温度改变时，通过增减皮肤血流量，寒战和发汗来调节产热过程和散热过程，以维持体温的相对稳定，这种体温调节机制称为自主性体温调节，其基本中枢位于下丘脑的视前区 - 下丘脑前部。

考点：体温调节的基本中枢

2. 行为性体温调节　是指机体通过一定的行为活动对体温的调节称为行为性体温调节。如人在严寒环境中多穿衣服，有意识的拱肩缩背、踏步等御寒行为以增加产热；在温热的环境中采取降温措施，如减少衣着，开动风扇、空调设备等。就人而言，行为性体温调节是有意识的活动，是对自主性体温调节的补充。

（刘　强）

小结

机体通过新陈代谢与其生存的环境进行物质交换，适应外界环境，实现自我更新，以维持生命活动的正常状态。物质代谢包括合成代谢和分解代谢。合成代谢是从小分子合成机体构件和能量贮存物质的过程；分解代谢是机体构件和能量贮存物质分解成小分子物质的过程。物质代谢的同时伴有能量代谢。合成代谢是耗能反应，分解代谢是释能反应。耗能的合成代谢需与释能的分解代谢相耦联。ATP 是体内能量的流通形式。物质代谢的各种反应几乎都是在酶的催化下完成的，对物质代谢的调节主要是通过对酶活性和酶含量的调节实现的，并在神经 - 体液的调节下有条不紊地进行，代谢的紊乱可导致疾病的发生。机体的新陈代谢和生命活动都与体内温度密切相关。换言之，体温影响着人体的生命。

自测题

一、名词解释

1. 蛋白质变性作用 2. 酶 3. 同工酶 4. 维生素 5. 糖的无氧氧化 6. 糖的有氧氧化 7. 糖异生 8. 酮体 9. 脂肪动员 10. 血脂 11. 激素的灭活 12. 基础状态 13. 体温

二、填空题

1. 组成蛋白质的元素主要有________、________、________、________。其中含量恒定的元素是________，其含量平均为________%。
2. 构成蛋白质的氨基酸有________种，其中属于营养必需氨基酸的有________、________、________、________、________、________、________、________。我国营养学会推荐成人每日蛋白质的需要量为________克。
3. 核酸的基本组成单位是________，核酸的组成成分包括________、________、________。
4. 酶促反应的特点是________、________、________和________。
5. 维生素根据溶解性不同，可分为________和________。
6. 糖在体内的贮存形式是________，糖在体内的运输形式是________。糖的分解途径包括________、________、________3 种。
7. 正常人空腹血糖含量为________，空腹血糖高于________为高血糖，低于________为低血糖。空腹血糖高于________会出现糖尿。
8. 酮体生成的原料是________，生成部位是________，酮体代谢的主要特点是________。
9. 血浆中脂类的运输形式是________。
10. 蒸发散热可分为________和________两种。
11. 体温调节的基本中枢位于________。

三、选择题

A_1 型题

1. 某 100g 肉类食物中蛋白氮的含量为 3.52g，该样品含蛋白质（　　）g

A.10　　B.3.25　　C.5.0
D.22　　E.20

2. 蛋白质变性的本质是（　　）

A. 蛋白质一级结构的改变
B. 蛋白质亚基的解聚
C. 蛋白质空间构象的破坏
D. 某些酸类沉淀蛋白质
E. 不易被胃蛋白酶水解

3. 下列哪种因素不是引起蛋白质变性的化学因素（　　）

A. 强酸　　B. 强碱
C. 尿素　　D. 乙醇
E. 加热煮沸

4. 符合碱基配对规律的是（　　）

A. A=T　　B. G=T
C. G=U　　D.T=U
E. A=G

5. 下列描述错误的是（　　）

A. DNA 二级结构为双螺旋结构
B. DNA 中有两条互补链
C. RNA 分子为单链结构
D.RNA 中存在碱基配对关系
E. DNA 二级结构为超螺旋结构

6. 缺乏维生素 A 会导致（　　）

A. 巨幼红细胞性贫血　　B. 夜盲症
C. 坏血病　　D. 佝偻病
E. 凝血时间延长

7. 缺乏维生素 D 会导致（　　）

A. 巨幼红细胞性贫血　　B. 夜盲症
C. 坏血病　　D. 佝偻病
E. 凝血时间延长

8. 糖的主要生理功能是（　　）

A. 转变成脂肪　　B. 氧化供能
C. 转变为其他的单糖　　D. 转变为氨基酸
E. 构成组织细胞成分

9. 调节血糖最主要的器官是（　　）

A. 脑　　B. 肾

C. 肠　　D. 胰

E. 肝

10. 不属于类脂的是（　　）

A. 糖脂　　B. 胆固醇酯

C. 三酰甘油　　D. 胆固醇

E. 磷脂

11. 下列哪项不是脂肪的功能（　　）

A. 保护内脏　　B. 供能

C. 转变为胆汁酸　　D. 保持体温

E. 贮能

12. 合成胆固醇能力最强的器官是（　　）

A. 肝　　B. 肾　　C. 心

D. 肺　　E. 小肠

13. 具有抗动脉粥样硬化作用的脂蛋白是（　　）

A. HDL　　B. LDL

C. VLDL　　D. CM

E. IDL

14. 合成胆固醇的原料是（　　）

A. 酮体　　B. 三酰甘油

C. 乳糜微粒　　D. 蛋白质

E. 乙酰 CoA

15. 体内解除氨毒的主要途径是合成（　　）

A. 谷氨酰胺　　B. 胺

C. 尿素　　D. 含氮类激素

E. 嘌呤、嘧啶碱

16. 鸟氨酸循环的作用是（　　）

A. 转氨基　　B. 合成尿素

C. 合成鸟氨酸　　D. 氨基酸脱氨基

E. 氨基酸吸收

17. 剧烈运动后，血中乳酸含量增加的原因是（　　）

A. 糖的有氧氧化增强　　B. 糖异生作用增强

C. 糖酵解作用增强　　D. 三羧酸循环加速

E. 磷酸戊糖途径的作用加速

18. 嘌呤碱在体内分解代谢的终产物是（　　）

A. 尿酸　　B. 尿素　　C. 肌酸

D. β- 丙氨酸　　E. 胆碱

19. 尿酸排出的主要器官是（　　）

A. 肾　　B. 皮肤　　C. 肝

D. 肺　　E. 小肠

20. 急性肝炎患者血清（　　）含量显著升高

A. LDH_1　　B. LDH_2　　C. LDH_3

D. LDH_4　　E. LDH_5

21. 心肌梗死患者血清（　　）含量显著升高

A. LDH_1　　B. LDH_2　　C. LDH_3

D. LDH_4　　E. LDH_5

22. 下列哪个代谢过程不能直接补充血糖（　　）

A. 肝糖原分解

B. 肌糖原分解

C. 食物糖类的消化吸收

D. 糖异生作用

E. 肾小球的重吸收作用

23. 长期饥饿时脑组织中的能量主要来自（　　）

A. 葡萄糖氧化　　B. 乳酸氧化

C. 脂肪酸氧化　　D. 酮体氧化

E. 氨基酸氧化

24. 胆固醇在体内代谢的主要去路是转变成（　　）

A. 二氢胆固醇　　B. 胆汁酸

C. 维生素 D_3　　D. 类固醇激素

E. 1，25-$(OH)_2$-D_3

25. 脂肪酸在血浆中运输的主要形式是（　　）

A. 与球蛋白结合　　B. 参与组成 VLDL

C. 与清蛋白结合　　D. 参与组成 HDL

E. 参与组成 LDL

26. 仅在肝中合成的物质是（　　）

A. 尿素　　B. 糖原

C. 血浆蛋白　　D. 胆固醇

E. 脂肪酸

27. 成熟的红细胞获取能量的方式是（　　）

A. 有氧氧化　　B. 无氧氧化

C. 糖原分解　　D. 糖异生

E. 磷酸戊糖途径

28. 能量代谢最稳定的环境温度是（　　）

A. 0 ～ 10℃　　B. 10 ～ 20℃

C. 18 ～ 25℃　　D. 30 ～ 35℃

E. 35 ～ 40℃

29. 食物特殊动力效应最大的营养素是（　　）

A. 糖　　B. 蛋白质

C. 脂肪　　D. 混合食物

E. 糖和脂肪

30. 给高热病人使用冰袋的散热方式是（　　）

A 辐射　　B. 传导

C. 对流　　D. 不感蒸发

E. 可感蒸发

31. 给高热病人用酒精擦浴散热的方式是（ ）

A. 辐射 B. 传导

C. 对流 D. 可感蒸发

E. 不感蒸发

四、简答题

1. 组成蛋白质的基本单位是什么？其结构有何特点？
2. 简述 DNA 的双螺旋结构特点。
3. 酶原激活有何生理意义？
4. 比较糖酵解与糖的有氧氧化的生理意义？
5. 简述血糖的来源与去路。
6. 简述血浆脂蛋白的分类及生理功能。
7. 简述糖原的合成与分解及糖异生的意义。
8. 简述氨的来源与去路。
9. 简述胆固醇的来源与去路。

（李翠玲 刘 强）

15

第十五章　水、无机盐代谢与酸碱平衡

水是生命之源，健康之本。生命活动的基本特征一新陈代谢是在水溶液中进行的。体内的水与溶解在其中的物质共同参与内环境的稳态。如果遭受破坏将会改变细胞的功能与代谢，损害人体健康，甚至威胁人的生命。那么，人体内的水和无机盐是怎样分布的？是如何参与生命活动的？酸碱平衡是怎样进行调节的？让我们带着这些神奇而有趣的问题一起来探究水、无机盐代谢与酸碱平衡的奥秘。

第一节　水与无机盐代谢

一、体　　液

体液是由水及溶解在其中的物质组成，包括电解质和非电解质。**电解质**主要是各类无机盐、蛋白质、有机酸等，**非电解质**包括尿素、葡萄糖、氧气、二氧化碳等。体液的分布、含量和组成的稳定是维持正常生命活动的重要条件。

（一）体液的分布与含量

成人体液重量约占体重的60%，其中细胞内液约占体重的40%，细胞外液约占体重的20%，细胞外液中的血浆约占体重的5%，其余的15%为组织液。组织液中有极少部分分布于一些密闭的腔隙（如关节腔、颅腔、胸膜腔、腹膜腔）内，也称第三间隙液。由于这部分是由上皮细胞分泌产生的，故又称为跨细胞液。

考点：体液的概念、分布与含量

体液的含量和分布因年龄、性别、胖瘦不同而异。新生儿约占体重的80%，婴幼儿占70%～75%，学龄儿约占65%，老年人占45%～50%。因脂肪疏水，故肥胖者的体液含量比体重相同的瘦者少，女性脂肪较多，体液含量比男性少。

（二）体液中的电解质及分布特点

1. 体液中的各种主要电解质和含量（表15-1）

表15-1　体液中的主要电解质含量（单位：mmol/L）

	Na^+	K^+	Cl^-	HCO_3^-	HPO_4^{2-}	Pr^-
细胞内液	10	160	2	8	140	55
组织液	145	4	115	30	2	1
血浆	142	4	103	27	2	16

2. 体液中电解质的含量与分布特点　①细胞内、外液电解质分布差异大，细胞内液的

主要阳离子是 K^+，主要阴离子是 HPO_4^{2-}、Pr^-（蛋白质）；细胞外液的主要阳离子是 Na^+，主要阴离子是 Cl^-、HCO_3^-；②体液呈电中性，阴阳离子电荷总数相等；③细胞内、外液渗透压相等，尽管细胞内液电解质总量大于细胞外液，但因细胞内液蛋白质和二价离子较多，这些离子产生的渗透压较少，故细胞内、外液渗透压基本相等；④血浆与组织液的蛋白质含量差别较大，血浆蛋白质含量为 60 ～ 80g/L，组织液蛋白质含量则极低，仅为 0.5 ～ 3.5g/L。这种差别对维持血容量恒定、保证血液与组织液之间水的正常交换具有重要的生理意义。

考点：体液中电解质的分布特点

二、水　平　衡

体内的水大部分是**结合水**，小部分是**自由水**。结合水是指在细胞内与其他物质结合在一起、不具备流动性的水。自由水是指在生物体内或细胞内可以自由流动的水，是良好的溶剂和运输工具。

1. 水的生理功能　①参与和促进物质代谢：水是体内一切代谢反应的场所，水还可以作为反应物直接参与水解、氧化反应、加水脱氢等重要反应。②调节体温：水的比热和流动性较大，出汗也可蒸发热量，有利于维持产热和散热的平衡，对体温调节起重要作用。③润滑作用：唾液、泪液、关节液等以水为溶剂而具有润滑作用。④运输作用：水是良好的溶剂，有利于体内营养物质和代谢产物的运输。⑤维持组织的形态与功能：体内有相当一部分的水与蛋白质、核酸、多糖等结合，以结合水的形式存在，赋予各组织器官一定的形态、硬度和弹性。

考点：水的生理功能

2. 水的摄入与排出　人体体液量的恒定是由于每日水的摄入量和排出量处于动态平衡（表 15-2）。

表 15-2　正常成人每日水的出入量

水的摄入量	ml	水的排出量	ml
代谢水	300	肠道	150
食物水	700 ～ 900	呼吸排出	350
饮水	1000 ～ 1500	皮肤蒸发	500
		肾	1000 ～ 1500
合计	2000 ～ 2500		2000 ～ 2500

成人体内每日不少于 35g 固体代谢产物随尿排出，至少需要 500ml 尿液才能清除。临床上把每日尿量低于 100~400m 称为少尿；低于 100ml 称为无尿。

考点：水的最低生理需要量以及少尿和无尿的标准

三、无机盐代谢

（一）无机盐的生理功能

1. 维持体液渗透压和酸碱平衡　Na^+ 和 Cl^- 是维持细胞外液渗透压的主要离子，K^+ 和 HPO_4^{2-} 是维持细胞内液渗透压的主要离子，其含量影响水在细胞内、外液的流动。Na^+、K^+、HCO_3^-、HPO_4^{2-} 等离子参与体液缓冲体系的构成，维持和调节体液酸碱平衡。

2. 维持细胞正常的新陈代谢　①作为酶的辅助因子或激活剂影响酶活性，如细胞色素中的 Fe^{2+}、淀粉酶中的 Cl^-、激酶类中的 Mg^{2+} 等；②参与或影响物质代谢，如 Ca^{2+} 与肌钙蛋白结合激活骨骼肌与心肌收缩，Na^+ 参与小肠对葡萄糖的吸收等。

3. 维持神经和肌肉的应激性 神经肌肉的应激性与多种无机离子的浓度及比例有关。

$$\text{神经肌肉的应激性} \propto \frac{[Na^+]+[K^+]}{[Ca^{2+}]+[Mg^{2+}]+[H^+]}$$

血浆 Na^+、K^+ 浓度增高时，神经肌肉的应激性增高，而碳酸酐酶、Mg^{2+}、H^+ 浓度增高时，神经肌肉的应激性则降低。血浆碳酸酐酶浓度降低时，神经肌肉的应激性增强，可出现手足搐搦等。

$$\text{心肌细胞的应激性} \propto \frac{[Na^+]+[Ca^{2+}]+[H^+]}{[K^{2+}]+[Mg^{2+}]+[H^+]}$$

考点：Ca^{2+}、K^+ 对神经肌肉及心肌应激性的影响

K^+ 对心肌有抑制作用，当血钾浓度升高时，心肌的应激性降低，可出现心动过缓、心率减慢、传导阻滞和收缩力减弱，甚至心脏停搏。当血钾浓度过低时，心肌的应激性增强，可出现心率加快，心律失常及室颤，最后心脏停搏于收缩状态。

（二）钠、氯代谢

1. 含量与分布 正常血清钠含量为 135 ～ 145mmol/L，其中 50% 分布于细胞外液，10% 在细胞内液，40% 贮存在骨中。血清氯含量为 98 ～ 106mmol/L，主要分布于细胞外液。

2. 吸收与排泄 钠、氯主要来自食盐，摄入的钠几乎全部经小肠吸收。钠、氯主要经肾随尿排出，少量随汗液和粪便排泄。肾排钠的特点：“多吃多排，少吃少排，不吃不排”。因此，一般不会出现低钠血症，但在严重腹泻、呕吐或长期大量出汗时，补充水分的同时应适当补钠。

（三）钾代谢

1. 含量与分布 正常血清钾含量为 3.5 ～ 5.5mmol/L，其中 98% 分布于细胞内液，2% 在细胞外液。测定血钾时注意防止溶血。影响钾分布的因素：①物质代谢，合成代谢时 K^+ 进入细胞，分解代谢时则 K^+ 移出细胞；②酸碱平衡，酸中毒时常伴有高钾血症，反之碱中毒时伴有低血钾。

细胞膜上钠泵主动转运达到平衡的速度较慢（需 15 小时），因此临床上给患者补钾应尽量选择口服，严禁静脉推注或肌内注射。通过静脉滴注则要严格遵循“四不宜”原则：浓度不宜过高、量不宜过多、时间不宜过早（见尿补钾）、速度不宜过快。

考点：肾脏排钠、钾的特点；补钾的原则

2. 吸收与排泄 钾主要来自食物。正常成人需钾量为每天 2 ～ 4g，普通膳食中含有较丰富的钾能满足机体的需要，90% 在肠道被吸收。摄入的钾 90% 经肾脏排泄，10% 经粪便和汗液排出。肾脏对钾的排泄特点：多吃多排，少吃少排，不吃也排。

（四）钙、磷代谢

1. 含量与分布 钙盐和磷酸盐是人体含量最多的无机盐。正常成人体内含钙量为 700 ～ 1400g，含磷量为 400 ～ 800g。其中 99% 以上的钙和 86% 以上的磷以骨盐形式分布于骨和牙组织中，其余部分存在于体液和软组织内。

2. 生理功能 ①钙的生理功能：钙参与牙和骨的构成；降低神经、肌肉的应激性；增强心肌收缩力；参与血液凝固；第二信使作用；降低毛细血管通透性、参与突触传递等。②磷的生理功能：参与牙和骨的构成；磷脂是细胞膜的主要成分；参与物质代谢和能量代谢；构成磷酸氢盐缓冲体系，维持体内酸碱平衡等。

3. 吸收与排泄 成人每日需钙量为 0.5 ～ 1.0g，需磷量为 1.0 ～ 1.5g，钙的吸收部位主要在十二指肠和空肠。食物中的磷需消化水解成无机磷酸盐后才能被吸收。吸收的部位主

要在空肠，吸收率约为 70%。

影响钙吸收的因素：①1，25-二羟维生素 D_3 可促进肠道对钙磷的吸收和肾对钙磷的重吸收；②酸性环境利于钙以离子状态被吸收，而食物中的草酸、鞣酸易与钙形成不溶性钙盐而影响钙的吸收；③钙的吸收与年龄有关，即随年龄的增长，吸收率降低。凡影响钙吸收的因素也影响磷的吸收。

每日排出的钙中约有 80% 从肠道排出，20% 经肾排出。肾排泄钙的量受血钙浓度的影响，随血钙水平的升降而增减。如血钙浓度低于正常时，尿钙接近于零。

磷的排泄与钙相反，每日由粪便排出的磷占总排量的 20% ～ 40%，60% ～ 80% 经肾排出。

4. 血钙　正常成人的血钙浓度为 2.25 ～ 2.75mmol/L。一般以结合钙和离子钙两种形式存在，约各占 50%。结合钙是指与血浆白蛋白结合的钙，无法透过毛细血管壁。只有离子钙才能直接发挥生理作用。酸中毒时，血浆 pH 下降，促进结合钙解离，离子钙浓度增高；碱中毒时，离子钙浓度下降，临床上常发生抽搐。

5. 血磷　是指血浆中无机磷酸盐的含量。正常值为 1.0 ～ 1.6mmol/L。血磷浓度波动较大。血钙与血磷之间保持着一定的数量关系：[Ca]×[P]=35 ～ 40mg/dl，两者乘积大于 40mg/dl，钙磷以骨盐形式沉积于骨组织中，小于 35mg/dl，提示骨盐再溶解而易产生佝偻病及软骨病。

6. 钙磷代谢的调节　主要由甲状旁腺激素、1，25-二羟维生素 D_3 和降钙素 3 种激素作用于骨、小肠和肾 3 个靶器官调节。

链接

微量元素

微量元素是指体内含量占体重 0.01% 以下，或每日需要量在 100mg 以下的元素。其来源主要为食物，特别是动物性食物。目前公认的具有特殊生理功能的必需微量元素有铁、锌、铜、碘、锰、硒、钴、铬、钒、氟、钼、镍、锶和硅。虽然含量甚微，但微量元素参与构成酶的活性中心或辅酶、参与体内物质的运输、参与激素和维生素的活性结构的形成。缺乏微量元素同样可产生疾病。

第二节　酸碱平衡

人体内各种体液必须具有适宜的酸碱度，这是维持正常生理活动的重要条件之一。组织细胞在代谢过程中不断产生酸性和碱性物质，还有一定数量的酸性和碱性物质随食物进入体内。机体可通过一系列的调节作用，使体液 pH 维持在恒定的范围内，这个过程称为酸碱平衡。

考点：酸碱平衡的概念

一、体内酸碱物质的来源

体内酸碱物质主要是细胞内物质在分解代谢过程中产生的，少量来自食物。普通膳食条件下，产生的酸性物质远远超过碱性物质。

1. 酸性物质的来源　除食物和药物中的酸性物质外，机体代谢产生的酸性物质主要有两大类：①**挥发性酸**（碳酸）：糖、脂肪和蛋白质其氧化分解代谢的终产物是 CO_2，CO_2 与水结合生成碳酸，并经肺排出体外，故称挥发性酸。②固定酸：物质代谢产生的酸性物质如丙酮酸、乳酸、乙酰乙酸、β-羟丁酸、硫酸、磷酸、尿酸等，不能由肺呼出，称为固定酸。

体内的酸性物质主要来源于糖、蛋白质、脂肪的分解代谢，所以富含糖、蛋白质、脂肪的谷类食物和动物性食物如大米、面粉、土豆、肉类等均属于酸性食物。每天产生的挥发性酸要远多于固定酸。

2. 碱性物质的来源 主要来自食物，特别是蔬菜、瓜果中所含的枸橼酸盐、柠檬酸盐、苹果酸盐和草酸盐等有机酸盐，故蔬菜、瓜果类食物为碱性食物。少量来源于体内代谢过程中产生的碱性物质，如氨、胆胺、胆碱等。

护考链接

患者男，42岁。因腹部手术输入大量库存血，应防止发生（　）

A. 低血钾，酸中毒　　B. 低血钾，碱中毒

C. 高血钠，酸中毒　　D. 高血钾，酸中毒

E. 高血钾，碱中毒

考点精讲： 大量输入含枸橼酸钠的库存血，导致枸橼酸盐含量增多，碱性物质摄入增多，碱中毒。此时，细胞内的 H^+ 外移，而 K^+ 则进入细胞内，碱中毒时常伴有低钾血症，故选择答案B。

二、酸碱平衡的调节

机体对酸碱平衡的调节主要是通过血液的缓冲作用、肺的呼吸功能和肾的重吸收及排泄三方面的协同作用来实现。

（一）血液缓冲体系对酸碱平衡的调节

1. 血液的缓冲体系 血液中含有多种由弱酸及其弱酸盐构成的缓冲体系，也称为缓冲对。在人体血液中主要的缓冲对有5种：$NaHCO_3/H_2CO_3$、Na_2HPO_4/NaH_2PO_4、Pr^-/HPr、Hb^-/HHb、$HbO_2^-/HHbO_2$，具有迅速缓冲酸碱度的能力，但因缓冲物质本身被消耗而持续时间短。其中 $NaHCO_3/H_2CO_3$ 缓冲对最重要，因为其含量最多且易受呼吸和肾的调节，但只能缓冲固定酸，不能缓冲挥发酸。挥发酸的缓冲主要靠非碳酸氢盐缓冲体系，特别是 Hb^-/HHb、$HbO_2^-/HHbO_2$。

考点：血液中主要的缓冲体系

根据亨德森-哈赛巴方程式：

$$pH = pKa + lg[HCO_3^-]/[H_2CO_3]$$

方程式中pKa是一常数，37℃时为6.1，代入上式：

$$pH=6.1+lg\ 20/1=6.1+1.3=7.4$$

从上式可见，只要血浆 HCO_3^-/H_2CO_3 的比值维持在20/1左右，血浆pH就可保持在正常范围内。

2. 血液缓冲体系的缓冲作用 以 $NaHCO_3/H_2CO_3$ 缓冲对为例，说明血液缓冲体系的缓冲作用。

(1) 对固定酸（HA）的缓冲：主要由缓冲碱（$NaHCO_3$）缓冲，使酸性较强的固定酸转变为酸性较弱的挥发酸（H_2CO_3），因此血液的pH改变不大。随后碳酸经血液循环输送到肺，分解成 CO_2 排出体外。

$$HA+NaHCO_3 \rightarrow NaA+H_2CO_3$$

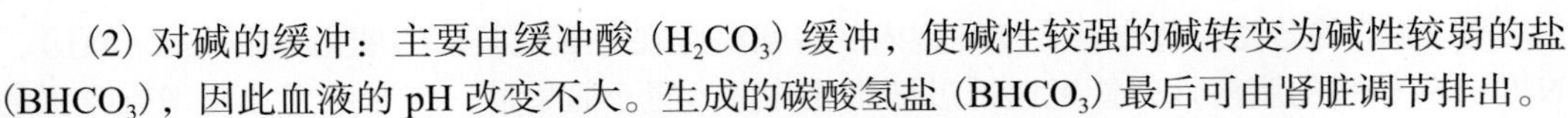

(2) 对碱的缓冲：主要由缓冲酸（H_2CO_3）缓冲，使碱性较强的碱转变为碱性较弱的盐（$BHCO_3$），因此血液的 pH 改变不大。生成的碳酸氢盐（$BHCO_3$）最后可由肾脏调节排出。

$$BOH+H_2CO_3 \rightarrow BHCO_3+H_2O$$

(3) 对挥发性酸的缓冲：挥发性酸主要由红细胞中的血红蛋白缓冲体系缓冲，此过程与血红蛋白的运氧过程相偶联。

血液缓冲体系的缓冲作用有一定的限度。虽然反应迅速，但不能持久，也不能真正排出酸和碱。经过对酸和碱的缓冲后，$NaHCO_3$ 和 H_2CO_3 的含量随之发生改变，为使 HCO_3^-/H_2CO_3 的比值保持恒定，还需肺和肾的调节。

（二）肺对酸碱平衡的调节

肺通过改变肺泡通气量来控制 CO_2 的排出量，以调节血浆 H_2CO_3 浓度，保持血液正常的 pH。当血液中 PCO_2 升高或 pH 降低时，通过中枢和外周化学感应器，使呼吸中枢兴奋，呼吸加深加快，CO_2 排出增多；反之，当血液中 PCO_2 降低或 pH 升高时，呼吸中枢兴奋性下降，呼吸变浅变慢，CO_2 排出减少。肺是通过呼吸运动的频率和幅度来调节血浆 H_2CO_3 浓度，从而维持 HCO_3^- 和 H_2CO_3 的比值接近正常，以保持 pH 相对恒定。肺的调节一般在酸碱紊乱 10～30 分钟后发生。

（三）肾对酸碱平衡的调节

肾对酸碱平衡的调节主要是通过排酸（固定酸、H^+）或保碱（重吸收 HCO_3^-）的作用来维持 HCO_3^- 的浓度，以保持血液正常的 pH。肾的调节作用是在酸碱平衡紊乱发生后数小时开始，作用缓慢但调控能力强，持续时间久。

1. 肾小管上皮细胞对 $NaHCO_3$ 的重吸收　肾小管上皮细胞内的 CO_2 和 H_2O 在碳酸酐酶催化下产生 H_2CO_3，H_2CO_3 解离成 H^+ 和 HCO_3^-，HCO_3^- 可被吸收入血，而 H^+ 则通过 H^+-Na^+ 交换进入肾小管管腔中，与滤过的 HCO_3^- 结合成 H_2CO_3，H_2CO_3 迅速分解为 CO_2 和 H_2O，其中 H_2O 随尿排出，而 CO_2 则弥散回肾小管上皮细胞开始下一循环（图 15-1）。

2. 尿液酸化　主要在远端肾小管形成。在远曲小管和集合管上皮细胞内，发生同样的化学过程，即细胞内的 CO_2 和 H_2O 在碳酸酐酶催化下产生 H_2CO_3，H_2CO_3 解离成 H^+ 和 HCO_3^-。但与近曲小管的离子交换不同，远曲小管和集合管上皮细胞主要通过 H^+-ATP 酶或 H^+-K^+ 酶将 H^+ 分泌入肾小管管腔中，与流经远曲小管和集合管原尿中的碱性磷酸盐 HPO_4^{2-} 结合生成 $H_2PO_4^-$，从尿中排出，使尿液酸化，而 HCO_3^- 则被吸收入血（图 15-2）。

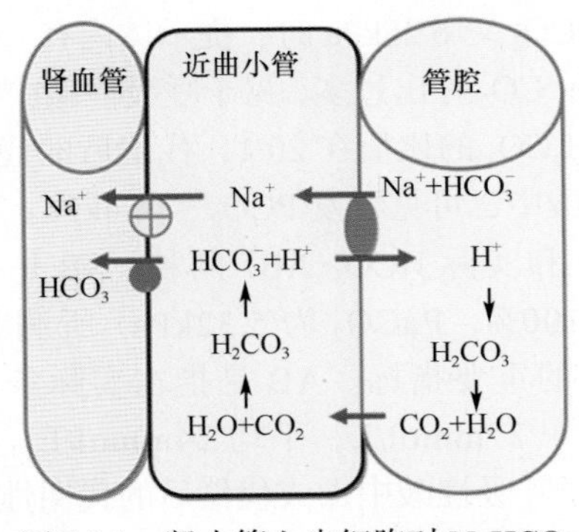

图 15-1　肾小管上皮细胞对 $NaHCO_3$ 的重吸收

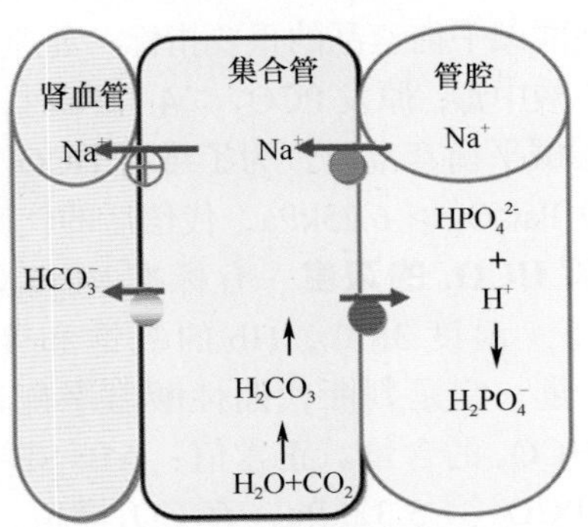

图 15-2　尿液酸化与 HCO_3^- 重吸收

3. NH_4^+ 的分泌 肾小管上皮细胞内的谷氨酰胺在谷氨酰胺酶的催化下生成氨（NH_3），NH_3 具有较强的脂溶性，能迅速透过细胞膜弥散入肾小管管腔，与肾小管上皮细胞分泌的 H^+ 结合生成 NH_4^+，主要以氯化铵（铵盐）的形式随尿排出（图 15-3）。

（四）组织细胞对酸碱平衡的调节

机体大量组织细胞内液也是酸碱平衡的缓冲池，细胞内外 H^+、K^+ 等离子的交换可以调节细胞外液的酸碱度。当细胞外液 H^+ 浓度过高时，H^+ 弥散入细胞内，而 K^+ 则移出细胞外；反之，当细胞外液 H^+ 浓度过低时，H^+ 由细胞内移出，而 K^+ 则进入细胞内。所以，酸中毒时常伴有高钾血症，碱中毒则伴有低钾血症（图 15-4）。

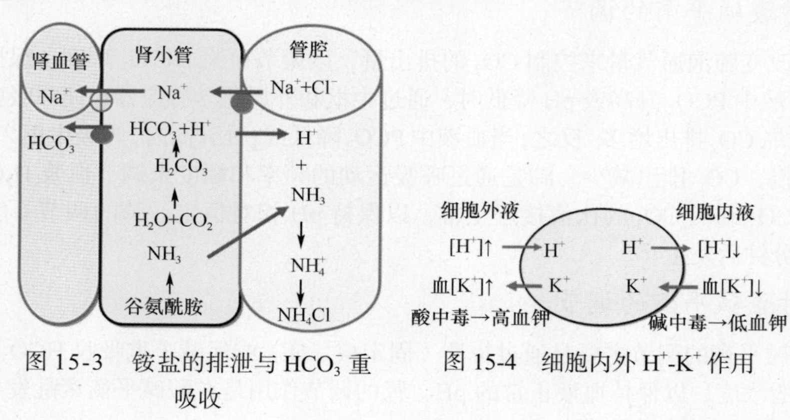

图 15-3 铵盐的排泄与 HCO_3^- 重吸收

图 15-4 细胞内外 H^+-K^+ 作用

三、酸碱平衡紊乱

（一）判断酸碱平衡的生化指标

1. 血浆 pH 正常值为 7.35 ～ 7.45。pH 在正常范围内可以是：①酸碱平衡正常；②代偿性酸碱平衡紊乱，即 HCO_3^- 和 H_2CO_3 的浓度有变化，但经过代偿调整后，其比值维持在 20/1，血液 pH 在正常范围内；③相互抵消的混合型酸碱平衡紊乱，如代谢性酸中毒合并呼吸性碱中毒。血浆 pH ＜ 7.35，酸中毒；pH ＞ 7.45，碱中毒。

2. 二氧化碳分压（PCO_2） 是指物理溶解于血浆中的 CO_2 所产生的张力。动脉血正常值为 4.4 ～ 6.25kPa（33 ～ 46mmHg），平均为 5.32kPa（40mmHg）。它反映肺泡通气量，是判断呼吸性酸碱平衡紊乱的重要指标。如原发 PCO_2 ＞ 6.25kPa 时，提示体内有 CO_2 潴留，见于呼吸性酸中毒；原发 PCO_2 ＜ 4.4kPa 时，提示 CO_2 呼出过多，见于呼吸性碱中毒。当然，在代偿性酸碱平衡紊乱时，为了维持 HCO_3^- 和 H_2CO_3 的比值在 20/1，代偿后的代谢性碱中毒可见继发 $PaCO_2$ ＞ 6.25kPa，代偿后的代谢性酸中毒可见继发 PCO_2 ＜ 4.4kPa。

3. 血浆 HCO_3^- 的浓度 有标准 HCO_3^-（SB）和实际 HCO_3^-（AB）两种。SB 是指在全血标准条件下（温度 38℃，Hb 的氧饱和度为 100%，$PaCO_2$ 为 5.32kPa）所测得的血浆 HCO_3^- 的含量。它是判断代谢性酸碱平衡紊乱的重要指标。AB 是指在实际条件下所测得的血浆 HCO_3^- 的含量。正常值：AB=SB=22 ～ 27mmol/L，平均 24mmol/L。若 AB ＞ SB，提示 PCO_2 ＞ 5.32kPa，有 CO_2 潴留，见于呼吸性酸中毒或代偿后的代谢性碱中毒；反之，AB ＜ SB，提示 PCO_2 ＜ 5.32kPa，CO_2 呼出过多，见于呼吸性碱中毒或代偿后的代谢性酸中毒。

（二）酸碱平衡紊乱的基本类型

根据原发改变是代谢因素还是呼吸因素，是单一的失衡还是两种以上的酸碱失衡同时存在，酸碱平衡紊乱可分为单纯型酸碱平衡紊乱和混合型酸碱平衡紊乱。单纯型酸碱平衡紊乱分为以下 4 种：①**代谢性酸中毒**，是指原发性 HCO_3^- 减少而导致的 pH 下降；②**呼吸性酸中毒**，是指原发性 PCO_2 升高而导致的 pH 下降；③**代谢性碱中毒**，是指原发性 HCO_3^- 增多而导致的 pH 升高；④**呼吸性碱中毒**，是指原发性 PCO_2 减少而导致的 pH 升高。

小结

细胞生活在体液中，体液中的水和无机盐参与维持内环境的稳态，具有重要的生理功能。正常成人每日摄入水和排出水保持平衡。无机盐参与维持体液渗透压和酸碱平衡、神经肌肉的应激性及细胞新陈代谢等。酸碱平衡受血液缓冲体系、肺、肾和组织细胞的调节。机体对酸碱平衡的调节能力有限，酸碱平衡失常分为呼吸性酸中毒、呼吸性碱中毒、代谢性酸中毒、代谢性碱中毒。

自测题

一、名词解释

1. 体液 2. 酸碱平衡 3. 挥发性酸 4. 固定酸 5. 碱储 6. PCO_2

二、填空题

1. 钾离子与心肌细胞应激性的关系________。
2. 钙离子与神经、肌肉应激性的关系________。
3. 正常成人每日生成的代谢废物约 35g，需要________尿液才能溶解并排出。
4. 正常机体是通过________、________、________和________来调节酸碱平衡的。
5. 血浆 pH 的大小主要取决于________的比值。

三、选择题

A_1 型题

1. 正常成人体液总量约占体重的（　　）
   A. 20%　B. 30%　C. 40%　D. 50%　E. 60%
2. 少尿是指成人每日尿量低于（　　）
   A. 100ml　B. 200ml　C. 300ml　D. 100~400ml　E. 500ml
3. 既能降低神经肌肉兴奋性，又能提高心肌兴奋性的离子是（　　）
   A. Na^+　B. K^+　C. Ca^+　D. Mg^{2+}　E. H^+
4. 下列关于肾脏排钾正确的是（　　）
   A. 多吃少排　B. 少吃多排　C. 不吃不排　D. 不吃也排　E. 少吃不排
5. 体内固定酸主要是通过（　　）
   A. 肾排出　B. 呼吸排出　C. 汗液排出　D. 胆汁排出　E. 粪便排出
6. 下列关于临床补钾错误的是（　　）
   A. 量不宜过多　B. 速度不宜过快　C. 见尿补钾　D. 浓度不宜过高　E. 可静脉推注
7. 酸中毒引起高血钾的主要原因是（　　）
   A. NH_4^+-Na^+ 交换增加
   B. H^+-Na^+ 交换加强
   C. 使细胞内 K^+ 逸出加强
   D. 醛固酮分泌减少
   E. 肾衰竭
8. 血液中最重要的缓冲对是（　　）
   A. $KHCO_3/H_2CO$　B. NaPr/HPr　C. Na_2HPO_4/NaH_2PO_4　D. $NaHCO_3/H_2CO_3$　E. $KHbO_2/HHbO_2$

四、简答题

1. 简述体液的分布及其特点。
2. 概述钠、钾的排泄特点。
3. 简述补钾的原则。
4. 影响钙、磷吸收的因素有哪些？
5. 简述肾调节酸碱平衡的方式及特点。
6. 简述酸碱平衡失调的基本类型及原发性改变。

（林洁丹）

实 验 指 导

实验1　基 本 组 织

【实训目的】

1. 掌握血细胞、平滑肌细胞和神经元的形态结构。

2. 熟悉疏松结缔组织中的主要细胞和纤维及被覆上皮的形态结构特点。

3. 了解软骨组织、骨组织、骨骼肌细胞、心肌细胞和有髓神经纤维的结构特点。

【实验材料】

肾切片、甲状腺切片、空肠切片、气管切片、食管切片、膀胱切片、疏松结缔组织铺片、血涂片、心肌切片、骨骼肌切片、脊髓横切片、神经的纵切片。

【实验内容与方法】

1. 单层柱状上皮（空肠切片，HE 染色）　①肉眼：空肠腔面染成紫蓝色且有突起的为黏膜，肠壁靠光滑面染为深红色部分为平滑肌。②低倍镜：黏膜面有许多指状突起，其表面有一层排列整齐的单层柱状上皮；肠壁平滑肌分为两层，一层为肌细胞的纵切面，另一层为横切面。③高倍镜：柱状细胞的核呈椭圆形，靠近基底部，杯形细胞散在于柱状细胞之间。肌细胞的纵切面呈长梭状，交错排列；核呈杆状或椭圆形，位于肌细胞中央，肌浆呈红色。横切面肌细胞呈大小不同的圆形或多边形，有可见的核，有的未切到核。

2. 血涂片（瑞特染色）　①肉眼：血液被染成粉红色薄膜，选择薄而均匀的部位镜下观察。②低倍镜：可见大量圆形、红色、无核的红细胞，其间有胞体较大、核呈紫蓝色的白细胞。③高倍镜（或油镜）：红细胞较小呈圆形，无核，中央较周边着色浅。中性粒细胞体积比红细胞大，核 2 ～ 5 叶，核叶间有细丝相连，胞质染色浅，含有淡紫红色颗粒。嗜酸性粒细胞，核多为 2 叶，胞质内充满粗大、均匀的嗜酸性颗粒。嗜碱性粒细胞（数量极少，不要专门去寻找），核呈 S 形或不规则形，胞质内可见大小不等、分布不均的蓝紫色嗜碱性颗粒。单核细胞，胞体最大，核呈肾形或不规则形，胞质丰富，呈灰蓝色。血小板，在血细胞之间常聚集成群。淋巴细胞，胞体大小不等，以小淋巴细胞为多，核圆而染色深，一侧常有浅凹，胞质少呈嗜碱性。

3. 多极神经元（脊髓横切面，HE 染色）　①肉眼：脊髓横切面呈扁圆形，周围浅红色部为白质，中央蓝紫色部为灰质。②低倍镜：灰质较宽处为前角，可见许多大小不一的多极神经元，神经元周围的小细胞核为神经胶质细胞的核。选一切面结构完整的神经元，换高倍镜观察。③高倍镜：胞体较大不规则，核大而圆、染色浅，胞质呈浅红色，内有大小不等、强嗜碱性的尼氏体。可见数个突起的根部，一般不易区分树突或轴突。

4.示教　单层扁平上皮（肾切片，HE 染色），单层立方上皮（甲状腺切片，HE 染色），

假复层纤毛柱状上皮及透明软骨（气管切片，HE染色），变移上皮（膀胱切片，HE染色），复层扁平上皮（食管横切片，HE染色），疏松结缔组织（肠系膜铺片，活体注射台盼蓝，HE染色），骨骼肌（HE染色），心肌（心室壁切片，HE染色），有髓神经纤维（神经纵切片，HE染色）。

（翟新梅）

实验2　ABO血型的鉴定

【实验目的】

学会用玻片法鉴定ABO血型的方法，加深对血型分类依据的理解。

【实验原理】

血型抗原与相对应的抗体相遇时，会发生抗原-抗体免疫反应，表现为红细胞凝集反应。用已知的抗体检测未知的抗原。将受检者的红细胞分别加入抗A抗体和抗B抗体中，根据红细胞凝集反应发生与否确定血型。

【实验材料】

抗A血型定型试剂和抗B血型定型试剂、采血针、双凹玻片、一次性无菌微量采血管、试管、75%的酒精、消毒棉球、竹签、玻璃蜡笔、显微镜等。

【实验步骤】

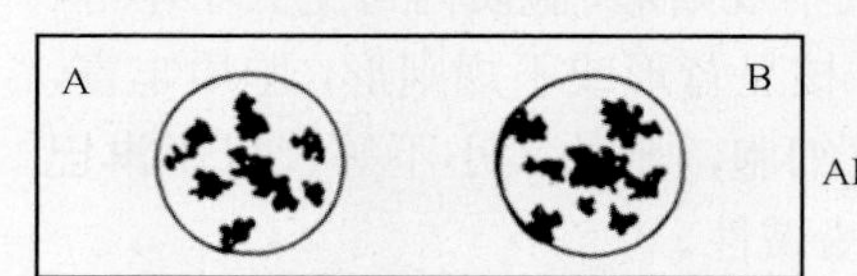

实验图1　ABO血型的鉴定

1. 取一块双凹玻片，用玻璃蜡笔在两端分别标记A、B字样。

2. 在玻片A端、B端凹面中央分别加入抗A血型定型试剂和抗B血型定型试剂各1滴，注意不能混淆。

3. 耳垂或指端局部消毒，用消毒过的采血针刺破皮肤，血液流出后，用一次性微量采血管采少量血液。

4. 用两根竹签各取少量血液，分别加入A、B两端定型试剂中，并充分混匀。

5. 静置10 ~ 15分钟后，用肉眼观察有无凝集现象。肉眼不易分辨者可用显微镜观察。

6. 根据有无凝聚现象判定受检者血型（实验图1）。

【注意事项】

1. 采血针和采血部位要严格消毒，以防感染。

2. 用竹签混匀时，2根混匀要专用，严防两种抗体接触，严禁混淆。

3. 注意区分凝聚反应和血凝现象。发生红细胞凝聚时，肉眼观察呈朱红色颗粒，且液体清亮。肉眼分辨不清时使用低倍镜进行辨别。

（黄翠微）

实验3 骨

【实验目的】

1. 掌握躯干骨、上肢骨和下肢骨的组成以及各骨的名称、位置和形态结构特点；颅骨的分部及各部颅骨的名称和位置，新生儿前、后囟的位置及形态。

2. 熟悉骨的形态分类和骨的构造。

3. 了解颅各面观的主要形态结构。

4. 在活体上能准确地摸到躯干骨、颅骨和四肢骨的重要骨性标志。

【实验材料】

人体骨架标本、躯干骨和四肢骨游离标本、小儿股骨的纵切标本、脱钙的肋骨和去除有机成分的肋骨标本，整颅标本、颅的水平切和正中矢状切标本、下颌骨标本、鼻旁窦标本、新生儿颅标本。

【实验内容与方法】

1. 在人体骨架标本上，辨认长骨、短骨、扁骨和不规则骨，并归纳其分布。在小儿股骨的纵切标本上，辨认骨质、骨膜、骨干、骺、关节面和骨髓腔，区分骨密质和骨松质。在脱钙的肋骨和去除有机成分的肋骨标本上，观察其外形并比较其物理特性。

2. 在人体骨架标本上，观察椎骨、胸骨、肋骨的位置和形态，并确认胸骨角与第2肋软骨的关系。在游离椎骨标本上，分别观察各自的形态及主要结构。

3. 在人体骨架标本上，辨明上、下肢骨各骨的名称、位置及邻接关系。在上、下肢骨游离标本上，分别观察各骨的形态特点及主要结构。

4. 在整颅标本上，首先观察颅骨的分部、各颅骨在整颅中的位置及邻接关系，其次在颅顶外面观察颅缝的位置和形态。在下颌骨标本上，依次辨认下颌体、下颌支、牙槽弓、颏孔、髁突、冠突、下颌孔和下颌角等结构。

5. 在整颅和颅的水平切标本上，依次观察颅底内面、外面、颅的侧面和前面的主要形态结构，辨认颅底内面各窝内的主要裂孔。

6. 在颅的正中矢状切和显示各鼻旁窦的标本上，观察各鼻旁窦的位置。

7. 在新生儿颅标本上，观察前、后囟的位置及形态特征。

8. 对照人体骨架标本，在活体上触摸颈静脉切迹、第7颈椎棘突、胸骨角、肋弓、剑突、下颌角、枕外隆凸、颧弓、乳突、下颌角、髁突、锁骨、肩胛冈、肩峰、肩胛下角、肱骨内外上髁、鹰嘴、尺桡骨茎突、髂嵴、髂前上棘、髂后上棘、髂结节、耻骨结节、大转子、髌骨、胫骨粗隆、胫骨前缘与内侧面、腓骨头、内踝和外踝等重要骨性标志。

（张艳丽）

实验4 骨连结和骨骼肌

【实验目的】

1. 掌握关节的基本结构，脊柱和胸廓的组成，肩关节、肘关节、髋关节和膝关节的组成及结构特点，骨盆的组成及分部，膈的位置及3个裂孔分别通过的结构。

2. 熟悉胸锁乳突肌、斜方肌、背阔肌、竖脊肌、肋间肌、胸大肌、三角肌、肱二头肌、肱三头肌、臀大肌、股四头肌、缝匠肌、小腿三头肌的位置。

3. 了解肌的形态和构造，腹前外侧壁各肌的位置和形成的主要结构。

【实验材料】

人体骨架标本，椎骨连结和脊柱标本，已被打开关节囊的颞下颌关节、肩关节、肘关节、髋关节、膝关节标本，男、女性骨盆标本或模型，全身肌肉标本以及四肢肌标本，膈标本或模型，腹直肌鞘和腹股沟管标本或模型。

【实验内容与方法】

1. 在人体骨架标本上，观察脊柱的位置及组成，胸廓的组成和各骨的位置以及各肋前、后端的连结关系。

2. 在椎骨连结标本上，观察椎间盘和前、后纵韧带的位置，棘上韧带、棘间韧带和黄韧带的附着部位。在脊柱标本上，从前面观察椎体自上而下的大小变化，从后面观察棘突纵行排列情况，从侧面观察 4 个生理性弯曲的位置和方向。

3. 在已被打开关节囊的颞下颌关节、肩关节、肘关节、髋关节、膝关节标本上，观察各关节的组成及结构特点，并在活体上验证各关节的运动。

4. 在男、女性骨盆标本或模型上，观察骨盆的组成，辨认骶髂关节、耻骨联合、骶结节韧带和骶棘韧带，确认大、小骨盆的分界，比较男、女性骨盆的差异。

5. 在全身肌肉和四肢肌标本上，观察长肌、短肌、扁肌和轮匝肌的形态，辨认肌腹、肌腱和腱膜，确认胸锁乳突肌、斜方肌、背阔肌、竖脊肌、胸大肌、胸小肌、前锯肌、肋间肌、三角肌、肱二头肌、肱三头肌、臀大肌、臀中肌、臀小肌、梨状肌、股四头肌、缝匠肌、小腿三头肌的位置，并在活体上分别验证各主要肌的作用。

6. 在膈标本或模型上，观察膈的位置，辨认各个裂孔分别通过的结构。

7. 在腹直肌鞘和腹股沟管标本或模型上，观察腹前外侧壁肌各肌腹的位置，确认腹直肌鞘和白线，辨认腹股沟管的位置及通过的结构。

（张艳丽）

实验 5　消化系统的大体解剖

【实验目的】

1. 掌握消化管各段的位置、形态结构、分部及连通关系，肝、胰和胆囊的位置、形态结构及胆汁、胰液的排出途径，阑尾根部和胆囊底的体表投影。

2. 熟悉消化系统的组成及上、下消化道的范围。

3. 了解口腔的境界，恒牙的名称、形态、构造和排列，舌乳头和舌系带。

【实验材料】

消化系统概观标本，腹腔脏器标本，人体半身模型，头颈部正中矢状切标本或模型，头面部示唾液腺标本或模型，各类牙标本或模型，消化管各段离体及切开标本，肝、胆囊、胰和十二指肠标本或模型，男、女性盆腔正中矢状切标本或模型。

【实验内容与方法】

1. 在消化系统概观标本和人体半身模型上，观察消化系统的组成及上、下消化道的组成器官，确认消化管各段的连通关系。

2. 对照口腔模型，以活体为主，采取照镜子自己观察或互相观察的方法，依次观

察舌尖、舌乳头、舌系带、舌下阜、舌下襞、硬腭、软腭、腭垂、腭舌弓、腭咽弓、腭扁桃体窝。

3. 在各类牙标本或模型上，观察牙的形态、构造及分类。在头面部示唾液腺标本或模型上，观察3对大唾液腺的位置，并确认各自的开口部位。

4. 在头颈部正中矢状切标本或模型上，确认咽的位置、分部及其连通关系。

5. 在离体食管标本上，确认3个狭窄的部位，并测量食管的长度。

6. 在腹腔脏器标本上，观察胃、小肠、大肠的位置、形态、分部及毗邻。在离体的胃剖开标本上，观察胃的皱襞，并辨认幽门括约肌。在切开的十二指肠标本上，观察皱襞的形态特点，确认十二指肠大乳头与胆总管和胰管的开口。在回盲部切开标本上，观察回盲瓣的形态、阑尾的开口部位。在男、女性盆腔正中矢状切标本或模型上，确认直肠的位置和肛管黏膜形成的结构。

7. 在腹腔脏器标本上，观察肝和胰的位置。在肝的离体标本或模型上，观察肝的形态及脏面的结构。在肝、胆囊、胰及十二指肠标本上，首先观察胆囊的位置、形态和分部以及肝外胆道的组成，其次观察胰的形态和分部以及胰头与十二指肠的位置关系。

8. 在活体上确认咽峡、腭扁桃体以及阑尾根部和胆囊底的体表投影。

（韦克善）

实验6　呼吸系统的大体解剖

【实验目的】

1. 掌握呼吸系统的组成及连通关系，气管的位置，左、右主支气管的特点，肺的位置、形态和分叶，胸膜腔的构成及肋膈隐窝的位置。

2. 熟悉鼻旁窦的位置和开口部位，喉的位置与喉腔的分部，气管切开术的部位，肺与胸膜下界的体表投影。

3. 了解鼻腔结构，纵隔的境界及分部。

【实验材料】

呼吸系统概观标本或模型，胸腹前壁剖开标本，头颈部正中矢状切标本或模型，喉软骨标本或模型，喉连气管与支气管树标本，左、右肺标本或模型，纵隔模型。

【实验内容与方法】

1. 在呼吸系统概观和头颈部正中矢状切标本上，观察鼻、咽、喉、气管、主支气管和肺的位置及其连通关系。

2. 在活体上相互观察鼻根、鼻背、鼻尖、鼻翼、鼻孔、鼻唇沟。在头颈部正中矢状切标本和鼻旁窦标本上，观察鼻腔的分部、鼻腔外侧壁的结构、鼻旁窦的位置，并寻认鼻旁窦的开口部位。

3. 在活体上观察喉的位置及吞咽时喉的运动，辨认气管切开术的位置。在喉软骨标本或模型上，观察喉软骨的位置及其连结关系。在喉腔标本上，指出喉口、前庭襞、声襞、声门裂、喉前庭、声门下腔。在喉连气管与支气管树标本上，观察气管后壁的形态，确认左、右主支气管的形态差异。在透明肺模型上，观察支气管进入肺内的分支。

4. 在左、右肺的标本或模型上，观察肺尖、肺底、肺前缘的形态以及左右肺的裂隙和分叶。

5. 在胸腹前壁剖开标本上，首先观察肺的位置，比较左、右肺的形态差异，注意肺尖与锁骨、肺底与膈的位置关系，其次观察胸膜的配布和壁胸膜各部的转折移行关系，确认肋膈隐窝的位置，比较胸膜下界与肺下界的位置关系。在纵隔标本上，观察纵隔的境界及其内容。

6. 对照标本，在活体上触摸喉结、环状软骨弓和气管颈部。

（颜盛鉴）

实验 7 泌尿、生殖系统的大体解剖

【实验目的】

1. 掌握男女性泌尿、生殖系统的组成，肾的位置、外形和剖面结构，输尿管的 3 处狭窄，膀胱的形态、毗邻和膀胱三角的位置，女性尿道的特点、毗邻及开口部位，男性尿道的分部、狭窄及弯曲，输卵管的分部和子宫的位置、形态及分部。

2. 熟悉男、女性生殖器官的位置和形态结构。

3. 了解输精管的行程，射精管的合成，乳房的位置和形态结构。

【实验材料】

男、女性泌尿、生殖系统概观标本或模型，游离肾及肾的冠状切面标本或模型，通过肾中部横切的腹膜后间隙器官标本或模型，男、女性盆腔正中矢状切面标本或模型，膀胱的冠状切面标本，乳房标本或模型，腹膜标本或模型。

【实验内容与方法】

1. 在男性泌尿生殖系统概观标本或模型上，观察泌尿系统和男性生殖系统的组成及各器官的位置、形态和相互连接关系。

2. 在游离肾和腹膜后间隙器官标本或模型上，观察并确认肾的位置、形态及 3 层被膜，辨认出入肾门的结构。沿肾盂向下观察输尿管的行程并寻认狭窄部位。在女性盆腔正中矢状切标本上，观察输尿管与子宫动脉的交叉情况。

3. 在肾的冠状切面标本或模型上，辨认肾皮质、肾锥体、肾乳头、肾柱、肾小盏、肾大盏、肾盂。

4. 在女性盆腔正中矢状切标本或模型上，观察膀胱的位置、形态及毗邻，女性尿道的特点、毗邻及开口部位。在膀胱的冠状切面标本上，确认膀胱三角并寻找输尿管间襞。

5. 在男性盆腔正中矢状切面标本或模型上，观察前列腺、尿道球腺的位置和形态，辨认男性尿道的分部、狭窄和弯曲。

6. 在女性生殖系统标本或模型上，观察各器官的位置、形态和相互连接关系。在女性盆腔正中矢状切标本或模型上，观察输卵管的分部和子宫的位置、毗邻、形态、分部及子宫腔的连通关系，阴道的位置及毗邻，并查看阴道后穹与直肠子宫陷凹的毗邻关系。

7. 在乳房标本或模型上，观察乳房的位置、形态和构造，并注意输乳管的排列方向。

8. 在腹膜标本或模型上，确认大网膜、网膜孔、小肠系膜、横结肠系膜、阑尾系膜、肝胃韧带、肝十二指肠韧带、冠状韧带、镰状韧带。在男、女性盆腔正中矢状切面标本或模型上，确认直肠膀胱陷窝、直肠子宫陷凹和膀胱子宫陷凹。

（秦　辰　夏荣耀）

实验 8　心和血管的大体解剖

【实验目的】

1. 掌握心的位置、外形、心各腔的结构及其连通关系；主动脉的行程、分部及各部的主要分支和分布。临床常用浅静脉的起始、行径及注入部位，肝门静脉的组成、主要属支及收集范围，脾的位置和形态。

2. 熟悉心的体表投影和冠状动脉的起始、行径及其分支分布概况；颈总动脉、面动脉、颞浅动脉、肱动脉、桡动脉、股动脉和足背动脉的搏动部位及压迫止血点。上、下腔静脉的组成和主要属支，胸导管的起始、行径及注入部位，右淋巴导管的注入部位。

3. 了解心壁的构造、心传导系统的组成、冠状窦的位置及心包；胸腺的位置和人体各部主要淋巴结的位置。

【实验材料】

切开心包的胸腔标本，完整成人离体心标本，切开心房和心室的离体心标本或模型，心的血管标本或模型，示心传导系统的牛心或羊心标本或模型，心及全身血管标本或模型，头颈部、躯干动静脉标本或模型，上、下肢动静脉标本或模型，全身浅层结构标本，脾和小儿胸腺标本，肝门静脉系标本或模型。

【实验内容与方法】

1. 在切开心包的胸腔标本上，观察心的位置，查看心与肺、胸骨、胸膜和肋的毗邻关系。辨认纤维心包和浆膜心包，区分浆膜心包的脏层与壁层。

2. 在完整成人离体心标本上，观察心的外形，确认心尖、心底、左缘、右缘、下缘、胸肋面及膈面，辨认心表面的冠状沟和前、后室间沟，注意它们与心房和心室的位置关系。

3. 在切开心房和心室的离体心标本或模型上分别观察：①右心房，辨认右心耳、上下腔静脉口和右房室口，在右房室口与下腔静脉口之间寻找冠状窦口。在房间隔的下部确认卵圆窝。②右心室，观察右房室口周缘的三尖瓣与腱索、乳头肌之间的连接关系。在右房室口的左前方寻找肺动脉口，并注意肺动脉瓣的形态及开口方向。③左心房，辨认左心耳，寻认 4 个肺静脉口和左房室口。④左心室，观察左房室口周缘的二尖瓣与腱索、乳头肌之间的连接关系。在主动脉口处观察主动脉瓣的形态及开口方向。⑤辨认心内膜、心肌层和心外膜，比较心房壁和心室壁以及左、右心室壁的厚度。在左、右心室之间，寻找室间隔，辨认其肌部和膜部。

4. 在示心传导系统的牛心或羊心标本或模型上，观察窦房结和房室结的位置以及房室束、左右束支的分支情况。

5. 在心的血管标本或模型上，确认左、右冠状动脉的起始，并追踪其行径及分支分布。在冠状沟的后部辨认冠状窦。

6. 在活体胸前壁上同学之间相互画出心的体表投影，并触摸确认心尖的搏动部位。

7. 在头颈部、躯干动静脉标本或模型上，观察左、右颈总动脉的起始、行径和分支，辨认颈动脉窦，说出颈动脉窦和主动脉小球的作用。寻认颈外动脉的主要分支。对照标本，在活体上找出面动脉和颞浅动脉压迫止血的部位。

8. 在上肢动静脉标本或模型上，观察左、右锁骨下动脉的起始及行径，并寻认椎动脉。依次观察腋动脉、肱动脉、尺动脉、桡动脉的起始及行径，注意肱动脉与肱二头肌腱的位置关系。在下肢动静脉标本或模型上，首先观察髂总动脉的起始、行径及其分支，其次在股三角内辨认股动脉，观察股神经、股动脉、股静脉三者之间的位置关系，然后再观察股动脉、腘动脉、胫前动脉、胫后动脉的起始及行径。对照标本，在活体上确定测量血压时的听诊部位，触摸桡动脉、股动脉和足背动脉的搏动部位，并确认肱动脉和股动脉压迫止血的部位。

9. 在心及全身血管标本或模型上，首先观察肺动脉干和左、右肺动脉的行径以及动脉韧带的位置及其连接关系。其次再观察主动脉的起始、行径、分部和主动脉弓的三大分支，并注意腹主动脉与下腔静脉的毗邻关系。最后观察腹腔干的三大分支、肠系膜上下动脉、肾动脉和睾丸动脉的起始、行径及分布概况，髂内动脉的分支，确认子宫动脉与输尿管的位置关系。

10. 在全身浅层结构标本或模型上，查看下颌下淋巴结、颈外侧深淋巴结、锁骨上淋巴结、腋淋巴结和腹股沟浅、深淋巴结等。观察面静脉、颈外静脉和上、下肢浅静脉主干的起始、行径及注入部位。

11. 在头颈部、躯干动静脉标本或模型上，观察上、下腔静脉的组成、行径及注入部位，确认奇静脉的注入部位，查找胸导管的起始、行径及注入部位。

12. 在肝门静脉系标本或模型上，观察肝门静脉的合成、主要属支及注入部位，辨认食管静脉丛、直肠静脉丛和脐周静脉网，并由此追踪观察肝门静脉高压时的侧支循环途径。

13. 在腹腔和离体脾标本上，观察脾的位置和形态，并确认脾门和脾切迹。在小儿胸腺标本上，观察胸腺的位置、形态和大小。

（李　智）

实验 9　人体心音的听取和动脉血压的测量

【实验目的】

1. 熟练掌握间接测量动脉血压的方法（测定肱动脉的收缩压和舒张压）。

2. 学会人体心音的听取方法。

3. 了解正常心音的特点。

【实验材料】

血压计、听诊器（主要由耳件和胸件构成）。

【实验步骤】

1. 人体心音的听取

(1) 确定听诊部位：①受试者解开上衣，面向明亮处，然后静坐。检查者坐在受试者对面。②观察或用手触诊受试者心尖搏动的位置和范围。③对照图 9-11 确定心音听诊的各个部位：二尖瓣听诊区位于左锁骨中线内侧第 5 肋间隙处。主动脉瓣有两个听诊区，第一听诊区在胸骨右缘第 2 肋间隙处，第二听诊区在胸骨左缘第 3、4 肋间隙处。肺动脉瓣听诊区在胸骨左缘第 2 肋间隙处。三尖瓣听诊区在胸骨下端近剑突稍偏右或稍偏左处。

(2) 听取心音：检查者戴好听诊器后，用右手拇指、示指和中指轻持听诊器的胸件，紧贴受试者胸壁，以与胸壁不产生摩擦为度。按照二尖瓣区、主动脉瓣区、肺动脉瓣区、三尖瓣区的顺序依次听取心音。注意仔细分辨第 1 心音和第 2 心音，比较不同听诊区第 1、2 心音的强弱。听诊内容主要包括心率和心律。

2. 人体动脉血压的测量

(1) 血压计的结构：血压计主要有汞柱式血压计、表式血压计（弹簧式）和电子血压计 3 种。目前，临床上常用的血压计是汞柱式血压计。由玻璃刻度管、水银槽、袖带和橡皮充气球 4 部分组成。玻璃检压计上端与大气相通，下端通水银槽。两者之间装有开关，用时打开，使两者相通。不用时应使水银回到水银槽内，然后关闭开关，以防水银漏出。袖带是一个外包布套的长方形橡皮气囊，橡皮管分别与测压计的水银槽和橡皮充气球相连通。橡皮充气球是一个带有放气阀的球状橡皮囊。

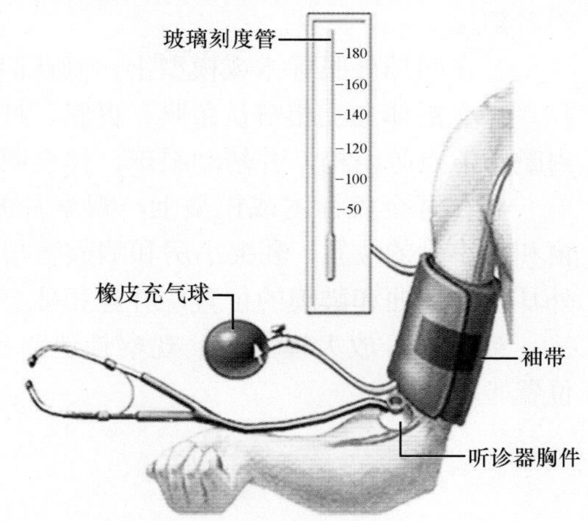

实验图 2　人体动脉血压的测量（汞柱式血压计）

(2) 测量人体动脉的血压（实验图 2）：①受试者静坐 5 ～ 10 分钟，让受试者脱去一臂衣袖。②松开血压计上橡皮充气球的螺帽，驱出袖带内的残留气体，然后将螺帽旋紧。③让受试者前臂放于桌上，手臂向上，使前臂与心脏处于同一水平，将袖带缠在臂部，袖带下缘至少在肘关节上方 2cm，松紧适宜。④在肘窝内侧先触及肱动脉搏动，再将听诊器胸件置于肱动脉搏动最明显处，然后戴好听诊器。⑤用橡皮充气球均匀充气至肱动脉搏动音消失再升高 20 ～ 30mmHg。随即松开充气球螺帽，徐徐放气，水银柱缓慢下降，仔细听诊。当听到第一声“咚咚”样血管音时，血压计上所示水银柱刻度即为收缩压。⑥继续缓慢放气，当搏动音突然减弱或消失，此时血压计所示的水银柱刻度则为舒张压。血压记录常用“收缩压 / 舒张压　mmHg”来表示。

【注意事项】

1. 室内要保持安静。

2. 在戴听诊器时，注意耳件的弯曲方向与外耳道一致。

3. 听诊时听诊器的胸件按压要适度，橡皮胶管不要触及它物，以免相互摩擦而产生杂音，影响听诊效果。

（刘　强）

实验 10　视器和前庭蜗器

【实验目的】

1. 掌握眼球壁各层的位置、分部及形态结构，耳的组成及分部，位、听觉感受器的位置。

2. 熟悉眼球内容物的组成及其形态，鼓膜的位置和形态。

3. 了解眼副器的结构和鼓室的位置及其沟通关系。

【实验材料】

眼球标本或模型，眼球外肌标本或模型，耳全貌标本或模型，听小骨标本，内耳放大模型。

【实验内容与方法】

1. 在眼球标本或模型上，观察眼球壁的层次结构、眼球内容物的位置和视神经的附着部位。

2. 在眼球外肌标本或模型上，确认眼球外肌的附着部位，并理解其作用。

3. 在活体上互相辨认角膜、巩膜、虹膜、瞳孔、上下睑、睫毛、睑结膜、球结膜、内眦和泪点等结构，并转动眼球，体会眼球的运动与眼球外肌的关系。

4. 在耳全貌标本或模型上，观察耳的组成，并确认各自的结构。辨认前庭窗、蜗窗和听小骨的位置，乳突小房和咽鼓管与鼓室的连通关系。结合活体观察耳郭的形态、外耳道的弯曲和鼓膜的位置，并互相体会检查观察鼓膜的方法。

5. 在内耳放大模型上，观察骨迷路和膜迷路的形态、结构以及位、听觉感受器的位置。

（谢　飞）

实验 11　瞳孔对光反射、瞳孔近反射和色觉的检查

【实验目的】

1. 学会瞳孔对光反射和近反射的检查方法。

2. 检查眼的辨色能力，学会色觉的检查方法。

【实验材料】

手电筒、遮光板、指示棒、色盲检查图。

【实验步骤】

1. 瞳孔对光反射　①直接对光反射，在较暗处，先观察受试者两眼瞳孔是否等大，然后用手电筒照射受试者一侧眼，可见其瞳孔缩小；停止照射后，瞳孔又恢复到原来的大小。②间接对光反射，用遮光板将受试者两眼视野分开，检查者用手电筒照射一侧眼，可见另一侧眼瞳孔也缩小。瞳孔大小可参考下列数值：正常瞳孔的直径在 2.5 ～ 4mm，小于 2mm 者为瞳孔缩小，大于 5mm 者为瞳孔散大。

2. 瞳孔近反射　让受试者注视正前方的指示棒，观察其瞳孔大小；再让受试者目不转睛地注视指示棒由远处迅速移至眼前，观察其瞳孔变化，双眼是否向鼻侧靠近。

3. 色觉检查　在明亮而均匀的自然光线下，检查者向受试者逐页展示色盲图，嘱受试者尽快回答所见的数字或图形，注意受试者回答是否正确、时间是否超过 30 秒。若

有错误，可查阅色盲图中的说明，确定受试者属于哪种类型的色盲。检查应在明亮而均匀的自然光线下进行，不宜在直射日光或灯光下检查，否则会影响检查结果。色盲检查图与受试者眼睛的距离应保持在30cm左右。

（谢　飞）

实验12　中枢神经系统

【实验目的】

1. 掌握脊髓的位置和外形，脑的分部，脑干的组成和外形以及第Ⅲ～Ⅻ对脑神经的连脑部位，大脑半球的分叶和各面的主要沟回，内囊的位置和分部，脑和脊髓被膜的配布，脑脊液的产生部位及循环途径，基底动脉的组成。

2. 熟悉脊髓灰、白质的分部，小脑的位置和外形，丘脑的位置和分部，大脑前动脉和大脑中动脉的行程及分布概况。

3. 了解间脑的位置和分部，内、外侧膝状体的位置，下丘脑的位置和组成。

【实验材料】

脊髓标本，脊髓横切面模型，整脑标本或模型，脑干、间脑标本或模型，小脑标本或模型，电动脑干模型，脑正中矢状切面、水平切面标本或模型，基底核模型，脑、脊髓被膜标本或模型，脑血管标本或模型，脑室标本或模型，脑脊液循环电动模型。

【实验内容与方法】

1. 在脊髓标本上，观察脊髓的外形，确认颈膨大、腰骶膨大、脊髓圆锥、终丝和脊髓表面的6条沟裂以及相连的脊神经根。在脊髓横切面模型上，观察脊髓灰、白质的分部并确认中央管。

2. 在整脑标本或模型上，观察脑的分部，并确认大脑纵裂和大脑横裂，注意各部间的位置关系。

3. 在脑干、间脑标本或模型上，确认延髓、脑桥和中脑，分别观察腹侧面和背侧面的重要表面结构，辨认第Ⅲ～Ⅻ对脑神经在脑干的附着部位。利用电动脑干模型显示脑干内的上、下行纤维束。

4. 在脑、小脑标本或模型上，观察小脑的位置和外形，确认小脑蚓、小脑半球、小脑扁桃体及第四脑室。

5. 在脑干、间脑标本和脑正中矢状切面标本或模型上，观察间脑的位置，确认第三脑室、背侧丘脑、内外侧膝状体和组成下丘脑的各结构。

6. 在脑正中矢状切面标本或模型上，首先辨认其上外侧面、内侧面和下面，然后确认外侧沟、中央沟、顶枕沟和5个叶，最后依次辨认大脑半球各面的主要沟回及其所在的部位。

7. 在基底核模型上，辨认尾状核、豆状核及杏仁体。在大脑水平切面标本或模型上，观察大脑皮质、基底核、侧脑室、内囊的位置和分部。

8. 在脊髓、脑被膜标本或模型上，逐层辨认硬膜、蛛网膜和软膜，确认硬膜外隙的位置及内容，观察大脑镰、小脑幕和硬脑膜窦的位置及沟通关系。

9. 在脑血管标本或模型上，确认颈内动脉、大脑中动脉、大脑前动脉、大脑后动脉、

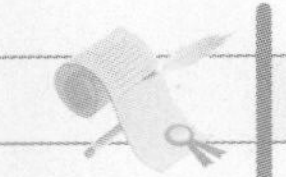

椎动脉、基底动脉以及大脑动脉环的位置和组成。

10. 在脑室标本或模型上，观察各脑室的位置、形态及交通情况。在脑脊液循环电动模型上，确认脑脊液的产生部位及循环途径。

（王之一）

实验 13　周围神经系统和神经系统的传导通路

【实验目的】

1. 掌握脊神经的组成和各神经丛重要分支的分布概况，12 对脑神经的名称、连脑部位及分布概况。

2. 熟悉胸神经前支的分布规律，大脑前动脉和大脑中动脉的行程及分布范围，交感神经和副交感神经低级中枢的部位。

3. 了解颈丛、臂丛、腰丛、骶丛的组成和位置，各对脑神经的性质、行程及出入颅部位，感觉和运动传导通路的路径、各级神经元胞体所在位置及纤维交叉的部位。

【实验材料】

脊神经标本或模型，颈丛与臂丛标本，腰丛与骶丛标本，头颈部神经标本，眶内结构标本或模型，内脏神经标本或模型，感觉和运动传导通路模型。

【实验内容与方法】

1. 在脊神经标本或模型上，确认脊神经前根、后根、脊神经节和脊神经出椎间孔后分出的前、后支。

2. 在颈丛与臂丛标本上，首先在胸锁乳突肌后缘中点辨认颈丛皮支的分布，并观察膈神经的行程及分布概况。其次在锁骨中点深面寻找臂丛，在腋动脉周围进一步观察臂丛的重要分支，确认肌皮神经、正中神经、桡神经、尺神经、腋神经的行径及分布概况。

3. 在腰丛与骶丛标本上，观察腰丛的位置，确认闭孔神经、股神经的行径及分布概况。在盆腔内梨状肌的前方，确认骶丛的位置，辨认臀上神经、臀下神经、阴部神经和坐骨神经，并追寻坐骨神经的行径及分支分布概况。

4. 在脑标本或模型上，确认 12 对脑神经的连脑部位，归纳脑神经的性质。在头颈部神经标本上，确认三叉神经、面神经、舌咽神经、迷走神经的行径及分布概况。在眶内结构标本或模型上，确认动眼神经、滑车神经、眼神经、展神经的行径及分布概况。

5. 在内脏神经标本或模型上，观察交感神经和副交感神经的低级中枢部位，确认交感干、交感神经节、副交感神经节的位置及节后纤维的分布概况。

6. 在感觉和运动传导通路模型上，分别观察各传导通路的组成以及各级神经元胞体所在位置和纤维交叉的部位，分析不同部位损伤出现的临床表现。

（王之一）

实验 14　人体胚胎发育总论

【实验目的】

1. 熟悉植入的过程、胚泡的结构、蜕膜的分部及各部的位置和胚盘的组成。

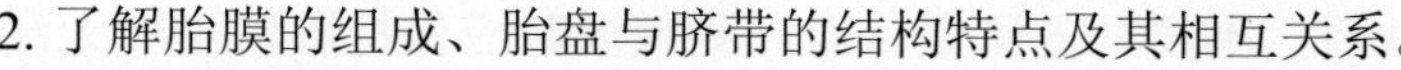

2. 了解胎膜的组成、胎盘与脐带的结构特点及其相互关系。

【实验材料】

卵裂、桑葚胚、胚泡、胚盘、第2～4周的胚和妊娠子宫的剖面模型，脐带和胎盘的标本或模型。

【实验内容与方法】

1. 在卵裂和桑葚胚的模型上，观察卵裂球的形态、数量及大小的变化情况以及桑葚胚的形成。在胚泡剖面模型上，观察胚泡的滋养层、胚泡腔、内细胞群的位置及其相互关系。在妊娠子宫剖面模型上，观察子宫蜕膜与胚胎的关系，并确认底蜕膜、包蜕膜和壁蜕膜。

2. 在2周的胚模型上，辨认羊膜腔、卵黄囊、二胚层胚盘和绒毛膜等。在3周的胚模型上，辨认三胚层胚盘。

3. 在妊娠3个月的子宫剖面模型上，观察羊膜、绒毛膜以及绒毛膜上的绒毛，辨别丛密绒毛膜与平滑绒毛膜。在脐带的横切面模型或标本上，辨别脐动脉和脐静脉。

4. 在胎盘标本或模型上，观察胎盘的形态、大小及厚度，辨别其母体面（粗糙）和胎儿面（光滑有羊膜覆盖，中央与脐带相连），并确认胎盘隔和绒毛间隙。

（翟新梅）

实验15　人体肺活量的测定和体温的测量

【实验目的】

1. 熟练掌握人体体温测量的方法。

2. 学会人体肺活量的测定方法。

3. 了解肺活量的大小与体育锻炼的关系。

【实验材料】

电子肺活量计、消毒液。水银体温表（摄氏）、75%的酒精棉球、干棉球。水银体温表是由一根标有刻度的真空玻璃毛细管构成，其下端贮有水银，刻度是35～42℃，每一度分成10个小格，每一小格0.1℃。水银遇热膨胀，沿毛细管上升，可从毛细管的刻度读取实测温度。在水银端与毛细管的连接处有一狭窄结构，可防止上升的水银在体温表离开体表后遇冷下降。水银体温表分为口表、腋表和肛表3种，口表的水银端细而长，腋表的水银端扁而长，肛表的水银端粗而短。

【实验步骤】

1. 人体肺活量的测定　①首先将肺活量计接上电源，然后按下电源开关，待液晶显示器闪烁“8888”数次后再显示“0”，表明肺活量计已进入工作状态；②从消毒液中取出塑料吹嘴，插入进气软管的一端，进气软管的另一端旋入仪表进气口后即可开始使用；③受试者手握吹嘴下端，取站立位，首先尽力深吸气至最大限度，迅速捏鼻，然后嘴部贴紧吹嘴，徐徐向仪器内呼气，直至不能再呼气为止。此时，显示器上所反映的数值即为测试者的肺活量。连续测试两次，取最大值。辅导教师应密切观察，以防学生因呼吸不充分、漏气或再吸气而影响测定结果的真实性和准确性。

2. 体温的测量　测量体温前，应将体温表水银柱甩至35℃以下，不要碰撞它物，

以免破碎；进食冷、热饮后，不要马上测量口温；测腋温时应保持腋窝干燥无汗；读取温度时，手持毛细管一端，不要触及水银端。

(1) 口温测量方法：将浸泡于消毒液中的体温表取出，用 75% 酒精棉球擦拭，干棉球擦干，将水银柱甩至 35℃以下，然后把口表水银端放在受检者舌下，闭口但勿用牙咬，用鼻呼吸。3 分钟后取出，读取温度并记录。

(2) 腋温测量方法：解开上衣，有汗时擦干腋窝，将体温表放在腋窝深处紧贴皮肤，屈臂内收夹紧体温表。10 分钟后取出，读取温度并记录。

(3) 比较运动前后的体温变化：受检者静坐 10 分钟后，按上述方法测量口温并记录。然后让受检者室外运动（跑步、打球、弹跳等）20 分钟，接着立即测量口温并记录，与运动前体温比较。

(4) 注意事项：①测体温前，检查体温计有无破损，甩表时不可撞击它物；②清洁时不可在热水或沸水中进行；③如不慎咬破体温计时，应及时清除口腔内碎玻璃片，然后再口服蛋清液或牛奶以延缓汞的吸收，并及时到医院做进一步的处理。

（刘　强）

参考文献

柏树令，应大君 . 2013. 系统解剖学 . 第 8 版 . 北京：人民卫生出版社

[日] 坂井建雄，桥本尚词 . 2014. 3D 人体解剖图 . 唐晓艳，译 . 沈阳：辽宁科学技术出版社

陈孝英 .2014. 生物化学基础 . 北京：科学出版社

帕克 . 2010. 左焕琛 . 人体 . 主译 . 第 2 版 . 上海：上海科学技术出版社

覃庆河 .2015. 解剖生理学基础 . 第 2 版 . 北京：科学出版社

唐成和，杨留才 . 2012. 护理实用人体学 . 第 2 版 . 南京：南京大学出版社

王之一，冯建疆 . 2012. 正常人体学基础 . 第 3 版 . 北京：科学出版社

王之一，高云兰 .2015. 解剖学基础 . 第 2 版 . 北京：科学出版社

王之一，王俊帜 . 2013. 解剖学基础（案例版）. 第 2 版 . 北京：科学出版社

谢幸，苟文丽 . 2013. 妇产科学 . 第 8 版 . 北京：人民卫生出版社

谢小熏，孔力 . 2015. 组织学与胚胎学 . 北京：高等教育出版社

徐达传，唐茂林 . 2012. 系统解剖学 . 北京：科学出版社

杨建红 . 2010. 解剖生理学基础 . 北京：科学出版社

中国解剖学会体质调查委员会 . 2002. 中国人解剖学数值 . 北京：人民卫生出版社

周爱儒 . 2015. 生物化学与分子生物学 . 第 8 版 . 北京：人民卫生出版社

周克元，罗德生 . 2013. 生物化学 . 第 2 版 . 北京：科学出版社

朱大年，王庭槐 .2013. 生理学 . 第 8 版 . 北京：人民卫生出版社

朱艳平，卢爱青 .2015. 生理学基础 . 第 3 版 . 北京：人民卫生出版社

邹锦慧，洪乐鹏，朱建刚 . 2014. 人体解剖学 . 第 4 版 . 北京：科学出版社

邹仲之，李继承 . 2013. 组织学与胚胎学 . 第 8 版 . 北京：人民卫生出版社

Jordi Vigue. 2012. 人体图谱：解剖学·组织学·病理学 . 第 2 版 . 李云庆，主译 . 郑州：河南科学技术出版社

QA-International. 2013. 看得见的科学：图说人体 . 苗懿德，魏雅楠，姜娟，译 . 北京：人民邮电出版社

教学大纲

（160 课时）

一、课程性质和课程任务

《正常人体学基础》是中等职业学校护理、助产等专业的一门核心课程，内容包括解剖学、组织学、胚胎学、生理学和生物化学。其主要任务是阐明人体各系统的组成，各主要器官的形态、位置、结构及功能，为后续课程的学习、全面素质的提高奠定基础。

二、课程教学目标

（一）职业素养目标

1. 具有良好的职业道德和伦理观念，自觉尊重服务对象的人格，保护其隐私。

2. 具有健康的心理、认真负责的职业态度和团队协作精神，爱岗敬业，乐于奉献。

3. 具有勤学善思的学习习惯、细心严谨的工作作风、较强的适应能力和人际沟通能力，爱护标本、模型和实验设备。

4. 具有严谨求实的学习态度和终身学习的理念，在学习和实践中不断地思考问题、研究问题和解决问题。

（二）专业知识和技能

1. 掌握正常人体各系统中与临床应用密切相关器官的位置、形态、结构及生理功能，人体各系统功能的调节。

2. 具有在活体能够识别重要体表标志，辨认主要器官体表投影的能力。

3. 具有应用所学《正常人体学基础》基本知识，分析、解释日常生活现象和解决临床护理问题的能力。

三、教学内容和要求

教学内容	教学要求			教学活动参考
	了解	熟悉	掌握	
一、绪论				理论讲授
（一）概述				
1. 定义和任务		√		多媒体演示
2. 人体解剖学发展简史	√			
3. 人体的组成和分部			√	
4. 人体解剖学的基本术语			√	
5. 学习正常人体学基础的基本观点和学习方法	√			
（二）生命活动的基本特征				
1. 新陈代谢			√	
2. 兴奋性			√	
3. 生殖	√			

续表

教学内容	教学要求			教学活动参考
	了解	熟悉	掌握	
(三)内环境及其稳态			√	
(四)人体生理功能的调节				
1. 人体生理功能的调节方式		√		
2. 人体功能活动的反馈调节		√		
二、细胞				理论讲授 多媒体演示
(一)构成细胞的化合物		√		
(二)细胞的形态	√			
(三)细胞的基本结构				
1. 细胞膜		√		
2. 细胞质			√	
3. 细胞核	√			
(四)细胞的基本功能				
1. 细胞膜的物质转运			√	
2. 受体	√			
3. 细胞的生物电现象		√		
三、基本组织				理论讲授 多媒体演示 示教 显微镜观察 案例分析讨论
(一)上皮组织				
1. 被覆上皮			√	
2. 腺上皮和腺	√			
3. 上皮细胞表面的特化结构	√			
(二)结缔组织				
1. 疏松结缔组织			√	
2. 致密结缔组织	√			
3. 脂肪组织	√			
4. 网状组织	√			
5. 软骨组织与软骨		√		
6. 骨组织与骨	√			
(三)肌组织				
1. 骨骼肌			√	
2. 心肌		√		
3. 平滑肌	√			
(四)神经组织				
1. 神经元			√	
2. 神经胶质细胞	√			
3. 神经纤维		√		
4. 神经末梢	√			

教学内容	教学要求			教学活动参考
	了解	熟悉	掌握	
(五)血液				
1. 血液的组成和理化特性		√		
2. 血浆		√		
3. 血细胞			√	
4. 血液凝固与纤维蛋白溶解	√			
5. 血量、血型与输血		√		
实验1　基本组织		熟练掌握		技能实践
实验2　ABO血型的鉴定		学会		技能实践
四、运动系统				理论讲授 多媒体演示 标本、模型观察 活体触摸 案例分析讨论
(一)骨				
1. 概述		√		
2. 躯干骨			√	
3. 颅骨	√			
4. 四肢骨			√	
(二)骨连结				
1. 概述			√	
2. 躯干骨的连结		√		
3. 颅骨的连结	√			
4. 四肢骨的连结			√	
(三)骨骼肌				
1. 概述		√		
2. 头肌	√			
3. 颈肌	√			
4. 躯干肌		√		
5. 四肢肌			√	
6. 临床上肌内注射部位的选择			√	
(四)表面解剖学				
1. 临床护理工作中常用的骨性标志		√		
2. 不同卧位易受压的骨性突起			√	
3. 临床上常用的肌性标志	√			
4. 胸、腹部的标志线和腹部的分区		√		
实验3　骨		熟练掌握		技能实践
实验4　骨连结和骨骼肌		学会		技能实践
五、消化系统				理论讲授
(一)消化管				多媒体演示
1. 消化管壁的一般结构		√		活体观察

续表

教学内容	教学要求			教学活动参考	教学内容	教学要求			教学活动参考
	了解	熟悉	掌握			了解	熟悉	掌握	
2. 口腔		√			2. 呼吸运动的反射性调节	√			
3. 咽			√	标本、模型观察 案例分析讨论	实验6 呼吸系统的大体解剖	熟练掌握			技能实践
4. 食管			√		七、泌尿系统				理论讲授
5. 胃			√		(一)肾				多媒体演示
6. 小肠		√			1. 肾的形态和位置			√	
7. 大肠		√			2. 肾的被膜		√		标本、模型观察
(二)消化腺					3. 肾的构造			√	案例分析讨论
1. 肝			√		4. 肾的微细结构	√			
2. 胰		√			5. 肾的血液循环特点	√			
(三)消化与吸收的生理					(二)排尿管道		√		
1. 消化生理			√		1. 输尿管		√		
2. 吸收生理		√			2. 膀胱			√	
(四)消化器官活动的调节					3. 尿道			√	
1. 神经调节	√				(三)肾脏生理				
2. 体液调节		√			1. 尿液的生成过程		√		
实验5 消化系统的大体解剖	熟练掌握			技能实践	2. 影响和调节尿液生成的因素		√		
六、呼吸系统					3. 尿液的排放	√			
(一)呼吸道					八、生殖系统				理论讲授
1. 鼻		√			(一)男性生殖系统				多媒体演示
2. 咽			√		1. 男性内生殖器		√		标本、模型观察
3. 喉		√			2. 男性外生殖器	√			案例分析讨论
4. 气管与主支气管			√		3. 男性尿道			√	
(二)肺					(二)女性生殖系统				
1. 肺的位置和形态			√	理论讲授 多媒体演示 活体观察 标本、模型观察 案例分析讨论	1. 女性内生殖器			√	
2. 肺段支气管和支气管肺段	√				2. 女性外生殖器	√			
3. 肺的微细结构	√				3. 女性乳房	√			
4. 肺的血管	√				(三)会阴	√			
					(四)腹膜				
(三)胸膜					1. 腹膜与腹膜腔的概念			√	
1. 胸腔、胸膜和胸膜腔的概念		√			2. 腹膜与腹、盆腔脏器的关系	√			
2. 胸膜下界与肺下界的体表投影			√		3. 腹膜形成的主要结构			√	
(四)纵隔	√				实验7 泌尿、生殖系统的大体解剖	熟练掌握			技能实践
(五)呼吸过程									
1. 肺通气			√		九、循环系统				理论讲授
2. 气体交换与运输		√			(一)心血管系统概述				多媒体演示
(六)呼吸运动的调节					1. 心血管系统的组成			√	
1. 呼吸中枢			√		2. 血液循环途径			√	标本、模型观察

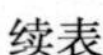

续表

教学内容	教学要求			教学活动参考
	了解	熟悉	掌握	
3. 血管的吻合及其功能意义	√			案例分析讨论
(二)心				
1. 心的位置和外形			√	
2. 心的体表投影		√		
3. 心腔的结构		√		
4. 心壁的构造	√			
5. 心传导系统			√	
6. 心的血管	√			
7. 心包				
8. 心脏的泵血功能与心音			√	
9. 心肌细胞的生物电现象和生理特性		√		
10. 心电图	√			
(三)血管				
1. 肺循环的血管	√			
2. 体循环的动脉			√	
3. 体循环的静脉		√		
4. 血管生理		√	√	
(四)心血管活动的调节				
1. 神经调节			√	
2. 体液调节	√			
(五)淋巴系统				
1. 淋巴系统的组成及功能			√	
2. 淋巴管道		√		
3. 淋巴器官	√			
实验 8　心和血管的大体解剖	熟练掌握			技能实践
实验 9　人体心音的听取和动脉血压的测量	学会			技能实践
十、感觉器官				理论讲授 多媒体演示 活体观察 标本、模型观察 案例分析讨论
(一)概述				
1. 感受器和感觉器官的概念		√		
2. 感受器的分类	√			
3. 感受器的一般生理特征	√			
(二)视器				
1. 眼球			√	

教学内容	教学要求			教学活动参考
	了解	熟悉	掌握	
2. 眼副器	√			
3. 眼的血管	√			
4. 眼的功能		√		
(三)前庭蜗器				
1. 外耳	√			
2. 中耳			√	
3. 内耳		√		
(四)皮肤				
1. 表皮				
2. 真皮				
3. 皮肤的附属器				
4. 皮肤痛				
实验 10　视器和前庭蜗器	熟练掌握			技能实践
实验 11　瞳孔对光反射、瞳孔近反射和色觉的检查	学会			技能实践
十一、神经系统				理论讲授 多媒体演示 示教 标本、模型观察 案例分析讨论
(一)概述				
1. 神经系统的区分		√		
2. 神经系统的组成及功能活动		√		
3. 神经系统功能活动的一般规律			√	
4. 神经系统的常用术语			√	
(二)中枢神经系统				
1. 脊髓		√		
2. 脑			√	
3. 脊髓和脑的被膜		√		
4. 脊髓和脑的血管			√	
5. 脑脊液及其循环			√	
6. 血-脑屏障	√			
(三)周围神经系统				
1. 脊神经		√		
2. 脑神经		√		
3. 内脏神经	√			
(四)神经系统的传导通路				
1. 感觉传导通路		√		
2. 运动传导通路		√		
实验 12　中枢神经系统	熟练掌握			技能实践

续表

教学内容	教学要求			教学活动参考
	了解	熟悉	掌握	
实验13　周围神经系统和神经系统的传导通路	学会			技能实践
十二、内分泌系统				理论讲授
(一)概述				多媒体演示
1. 内分泌系统的组成及功能			√	
2. 激素的分类	√			标本、模型观察案例分析讨论
3. 激素作用的一般特征		√		
(二)垂体与下丘脑				
1. 垂体的位置和形态	√			
2. 腺垂体远侧部的微细结构和功能及其与下丘脑的关系		√		
3. 神经垂体的微细结构和功能及其与下丘脑的关系		√		
(三)甲状腺和甲状旁腺				
1. 甲状腺			√	
2. 甲状旁腺		√		
3. 调节钙磷代谢的激素	√			
(四)肾上腺				
1. 肾上腺的位置和形态		√		
2. 肾上腺的微细结构与功能			√	
(五)胰岛				
1. 胰岛素			√	
2. 胰高血糖素	√			
(六)松果体				
1. 松果体的位置和形态	√			
2. 松果体的微细结构与功能		√		
十三、人体胚胎发育总论				理论讲授
(一)精子获能与受精				多媒体演示
1. 精子获能	√			
2. 受精			√	标本、模型观察案例分析讨论
(二)卵裂、胚泡的形成和植入				
1. 卵裂		√		
2. 胚泡的形成		√		
3. 植入			√	
(三)三胚层的形成与分化				
1. 三胚层的形成	√			
2. 三胚层的分化	√			

教学内容	教学要求			教学活动参考
	了解	熟悉	掌握	
(四)胎膜和胎盘				
1. 胎膜		√		
2. 胎盘			√	
(五)多胎				
1. 双卵双胎	√			
2. 单卵双胎	√			
3. 联体双胎	√			
(六)先天性畸形概述	√			
实验14　人体胚胎发育总论	学会			技能实践
十四、新陈代谢				理论讲授
(一)蛋白质和核酸化学				多媒体演示
1. 蛋白质化学		√		
2. 核酸化学	√			
(二)酶和维生素				
1. 酶			√	
2. 维生素	√			
(三)糖代谢				
1. 糖在体内的氧化分解	√			
2. 糖异生作用		√		
3. 糖原的合成与分解		√		
4. 血糖及其调节			√	
(四)脂类代谢				
1. 脂肪代谢		√		
2. 胆固醇代谢			√	
3. 血脂与血浆脂蛋白	√			
(五)氨基酸代谢与核酸代谢				
1. 蛋白质的营养作用			√	
2. 氨基酸的代谢		√		
3. 核苷酸的分解代谢	√			
(六)物质代谢的整合与调节				
1. 物质代谢的相互联系	√			
2. 肝在物质代谢中的作用	√			
3. 肝外重要组织器官的物质代谢特点及其联系	√			
(七)能量代谢与体温				
1. 能量代谢		√		

续表

教学内容	教学要求			教学活动参考
	了解	熟悉	掌握	
2. 体温			√	
实验 15　人体肺活量的测定和体温的测量	熟练掌握			技能实践
十五、水、无机盐代谢与酸碱平衡				理论讲授 多媒体演示
(一)水与无机盐代谢				
1. 体液			√	

教学内容	教学要求			教学活动参考
	了解	熟悉	掌握	
2. 水平衡		√		
3. 无机盐代谢	√			
(二)酸碱平衡				
1. 体内酸碱物质的来源		√		
2. 酸碱平衡的调节		√		
3. 酸碱平衡紊乱	√			

四、学时分配建议表（160 学时）

教学内容	学时数		
	理论	实践	小计
一、绪论	3	0	3
二、细胞	7	0	7
三、基本组织	12	4	16
四、运动系统	10	4	14
五、消化系统	11	2	13
六、呼吸系统	9	2	11
七、泌尿系统	7	1	8
八、生殖系统	7	1	8
九、循环系统	16	4	20
十、感觉器官	4	4	8
十一、神经系统	18	4	22
十二、内分泌系统	6		6
十三、人体胚胎发育总论	4	2	6
十四、新陈代谢	8	2	10
十五、水、无机盐代谢与酸碱平衡	4		4
机动	4		
合计	130	30	160

（一）护理专业学时分配建议表（120 学时）

教学内容	解剖学		生理学		生物化学		小计
	理论	实践	理论	实践	理论	实践	
一、绪论	1		2				3
二、细胞	1		4				5
三、基本组织	4	2	5	1			12
四、运动系统	8	4					12

续表

教学内容	解剖学		生理学		生物化学		小计
	理论	实践	理论	实践	理论	实践	
五、消化系统	5	2	4				11
六、呼吸系统	3	1	2	0			6
七、泌尿系统	3	0.5	3				6.5
八、生殖系统	5	0.5					5.5
九、循环系统	8	2	4	2			16
十、感觉器官	4	1					5
十一、神经系统	10	3	3				16
十二、内分泌系统	2		3				5
十三、人体胚胎发育总论	2						2
十四、新陈代谢			2	1	6		9
十五、水、无机盐代谢与酸碱平衡					4		4
机动				2			
合计	58	16	32	4	10		120

（二）助产专业学时分配建议表（160 学时）

教学内容	解剖学		生理学		生物化学		小计
	理论	实践	理论	实践	理论	实践	
一、绪论	1		2				3
二、细胞	1		6				7
三、基本组织	6	2	6	2			16
四、运动系统	10	4					14
五、消化系统	6	2	5				13
六、呼吸系统	4	2	5	1			12
七、泌尿系统	3	1	4				8
八、生殖系统	7	1					8
九、循环系统	8	2	8	2			20
十、感觉器官	4	2		2			8
十一、神经系统	12	4	6				22
十二、内分泌系统	2		4				6
十三、人体胚胎发育总论	4	2					6
十四、新陈代谢			2	1	6		9
十五、水、无机盐代谢与酸碱平衡					4		4
机动				4			
合计	68	22	48	8	10		160

五、教学大纲说明

(一)适用对象与参考学时

本教学大纲可供护理、助产等专业使用，总学时为160学时，其中理论教学126学时，实践教学30学时，机动4学时。

(二)教学要求

1. 本课程对理论教学部分要求分为掌握、熟悉、了解三个层次。掌握是指对正常人体学基础上所学的基本知识、基本理论具有深刻的认识，并能灵活地应用所学知识分析、解释生活现象和解决临床相关问题。熟悉是指能够解释、领会概念的基本含义并会应用所学技能。了解是指能够简单理解、记忆所学知识。

2. 本课程突出以培养能力为本位的教学理念，在实践技能方面分为熟练掌握和学会两个层次。熟练掌握是指能够独立娴熟地辨认人体各系统主要器官的位置、形态和结构，并能进行正确的实践技能操作。学会是指能够在教师指导下正确辨认人体主要器官的位置、形态和结构，并进行实践技能操作。

(三)教学建议

1. 在教学过程中，要结合课程特点，积极采用现代化教学手段，用好标本、模型、活体、挂图、多媒体等，加强直观教学，充分发挥教师的主导作用和学生的主体作用。注重理论联系实际，并组织学生开展必要的临床案例分析讨论，以培养学生分析问题和解决实际问题的能力，使学生加深对教学内容的理解和掌握。

2. 实践教学要充分利用教学资源，结合挂图、标本、模型、活体、多媒体等，采用理论讲授、多媒体演示、标本模型观察、活体触摸、动手操作、案例分析讨论等教学形式，充分调动学生学习的积极性和主观能动性，强化学生的动手能力和专业实践技能操作。

3. 教学评价应通过课堂提问、布置作业、单元测试、案例分析讨论、期末考试等多种形式，对学生进行学习能力、实践能力和应用新知识能力的综合考核，以期达到教学目标提出的各项任务。

自测题选择题参考答案

第一章

1. B 2. C 3. A 4. D 5. E 6. D 7. A 8. C 9. E 10. B

第二章

1. B 2. D 3. E 4. E 5. A 6. C 7. D 8. E 9. B 10. B 11. C 12. D 13. B 14. A

第三章

1. B 2. D 3. C 4. A 5. E 6. B 7. A 8. D 9. C 10. E 11. C 12. B 13. E 14. D 15. C 16. A 17. B 18. C 19. E 20. C 21. A 22. C 23. D

第四章

1. B 2. C 3. D 4. E 5. E 6. A 7. B 8. D 9. A 10. D 11. C 12. B 13. D 14. C 15. A 16. B 17. E 18. D 19. C 20. C 21. A 22. E

第五章

1. D 2. B 3. E 4. B 5. C 6. A 7. E 8. B 9. D 10. D 11. A 12. E 13. B 14. C 15. D 16. D 17. E 18. B 19. C 20. D 21. B 22. A 23. D 24. B

第六章

1. A 2. B 3. C 4. D 5. E 6. D 7. A 8. B 9. E 10. D 11. A 12. C 13. C 14. D 15. A 16. D 17. C 18. A 19. C 20. B 21. D 22. B 23. E 24. A 25. C 26. B

第七章

1. C 2. E 3. C 4. A 5. C 6. B 7. C 8. A 9. B 10. B 11. D 12. E 13. A 14. D 15. B 16. D 17. C 18. D

第八章

1. B 2. C 3. E 4. D 5. B 6. E 7. C 8. D 9. A 10. B 11. D 12. C 13. E 14. D 15. E 16. D 17. A 18. E 19. B 20. B 21. C 22. E 23. B 24. D 25. C 26. B

第九章

1. E 2. D 3. B 4. C 5. A 6. D 7. C 8. B 9. A 10. E 11. B 12. A 13. D 14. C 15. D 16. B 17. A 18. E 19. B 20. B 21. C 22. A 23. B 24. D 25. C 26. D 27. E 28. C 29. B 30. D 31. E 32. B 33. E 34. D 35. C

第十章

1. D 2. C 3. B 4. E 5. A 6. D 7. B 8. C 9. D 10. E 11. C 12. B 13. A 14. E 15. B 16. D

第十一章

1. B 2. C 3. B 4. D 5. A 6. E 7. B 8. A 9. C 10. C 11. C 12. A 13. B 14. C 15. D 16. E 17. D 18. B 19. A 20. E 21. C 22. C 23. D 24. B 25. D 26. E 27. D 28. E 29. C 30. B 31. C 32. E 33. D 34. E

第十二章

1. C 2. E 3. D 4. B 5. E 6. D 7. A 8. E 9. C 10. B 11. D 12. B 13. E 14. D 15. C

第十三章

1. A　2. C　3. D　4. B　5. C　6. D　7. E　8. C　9. D　10. B　11. A　12. D　13. C　14. E

第十四章

1. D　2. C　3. E　4. A　5. E　6. B　7. D　8. B　9. E　10. C　11. C　12. A　13. A　14. E
15. C　16. B　17. C　18. A　19. A　20. E　21. A　22. B　23. D　24. B　25. C　26. A　27. B
28. C　29. B　30. B　31. D

第十五章

1. E　2. D　3. C　4. D　5. A　6. E　7. C　8. D